Marine Fishes of China

中国海洋鱼类

陈大刚　张美昭　编著

中卷

中国海洋大学出版社
·青岛·

总目录

中卷

下卷

中卷目录

44 鲉形目 SCORPAENIFORMES

　　本目物种体通常侧扁，头部有发达的棱、棘或骨板。第2眶下骨向后延伸，与前鳃盖骨连接。前鳃盖与主鳃盖上往往有棘刺。若有鳞，一般为栉鳞。背鳍第1或第2鳍基，由鳍棘部和鳍条部组成，其中多有深的缺刻。臀鳍，有1～3枚鳍棘或消失。胸鳍多数呈圆弧形，有或无游离指状鳍条。腹鳍胸位或亚胸位，有时可愈合成吸盘。尾鳍后缘一般圆弧形。上、下颌齿通常细小，犁骨、腭骨常具齿。全球有26科279属1 477种，内含淡水种60种。我国海洋鲉形目有19科100余属210余种。

鲉形目物种形态简图

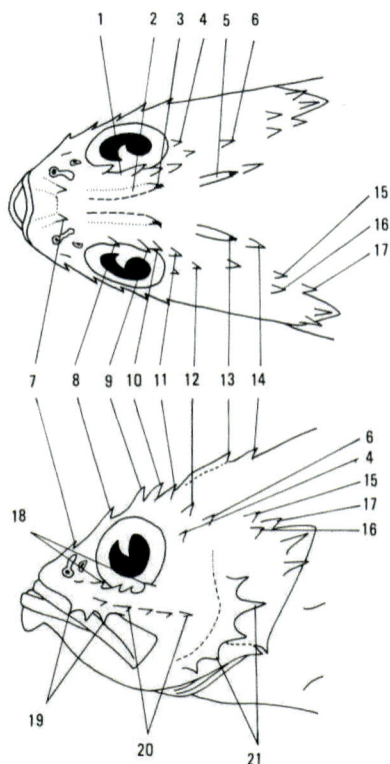

鲉形目物种头部棱、棘示意图

1. 眼上隆起
2. 额骨隆起
3. 额棘
4. 眼窝后棘
5. 颅顶骨隆起
6. 翼耳棘
7. 鼻棘
8. 眼前棘
9. 眼上棘
10. 眼后棘
11. 耳棘
12. 蝶耳棘
13. 头顶棘
14. 颈棘
15. 上后侧头棘
16. 下后侧头棘
17. 肩胛骨棘
18. 眼窝下缘棘
19. 泪骨下缘棘
20. 眼下骨棘
21. 前鳃盖骨棘

鲉形目亚目及科、属、种分类检索表

1a 左、右鼻骨愈合；头部被以骨板形成的头甲；胸鳍长且大；鳞片坚硬；
　　具1枚长棘·························豹鲂鮄亚目 Dactylopteroidei（E）

1b 左、右鼻骨分离；头部有的虽有骨板，但不形成头甲；胸鳍中等大（蓑鲉例外）；鳞片薄弱
　　···（2）

2a 体裸露或具棘、瘤突、强棘鳞、骨板；背鳍无真正硬棘；肛门前位或
　　腹位·····························杜父鱼亚目 Cottoidei（D）

2b 体具正常鳞片；背鳍具硬棘；有时体被骨板，头为骨板包被；肛门腹位·········（3）

3a 头、体显著平扁·······················鲬亚目 Platycephaloidei（C）

3b 头、体不平扁或不显著平扁·································（4）

4a 头部无棘突或骨板；侧线1或多条；第2对鼻孔常不明显，背鳍鳍棘软弱
　　·····························六线鱼亚目 Hexagrammoidei（B）

4b 头部具棘突或骨板；侧线1条；鼻孔一般2对
　　·································鲉亚目 Scorpaenoidei（A）

A-4b 鲉亚目 Scorpaenoidei（5～123）

5a 体侧扁···（18）

5b 体粗大，无鳞；后颞骨内弯，固结于颅骨；腹鳍发达，Ⅰ-4～5；头部
　　有棘突或皮须·····················毒鲉科 Synanceiidae（6）

6a 腹鳍Ⅰ-4；胸鳍无游离鳍条·················狮头毒鲉 Erosa erosa [1165]
6b 腹鳍Ⅰ-5···（7）
7a 鳃盖条7枚···（10）
7b 鳃盖条6枚；胸鳍无游离鳍条·····························（8）
8a 臀鳍Ⅱ-12～14·····················膛头鲉 Trachicephalus uranoscopa [1168]
8b 臀鳍Ⅲ-5～7·····················毒鲉属 Synanceia（9）
9a 眼上缘无骨嵴；胸鳍鳍条18～19枚···············玫瑰毒鲉 S. verrucosa [1166]
9b 眼上缘有骨嵴；胸鳍鳍条15～17枚；两眼间有骨棱·········粗毒鲉 S. horrida [1167]
10-7a 胸鳍具2枚游离鳍条·······················鬼鲉属 Inimicus（15）
10b 胸鳍具1枚游离鳍条·······················虎鲉属 Minous（11）
11a 背鳍第1鳍棘等于或长于第2鳍棘；第1、第2鳍棘基部不明显靠近·········（14）
11b 背鳍第1鳍棘短于第2鳍棘；第1、第2鳍棘基部靠近·············（12）
12a 背鳍鳍棘呈丝状·······················丝棘虎鲉 M. pusillus [1171]

12b 背鳍鳍棘不呈丝状 ···（13）

13a 背鳍鳍条8～10枚；尾鳍鳍条黑白相间，鳍膜透明 ········ 粗头虎鲉 *M. trachycephalus* [1172]

13b 背鳍鳍条11～12枚；尾鳍无横纹，胸鳍内侧有黑斑 ············ 绯红虎鲉 *M. coccineus* [1173]

14-11a 尾鳍具横纹，胸鳍内侧大部分白色；眶前骨后棘长为前棘长的3倍

··· 单指虎鲉 *M. monodactylus* [1169]

14b 尾鳍无横纹，胸鳍内侧具条纹；眶前骨后棘长为前棘长的2倍

··· 白斑虎鲉 *M. quincarinatus* [1170]

15-10a 吻长短于眼后头长；头长短于头宽；胸鳍内侧白色 ········· 日本鬼鲉 *I. japonicus* [1175]

15b 吻长大于或等于眼后头长 ···（16）

16a 胸鳍内侧不是黑色，无明显斑条纹 ································· 居氏鬼鲉 *I. cuvieri* [1176]

16b 胸鳍内侧黑色或前半部黑色 ··（17）

17a 胸鳍内侧黑色，具不规则白斑 ····························· 中华鬼鲉 *I. sinensis* [1174]

17b 胸鳍内侧前半部黑色，具白色条纹；头长约为背鳍第2鳍棘长的1.4倍

··· 双指鬼鲉 *I. didakctylus* [1177]

18-5a 体较低 ···（20）

18b 体较高，卵圆形（侧面观）；鳃孔较小；腹鳍很小

················· 头棘鲉科 Caracanthidae 头棘鲉属 *Caracanthus*（19）

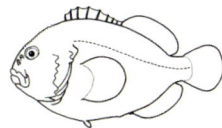

19a 背鳍鳍棘与鳍条部间有缺刻；前鳃盖骨具5枚钝棘；体有红点 ···斑点头棘鲉 *C. maculatus* [1152]

19b 背鳍鳍棘与鳍条部间无缺刻；前鳃盖骨具6～9枚棘；体无红点 ···单鳍头棘鲉 *C. unipinna* [1151]

20-18a 臀鳍鳍棘3枚 ···（32）

20b 臀鳍鳍棘1～2枚；背鳍起点位于眼上方

················· 绒皮鲉科 Aploactinidae（21）

21a 腹鳍鳍条2～3枚；体具绒毛状皮刺 ··（29）

21b 腹鳍鳍条4～5枚；体具细小圆鳞、粒突或光滑无鳞 ······························（22）

22a 腹鳍鳍棘1枚，鳍条4枚；背鳍起始于眼上方；前鳃盖骨棘5枚；胸鳍不达臀鳍起点

··· 红鳍赤鲉 *Hypodytes rubripinnis* [1160]

22b 腹鳍鳍棘1枚，鳍条5枚 ···（23）

23a 体具埋入式小圆鳞 ···（27）

23b 体光滑无鳞，或具棘突状小鳞 ···（24）

24a 第4鳃弓后方无裂孔 ···（26）

24b 第4鳃弓后方具裂孔；背鳍起始于眼中部上方；眶前骨棘长；前鳃盖骨棘3～5枚，上棘尖长 ··· 裸绒鲉属 *Ocosia*（25）

25a 眶前骨外侧棘2枚；第1眶下骨1枚棘；背鳍鳍棘16枚；鳍棘膜缺刻深

··· 黑带裸绒鲉 *O. fasciata* [1156]

IV
辐鳍鱼纲

25b 眶前骨外侧棘1枚；第1眶下骨无棘；背鳍鳍棘15枚；鳍棘膜缺刻稍浅
…………………………………………………………………………棘裸绒鲉 *O. spinosa* [1157]

26–24a 体呈长椭圆形（侧面观）；背鳍鳍棘13～14枚；臀鳍鳍棘3枚、鳍条5～6枚
…………………………………………………………………………山神鲉 *Snyderina yamanokami* [1158]

26b 体呈卵圆形（侧面观）；背鳍鳍棘12枚；臀鳍鳍棘3枚、鳍条7枚
…………………………………………………………………………三棘绒鲉 *Taenianotus triacanthus* [1159]

27–23a 背鳍起点位于眼后缘上方，前部鳍棘无明显分离；眶前骨有长棘；前鳃盖骨棘4～5枚，
上棘稍尖长 …………………………………………………………新鳞鲉 *Neocentropogon aeglefinus* [1153]

27b 背鳍起点位于眼稍前或眼前部上方，鳍棘15～17枚，第2至第4鳍棘明显长于其他鳍棘
…………………………………………………………………………钝顶鲉属 *Amblyapistus*（28）

28a 背鳍、臀鳍具分支鳍条；臀鳍高大于长，鳍条5枚……………钝顶鲉 *A. taenianotus* [1154]

28b 背鳍、臀鳍鳍条不分支；臀鳍长大于高，鳍条8～10枚…长棘钝顶鲉 *A. macracanthus* [1155]

29–21a 臀鳍鳍棘1～2枚；腹鳍喉位，鳍棘1枚、鳍条2枚…………………虻鲉属 *Erisphex*（31）

29b 臀鳍鳍棘无或1枚 ………………………………………………………………（30）

30a 臀鳍鳍棘无或1枚，鳍条14～15枚；腹鳍胸位，鳍棘1枚、鳍条2枚；眶前骨棘宽大内凹
…………………………………………………………………………绒皮鲉 *Aploactis aspera* [1161]

30b 臀鳍鳍棘1枚，鳍条8～9枚；前鳃盖骨具钝棘；口端位，吻长为眼径的2倍
…………………………………………………………………………拟绒鲉 *Paraploactis kagoshimensis* [1162]

31–29a 体密布不规则斑纹；体具绒状皮刺……………………………………虻鲉 *E. potti* [1163]

31b 体无斑纹；体上皮刺短 ……………………………………………单棘虻鲉 *E. simplex* [1164]

32–20a 头部不为骨板包被；腹鳍鳍棘1枚、鳍条5枚；臀鳍鳍棘3枚
…………………………………………………………………鲉科 Scorpaenidae（57）

32b 头部为骨板包被 ………………………………………………………………（33）

33a 胸鳍下方具2枚游离鳍条……………………………黄鲂鮄科 Peristediidae（48）

33b 胸鳍下方具3枚游离鳍条……………………………鲂鮄科 Trig1idae（34）

34a 体被圆鳞………………………………………………………………………（44）

34b 体被栉鳞；吻突广圆或三角形；第1、第2背鳍均具棘楯板……红娘鱼属 *Lepidotrigla*（35）

35a 胸鳍长，约为头长的1.7倍……………………………………日本红娘鱼 *L. japonica* [1127]

35b 胸鳍短，小于头长的1.7倍…………………………………………………（36）

36a 胸鳍长约等于头长；第1背鳍具一大红斑；腹鳍不达肛门……短鳍红娘鱼 *L. microptera* [1136]

36b 胸鳍长大于头长；第1背鳍有或无红斑………………………………………（37）

37a 第1背鳍第2鳍棘延长，前缘具强锯齿；胸鳍第1游离鳍条几乎达腹鳍后端上方
…………………………………………………………………长棘红娘鱼 *L. guentheri* [1129]

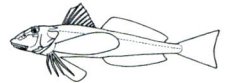

37b 第1背鳍第2鳍棘不显著延长 ……………………………………………………………（38）

38a 吻突圆钝，具小棘；胸鳍内侧黑色；第1背鳍第2鳍棘长于第3鳍棘
……………………………………………………………………长头红娘鱼 *L. longifaciata* [1132]

38b 吻突三角形或近似三角形 ……………………………………………………………（39）

39a 吻突近似三角形；内侧具小棘 ………………………………………………………（41）

39b 吻突三角形；内侧无小棘或小棘愈合 ……………………………………………（40）

40a 胸鳍内侧具黑色弧形条纹；吻突宽大平扁 …………………………翼红娘鱼 *L. alata* [1128]

40b 胸鳍内侧具黑色大斑；黑斑内散布白点；吻突宽短
………………………………………………………………斑鳍红娘鱼 *L. punctipectoralis* [1131]

41-39a 犁骨无齿；胸鳍第1游离鳍条不达臀鳍起点，胸鳍内侧有一椭圆形大斑
…………………………………………………………………裸胸红娘鱼 *L. kanagashira* [1130]

41b 犁骨有齿；吻突内侧具多个小棘 ……………………………………………………（42）

42a 胸鳍第1游离鳍条不达臀鳍起点；第1背鳍第3鳍棘长于第2鳍棘；胸鳍内侧具大黑斑，黑斑
下半部有白点 …………………………………………………岸上红娘鱼 *L. kishinouyi* [1135]

42b 胸鳍第1游离鳍条伸达臀鳍起点 ……………………………………………………（43）

43a 眼中等大，眼径约等于吻长；第1背鳍第2鳍棘略长于第3鳍棘…深海红娘鱼 *L. abyssalis* [1134]

43b 眼大，眼径长于吻长；第1背鳍第2鳍棘与第3鳍棘约等长…………姬红娘鱼 *L. hime* [1133]

44-34a 第1、第2背鳍基底均具棘楯板 …………………小眼绿鳍鱼 *Chelidonichthys spinosus* [1126]

44b 第1背鳍基底具楯板，第2背鳍楯板消失或尚有痕迹 …………………………………（45）

45a 吻棘长；前鳃盖骨棘尖长；主鳃盖骨具1枚棘 …………副角鲂鮄属 *Parapterygotrigla*（47）

45b 吻棘三角形或较狭长；前鳃盖骨棘短小；主鳃盖骨棘2枚……角鲂鮄属 *Pterygotrigla*（46）

46a 后颞颥棘短，约为眼径的1/3；肱棘短，为眼径的1/2；鳃盖骨棘长；吻棘尖狭
…………………………………………………………………尖棘角鲂鮄 *P. hemisticta* [1137]

46b 后颞颥棘长，等于或长于眼径；肱棘长，为眼径的1.4倍；鳃盖骨棘短小；吻棘三角形
…………………………………………………………………琉球角鲂鮄 *P. ryukyuensis* [1138]

47-45a 体侧上部散布褐色小圆斑 …………………………多点副角鲂鮄 *P. multiocellata* [1139]

47b 体无褐色小圆斑；吻长 ……………………………………长吻副角鲂鮄 *P. macrorhynchus* [1140]

48-33a 上、下颌均无齿 ……………………………………………………………………（51）

48b 上颌有齿，下颌无齿 …………………………………………………………………（49）

49a 头宽，前缘圆弧形（背面观），侧缘显著凹凸……轮头鲂鮄 *Gargariscus prionocephalus* [1141]

49b 头长方形（背面观），侧缘无显著凹凸；吻突起细长…副半节鲂鮄属 *Paraheminodus*（50）

50a 吻突起较长，与吻突起基底间距相等，两突起几乎相平行；下颌须伸越第1背鳍起点
…………………………………………………………………宽头副半节鲂鮄 *P. laticephalus* [1145]

50b 吻突起稍长，比吻突起基底间距短，两突起前端向内侧弯；下颌须仅达第1背鳍起点
…………………………………………………………………默氏副半节鲂鮄 *P. murrayi* [1146]

51-48a 前鳃盖骨后角无棘…………………………………………黄鲂鮄属 *Peristedion*（55）

51b 前鳃盖骨后角具一向后锐棘…………………………………红鲂鮄属 *Satyrichthys*（52）

52a 吻突呈三角形；最长的下颌须等于头长；背鳍鳍条20～22枚 ⋯⋯⋯⋯ 须红鲬鲉 *S. amiscus* [1147]

52b 吻突狭长；背鳍鳍条18枚以下 ⋯⋯⋯⋯⋯⋯⋯⋯⋯⋯⋯⋯⋯⋯⋯⋯⋯⋯⋯⋯⋯⋯⋯⋯⋯⋯（53）

53a 体红黄色；头、体背面密布小黑点；吻突起长 ⋯⋯⋯⋯⋯⋯⋯⋯⋯ 瑞氏红鲬鲉 *S. rieffeli* [1148]

53b 体红色；头、体背面无小黑点；吻突起较短 ⋯⋯⋯⋯⋯⋯⋯⋯⋯⋯⋯⋯⋯⋯⋯⋯⋯⋯⋯⋯（54）

54a 下颌有触须 ⋯⋯⋯⋯⋯⋯⋯⋯⋯⋯⋯⋯⋯⋯⋯⋯⋯⋯⋯⋯⋯⋯ 多须红鲬鲉 *S. welchi* [1149]

54b 下颌无触须；胸鳍后缘上部长 ⋯⋯⋯⋯⋯⋯⋯⋯⋯⋯⋯⋯⋯⋯ 三须红鲬鲉 *S. isokawae* [1150]

55−51a 吻突起宽，呈汤匙状 ⋯⋯⋯⋯⋯⋯⋯⋯⋯⋯⋯⋯⋯⋯⋯ 光吻黄鲬鲉 *P. liorhynchus* [1144]

55b 吻突起长，前端尖 ⋯⋯⋯⋯⋯⋯⋯⋯⋯⋯⋯⋯⋯⋯⋯⋯⋯⋯⋯⋯⋯⋯⋯⋯⋯⋯⋯⋯⋯⋯（56）

56a 肛门前方骨板3对；颏须1丛；吻突狭长，吻长为眼径的1.5倍 ⋯东方黄鲬鲉 *P. orientale* [1142]

56b 肛门前方骨板2对；颏须数丛；吻略长于眼径 ⋯⋯⋯⋯⋯⋯ 黑带黄鲬鲉 *P. nierstraszi* [1143]

57−32a 鳔前部有两叶状突起；上枕骨具一低棱，前2个髓棘固着其上；背鳍鳍棘较长，缺刻
   深；眶前骨、眶下骨下缘各具1列强棘 ⋯⋯⋯⋯⋯⋯ 长鳍新平鲉 *Neosebastes entaxis* [1107]

57b 鳔前部无两叶状突起；上枕骨具一高棱，髓棘和间棘不固着其上 ⋯⋯⋯⋯⋯⋯⋯⋯（58）

58a 胸鳍下部有一游离鳍条；颏部有3条须 ⋯⋯⋯⋯⋯⋯⋯⋯⋯⋯ 须蓑鲉 *Apistus carinatus* [1111]

58b 胸鳍下部无游离鳍条；无颏须 ⋯⋯⋯⋯⋯⋯⋯⋯⋯⋯⋯⋯⋯⋯⋯⋯⋯⋯⋯⋯⋯⋯⋯⋯（59）

59a 侧线不具无鳞沟；颅骨感觉管不发达 ⋯⋯⋯⋯⋯⋯⋯⋯⋯⋯⋯⋯⋯⋯⋯⋯⋯⋯⋯⋯⋯（62）

59b 侧线具宽大无鳞沟；颅骨感觉管发达 ⋯⋯⋯⋯⋯⋯⋯⋯⋯⋯⋯⋯⋯⋯⋯⋯⋯⋯⋯⋯⋯（60）

60a 上颌骨中线具一纵行骨棱；体显著侧扁 ⋯⋯⋯⋯⋯⋯⋯⋯⋯ 无毒鲉 *Ectreposebastes imus* [1108]

60b 上颌骨无纵行骨棱；体稍侧扁 ⋯⋯⋯⋯⋯⋯⋯⋯⋯⋯⋯⋯ 囊头鲉属 *Setarches*（61）

61a 前鳃盖骨第2棘较长大；胸鳍不伸达臀鳍上方 ⋯⋯⋯⋯⋯⋯ 斐济囊头鲉 *S. fidjiensis* [1110]

61b 前鳃盖骨第2棘短小；胸鳍伸达臀鳍上方 ⋯⋯⋯⋯⋯⋯⋯ 长臂囊头鲉 *S. longimanus* [1109]

62−59a 胸鳍鳍棘不延长 ⋯⋯⋯⋯⋯⋯⋯⋯⋯⋯⋯⋯⋯⋯⋯⋯⋯⋯⋯⋯⋯⋯⋯⋯⋯⋯⋯⋯（73）

62b 胸鳍鳍棘、背鳍鳍棘常显著延长；背鳍鳍棘一般大于体高，鳍棘分离 ⋯⋯⋯⋯⋯⋯（63）

63a 胸鳍不伸达尾鳍基部 ⋯⋯⋯⋯⋯⋯⋯⋯⋯⋯⋯⋯⋯⋯⋯⋯⋯⋯⋯⋯⋯⋯⋯⋯⋯⋯⋯（68）

63b 胸鳍伸达尾鳍基部，鳍条不分支；臀鳍鳍棘3枚 ⋯⋯⋯⋯⋯⋯⋯⋯ 蓑鲉属 *Pterois*（64）

64a 背鳍鳍棘13枚；鳞为圆鳞 ⋯⋯⋯⋯⋯⋯⋯⋯⋯⋯⋯⋯⋯⋯⋯⋯⋯⋯⋯⋯⋯⋯⋯⋯⋯（66）

64b 背鳍鳍棘12枚；鳞为栉鳞 ⋯⋯⋯⋯⋯⋯⋯⋯⋯⋯⋯⋯⋯⋯⋯⋯⋯⋯⋯⋯⋯⋯⋯⋯⋯（65）

65a 尾柄处具纵纹；头部三横纹，体侧五横纹；第1、第2眶下骨密具小棘
  ⋯⋯⋯⋯⋯⋯⋯⋯⋯⋯⋯⋯⋯⋯⋯⋯⋯⋯⋯⋯⋯⋯⋯⋯⋯⋯ 辐蓑鲉 *P. radiate* [1117]

65b 尾柄处无纵纹；体侧具24条宽狭相间的横纹；吻端具小须1对⋯触须蓑鲉 *P. antennata* [1116]

66−64a 背鳍鳍条部、臀鳍和尾鳍具斑纹 ⋯⋯⋯⋯⋯⋯⋯⋯⋯⋯⋯⋯ 斑鳍蓑鲉 *P. volitans* [1119]

66b 背鳍鳍条部、臀鳍和尾鳍无斑纹 ⋯⋯⋯⋯⋯⋯⋯⋯⋯⋯⋯⋯⋯⋯⋯⋯⋯⋯⋯⋯⋯⋯（67）

67a 第1、第2眶下骨具2～3枚小棘；眶前骨下缘无锯齿；眼上缘皮瓣短，无节斑
  ⋯⋯⋯⋯⋯⋯⋯⋯⋯⋯⋯⋯⋯⋯⋯⋯⋯⋯⋯⋯⋯⋯⋯⋯⋯⋯⋯⋯ 肩斑蓑鲉 *P. russelli* [1115]

67b 第1、第2眶下骨有数枚棘；眶前骨下缘具锯齿；眼上缘皮瓣短而尖
  ⋯⋯⋯⋯⋯⋯⋯⋯⋯⋯⋯⋯⋯⋯⋯⋯⋯⋯⋯⋯⋯⋯⋯⋯⋯⋯ 环纹蓑鲉 *P. lunulata* [1118]

68−63a 下颌骨下侧具3～4纵行小锯齿；眶前骨下缘具棘，并有多条锯齿棱；头部棘棱有锯齿
  ⋯⋯⋯⋯⋯⋯⋯⋯⋯⋯⋯⋯⋯⋯⋯⋯⋯⋯⋯⋯⋯ 锯棱短鳍蓑鲉 *Brachypterois serrulatus* [1125]

68b 下颌骨下侧无锯齿 ·· （69）

69a 尾鳍后缘截形，上、下方或上方鳍条延长为丝状；前鳃盖骨下部密具小棘
·· 拟蓑鲉 *Parapterois heterurus* [1123]

69b 尾鳍无丝状延长的鳍条 ··· （70）

70a 顶骨具鸡冠状骨嵴；眶前骨外侧具多条锯齿棱 ············ 冠蓑鲉 *Ebosia bleekeri* [1124]

70b 顶骨无鸡冠状骨嵴；眶前骨外侧具1条纵棱 ············ 短鳍蓑鲉属 *Dendrochirus* （71）

71a 背鳍鳍条部具2个白边黑色睛状斑；胸鳍具4条暗横纹；眶前骨下缘具2条皮须
·· 二斑短鳍蓑鲉 *D. biocellatus* [1120]

71b 背鳍鳍条部无睛状斑 ·· （72）

72a 臀鳍鳍条6枚；背鳍鳍条10～11枚；头部棘棱无锯齿 ········ 花斑短鳍蓑鲉 *D. zebra* [1122]

72b 臀鳍鳍条5枚；背鳍鳍条8～9枚；头部棘棱具锯齿 ········ 美丽短鳍蓑鲉 *D. bellus* [1121]

73-62a 头、体平扁，头侧具1列大型棘突；胸鳍下部具叶突；背鳍鳍条部有大黑斑
·· 太平洋平头鲉 *Plectrogenium nanum* [1105]

73b 头、体侧扁或稍侧扁 ·· （74）

74a 头、体稍侧扁；胸鳍下方有缺刻 ···················· 隐棘鲉 *Adelosebastes latens* [1106]

74b 头、体稍侧扁或很侧扁；胸鳍下部无缺刻 ···································· （75）

75a 头、体稍侧扁；眶上棱、顶棱不显著隆起 ·································· （78）

75b 头、体很侧扁；眶上棱、顶棱显著隆起 ······································ （76）

76a 眼上缘皮瓣显著长；臀鳍鳍棘2枚；仅腹鳍具分支鳍条；栉鳞
·· 安汶狭蓑鲉 *Pteroidichthys amboinensis* [1112]

76b 眼上缘皮瓣短或无；臀鳍鳍棘3枚；各鳍均具分支鳍条；圆鳞 ······ 吻鲉属 *Rhinopias* （77）

77a 胸鳍鳍条16枚；眼上缘皮瓣较长；吻背无凹沟 ········ 前鳍狭体吻鲉 *R. frondosa* [1113]

77b 胸鳍鳍条18枚；眼上缘皮瓣甚小；吻背有凹沟 ············ 异吻鲉 *R. xenops* [1114]

78-75a 头部棘发达；第2眶下骨不呈T形，等宽或中后部宽大，后端固着于前鳃盖骨，第3眶
下骨消失；眶上棱不明显 ·· （92）

78b 头部棘弱或较发达；第2眶下骨T形，第3～5眶下骨相连；眶下棱不明显 ············ （79）

79a 第2眶下骨后端不伸达前鳃盖骨 ·· （81）

79b 第2眶下骨后端伸达前鳃盖骨 ·· （80）

80a 胸鳍腋部有一大皮瓣；无鳔；眶前骨无棘；眼间隔深凹
·· 赫氏无鳔鲉 *Helicolenus hilgendorfii* [1069]

80b 胸鳍腋部无皮瓣；有额棘；有鳔；眶前骨下缘具多枚棘；下鳃盖骨、间鳃盖骨各有1枚
棘；眼间隔浅凹 ···································· 眶棘鲉 *Hozukius embremarius* [1070]

81-79a 背鳍鳍棘11～15枚；第2眶下骨后端尖 ···················· 平鲉属 *Sebastes* （84）

81b 背鳍鳍棘11～13枚；第2眶下骨后端平截；眶上棱隆起，有额棘、顶棘和颈棘；眼间隔深凹
·· 菖鲉属 *Sebastiscus* （82）

82a 第2眶下骨外侧有1枚尖棘；胸鳍鳍条16～18枚 ············ 白斑菖鲉 *S. albofasciatus* [1066]

82b 第2眶下骨外侧无棘；胸鳍鳍条17～20枚 ······························· （83）

IV
辐鳍鱼纲

83a 胸鳍基底中部有大的暗斑，内有小斑点 …………………………… 褐菖鲉 *S. marmoratus* [1067]

83b 胸鳍基底中部没有明显的暗斑 …………………………………… 三色菖鲉 *S. tertius* [1068]

84—81a 眼间隔圆弧形或平坦；胸鳍下部鳍条不明显粗 ………………………………（88）

84b 眼间隔凹入或深凹；胸鳍下部鳍条明显粗 ……………………………………（85）

85a 额棘不明显，额棱间无深沟；胸、腹部和头下侧具圆形黑斑
………………………………………………… 厚头平鲉 *S. pachycephalus* [1057]

85b 额棘明显，额棱间具深沟 ………………………………………………………（86）

86a 侧线鳞25～30枚，鳃耙16～21枚，胸鳍鳍条16～17枚；体暗红色，具条纹和斑点
…………………………………………………………… 铠平鲉 *S. hubbsi* [1058]

86b 侧线鳞33～38枚，鳃耙25～28枚，胸鳍鳍条18～19枚 …………………………（87）

87a 体黄绿色；侧线上、下具不规则黑褐色纵纹；额棱高凸；额棱间沟宽深
……………………………………………………… 条平鲉 *S. trivittatus* [1059]

87b 体、鳍灰黑色，密布黄绿色小斑；额棱低平，眼间隔稍凹入 ……… 雪斑平鲉 *S. nivosus* [1060]

88—84a 额棱低；顶棱高，眶上棱低；臀鳍鳍条6～8枚，侧线鳞37～53枚；下颌突出，前端具
一向下骨突 ……………………………………………… 许氏平鲉 *S. schlegeli* [1061]

88b 无额棱 ……………………………………………………………………………（89）

89a 侧线鳞53～58枚；无眶上棱，顶棱低平；有眼后棘；背鳍鳍棘13枚 …… 柳平鲉 *S. itinus* [1065]

89b 侧线鳞39～54枚；眶上棱有或无，顶棱低；无眼后棘；背鳍鳍棘12～14枚 …………（90）

90a 下鳃盖骨棘1枚；侧线鳞41～46枚 ……………………………… 无备平鲉 *S. inermis* [1062]

90b 下鳃盖骨无棘 ……………………………………………………………………（91）

91a 体侧具6条黑色横纹，第5横纹位于尾柄前半部，第6横纹位于尾鳍基部；臀鳍第2鳍棘为头
长1/2 ……………………………………………………… 六带平鲉 *S. joyneri* [1063]

91b 体侧具5条黑色横纹，第4横纹位于背鳍鳍条部下方，第5横纹位于尾柄；臀鳍第2鳍棘短于
头长1/2 …………………………………………………… 五带平鲉 *S. thompsoni* [1064]

92—78a 背鳍鳍棘12枚；臀鳍鳍棘3枚、鳍条5枚 ……………………………………（100）

92b 背鳍鳍棘13枚 ……………………………………………………………………（93）

93a 臀鳍鳍棘2枚，第1鳍棘退化 …………………………… 棘鲉 *Hoplosebastes armatus* [1071]

93b 臀鳍鳍棘3枚，第1鳍棘长为第2鳍棘的1/2 ………………… 小鲉属 *Scorpaenodes*（94）

94a 臀鳍鳍条6枚；眶前骨外侧无棘，眶下棱棘少于4枚；鳃盖无黑斑
…………………………………………………………… 密斑小鲉 *S. kelloggi* [1078]

94b 臀鳍鳍条4～5枚 …………………………………………………………………（95）

95a 无鼻棘；胸鳍中部鳍条显著延伸 ………………………………… 正小鲉 *S. minor* [1072]

95b 有鼻棘；胸鳍中部鳍条不延伸 …………………………………………………（96）

96a 眶下骨棘多，呈锯齿状；背鳍鳍棘短 ……………………… 短鳍小鲉 *S. parvipinnis* [1073]

96b 眶下骨棘少，不呈锯齿状；背鳍鳍棘较长 ……………………………………（97）

97a 眶下骨棘2枚；下鳃盖有一暗斑 ………………………………… 岸边小鲉 *S. littoralis* [1074]

97b 眶下骨棘3～4枚；下鳃盖无暗斑 ………………………………………………（98）

98a 臀鳍长大于头长的1/2；主鳃盖无暗斑或具1个暗斑··············长棘小鲉 *S. scabra* [1076]

98b 臀鳍长约等于头长的1/2；主鳃盖具1或2个暗斑····························（99）

99a 主鳃盖骨棘上方具2个暗斑；胸鳍无横纹···············关岛小鲉 *S. guamensis* [1075]

99b 主鳃盖骨棘间有1个暗斑；胸鳍前半部具新月形暗横纹·········变鳍小鲉 *S. varipinnis* [1077]

100–92a 腭骨有齿··（107）

100b 腭骨无齿···（101）

101a 背鳍第4鳍棘明显长于第3、第5鳍棘，最后一鳍棘长为其前鳍棘长的3倍；第1、第3鳍棘间
具黑斑···斑鲉 *Iracundus signifer* [1079]

101b 背鳍第4鳍棘不明显长于第3、第5鳍棘，最后一鳍棘长小于等于其前鳍棘长的2倍；侧线
完全；体具不规则斑纹·····················拟鲉属 *Scorpaenopsis*（102）

102a 眼间隔小于眼径；下颌具皮瓣和皮须；头骨棱无锯齿············须拟鲉 *S. cirrhosa* [1080]

102b 眼间隔大于眼径；下颌皮瓣弱或消失·································（103）

103a 体背高··（106）

103b 体背稍低···（104）

104a 眼不突起；眶上缘皮瓣发达；枕骨凹陷浅············拉氏拟鲉 *S. ramaraoi* [1081]

104b 眼突起；眶上缘无皮瓣；枕骨凹陷浅或深·····························（105）

105a 枕骨凹陷浅，不明显；下颌皮瓣不发达···············波氏拟鲉 *S. possi* [1082]

105b 枕骨凹陷深，呈四方形；下颌皮瓣较发达···············枕崎拟鲉 *S. venosa* [1083]

106–103a 胸鳍内侧具一黑斑纹·····················光鳃拟鲉 *S. neglecta* [1084]

106b 胸鳍内侧上部具暗斑·····························大口拟鲉 *S. diabolus* [1085]

107–100a 胸鳍具分支鳍条···（109）

107b 胸鳍鳍条不分支·····························冠带鲉属 *Pontinus*（108）

108a 体红色，各鳍均具红色斑点；体上无横带···············触手冠带鲉 *P. tentacularis* [1100]

108b 体红褐色；体侧具不定型黑色横带4条···············大头冠带鲉 *P. macrocephalus* [1101]

109–107a 鳞为栉鳞···（112）

109b 鳞为圆鳞；眶前骨下缘后棘向下，并前弯··············圆鳞鲉属 *Parascorpaena*（110）

110a 眶下棱棘2枚；背鳍连体侧有云状横纹·····················花彩圆鳞鲉 *P. picta* [1098]

110b 眶下棱棘3枚···（111）

111a 第2眶下棘前棱始于第1棘后方；背鳍鳍棘间具一黑斑······斑鳍圆鳞鲉 *P. maculipinnis* [1097]

111b 第2眶下棘前棱始于第1棘前上方；体具不规则暗纹

··莫桑比克圆鳞鲉 *P. mossambica* [1099]

112–109a 眶前骨棘不向前弯曲；头背带有一顶枕窝·················鲉属 *Scorpaena*（120）

112b 头背无顶枕窝···（113）

113a 眶前骨下缘前棘向下或后斜；前鳃盖骨棘5枚，第3棘最长

··新棘鲉属 *Neomerinthe*（118）

113b 眶前骨下缘前棘向前·····················鳞头鲉属 *Sebastapistes*（114）

114a 额棱不明显，埋于皮下；棱间无深沟；眶前骨下缘无分叉棘；除鳃盖上部有少量埋入鳞
外，头背、眶后、颊部无鳞·····················百脑鳞头鲉 *Se. bynoensis* [1093]

IV
辐鳍鱼纲

B-4a 六线鱼亚目Hexagrammoidei 六线鱼科Hexagrammidae（124~127）

C-3a 鲬亚目Platycephaloidei（128~152）

128b 体除侧线外无鳞；胸鳍下方具3～4枚游离鳍条；背鳍鳍棘细弱

········· 棘鲬科 Hoplichthyidae 棘鲬属 *Hoplichthys*（129）

129a 体长小于头长的3倍；胸鳍鳍条略呈丝状延长··················黄带棘鲬 *H. fasciatus* [1201]

129b 体长大于头长的3倍；胸鳍鳍条不呈丝状延长··················（130）

130a 背侧骨板上棘大，下棘不明显··················短指棘鲬 *H. gilberti* [1203]

130b 背侧骨板两棘均较大··················小鳍棘鲬 *H. langsdorfii* [1202]

131a 臀鳍具3枚鳍棘；前鳃盖骨有一大棘；眶下骨具锐棘

········· 短鲬科 Parabembridae 短鲬 *Parabembras curtus* [1198]

131b 臀鳍无鳍棘；前鳃盖骨棘2～4枚··················（132）

132-128a 腹鳍亚胸位；下鳃盖骨无棘········ 鲬科 Platycephalidae（134）

132b 腹鳍前胸位；下鳃盖骨具1棘··············红鲬科 Bembridae（133）

133a 第2背鳍前端有1鳍棘，臀鳍鳍条14枚，胸鳍鳍条17枚·······红鲬 *Bembras japonicus* [1199]

133b 第2背鳍前端无鳍棘，臀鳍鳍条10～11枚，胸鳍鳍条22枚

········· 印尼玫瑰鲬 *Bembradium roseum* [1200]

134-132a 侧线鳞各有1强棘；虹膜略突起··········棘线鲬 *Grammoplites scaber* [1183]

134b 侧线鳞无棘或仅部分侧线鳞有棘··················（135）

135a 前鳃盖骨棘3～4枚··················（140）

135b 前鳃盖骨棘2枚··················（136）

136a 犁骨齿群左右分离··················（138）

136b 犁骨齿群联合呈半月形；头大，甚平扁；棘棱低弱··············鲬属 *Platycephalus*（137）

137a 体黄褐色；具7条不明显褐色横纹；侧线鳞多，约120枚··················鲬 *P. indicus* [1178]

137b 体暗褐色；散布黑褐色斑点；侧线鳞较少，83～99枚·······褐斑鲬 *Platycephalus* sp. [1179]

138-136a 间鳃盖无皮瓣；虹膜半月形；侧线有1个小管··················鳄鲬 *Cociella crocodill* [1182]

138b 间鳃盖有1皮瓣；虹膜花簇状；侧线有2个小管··················瞳鲬属 *Inegocia*（139）

139a 背鳍、臀鳍鳍条各有12枚；间鳃盖皮瓣狭长··················日本瞳鲬 *I. japonicus* [1184]

139b 背鳍、臀鳍鳍条各有11枚；间鳃盖皮瓣宽短··················斑瞳鲬 *I. guttatus* [1185]

140-135a 眼上缘无皮瓣··················（144）

140b 眼上缘具皮瓣；胸鳍基部上方具一肱棘··················缘鲬属 *Thysanophrys*（141）

141a 眼上方有一乳突··················西里伯缘鲬 *T. celebica* [1193]

141b 眼上方无乳突··················（142）

142a 唇边有乳头突起··················乳瓣缘鲬 *T. otaitensis* [1194]

142b 唇边无乳头突起··················（143）

143a 眼径长为眼间隔最窄处宽度的1～2倍··················沙地缘鲬 *T. arenicola* [1191]

143b 眼径长为眼间隔最窄处宽度的5.5～6倍··················窄眶缘鲬 *T. chiltonae* [1192]

IV 辐鳍鱼纲

144-140a 上、下颌以及犁骨、腭骨均具犬齿；两背鳍间有一游离小棘

························犬牙鲬 *Ratabulus megacephalus* [1186]

144b 上、下颌无犬齿···（145）

145a 前鳃盖骨下缘无向前棘···（147）

145b 前鳃盖骨下缘有一向前侧棘或无，眶前骨具锯齿和小棘；虹膜分两叶

····················倒棘鲬属 *Rogadius*（146）

146a 前鳃盖骨棘5枚（包括倒棘），最后一棘为向前倒棘··············倒棘鲬 *R. asper* [1180]

146b 前鳃盖骨棘4枚，无向前倒棘·····················帕氏倒棘鲬 *R. patriciae* [1181]

147-145a 胸鳍后缘凹入；背鳍第2鳍棘短于第3鳍棘；间鳃盖具一皮瓣

····················凹鳍鲬 *Kumococius detrusus* [1190]

147b 胸鳍后缘不凹入··（148）

148a 眶前骨具锯齿；眶下棱1条，具锯齿；间鳃盖无皮瓣 ·········鳞鲬属 *Onigocia*（151）

148b 眶前骨下缘具棘，无锯齿；间鳃盖有小皮瓣···············大眼鲬属 *Suggrundus*（149）

149a 最长前鳃盖骨棘比眼径长；侧线鳞19～22枚，具棘·······鳞棘大眼鲬 *S. rodericensis* [1189]

149b 最长前鳃盖骨棘短于眼径；侧线鳞3～11枚，具棘·······················（150）

150a 侧线有8～11枚骨棘鳞片；头和躯干有黑色斑点·············大眼鲬 *S. meerdervoortii* [1187]

150b 侧线仅有1～4枚骨棘鳞片；头和躯干无黑色斑点··········长吻大眼鲬 *S. longirostris* [1188]

151-148a 眶上棱后半部有6枚小棘；侧线鳞无棘·············大鳞鳞鲬 *O. macrolepis* [1196]

151b 眶上棱全部有12枚小棘；侧线鳞前半部有小棘·····························（152）

152a 背鳍鳍条11～12枚；侧线鳞35～42枚，第8～11枚侧线鳞前方均具一强棘；眶下棱有一深缺刻

····················锯齿鳞鲬 *O. spinosus* [1195]

152b 背鳍鳍条11枚；侧线鳞52～53枚，第1～20枚侧线鳞前方均具一棘；眶下棱在眼下方无缺刻

····················粒突鳞鲬 *O. tuberculatus* [1197]

D-2a 杜父鱼亚目Cottoidei（153～174）

153-2a 腹鳍不愈合成吸盘；侧线明显；鼻孔2个······························（159）

153b 腹鳍通常愈合成吸盘；无侧线（狮子鱼例外）；鼻孔1或2个··············（154）

154a 背鳍2个；臀鳍基底短

····················圆鳍鱼科 Cyclopteridae 雀鱼 *Lethotremus awae* [1227]

154b 背鳍1个；臀鳍基底长·············狮子鱼科 Liparidae（155）

155a 上、下颌齿圆锥状，腹鳍不愈合成吸盘；无侧线

····················南方副狮子鱼 *Paraliparis meridionalis* [1232]

155b 上、下颌齿三尖状，腹鳍愈合成吸盘；侧线孔2～11个·······狮子鱼属 *Lipars*（156）

156a 体光滑无刺；背部有少量圆斑；胸鳍后缘凹入·············黑斑狮子鱼 *L. choanus* [1229]

156b 体被小刺···（157）

157a 胸鳍后下缘凹入；体散布大小不等的白色圆斑·············网纹狮子鱼 *L. chefuensis* [1230]

157b 胸鳍后下缘不凹入 ··（158）

158a 头、体具多行细长条纹；幼鱼胸鳍后缘凹入 ··············细纹狮子鱼 *L. tanakae* [1228]

158b 头、体具褐色横斑或斑块；幼鱼胸鳍后缘不凹入 ··········斑纹狮子鱼 *L. maculatus* [1231]

159-153a 第1背鳍基底长约为第2背鳍基的2.4倍

·······················绒杜父鱼科 Hemitripteridae

绒杜父鱼 *Hemitripterus villosus* [1211]

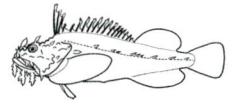

159b 第1背鳍基底长不长于第2背鳍基 ································（160）

160a 胸鳍下方无游离鳍条 ···（162）

160b 胸鳍下方具4枚游离鳍条

·······················拟杜父鱼科 Ereuniidae 拟杜父鱼属 *Ereunias*（161）

161a 腹鳍显著，鳍棘1枚、鳍条4枚 ·············游走丸川拟杜父鱼 *E. ambulator* [1210]

161b 无腹鳍或外表看不见 ···················神奈川拟杜父鱼 *E. grallator* [1209]

162-160a 体前部稍平扁，后部侧扁 ······································（165）

162b 体粗大，蝌蚪形；无鳞··········隐棘杜父鱼科 Psychrolutidae

隐棘杜父鱼属 *Psychrolutes*（163）

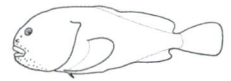

163a 背鳍鳍棘9~12枚；体有许多肉质瘤状突起；胸鳍、尾鳍具横纹

·······················隐棘杜父鱼 *P. paradoxus* [1222]

163b 背鳍鳍棘8枚；体无肉质瘤状突起；胸鳍、尾鳍无横纹·······················（164）

164a 头部无小皮瓣；体无侧线；胸鳍鳍条19~24枚 ··········光滑隐棘杜父鱼 *P. inermis* [1223]

164b 头部散布小皮瓣；体有侧线；胸鳍鳍条23~26枚··········变色隐棘杜父鱼 *P. phrictus* [1224]

165-162a 头、体不完全被骨板 ··（167）

165b 头、体全被骨板，体八棱形··········八角鱼科 Agonidae（166）

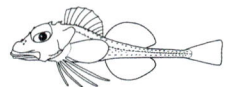

166a 眼大，突出；头顶有一疣状突起；吻无须 ··············松原隆背八角鱼 *Percis matsuii* [1225]

166b 眼稍小；头顶无疣状突起；吻有1对须 ··············锯鼻柄八角鱼 *Sarritor frenatus* [1226]

167-165a 沿侧线具1列骨板；头部具皱纹状骨板··········角杜父鱼 *Ceratocottus diceraus* [1213]

167b 沿侧线无骨板··········杜父鱼科 Cottidae（168）

168a 腹鳍鳍条3~4枚 ··（172）

168b 腹鳍鳍条2枚；前鳃盖骨具一弯棘，主鳃盖骨无棘 ························（169）

169a 前鳃盖骨棘1枚 ··（171）

169b 前鳃盖骨棘2~4枚 ··（170）

170a 前鳃盖骨棘2枚，上棘长，分叉；主鳃盖骨无棘 ··············叉杜父鱼 *Furcina osimae* [1220]

170b 前鳃盖骨棘4枚，上棘长，可达主鳃盖骨后缘；侧线鳞1列

·······················单线鳞杜父鱼 *Stlengis misakia* [1214]

171–169a 主鳃盖骨无棘；前鳃盖骨棘短而尖；头尖，体侧扁；尾鳍分叉

··尖头杜父鱼 *Vellitor centropomus* [1219]

171b 主鳃盖骨有棘；前鳃盖骨具弯棘；头圆钝，体侧扁，尾鳍后缘平截

··鳚杜父鱼 *Pseudoblennius cottoides* [1221]

172a 前鳃盖骨上棘上缘无小棘；下鳃盖骨、间鳃盖骨无棘 ··········（174）

172b 前鳃盖骨上棘上缘具小棘 ···（173）

173a 主鳃盖骨棘2枚；前鳃盖骨上棘最大，末端分叉，上缘具1～2枚小棘；上、下颌与犁骨、

腭骨均具齿 ·····························小杜父鱼 *Cottiusculus gonez* [1218]

173b 主鳃盖骨无棘；前鳃盖骨上棘粗大，上缘具3枚小棘；上、下颌具细齿，犁骨、腭骨无齿

··裸杜父鱼 *Gymnocanthus herzensteini* [1212]

174–172a 眶下骨突和头背具棱；腹鳍鳍棘1枚，鳍条4枚；前鳃盖骨上棘弯钩状

··松江鲈 *Trachidermus fasciatus* [1215]

174b 眶下骨突和头背无棱；腹鳍鳍棘1枚，鳍条3～4枚；前鳃盖骨上棘常上弯

··杜父鱼属 *Cottus*（175）

175a 前鳃盖骨棘3枚，上棘弯；下鳃盖骨棘1枚 ··········姆指杜父鱼 *C. pollux* [1216]

175b 前鳃盖骨棘1枚；腹鳍鳍棘1枚，鳍条4枚 ··········图们杜父鱼 *C. hangionensis* [1217]

E–1a 豹鲂鮄亚目Dactylopteroidei 豹鲂鮄科Dactylopteridae（176～177）

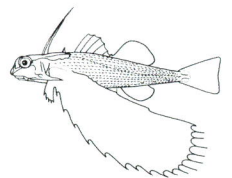

176–1a 背鳍仅第1棘游离 ··········单棘豹鲂鮄 *Dactyloptena peterseni* [1233]

176b 背鳍第1、第2棘游离；侧线不明显 ···（177）

177a 吻较长，头长为吻长的2.8～3.3倍；眼间隔较窄，颈部后颞骨后缘相交呈尖角形

··东方豹鲂鮄 *D. orientalis* [1234]

177b 吻较短，头长为吻长的3.9～4倍；眼间隔较宽，颈部后颞骨后缘相交呈U形

··短吻豹鲂鮄 *D. gilberti* [1235]

（174）鲉科 Scorpaenidae

本科物种头和体侧扁或近侧扁，头上有发达棘棱，通常有2枚主鳃盖骨棘和3～5枚前鳃盖骨棘，眶下骨嵴上有一列小刺，第2眶下骨通常与前鳃盖骨连接。体如被鳞则为栉鳞。背鳍一般为1个基底，中间有凹刻。臀鳍通常具3枚鳍棘，腹鳍通常具1枚鳍棘、5枚鳍条。胸鳍发达，个别种类胸鳍下方有一游离鳍条。有些种类无鳔。背鳍、臀鳍和腹鳍基部有毒腺，为刺毒鱼类，有的种类有剧毒[43]。全球鲉科有60属380种，我国现有29属81种。本科种类在渔业上有一定的渔业价值，为捕捞和增养殖对象。

鲉科物种形态简图

平鲉属 *Sebastes* Cuvier，1829

本属物种体延长，侧扁。头大，眼上侧位。头背部有一些低矮棘棱。口较大，前位。鳃盖骨上方、侧线前端有2～3个肩胛棘。眶下骨T形，伸不到前鳃盖骨。前鳃盖骨棘5枚，主鳃盖骨棘2枚。体被栉鳞，有侧线，胸鳍下部无游离鳍条。本属全球有110种，在我国分布有10种。

1057 **厚头平鲉** *Sebastes pachycephalus*（Temminck et Schlegel，1843）[38]
= 黑鲦 *Sebastichthys pachycephalus*

背鳍 XIII ～ XIV－11～13；臀鳍 III－6～7；胸鳍18～20；腹鳍 I－5。侧线鳞30～34。

本种一般特征同属。体侧扁，侧面观呈长椭圆形。眼较大，近吻端，高达头背缘。额棱间无深沟。头部的棘大而强，向后上方突出。口中等大，斜上位。胸鳍下部不分支，鳍条粗厚。体黑褐色，腹部白色。腹部、胸部和头下侧散布圆形黑斑。为冷温性岩礁鱼类。栖息于近岸岩礁海区，春季繁殖，卵胎生。分布于我国黄海、渤海，以及日本北海道以南海域、朝鲜半岛南部海域、西北太平洋。体长约30 cm。

注：本种据高天翔等研究（待发表），我国山东半岛海域尚有花斑平鲉 *S. pachycephalus nigricans* 和红斑平鲉 *S. pachycephalus chalcogrammus* 两个亚种，以背鳍基部有无微小鳞片及花斑分布相区别。

IV
辐鳍鱼纲

[1058] **铠平鲉** *Sebastes hubbsi*（Matsubara，1937）[38]
　　 = 铠鲸 *Sebastichthys hubbsi*

背鳍 XIII ～ XIV－12；臀鳍 III－6～7；胸鳍16～17；腹鳍 I－5。侧线鳞25～30。

　　本种吻较尖，额骨明显突起，两隆起间有深沟，体暗红褐色，腹部橘红色，具不规则条纹和斑点。背鳍基部具白斑，背鳍鳍条部及其他鳍均具褐色斑点。为冷温性沿岸底层鱼类。栖息于浅海岩礁藻场和沙泥底质区域。分布于我国黄海、渤海，以及日本岩手海域、新潟以南海域，朝鲜半岛海域，西北太平洋。体长约20 cm。

　　注：张春霖（1955）[5]、成庆泰（1987）[35]、金鑫波（2006）[4G]将该鱼称为铠平鲉。据高天翔、方亚璐等人最新研究，应为朝鲜平鲉 *S. koreanus = S. ijimae*。

[1059] **条平鲉** *Sebastes trivittatus* Hilgendorf，1880 [38]

背鳍 XIII ～ XIV－12～14；臀鳍 III－6～7；胸鳍18～19；腹鳍 I－5。侧线鳞31～40。

　　本种体形特征与铠平鲉相似，但额棱隆起，棱间沟宽、深，侧线鳞较多。体缘黄色无斑点，上半部色暗，腹部白色。为冷温性浅海底层鱼类。栖息于近海岩礁及泥沙底质区域。分布于我国黄海，以及日本北海道以南海域、朝鲜半岛海域、西北太平洋。体长约30 cm。

1060 雪斑平鲉 *Sebastes nivosus* Hilgendorf，1880 [68]

背鳍 XIII－11～12；臀鳍 III－6～7；胸鳍18～19；腹鳍 I－5。侧线鳞25～28。

本种体稍低，侧面观呈长椭圆形，额棱低平，眼间隔稍凹入。体暗黑色到黄绿色不等，腹部稍浅。为冷温性沿岸底层鱼类。栖息于近海岩礁和泥沙底质区域。分布于我国黄海、渤海，以及日本北海道以南海域、西北太平洋。体长约20 cm。

1061 许氏平鲉 *Sebastes schlegeli*（Hilgendorf，1880）
= 黑鲪 *Sebastodes fuscescens* = 黑平鲉 *S. nigricans*

背鳍 XIII－11～13；臀鳍 III－6～8；胸鳍17～18；腹鳍 I－5。侧线鳞37～53。

本种头顶棱较低，眼间隔宽平，约等于眼径。两颌、眶前和鳃盖上无鳞，眶前骨下缘有3枚钝棘。两颌及犁骨、腭骨均有细齿带。体灰黑色，腹部白色，散布不规则黑斑；各鳍黑色或灰白色，常具小斑点，尾鳍后缘上、下有白边。为冷温性近海底层鱼类。栖息于近海岩礁和沙泥底质区域。春季产卵，卵胎生。分布于我国渤海、黄海、东海，以及日本海域、朝鲜半岛海域、太平洋中、北部水域。体长约40 cm。为海洋渔业、海水增养殖重要对象 [96]。

IV
辐鳍鱼纲

1062 **无备平鲉** *Sebastes inermis* Cuvier et Valenciennes，1829 [68]
　　= 无棘鲉

背鳍XⅢ－13～14；臀鳍Ⅲ－7～8；胸鳍15～17；腹鳍Ⅰ－5。侧线鳞41～46。

本种头有顶棘，下颌突出，先端不尖，上颌骨区有鳞。眶前骨2枚棘。眶下骨细弱，棘棱不发达。眼间隔浅凹形。体黑色、红褐色或白色。体侧有几条不明显的暗褐色横带，鳃盖上方有一圆斑。为冷温性近海底层鱼类。栖息于沿岸岩礁和泥沙底质海区。卵胎生，春、夏季产卵。分布于我国黄海，以及日本北海道以南海域、朝鲜半岛海域、西北太平洋。体长约30 cm。

1063 **六带平鲉** *Sebastes joyneri* Günther，1878 [68]
　　= 焦氏平鲉

背鳍XⅢ－14～15；臀鳍Ⅲ－7；胸鳍16；腹鳍Ⅰ－5。侧线鳞47～53。

本种下颌稍突出，上颌骨区有鳞。头棘弱，眶前骨2枚棘，显著。体黄褐色，腹部白色。体侧上半部有6条明显黑色或深褐色横带，色带轮廓略圆。胸鳍黄色。为暖温性岩礁鱼类。栖息于沿岸稍深的岩礁海域。春、夏季繁殖，卵胎生。分布于我国南海、台湾海域，以及日本新潟以南海域、朝鲜半岛海域、西北太平洋。体长约20 cm。

1064 **五带平鲉** *Sebastes thompsoni* （Jordan et Hubbs，1925）
= 汤氏平鲉

背鳍Ⅷ－14～15；臀鳍Ⅲ－7；胸鳍15～17；腹鳍Ⅰ－5。侧线鳞52～56。

本种臀鳍第2鳍棘较短，短于头长的1/2。黄褐色基底上布有5条黑色较粗横带，其中第4横带位于背鳍鳍条部，第5横带在尾柄上。体侧全部暗带均位于体上半部，通常止于侧线上方。胸鳍红色。为冷温性岩礁鱼类。栖息于岩礁和泥沙底质海区，水深浅于100 m。春、夏季繁殖，卵胎生。分布于我国黄海、渤海，以及日本北海道以南海域、韩国釜山海域、西北太平洋。体长约30 cm。

1065 **柳平鲉** *Sebastes itinus* （Jordan et Starks，1904） [38]

背鳍Ⅷ－13～14；臀鳍Ⅲ－7～8；胸鳍18～20；腹鳍Ⅰ－5。侧线鳞53～58。

本种体修长，侧扁。头顶无棘。下颌突出，长于上颌。眼高，眼下缘无棘。上、下颌均被鳞。体红褐色，腹侧浅黄色，各鳍金红色。为冷温性岩礁鱼类。栖息于岩礁、沙泥底质的海区。春、夏季繁殖，卵胎生。分布于我国黄海，以及日本宫城以北海域、西北太平洋中部水域。体长约30 cm。

菖鲉属 *Sebastiscus* Jordan et Starks，1904

本属物种体呈长椭圆形（侧面观），侧扁。头大，眼上侧位。头上棘棱显著。眶前骨下后角有1枚棘。第2眶下骨末端截形，末端不达前鳃盖骨。前鳃盖骨有5枚棘，鳃盖骨有2枚棘。体被栉鳞。背鳍Ⅺ～Ⅻ－10～13。臀鳍Ⅲ－5～6。胸鳍宽大。腹鳍胸位。我国有3种。

1066 **白斑菖鲉** *Sebastiscus albofasciatus*（Lacépède，1802）[38]

背鳍Ⅻ－12～13；臀鳍Ⅲ－5；胸鳍16～18；腹鳍Ⅰ－5。侧线鳞49～53。鳃耙21～25。

本种一般特征同属，第2眶下骨有1枚向后的尖锐小棘。胸鳍鳍条16～18枚，通常为17枚。体黄红色，腹部白色，体上有黄色虫纹斑和不规则白色斑点。胸鳍有横列黑点。为暖水性岩礁鱼类。栖息于岩礁和沙泥底质的海区，水深30～100 m。分布于我国东海、南海，以及日本以南海域、朝鲜半岛南部海域。体长约25 cm。

1067 **褐菖鲉** *Sebastiscus marmoratus*（Cuvier et Valenciennes，1829）

背鳍Ⅻ－10～12；臀鳍Ⅲ－5；胸鳍17～19；腹鳍Ⅰ－5。侧线鳞49～54。鳃耙7～9＋12～16。

本种头背具棘棱，眼间隔有深凹，较窄，仅为眼径的1/2。眶前骨下缘有1枚钝棘。上、下颌与犁骨、腭骨均有细齿带。但第2眶下骨无向后小棘。胸鳍鳍条通常18枚。体茶褐色或暗红色，有许多浅色斑。胸鳍基底中部有小斑点集成的大暗斑。体色有随水深分布而增红的趋势。为暖温性岩礁鱼类。栖息于沿岸岩礁藻场海区。卵胎生，秋、冬受精，冬、春产仔。分布于我国黄海、东海、南海，以及日本北海道以南海域、朝鲜半岛海域、菲律宾海域、西北太平洋中南部暖水域。体长约30 cm。为海水增养殖对象。

1068 **三色菖鲉** *Sebastiscus tertius* Barsukov et Chen，1978 [38]

背鳍Ⅺ～Ⅻ－11～12；臀鳍Ⅲ－5～6；胸鳍18～20；腹鳍Ⅰ－5。鳃耙7～9＋23～27。

本种与褐菖鲉十分相像，以致曾经被认为是深水域的褐菖鲉。直至1978年，基于Barsukov和Chen的研究，独立为一有效种[9]。本种胸鳍鳍条不分支，不肥厚。鳃耙较多，下鳃耙多达23～27枚。体深红色，有的个体头顶有绿色斑点。胸鳍基底中部暗斑不明显。为暖水性岩礁鱼类。栖息于沿岸岩礁海区。分布于我国东海、台湾海域，以及日本宫城以南海域、朝鲜半岛海域。体长约37 cm。

1069 **赫氏无鳔鲉** *Helicolenus hilgendorfii*（Steindachner et Döderlein，1884）[68]
＝ 黑腹无鳔鲉 *H. dactylopterus*

背鳍Ⅻ－11～13；臀鳍Ⅲ－4～6；胸鳍16～20；腹鳍Ⅰ－5。鳃耙8～10＋11～18。

本种体呈长椭圆形（侧面观），侧扁，无鳔。胸鳍上腋部有一大皮瓣。鳃耙粗短，瘤状。上、下颌等长，上颌前端无齿群。胸鳍宽大，下部不分支鳍条较粗，鳍膜深凹，鳍条末端呈指状凸出。尾鳍后缘浅凹形。体橙红色，腹部白色，体侧有4条红褐色横纹，位于背鳍下方到尾前；各鳍均呈红褐色。幼体背鳍鳍棘部有一黑斑，鳃盖内面黑色。为冷温性底层鱼类。栖息于泥沙底质海区，水深200～500 m。分布于我国东海，以及日本以南海域、朝鲜半岛南部海域。成体体长约30 cm。

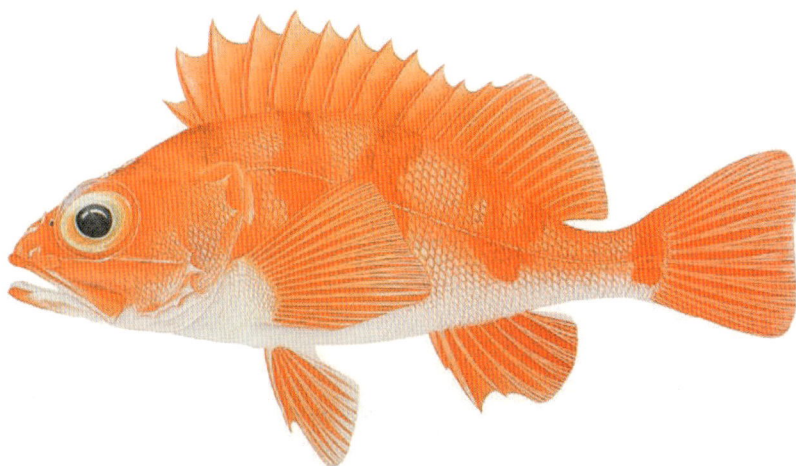

44
鲉形目

765

1070 眶棘鲉 *Hozukius embremarius*（Jordan et Starks，1904）[55]

背鳍Ⅻ～Ⅻ－12；臀鳍Ⅲ－6；胸鳍18～19；腹鳍Ⅰ－5。侧线鳞28～30。

本种体粗壮，侧扁。头大，眼大，头部棘棱明显。第2眶下骨末端平截，伸达前鳃盖骨。眼眶后端具小棘，下缘具多枚棘。下鳃盖骨、间鳃盖骨各有1枚棘，头骨背面有许多小穴，呈蜂巢状。胸鳍腋部无皮瓣。体褐红色，无明显斑纹。为暖温性底层鱼类。栖息水深600～900 m。分布于我国东海、南海，以及日本以南海域、朝鲜半岛南部海域。体长约45 cm。

1071 棘鲉 *Hoplosebastes armatus* Schmidt，1929[39]
= 锯棘鲉 *H. pristigenys* = 棘鲈鲉

背鳍Ⅻ－9；臀鳍Ⅱ－6；胸鳍17～18；腹鳍Ⅰ－5。

本种体中等长，侧扁，侧面观呈长椭圆形。头颇大，头背缘低。吻颇长，圆钝。颊部有强棘和隆起线。臀鳍有2枚鳍棘，第1棘退化、微小。背鳍有13枚鳍棘，鳍棘延长不显著。尾柄细，尾鳍长，后缘圆弧形。体褐红色，腹侧色浅。体侧有4～5条褐色宽大横纹，第1条位于头后部，最后1条在尾柄上。眼眶周围有3～4条辐射状排列的褐色条纹。为暖水性底层鱼类。分布于我国东海、南海、台湾海域，以及日本纪伊半岛、高知海域，朝鲜半岛海域。体长约12.5 cm。

▲ 本种曾被误认为是短鳍鲉 *Sebastes longiceps* Richardson，1846 [9]。

小鲉属 *Scorpaenodes* Bleeker，1857

本属物种体呈长椭圆形（侧面观），侧扁。头中等大，吻圆钝。眼大，上侧位，高达头背缘。口中等大，端位，斜裂。上、下颌几乎等长。腭骨无齿。背鳍鳍棘有13枚，无延长棘。臀鳍鳍棘有3枚，第1鳍棘长仅为第2鳍棘的1/2。胸鳍有14～20枚鳍条，上部5～7枚鳍条分支。体被栉鳞。上颌骨区无鳞。前鳃盖骨有4枚棘，主鳃盖骨有2枚棘。为热带小型鲉科鱼类，种类较多。全球有16种，我国有8种。

1072 正小鲉 *Scorpaenodes minor*（Smith，1958）[38]

背鳍 XIII － 8～9；臀鳍 III － 4～5；胸鳍14～16；腹鳍 I － 5。侧线鳞约30。

本种一般特征同属。体修长，侧扁，头长。吻较尖，无鼻棘。下颌长于上颌。头部大部分有鳞。背鳍鳍棘不延长。臀鳍第1鳍棘不显著短。胸鳍中部第10～12枚鳍条显著延长，后端达臀鳍起始处。体褐色，口、颌红色。体侧有数条宽黑横带，可延伸入背鳍与臀鳍。各鳍色淡，布有横列小斑点。为暖水性岩礁鱼类。栖息于珊瑚礁海域。分布于我国台湾海域，以及琉球群岛海域、印度－西太平洋暖水域。体长约4 cm。

1073 短鳍小鲉 *Scorpaenodes parvipinnis*（Garrett，1864）[14]

背鳍ⅩⅢ－9；臀鳍Ⅲ－5；胸鳍17～18；腹鳍Ⅰ－5。侧线鳞48～50。

体侧扁，侧面观呈长椭圆形。有鼻棘。胸鳍中部鳍条不延伸。眶下骨棘呈锯齿状。背鳍鳍棘短，多短于眼径。体红褐色。体侧具4条暗褐色横纹，分别位于头后、背鳍鳍棘部、鳍条部和尾柄后部。眼部、鳃盖骨后部、前鳃盖骨和眼上缘具有辐射状条纹。各鳍鳍条上具斑点。为暖水性珊瑚礁鱼类。栖息于热带珊瑚礁海区。分布于我国台湾海域，以及琉球群岛海域、美国夏威夷海域、印度－太平洋暖水域。体长约9 cm。

1074 岸边小鲉 *Scorpaenodes littoralis*（Tanaka，1917）[38]
＝潮间小鲉

背鳍ⅩⅢ－8～9；臀鳍Ⅲ－5；胸鳍17～19；腹鳍Ⅰ－5。侧线鳞45。

本种体侧面观呈长椭圆形，侧扁。吻稍尖，头背斜弧形。鼻棘1枚，尖锐。眶下骨仅有2枚粗棘，不呈锯齿状。前鳃盖后下方具一黑色大斑。眼周边有放射状横纹。各鳍均为红色，散布暗红色斑点，背鳍鳍棘部尚有2纵列白斑点。背鳍鳍棘较长，最长鳍棘长于眼径。体暗红色，体侧有5条不明显横纹。为暖水性岩礁鱼类。栖息于近岸岩礁、珊瑚礁海区。分布于我国南海、台湾海域，以及日本千叶、小凑以南海域和印度－西太平洋暖水域。体长可达10 cm。

1075 关岛小鲉 *Scorpaenodes guamensis*（Quoy et Gaimard，1824）[9]
＝短棘小鲉

背鳍Ⅻ－8～9；臀鳍Ⅲ－4～5；胸鳍18～19；腹鳍Ⅰ－5。侧线鳞42～45。

本种体侧面观呈长椭圆形，侧扁。颊部有3枚棘。前鳃盖后下方无黑斑。主鳃盖暗斑被主鳃盖骨上棘分离为2个斑块。臀鳍第2鳍棘正常，长度是头长的1/2。体褐绿色，上有不规则的暗斑和横带，各鳍亦有斑点。为暖水性岩礁鱼类。分布于我国南海、台湾海域，以及日本八丈岛海域、琉球群岛海域、印度-西太平洋暖水域。体长约10 cm。

1076 长棘小鲉 *Scorpaenodes scabra*（Ramsay et Ogilby，1865）[38]

背鳍Ⅻ－8；臀鳍Ⅲ－5；胸鳍18～19；腹鳍Ⅰ－5。侧线鳞37。

本种与关岛小鲉相似，其主鳃盖部通常具暗斑，并向主鳃盖骨棘的上方扩展。臀鳍第2鳍棘粗长，超过头长的1/2。体红黑色，体侧红斑与黑斑块错叠。背鳍、臀鳍有红斑。尾柄基部有橙红色横带。尾鳍色浅，有细小斑点。为暖水性岩礁鱼类。分布于我国南海、台湾海域，以及琉球群岛海域、西太平洋暖水域。体长约6 cm。

1077 变鳍小鲉 *Scorpaenodes varipinnis* Smith，1957[37]
= 花鳍小鲉

背鳍XIII－8；臀鳍III－5；胸鳍17~18；腹鳍I－5。侧线鳞38~40。

本种体呈长椭圆形（侧面观），侧扁。体色鲜艳，散布红斑与暗斑。主鳃盖骨棘间有一暗斑。眼周边有白色放射纹。腹鳍黄色，有黑点。胸鳍前半部具新月形暗横纹。背鳍鳍棘后部有一黑斑。为暖水性岩礁鱼类。分布于我国台湾海域，以及南非海域、印度-西太平洋。体长约6.5 cm。

1078 密斑小鲉 *Scorpaenodes kelloggi*（Jenkins，1903）[37]
= 克氏小鲉

背鳍XIII－8~9；臀鳍III－6；胸鳍18~20；腹鳍I－5。侧线鳞约30。

本种体呈长椭圆形（侧面观），侧扁。吻长，钝圆。眶前骨后下缘无棘。眶下棱棘少于4枚。主鳃盖无暗斑。臀鳍第2鳍棘短于头长的1/2。头、体深红色，布满黑白相间的杂斑块或斑点。眼周边具黑白辐射状条纹。为暖水性岩礁鱼类。分布于我国台湾海域，以及美国夏威夷海域、印度-太平洋。体长约5 cm。

▲ 本属我国尚有须小鲉 *S. hirsutus*（=粗小鲉），以眶前骨外侧具棘、头背和侧线有皮瓣为特征[4H, 13]。

1079 **斑鲉** *Iracundus signifer* Jordan et Evermann，1903[38]
= 斑点红鲉 = 斑纪鲉

背鳍XII－9；臀鳍Ⅲ－5；胸鳍17～19；腹鳍Ⅰ－5。侧线鳞39。

本种体呈长椭圆形（侧面观），侧扁。头中等大，口端位。背鳍有12枚鳍棘，以第4棘最长。有鼻棘。眶下骨隆起，后端有1棘。腭骨无齿。体深红色。头、体散布暗斑和白色斑点。背鳍1～3鳍棘间有一黑色斑。各鳍在浅色基底上密布红黄色斑点。为暖水性珊瑚礁鱼类。栖息水深10～70 m。分布于我国台湾海域，以及日本奄美大岛以南海域、印度－太平洋暖水域。体长约10 cm。

拟鲉属 *Scorpaenopsis* Heckel, 1837

本属物种体呈长椭圆形（侧面观）或前背部隆起，侧扁。头中等大，吻颇长、圆钝。眼较大，上侧位，眼球高、达头背缘。口较大，端位，斜裂，下颌稍长于上颌。腭骨无齿。头部棱棘发达，顶区有一深凹窝。眶前骨突起棘状。头、体散布不规则皮瓣。侧线完全。本属全球有20种，我国有9种。

1080 **须拟鲉** *Scorpaenopsis cirrosa*（Thunberg，1793）[68]

背鳍XII－9；臀鳍Ⅲ－5；胸鳍18；腹鳍Ⅰ－5。侧线鳞22～25。

本种一般特征同属。体高稍低，头、体有许多小皮瓣。主鳃盖骨上方棘为单尖头。背鳍第3鳍棘比第4鳍棘短。体褐红色，腹侧色较浅。头、体散布不规则的斑纹和斑点。背鳍鳍棘和鳍条部下方有多个宽大斑纹。各鳍亦具

斑纹和横纹。体色因栖息地水深而变化。为暖水性岩礁鱼类。卵生。分布于我国东海、南海、台湾海域，以及日本南部海域、印度−太平洋。体长可达50 cm。

1081 **拉氏拟鲉** *Scorpaenopsis ramaraoi* Randall et Eschmeyer，2001 [37]
=雷氏石狗公

背鳍XII−9；臀鳍III−5；胸鳍18。纵列鳞约47，侧线鳞24。鳃耙5＋9。

本种体呈长椭圆形（侧面观），侧扁。吻稍钝，口斜裂。齿小，上、下颌齿带分别有7列和6列。眼间隔中棱脊明显。枕骨凹陷浅，不呈四方形，眶前骨前棘的上方棱棘锐尖。主鳃盖骨上方棘窄，没有棱脊。眶上缘皮瓣发达。体背侧褐色，有黑色斑块。胸部、腹部橙黄色。各鳍有暗斑。尾鳍有白边。为暖水性底层鱼类。栖息于岩礁浅海。分布于我国台湾海域。

1082 **波氏拟鲉** *Scorpaenopsis possi* Randall et Eschmeyer，2001 [37]

背鳍XII−9；臀鳍III−5；胸鳍17～18。纵列鳞44～48，侧线鳞22。鳃耙5＋9。

本种体呈长椭圆形（侧面观），侧扁。体长为头长的2.2～2.3倍，为体高的2.8～3.0倍。头大，吻长，头长为吻长的3.0～3.1倍。眼中等大，突出，有一半高过头背缘。眼间隔侧棱延伸至枕骨凹陷部前，向内侧靠拢，枕骨凹陷浅。眶下骨棱具4枚棘，无眶上缘皮瓣。下颌皮瓣不发达。头、体有白色小皮瓣。体黄褐色，散布褐色圆斑。各鳍与体同色，有白边。为暖水性底层鱼类。栖息于岩礁浅海。分布于我国台湾海域。

1083 **枕嵴拟鲉** *Scorpaenopsis venosa*（Cuvier，1829）[37]

背鳍XII−9；臀鳍Ⅲ−5；胸鳍17。纵列鳞约54，侧线鳞22。鳃耙5+11。

本种与拉氏拟鲉相似。体呈长椭圆形（侧面观），侧扁。体高略低，腭骨无齿。眼突出，约一半高出头背缘。眼间隔宽，中棱嵴明显，从后鼻孔向后延伸至眼间隔中部。枕骨凹陷深，呈四方形。顶骨棘与颈棘约等长，两棘基部位于同一直线上。眶上缘无皮瓣。下颌皮瓣较发达。体褐绿色，散布褐色斑块。胸部、腹部略呈桃红色。为暖水性底层鱼类。栖息于水深60 m以浅的岩礁海区。分布于我国台湾海域。

1084 **光鳃拟鲉** *Scorpaenopsis neglecta* Heckel，1840[14]
= 摩拟鲉

背鳍XII−9~10；臀鳍Ⅲ−5；胸鳍16~20；腹鳍Ⅰ−5。侧线鳞22~25。

本种体稍粗，背部高耸。眼间隔较宽，大于眼径，头、体具皮瓣。顶棱及围眼眶骨棱均具锯齿。体褐红色，腹侧色稍浅。背鳍鳍棘部、鳍条部和尾柄都布有5条横纹。头部有白色斑点。胸鳍内侧基部有一黑斑，外缘有一黑色带。尾鳍具2条弧形横纹。为暖水性珊瑚礁鱼类。分布于我国东海、南海、台湾海域，以及日本南部海域、朝鲜半岛海域、印度–太平洋暖水域。体长可达24 cm。

44
鲉形目

1085 大口拟鲉 *Scorpaenopsis diabolus* Cuvier，1829 [38]
= 毒拟鲉 = 驼背拟鲉 *S. gibbosa*

背鳍XII－9；臀鳍III－5；胸鳍17～19；腹鳍I－5。侧线鳞22～23。

本种与光鳃拟鲉相像。体延长，侧扁。头粗大，眼前、后均凹入，棱棘发达，颅骨棱无锯齿。主鳃盖骨棘具2～4个尖头。背鳍起始处显著高耸。体红褐色，体侧有4条横纹。本种仅以胸鳍内面黄色，上半部有一大黑斑而和光鳃拟鲉相区别。为暖水性岩礁鱼类。分布于我国南海、台湾海域，以及琉球群岛海域、印度－太平洋暖水域。体长约20 cm。该鱼具剧毒[43]。

注：基于上述两个种十分相像，以至于光鳃拟鲉曾被认为驼背拟鲉[4G]。笔者查阅《南海鱼类志》(1962)和《南沙群岛至华南沿岸的鱼类(一)》(1997)中的驼背拟鲉，实际是大口拟鲉[7,16]。《台湾鱼类志》(1993)中也指出，我国台湾学者以往将光鳃拟鲉误认为驼背拟鲉[9]。

1086 大手拟鲉 *Scorpaenopsis macrochir* Ogilby，1910 [141]

背鳍XII－8～10；臀鳍III－5；胸鳍17～19；腹鳍I－5。侧线鳞22～23。

本种体呈长椭圆形(侧面观)，略侧扁。头大，吻较长。眼较大，上侧位。眼间隔宽且凹。口大，端位，斜裂。上颌有短须，下颌长。上颌骨达眼后部下方。颌齿细尖。侧线1条。体被栉鳞。背鳍起点位于主鳃盖骨棘上方。臀鳍起点位于背鳍鳍棘部后下方。胸鳍宽，后缘圆弧形。尾鳍后缘圆弧

形。体色多变，通常为灰褐色，腹侧浅褐色或淡红色。体侧具4条横纹。眼周围有辐射纹。背鳍、臀鳍、胸鳍具斑纹。尾鳍有2条横带。为暖水性近海底层鱼类。分布于我国东海、南海，以及西太平洋暖水域。

注：因笔者掌握的可比信息不足，本种未列于检索表中。

▲ 本属我国尚有杜父拟鲉 *S. cotticeps*、尖头拟鲉 *S. oxycephala*，均分布于我国台湾海域[13]。

鲉属 *Scorpaena* Linnaeus，1758

本属物种体呈长椭圆形（侧面观），侧扁。头大，棘棱发达。顶骨部有一深凹或横凹沟。眼下缘有棱或无棱。眶前骨后缘突起不向前弯。头部和侧线上常有皮瓣。口大，腭骨有齿。前鳃盖骨有6枚棘。头部无鳞，体被栉鳞。胸部有圆鳞或无圆鳞。本属全球有15种，我国有6种。

1087 斑鳍鲉 *Scorpaena neglecta* Temminck et Schlegel，1843 [15]
= 常鲉

背鳍XII − 8 ~ 10；臀鳍III − 5；胸鳍16 ~ 17；腹鳍I − 5。侧线鳞22 ~ 26。鳃耙4 ~ 6 + 6 ~ 10。

本种一般特征同属。体呈长椭圆形（侧面观），略侧扁。头大，具棘棱，无额棘。口大，腭骨有齿。眼间隔窄而深凹。眶前骨下缘无向前棘，眶下骨棘斜行。体被栉鳞，胸、腹部有鳞。头、体有皮瓣，胸鳍腋部无大皮瓣。体红褐色，腹侧色稍浅。体侧散布不规则云状大斑及黑色和白色斑点。眼周边有红白相间的放射纹直达鳃盖后缘。胸鳍、尾鳍有点列横纹。背鳍鳍棘部有大黑斑，鳍条部和臀鳍有斑点。为暖水性岩礁鱼类。卵生。分布于我国东海、南海，以及日本南部海域、朝鲜半岛南部海域、西太平洋暖水域。体长可达30 cm。

IV 辐鳍鱼纲

1088 **裸胸鲉** *Scorpaena izensis* Jordan et Starks，1904
= 伊豆鲉

背鳍XII－8～10；臀鳍III－5～6；胸鳍17～20；腹鳍I－5。侧线鳞23～27。鳃耙4～5＋9～12。

本种体侧扁，略修长，体高较低。头较大。吻颇长，圆钝，略大于眼径。口中等大，斜裂，腭骨具齿。眶前骨下缘有3～5个尖棘。无额棘。胸鳍基部具小圆鳞，胸鳍前部、腋部和腹鳍前部无鳞。头、体具皮瓣，胸腋有一皮膜。体黄褐色，腹部色浅，具斑点和斑纹。体侧黑褐色云状斑纹可延伸至背鳍。眶下棱下方、下鳃盖和主鳃盖各具一云纹斑。各鳍黄绿色，背鳍鳍棘后部具一大黑斑。胸鳍、尾鳍、臀鳍散布点列横纹。为暖水性底层鱼类。栖息水深100～150 m。分布于我国南海、东海，以及日本以南海域、西北太平洋暖水域。体长约15 cm。

1089 **小口鲉** *Scorpaena miostoma* Günther，1877[38]

背鳍XII－9；臀鳍III－5；胸鳍16。

本种体侧面观呈椭圆形，侧扁。头较小，头背无额棘。背部隆突，口裂小，上颌仅达眼中部下方。腭骨具齿。胸鳍上半部鳍条分支。背鳍起始于鳃盖后缘上方。体侧被鳞。体灰褐色，体侧斑纹不明显。雄鱼背鳍鳍棘膜有一黑点，雌鱼则无。为暖水性底层鱼类。栖息于浅海。分布于我国台湾海域，以及日本南部海域、韩国釜山海域、西北太平洋暖水域。体长约20 cm。

1090 **南瓜鲉** *Scorpaena pepo* Motomura，Poss et Shao，2007 [37]

背鳍Ⅻ－9；臀鳍Ⅲ－5；胸鳍16。侧线鳞23。鳃耙15～16。

本种体侧面观呈长椭圆形，侧扁。口稍大，上颌达眼后缘下方。头腹面、胸鳍基部盖满小圆鳞。侧线在胸鳍一半处开始陡降。眶前骨侧面具1枚棘，眶前骨前棘上具1枚小棘，后棘上有多枚小棘。眶下骨具3枚棘。鳃盖骨两棘间无肉质皮瓣。眶上皮瓣短于瞳孔径。下颌和胸鳍腋下无皮瓣。体橙黄色，头、体背部及背鳍、臀鳍、胸鳍、尾鳍上半部有许多小黑点。雄鱼背鳍鳍棘部有一大黑斑。为暖水性底层鱼类。栖息水深200 m以浅。分布于我国台湾海域。

1091 **后颌鲉** *Scorpaena onaria* Jordan et Snyder，1900 [68]

背鳍Ⅻ－9；臀鳍Ⅲ－5；胸鳍16～17；腹鳍Ⅰ－5。

本种与斑鳍鲉十分相似，以致过去被认为是斑鳍鲉。Shimizu（1984）认定为两个种。本种体较高，背鳍鳍棘前方高耸，体高可达体长的41%（斑鳍鲉为30%～35%）。口较大，上颌骨可达或超过眼后缘。背鳍基底黑斑发达。本种体红褐色，其斑纹特征也与斑鳍鲉大体相似。同为暖水性岩礁鱼类。栖息于岩礁、沙泥底质海区，水深约100 m。分布于我国台湾海域，以及日本南部海域、韩国釜山海域、西北太平洋暖水域。全长约30 cm [9]。

▲ 本属我国尚有冠棘鲉 *S. hatizyoensis*，与裸胸鲉相似，主要以头部有1枚额棘，眶下棱无棘，胸、腹部具小圆鳞而与裸胸鲉相区别[4H]。

鳞头鲉属 *Sebastapistes* Gill，1877

本属物种体呈长椭圆形（侧面观），侧扁。被栉鳞。眶前骨向前突起，有2~5枚棘。眶下骨具2棱，上、下排列，无顶枕凹洼。两颌、犁骨、腭骨均有齿。前鳃盖骨棘5~6枚。我国有5种。

1092 花腋鳞头鲉 *Sebastapistes nuchalis*（Günther，1873）[15]

背鳍XII – 9；臀鳍III – 5；胸鳍13~16；腹鳍I – 5。侧线鳞23~26。鳃耙5 + 10~11。

本种一般特征同属。头、体均被栉鳞。头部棘棱中等发达。胸鳍有4~7枚分支鳍条。体红色，腹侧稍浅。背鳍鳍棘前、后部下方各有一黄色圆斑。臀鳍、尾柄处各具一黄色横斑。各鳍黄绿色。体、鳍上散布白色斑点。为暖水性岩礁鱼类。分布于我国南海、台湾海域，以及菲律宾海域、美国夏威夷海域、印度–太平洋中、北部水域。体长约6 cm。

注：金鑫波（2006）对本种鱼体斑纹记述与附图不完全一致[4G]，可能是个体差异。

IV
辐鳍鱼纲

1093 **百脑鳞头鲉** *Sebastapistes bynoensis*（Richardson，1845）[14]
= 低棱鲉

背鳍XII－9；臀鳍Ⅲ－5；胸鳍15～17；腹鳍Ⅰ－5。侧线鳞23～26。鳃耙4～6＋5～9。

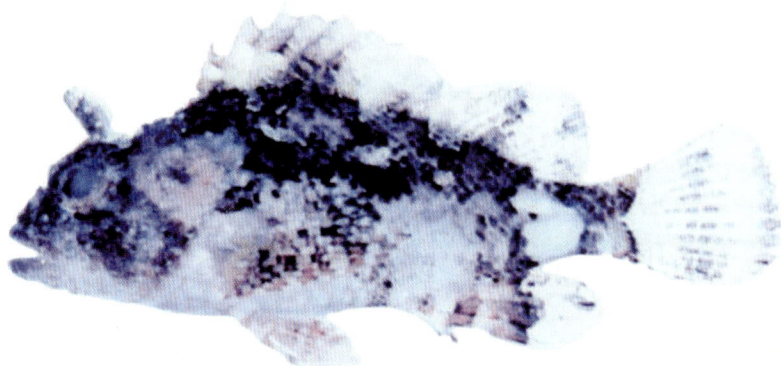

本种额棱不明显，埋于皮下。棱间无深沟，头部皮瓣较发达。眶下骨较大，棘棱发达。眶前骨下缘无分叉棘。除鳃盖上部有少量埋入鳞外，头部其他地方无鳞。体褐黄色，具不规则云状斑纹。背鳍鳍棘部有时具一大黑斑。体色和眶下骨皮瓣依个体栖息地变化差异很大。为暖水性珊瑚礁鱼类。栖息于近海。卵生。分布于我国南海、台湾海域，以及日本南部海域、印度－太平洋暖水域。体长约15 cm。

1094 **两色鳞头鲉** *Sebastapistes albobrunnea*（Günther，1893）[14]
= 黄斑鳞头鲉 *S. cyanostigma*

背鳍XII－9；臀鳍Ⅲ－4～5；胸鳍16；腹鳍Ⅰ－5。侧线鳞24～25。鳃耙6＋10～12。

本种与百脑鳞头鲉相似，但额棱明显，不埋入皮下。棱间有深凹。眶前骨外缘具1枚强棘。头背、眼后、颊部与鳃盖均被鳞。眶前骨下缘有3～5枚棘。头部无皮瓣。体褐红色，背鳍鳍条部具贯通体和臀鳍的褐色宽横带。体侧散布黄色较大圆斑，以背鳍鳍棘前部最大。胸鳍、臀鳍、尾鳍均有多条细横纹。为暖水性岩礁鱼类。栖息于近海礁岩洞穴，卵生。分布于我国台湾海域，以及日本南部海域、印度－西太平洋暖水域。体长约6 cm。

1095 须眉鳞头鲉 *Sebastapistes strongia*（Cuvier，1829）【37】

背鳍Ⅻ－9；臀鳍Ⅲ－5；胸鳍15。侧线鳞20～23。鳃耙4～5＋9～10。

本种体呈长椭圆形（侧面观），侧扁。吻短，约等于眼径。眶前骨有2枚棘，第2棘向后。眶下骨2枚棘。主鳃盖骨棘不被鳞，其下棘具棱嵴。胸鳍上部鳍条分支。腭骨具齿。体被栉鳞。眼间隔不具鳞。体褐色，散布深褐色斑块，下颌具许多垂直横纹。尾鳍有白色横带。为暖水性底层鱼类。栖息于岩礁浅海。分布于我国南海、台湾海域。

1096 廷氏鳞头鲉 *Sebastapistes tinkhami*（Fowler，1946）【37】

背鳍Ⅻ－9；臀鳍Ⅲ－5；胸鳍16。侧线鳞44～49。

本种与须眉鳞头鲉相似。吻短，约与眼径等长。腭骨具齿。其眶前骨具5枚棘，眶下骨有3枚棘。无冠棘。主鳃盖骨下棘不具棱嵴。眼间隔不具鳞。胸鳍上部为分支鳍条，基部被细鳞。体淡黄色，散布褐色斑块，各鳍有小黑点。为暖水性底层鱼类。栖息于岩礁浅海。分布于我国台湾海域。

圆鳞鲉属 *Parascorpaena* Bleeker，1876

本属物种体呈长椭圆形（侧面观），侧扁。体被中等大圆鳞，头部棘棱发达。眶前骨下缘具2枚向前棘，眶下棱具2~3枚棘。腭骨有齿。顶骨部有一横凹洼。前鳃盖骨有5枚棘突。我国有4种。

1097 斑鳍圆鳞鲉 *Parascorpaena maculipinnis* Smith，1957 [9]
= *P. mcadamsi*

背鳍XII－9；臀鳍III－5；胸鳍15~16；腹鳍I－5。侧线鳞40~43。

本种一般特征同属。头中大，吻较短。胸鳍上部鳍条分支。体被圆鳞。眼上皮瓣显著小。眶下骨棱有3枚棘，第2眶下棘前棱始于第1棘后方。体红褐色，有不明显云斑。各鳍色浅，背鳍鳍棘后部具一椭圆形大斑，其他鳍有点列横带。为暖水性岩礁鱼类。栖息于潮下带岩礁浅海与珊瑚礁海区。分布于我国台湾海域，以及日本冲之鸟礁海域、菲律宾海域、印度－太平洋暖水域。体长约5 cm。

注：*P. maculipinnis* 与 *P. mcadomsi*，我国台湾学者认为是同种异名，日本学者则认为是两个种，后者以眶下骨棱仅具2枚棘，头、体斑纹较少与前者相区分[9]。

1098 花彩圆鳞鲉 *Parascorpaena picta*（Cuvier et Valenciennes，1829）[15]
= *P. aurita* = 黑斑圆鳞鲉

背鳍XII－9；臀鳍III－4～5；胸鳍17～18；腹鳍I－5。侧线鳞23～24。鳃耙5＋9～10。

本种体呈长椭圆形（侧面观），侧扁。体被圆鳞。背鳍有7枚鳍棘。胸鳍上部鳍条分支。眶下棱具2枚棘。胸鳍具17～18枚鳍条。体褐红色，腹部稍浅。体侧隐具5个可连至背鳍的褐色云状横纹。各鳍黄褐色，具多条横纹或斜纹。为暖水性岩礁鱼类。卵生。分布于我国东海、南海、台湾海域，以及印度尼西亚海域、印度－西太平洋暖水域。体长约17 cm。

注：基于本种与莫桑比克圆鳞鲉 *P. mossambica*（亦称黑斑圆鳞鲉）十分相像，以至于曾将本种定名为莫桑比克圆鳞鲉，我国台湾仍将其作为地方名[9]。两种主要差别在于后者的眶下骨棱有3枚棘，胸鳍鳍条为15～16枚。

1099 莫桑比克圆鳞鲉 *Parascorpaena mossambica*（Peters，1855）[37]
= 黑斑圆鳞鲉

背鳍XII－9；臀鳍III－4～5；胸鳍15～16；腹鳍I－5。

本种体呈长椭圆形（侧面观），侧扁。吻钝圆。口中等大，开口于吻端。眼上方具一长皮瓣。背鳍、臀鳍、胸鳍、腹鳍均具分支鳍条。体被圆鳞，体侧有栉鳞。眶前骨有向前倒棘。眶下骨棱有3枚棘，第2眶下棘前棱始于第1眶下棘前上方。体棕褐色，间有白斑，腹部色浅。背鳍鳍棘膜无黑斑。各鳍色浅，具深红色横带。为暖水性底层鱼类。栖息于沿岸岩礁海区。分布于我国南海、台湾海域，以及日本相模湾以南海域、印度–太平洋暖水域。体长约9 cm。

1100 **触手冠带鲉** *Pontinus tentacularis*（Fowler，1938）[48]
　　= 冠带鲉 = 大头冠带鲉 *P. macrocephalus* [4G]

背鳍XII－9～10；臀鳍Ⅲ－5；胸鳍16～17；腹鳍Ⅰ－5。侧线鳞25。鳃耙7～9＋11～14。

本种体长，侧扁，头大，吻尖。腭骨有齿。胸鳍鳍条全部不分支。眶上嵴上有较长皮瓣，皮瓣长大于或小于眼径。体橙红色，腹部色浅，体上散布红色斑点及不明显横纹。背鳍鳍棘后部有黑斑点，鳍条部和尾鳍具点列横纹。为暖水性底层鱼类。栖息水深250 m左右。分布于我国东海、台湾海域，以及日本东京湾以南海域、帕劳海域、美国夏威夷海域、印度–太平洋暖水域。体长约20 cm。

1101 **大头冠带鲉** *Pontinus macrocephalus*（Sauvage，1882）[38]
　　= 大头海鲉

背鳍XII－9～10；臀鳍Ⅲ－5；胸鳍16～17；腹鳍Ⅰ－5。

本种与触手冠带鲉十分相似，以致金鑫波（2006）认为是同种[4G]。体呈长椭圆形（侧面观），稍侧扁。头大。眼上棘呈圆柱状。眼下具4枚尖棘，呈纵隆起嵴。眼大，眼间隔窄而凹陷。吻长，口裂大。上颌达眼中部下方。两颌、腭骨均有绒毛齿带。前鳃盖骨缘具4枚棘。主鳃盖骨棘短而薄。胸鳍鳍条不分支。体红褐色，侧线上方具不定型横带4条。为暖水性底层鱼类。分布于我国台湾海域，以及日本东京湾以南海域、帕劳海域、印度尼西亚海域、美国夏威夷海域、中西太平洋暖水域。体长约36 cm。

新棘鲉属 *Neomerinthe* Foeler，1935

本属物种体呈长椭圆形（侧面观），侧扁。头较大，吻钝圆。口大，端位。上颌骨超过眼后缘。眼大，侧上位，达头背缘。头背无顶枕窝。眶前骨棘向下或向后斜。胸鳍有16～20枚鳍条。体被栉鳞。我国有4种。

1102 **曲背新棘鲉** *Neomerinthe spilistius*（Gilbert，1905）[14]
　　　= 曲石鲉 *N. procurva* Chen，1981

背鳍XII - 9；臀鳍III - 5；胸鳍18～20；腹鳍I - 5。侧线鳞23～24。鳃耙13 + 19。

本种体侧面观呈长椭圆形，侧扁。背缘圆弧形，躯干前部较高。第4鳃弓后有裂孔。鼻棘1枚，尖锐。眶前骨下缘具2枚棘。前鼻孔、眼前和眼上棘处各具一皮瓣，眼上棘皮瓣显著大。体被中等大栉鳞，尾鳍后缘平截。体红褐色，侧线上方具黑褐色条斑。背鳍后部常有黑褐色大斑。为暖水性岩礁鱼类。分布于我国台湾海域，以及日本南部海域、美国夏威夷海域、北太平洋暖水域。体长约11.4 cm。

1103 钝吻新棘鲉 *Neomerinthe rotunda* Chen，1981 [14]
= 圆石鲉

背鳍XII－8～9；臀鳍Ⅲ－5；胸鳍18；腹鳍Ⅰ－5。侧线鳞20～24。鳃耙17～18。

本种体呈长椭圆形（侧面观），头颇大。鼻棘1枚，尖锐。吻短、圆钝，吻长仅为眼径的2/3。眼大，前上侧位，高达头背缘。口大，端位；上、下颌几乎等长，下颌前端无明显的向下骨突。第4鳃弓后方无裂孔。头部皮须发达，眼上缘棘皮须粗长，且密具叉形小须。体褐红色，具不太明显的5条横纹。通常背鳍鳍棘前上方具一黑斑。为暖水性岩礁鱼类。分布于我国台湾海域。体长约10 cm。

1104 大鳞新棘鲉 *Neomerinthe megalepis*（Fowler，1938） [14]
= 大鳞石鲉 = 大鳞头鲉 *Sebastapistes megalepis*

背鳍XII－9；臀鳍Ⅲ－5；胸鳍18～19；腹鳍Ⅰ－5。侧线鳞24～25。鳃耙5～6＋11～12。

本种体呈长椭圆形（侧面观），侧扁。头较大，吻中等长，圆钝。眼较大，上侧位。口大，端位，斜裂。两颌、犁骨、腭骨均具细齿。眶前骨外侧具1枚棘，下缘有2枚棘，后棘长。眶下骨具纵棱，有3枚棘。前鳃盖骨4枚棘。主鳃盖骨具2条叉棱，后端各具1枚棘。额骨光滑。前鼻孔有羽状皮瓣。眼上方、前鳃盖边缘具数个皮瓣。体被栉鳞。背鳍第1鳍棘短小。胸鳍宽，伸达臀鳍，中部有分支鳍条。体红色，散布深红斑块。为暖水性底层鱼类。栖息于近岸浅海。分布于我国南海、台湾海域，以及菲律宾海域、中西太平洋暖水域。体长约10 cm。

▲ 本属我国尚记录有宽鳞头新棘鲉 *N. amplisquamiceps* [13]。

1105 **太平洋平头鲉** *Plectrogenium nanum* Gilbert，1905 [48]

背鳍XII－6～7；臀鳍Ⅲ－5；胸鳍21～23；腹鳍Ⅰ－5。侧线鳞27～29。鳃耙15～19。

本种体稍延长，侧扁。头大，平扁。头上棘棱发达，头侧有1列大型棘突。口小，上颌骨仅达眼前缘。胸鳍下部鳍条稍延长，形成叶状突起，使胸鳍下部有一凹刻。腹鳍胸位。体红色，腹侧色稍浅。各鳍黄色。背鳍后部有一黑圆斑。胸鳍和尾端具1～2条深色条纹。为暖水性底层鱼类。分布于我国台湾海域，以及日本骏河湾以南海域、美国夏威夷海域、太平洋中部和北部暖水域。体长，小型个体约5 cm，大型个体可达12 cm。

1106 **隐棘鲉** *Adelosebastes latens* Eschmeyer，Abe et Nakano，1979 [38]

背鳍XII～XⅢ－12～13；臀鳍Ⅲ－5；胸鳍20～23。侧线鳞28～29。鳃耙7＋1＋16～17。

本种体长椭圆形（侧面观），稍侧扁而高。头部棘强而尖锐，但眶下骨无隆起棘。口大，上颌骨达眼后缘下方。胸鳍下方有缺刻。臀鳍第2鳍棘粗长。尾鳍后缘平截。体深红色。鳃盖和背鳍鳍膜边缘色暗。为暖水性底层鱼类。分布于我国东海，以及日本海域。体长约30 cm。

1107 **长鳍新平鲉** *Neosebastes entaxis* Jordan et Starks，1904[38]

背鳍Ⅻ－6～7；臀鳍Ⅲ－5；胸鳍19～20；腹鳍Ⅰ－5。侧线鳞33～38。鳃耙5～7＋11～12。

本种体呈长椭圆形（侧面观），侧扁。头中等大。吻短，小于眼径。眼中等大，上侧位。眼间隔深凹，头部棘棱发达。前鳃盖骨具4～5枚棘，主鳃盖骨具2枚棘。上枕骨有一低棱。背鳍鳍棘长显著，鳍膜深凹入。胸鳍长，无缺刻，可达臀鳍起点。体被栉鳞，有鳞区直达吻端。体红褐色，体侧具3条宽大褐色横纹，但不达腹侧。背鳍鳍棘部具不规则云状斑纹，鳍条部有4～5行点列横纹。尾鳍也有多行点列横纹。腹鳍浅红色，几乎无斑纹。为暖水性底层鱼类。栖息于岩礁海区。分布于我国南海，以及日本相模湾海域、西太平洋暖水域。体长可达17 cm。

1108 **无毒鲉** *Ectreposebastes imus* Garman，1899[48]
＝无鳔黑鲉＝深海黑鲉＝高体囊头鲉 *Setarches imus*

背鳍Ⅻ－9～10；臀鳍鳍条5；胸鳍18～21；腹鳍Ⅰ－5。侧线鳞45。鳃耙5～7＋8～11。

本种体椭圆形（侧面观），显著侧扁。头大，头上骨棱很低，头顶覆有鳞片。眼较小，上侧位，眼间隔宽，眼径仅为眼间隔的1/2。眶前骨前棘明显短于后方2棘。口大，端位。上颌骨有一纵行骨棱。侧线呈凹沟状。胸鳍宽，圆弧形。腹鳍胸位，尾鳍后缘圆弧形。体栗黑色，各鳍色稍淡。为暖水性深海鱼类。栖息水深150～2 000 m。分布于我国台湾海域，以及日本九州海域、中西太平洋、大西洋。体长约18.5 cm。

囊头鲉属 *Setarches* Johnson，1862

本属物种体呈长椭圆形（侧面观），侧扁。体中等高。头大，头上骨棱很低。眼小，眼间隔平坦，和眼径约等宽。眶前骨有2～3枚棘。上颌骨无纵行骨棱。口大，端位。腭骨有绒毛齿。无须、无皮瓣。体被小圆鳞。前鳃盖骨有4～5枚长棘，主鳃盖骨有1枚尖棘。背鳍连续，有深凹刻。尾鳍后缘截形。我国有2种。

[1109] **长臂囊头鲉** *Setarches longimanus* Alcock，1894 [48]

背鳍XII～XIII－9～11；臀鳍III－4～6；胸鳍20～23；腹鳍I－5。侧线鳞22～28。鳃耙6＋11～13。

本种一般特征同属。体长椭圆形（侧面观），稍侧扁。被薄圆鳞，侧线沟状。口大，端位。上颌骨末端达眼后缘，无隆起棘突。下颌稍长于上颌，缝合部有疣状突起。前鳃盖骨第2棘显著短于第1棘和第3棘。眼间隔宽，平坦。体鲜红色，仅尾鳍色淡。为暖水性底层鱼类。分布于我国南海、东海，以及日本福岛以南海域、印度－西太平洋暖水域。体长约18 cm。

[1110] **斐济囊头鲉** *Setarches fidjiensis* Günther，1878 [48]
= 贡氏囊头鲉 *S. guentheri*

背鳍XII～XIII－9～11；臀鳍III－4～6；胸鳍20～25；腹鳍I－5。侧线鳞23～28。鳃耙2～4＋9～10。

本种和长臂囊头鲉相似，其体较延长。前鳃盖骨第2棘较长，与前、后两棘同等发达。眼间隔宽，稍隆起。体紫红色，有不明显的红褐色横带。腹鳍至肛门有一紫黑色纵带，各鳍鲜红色。为暖水性底层鱼类。分布于我国东海、南海，以及日本东京近海。体长约23 cm。

1111 **须蓑鲉** *Apistus carinatus*（Bloch et Schneider，1801）[141]
= 棱须蓑鲉

背鳍XIV～XV - 8～10；臀鳍Ⅲ - 7～8；胸鳍11～12；腹鳍Ⅰ - 5。侧线鳞20～30。

本种体延长，侧扁。头中等大，吻圆钝。头背棘棱低平，眶前骨具3枚棘，棘较短，有一皮瓣。口大，端位。腭骨具细齿。下颌有3条长须，1条位于联合部下方，2条在两侧。前鳃盖骨有4～6枚棘，主鳃盖骨有2枚棘。体被细鳞。背鳍连续，有浅凹刻。胸鳍尖长，后方伸越臀鳍基底后端，下方有一游离鳍条。腹鳍胸位。尾鳍后缘圆弧形。体黄褐色。背鳍鳍棘部有一大黑斑，胸鳍、臀鳍、尾鳍均有黑色斑块。为暖水性底层鱼类。栖息于沿岸沙泥底质海区。分布于我国南海、东海、台湾海域，以及日本九州以南海域、印度-西太平洋暖水域。体长约18 cm。

1112 **安汶狭蓑鲉** *Pteroidichthys amboinensis* Bleeker，1856[38]

背鳍XII - 10；臀鳍Ⅱ - 6；胸鳍15；腹鳍Ⅰ - 5。侧线鳞39。鳃耙12～17。

本种体延长，甚侧扁。头大。眼中等大，上侧位。眶下棱有3枚棘，眶上皮瓣很长，分支大于头长。被栉鳞，眼间隔无鳞。眼后头背高耸。除腹鳍外，其他鳍鳍条均不分支。胸鳍不超过臀鳍基底。背鳍有12枚鳍棘，鳍膜较完整。体黄褐色，布有不规则黑色斑带或色浅的斑点。为暖水性浅水鱼类。栖息于水深14～30 m的近海。分布于我国南海，以及日本伊豆半岛海域、越南海域。体长约5.7 cm。

1113 **前鳍狭体吻鲉** *Rhinopias frondosa*（Günther，1892）[141]
=叶吻鲉

背鳍XII－9；臀鳍III－5；胸鳍16；腹鳍I－5。

本种体甚侧扁。头侧扁。吻狭长，吻端突起，吻侧有一宽大凹洼。眼较小，上侧位。眼前缘、眼后均凹入。头、体散具皮须。眶上棘具一长大皮瓣。无鼻棘。口大，前位。下颌有皮须。腭骨无齿。前鳃盖骨有4枚钝棘，主鳃盖骨有2枚弱棘。胸鳍宽大。体被小圆鳞，头部裸露无鳞。体色多变，一般为褐红色，也有紫色，其上有不规则斑点。为暖水性岩礁鱼类。栖息于水深稍深的岩礁海区。分布于我国台湾海域，以及日本南部海域、印度–西太平洋暖水域。体长可达23 cm。

1114 **异吻鲉** *Rhinopias xenops*（Gilbert，1905）[38]

背鳍XII－9；臀鳍III－5；胸鳍18。鳃耙6～7＋16。

本种体延长，侧扁而高。吻狭长，眼前背缘凹入。吻端高凸，吻侧有一宽大凹洼。眼较小，突出。眼上缘皮瓣甚小。下颌有皮瓣。腭骨无齿。前鳃盖骨有4枚钝棘，主鳃盖骨有2枚弱棘。体被小圆鳞，头部裸露无鳞，头、体散具皮瓣。体橙黄色，散布不规则黑色斑块。尾鳍有浅色横带。为暖水性底层鱼类。栖息于岩礁海区。分布于我国台湾海域，以及日本纪伊半岛海域、美国夏威夷海域。体长约12 cm。为稀有种。

蓑鲉属 *Pterois* Cuvier，1756

本属物种体延长，侧扁。头中等大，具棘棱和皮瓣。吻狭长。眼中等大，上侧位。眶前骨下缘有2枚棘突或锯齿状小棘，具2枚皮瓣。口中等大，端位，腭骨无齿，前鳃盖骨有3～4枚棘，主鳃盖骨有1枚棘。体被小圆鳞或栉鳞。背鳍鳍棘长，多数种类鳍棘长大于体高。胸鳍长，后端可伸达到或超过尾鳍基。多数种类尾鳍后缘圆弧形。体色艳丽。我国现有5种。棘刺有毒[43]。

1115 **肩斑蓑鲉** *Pterois russelli* Bennett，1831[16]
　　=勒氏蓑鲉

背鳍XⅢ－10～11；臀鳍Ⅲ－6～7；胸鳍12～13；腹鳍Ⅰ－5。纵列鳞90。鳃耙15～17。

本种一般特征同属。体被小圆鳞。眼上触须短于眼径，无节斑。鼻棘1枚，小而尖。顶棱高凸，具顶棘和颈棘各1枚。眶上棱具眶前棘、眶上棘、眶后棘各1枚。体红色，体侧具黑色带20条，宽、狭相间。眼上缘至口侧中部有一黑斜带，吻上有数条黑色带。头侧具7～8条辐射状黑色条纹。为暖水性岩礁或珊瑚礁鱼类。白天藏于洞穴或裂隙间，夜晚活动。分布于我国南海，以及日本南部海域、印度－西太平洋暖水域。体长约30 cm。

1116 触须蓑鲉 *Pterois antennata*（Bloch，1787）[38]

背鳍XII－11；臀鳍III－6；胸鳍16～18；腹鳍I－5。侧线鳞23～26。鳃耙6＋14～16。

本种体背部高耸。眼上缘棘皮瓣长超过眼径的1.5倍。吻端具小须1对。胸鳍、背鳍大，胸鳍超越臀鳍，鳍条全部不分支。鳞较大，栉鳞。体红色，体侧具24条宽狭相间的横纹，宽纹褐色，狭纹色淡。头部具褐色横纹，眼至颊部具一斜纹，与眼上缘皮须相连。皮瓣上有4～5个暗斑。背鳍、臀鳍、尾鳍具多条点列横纹，胸鳍散布带白边的褐色大圆斑。为暖水性岩礁鱼类。栖息水深50 m以浅。卵生。分布于我国南海、台湾海域，以及日本小笠原海域、纪伊半岛以南海域，印度－太平洋暖水域。体长约20 cm。

1117 辐蓑鲉 *Pterois radiate* Cuvier et Valenciennes，1829[38]

背鳍XII－11；臀鳍III－6～9；胸鳍16～17；腹鳍I－5。侧线鳞27。鳃耙4～5＋10～11。

本种体被弱栉鳞。吻端无皮瓣。眼上皮瓣细尖，外侧黑色。体褐红色，体侧具5条褐色白边的宽大横纹。尾柄处有2条白色纵纹。胸鳍有白色弯月形条纹，无黑斑点。腹鳍具一白色宽大条纹。为暖水性岩礁鱼类。栖息于沿海多礁区。分布于我国南海，以及日本高知以南海域、印度尼西亚海域、美国夏威夷海域、印度－太平洋暖水域。体长约10 cm。为观赏鱼类。

1118 **环纹蓑鲉** *Pterois lunulata* Temminck et Schlegel，1843 [68]

背鳍ⅩⅢ－11～12；臀鳍Ⅲ－7～8；胸鳍12～13；腹鳍Ⅰ－5。侧线鳞24～29。鳃耙4～5＋10～12。

本种与肩斑蓑鲉很相似。背鳍鳍棘13枚。体被小圆鳞。胸鳍长，后端伸达尾鳍基，鳍条全部不分支。眼上缘棘皮瓣短而尖，短于眼径。体红色。眼上缘至口侧有一斜纹，吻上有数条纵纹。体侧具20～22条宽狭相间的横纹。头、胸腹面无黑斑。胸鳍基底上方有一黑斑。背鳍、臀鳍、尾鳍无斑纹，或仅有黑色小点。为暖水性岩礁鱼类。卵生。分布于我国东海、南海，以及日本北海道以南海域、印度-西太平洋温热水域。体长可达30 cm。

1119 **斑鳍蓑鲉** *Pterois volitans*（Linnaeus，1758）[15]
　＝翱翔蓑鲉＝印度洋蓑鲉 *P. miles*

背鳍ⅩⅢ－10～11；臀鳍Ⅲ－6～7；胸鳍14～15；腹鳍Ⅰ－5。侧线鳞27～30。鳃耙15～17。

本种背鳍和胸鳍长大，胸鳍有14枚鳍条，长可超过尾鳍末端。眼上缘棘皮瓣很长，超过眼径的2倍。体红色。体侧具25条宽狭相间、深浅交替的横纹。头侧亦有10余条宽狭不等的横纹，在眼下方呈辐射状。背鳍鳍棘部具黑白相间节状斑纹。背鳍、臀鳍和尾鳍鳍条有许多黑褐色斑纹。为暖水性岩礁鱼类。分布于我国南海、台湾海域，以及日本骏河湾以南海域、澳大利亚海域、印度-西太平洋暖水域。最大体长可达37 cm。为观赏鱼类。

注：陈清潮、蔡永贞、马兴明《南沙群岛至华南沿岸的鱼类（一）》（1997）中所提"翱翔蓑鲉"有误[16]，可能是触须蓑鲉。

短鳍蓑鲉属 *Dendrochirus* Swainson，1839

本属物种体延长，侧扁。头中等大，棘棱发达，眶前骨有1条纵棱，具皮瓣。眼中等大，上侧位。口大，斜裂。下颌稍突出，腭骨无齿。前鳃盖骨棘有3枚，主鳃盖骨有1枚棘或无。体被栉鳞。背鳍有13枚鳍棘。鳍棘通常长于鳍条，约等于体高，棘膜深裂。胸鳍后缘圆弧形，上部鳍条分支，后端未达尾鳍基。我国有3种。

1120 **二斑短鳍蓑鲉** *Dendrochirus biocellatus*（Fowler，1938）[38]

背鳍XIII－9；臀鳍III－5；胸鳍20～21；腹鳍I－5。侧线鳞24～28。鳃耙5＋1＋9～11。

本种一般特征同属。体呈长椭圆形（侧面观），较高，吻较尖长。眶前骨下缘具2条皮须，前须短小，后须长大。眼颇大，上侧位，高达头背缘，眼间隔稍狭且凹入。体黄褐色，头背有暗褐色云斑。胸鳍具4条暗横纹。眶前骨长皮须有3～4条暗带。背鳍鳍棘部具数条黑白相间的节状斑带，鳍条部有2个黑底白边的眼状斑。尾鳍色浅，有节状斑点。为暖水性岩礁鱼类。栖息于浅海岩礁、珊瑚礁区。分布于我国台湾海域，以及琉球群岛海域、菲律宾海域、印度-太平洋暖水域。体长约12 cm。

1121 **美丽短鳍蓑鲉** *Dendrochirus bellus*（Jordan et Hubbs，1925）[15]

背鳍XIII－8～9；臀鳍III－5；胸鳍17～18；腹鳍I－5。侧线鳞23～28。鳃耙3～6＋8～13。

本种体呈长椭圆形（侧面观），侧扁而高。背鳍短，不及体高的1/2。胸鳍宽大，但后端未达尾柄。眶前骨下缘皮瓣短，短于眼径；眼上缘棘皮瓣短小。背鳍、臀鳍、胸鳍、尾鳍后缘圆弧形。体红褐色，具5～6条褐色横纹。背鳍鳍棘部有3～4条横行斑纹，鳍条部和臀鳍、尾鳍具多条点列横纹。胸鳍、腹鳍各有5～7条红黑相间的横纹。

为暖水性岩礁鱼类。栖息水深15～200 m。分布于我国东海、南海、台湾海域，以及日本高知海域、千叶以南海域，西北太平洋暖水域。体长可达20 cm。

1122 **花斑短鳍蓑鲉** *Dendrochirus zebra*（Quoy et Gaimard，1824）[15]
= 花斑叉指鲉

背鳍XIII－10～11；臀鳍III－6；胸鳍17；腹鳍I－5。侧线鳞24～27。鳃耙4～6＋10～11。

本种体修长，吻部尖长，头部棘棱无锯齿。眶前骨下缘有皮瓣1～2对，不明显长。吻端具3条皮须。眼上缘皮瓣较眼前皮瓣明显长。前鳃盖后下缘有2个大皮瓣。体红色，体侧具11条宽狭相间的褐色横带。眼周具3条辐射状纹。鳃盖下部有一大黑斑。背鳍、尾鳍、胸鳍、臀鳍具多列节斑。腹鳍基部有2块黄斑。为暖水性

岩礁鱼类。栖息于浅海的珊瑚礁、岩礁区。分布于我国南海，以及日本南部海域、印度－太平洋热带水域。体长可达20 cm。

1123　**拟蓑鲉** *Parapterois heterurus*（Bleeker，1856）[38]
　　　= 截尾蓑鲉

背鳍XIII－9；臀鳍II－7～8；胸鳍18～19；腹鳍I－5。侧线鳞25～27。

本种体延长，侧扁。头中等大，眼前方凹入。头部棘棱明显，眶前骨后端有皮瓣。眼大，上侧位。口大，端位。腭骨无齿。前鳃盖骨有3～4枚棘，主鳃盖骨有1枚棘。体被栉鳞，侧线位较高。背鳍鳍棘部鳍膜具凹刻。臀鳍具2枚鳍棘。胸鳍长大，超越臀鳍达尾柄处，上部鳍条分支。尾鳍上、下方或上方鳍条延长为丝状。体红褐色，体侧有8～9条不显著的暗横带。背鳍浅灰色，鳍棘部有3～4行褐色节斑，鳍条部有9～10行点列斑。胸鳍红褐色，上部有黑色大斑。为暖水性底层鱼类。栖息于浅海泥沙底质区。分布于我国南海、东海、台湾海域，以及日本横滨以南海域、马来半岛海域、菲律宾海域、印度－西太平洋暖水域。体长可达30 cm。

1124　**冠蓑鲉** *Ebosia bleekeri*（Steindachner et Döderlein，1884）[38]
　　　= 盔蓑鲉

背鳍XIII－9；臀鳍III－7；胸鳍15～16；腹鳍I－5。

本种体延长，侧扁。头部棘棱发达。眼中等大，上侧位。眶前骨无皮瓣。口中等大，端位。下颌腹面光滑。顶骨区有1对骨嵴，形似鸡冠，雄鱼此骨嵴尤其大。背鳍鳍棘膜具深凹刻，鳍棘显著长于鳍条，约与体高等长。胸鳍甚宽大，末端可达尾鳍基部，上部鳍条分支。体深红色，体侧具6条黑褐色横带。胸鳍具4～5行点列横纹，上方具一斑纹。背鳍鳍条部、臀鳍和尾鳍黄色。为暖水性底层鱼类。栖息于沿岸稍深水域。分布于我国南海、东海，以及日本本州以南海域。体长约27 cm。

1125 锯棱短鳍蓑鲉 *Brachypterois serrulatus*（Richardson，1846）[16]
= 锯蓑鲉

背鳍XIII－9～11；臀鳍III－5；胸鳍15；腹鳍I－5。侧线鳞24～27。鳃耙4～6＋11～12。

本种体呈长椭圆形（侧面观），侧扁。头较大。吻中等长，圆钝。眼较大，位高达头背缘。眼间隔狭，浅凹。下颌略长于上颌，下颌骨具3～4行小锯齿。眶前骨具锯齿棱多行。眶下棱1条，有锯齿。腭骨无齿。前鳃盖骨边缘具锯齿和3～4枚棘。主鳃盖骨有1枚扁棘。鳞中等大，栉鳞。体红色，具褐色条纹与不规则斑纹。体侧有6条褐色横纹。眼前后缘及鳃盖各有一红斑。背鳍鳍条、臀鳍有2～4条褐红色斜纹。胸鳍、腹鳍具浅蓝色点纹。尾鳍有褐红色点列横纹。为暖水性底层鱼类。栖息于近海底层。分布于我国南海、东海，以及菲律宾海域、印度–西太平洋暖水域。体长约7 cm。

▲ 本科在我国尚分布有：缨鲉*Thysanichthys crossotus*，与眶棘鲉相似，但无额棘；大眼鲉*Phenacoscorpius megalops*，与拟蓑鲉相似，但侧线不完全，仅鳃孔上方具4～5枚侧线鳞，眶前骨下缘圆突；崎鲉*Pteropelor noronhai*，与安汶狭蓑鲉相似，但体呈长椭圆形（侧面观），背鳍有13枚鳍棘，臀鳍有3枚鳍棘[13]。

（175）鲂鮄科 Triglidae

本科物种体延长，前部粗，后部渐狭。头近长方形（侧面观），背面和侧面被骨板，有些骨板上有小棘。上颌骨为眶前骨遮盖。背鳍基部两侧有1排棘骨板。鳞小，圆鳞或栉鳞，退化或深埋皮下。口端位或次下位，下颌无须。背鳍2个，分离。臀鳍中等长或长，通常具1枚棘。胸鳍中等大或大，下部有3条游离鳍条。腹鳍基底分开，胸位。尾鳍后缘截形或分叉。本科全球有10属约70种，我国有5属19种。有些种类是海洋渔业的捕捞对象，有一定的经济价值[56, 110]。

注：Nelson（2006）、黄宗国（2012）将本科移入鲬亚目[3, 13]。

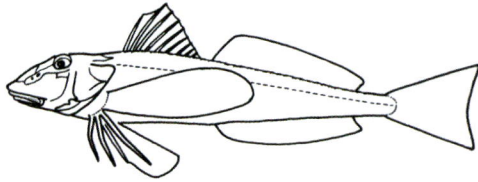

鲂鮄科物种形态简图

1126 **小眼绿鳍鱼** *Chelidonichthys spinosus*（McClelland，1844）
= 棘绿鳍鱼 = 绿鳍鱼 *C. kumu*

背鳍IX，15～17；臀鳍15～16；胸鳍14；腹鳍I－5。侧线鳞130。鳃耙1～2＋8～10。

本种体延长，稍侧扁，向后渐细。体被小圆鳞。头中等大，近正方形（侧面观），头背及两侧均被骨板。吻较长，吻角钝圆。口大，前下位。眼小，上侧位。前鳃盖骨和主鳃盖骨各具2枚棘。背鳍两侧各有一纵列棘楯板。胸鳍长大，低位，下侧有3枚指状游离鳍条，胸鳍的内侧面艳绿色，具浅斑点。体红色，具蓝褐色网纹。为暖温性底层鱼类。栖息于泥、沙泥、贝壳沙底质海区，水深25～615 m。分布于我国渤海、黄海、东海、南海，以及日本海域、朝鲜半岛海域。全长约40 cm。为常见经济鱼类[56]。

注：黄宗国（2012）将棘绿鳍鱼 *C. spinosus* 和绿鳍鱼 *C. kumu* 分为两个物种，并有图照[13, 14]。但笔者查阅金鑫波（2006）、朱元鼎（1963）及沈世杰（2011）的研究报告，并观察了在东海和黄海采集的二者标本。文献对二者的记述相同，只是前后使用的名称不同，似应是同种异名[4G, 6, 37]。

红娘鱼属 *Lepidotrigla* Günther，1860

本属物种一般形态特征与绿鳍鱼相像。体被中等大栉鳞，侧线鳞70枚以下。吻突中部凹入，吻角细长或三角形。头近长方形（背面观），头高大于头宽，头顶眼后缘有一横沟。眼中等大，上侧位。口大，前腹位。前鳃盖骨有1枚棘或无棘，鳃盖骨有2枚棘。本属种类较多，我国有13种。

1127 **日本红娘鱼** *Lepidotrigla japonica*（Bleeker，1857）[38]

背鳍Ⅷ～Ⅸ，14～15；臀鳍13～14；胸鳍14；腹鳍Ⅰ-5。侧线鳞58～60。

本种一般特征同属。头中等大，体长为头长的3倍以上。吻突起最外侧有较强棘1枚，内侧有几枚短棘。背鳍基底棘楯板22～23个。胸鳍显著大，可达背鳍第9～12鳍条处。体背侧被栉鳞，腹侧被圆鳞。体红色，头、体无斑纹。胸鳍内侧蓝灰色，上半部具黄色网状花纹。背鳍鳍条部有一黑色长条大斑。其他鳍浅红色，无斑纹。为暖水性底层鱼类。栖息于沙泥、贝壳沙底质海区，水深90～115 m。分布于我国东海、南海，以及日本南部海域、印度尼西亚海域、西太平洋温热带水域。全长约20 cm。

1128 **翼红娘鱼** *Lepidotrigla alata*（Houttuyn，1782）[44]

背鳍Ⅷ～Ⅹ，15～16；臀鳍15～16；胸鳍14；腹鳍Ⅰ-5。侧线鳞59～61。

本种与日本红娘鱼相似，但胸鳍中等大，后端不达第2背鳍中部。吻长。吻突宽，三角形，边缘具锯齿，无棘。眼窝上缘平滑，背鳍基底棘楯板23～24个。体红色，散布斑点。胸鳍内侧具黑色弧形条纹。其他鳍浅红色，无斑纹。为暖水性底层鱼类。栖息于沙泥、贝壳沙底质海区，水深60～70 m。分布于我国东海、南海，以及日本函馆以南海域、朝鲜半岛海域。体长可达40 cm。

1129 **长棘红娘鱼** *Lepidotrigla guentheri* Hilgendorf，1873[38]
　　　=贡氏红娘鱼

背鳍Ⅶ～Ⅸ，15～16；臀鳍15～16；胸鳍14；腹鳍Ⅰ－5。侧线鳞60～64。

本种吻棘显著短，吻突上的小棘几乎等长，有的小棘愈合，以至吻棘基底向前突出。背鳍基底棘楯板22～24个。背鳍第2鳍棘显著长于第1鳍棘。胸鳍游离鳍条达到腹鳍末端，间距短于眼径的1/2。体红色，无斑纹。胸鳍内侧上半部灰色，下半部具黑色椭圆大斑，黑斑内有蓝色虫纹。其他鳍无斑纹。为暖水性底层鱼类。栖息于沙泥、贝壳沙底质海区，水深70～280 m。卵生，浮性卵，春季产卵。分布于我国东海，以及日本南部海域、朝鲜半岛海域、西北太平洋温带和亚热带水域。体长约20 cm。

注：金鑫波（2006）对本种的记述为"体无斑"。益田一（1984）、沈世杰（2011）述及本种尾部有1条、尾鳍有2条红色横带[4G，38，37]。

1130 **裸胸红娘鱼** *Lepidotrigla kanagashira* Kamohara，1936[38]
　　　=尖鳍红娘鱼

背鳍Ⅸ，14～15；臀鳍14～16；胸鳍14；腹鳍Ⅰ－5。侧线鳞58～61。鳃耙0＋8。

　　本种头中等大，四棱形（横断面观），背面较狭。吻中等长，吻突短而钝，最后侧有1枚强棘，内侧具几枚小短棘。背鳍第2鳍棘不显著长于第1鳍棘。背鳍基棘楯板23～24个。胸鳍较大，游离鳍条不达腹鳍末端。体被中等大栉鳞，背鳍前部及喉胸部裸露无鳞。体红色，头、体无斑纹。胸鳍内侧具一蓝色椭圆形大斑，斑内无小斑或条纹。为暖水性底层鱼类。栖息于泥沙底质海区，水深130～150 m。分布于我国南海，以及日本土佐湾海域、西太平洋暖水域。全长约18 cm。

1131 斑鳍红娘鱼 *Lepidotrigla punctipectoralis* Fowler，1938 [38]

　　背鳍Ⅷ～Ⅸ，15～16；臀鳍14～16；胸鳍14；腹鳍Ⅰ－5。侧线鳞58～64。鳃耙1＋12。

　　本种头中等大，略侧扁，背面较狭。吻中等长，吻突呈狭三角形（侧面观），吻突各小棘愈合。背鳍基棘楯板23～24个。胸鳍稍短，末端不达背鳍中部第6鳍条处。体红色，头、体无斑纹。胸鳍内侧黄绿色，散布蓝色或白色圆形斑点，下半部具一黑色椭圆形大斑。尾鳍有2条红色横带。为暖水性底层鱼类。栖息于沙泥底质海区。分布于我国东海、南海，以及日本南部海域、菲律宾海域、西太平洋暖水域。全长约20 cm。

1132 长头红娘鱼 *Lepidotrigla longifaciata* Yaton，1980 [38]

　　背鳍Ⅶ～Ⅸ，15～17；臀鳍15～17；胸鳍14；腹鳍Ⅰ－5。侧线鳞32～34。鳃耙1＋6～7。

本种体较长，头较高大，四棱形（横断面），略侧扁。吻较长大，吻突圆钝，吻突间隔狭，小于眼径，其上各小棘不愈合，头部各棘锐尖。第1背鳍第2鳍棘长于第3鳍棘，背鳍基棘楯板23～25个。胸鳍较短，不达背鳍中部。体红色，无斑纹。第1背鳍具一红色斑块。胸鳍内侧黑色。为暖温性底层鱼类。栖息水深180～320 m。分布于我国东海，以及日本南部海域、太平洋西北部水域。全长约20 cm。

[1133] **姬红娘鱼** *Lepidotrigla hime* Matsubara et Hiyama，1932[38]

背鳍Ⅷ，14～15；臀鳍14～15；胸鳍14；腹鳍Ⅰ－5。侧线鳞57～61。鳃耙1＋7～8。

本种体较长，亚圆柱形，稍侧扁。头中等大，背面较狭，眼后背缘平直。吻中等大，吻突近三角形（侧面观），各小棘不愈合。眼大，上侧位，几乎达头背缘。口中等大，下端位，上颌骨后缘达瞳孔前缘下方。第1背鳍第2鳍棘与第3鳍棘约等长。背鳍基棘楯板22～23个。胸鳍长，几乎达背鳍第5，第6鳍条。体红色，头、体无斑纹，第1背鳍有红斑，胸鳍内侧深蓝色，无白色斑点。各鳍浅红色，无斑纹。为暖温性底层鱼类。栖息水深40～440 m。分布于我国东海，以及日本南部海域、西北太平洋暖温带水域。全长约18 cm。

[1134] **深海红娘鱼** *Lepidotrigla abyssalis* Jordan et Starks，1902[38]

背鳍Ⅷ～Ⅸ，14～15；臀鳍14～15；胸鳍14；腹鳍Ⅰ－5。侧线鳞60～64。鳃耙1＋8～9。

　　本种与姬红娘鱼相似，上颌骨稍短，后端不达瞳孔前缘下方。眼略小，眼径约等于吻长。第1背鳍第2鳍棘长于第3鳍棘。胸鳍内侧边缘绿褐色，中部黄绿色。体红色，各鳍浅红色，第1背鳍有红斑。为暖温性底层鱼类。栖息于贝壳沙、沙泥底质海区，水深60～415 m。分布于我国东海，以及日本中南部海域、西北太平洋温带水域。全长约17 cm。

[1135] **岸上红娘鱼** *Lepidotrigla kishinouyi* Snyder，1911 [38]
　　 = 凯氏红娘鱼

　　背鳍Ⅷ～Ⅸ，14～16；臀鳍14～16；胸鳍14；腹鳍Ⅰ－5。侧线鳞60～62。鳃耙7～9。

　　本种体略粗短，胸部和腹前半部无鳞。吻突内侧有许多枚小棘。犁骨有齿。胸鳍第1游离鳍条不达臀鳍起点。第1背鳍第3鳍棘长于第2鳍棘。胸鳍内侧灰黑色，下部具一黑色椭圆形大斑，斑内散布小白点。体深红色，各鳍色稍浅，无斑纹。为暖温性底层鱼类。栖息水深40～140 m。冬季产卵。分布于我国东海，以及日本南部海域、西北太平洋温暖水域。体长约20 cm。

[1136] **短鳍红娘鱼** *Lepidotrigla microptera* Günther，1873 [15]

　　背鳍Ⅷ～Ⅹ，16～18；臀鳍15～18；胸鳍14；腹鳍Ⅰ－5。侧线鳞64～68。鳃耙1＋10。

本种体较长，亚圆柱形。头中等大，略侧扁，眼后缘浅弧形。吻中等大，吻端中间凹入，吻突圆钝，各具小棘，最外侧为一强棘。胸鳍短于头长。腹鳍短，不达肛门。体红色，腹侧白色，头、体无斑纹。第1背鳍后上部有椭圆形红色斑，胸鳍内侧橙红色，无斑纹。背鳍、尾鳍红色，腹鳍、臀鳍色淡。为暖水性底层鱼类。栖息水深40～340 m。分布于我国渤海、黄海、东海，以及日本北海道以南海域、朝鲜半岛海域、西北太平洋温带水域。体长可达30 cm。

▲ 本属我国尚有大眼红娘鱼 *L. oglina*、圆吻红娘鱼 *L. spilopterus*、长指红娘鱼 *L. longimana*，以胸鳍长短、吻突发达程度和小棘发育情况，以及胸鳍内侧颜色和斑纹相区分[4G, 13]。

角鲂鮄属 *Pterygotrigla* Waite，1899

本属物种体延长，略侧扁。头大，四棱形（横断面观），背、侧面被以骨板。无鼻棘，吻突尖。项背棘很长，伸达背鳍基底下方。前鳃盖骨棘短小，主鳃盖骨有2枚棘。体被小圆鳞。第1背鳍基具大型棘楯板，第2背鳍的棘楯板退化。我国有2种。

1137 尖棘角鲂鮄 *Pterygotrigla hemisticta*（Temminck et Schlegel，1850）[37]

背鳍Ⅵ～Ⅷ，11～12；臀鳍11～12；胸鳍14～15；腹鳍Ⅰ－5。侧线鳞58～73。鳃耙2～3＋9～11。

本种一般特征同属。体较粗短，吻突尖，呈牛角状，稍向外张开。眼大，眼窝上缘平滑。后颞颥棘宽大而尖，伸达第1背鳍第2、第3鳍棘。主鳃盖骨下棘尖长，可达第1背鳍第4、第5鳍棘下方。胸鳍基上方肱棘短小。第2背鳍基无棘楯板。体红色，稀疏散布有褐色小斑点。第1背鳍具一黑斑。胸鳍内侧蓝绿色，下半部具6～9个黄色圆斑。其他鳍浅红色，无斑纹。为暖水性底层鱼类。栖息水深138～500 m。分布于我国东海、南海、台湾海域，以及日本南部海域、印度洋暖水域。全长约30 cm。

1138 琉球角鲂鮄 *Pterygotrigla ryukyuensis* Matsubara et Hiyama，1932[14]

背鳍Ⅷ~Ⅸ，11；臀鳍12；胸鳍15；腹鳍Ⅰ-5。侧线鳞56。鳃耙2+11。

　　本种体略修长。吻突三角形（侧面观），短而宽扁。鳃盖骨棘短小。后颞颥棘长，可达背鳍第3~4鳍棘处。肱棘宽大尖长，伸达第1背鳍第6鳍棘下方。第2背鳍基棘楯板尚有痕迹。体红色，具斑点。头下侧、下颌各有1行银灰色小斑点。体侧散布少数椭圆形大斑。胸鳍内侧后部有一蓝黑色椭圆形大斑。其他鳍浅红色，无斑。为暖水性底层鱼类。栖息于沙泥、贝壳沙底质海区。分布于我国南海、台湾海域，以及日本高知海域、琉球群岛海域、印度尼西亚海域。全长约25 cm。

副角鲂鮄属 *Parapterygotrigla* Matsubara，1937

　　本属物种与角鲂鮄属相似。体长，略侧扁；头部被骨板；吻棘长大于眼径；具1对鼻棘；犁骨有一绒毛齿群；前鳃盖骨棘尖长；鳃盖骨有1枚棘，短小；体被小圆鳞，第1背鳍基具棘楯板。我国有3种。

1139 多点副角鲂鮄 *Parapterygotrigla multiocellata* Matsubara，1937[48]
= 多斑角鲂鮄 *Pterygotrigla multiocellata*

背鳍Ⅶ~Ⅷ，11~12；臀鳍12；胸鳍14~15；腹鳍Ⅰ-5。侧线鳞57~67。鳃耙2+8~10。

　　本种一般特征同属。体较长，前半部粗圆。头较大，吻背缘斜凹。吻长，吻棘较宽。第2背鳍基无棘楯板。体红色，腹侧白色，上侧部散布褐色小圆斑，胸鳍内侧深蓝色。其他鳍浅红色或白色，无斑纹。为暖水性底层鱼类。栖息水深350 m左右。分布于我国东海，以及日本南部海域、九州海域，帕劳海岭，西太平洋暖水域。体长约30 cm。

1140 **长吻副角鲂鮄** *Parapterygotrigla macrorhynchus*（Fowler，1938）[14]
= 长吻角鲂鮄 *Pterygotrigla macrorhynchus*

背鳍Ⅷ，12～13；臀鳍11～12；胸鳍16～17；腹鳍Ⅰ－5。侧线鳞56～60。鳃耙2＋6。

　　本种吻长约为眼径的5.5倍。吻棘很长，长度达眼径的3倍。后颞顶骨棘强，可达第1背鳍第4鳍棘。肱棘宽大尖锐，达第1背鳍第3鳍棘下方。下鳃盖骨、间鳃盖骨无棘。第2背鳍基无棘楯板。鳞小，常不呈覆瓦状排列。体褐色，胸鳍具4条暗褐色横纹。腹鳍第3、第4鳍条各具1条暗条纹。为暖水性底层鱼类。栖息于贝壳沙底质海区。分布于我国东海、南海、台湾海域，以及日本熊野海域、菲律宾海域、西太平洋中部暖水域。全长约15 cm。

▲ 本属我国尚有长鳍副角鲂鮄 *P. hoplites*，与长吻副角鲂鮄相像，吻亦长，但其胸鳍长，后端可达臀鳍基底后方。
　　本科还有厚鲂鮄 *Pachytrigla marisinensis*，以第1背鳍基底楯骨板无棘，但第2背鳍基底有棘楯板而与其他鲂鮄科物种相区别[4G，13]。

（176）黄鲂鮄科 Peristediidae

　　本科物种体延长，前部平扁，后部渐狭细。头狭平或宽平，被骨板。前额中线具1或2枚棘。吻前方有2个骨质突。眼上侧位，口下位。上颌骨被眶前骨遮盖，下颌有须。前鳃盖骨下角圆弧形或具1枚尖棘。主鳃盖骨有2枚棘。体被骨板，大部分骨板有1枚尖棘。背鳍连续，有深凹刻。臀鳍长，无鳍棘。胸鳍下部有2枚指状游离鳍条。腹鳍胸位，基底分离。尾鳍后缘凹入或截形。全球有4属17种，我国有4属13种。

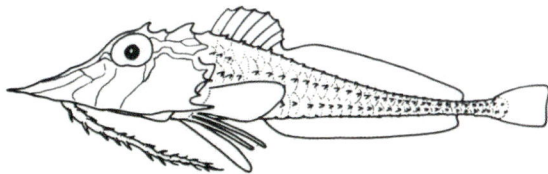

黄鲂鮄科物种形态简图

1141 **轮头鲂鮄** *Gargariscus prionocephalus*（Duméril，1856）[38]

背鳍Ⅵ~Ⅶ，14；臀鳍13~14；胸鳍15；腹鳍Ⅰ-5。侧线鳞28~29。鳃耙5~6+13~15。

本种体较长，八棱形（横断面观），平扁。后部细尖。头、吻宽圆，平扁。头部骨质强，向周缘扩张成波曲状。吻背斜凹，吻突宽短，左、右吻突向前略靠近。口中等大，腹位，弓弧形。上颌具绒毛齿群，下颌无齿。下颌腹缘具颏须4对，长者可达腹鳍并有多条分支。体被骨板，每侧4纵行，背纵板24个，上侧列7~9个。胸鳍宽大，下部有2枚指状游离鳍条。腹鳍胸位，尾鳍后缘截形，尾鳍基底侧面具细长尖棘3个。体红色，具斑纹，体背侧有6条褐红色横纹。雄鱼背鳍、臀鳍大部分为褐色，胸鳍和尾端亦为褐色。为暖水性底层鱼类。栖息水深100 m左右。分布于我国东海、南海，以及日本纪伊半岛海域、菲律宾海域、澳大利亚海域、中西太平洋暖水域。体长可达20 cm。

黄鲂鮄属 *Peristedion* Lacépède，1802

本属物种体平扁，前部粗大，后部渐细，头侧周缘无波状凹刻。口下位，上、下颌均无齿。前鳃盖骨后角无棘。头较窄，吻背中线无棘。背鳍2个，第2背鳍鳍条部与臀鳍同形。胸鳍较小。腹鳍胸位。尾鳍后缘截形或稍凹入。我国有5种。

1142 东方黄鲂鮄 *Peristedion orientale* Temminck et Schlegel，1843 [38]

背鳍Ⅶ~Ⅷ，20~21；臀鳍19~20；胸鳍14；腹鳍Ⅰ-5。侧线鳞32~34。

本种一般特征同属。体较长，前部稍粗大，八棱形（横断面观）。头稍狭长，长方形（背面观）。吻较长，稍平扁。吻突细长，显著长于眼径，前端细尖，左、右吻突向外分开。口大，腹位，马蹄形。上、下颌以及犁骨、腭骨均无齿。下颌有1丛8条短须，最长可达眼前缘。前鳃盖骨无棘。体侧上侧列骨板33~36个，肛门前有3对。体黄色，腹侧白色。背侧有许多虫纹。背鳍鳍棘边缘暗褐色，基部有1行暗斑点，鳍条部有2条褐色小斑。胸鳍有数条褐色斑纹。其他鳍浅黄色，无斑纹。为暖温性底层鱼类。栖息水深通常为120~500 m，最深可达1 000 m。分布于我国东海，以及日本南部海域、朝鲜半岛南部海域、西北太平洋温暖水域。体长约19 cm。

1143 黑带黄鲂鮄 *Peristedion nierstraszi* Weber，1913 [44]

背鳍Ⅷ，21~22；臀鳍21；胸鳍12；腹鳍Ⅰ-5。侧线鳞37~38。

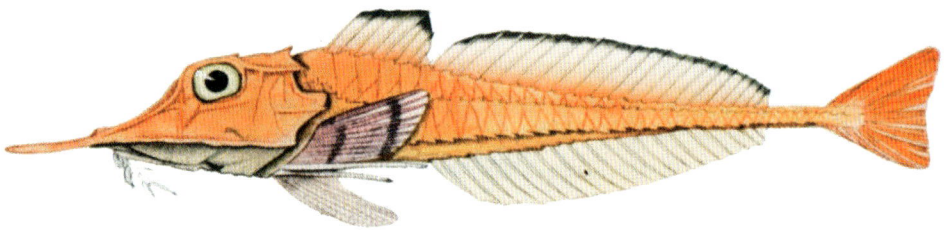

本种与东方黄鲂鮄相似。吻突细长。下颌外侧具一分支长须，约伸达眼中部，内侧有数丛细小唇须和颏须。体侧上侧列骨板有37~38个。体黄褐色，头、体无斑纹。胸鳍内侧具1~2条灰褐色斑纹，背鳍边缘黑色。为暖水性底层鱼类。栖息水深350~590 m。分布于我国南海、台湾海域，以及日本南部海域、菲律宾海域、印度尼西亚海域、中西太平洋暖水域。全长约22 cm。

1144 **光吻黄鲂鮄** *Peristedion liorhynchus*（Günther，1872）[48]

背鳍Ⅷ，21～22；臀鳍19～21；胸鳍14。侧线鳞36～37。

本种体延长，平扁。吻突起宽长，呈匙状，背面光滑。口大，下位。上、下颌均无齿。下颌联合处有1对分叉触须，伸达眼前缘下方。下颌亦有许多小须。前鳃盖骨无棘。躯体棱鳞发达。背鳍起始于鳃盖骨棘上方。胸鳍游离鳍条超越肛门。体黄褐色，背鳍绿黑色，胸鳍近鳍缘处有深色宽带。为暖水性底层鱼类。栖息水深360～380 m。分布于我国台湾海域，以及日本土佐湾海域、九州海域，帕劳海域。体长约26 cm。

▲ 本属我国尚有长竿黄鲂鮄 *P. longispatha* 和少须黄鲂鮄 *P. paucibarbiger*，二者均分布于我国台湾海域[13]。

1145 **宽头副半节鲂鮄** *Paraheminodus laticephalus*（Kamohara，1952）[38]
= 宽头红鲂鮄 *Satyrichthys laticephalus*

背鳍Ⅵ～Ⅶ，21；臀鳍21；胸鳍15～17。侧线鳞34～35。鳃耙3＋1＋15。

本种体细长，头背高耸。眼大，突起。吻突起细，稍短，短于眼窝前至突起前端的1/2。上颌具绒毛齿带，下颌须8条，最长者可达背鳍第6鳍棘基部下方。前鳃盖骨棘锐尖。体黄褐色。背鳍、腹鳍色浅。为暖水性底层鱼类。栖息水深超过100 m。分布于我国台湾海域，以及日本土佐湾海域、菲律宾海域、西北太平洋暖水域。体长约21 cm。

1146 **默氏副半节鲂鮄** *Paraheminodus murrayi*（Günther，1880）[38]
= 默氏红鲂鮄 *Satyrichthys murrayi*

背鳍Ⅶ，20～21；臀鳍20～21；胸鳍17。侧线鳞32～34。鳃耙5+14。

本种体较短，头宽大，头侧棱平滑。吻突起稍长，并向内弯，吻突长短于两吻突基间距。上颌具狭绒毛齿带。下颌须7～8条，最长须仅达第1背鳍起始处下方。前鳃盖骨棘长而尖。体侧腹棱鳞后半部分离。体鲜红色，各鳍同色或稍淡。为暖水性底层鱼类。栖息水深超过100 m。分布于我国台湾海域，以及日本土佐湾海域、印度尼西亚班达海。体长约18 cm。

红鲂鮄属 *Satyrichthys* Kaup，1873

本属物种体延长，前部粗大，稍平扁。头宽平，被骨板。眼前背中线具一棘或无棘。头部骨板周缘无波状凹刻。吻突长，平扁。前鳃盖骨后角有一锐尖长棘。口大，腹位。体被骨板，每侧4纵行，每一骨板常具一尖棘。背鳍连续。臀鳍长。胸鳍宽。腹鳍胸位。尾鳍后缘凹入。我国有5种。

1147 **须红鲂鮄** *Satyrichthys amiscus*（Jordan et Starks，1902）[44]
= 三角红鲂鮄

背鳍Ⅶ，20～22；臀鳍21～22；胸鳍17～18；腹鳍Ⅰ-5。侧线鳞31～33。

　　本种一般特征同属。头宽大，头宽大于头高。吻较长，吻端中部浅凹，吻突呈三角形，边缘有细锯齿。鼻棘1枚。眼中等大，上侧位，几乎达头背缘，眼间隔深凹。口较大，腹位。下颌外侧有一长的下颌须，上有许多单枝小须，可伸达背鳍鳍棘部后方。颏须3对，短小，不分支。胸鳍基上方无肱棘。体被4纵行骨板，上侧纵骨板34～46枚，每一骨板具一尖棘。体红色，无斑纹。背鳍鳍棘部和胸鳍有黑斑。其他鳍浅红色，无斑纹。为暖水性底层鱼类。栖息水深65～600 m。分布于我国东海、台湾海域，以及日本南部海域、西北太平洋温暖水域。全长约28 cm。

1148 **瑞氏红鲂鮄** *Satyrichthys rieffeli*（Kaup，1859）[15]
　　　　= 多板红鲂鮄 = 狭头黄鲂鮄 *Peristedion rieffeli*

背鳍Ⅵ～Ⅶ，15～18；臀鳍15～17；胸鳍14～16；腹鳍Ⅰ－5。侧线鳞30～31。

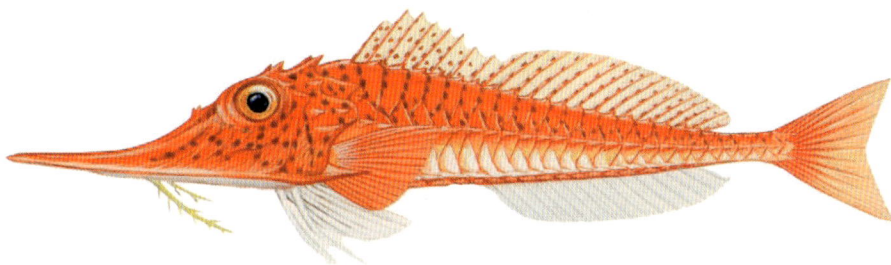

　　本种吻宽扁，吻突狭长，不呈三角形，前端很细。无鼻棘。口大，腹位；两颌与犁骨、腭骨均无齿。下颌中部两侧有1对长的分支须，可伸达眼中部下方。下颌后缘具2对颏须，短小，不分支。唇须1对。体骨板发达，肛门前方有3对骨板。体红色，头、体散布褐色斑点。背鳍和胸鳍上亦有褐色斑点。其他鳍浅红色，无斑纹。为暖水性底层鱼类。栖息水深65～600 m。分布于我国黄海、东海、南海，以及日本南部海域、太平洋暖温水域。全长约30 cm。

1149 **多须红鲂鮄** *Satyrichthys welchi*（Herre，1925）[38]
　　　　= 魏氏黄鲂鮄 *Peristedion welchi*

背鳍Ⅶ，17；臀鳍18；胸鳍16；腹鳍Ⅰ－5。侧线鳞31。鳃耙3＋1＋18。

本种吻突长，不呈三角形，前端很细，但吻突向内斜，互相接近。有一短小鼻棘。下颌须1对，长、分支，伸达眼后缘下方。唇须2对，颏须3对，均短小，单支形。前鳃盖骨棘稍短。体骨板四纵行、发达，肛门前方骨板2对。体红色，各鳍浅红色，均无斑纹。为暖水性底层鱼类。栖息水深80～300 m。分布于我国东海、台湾海域，以及日本长崎海域、菲律宾海域、西北太平洋暖水域。体长可达60 cm。

1150 **三须红鲂鮄** *Satyrichthys isokawae* Yatou et Okamura，1985[37]
= 矶川平面黄鲂鮄

背鳍Ⅶ，17～18；胸鳍16～17。

本种体扁平，外被以骨板。头宽大，体长约为头长的2.1倍。吻突起粗短；两吻突向中间倾斜。下颌腹面无触须。胸鳍后缘上部较长。体鲜红色，各鳍色稍浅。为暖水性底层鱼类。栖息水深超过100 m。分布于我国东海、南海、台湾海域。

▲ 本属我国尚有短须红鲂鮄 *S. piercei*，其与多须红鲂鮄相似，吻突都呈三角形。二者以下颌须长度及吻突朝向相区别[46]。

（177）头棘鲉科 Caracanthidae

本科物种体呈卵圆形（侧面观），很侧扁。头高大，头高大于头长。吻短，圆钝。眼较小，靠近头背缘。口中等大，下端位，斜裂。上、下颌具细齿，犁骨、腭骨无齿。无鼻棘。眶前骨有2～3枚棘，后棘大、尖锐，向下。第2眶下骨达前鳃盖骨。前鳃盖骨具3～5枚棘。鳃盖骨有2～3枚棘。体无鳞，密具细刺或皮突。背鳍连续或分离。胸鳍宽短。腹鳍短小，胸位。尾鳍后缘圆弧形。全球仅1属4种，我国有2种。

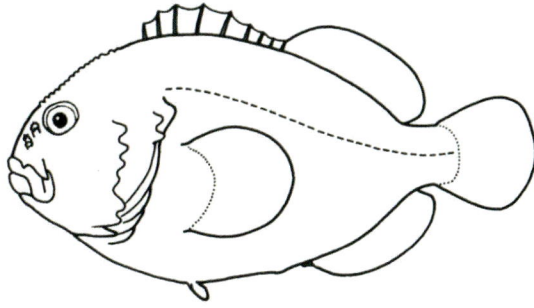

头棘鲉科物种形态简图

头棘鲉属 *Caracanthus* Kröyer，1884

本属物种一般特征同科。

[1151] 单鳍头棘鲉 *Caracanthus unipinna*（Gray，1831）[38]
= 头棘鲉 = 单棘扁鰧

背鳍Ⅶ～Ⅷ－12～13；臀鳍Ⅱ－12；胸鳍12～13；腹鳍Ⅰ－2。

　　本种体高，很侧扁，卵圆形（侧面观）。吻短、圆钝，眼较小，眼间隔狭，隆起。口中等大，上颌略长于下颌。上、下颌具细齿，犁骨、腭骨无齿。眶前骨下缘有3枚棘，第3棘长，朝向后下方。第2眶下骨与前鳃盖骨相连。前鳃盖骨具6～9枚棘突，主鳃盖骨具2～3枚棘突。体无鳞，密具横列皮刺。头背小刺发达。侧线具管状鳞。背鳍具不明显凹刻，鳍棘粗短。胸鳍短，中位。腹鳍胸位，很短小。尾柄短，尾鳍后缘圆弧形。体黄褐色，腹侧浅黄色，各鳍色浅。为暖水性珊瑚礁鱼类。分布于我国台湾海域、南海，以及琉球群岛海域、印度－太平洋热带水域。体长约4.5 cm。

1152 **斑点头棘鲉** *Caracanthus maculatus*（Gray，1831）[38]

背鳍Ⅶ～Ⅷ，12～13；臀鳍Ⅱ－11～12；胸鳍13～15；腹鳍Ⅰ－2。

IV
辐鳍鱼纲

本种与单鳍头棘鲉相似。但其背鳍鳍棘与鳍条部间有一明显缺刻；眶前骨有2枚棘；前鳃盖骨有5枚钝棘；头背小刺不发达；体茶褐色，散布有深红色斑点。为暖水性珊瑚礁鱼类。分布于我国台湾海域，以及日本小笠原海域、琉球群岛海域、印度－西太平洋热带水域。体长约6 cm。

（178）绒皮鲉科 Aploactinidae

本科物种体延长，甚侧扁。头中等大，吻狭圆形。口端位或上位。两颌及犁骨具细齿。腭骨齿有或无。上咽骨具一齿板。头部棘强大，前鳃盖骨具3～5枚棘。主鳃盖骨有1～2枚棱棘。眼上缘具皮突。无颏须。体无鳞或具细小圆鳞，或为绒毛状皮刺。背鳍连续，起始于眼上方或眼前上方。臀鳍有1～3枚鳍棘，鳍棘很小或无。胸鳍中等大，鳍条通常不分支。腹鳍中等大或小，胸位或喉位。尾鳍后缘浅圆弧或圆弧形。全球有15属38种，我国有14属19种。

注：依不同作者，本科有些属、种被移入鲉科，故统计种数不同[2, 13, 36]。

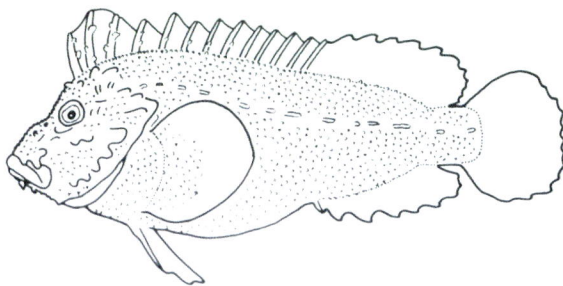

绒皮鲉科物种形态简图

1153 新鳞鲉 *Neocentropogon aeglefinus* Matsubara，1943 [38]
= 日本新鳞鲉

背鳍 XV－7；臀鳍Ⅲ－7；胸鳍15；腹鳍Ⅰ－5。侧线鳞23～24。鳃耙5＋11～12。

本种体延长，侧扁，背前部略高。头颇大。吻中等长，圆钝。吻长小于眼径。眼颇大，上侧位，高达头背缘。口中等大，端位。下颌较上颌长，前端有一向下骨突。眶前骨下缘分3叶，第3叶具一特大长棘。前鳃盖骨有4～5枚棘，上棘稍长。背鳍起始于眼后缘上方。臀鳍最后一鳍膜与尾柄相连。体鳞小，圆鳞，埋入皮下。体褐红色，无明显条纹，鳃盖后缘无黑斑。各鳍褐红色，胸鳍鳍膜和腹鳍上部褐色。为暖水性底层鱼类。分布于我国台湾海域、南海，以及日本高知海域、西北太平洋暖水域。体长约15 cm。

钝顶鲉属 *Amblyapistus* Bleeker，1876

本属物种体延长，侧扁。头小，背缘近垂直或略凹，上方无棘棱。眼小，眼间隔突起。眶前骨具有向后伸的2枚棘，前鳃盖骨有3～5枚棘，上棘最长。主鳃盖骨有2枚棘。第4鳃弓后方无裂孔。背鳍起始于眼前缘或稍前上方，两背鳍间无凹刻，其后端与尾鳍略微相连。我国有2种。

1154 钝顶鲉 *Amblyapistus taenianotus*（Cuvier et Valenciennes，1829）[44]

背鳍 XVII－7～8；臀鳍Ⅲ－5～6；胸鳍11～12；腹鳍Ⅰ－5。侧线鳞90。

本种一般特征同属，体延长，甚侧扁。头中等大，前缘陡直。吻短，圆钝。眼中等大，中侧位，眼间隔狭窄，隆起。口小，亚端位。眶前骨较大，下缘具2枚向后的棘，后棘长。前鳃盖骨有5枚棘，主鳃盖骨具2条叉间棱，后端有1枚棘。体

被圆鳞，细小，埋于皮下。背鳍起始于眼前缘上方，第2~5鳍棘延长。背鳍、臀鳍有分支鳍条，臀鳍鳍条5枚，臀鳍高大于长。胸鳍宽，下侧位，不伸达臀鳍上方。腹鳍短小，胸位。尾鳍长，后缘圆弧形。体灰褐色，头、体、鳍具不规则条纹，胸鳍有白边。为暖水性底层鱼类。栖息于珊瑚礁、岩礁海区。分布于我国南海，以及日本和歌山以南海域、菲律宾海域、印度尼西亚海域、西北太平洋中部暖水域。体长约10 cm。

1155 长棘钝顶鲉 *Amblyapistus macracanthus*（Bleeker，1852）[15]

= 大棘帆棘鲉

背鳍 XV~XVI － 10~11；臀鳍 III － 8~10；胸鳍 11~12；腹鳍 I － 5。侧线鳞 22~25。鳃耙 1~3＋5。

本种与钝顶鲉相似，区别在于：体甚侧扁，延长，吻短钝；眶前骨后端具2枚钝棘，前鳃盖骨后缘有5枚钝棘呈辐射状排列；两颌和犁骨、腭骨均具绒毛细齿；体被埋入状小圆鳞；背鳍第2~4鳍棘很长，背鳍、臀鳍鳍条均不分支[7]；臀鳍鳍条8~10枚，臀鳍长大于高。体色及各鳍茶褐色，有时散具黑色斑点。为暖水性底层鱼类。栖息于珊瑚礁、岩礁海区。分布于我国东海、南海，以及印度海域、西太平洋暖水域。体长约9 cm。

1156 黑带裸绒鲉 *Ocosia fasciata*（Matsubara，1943）[38]

= 条纹线鲉

背鳍 XIV~XVI － 8~10；臀鳍 III － 5~6；胸鳍 11~13；腹鳍 I － 5。侧线鳞16。鳃耙8。

本种体延长，头中等大，侧扁。吻中等长，圆钝。眼较大，位于近头背缘。口颇小，亚端位。鳃孔大，第4鳃弓后方具裂孔。鼻骨管状，无鼻棘。眶前骨下缘具2枚向后的棘；后棘大，伸达上颌骨后端。前鳃盖骨具4枚棘，上棘尖长，向后。主鳃盖骨有辐射棱，无棘。体无鳞、无皮刺或皮瓣。侧线具管状鳞。背鳍连续，前端不甚高，鳍膜深凹刻。胸鳍较短，不达臀鳍。体红色，头、体侧分布有5条不规则黑色斑纹。为暖水性底层鱼类。栖息于沙泥底质海区。分布于我国南海、台湾海域，以及日本熊野滩海域、高知海域、西太平洋暖水域。全长约6 cm。

[1157] **棘裸绒鲉** *Ocosia spinosa* Chen，1981[37]
= 棘线鲉

本种体延长，侧扁。项背隆起。吻尖长。口裂小，端位，斜裂。下颌稍突出。眼前缘稍凹。眶前骨具一小棘。眼间隔有二骨嵴，自眼眶中部延伸达背鳍起点，末端钝。第4鳃弓后方具裂孔。假鳃发达。体粉红色，具红色斑纹。为暖水性底层鱼类。栖息水深大于100 m。分布于我国台湾海域。

[1158] **山神鲉** *Snyderina yamanokami*（Jordan et Starks，1901）[38]
= 大眼前鳍鲉 = 史氏滕头鲉

背鳍Ⅷ～ⅩⅣ-9～11；臀鳍Ⅲ-5～6；胸鳍13～15；腹鳍Ⅰ-5。

本种延长，侧扁；体高，在腹鳍基处最高。头中等大，眼前头背缘陡斜。吻中等长，吻长约等于眼径。眼大，上侧位。口中等大，上、下颌约等长。两颌及犁骨具细齿，腭骨无齿。眶前骨下缘具2枚棘，后棘尖长。前鳃盖骨具5枚棘，第1棘尖长；主鳃盖骨无棘。体具细小颗粒状鳞，不呈棘状。头部、背鳍基下方和

胸部无鳞。背鳍起始于眼瞳孔上方，前部不高耸。胸鳍宽大，后部可达臀鳍。体褐黄色，具褐色条斑；背鳍鳍棘部有云斑，各鳍色深具虫纹，鳃孔后上方有一大黑斑，眼周围有3条辐射状条纹。为暖水性底层鱼类。栖息于岩礁海区，水深90 m左右。分布于我国台湾海域，以及日本相模湾海域、奄美大岛海域，印度尼西亚海域，中西太平洋热带水域。体长约17 cm。

1159 三棘绒鲉 *Taenianotus triacanthus*（Lacépède，1802）[38]（左幼鱼，右成鱼）

背鳍Ⅻ－11；臀鳍Ⅲ－7；胸鳍14；腹鳍Ⅰ－5。侧线鳞23。

本种体侧面观呈卵圆形，甚侧扁，背缘隆起。头短而高，吻短而钝。前鼻孔和眼上缘具1对皮瓣。下颌腹面和背鳍前方亦有许多皮瓣。眼较小，位置达头背缘。眼间隔狭窄，头部棘棱低。前鳃盖骨有2枚棘，弱而钝。主鳃盖骨具2条辐射棱，末端有1枚小尖棘。鳞埋于皮下，每枚鳞后方具1枚细棘。头部无鳞，侧线斜直。背鳍高大，始于眼后方，背鳍、臀鳍后端鳍膜与尾鳍相连。胸鳍长，后端达臀鳍中部。体色多变，褐黄色、红色或黄色，尾鳍具数个褐色斑纹。为暖水性珊瑚礁鱼类。分布于我国台湾海域，以及日本南部海域、西太平洋暖水域。全长约7 cm。

1160 红鳍赤鲉 *Hypodytes rubripinnis*（Temminck et Schlegel，1844）[38]

背鳍ⅩⅣ～ⅩⅤ－6～7；臀鳍Ⅲ－3～4；胸鳍11；腹鳍Ⅰ－4。侧线鳞17～20。鳃耙7～13。

本种体延长，侧扁。头中等大，吻短钝圆，眼小且侧位。体被埋入状小圆鳞或退化。头、体有皮瓣，近前鼻孔具一小皮瓣。眶前骨棘尖强。前鳃盖骨有4～5枚棘，主鳃盖骨有2枚棘。无须。背鳍起始于眼上方，鳍棘间鳍膜有凹刻。胸鳍短，不达臀鳍起点。体黄褐色，头、体密布短小云状斑纹。背鳍、胸鳍、尾鳍密布块状斑纹。为暖水性岩礁鱼类。分布于我国台湾海域，以及日本本州中部以南海域、朝鲜半岛海域、西北太平洋暖水域。体长约9 cm。

44
鲉形目

▲ 本属Hypodytes我国尚有长棘赤鲉 *H. longispinis*和印度赤鲉 *H. indicus*。该两种与红鳍赤鲉的主要区别在于胸鳍大，可伸越臀鳍起点，鳞细密[4G]。

1161　**绒皮鲉** *Aploactis aspera*（Richardson，1846）[38]
　　　= 相模湾疣鲉

背鳍ⅩⅢ－13；臀鳍Ⅰ－14～15；胸鳍13；腹鳍Ⅰ－2。侧线鳞13～14。鳃耙2～4＋4～7。

本种体延长，略侧扁。头稍小，头上有钝突起而无尖棘，前鳃盖骨有5枚钝棘。口斜上位，腭骨无齿。体无鳞，密被绒毛状皮突。背鳍长，起始于眼后缘上方，第3与第4鳍棘间有一大凹刻。臀鳍长。胸鳍中等大，无游离鳍条。腹鳍小。体黑褐色，侧线孔色淡。各鳍褐色，背鳍、臀鳍、胸鳍后端带有白缘。为暖水性底层鱼类。栖息于沙泥底质海区。卵生，3月性成熟。分布于我国南海、台湾海域，以及日本相模湾海域、长崎以南海域，西太平洋暖水域。体长可达10 cm。

1162　**拟绒鲉** *Paraploactis kagoshimensis*（Ishikawa，1904）[38]
　　　= 斑鳍绒棘鲉 = 鹿儿岛副绒皮鲉

背鳍ⅩⅢ～ⅩⅣ－10；臀鳍Ⅰ－8～9；胸鳍13；腹鳍Ⅰ－3。侧线鳞12。鳃耙3＋5。

本种体长，甚侧扁。头中等长。吻颇长，圆钝，吻长为眼径的2倍。眼小，上侧位，几乎达头背缘。口中等大，端位，上颌略长于下颌。鼻棘小而钝。眶前骨发达，下缘分叶。前鳃盖骨有5枚棘，上棘较大，有副棘。主鳃盖骨具2枚钝棘。体无鳞，头、体和鳍上密布皮刺。颏部无肉突，下颌腹侧密具皮须和皮突。背鳍起始于眼中部上方，背鳍低而长，鳍膜有较深凹入。体黑褐色，各鳍同色、色稍淡，其上密布白色斑点。为暖水性岩礁鱼类。分布于我国南海、台湾海域，以及日本鹿儿岛海域、德岛海域，西太平洋暖水域。全长约12 cm。

▲ 本属我国尚有香港拟绒鲉*P. hongkongiensis*，与拟绒鲉相似，但吻稍短，口亚上位，尾部较高[4G]。

虻鲉属 *Erisphex* Joedan et Starks，1904

本属物种体呈长椭圆形（侧面观），很侧扁。头中等大，背侧无棘，但有骨棱。眶前骨有2枚棘，前鳃盖骨有1枚棘，主鳃盖骨有2枚弱棘。口中等大，近直立，腭骨无齿。体无鳞，被绒毛状小突起。背鳍连续，起始于眼后半部的上方。臀鳍稍长，Ⅰ～Ⅱ－10～13。胸鳍下位。腹鳍小，喉位，Ⅰ－2。各鳍均无分支鳍条。我国有2种。

1163 **虻鲉** *Erisphex potti*（Steindachner，1896）[15]
   ＝蜂鲉

背鳍Ⅹ～ⅩⅢ－10～14；臀鳍Ⅰ～Ⅱ－10～13；胸鳍11～13；腹鳍Ⅰ－2。侧线鳞11～15；鳃耙11～19。

本种一般特征同属。体无鳞，密被绒状皮质小突起。眶前骨下缘有2枚尖棘，前鳃盖骨后缘有4枚尖棘。背鳍起始于眼后缘上方。胸鳍长，可达臀鳍起始处。腹鳍喉位。各鳍条均不分支。体灰黑色，腹部色浅。背侧具不规则黑斑和小点，各鳍黑色，但幼鱼尾鳍白色。为暖温性底层鱼类。栖息于沙泥底质海区。分布于我国黄海、东海、南海，以及日本松岛湾海域、新潟以南海域，西北太平洋暖水域。体长可达12 cm。

1164 **单棘虻鲉** *Erisphex simplex* Chen，1981[14]
= 平滑虻鲉

背鳍Ⅺ－12～13；臀鳍Ⅰ－11；胸鳍13；腹鳍Ⅰ－2。侧线鳞12～15。鳃耙8＋12。

本种与虻鲉十分相似。第1背鳍鳍棘较短，在第3鳍棘后方有深凹；鳃盖后皮质乳突呈长条状，体上皮质突起短；体灰褐色，腹部色浅；体无任何斑纹；背鳍上部、尾鳍、胸鳍、腹鳍后半部黑色。为暖水性岩礁鱼类。分布于我国台湾近海。

▲ 本科我国尚有中华蜂鲉*Vespicula sinensis*、拟翔鲉*Cottapistus cottoides*、发鲉*Sthenopus mollis*和单棘鲉*Acanthosphex leurynnis*4种，皆为热带小型绒皮鲉鱼类。数量稀少，形态相似，以腹鳍鳍条数，鳞片有无，背鳍起始处及前鳃盖骨棘分布的差异相区别[4G, 13]。

（179）毒鲉科 Synanceiidae

本科物种体延长或粗短，稍侧扁。头高与头宽约相等，或稍侧扁。头部通常具凹陷和棘棱或突起。眼中等大，上侧位。第2眶下骨后延具一骨突，后端较宽，与前鳃盖骨相连接。眶前骨具棘。口中等大，端位或上位。两颌具齿，犁骨齿有或无，腭骨无齿。前鳃盖骨有2～6枚棘。主鳃盖骨有2枚棘。体无鳞，有较发达皮肤腺体。背鳍连续，棘发达。胸鳍下方游离鳍条有或无。腹鳍Ⅰ－4～5。鳍棘上有毒腺，人被刺伤后有剧痛，甚至导致被刺者死亡，须小心防范[43]。全球有9属30种，我国有7属17种。

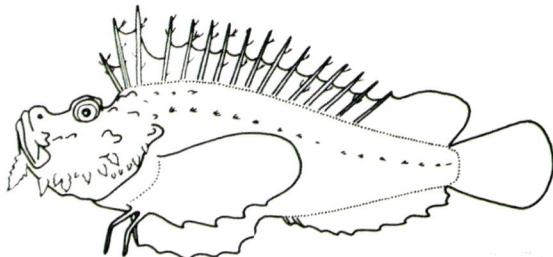

毒鲉科物种形态简图

1165 **狮头毒鲉** *Erosa erosa*（Langsdorf，1829）[38]
= 达摩毒鲉

背鳍XIV－5～7；臀鳍Ⅲ－5～6；胸鳍14～16；腹鳍Ⅰ－4。侧线鳞10～13。

本种体粗壮，稍延长，后部侧扁。头球形，顶骨具凹洼。鼻棘小而钝，头部棘棱低钝。眼中等大，上侧位，周缘有皮突。前鳃盖骨有5枚棘，主鳃盖骨有2枚棘。体无鳞，头后部瘤突发达。背鳍连续，棘部鳍膜有浅凹刻，最后一鳍条有鳍膜与尾柄相连。胸鳍宽，无游离鳍条。腹鳍胸位。尾鳍后缘截形。体褐黄色，多变异。体侧有宽大横纹与黄斑。胸鳍、臀鳍、尾鳍具横纹。为暖水性底层鱼类。栖息于浅海珊瑚礁或海藻丛中。分布于我国东海、南海、台湾海域，以及日本本州以南海域、澳大利亚海域、印度－西太平洋暖水域。体长约13 cm。

1166 **玫瑰毒鲉** *Synanceia verrucosa* Bloch et Schneider，1801

背鳍XII～XIV－5～7；臀鳍Ⅲ－5～6；胸鳍18～19；腹鳍Ⅰ－5。侧线鳞11～12。

本种体前部宽、高约相等，向后渐侧扁。头大，形状不规则。吻宽大，钝圆。口上位，口裂垂直。眼小，稍突出于头背，上方无骨嵴。体无鳞，头、体及各鳍上均有疣状或短须状皮突。背鳍相连，鳍棘包于皮内，各棘皆有2个毒腺。胸鳍大，无游离鳍条。体褐色，散布不规则黑色斑块与红斑。体侧具3条褐色宽大横纹。背鳍鳍棘部下方有一大白斑。胸鳍具2条褐红色宽大横纹，各鳍边缘多白色。为暖水性底层鱼类。栖息于潮间带，潜伏于洞穴、藻丛或埋于沙中。分布于我国南海、台湾海域，以及日本奄大岛以南海域、马来半岛海域、印度-西太平洋暖水域。体长约23 cm。鳍棘具剧毒[43]。

1167 **粗毒鲉** *Synanceia horrida*（Linnaeus，1766）[14]

背鳍XⅢ～XⅣ－6；臀鳍Ⅱ～Ⅲ－5；胸鳍15～17；腹鳍Ⅰ－4～5。侧线鳞10～12。鳃耙13～15。

本种与玫瑰毒鲉相似。体粗大，头宽大，吻宽。眼小，位于头背。口中等大，直裂。颌齿细小，腭骨无齿。眶上有骨嵴，眼间具骨棱。眶前骨下缘具宽大骨突。眶下棱为一宽大骨突。前鳃盖骨具5枚棘。主鳃盖骨有二分叉棱嵴，后端各具一棘。眶前骨下缘和鳃盖区有较大皮瓣。体无鳞，散布肉质粒突。背鳍长，胸鳍宽大，尾鳍后缘截形。

体褐色，散布云状斑纹。背鳍具细狭斜纹。胸鳍、尾鳍有圆弧形细纹。为暖水性底层鱼类。栖息于浅海岩礁区。分布于我国南海、台湾海域，以及日本海域，印度尼西亚海域，菲律宾海域，印度洋、中西太平洋温暖海域。体长约30 cm。鳍棘有毒[1, 4H]。

1168 **䲁头鲉** *Trachicephalus uranoscopa*（Bloch et Schneider，1801）[43]
= 瞻星粗头鲉 *Polycaulus uranoscopa*

背鳍Ⅺ～XⅢ－12～14；臀鳍Ⅱ－12～14；胸鳍14～15；腹鳍Ⅰ－5。侧线鳞13～17。鳃耙2＋5～6。

  本种体延长，圆柱形，后部侧扁。头短，无鼻棘，眼很小，上侧位。眶前骨有4枚棘突。前鳃盖骨有4枚棘，主鳃盖骨有2枚棘。口中等大，上位，直裂。体无鳞，背鳍连续。背鳍、臀鳍最后一鳍条均有鳍膜连于尾柄。胸鳍宽，无游离鳍条。腹鳍胸位。尾鳍后缘圆弧形，各鳍鳍条均不分支。体棕褐色，散布黑色小斑和灰白色斑点。胸鳍后半部有许多条褐色弧纹，各鳍常具白斑，尾鳍后缘白色。为暖水性底层鱼类。栖息于浅海，常潜埋于沙中。分布于我国南海、台湾海域，以及印度尼西亚海域、印度–西太平洋中部暖水域。体长约12 cm。

虎鲉属 *Minous* Cuvier et Valenciennes，1829

  本属物种体延长，侧扁。头大，高与宽相等。顶骨部有一横凹洼，骨棱发达。眶前骨有2枚棘，前鳃盖骨有4～6枚棘，主鳃盖骨有2枚棘。口中等大，端位，腭骨无齿。眼中等大，上侧位。背鳍连续，鳍棘部鳍膜有凹刻。胸鳍具一游离鳍条。尾鳍后缘截形。我国有6种。

1169　**单指虎鲉** *Minous monodactylus*（Bloch et Schneider，1801）

背鳍Ⅸ～Ⅺ－10~12；臀鳍Ⅱ－7～10；胸鳍11～13；腹鳍Ⅰ－5。侧线鳞17～21。鳃耙11～16。

  本种一般特征同属。体无鳞，头部散布小皮突。眼中等大，上侧位，眼间隔等于眼径。鼻棱三角形，分叉。眶前骨下缘有2枚棘，后棘长为前棘长的3倍。前鳃盖骨后缘有5～6枚棘，辐射状排列，以第2棘最长。胸鳍下端仅一指状游离鳍条。体红褐色，腹面色浅，背侧具数条不规则条纹，上延至背鳍。沿体中线尚有纵条纹。背鳍鳍条部具一椭圆形大黑斑。胸鳍内侧大部分白色。腹鳍、臀鳍褐红色。尾鳍具2条暗横纹。为暖温性底层鱼类。栖息于近岸内湾及沙底质海域。分布于我国黄海、东海、南海，以及日本本州中部以南海域、印度–西太平洋温暖水域。体长约10 cm。

1170 **白斑虎鲉** *Minous quincarinatus*（Fowler，1943）[70]
　　= 五棘虎鲉 = 无备虎鲉 *M. inermis*

背鳍Ⅷ~Ⅸ－12~14；臀鳍Ⅱ－8~10；胸鳍12；腹鳍Ⅰ－5。侧线鳞16~22。鳃耙11~17。

　　本种与单指虎鲉相似，其眶前骨下缘具2枚棘，第2棘较大，长度为第1棘长的2倍。前鳃盖骨上缘第2棘也不长。体光滑无鳞。下颌皮突粗短，较多。体褐色，下部白色，胸鳍外侧黑色，内侧具多条纵行黑色条纹。腹鳍、臀鳍黑色，尾鳍色浅，无条纹。为暖温性底层鱼类。栖息于沙泥底质海区。分布于我国台湾海域、黄海、东海，以及日本三崎以南海域、西太平洋温暖水域。体长约10 cm。

　　注：本种陈清潮等在《南沙群岛至华南沿岸的鱼类（一）》（1997）[16]中称为无备虎鲉。

1171 **丝棘虎鲉** *Minous pusillus* Temminck et Schlegel，1843[38]

背鳍Ⅸ~Ⅺ－9~11；臀鳍Ⅱ－8~9；胸鳍12；腹鳍Ⅰ－5。侧线鳞14~18。

　　本种与虎鲉属物种一般特征相似，区别于其他近似种的主要特征为：前鳃盖骨最上端棘长；背鳍第1鳍棘短于第2鳍棘，第1、第2鳍棘基部相靠近，且背鳍鳍棘细弱，棘膜凹刻深，鳍棘呈丝状。体黄褐色，腹部白色，具不规则云状斑纹。背鳍膜黑色，鳍条部具暗条纹。胸鳍具黑色网状细纹，臀鳍、腹鳍端部黑色。尾鳍具5～8条点列横纹，眼周缘具辐射状条纹。为暖水性底层鱼类。栖息于沙泥底质海区。分布于我国南海、东海，以及日本骏河湾以南海域、朝鲜半岛海域、印度–西太平洋暖水域。体长约6 cm。

[1172] **粗头虎鲉** *Minous trachycephalus*（Bleeker，1854）[37]

背鳍Ⅹ～Ⅺ－8～10；臀鳍Ⅱ－7～9；胸鳍11；腹鳍Ⅰ－5。侧线鳞15～16。鳃耙10～13。

本种体侧面观呈长椭圆形，侧扁。头中等大，眼大，突出。头棘弱。眶前骨有两棘，后棘长。背鳍第1鳍棘短于第2鳍棘的1/2，两棘基接近。胸鳍长，伸达臀鳍的中部。无鳔。体背灰棕色，腹部白色。胸鳍黑色，基部色淡。尾鳍有黑白相间横纹，鳍膜透明。为暖水性底层鱼类。栖息于近海岩礁区。分布于我国台湾海峡。

[1173] **绯红虎鲉** *Minous coccineus* Alcock，1890[37]
　　＝独指虎鲉＝橙色虎鲉

背鳍Ⅸ～Ⅻ－11～12；臀鳍Ⅱ－9～10；胸鳍11～12；腹鳍Ⅰ－5。鳃耙3～4＋8～12。

本种体呈长椭圆形（侧面观），侧扁。背鳍第1鳍棘短于第2鳍棘长的1/2，两鳍基接近。眶前骨两棘，前棘为后棘的1/2长。胸鳍向后延伸，最多达臀鳍的中部。有鳔。体褐红色，腹侧白色。背鳍后部有褐色、白色相间的斜纹，并延伸到背部。胸鳍内侧有不规则黑斑。尾鳍灰色，无横纹。为暖水性岩礁鱼类。分布于我国东海、南海、台湾海域，以及印度–西太平洋暖水域。体长约7 cm。

注：本种亦曾认为是无备虎鲉*M. inermis*同种异名[4G]。

▲ 本属我国尚有斑翅虎鲉*M. pictus*，也是粗头虎鲉的近似种，曾被认为与粗头虎鲉同种。现已依据背鳍棘长短、数目，特别是胸鳍内侧斑纹和尾鳍斑纹加以区分[4G]。

鬼鲉属 *Inimicus* Jordan et Starks，1904

本属物种体延长，稍侧扁，前端低。头形不规则，眼窝上部骨缘隆起。头部棘棱粗钝，眶前骨具2枚棘。前鳃盖骨有4～5枚棘，主鳃盖骨有2枚棘。体无鳞，具皮瓣。背鳍连续，第3、第4棘间距稍宽且呈现深凹刻。胸鳍宽，下方有2枚游离鳍条。棘具剧毒[43]。我国有5种。

1174 中华鬼鲉 *Inimicus sinensis*（Valenciennes，1833）

背鳍XVII～XVIII－7～9；臀鳍III－11～13；胸鳍10，II；腹鳍I－5。鳃耙2～3＋5～8。

本种一般特征同属。体较长，侧面观呈长椭圆形，前部粗大。头宽，吻长。眼小，位高达头背缘。口小，上位，口裂垂直，下颌上包于上颌前。头、体、鳍上的皮须、皮瓣均较发达。胸鳍第1与第2游离鳍条约等长。体无鳞，侧线高位。体黄褐色，腹侧白色，常具白斑。头部有小黑斑。背鳍前部白色；腹鳍、臀鳍黑色；胸鳍具斑纹，内侧有不规则白斑。为暖水性底层鱼类。栖息于沙泥底质浅海。分布于我国南海、台湾海域，以及印度–西太平洋暖水域。体长约13 cm。

注：该图由国家海洋局第三海洋研究所林龙山研究员提供。

1175 日本鬼鲉 *Inimicus japonicus* (Cuvier et Valenciennes，1829) [15]

背鳍XVI～XVIII－5～8；臀鳍II－8～10；胸鳍9～10，II；腹鳍I－5。鳃耙2～4＋7～9。

本种体较长，吻较短钝，吻长小于眼后头长。头中等长，稍平扁，头长短于头宽。头侧与下颌下方有发达皮须。前鳃盖骨有4～5枚棘，第1棘最长。主鳃盖骨有1棱，后具1棘。背鳍起点始于鳃盖骨棘前上方，背鳍前3鳍棘后各棘膜深裂，鳍膜仅为棘长的1/2。胸鳍宽，后端伸达臀鳍上方。腹鳍胸位，伸达肛门，腹鳍膜与体壁愈合。体黑褐色，散布斑纹和斑点。鳍黑褐色，常具斑纹；胸鳍散布斑点，指状游离鳍条具黑白节斑；尾鳍散布斑点。为暖温性底层鱼类。栖息于水深200 m以浅砂泥底质海区。体色也随水深由浅水区的黑褐色到深水区的红、黄色。初夏产卵。分布于我国沿海，以及日本南部海域、朝鲜半岛海域、西北太平洋温暖水域。体长约20 cm。背鳍鳍棘有毒腺，俗称"海蝎子"。肉味鲜美，有清凉解毒功效[43]。

1176 居氏鬼鲉 *Inimicus cuvieri* (Gray，1835) [14]
＝长吻鬼鲉

背鳍XVII～XVIII－7～9；臀鳍II－12～13；胸鳍10～11，II；腹鳍I－5。鳃耙2～3＋6～8。

本种体延长，背缘平斜。头宽。吻长，大于眼后头长。眼小，高位，突出头背。口小，上位，垂直裂。两颌、犁骨具细齿，腭骨无齿。无鼻棘。眶前骨外侧有1枚棘，下缘有2枚棘。前鳃盖骨有3～4枚棘。主鳃盖骨具1条棱，末端有1枚棘。皮须发达。体光滑无鳞。侧线高位，平直。背鳍长，棘细长，大部分被以皮膜。胸鳍宽大，下方具2枚指状游离鳍条。尾鳍后缘圆弧形。体褐红色，具斑和斜纹。胸鳍具3个横黄斑，内侧斑条不明显，指状鳍条有节斑。为暖水性底层鱼类。栖息于沿岸岩礁海域。分布于我国东海、南海，以及印度尼西亚海域、印度-西太平洋暖水域。体长约16 cm。

[1177] **双指鬼鲉** *Inimicus didactylus*（Pallas，1769）[38]

背鳍 XV ~ XVⅡ－7~9；臀鳍 Ⅱ－10~12；胸鳍9~10，Ⅱ；腹鳍 Ⅰ－5。侧线鳞11。鳃耙1~3＋7~9。

本种与中华鬼鲉相似，同为背鳍第4鳍棘后方各棘膜深裂几乎达基底，各鳍棘仅基部有鳍膜。吻较长，长于眼后头长。本种体褐色，具3条深褐色宽大横纹，该条纹可扩延至背鳍。胸鳍具2条宽大横纹，内侧前半部黑色，具白色条纹（可有多种变形）。腹鳍、臀鳍上半部黑色，尾鳍亦有1条宽大横纹。为暖水性底层鱼类。栖息于沙泥底质海域，水深浅于500 m。分布于我国南海、台湾海域，以及琉球群岛以南海域、印度尼西亚海域、西太平洋暖水域。体长约20 cm。

▲ 本属我国尚有短吻鬼鲉*I. brachyrhynchus*，过去曾被视为居氏鬼鲉*I. cuvieri*。短吻鬼鲉以吻较粗短，胸鳍内侧有白色条纹与居氏鬼鲉相区别。在我国仅分布于南海[4G]，未被《中国海洋物种多样性》（2012）收录[13]。

毒鲉科我国还有三丝鲉*Choridactylus multibarbis*，形态与鬼鲉属物种相似，以胸鳍具3枚指状游离鳍条为区别于鬼鲉属物种的主要特征[4G]。

（180）鲬科 Platycephalidae

本科物种体延长，平扁，向后渐狭小。头平扁，棘棱显著。眼大，上侧位。口端位，两颌与犁骨、腭骨均具绒毛状齿群，有时齿较大，犬齿状。体被栉鳞。背鳍2个，分离。臀鳍无棘。腹鳍位于胸鳍基底稍后方。胸鳍无游离鳍条。鳃耙短，极少。侧线完全。全球有18属60种，我国现知有13属22种。

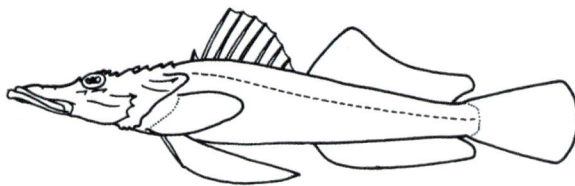

鲬科物种形态简图

1178 鲬 *Platycephalus indicus*（Linnaeus，1758）

背鳍 II ，VI ， I ，13；臀鳍13；胸鳍19；腹鳍 I－5。侧线鳞约120。鳃耙2～3＋6～9。

本种体延长，头宽，平扁，头背光滑，几乎无棘。眼中等大，上侧位，虹膜常具一舌形突起。眼间隔宽，大于眼径。口大，前位，下颌长于上颌。左、右犁骨齿相连，呈半月形；腭骨齿1纵行。前鳃盖骨具2枚尖棘，等长或下棘长稍大于上棘长。体被小栉鳞，侧线鳞均无小刺。背鳍2个，分离，第1背鳍后有1枚短游离棘。臀鳍无棘，与第2背鳍同形，对位。胸鳍短，腹鳍亚胸位。体黄褐色，头、体散布很多斑点，体侧有7条不明显褐色横纹。鳍浅黄色，背鳍、胸鳍、腹鳍具点列横纹。尾鳍上部有4～5条横纹，下部有4条黑色纵纹。为暖水性底层鱼类。栖息水深浅于50 m。5～6月份产卵，浮性卵。分布于我国渤海、黄海、东海、南海，以及日本南部海域，印度尼西亚海域，菲律宾海域，印度洋，中西、西北太平洋温暖水域。最大体长可达1 m。为近海渔业习见经济鱼类[56, 110]。

1179 褐斑鲬 *Platycephalus* sp.

背鳍IX～X ，17～19；臀鳍17～18；腹鳍 I－5。侧线鳞83～99。鳃耙3～5＋8～12。

本种与鲬十分相像。体延长，平扁，向后渐狭窄。头背棘棱较低，平滑。吻扁圆。口中等大，端位，下颌稍长。上、下颌与犁骨、腭骨均具绒毛状齿群。左、右犁骨齿群联合成横月形。体被小栉鳞，腹部小圆鳞。胸鳍大，扇形。腹鳍末端未达臀鳍。尾鳍后缘截形。体暗褐色，腹侧白色。头、躯干和背鳍上散布黑褐色斑点。尾鳍有3～4个大黑斑，但无黄色斑块。为暖水性近海底层鱼类。分布于我国渤海、黄海、东海、南海。为我国新记录。体长约43 cm[143]。

注：本记述和彩图是本种发现者中国海洋大学高天翔教授提供。本属尚有几个新种待发表。

倒棘鲬属 *Rogadius* Jordan et Richardson，1908

本属物种体延长，平扁；头平扁、尖长，具颗粒状和锯齿状突起；棘棱发达。头侧有一纵棱，并具锯齿。眼大，上侧位，虹膜分两叶，边缘光滑。口大，前位，下颌突出。犁骨齿群分离。前鳃盖骨有4～5枚棘，下缘前端具一长的向前倒棘。主鳃盖骨有2枚棘。体被栉鳞，侧线鳞前2～3枚鳞片具小棘。胸鳍宽大，下侧位。腹鳍较长，亚胸位，伸越臀鳍起点。我国有2种。

1180 倒棘鲬 *Rogadius asper*（Cuvier et Valenciennes，1829）[38]
= 松叶倒棘鲬

背鳍Ⅰ，Ⅷ，11；臀鳍11；胸鳍21～23；腹鳍Ⅰ－5。侧线鳞47～55。鳃耙1＋6～7。

本种一般特征同属。头部不甚平扁。吻宽。眼颇大，上侧位，眼间隔很窄，仅为眼径的1/5。口大，端位，下颌长于上颌。上颌骨后端凹叉形，下叉枝较长，伸达眼前缘。犁骨齿分离为两纵群，犁骨、腭骨具犬齿。眶前骨长大，下缘分三叶，前部具数棘，向后为锯齿状。前鳃盖骨隅角部具4枚棘，上棘长，下棘为一尖长的向前倒棘；主鳃盖骨有2枚棘，下棘较长。头后背部隆起嵴由4

对小棘组成[36]。体被稍小栉鳞，前2～3列侧线鳞具小棘。体黄褐色中带紫色，头背浅黄色，体侧具6条斑纹。胸鳍有多行点列横纹。尾鳍有5条黑褐色横纹。腹鳍灰黑色。臀鳍白色，无斑纹。为暖水性底层鱼类。栖息于近岸沙泥底质海区。分布于我国南海、台湾海域，以及日本本州中部以南海域、西北太平洋暖水域。体长约16 cm。

1181 帕氏倒棘鲬 *Rogadius patriciae* Knapp，1987[14]

背鳍Ⅰ，Ⅷ～Ⅸ，12；臀鳍11；胸鳍20～22；腹鳍Ⅰ－5。侧线鳞52～54。

本种与倒棘鲬十分相似，两者眼间隔和眶下隆起嵴皆无小棘而呈锯齿状。但本种前鳃盖骨无向前倒棘，头后背部隆起嵴为许多微小棘，呈锯齿状[36]。体黄褐色，体侧布有数条不明显的横带。背棘部有一黑色大斑。胸鳍具点列横纹。尾鳍有黑色纵纹。为暖水性底层鱼类。栖息于沙泥底质海区。分布于我国台湾海域，以及日本伊豆半岛海域、冲绳海域，澳大利亚西部海域，印度－西太平洋暖水域。体长约22 cm。

注：沈世杰（2011）记述本种前鳃盖骨具向前倒棘，笔者未获标本校对[37]。

1182 鳄鲬 *Cociella crocodila*（Tilesius，1812）[15]

背鳍Ⅰ，Ⅶ～Ⅷ，11；臀鳍11；胸鳍19～21；腹鳍Ⅰ－5。侧线鳞49～54。鳃耙Ⅰ＋5～7。

本种体延长，平扁。头长，棱棘显著，头侧有2条纵棱，眶下棱等具棘突。眼中等大，上侧位，虹膜半圆形，无触手状突起。口大，前位，犁骨齿分两群。前鳃盖骨具2枚棘，无向前倒棘。主鳃盖骨有2条细棱，后端各具1棘。间鳃盖下缘无皮瓣。体被栉鳞，侧线鳞有小管。背鳍2个，分离。臀鳍与第2背鳍同形，对位。胸鳍短，腹鳍亚胸位。体褐色，体背有许多小黑点和4～5条宽大褐色带。为暖水性底层鱼类。分布于我国黄海、东海、南海，以及日本南部海域，印度–西太平洋温暖水域。体长约40 cm。

1183 **棘线鲬** *Grammoplites scaber*（Linnaeus，1758）[14]

背鳍 I，VIII，12；臀鳍12；胸鳍18～19；腹鳍 I－5。侧线鳞54～56。鳃耙8＋8。

本种头平扁，尖长，背面不粗糙，但棱棘明显。头侧有两纵棱，眶下棱亦具棘突。眼略小，虹膜略突起。口中等大，端位；犁骨齿分群。前鳃盖骨有2枚棘，上棘尖长，基部具1小棘。主鳃盖骨有2枚棘。体被栉鳞，中等大，每枚侧线鳞均具1棘。背鳍2个，分离，第2背鳍与臀鳍等长且对位。体褐黄色，腹部色淡。背侧具4条黑褐色宽大横纹。第1背鳍有黑色小斑点。第2背鳍、臀鳍、尾鳍有点列棕色斑点。为暖水性底层鱼类。分布于我国南海、台湾海域，以及新加坡海域、印度–西太平洋暖水域。体长约24 cm。

瞳鲬属 *Inegocia* Jordan et Thompson，1913

本属物种体延长，平扁。头平扁。背面无颗粒状突起，具棘、棱。头侧有2条纵棱。眶上骨突有棘，眶下棱具棘突。眼中等大，上侧位；虹膜不分叶，具花簇状突起。口大，前位。两颌与犁骨、腭骨均具绒毛状齿群，犁骨齿群分离。前鳃盖骨、主鳃盖骨各具2枚棘，无向前倒棘。间鳃盖有皮瓣。体被栉鳞。侧线鳞有两小管。背鳍2个，分离，第2背鳍与臀鳍同形。我国有2种。

1184 **日本瞳鲬** *Inegocia japonicus*（Tilesius，1812）[38]

背鳍 I，VIII，12；臀鳍12；胸鳍19～21；腹鳍 I－5。侧线鳞49～54。鳃耙2＋4。

本种一般特征同属。吻中大，扁圆，吻长略大于眼径。眼中等大，上侧位；虹膜不分叶，具花簇或触手状突起。口大，端位；下颌长于上颌。眶前骨长大，下缘分3叶，无棘。前鳃盖骨有3枚棘（包括1枚副棘），上棘较大，下棘短小，无向前倒棘。主鳃盖骨有2条棱，每条棱各有一棘。间鳃盖下缘有一狭长皮瓣。鳞中等大，栉鳞，侧线鳞前6～8枚鳞片上各有1枚小棘。体褐黄色，微绿。眼上下缘及上下颌具横斑，体侧有6条横纹。各鳍亦有不规则斑纹。为暖水性底层鱼类。分布于我国黄海、东海、南海，以及日本南部海域、西北太平洋温暖水域。体长约21 cm。

1185 斑瞳鲬 *Inegocia guttatus*（Cuvier et Valenciennes，1829）[38]

背鳍Ⅰ，Ⅷ，11；臀鳍11；胸鳍21～22；腹鳍Ⅰ－5。侧线鳞49～50。鳃耙1＋5。

本种与日本瞳鲬相像。二者的区别在于本种吻扁长，吻长为眼径的1.7倍；间鳃盖骨皮瓣长方形，宽大；鳞中等大，侧线鳞仅前1～3枚具小棘；第2背鳍和臀鳍同形，皆为11枚鳍条。体黄褐色，吻部具斑点，眼上下缘具1横纹，头下侧有6个大斑点。体侧有7条黑色横纹。鳍黄色，第1背鳍上部黑色，第2背鳍有斜纹。胸鳍、腹鳍有多个黑色斑点。为暖水性底层鱼类。分布于我国东海、南海，以及日本岩狭湾海域、土佐湾海域，西北太平洋暖水域。体长可达60 cm。

1186 犬牙鲬 *Ratabulus megacephalus*（Jordan et Hubbs，1925）[38]

背鳍Ⅰ～Ⅷ，1～11；臀鳍11～12；胸鳍19～20；腹鳍Ⅰ－5。侧线鳞47～54。鳃耙1＋6～8。

本种体延长，头甚平扁，头背及两侧棘棱发达。头侧有两纵鳞，眶下棱具棘突。眼中等大，上侧位，无皮突。虹膜肌间瞳孔背缘仅略突出，不呈树枝状。口中等大，前位；下颌甚突出。两颌及犁骨、腭骨均有犬齿，犁骨齿分群。前鳃盖骨有3枚棘，主鳃盖骨有2枚棘，间鳃盖无皮瓣。体被栉鳞，侧线鳞仅前3～4枚鳞有1枚小棘。背鳍2个，两背鳍间有游离小棘。胸鳍短，后端不凹入。体背灰褐色，有3条不明显横带，腹侧白色，各鳍淡黄色。为暖水性底层鱼类。分布于我国黄海、东海、南海，以及日本南部海域、朝鲜半岛海域、西北太平洋暖水域。体长可达30 cm。

大眼鲬属 *Suggrundus* Whitley，1930

本属物种体延长，平扁。头平扁，背面粗糙，具颗粒状或齿状突起。头侧有2纵棱，眶下棱有多棘突。眼大，虹膜具一圆形突起，中间凹入，分2叶。口大，前位。两颌、口盖骨均有绒毛状齿，犁骨齿分两群。前鳃盖骨有3枚棘，主鳃盖骨有2枚棘，间鳃盖有皮瓣。体被小鳞，侧线鳞大部分为圆鳞，有两小管。背鳍2个，分离，第1背鳍比第2背鳍稍长。我国有3种。

1187 **大眼鲬** *Suggrundus meerdervoortii*（Bleeker，1860）[68]

背鳍Ⅰ，Ⅶ－Ⅷ，11；臀鳍11；胸鳍19～22；腹鳍Ⅰ－5。侧线鳞51～56。鳃耙1＋7～10。

本种一般特征同属。头大，平扁；前部狭圆，后部宽大。吻较长，扁圆；吻长约为眼径的1.5倍。眶前骨长大，下部分3叶，具2～3枚小棘。前鳃盖骨有3枚棘，上棘最长，为眼径的2/3。鳞稍小，栉鳞。体褐黄色，头部和体侧散布黑点。第1背鳍灰黑色，第2背鳍具数行点列斑纹。腹鳍基底黑色，尾鳍具横纹。为暖温性底层鱼类。分布于我国东海、南海，以及日本南部海域、西北太平洋温水域。体长约21 cm。

1188 **长吻大眼鲬** *Suggrundus longirostris* Shao et Chen，1987 [37]

背鳍Ⅰ，Ⅶ，11；臀鳍11～12；胸鳍18～20；腹鳍Ⅰ－5。侧线鳞54～56。鳃耙1＋5。

本种与大眼鲬相似。前鳃盖骨最长棘也短于眼径，但本种前鳃盖骨仅2枚棘。吻甚长，为眼径的2倍以上。眼眶骨嵴具5枚棘，最后1枚棘最长，伸达前鳃盖骨棘基部。有间鳃盖皮瓣。第1背鳍鳍棘在近缘种中最短。臀鳍第10或第11鳍条最长。体红褐色，杂有暗横斑。胸鳍中下部红色，上部具黑色斑点。为暖水性底层鱼类。分布于我国台湾海域，以及泰国海域。体长约20 cm。

1189 **鳞棘大眼鲬** *Suggrundus rodericensis* Cuvier et Valenciennes，1829 [9]

= 大棘大眼鲬 *S. macracanthus*

背鳍Ⅰ，Ⅸ，11；臀鳍12；胸鳍21；腹鳍Ⅰ－5。侧线鳞73～84 [4G]、52～54 [37]。

本种头大，平扁，前部狭圆。吻扁圆，吻长略大于眼径。眶下棱具5～6枚棘。前鳃盖骨具4枚棘，以第2棘长大，有时弯曲，长于眼径，伸达胸鳍基部。主鳃盖骨有2枚棱棘，下棱有少数小棘。体被栉鳞，鳞小；腹面圆鳞。侧线鳞发达，有19～22枚鳞片均具1枚小棘。体上部黄褐色，下部色较淡。第1背鳍有数列棕色斑点。第2背鳍、臀鳍、尾鳍透明。胸鳍、腹鳍有黑色斑点。为暖水性底层鱼类。分布于我国南海、台湾海域，以及日本南部海域、泰国海域、西太平洋暖水域。体长约17 cm。

1190 **凹鳍鲬** *Kumococius detrusus*（Jordan et Seale，1905）[38]
　　= *K. rodericensis*

背鳍Ⅰ，Ⅷ，11；臀鳍12；胸鳍18～20；腹鳍Ⅰ－5。侧线鳞46～55。鳃耙2＋6～9。

本种体延长，稍平扁。头平扁，头部棘棱发达。头侧有两纵棱，眶下棱具棘突，头背无锯齿状和颗粒状突起。眼中等大，上侧位，无皮质突起。虹膜肌在瞳孔背侧具1圆形大突起。前鳃盖骨有3枚棘，主鳃盖骨有2枚棘，间鳃盖有皮瓣。体被栉鳞。侧线鳞有1小管，仅前数个鳞片有小棘。背鳍2个，分离，第2鳍棘短于第3鳍棘。胸鳍短，后缘凹入，本属、种因此特征而得名。体褐黄色，两颌与头侧具不规则斑纹。体背侧有6条黑色横纹。鳍淡黄色，胸鳍缘和尾鳍缘黑色。为暖水性底层鱼类。分布于我国南海，以及日本土佐湾海域、西北太平洋暖水域。体长约20 cm。

注：本种与鳞棘大眼鲬很相似，曾被认为是同种[4G]。本种以胸鳍后缘凹入，体侧有5～6条宽横带及侧线鳞偏少与鳞棘大眼鲬相区分。

缨鲬属 *Thysanophrys* Ogilby，1896

本属物种体较长，平扁。头中等大，棘棱明显。头侧有两纵棱，眶下骨突无棘。眼中等大，上侧位，有皮瓣。眼间隔宽，约等于眼径。口中等大，前位；下颌突出。前鳃盖骨有3枚棘，最下面的棘退化。间鳃盖有或无皮瓣。胸鳍基上方具1枚肱棘。体被栉鳞，仅前2枚侧线鳞有棘。背鳍2个，分离。臀鳍基底与第2背鳍等长。胸鳍宽。我国有4种。

1191 沙地缝鲬 *Thysanophrys arenicola* Schultz，1966 [38]
= 沙栖苏纳鲬 = 沙栖宽头鲬 *Eurycephalus arenicola*

背鳍 I，VII，11～12；臀鳍11～13；胸鳍19～22；腹鳍 I－5。侧线鳞51～54。鳃耙1＋5～6。

本种一般特征同属。吻宽钝圆，头、体宽扁，尾部渐细窄。口裂大，下颌显著比上颌突出。眼中等大，虹膜上半部呈复杂树枝状。眼间隔宽，最宽处几乎与眼径相同。两颌和犁骨、腭骨均具绒毛状细齿。眶前骨前缘有2枚向前棘，眶下骨隆起嵴有5枚棘。前鳃盖骨3枚棘皆短，尤其第3棘仅为痕迹。间鳃盖无皮瓣。侧线鳞仅前2枚有小棘。体黄褐色，有许多小斑点。为暖水性底层鱼类。栖息水深浅于15 m。分布于我国台湾海域，以及琉球群岛海域、印度–西太平洋暖水域。体长约26 cm。

1192 窄眶缝鲬 *Thysanophrys chiltonae* Schultz，1966 [37]

背鳍 I，VIII，12；臀鳍11；胸鳍20～21；腹鳍 I－5。侧线鳞53～55。鳃耙1＋5。

　　本种与沙地缢鲬相似。都是眼上无乳突，唇边无皮瓣。虹膜上半部呈复杂树枝状，但虹膜下方为单峰形，其眼间隔甚窄，眼径为眼间隔最窄处的5.5～6倍。眶下骨嵴有3～4枚棘。前鳃盖骨棘3枚。间鳃盖有皮瓣。臀鳍有11枚鳍条。体淡褐色到白色，背部有4～5个不明显的褐色横斑。为暖水性底层鱼类。栖息水深浅于80 m。分布于我国台湾海域，以及日本八重山以南海域、印度−西太平洋暖水域。体长约15 cm。

1193　**西里伯缢鲬** *Thysanophrys celebica*（Bleeker，1854）[37]

背鳍Ⅰ，Ⅶ～Ⅷ，12～13；臀鳍13；胸鳍19～20；腹鳍Ⅰ−5。侧线鳞53～55。鳃耙1＋5。

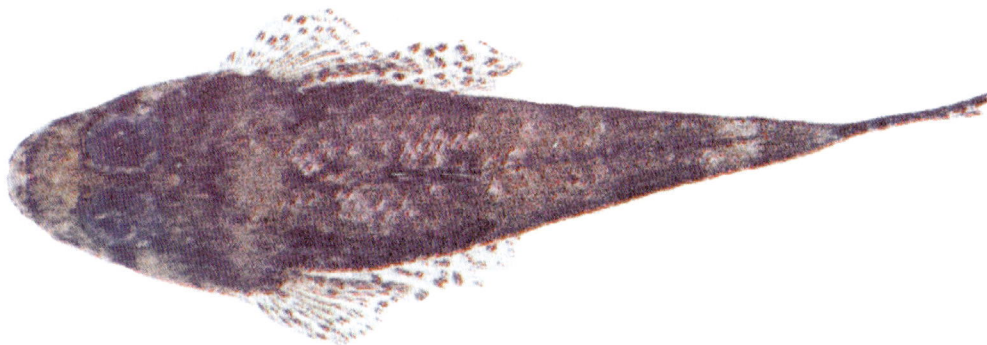

　　本种吻短，和眼径同长。眼上方有一乳突，虹膜下方单峰形。前鳃盖骨有1枚大棘和3枚小棘。眶下骨嵴有6枚硬棘。第1背鳍第1鳍棘长。臀鳍软条均等长，13枚鳍条。体深褐色，上有5～7块暗横斑；腹侧白色，鳍条均杂有黑色斑点。为暖水性底层鱼类。分布于我国台湾海域、南海，以及日本伊豆半岛以南海域、印度−西太平洋暖水域。体长约12.5 cm。

1194　**乳瓣缢鲬** *Thysanophrys otaitensis*（Paekinson，1829）[37]
　　＝粒唇苏纳鲬＝粒唇宽头鲬 *Eurycephalus otaitensis*

背鳍Ⅻ，12；臀鳍12；胸鳍20；腹鳍Ⅰ−5。侧线鳞53。鳃耙1＋5。

　　本种吻宽圆，唇边有乳突。前鳃盖骨有3枚棘。头侧有两隆起嵴。眶下骨嵴有3枚棘。眼间隔较窄，眼径约为眼间距的2.8倍。眼上无乳突。间鳃盖有皮瓣。体浅褐色，有暗红色斑点和不规则横带；腹侧白色。各鳍色浅，胸鳍有黑斑，尾鳍有点列横条。为暖水性底层鱼类。分布于我国台湾海域，以及琉球群岛海域、印度−太平洋暖水域。体长约5 cm。

IV
辐鳍鱼纲

鳞鲬属 *Onigocia* Jordan et Thompson，1913

本属物种体平扁，延长。头宽扁，背部无颗粒状突起，棘棱发达。眼中等大，上侧位，虹膜分2叶，边缘无触毛状皮突。头侧有一纵棱，眶下棱具锯齿。口大，端位；下颌稍突出。两颌和犁骨、腭骨均具绒毛状细齿，犁骨齿分离为两纵群。前鳃盖骨有3～4枚棘，无倒棘。主鳃盖骨有2枚棘，间鳃盖无皮瓣。体被栉鳞，前11枚侧线鳞各有一棘或无。背鳍2个，分离。胸鳍短。腹鳍亚胸位，内侧鳍条长。我国有3种。

[1195] **锯齿鳞鲬** *Onigocia spinosus*（Temminck et Schlegel，1843）[38]

背鳍Ⅰ，Ⅷ，11～12；臀鳍11～12；胸鳍20～22；腹鳍Ⅰ－5。侧线鳞35～42。鳃耙1＋3～5。

本种一般特征同属。头侧具一眶下骨嵴，呈粗锯齿状，该嵴在眼侧不间断。眼上皮瓣显著。眼虹膜分2叶，上片触手状，下片双峰形。前鳃盖骨有3枚棘，间鳃盖有一皮瓣。体被栉鳞，前8～11枚侧线鳞上各有一强棘。胸鳍宽。腹鳍长，后端可达背鳍第5鳍条下方。体灰褐色，头部、鳃盖膜黄色。眼部上、下各具一横纹。体侧有4条红褐色横纹。背鳍有多条斜纹。尾鳍5条横纹。腹鳍灰黑色，有白边。臀鳍白色。为暖水性底层鱼类。栖息水深约100 m。分布于我国东海、南海、台湾海域，以及日本南部海域、西北太平洋暖水域。体长约10 cm。

[1196] **大鳞鳞鲬** *Onigocia macrolepis*（Bleeker，1857）[38]

背鳍Ⅰ，Ⅶ～Ⅷ，11～12；臀鳍12；胸鳍20～22；腹鳍Ⅰ－5。侧线鳞40～42。鳃耙1＋5。

本种体平扁，延长。瞳孔后上缘有一黑色叉状皮瓣，虹膜分2叶，下片双峰形。头侧仅有一眶下骨嵴，但在眼侧有间断。前2~4枚侧线鳞各有1枚棘。腹鳍短，末端仅达第2背鳍起始处。体黄褐色，上、下唇具斑点。体侧有5条不明显的暗褐色横纹。臀鳍白色，其他鳍具褐红色点列斑纹。为暖水性底层鱼类。分布于我国东海、南海，以及日本南部海域、西北太平洋暖水域。体长约9 cm。

1197 粒突鳞鲬 *Onigocia tuberculatus*（Cuvier et Valenciennes，1829）[14]
　　＝瘤眶棘颊鲬 *Sorsogona tuberculatus*

背鳍Ⅰ，Ⅸ，Ⅰ－11；臀鳍11；胸鳍20~21；腹鳍Ⅰ－5。侧线鳞52~53。鳃耙5＋12。

本种体较宽，吻较长，扁圆。下颌突出，上颌骨后端凹叉状，下叉支较长。眶下骨嵴有细棘突，有些分两叉。前鳃盖骨具4枚棘，以第1棘最长。主鳃盖骨棘2枚，下棘较长，具细锯齿。鳞中等大，栉鳞，前20枚侧线鳞各具一棱棘。腹鳍亚胸位，内侧鳍条较长。体黄褐色，头部及眼上部、下部各具一横纹。上、下颌及眶下棱下方各具一纵行斑点。体侧有5条不规则横纹。第1、第2背鳍具点列横纹，胸鳍、腹鳍各有7条横纹，尾鳍有4条横纹。为暖水性底层鱼类。分布于我国南海、台湾海域，以及印度尼西亚海域、菲律宾海域、印度–西太平洋暖水域。体长约10 cm。

▲ 本科我国尚有丝鳍鲬*Elates ransonneti*和孔鲬*Cymbacephalus nematophthalmus*，分别以尾鳍上叶具丝状延长鳍条和眼后各有一深凹洼与否相区分，也区别于其他近缘种[4G]。

（181）短鲬科 Parabembridae

本科物种体延长，亚圆柱形，向后渐细。头中等大，稍平扁，具棘棱或光滑。吻长而平扁。眼大，上侧位。口大，前位。上、下颌与犁骨具绒毛状细齿，腭骨齿有或无。前鳃盖骨有1或4枚棘，主鳃盖骨有2枚棘，下鳃盖骨有1枚棘。体被栉鳞；侧线完全，侧中位。背鳍2个，分离。胸鳍宽。腹鳍位于胸鳍基下方或前下方。我国有1属1种。

注：Nelson（2006）和黄宗国（2012）已将短鲬科物种归入红鲬科中[3, 13]。笔者仍以臀鳍具3枚棘，前鳃盖骨具1枚棘为主要特征保留短鲬科。

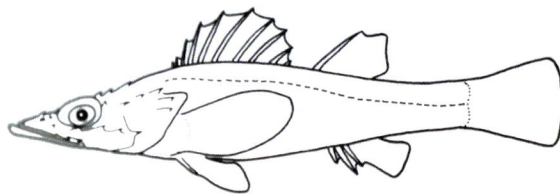

短鲬科物种形态简图

【1198】**短鲬** *Parabembras curtus*（Temminck et Schlegel，1843）[15]

背鳍Ⅸ~Ⅹ，Ⅰ，7~9；臀鳍Ⅲ-5；胸鳍19~22；腹鳍Ⅰ-5。侧线鳞35。

本种一般特征同科。体较粗短，头大，很平扁；背部棘突发达。眼大，上侧位。口大，前位；下颌很突出；上颌后端成皮瓣状，能弯曲。鳞大而粗糙，前部侧线鳞有一强棘。两背鳍分离，第1背鳍有9~10枚鳍棘。臀鳍有3枚鳍棘。第2背鳍基和臀鳍基均短，对位。腹鳍胸位，始于胸鳍基前下方。体红色，无斑点条纹。为暖水性底层鱼类。分布于我国黄海、东海、台湾海域，以及日本南部海域、印度-太平洋暖水域。体长约20 cm。

（182）红鲬科 Bembridae

本科物种体长，亚圆柱形，往尾部渐细。头中等大，稍平扁，具棘棱或光滑。吻长，平扁。眼大，上位，高达头背缘。口大，前位。两颌、犁骨具绒毛状齿群，腭骨齿有或无。前鳃盖骨有4枚棘，主鳃盖骨有2枚棘，下鳃盖骨有1枚棘。体被栉鳞，侧线完全。背鳍2个，分离。臀鳍中等长，无鳍棘。胸鳍宽大。腹鳍前胸位。本科全球共有4属8种，我国有2属2种。

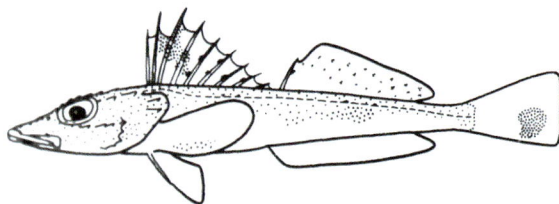

红鲬科物种形态简图

1199 红鲬 *Bembras japonicus* Cuvier et Valenciennes，1829 [15]

背鳍 X ~ XI，I，11；臀鳍14；胸鳍17；腹鳍 I − 5。侧线鳞55。

本种体延长，腹面平扁。头宽且平扁。上颌骨后端达瞳孔前缘下方，不呈皮瓣状，无卷曲。上、下颌几乎等长。上、下颌与犁骨、腭骨均具绒毛状齿群。眶下骨隆起嵴上有4~5枚棘，无锯齿。前鳃盖骨有4枚棘，下鳃盖骨有1枚棘，主鳃盖骨有3枚棘。背鳍2个，分离。臀鳍无棘。胸鳍大，无游离鳍条。腹鳍前胸位，起始稍前于胸鳍基底下方。体红色，腹侧色稍淡。背鳍黄色，有2~3纵列黑点。尾鳍后部有一大黑斑。为暖水性底层鱼类。栖息水深可达500 m。分布于我国东海、南海，以及日本南部海域、西太平洋暖水域。体长可达30 cm。

1200 印尼玫瑰鲬 *Bembradium roseum* Gilbert，1905 [48]

背鳍VIII ~ IX，12；臀鳍10~11；胸鳍22；腹鳍 I − 5。侧线鳞27~28。

本种体细长，圆柱形。头前部稍平扁，体后部稍侧扁。吻较长，头长约为吻长的2.9倍。口大，上颌骨后端达瞳孔前下方。两颌和犁骨、腭骨均有齿。眼大，上、下缘各有1列隆起嵴，并有许多小棘。前鳃盖骨上棘最大，其下方有3~5枚小棘。体被大栉鳞，侧线位于体侧中央纵轴。体单一红色，腹鳍白色。第2背鳍和尾鳍散布淡红色斑点。为暖水性底层鱼类。栖息水深300~650 m。分布于我国台湾海域，以及日本南部海域、帕劳海岭、印度尼西亚爪哇海域、美国夏威夷海域。体长约13 cm。

（183）棘鲬科 Hoplichthyidae

　　本科物种体延长，平扁。头宽，甚平扁。棘棱发达，粗糙，密具颗粒状和锯齿状突起。眼中等大，上侧位。口大，前位，上、下颌约等长。两颌与犁骨、腭骨均有绒毛状细齿。前鳃盖骨棘多。主鳃盖骨棱具细锯齿，后缘有3枚棘。体无鳞，具侧骨板1纵行，每一骨板具粒状突和1～2枚棘。腹侧均裸露。背鳍2个，分离；第1背鳍短小；第2背鳍甚长，与臀鳍相对，同形。胸鳍低位，有时鳍条呈丝状延长，下方有3～4枚游离鳍条。本科全球仅有1属10种，我国有3种。

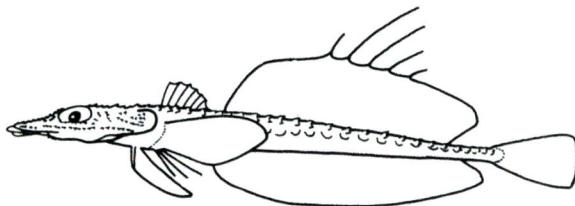

棘鲬科物种形态简图

棘鲬属 *Hoplichthys* Cuvier，1829

　　本属物种一般特征同科。

1201　**黄带棘鲬** *Hoplichthys fasciatus* Matsubara，1937 [37]
　　　　= 横带针鲬

背鳍Ⅵ，15；臀鳍16；胸鳍13＋2～3；腹鳍Ⅰ－5。侧骨板27。鳃耙12～15。

　　本种体延长，头中等大。两眼间隔宽，为眼径的2倍以上。下颌骨后面无棘。前鳃盖骨具2枚长棘。背鳍鳍棘短而弱，鳍条亦短。胸鳍上部鳍条甚长，略呈丝状延长，可达臀鳍第9鳍条；胸鳍下部游离鳍条短，基部有鳍膜相连。两侧骨板各有1枚强棘和1枚弱棘。体褐色，背侧有4条黑褐色宽横带，以最后横带色浓。前鳃盖、主鳃盖和眶前有不规则暗斑。第1背鳍亦有不明显斑点。各鳍色淡。为暖水性底层鱼类。分布于我国东海、台湾海域，以及日本熊野海域、土佐湾海域。体长约6.7 cm。

1202 小鳍棘鲬 *Hoplichthys langsdorfii* Cuvier et Valenciennes，1829[38]
　　　= 蓝氏针鲬

背鳍Ⅵ，15；臀鳍16～18；胸鳍12～13＋3～4；腹鳍Ⅰ－5。侧骨板27～28。鳃耙10～14。

　　本种与黄带棘鲬相似。吻较长，成鱼吻长比眼径大。两眼间隔甚窄，眼径为其的4～5倍。下颌后端有许多棘。每侧骨板各有2个向后的强棘。第1背鳍短小，第2背鳍基底长，与臀鳍对位。胸鳍短，无丝状延长鳍条。体褐黄色，具斑纹和斑点。虹膜深蓝色，上侧有一黑斑。头后部和体侧分别有1个和4个黑褐横纹。鳍黄色，第1背鳍上部黑色，第2背鳍有点列斑纹，尾鳍亦有横纹。为暖水性底层鱼类。分布于我国东海、南海，以及日本南部海域、西北太平洋温暖水域。体长约16 cm。

1203 短指棘鲬 *Hoplichthys gilberti* Jordan et Richardson，1908[48]
　　　= 吉氏针鲬

背鳍Ⅵ，15；臀鳍16～18；胸鳍11～13＋3～4；腹鳍Ⅰ－5。侧骨板27～28。鳃耙2＋12～13。

本种体细长，显著平扁。吻稍短，吻长等于眼径。眼大，位于头背缘，眼间隔窄。眶前骨三角形，具两纵行锯齿棱，上行锯齿大，呈棘状。体侧骨板27～28个，每个骨板具一斜行粒状锯齿和2枚棘，上棘大，下棘不明显。第1背鳍短小，第2背鳍长，雄鱼有丝状延长鳍条。胸鳍宽，具丝状延长鳍条。体黄褐色，具斑纹、斑点。头部及体侧有数条横纹，第1背鳍前具一白斑。胸鳍有少数斑点。其他鳍无斑纹。为暖水性底层鱼类。栖息水深170～280 m，潜埋于沙泥底质。分布于我国东海、南海、台湾海域，以及日本南部海域、印度海域、西北太平洋暖水域。体长约20 cm。

（184）六线鱼科 Hexagrammidae

本科物种体延长，侧扁。头顶无棘棱。前鳃盖骨具小棘或无。第2眶下骨向后延为一骨突，与前鳃盖骨连接。口前位，两颌和口盖骨均具齿。每侧仅具一鼻孔，后鼻孔退化。体被小栉鳞或圆鳞。背鳍连接，通常有凹刻。臀鳍有无或1～3枚鳍棘。胸鳍宽。腹鳍亚胸位。侧线1～5条。全球有4属16种，我国有2属5种。

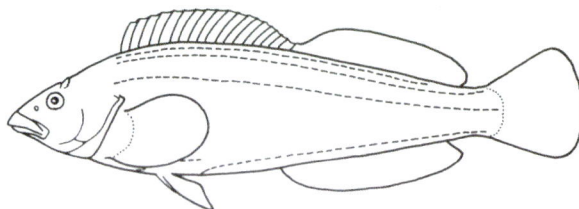

六线鱼科物种形态简图

六线鱼属 *Hexagrammos* Tilesius，1809

本属物种一般特征同科，通常眼的上缘后部有一羽状皮瓣。

1204 **单线六线鱼** *Hexagrammos agrammus*（Temminck et Schlegel，1843）
= 斑头鱼 *Agrammus agrammus*

背鳍XVII～XIX－19～23；臀鳍18～21；胸鳍16～18；腹鳍Ⅰ－5。侧线鳞78～87。鳃耙4＋11。

　　本种体延长，侧扁，体高稍低。头较小，略尖长。眼小，上侧位。眼后上方有一羽状皮瓣。口小，端位；唇厚。颌齿细尖，犁骨具绒毛状齿群，腭骨无齿。体被小栉鳞。侧线1条，上侧位，几乎近斜直。背鳍基底长，其间有缺刻。胸鳍宽，几乎伸达肛门。尾鳍后缘截形。体紫褐色，胸鳍上方具一深褐色圆斑，背侧有不规则方斑。各鳍具斑点、斑纹。背鳍尚有一黑斑。但体色与斑纹随环境有变化。为冷温性礁石鱼类。分布于我国渤海、黄海、东海，以及日本海域、朝鲜半岛海域、西北太平洋温水域。体长约30 cm。

[1205] **叉线六线鱼** *Hexagrammos octogrammus*（Pallas，1811）[38]

　　背鳍XVII～XX－22～25；臀鳍24～26；胸鳍17～19；腹鳍Ⅰ－5。侧线鳞86～94。鳃耙4～5＋11～12。

　　本种体延长，侧扁。吻尖长，鳞稍大。体侧线有5条，其中第4侧线短，在腹鳍前分两叉，后端不达臀鳍起始处。第2～3侧线间鳞仅7～9行。尾鳍后缘圆弧形。体黄褐色，头部暗褐色，有红、黄杂斑。眼部有放射状狭幅黑带。体侧、腹部有黄色斑纹。胸鳍具红斑、点列横纹，斑、纹的颜色和形状在个体间有差异。为冷温性底层鱼类。栖息于礁石海区。分布于我国黄海，以及日本东北海域、鄂霍次克海。体长约30 cm。

[1206] **长线六线鱼** *Hexagrammos lagocephalus*（Pallas，1810）[38]（**前雄鱼，后雌鱼**）

　　背鳍XX～XXⅢ－22～25；臀鳍20～24；胸鳍18～22；腹鳍Ⅰ－5。侧线鳞97～112。鳃耙4＋12。

　　本种体修长，侧扁。吻钝，头背高耸。侧线5条，第4条侧线长，伸达臀鳍中部。眼后上方有一短小穗状皮瓣，颈部皮瓣极短或无。两颌及犁骨、腭骨均有齿。尾鳍后缘圆弧形。体褐黄色，具灰褐色斑纹。背鳍有暗斑点和云状斑纹，臀鳍、胸鳍、尾鳍具横纹。为冷温性岩礁鱼类。栖息于近岸岩礁海区。分布于我国渤海、黄海、东海，以及日本北海道海域、朝鲜半岛海域、鄂霍次克海、西北太平洋温水域。体长可达60 cm。

1207　**大泷六线鱼** *Hexagrammos otakii* Jordan et Starks，1906

背鳍XIX～XXI－21～23；臀鳍21～23；胸鳍17～19；腹鳍Ⅰ－5。侧线鳞100～110。

　　本种与长线六线鱼相似。侧线鳞5条，第4条不分叉，但该侧线止于腹鳍基后上方。第1侧线沿鱼体背部止于背鳍基后端。背鳍鳍棘与鳍条部间有深凹。鳞小，多为栉鳞，第2、第3侧线间鳞为11～12行。头背有2对皮瓣，一对位于眼上方，呈小穗状；另一对位于颈部，小须状或消失。尾鳍后缘微凹，不分支。体色从黄色到紫褐色，因个体而异。体侧散布不规则斑块，背鳍鳍棘后部有一大圆斑。臀鳍有斜带，尾鳍有横带。繁殖期雄鱼橙黄色。为冷温性岩礁鱼类。繁殖季节产黏着性卵，雄鱼护卵。分布于我国渤海、黄海、东海，以及日本海域、朝鲜半岛海域、西北太平洋温水域。体长约30 cm。为我国北方习见经济鱼种，是重要的增殖对象。

1208 **远东多线鱼** *Pleurogrammus azonus* Jordan et Metz，1913 [55]

背鳍XXⅢ－29；臀鳍28；胸鳍24；腹鳍Ⅰ－5。侧线鳞（第2条）179。鳃耙5＋17。

本种体延长，侧扁。头中等大，头顶有一强嵴突。吻稍尖，两颌几乎等长，腭骨无齿。背鳍连续，无缺刻。鳞小。体侧有5条侧线，第4侧线不分叉，止于肛门附近。第3和第5侧线间鳞10～11行。尾柄细，尾鳍深叉形。体暗褐色，腹面色淡。体无明显横带，各鳍边缘带黑色。体色也随鱼体大小、生活海区有变化。为冷温性底层鱼类。体长7～8 cm的幼鱼栖息于近表层水域，随成长移入海水域底层，秋、冬季产卵。分布于黄海、图们江口外，以及日本对马海峡、鄂霍次克海西南海域、北太平洋冷温水域。体长可达60 cm。为北太平洋渔业捕捞对象，年产量达10万吨。

注：我国的黄海实际上无远东多线鱼分布。

（185）拟杜父鱼科 Ereuniidae

本科物种体延长，后部渐细狭。头较大，头上有棘突。眼大。背鳍2个，分离。胸鳍下方有4枚游离鳍条。体被刺状鳞。前鳃盖骨有1枚棘。后匙骨细长，2块。我国有1属2种。

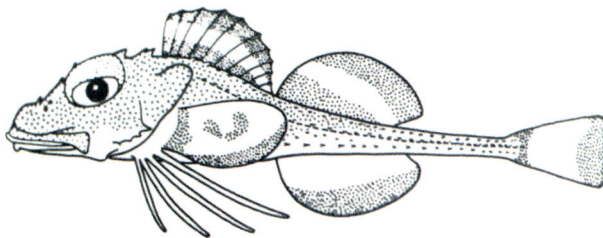

拟杜父鱼科物种形态简图

IV
辐鳍鱼纲

1209 **神奈川拟杜父鱼** *Ereunias grallator* Jordan et Snyder，1901[48]
= 神奈川旋杜父鱼

背鳍Ⅹ，14；臀鳍12～13；胸鳍15；腹鳍0或1。侧线鳞39～44。

本种体延长，前部粗大，略侧扁。向后渐细，尾部细长，尾柄截面近方形。头大，吻钝而高耸。眼大，突出于头背。口宽大，下端位。两颌与犁骨、腭骨均具齿。体无鳞，具5纵行骨板棘，每骨板有尖棘。背鳍2个，分离。胸鳍宽，下侧位，下具4枚游离鳍条。腹鳍消失，尾鳍后缘截形。体黑褐色，头、体无斑。背鳍黑色，有一白色纵带。臀鳍黑色，鳍基白色。胸鳍、尾鳍白色，有黑缘。为冷温性底层鱼类。分布于我国东海，以及日本高知海域、相模湾海域、西北太平洋温水域。体长约30 cm。

1210 **游走丸川拟杜父鱼** *Erennias ambulator* Sakamoto，1931[38]
= *Marukawichthys ambulator*

背鳍Ⅸ～Ⅺ，13～15；臀鳍11～14；胸鳍15；腹鳍Ⅰ－4。侧线鳞30～36。

本种体延长。头大，吻短。尾柄细长。胸鳍大，下方有4枚游离鳍条。体表具粗糙小鳞或带棘鳞列。体褐色。腹鳍、尾鳍色浅。尾鳍基和末端有黑色横带。为温水性底层鱼类。分布于我国台湾海域，以及日本青森县海域、富山湾海域。体长约20 cm。

（186）绒杜父鱼科 Hemitripteridae

本科物种从原杜父鱼科中分立出来，其基本特征与杜父鱼科物种相似。体延长，粗圆。头大，布有许多骨突、骨棱和皮瓣。眼上棱隆起，眼间隔深陷。口宽大，两颌与犁骨、腭骨均具宽齿带。前鳃盖骨具钝粗棘。眶下骨发达，具棱嵴。体被细刺和骨质乳突，无鳞。背鳍鳍棘部比鳍条部长。胸鳍大。尾鳍鳍条不分支。全球有3属8种，我国有1属1种。

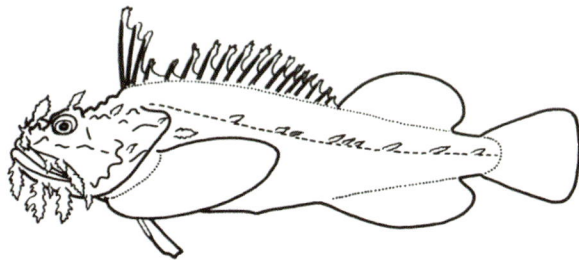

绒杜父鱼科物种形态简图

1211 **绒杜父鱼** *Hemitripterus villosus*（Pallas，1814）

背鳍ⅩⅦ～ⅩⅨ，11～13；臀鳍12～15；胸鳍18～20；腹鳍Ⅰ－3。侧线鳞41～46。

本种体延长，粗圆，略侧扁。头大，有许多骨突、骨棱和皮瓣。眼上棱隆起，眼间隔宽而深凹陷。顶骨部有一凹穴，后缘每侧有3枚钝棘。口宽，两颌与犁骨、腭骨均具宽齿带。前鳃盖骨具钝粗棘。眶下骨发达，具棱嵴。体无鳞，被骨质乳突。背鳍鳍棘部长于鳍条部，以第1、第2鳍棘最长，棘间膜深凹入。胸鳍大。腹鳍胸位。尾鳍不分支。体黑褐色，具不规则斑块。为冷温性底层鱼类。冬季产卵。分布于我国渤海、黄海，以及日本石川以北海域、朝鲜半岛海域、白令海、西北太平洋温水域。体长约30 cm。

（187）杜父鱼科 Cottidae

本科物种体中等长，前部稍平扁，后部稍侧扁，渐狭小。眼较大，上侧位，眼间隔狭。第2眶下骨后延与前鳃盖骨相连。两颌与犁骨、腭骨均具齿。前颌骨能伸缩，前鳃盖骨有3～4枚棘，上棘尖直、分叉或上弯，具钩刺。体裸露无鳞，或具不整齐的鳞，或被刺和骨板，有侧线。两背鳍分离或连续。鳍棘常被皮肤包被。臀鳍与第2背鳍同形，无鳍棘。胸鳍基底宽。腹鳍胸位。全球有70属300种（含淡水种），我国有12属12种。

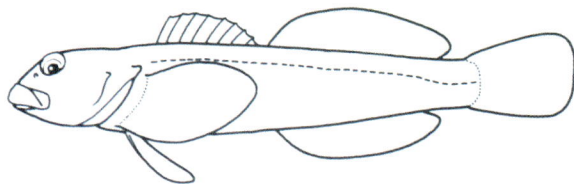

杜父鱼科物种形态简图

1212 裸杜父鱼 *Gymnocanthus herzensteini* Jordan et Starks，1904 [44]

背鳍X～XI，16～17；臀鳍18～19；胸鳍18～21；腹鳍 I－3。侧线鳞43～48。鳃耙5～9。

本种体修长。头背覆盖粗糙骨板。眼大，侧上位。眼间隔平坦，中部有骨板，边缘圆滑。无眼上皮瓣。口下端位，犁骨、腭骨无齿。前鳃盖骨有4枚棘，最上棘长而尖锐，并有3枚向上小棘，不达鳃盖骨后缘。鳃盖膜联合成一横褶，跨越峡部。体无鳞，侧线隐具骨板，腋部有骨鳞。体红黄色，颊部具暗斑。背鳍有数条斜纹。胸鳍有4条横纹，尾鳍有3条横纹。为冷温性底层鱼类。栖息于沙砾底质海区，水深50～100 m。分布于我国黄海，以及日本北海道海域、朝鲜半岛海域、俄罗斯萨哈林岛（库页岛）海域、西北太平洋。体长可达38 cm。

1213 **角杜父鱼** *Ceratocottus diceraus*（Pallas，1783）[68]
= 强棘杜父鱼 *Enophrys diceraus*

背鳍VII～VIII，12～15；臀鳍10～13；胸鳍16～19；腹鳍I－3。侧线鳞34～38。

本种体延长，头后渐细狭。头大，头背有2对发达骨棱。眼中等大，突出于头背面。眼间隔深凹。前鳃盖骨上棘强大，长而直，有多个向前小棘，末端可达背鳍第4鳍棘下方。主鳃盖骨有1枚棘，下鳃盖骨有2枚棘。体无鳞，侧线上有骨板，骨板上各具一中央棘。口中等大，下端位。两颌、犁骨有齿，腭骨无齿。背鳍分离，鳍棘减少至7～8枚。臀鳍无棘。胸鳍内侧具短小皮刺。体黑褐色，背侧有5条横纹。头、体密布暗褐斑点。臀鳍色浅，具土黄色斑点。其他鳍黑色有白斑或白色带纹。为冷温性底层鱼类。栖息水深浅于80 m。分布于我国黄海，以及日本福岛海域、新潟以北海域，阿拉斯加海域，北太平洋冷温水域。体长约25 cm。

注：金鑫波（2006）将*Ceratocottus*属列入半鳞杜父鱼科Hemilepidotidae[4G]，黄宗国（2012）仍将其归入杜父鱼科[13]。

1214 **单线鳞杜父鱼** *Stlengis misakia*（Jordan et Starks，1904）[48]
= 山崎粗鳞杜父鱼

背鳍IX～XI，14～17；臀鳍11～14；胸鳍15～18；腹鳍I－2。侧线鳞36～37。

本种体细长，头部稍纵扁。尾柄稍侧扁。体侧有1纵列骨板鳞，其他部分无鳞。2个背鳍接近，第1背鳍始于鳃孔上方。腹鳍始于胸鳍基底下后方，鳍棘埋于皮下。胸鳍后端不达肛门。头部背侧面和下颌有许多黏液孔。眼大，超过吻长，位于近背缘。前鳃盖骨有4枚棘；上棘达主鳃盖骨后缘，其上有4～7枚钩状小棘；最下棘小，向后下方。口稍斜，上颌比下颌稍长。两颌与犁骨、腭骨具绒毛齿带。体背部淡褐色，腹部白色。侧线下方有几个不规则暗斑。眼下和前缘有暗横带。第1背鳍色暗，后端有一黑色斑，其他鳍色暗。为冷水性底层鱼类。栖息水深可达335 m。分布于我国黄海、台湾海域，以及日本相模湾海域、高知海域，西北太平洋。体长约8 cm。

1215 松江鲈 *Trachidermus fasciatus* Heckel，1837

背鳍VIII～IX，18～19；臀鳍15～18；胸鳍16～17；腹鳍I－4。侧线鳞33～38。

本种体前部平扁，后部稍侧扁。头平扁，棘、棱均为皮肤包被。口大，端位。两颌及犁骨、腭骨均具绒毛齿群。前鳃盖骨有4枚棘，上棘最大，后端向上弯曲。体无鳞，被皮质小突起。背鳍连续具凹刻。胸鳍大，尾鳍后缘截形。体黄褐色，体侧具5～6条暗纹。吻侧、眼下、眼间隔和头侧具暗条纹。早春繁殖期左、右鳃盖膜上各有2条橘红色斜带，鳃片外露，故称"四鳃鲈"。为冷温性洄游鱼类。幼鱼早春在淡水中生活，秋后沿海越冬产卵。分布于我国渤海、黄海、东海，以及日本海域、朝鲜半岛海域、西北太平洋温水域。体长可达14 cm。为我国二级濒危保护动物[41]。

杜父鱼属 *Cottus* Linnaeus，1758

本属物种体延长。头大，平扁。尾部侧扁。口大，端位。体光滑或具皮质小刺。两颌、犁骨齿有或无。前鳃盖骨上棘弯曲，基部常有2～3枚向下棘。眶前骨和眶下骨均无棘。侧线完整或不完整。背鳍2个，胸鳍宽，下侧位。腹鳍胸位，I－3～4。多为淡水鱼种。我国只有2种，可达河口区域。

1216 **姆指杜父鱼** *Cottus pollux* Günther，1873 [38]

背鳍VIII~X，15~18；臀鳍11~12；胸鳍12~14；腹鳍I-3~4。

本种一般特征同属。体细长，稍粗壮。眶下骨和头背无棱。口端位，斜向上，腭骨无齿。前鳃盖骨具3枚棘，上棘弯曲。下鳃盖骨有1枚棘。体光滑，仅侧线具鳞。胸鳍短，侧下位，鳍条全部不分支。腹鳍短，不伸达臀鳍。尾鳍后缘圆弧形。体棕褐色，上有不规则斑纹。各鳍色浅，布有点列斜纹或横纹。为冷水性鱼类。通常栖息于砾石底质江河，有一生栖息于淡水的陆封江河型和仔鱼期入海栖息的海洋型群体。分布于我国图们江、黑龙江，以及日本北海道南部沿海。体长可达15 cm [38]。

1217 **图们杜父鱼** *Cottus hangiongensis* Mori，1930 [38]

背鳍VIII~X，16~24；臀鳍12~18；胸鳍13~14；腹鳍I-4。

本种与姆指杜父鱼相似。但体较修长，口大，口裂马蹄形。前鳃盖骨仅1枚棘。体无鳞，侧线不完全。胸鳍大，位低，覆盖的体侧部有小刺突丛。背鳍2个；第2背鳍长，起点与臀鳍相对。腹鳍胸位，其内侧一鳍条极短。尾鳍后缘截形。体棕褐色，有斑点，腹部色浅。背鳍有4纵行黄色斑纹。胸鳍鳍条浅黄色，鳍膜橘红色。腹鳍有数条横斑，尾鳍亦有点列横纹。为冷水性河海洄游鱼类。成鱼居河川下游，早春产卵，仔鱼入海，幼鱼再回溯。另有终生陆封江河型种群。分布于我国图们江、鸭绿江、黑龙江，以及日本北海道海域、朝鲜半岛海域、鄂霍次克海。体长约15 cm [4G, 38]。

1218 **小杜父鱼** *Cottiusculus gonez* Schmidt，1904 [38]

背鳍Ⅶ～Ⅸ，11～13；臀鳍11～13；胸鳍21～22；腹鳍Ⅰ－3。侧线鳞27～29。

本种体前部平扁，后部高与宽几乎等长。背部具皮瓣，但无骨质突。头大，宽扁。口中等大，前位。两颌与犁骨、腭骨均具绒毛齿。眼中等大，侧上位，眼间隔窄而凹入。顶骨部具一凹洼。前鳃盖骨棘4枚，上棘最长，棘端上弯且分叉。主鳃盖骨、鼻骨、眼缘有棘。体光滑无鳞，侧线平直，达尾柄后端。背鳍2个，分离。胸鳍宽，下部鳍条向前伸长。腹鳍胸位。尾鳍后缘平截。体背侧灰褐色，具宽横纹。头部具条纹，眼间隔具一横纹。背鳍、胸鳍、尾鳍具条纹。腹鳍、臀鳍无斑纹。为冷温性底层鱼类。栖息水深20～100 m。分布于我国黄海，以及日本岛根以北海域、朝鲜半岛海域、鄂霍次克海、西北太平洋冷温水域 [45]。体长约10 cm。

1219 **尖头杜父鱼** *Vellitor centropomus*（Richardson，1850） [38]

背鳍Ⅸ～Ⅺ，18～20；臀鳍17～20；胸鳍13～16；腹鳍Ⅰ－2。侧线鳞36～42。

本种体延长，侧扁。头尖，吻尖突，头背无棘棱和皮瓣。口中等大，前位。两颌及犁骨、腭骨有齿。眼中等大，眼上无皮瓣。前鳃盖骨有1枚棘，短而尖，不分叉。主鳃盖骨无棘。背鳍2个，分离。第2背鳍与臀鳍同形，对位。胸鳍宽，下部鳍膜深凹。尾鳍后缘凹入。体绿色，有不规则云斑。第1背鳍具褐色条纹。臀鳍墨绿色。为冷温性底层鱼类。栖息于浅海藻场。分布于我国黄海，以及日本本州中部以北海域、朝鲜半岛海域、西北太平洋冷温水域 [45]。体长可达12 cm。

1220 **叉杜父鱼** *Furcina osimae* Jordan et Starks，1904 [38]（上雄鱼，下雌鱼）
= 台氏杜父鱼 *F. dabryi*

背鳍Ⅷ～Ⅹ，15～17；臀鳍13～15；胸鳍13～14；腹鳍Ⅰ-2。侧线鳞34～39。鳃耙6～7。

本种体延长，稍侧扁，头背有2对皮瓣。吻短，圆钝。口小，下端位。两颌及犁骨、腭骨均具齿。前鳃盖骨有2枚棘，上棘稍弯向上方且末端分叉。主鳃盖骨无棘。体无鳞，侧线上侧位，前部波曲状，侧线孔具细须。侧线下方及胸鳍上方具2～3列小骨板。体暗褐色，腹侧色浅。背侧有5条横纹。侧线下散布白色圆斑。各鳍有点列斜纹或横纹。雌鱼有1条黄色纵带。为冷温性底层鱼类。栖息于岩礁浅海区。分布于我国黄海，以及日本函馆海域、八丈岛海域，朝鲜半岛海域，西北太平洋。体长约8 cm。

1221 **鳚杜父鱼** *Pseudoblennius cottoides*（Richardson，1848）
= 银带鳚杜父鱼

背鳍Ⅷ～Ⅹ，17～20；臀鳍16～19；胸鳍14～16；腹鳍Ⅰ-2。侧线鳞40～43。鳃耙8～11。

　　本种体低，平扁。尾柄平扁，细小。头中等大，略尖突。吻短，钝尖。眼中等大，上侧位。眼上有一皮瓣，眼间隔略凹。口颇大，平裂。上、下颌与犁骨、腭骨具齿。眶前骨无棘。前鳃盖骨具1枚短小弯棘。鳃盖骨具1枚扁棘。体无鳞，腋部具少数小的粗糙骨板。体灰褐色，腹侧白色。体侧具6条横纹。沿侧线具1纵列白色条纹。各鳍有数条点列横纹。为冷温性底层鱼类。栖息于沿海藻场。分布于我国黄海，以及日本北海道海域、西北太平洋冷温水域。体长约13 cm。

▲ 据报道，本科在我国海域尚有中华床杜父鱼*Myoxocephalus sinensis* Sauvage，1878和中华鳞舌杜父鱼*Lepidobero sinensis* Qin et Jin，1992两种。但前者自Sauvage于1878年报道后就未见记录。《中国动物志 硬骨鱼纲 鲉形目》（2006）虽收入，也未见附图[4G]。后者头部无骨板，侧线亦无纵列骨板，而具粗鳞[4G]。

（188）隐棘杜父鱼科 Psychrolutidae

　　本科物种头部宽大，体自头后渐细狭。头上有棘棱或无，眼间隔宽，大于眼径。体无鳞或有带刺小骨板。头部皮瓣有或无。侧线退化。上、下颌有数行圆锥齿，犁骨齿有或无，腭骨通常无齿。脑颅上有发达的桥状骨棱，其上有或无骨刺。背鳍连续，棘常隐于皮下。腹鳍小，细长。全球有7属29种，我国有1属3种。

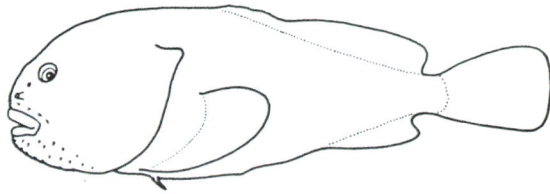

隐棘杜父鱼科物种形态简图

1222 隐棘杜父鱼 *Psychrolutes paradoxus* Günther，1861[38]

背鳍Ⅸ～Ⅻ－13～17；臀鳍12～13；胸鳍19～21；腹鳍Ⅰ－3。

　　本种体粗。头宽大，吻中等大。眼中等大，位达头背缘。眼间隔平坦，宽略大于眼径。口宽大，端位，上、下颌约等长。两颌具细齿，犁骨、腭骨无齿。眶前骨扩大，无棘。前鳃盖骨、主鳃盖骨无棘。体无鳞，无骨板。体有瘤突。无侧线。背鳍低而长。鳍棘短小，埋于皮下。胸鳍宽，伸达臀鳍。腹鳍胸位。尾鳍后缘圆弧形。体浅褐色，具暗斑点。眼前下方有斜纹，体侧有3条不规则横纹，背鳍、臀鳍具云纹，胸鳍、尾鳍有横纹。为温水性底层鱼类。栖息水深30～300 m。分布于我国东海、南海，以及日本北海道海域、朝鲜半岛海域、白令海、西北太平洋温水域。体长约23 cm。

1223 **光滑隐棘杜父鱼** *Psychrolutes inermis*（Vaillant，1888）[48]

背鳍Ⅷ－16～17；臀鳍12～13；胸鳍19～24；腹鳍Ⅰ－3。鳃耙1～2＋7～9。

　　本种与隐棘杜父鱼相似。体较粗大，亚圆柱形。体无肉质瘤状突起。头宽大，头宽略大于头高。眼较小，上侧位。眼间隔宽大，略小于眼径的2倍。体无侧线。背鳍低而长，鳍棘和鳍条埋于皮下，仅端部露出。胸鳍宽，不达臀鳍。尾鳍后缘截形。体深褐色，腹侧稍浅，头、体有云斑。胸鳍黑褐色，各鳍无斑纹。为温水性底层鱼类。栖息水深550～1 010 m。分布于我国东海、南海，以及日本土佐湾海域、三重海域，印度洋、西北太平洋温暖水域。体长可达37 cm。

1224 **变色隐棘杜父鱼** *Psychrolutes phrictus* Stein et Bond，1978 [38]

背鳍Ⅷ－19～20；臀鳍12～14；胸鳍23～26；腹鳍Ⅰ－3。侧线孔12～14。

本种体近长方形（侧面观），稍侧扁。头宽，吻宽。口大，端位，低斜。颌齿细尖。犁骨、腭骨无齿。眼小，上侧位；眼间隔宽平。头部无棘，散布小皮瓣。体无鳞，有侧线，侧线孔12～14个。背鳍长，后部与臀鳍几乎相对。胸鳍宽，有23～26枚鳍条。尾鳍后缘近圆弧形。体褐色，头部色浅，密布小白点。为深海鱼类。栖息水深800～2 800 m。分布于我国台湾海域，以及日本北部海域、鄂霍次克海、白令海、北太平洋。体长约60 cm。

（189）八角鱼科 Agonidae

本科物种体长，全被骨板，横断面八棱形，后部细。尾柄六棱形，很细长。头中等大，短小或低长。吻尖突，中等长或长。眼中等大，上侧位，或突出于头背缘。口小或较大。上颌骨通常为骨板遮盖。颌齿细小，犁骨、腭骨有齿或无。眶上棱发达。鳃盖骨有或无棘。肛门前移至胸鳍基下方，常紧靠腹鳍基。背鳍1～2个。腹鳍胸位。无鳔。全球有20属50种，我国有3属3种。

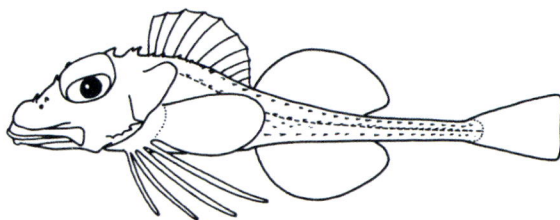

八角鱼科物种形态简图

1225 松原隆背八角鱼 *Percis matsuii* Mataubara，1936 [38]

背鳍Ⅳ～Ⅴ，5；臀鳍5～6；胸鳍11。侧线鳞37～39。

本种体细长，头背显著突出成一疣状突起。从项背到背鳍起点无特别隆起。体侧各骨板亦具一疣状突。吻短钝，短于眼径。眼大，眼的一半突出于头背。两背鳍间距远，第2背鳍与臀鳍同形，对位。尾鳍后缘圆弧形。体褐色，散布白斑。尾鳍暗褐色，有宽幅白色横带。为暖水性底层鱼类。栖息水深200～500 m。分布于我国台湾海域，以及日本南部海域、西太平洋暖水域。体长约18 cm。

1226 **锯鼻柄八角鱼** *Sarritor frenatus*（Gilbert，1896）[38]

背鳍Ⅵ～Ⅷ，6～8；臀鳍6～7；胸鳍15～16。侧线鳞29～43。

本种体甚细长。头中等大。吻尖长，腹面有1对吻须。鼻骨游离缘锯齿状，有小棘。背鳍2个，第2背鳍起始于体背中部，与臀鳍对位，同形。胸鳍大。尾柄细长，尾鳍后缘近截形。体淡灰褐色。第1背鳍有黑斑。第2背鳍、尾鳍和胸鳍上部鳍膜黑色。为温水性底层鱼类。栖息于岩礁或沙泥底质海区，水深50～250 m。分布于我国黄海，以及日本海、鄂霍次克海、阿拉斯加湾。体长约24 cm。

▲ 本科在我国尚记录有似鲟足沟鱼*Podothecus sturiodes*[4G. 13]，分布于黄海。但自Guichenot于1869年报告后迄今再未发现。

（190）圆鳍鱼科 Cyclopteridae

本科物种体近球形，尾短小，侧扁，常被小瘤突。头近圆形（侧面观），无棘、棱。第2眶下骨与前鳃盖骨相连。口前位，两颌齿为单尖形或三叉形齿群。犁骨、腭骨无齿。体光滑，或被骨质突起。背鳍2个或1个，第1背鳍为硬棘，有些种类硬棘隐埋于皮下。背鳍、尾鳍、臀鳍不相连。第2背鳍与臀鳍基短。胸鳍大。腹鳍愈合成一吸盘。尾鳍后缘圆弧形。全球有19属195种，我国仅有1属1种。

圆鳍鱼科物种形态简图

1227 雀鱼 *Lethotremus awae* Jordan et Snyder，1902 [38]
= 艾氏正圆鳍鱼 *Cyclopsisa awae*

背鳍Ⅵ～Ⅶ，8～9；臀鳍7～8；胸鳍20～22。

本种一般特征同科。体近球形，尾短小。头宽、圆钝，吻短钝。眼较小，上侧位。口小，前位。两颌等长，具绒毛齿群。鳃孔小，上侧位。体光滑，无小棘或骨质瘤突，有皮须。背鳍2个，第1背鳍短，第2背鳍与臀鳍对位。胸鳍大，基底向前下方伸延。腹鳍愈合为圆形吸盘。尾鳍后缘圆弧形。体绿色至褐色，腹面色浅。奇鳍具浅色小斑点。为冷温性底层鱼类。栖息水深浅于20 m。吸盘可吸附于海藻，雄性有护卵行为。分布于我国渤海、黄海、东海，以及日本静冈海域、佐渡海域，朝鲜半岛海域，西北太平洋冷温水域。体长约4 cm。为体长2 cm即达性成熟的小型鱼种。

（191）狮子鱼科 Liparidae

本科物种体较长。前部稍平扁，后部渐狭小。头宽大，吻宽短。鼻孔1～2个。口中等大，前位。两颌齿细尖或三叉状，犁骨、腭骨无齿。体无鳞，少数有棘突，但无骨质瘤突。侧线退化。背鳍1个，甚延长。臀鳍长，常与尾鳍相连。胸鳍宽，前伸达喉部。腹鳍胸位，愈合成吸盘或不愈合。全球有16属150种，我国有2属5～6种。

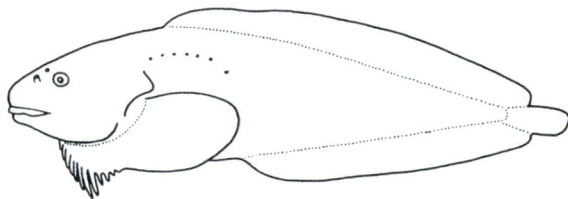

狮子鱼科物种形态简图

狮子鱼属 *Liparis* Scopoli，1777

本属物种一般特征同科。鼻孔2个。颌齿三叉状。鳃孔中等大。腹鳍愈合成吸盘。侧线孔2～11个。

1228 **细纹狮子鱼** *Liparis tanakae*（Gilbert et Burke，1912）[38]

背鳍42～44；臀鳍34～35；胸鳍35～45；腹鳍6。侧线孔2～11。鳃耙0～1 + 8～10。

本种一般特征同属。体前部宽扁；后部侧扁，延长。头部平整，无凹。体无鳞，无骨板、无骨突，具沙粒状小棘。侧线仅鳃孔上方具2～11个小孔。眼小，上侧位。口宽大，端位；上颌稍突出。两颌具三叉尖细齿，犁骨、腭骨无齿。背鳍1个，基底长。胸鳍宽大，后缘圆弧形，不凹入。腹鳍愈合成吸盘。尾鳍较短，后缘截形。体红褐色，头、体有许多黑褐色纵纹，随个体生长纵纹模糊，呈现斑块。各鳍边缘黑色，腹鳍内侧浅橘红色。为冷温性底层鱼类。栖息水深50～120 m。秋、冬季繁殖，黏着性卵。分布于我国渤海、黄海、东海，以及日本长崎海域、北海道南部海域，朝鲜半岛海域。体长可达50 cm。近年为渤海、黄海底拖网渔获主要鱼种之一。

1229 **黑斑狮子鱼** *Liparis choanus* Wu et Wang，1933
　　 = 赵氏狮子鱼

背鳍36～38；臀鳍29～32；胸鳍36；腹鳍6。侧线孔2。鳃耙0 + 6。

本种与细纹狮子鱼相似。体光滑，无鳞无刺。侧线孔仅2个，位于鳃孔上方。胸鳍后缘有明显凹入缺刻。体褐色，腹侧色浅，头、体散具斑点。背鳍前端和背侧前半部具2～4个褐色斑块。各鳍有点列斑纹，边缘黑色。为冷温性底层鱼类。夏季繁殖，黏着性卵。分布于我国渤海、黄海。体长约10 cm，于8 cm时即达性成熟。

1230 **网纹狮子鱼** *Liparis chefuensis* Wu et Wang，1933
= 河北狮子鱼 *Cyclogaster petschiliensis*

背鳍36；臀鳍30；胸鳍37；腹鳍6。

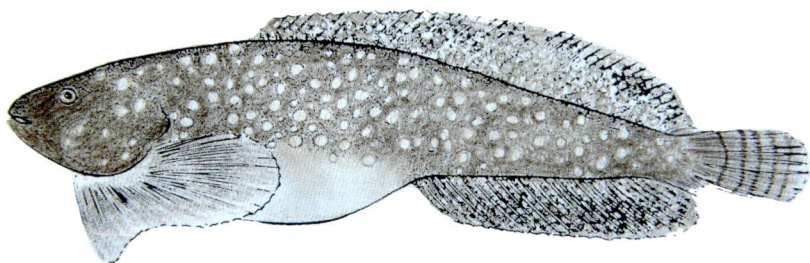

本种体较粗长，向后渐侧扁狭小。头宽大，稍平扁。吻钝；眼小，上侧位。口宽大，端位。上颌稍突出。两颌齿尖，三叉状。犁骨、腭骨无齿。体无鳞，具细刺。侧线仅鳃孔上方有2个小孔。背鳍、臀鳍长，鳍膜与尾鳍基相连。胸鳍宽，下部有明显凹缺。腹鳍胸位，愈合成吸盘。尾鳍后缘圆弧形。体浅褐色，头、体密布大小不等的圆斑，背鳍、臀鳍、胸鳍亦散布小圆点。尾鳍具多条横纹。为冷温性底层鱼类。分布于我国黄海。体长约15 cm。

注：黄宗国（2012）将本种与黑斑狮子鱼视为同种，但金鑫波（2006）以鱼体光滑无刺或被小刺，明确为两种，他同时认为网纹狮子鱼和河北狮子鱼是同种异名[4G]。

1231 **斑纹狮子鱼** *Liparis maculates* krasyukova，1984[18]

背鳍41～43；臀鳍31～35；胸鳍42～46；腹鳍6。鳃耙 I + 6。

本种体粗大，较长。头宽，稍平扁。吻钝，眼小。口宽，颌齿细尖，三叉状。犁骨、腭骨无齿。体无鳞，密布小皮刺。体后部渐侧扁，尾柄极短。尾鳍短小，后缘截形。胸鳍大，幼鱼胸鳍后缘不凹入。腹鳍胸位，愈合成一吸盘。体红褐色，头、体上侧具10条褐色横纹，幼鱼斑纹清晰。侧线孔周围黑色，各鳍末端白色。为冷温性底层鱼类。栖息于沙泥底质海区。分布于我国渤海、黄海。体长约25 cm[4G]。

▲ 本属我国尚有点纹狮子鱼（黄海狮子鱼）*L. newmani*，以体光滑或具小刺，胸鳍后缘凹入以及细长条纹的有无相区别[4G]。但上述特征多随鱼体生长而有变化，如细纹狮子鱼也经历鱼体光滑无刺以及胸鳍后缘凹入阶段，故鉴别时需全面对比形态特征。

1232 **南方副狮子鱼** *Paraliparis meridionalis* Kida，1985

背鳍60~61；臀鳍53~54；胸鳍27~30；腹鳍6。

本种体前部较粗大，后部侧扁，延长。头侧扁，体无鳞，皮肤松散，无骨质瘤状突起。无侧线。吻短而圆钝，无须，鼻孔1个。眼中等大，上侧位。口中等大，端位。两颌齿细尖或呈三叉状，排成带状。背鳍1个，甚延长。臀鳍长，与背鳍同形。尾鳍后缘圆弧形，与背鳍、臀鳍相连。胸鳍宽，向前伸达喉部。腹鳍不愈合为吸盘。体半透明，无斑纹与斑点。头下部和腹部黑色。为冷温性底层鱼类。栖息水深600~1 000 m。分布于我国东海，以及琉球群岛海域、西北太平洋。体长约20 cm。

（192）豹鲂鮄科 Dactylopteridae

本科物种体延长。头大，近方形（侧面观），被以骨板形成的头甲。顶顶每侧具一骨棱，后端有一强棘，延达背鳍基底下方。眼间隔凹。前鳃盖骨有一强棘。口小，下颌短。两颌有粒状齿，犁骨、腭骨无齿。体被具有强棱的骨质鳞。尾部两侧有骨棱。颊部和主鳃盖被小鳞。背鳍2个，第1背鳍有1~2枚游离棘。臀鳍与第2背鳍相对。胸鳍长大，伸达尾鳍。腹鳍胸位，Ⅰ-4。尾鳍后缘凹形。全球有4属7种，我国有2属4种。

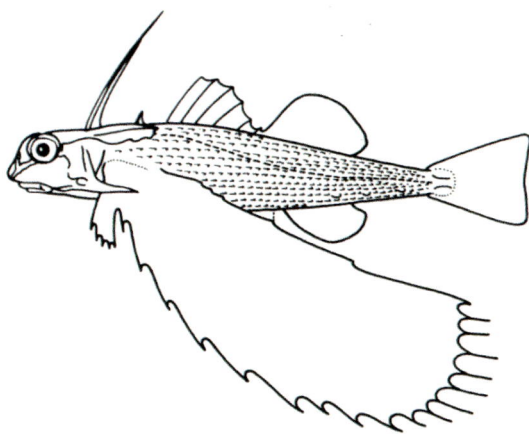

豹鲂鮄科物种形态简图

IV
辐鳍鱼纲

豹鲂鮄属 *Dactyloptena* Jordan et Richardson，1908

本属物种一般特征同科。

1233 **单棘豹鲂鮄** *Dactyloptena peterseni*（Nystrom，1887）[68]
= 皮氏豹鲂鮄 *Daicocus peterseni*

背鳍Ⅰ，Ⅴ，Ⅰ，6；臀鳍6；胸鳍33；腹鳍Ⅰ-4。侧线鳞46。鳃耙49。

本种头后部仅有一游离延长的棘。头宽，表面粗糙。吻短，圆钝。口中等大，下端位；上颌较下颌突出。眼中等大，位高达头背缘，眼间隔宽，具浅凹。颈棘伸达背鳍第3、第4棘下，左、右颈棘在基部相交呈锐角。前鳃盖骨具1枚三棱形长棘，伸越腹鳍基底。主鳃盖骨小，三角形，无棘。鳞稍小，栉鳞，每侧具一长鳞棘。侧线仅达背鳍棘部下方。胸鳍长，伸达尾鳍基，尾鳍后缘凹入。体红色，散布黄绿色圆斑。鳍多红色，背鳍、尾鳍具蓝绿色小圆斑。胸鳍带绿色，有红边和小圆斑。为暖水性底层鱼类。栖息于沙底质海区。分布于我国东海、南海、台湾海域，以及日本南部海域、印度-太平洋暖水域。体长约30 cm。

1234 **东方豹鲂鮄** *Dactyloptena orientalis* Cuvier et Valenciennes，1829[141]

背鳍Ⅰ，Ⅰ，Ⅴ，Ⅰ，8；臀鳍7；胸鳍33；腹鳍Ⅰ-4。侧线鳞47。鳃耙3+6。

本种背鳍第1游离棘后有一游离短棘。吻较长，头长为吻长的2.8~3.3倍。眼间隔深凹，颈棘强大，左、右颈棘交叉呈Ⅴ形。前鳃盖骨棘1枚，棱形，长。

侧线浅弧形，前部较明显，后部消失。尾鳍后缘截形。体红色，鳍上具斑点。胸鳍黄绿色，边缘浅红，基部红色，具深绿色小圆斑。臀鳍有一黑斑，尾鳍具黄绿色小圆斑。为暖水性底层鱼类。栖息于沙泥底质海区。分布于我国东海、南海、台湾海域，以及日本南部海域、美国夏威夷海域、印度尼西亚海域、印度-太平洋暖水域。体长可达35 cm。

[1235] **短吻豹鲂鮄** *Dactyloptena gilberti*（Snyder，1909）[70]
= 吉氏豹鲂鮄

背鳍Ⅰ，Ⅰ，Ⅵ，Ⅰ，7；臀鳍6；胸鳍28；腹鳍Ⅰ-4；侧线鳞43~47。鳃耙5+7。

本种与东方豹鲂鮄相似。背鳍第1游离鳍棘后有一短游离鳍棘。吻较短，头长为吻长的3.9~4倍。眼间隔宽，浅凹陷。左、右颈棘间的凹入部浅，呈U状。尾鳍后缘浅凹形。体红色，具褐色小斑。各鳍多浅红色，臀鳍、尾鳍无斑。为暖水性底层鱼类。分布于我国南海、台湾海域，以及日本南部海域、西北太平洋暖水域。体长约25 cm。

▲ 本科我国尚有侧线豹鲂鮄*Ebisinus cheirophthalmus*，以背鳍第1、第2鳍棘游离，侧线发达而识别。在我国仅见于台湾海域[4G]。

IV
辐鳍鱼纲

45 鲈形目 PERCIFORMES

鲈形目是鱼类中种类和数量最多的一个目。为多源性类群，故很难用简单的性状描述全面概括其鉴别特征。本目大多数物种具有如下特征：鳔无鳔管。背鳍、臀鳍、腹鳍一般均具鳍棘，通常有2个背鳍，第1背鳍全部由鳍棘组成；无脂鳍；腹鳍通常胸位，有时喉位，具1枚鳍棘，鳍条不超过5枚；尾鳍通常发达，鳍条不超过17枚。上颌口缘由前颌骨组成。眼与头骨皆对称。无眶蝶骨，有中筛骨，后颞骨通常分叉。肩带无中乌喙骨。无韦伯氏器。有背、腹肋骨，无肌间骨。全球有25亚目160科1 539属10 033种，含淡水种2 040种。我国海洋鲈形目鱼类有16个亚目106科471属1 685种。

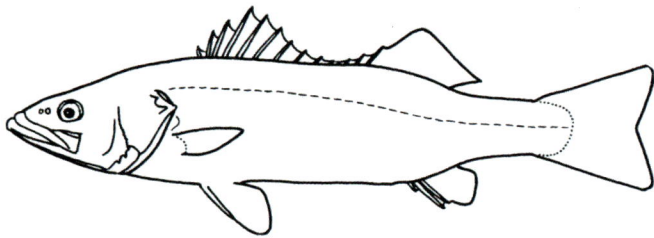

鲈形目物种形态简图

鲈形目亚目检索表

1a 第1背鳍存在时，特化为吸盘······················䲟亚目Echeneoidei

1b 第1背鳍存在时，不呈吸盘状···································（2）

2a 左、右腹鳍不显著接近，不愈合成吸盘··························（4）

2b 左、右腹鳍极接近，大多愈合成吸盘···························（3）

3a 体通常前部圆柱状或侧扁；通常有鳞···········虾虎鱼亚目Gobioidei

3b 体前部平扁；光滑无鳞··························喉盘鱼亚目Gobiesocoidei

4-2a 食道具侧囊，囊内具齿···················鲳亚目Stromateoidei

4b 食道无侧囊···（5）

5a 上颌骨不固着于前颌骨··（7）

5b 上颌骨固着于前颌骨，一般不能活动·····························（6）

6a 体延长或呈带形，尾鳍存在或退化；腹鳍胸位，有时消失；两颌具大犬齿·······················带鱼亚目Trichiuroidei

6b 体不呈带状，有尾鳍；具腹鳍，尾柄两侧具隆起嵴
　　……………………………………………鲭亚目Scombroidei

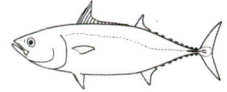

7–5a 尾柄具骨板或棘………………………刺尾鱼亚目Acanthuroidei

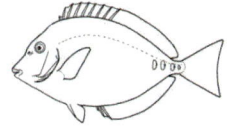

7b 尾柄不具骨板或棘………………………………………………（8）

8a 腹鳍内、外侧各具1枚鳍棘，鳍棘间为3枚分支鳍条
　　…………………………………篮子鱼科Siganidae（刺尾鱼亚目）

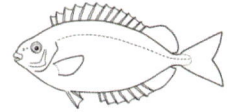

8b 腹鳍最多具1枚鳍棘或无腹鳍………………………………………（9）

9a 腹鳍胸位、喉位或无腹鳍………………………………………（11）

9b 腹鳍腹位或亚胸位；背鳍2个，分离，相距颇远………………（10）

10a 胸鳍无游离鳍条；齿强大，犬齿状；侧线明显
　　…………………………………………魣亚目Sphyraenoidei

10b 胸鳍下部有丝状游离鳍条；齿细小，绒毛状…马鲅亚目Polynemoidei

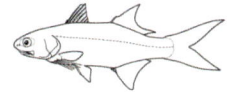

11–9a 腹鳍喉位或无腹鳍……………………………………………（14）

11b 腹鳍一般胸位，具1枚鳍棘、5枚鳍条……………………………（12）

12a 口大，水平或垂直状，上位；齿强大；体每侧具1～2条侧线；腹鳍
　　胸位或喉位…………………………………龙䲢亚目Trachinoidei

12b 口中等大；齿不强大；体每侧具1条侧线………………………（13）

13a 左、右下咽骨愈合；鼻孔每侧1～2个；臀鳍鳍条17枚以下
　　…………………………………………隆头鱼亚目Labroidei

13b 左、右下咽骨不愈合（海鲫科Embiotocidae例外）；鼻孔通常每侧
　　2个…………………………………………鲈亚目Percoidei

14–11a 鼻孔一般每侧1个；背鳍全部或部分具鳍棘；尾鳍不明显，或与
　　　　背鳍、臀鳍相连；腹鳍退化，小或无………绵鳚亚目Zoarcoidei

14b 鼻孔每侧2个………………………………………………………（15）

15a 腹鳍鳍棘1枚，鳍条5枚；头部平扁…………鮨亚目Callionymoidei

15b 腹鳍鳍棘1枚，鳍条1～4枚，或不存在；头部多侧扁……………（16）

16a 背鳍、臀鳍通常具鳍棘…………………………鳚亚目Blennoidei

16b 背鳍、臀鳍无鳍棘；背鳍基底长，始于胸鳍上方
　　…………………………………………玉筋鱼亚目Ammodytoidei

45（1）舒亚目 Sphyraenoidei（10a）

舒亚目是鲈形目中的一个小类群，其分类地位多变。它曾作为鲻形目的一个亚目[66]，Nelson于1994年将其作为一个亚目，置于鲈形目，而2006年又将其设为鲭亚目的一个科[3]。笔者认为舒虽然形态上与鲭有许多共同点，但结构仍有较大差别。故本书保持其亚目地位。全球仅有1科1属21种，我国有11种。

注：鲈形目鱼类种类多，亚目也多。为方便查阅，在各亚目名称后均标注其在鲈形目检索表中的序号。

（193）舒科 Sphyraenidae

本科物种体梭形，头尖长。口大，上颌口缘由前颌骨构成。齿强，犬齿状，深植于骨凹中。鳃耙少或退化。体被圆鳞。侧线发达，平直。胸鳍中侧位。腹鳍腹位或亚胸位。

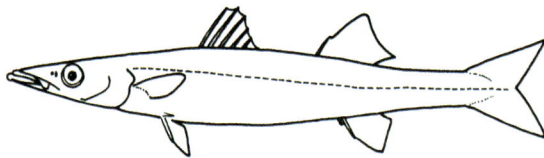

舒科物种形态简图

舒科舒属*Sphyraena*的种检索表

1a 侧线鳞110枚以上 ···（5）

1b 侧线鳞100枚以下 ···（2）

2a 无鳃耙；上颌达眼前缘；体上半部分有横带；尾鳍上、下叶有黑斜带
··· 大舒 *Sphyraena barracuda* [1236]

2b 有2枚鳃耙；上颌远未达眼前缘 ····································（3）

3a 胸鳍末端不伸达背鳍起点处 ·················· 黄尾舒 *S. flavicauda* [1237]

3b 胸鳍末端伸达背鳍起点处 ···（4）

4a 体长为体高的5.8～6.1倍；尾鳍黄褐色 ·············· 钝舒 *S. obtusata* [1239]

4b 体长为体高的6.2～7倍；尾鳍灰黑色 ·············· 油舒 *S. pinguis* [1238]

5-1a 无鳃耙 ··（9）

5b 有鳃耙 ···（6）

6a 瘤状鳃耙；胸鳍腋部有1个暗斑点 ·············· 大眼舒 *S. forsteri* [1240]

6b 杆状鳃耙1枚 ···（7）

7a 腹鳍起始于背鳍起点后下方；体侧无纵带 ·············· 日本舒 *S. japonica* [1241]

7b 腹鳍起始于背鳍起点下方或前下方；体侧有纵带 ····················（8）

8a 腹鳍起始于背鳍起点下方；侧线下具1条细纵带 ··········· 尖鳍舒 *S. acutipinnis* [1245]

8b 腹鳍起始于背鳍起点前下方；体侧有2条黄色纵带······················黄带魣 *S. helleri* [1246]

9-5a 上颌达眼前缘，体侧有许多"<"状横纹······················倒牙魣 *S. putnamiae* [1242]

9b 上颌未达眼前缘；体侧有横带，仅达侧线稍下方······························（10）

10a 腹鳍白色；体侧暗横纹明显······························斑条魣 *S. jello* [1243]

10b 腹鳍黑色；体侧暗横纹不清晰······························黑鳍魣 *S. nigripinnis* [1244]

魣属 *Sphyraena* Bloch et Schneider，1801

本属物种一般特征同科。

[1236] **大魣 *Sphyraena barracuda*（Walbaum，1792）**[18]
　　　=巴拉金梭鱼

背鳍Ⅵ，1~9；臀鳍Ⅱ-7~8。侧线鳞75~87。鳃耙0。

本种体梭形。体长为体高的6.0~8.4倍，为头长的2.6~3.4倍。口大，上颌达眼前缘，无鳃耙。侧线完全，几乎平直。尾鳍深分叉。腹鳍起点在第1背鳍前下方。前鳃盖骨后缘圆弧形，主鳃盖骨具一尖棘。背侧深蓝色或青灰色，腹部银白色，体背侧部有20余条横带。尾鳍上、下叶均有黑斜带。为暖水性中下层鱼类。幼鱼栖息地可抵达红树林、内湾水域。分布于我国南海、台湾海域，以及日本南部海域、西太平洋等。为魣科中最大型种类。体长可达1.8 m。性凶猛，有袭人记录。

[1237] **黄尾魣 *Sphyraena flavicauda* Rüppell，1835**[38]
　　　=少鳞魣 *S. langar*

背鳍Ⅴ，1~9；臀鳍Ⅱ-8。侧线鳞84~91。鳃耙2。

本种形态与大魣相像。体长为体高的7～8倍，为头长的3～3.4倍。体被圆鳞；侧线鳞偏少，为84～91枚。胸鳍短，不达背鳍起点处。腹鳍起点在第1背鳍前下方。前鳃盖骨后缘圆弧形，主鳃盖骨具一尖棘。但其胸鳍末端不伸达背鳍起始部，上颌远未达眼前缘，2枚鳃耙，尾鳍深分叉。体背侧灰蓝色，腹侧银白色，体侧有不明显的2条褐色纵带。尾鳍黄色，镶黑边。为暖水性中下层鱼类。栖息于珊瑚礁周边，集群。分布于我国南海、台湾海域，以及琉球群岛海域、印度–西太平洋暖水域。体长约50 cm。

[1238] 油魣 *Sphyraena pinguis* Günther，1874

背鳍Ⅴ，1～9；臀鳍Ⅱ–8。侧线鳞84～94。鳃耙2。

本种体长为体高的6.2～7倍，为头长的2.9～3.6倍。胸鳍末端伸达背鳍起始处。腹鳍位于背鳍起首前下方。背鳍高小于眼后头长。前鳃盖骨后缘略呈直角状。侧线平直，侧线鳞84～94枚。尾鳍叉形。体侧上部黑褐色，下部灰白色，体侧具褐色纵带。各鳍浅灰色，尾鳍后缘淡黑色。为暖温性中下层鱼类。栖息于近岸沙泥底质海区。分布于我国渤海、黄海、东海、南海，以及日本南部海域、朝鲜半岛海域。体长约40 cm。

[1239] 钝魣 *Sphyraena obtusata* Cuvier，1829[38]

背鳍Ⅴ，1～9；臀鳍Ⅱ–8。侧线鳞82～87。鳃耙2。

本种与油魣相似。胸鳍末端伸达背鳍起始处。腹鳍起始于背鳍前下方。体略粗壮，体长为体高的5.8～6.1倍，为头长的3.4～3.6倍。背鳍高与眼后头长几乎相等。侧线鳞为82～87枚。体背侧灰褐色，体侧无纵纹，各鳍浅灰色，尾鳍黄褐色。为暖水性中下层鱼类。栖息于内湾浅水区。分布于我国南海，以及琉球群岛海域、印度–西太平洋暖水域。体长约30 cm。

1240 **大眼魣** *Sphyraena forsteri* Cuvier，1829 [38]

背鳍Ⅴ，1～9；臀鳍Ⅱ-8。侧线鳞118～133。

本种体长为体高的6.7～8.5倍，体长为头长的2.9～3.3倍。头较长。眼大。侧线完全而平直，仅在第1背鳍前方略上弯。侧线鳞多达118～133枚。第1背鳍起始于胸鳍末端上方。前鳃盖骨后缘圆弧形，主鳃盖骨有2枚弱扁棘。鳃耙退化，呈扁平疣突。体背浅蓝绿色，腹部银白色。体无纵、横斑纹，仅胸鳍腋部有一大黑斑。为暖水性中下层鱼类。栖息内湾或珊瑚礁浅水区。分布于我国东海、台湾海域，以及琉球群岛海域、印度-西太平洋暖水域。体长约60 cm。

1241 **日本魣** *Sphyraena japonica* Cuvier，1829 [18]

背鳍Ⅴ，1～9；臀鳍Ⅱ-8。侧线鳞119～136。鳃耙1。

本种体较细长，体长为体高的6～9倍，为头长的2.9～3.5倍。上颌几乎达眼前缘。鳃耙1枚。侧线完全，平直而不弯曲。腹鳍起点位于第1背鳍起点后下方。前鳃盖骨后缘直角状，主鳃盖骨具一尖棘。体背部青绿色，腹部银白色，体侧无斑纹。为暖水性中下层鱼类。栖息于近岸浅海。分布于我国东海、南海、台湾海域，以及日本南部海域、西太平洋暖水域。体长可达70 cm。

IV
辐鳍鱼纲

1242 **倒牙魣** *Sphyraena putnamiae* Jordan et Swale，1905 [38]
= 布氏魣

背鳍 V，1~9；臀鳍 II - 8。侧线鳞124~134。鳃耙0。

本种体长为体高的7.0~7.4倍，为头长的3.1~3.5倍。上颌达眼前缘下方。侧线完全，近于平直，在第1背鳍前略上弯曲。腹鳍起点在背鳍起点前下方。前鳃盖骨后缘圆弧形，主鳃盖骨有2枚扁棘。通常无鳃耙。体背部暗绿色，腹部银白色。体侧有20余条"<"形横带。为暖水性中下层鱼类。栖息于内湾或珊瑚礁浅水区。分布于我国台湾海域，以及琉球群岛海域、印度－西太平洋暖水域。体长可达90 cm。

1243 **斑条魣** *Sphyraena jello* Cuvier，1829 [15]
= 竹鳍魣

背鳍 V，I - 11，8~9；臀鳍 I - 8。侧线鳞121~137。鳃耙0。

本种与倒牙魣相似。体长为体高的7.8~8.4倍，为头长的3.2~3.5倍。侧线近于平直，仅在第1背鳍前略向上弯曲。第1背鳍起点在胸鳍末端上方、腹鳍基后上方。其上颌未达眼前缘。主鳃盖骨虽具两平棘，但前鳃盖骨后缘斜圆弧形。体背暗绿色。体侧虽有20多条横纹，但不呈"<"形，并止于侧线稍下方。为暖水性中下层鱼类。栖息于近海。分布于我国南海、台湾海域，以及印度－西太平洋暖水域。体长可达1.5 m。

1244 **黑鳍魣** *Sphyraena nigripinnis* Temminck et Schlegel，1843[9]
= 暗鳍魣 *S. qenie*

背鳍Ⅴ，1～9；臀鳍Ⅱ－8。侧线鳞121。鳃耙0。

本种与斑条魣相似。体长约为体高的7.8倍，约为头长的3.3倍。第1背鳍起点位于腹鳍起点后上方。上颌未达眼前缘。前鳃盖骨后缘圆弧形，主鳃盖骨具一尖棘。体背深绿色，体侧具棒形斑纹。各鳍均为黑色。易与倒牙魣、斑条魣混同，须仔细鉴别。分布于我国台湾海域，以及西太平洋暖水域。体长约15 cm。

1245 **尖鳍魣** *Sphyraena acutipinnis* Day，1876[38]
= 非洲魣 *S. africana*

背鳍Ⅴ，1～9；臀鳍Ⅰ－11，8。侧线鳞119～134。鳃耙1。

本种体长为体高的8.0～8.8倍，为头长的3.0～3.3倍。第1背鳍起始于腹鳍起点上方，胸鳍未伸达腹鳍起点处。上颌未达眼前缘。下颌前端有一肉质突。前鳃盖骨后缘圆弧形，主鳃盖骨具一尖棘。体背灰绿色，腹部银白色，体侧具1条暗纵带。胸鳍基底有一小暗斑。为暖水性中下层鱼类。栖息于近岸内湾及浅海区。分布于我国台湾海域，以及日本南部海域、美国夏威夷海域、印度－太平洋和大西洋暖水域。体长约50 cm。

1246 黄带舒 *Sphyraena helleri* Jenkins, 1901 [15]

= 黄条舒 *S. novaehollandiae*

背鳍Ⅴ，1～9；臀鳍Ⅱ-8。侧线鳞140～150。鳃耙1。

本种与尖鳍舒相似。体长约为体高的7.3倍，约为头长的3.2倍。上颌未达眼前缘，仅具1枚鳃耙。胸鳍未伸达腹鳍起始处，腹鳍始于第1背鳍基底下方稍靠前。下颌前端无肉质突。体背蓝黑色，腹部银白色。体侧有2条明显的黄带。尾鳍色深。为暖水性中下层鱼类。栖息于内湾或珊瑚礁浅水区。分布于我国南海，以及琉球群岛海域、美国夏威夷海域、印度-中西太平洋暖水域。体长约50 cm。

45（2）马鲅亚目 Polynemoidei（10b）

马鲅亚目也是鲈形目中的一个小类群，其分类地位也多有变动。贝尔格〔1955〕曾将此类鱼设立为马鲅目 [66]，Nelson于1994年将其作为一个亚目，收入鲈形目；2006年又将其并入鲈亚目，降为马鲅科 [3]。笔者认为马鲅亚目与鲈亚目鱼类仍有较大差别。故本书仍保持其亚目地位。全球仅有1科7属41种，我国有1科2属6种。

（194）马鲅科 Polynemidae

本科物种体延长，稍侧扁。体被弱栉鳞。眼大，具脂眼睑。吻圆突；口大，下位。前颌骨构成上颌口缘，无上颌辅骨。两颌与犁骨、腭骨具绒毛状齿或犁骨无齿。两背鳍，背鳍鳍棘7～8枚，鳍条11～15枚。臀鳍有2～3枚鳍棘，11～17枚鳍条。腹鳍亚胸位。胸鳍低位，下部有丝状游离鳍条。尾鳍叉形。我国有2属。

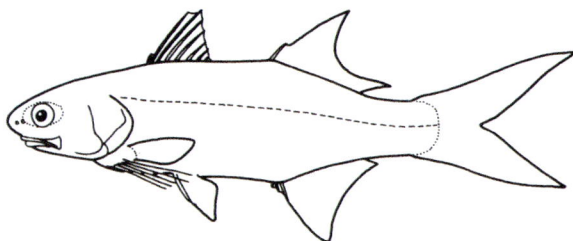

马鲅科物种形态简图

马鲅科的属、种检索表

1a 胸鳍具4枚游离鳍条；下唇不发达；齿露出颌外缘

　　·······························四指马鲅属*Eleutheronema* 多鳞四指马鲅 *E. rhadinum* [1247]

1b 胸鳍具5枚游离鳍条或更多；下唇发达；齿不露出颌外缘······多指马鲅属 *Polydactylus*（2）

2a 胸鳍具5枚游离鳍条··（4）

2b 胸鳍具6枚游离鳍条··（3）

3a 侧线起始处有黑斑；胸鳍大部分鳍条分支················黑斑六丝多指马鲅 *P. sextarius* [1248]

3b 侧线起始处无黑斑；胸鳍鳍条不分支 ··················六丝多指马鲅 *P. sexfilis* [1249]

4-2a 胸鳍鳍条不分支··································五丝多指马鲅 *P. plebeius* [1250]

4b 胸鳍上部鳍条分支··（5）

5a 侧线鳞47～50枚；犁骨无齿·····················小口多指马鲅 *P. microstoma* [1251]

5b 侧线鳞70～75枚；犁骨具齿·····················印度马鲅 *P. indicus* [1252]

[1247] **多鳞四指马鲅** *Eleutheronema rhadinum*（Jordan et Evermann，1902）[15]

背鳍Ⅷ，Ⅰ－13～15；臀鳍Ⅱ－15～17；胸鳍18＋4。侧线鳞93～95。鳃耙6＋7～8。

　　本种体延长，稍侧扁。胸鳍稍短，具4枚游离鳍条。脂眼睑发达，遮盖全眼睛。口大，下位。下唇较短，只在口角具唇。两颌齿带宽，露出颌外缘。犁骨具齿，齿群呈三角形，腭骨齿为2条，带状。尾鳍深叉形。体浅黄褐色，背部灰褐色，腹侧色浅。鳃盖有黑斑。各鳍浅黄褐色，末端带黑缘。为暖水性中下层鱼类。栖息于沙、沙泥底质近岸内湾，有时可进入淡水水域。分布于我国沿海，以及日本海域、印度-西太平洋和大西洋暖温水域。体长可达1.2 m。

　　注：据倪勇（2006）研究，原来被误认为在我国有分布的四指马鲅*E. tetradactylum*，其实为多鳞四指马鲅。而四指马鲅在我国无分布。

多指马鲅属 *Polydactylus* Lacépède，1803

　　本属物种一般特征同科。胸鳍下部有不少于5枚的游离鳍条，通常游离丝长。下唇发达，未伸达下颌缝合处。颌齿带窄，不露出两颌外缘。前鳃盖骨有锯齿。体被栉鳞。我国有5种。

1248 **黑斑六丝多指马鲅** *Polydactylus sextarius* （Bloch et Schneider，1801）[14]
= 黑斑马鲅 *Polynemus sextarius*

背鳍Ⅷ，Ⅰ－13；臀鳍Ⅲ－11；胸鳍15＋6。侧线鳞44～50。

本种体短，侧扁。体长为体高的3.1～3.4倍，为头长的2.9～3.4倍。头较小。吻短，钝尖。眼较大，脂眼睑发达。口较小，下位，近水平状。体被较大弱栉鳞。胸鳍位低；游离鳍条6枚，细长。体背浅青黄色，腹侧白色，各鳍边缘黑色。侧线前端具一大黑斑。为暖水性中下层鱼类。栖息于浅海、内湾沙泥底质海区。分布于我国东海、南海、台湾海域，以及日本南部海域、印度-西太平洋暖水域。体长可达20 cm。

注：本种实际就是我国过去所称的六指马鲅[6]。

1249 **六丝多指马鲅** *Polydactylus sexfilis*（Cuvier，1831）

背鳍Ⅷ，Ⅰ－13；臀鳍Ⅲ－11；胸鳍15＋6。侧线鳞66～67。

本种一般特征同属。与黑斑六丝多指马鲅相似。故曾视为同种[9]。《中国海洋生物名录》（2008）指出本种在我国台湾海域有分布[12]。中坊徹次（1993）[36]介绍本种以侧线鳞66～67枚，胸鳍鳍条全部不分支，以及侧线起始处无黑斑而与黑斑六丝多指马鲅相区别。但从图片看，其侧线前上方似乎也有一小黑点。体银灰色，体侧布有暗斑，各鳍浅蓝灰色，背鳍、尾鳍边缘黑色。为暖水性中下层鱼类。栖息于近海。分布于我国台湾海域，以及日本南部海域、印度-太平洋暖水域。体长可达25 cm。

1250 **五丝多指马鲅** *Polydactylus plebeius* （Broussonet，1782）

背鳍Ⅷ，Ⅰ－13；臀鳍Ⅱ－11；胸鳍17～18＋5。侧线鳞60～65。

本种体长，侧扁。体长为体高的3.3～3.9倍，为头长的2.8～3.5倍。头较短，钝尖。吻短而尖。眼较大，两颌及犁骨、腭骨均具绒毛状齿。下唇较发达，但不伸达上颌缝合部。体被弱栉鳞，胸鳍、腹鳍均有腋鳞。胸鳍鳍条不分支，游离丝长，5枚。体背灰褐色，腹部白色；体侧有8～9条灰褐色纵纹，直达尾鳍基部；各鳍边缘黑色。为暖水性中下层鱼类。栖息于沙泥底质近海。分布于我国黄海、东海、南海、台湾海域，以及日本南部海域、印度－西太平洋、大西洋暖水域。体长约45 cm。

注：该图由王春生研究员提供。

1251 **小口多指马鲅** *Polydactylus microstoma* （Bleeker，1851） [14]

背鳍Ⅷ，Ⅰ－13～14；臀鳍Ⅱ～Ⅲ－12～13；胸鳍15＋5。侧线鳞47～50。

本种与五丝多指马鲅相似。体略高，体长约为体高的3.1倍，为头长的3.5倍。胸鳍游离鳍条5枚，但胸鳍上部鳍条均分支。口裂小，犁骨无齿。侧线鳞偏少，为47～50枚。腹鳍末端至臀鳍的距离小于头长。体银灰色，背部稍深，侧线前端有黑色大斑。为暖水性中下层鱼类。栖息于沙泥底质近海。分布于我国台湾海域，以及印度－西太平洋暖水域。体长约13 cm。

1252 **印度马鲅** *Polydactylus indicus*（Shaw，1804）[9]

背鳍Ⅷ，Ⅰ－13～14；臀鳍Ⅱ～Ⅲ－11～12；胸鳍14～15＋5。侧线鳞70～75。

本种体稍延长，体长约为体高的3.6倍，为头长的3.8倍。胸鳍游离鳍条5枚，且胸鳍上部鳍条均分支。犁骨具齿。侧线鳞较多，为70～75枚。腹鳍末端至臀鳍距离与头长相等。体银灰色，稍带黄色。侧线前部无黑斑或黑斑不明显。各鳍色浅，背鳍、胸鳍有黑边。为暖水性中下层鱼类。栖息于沙泥底质近海。分布于我国台湾海域、东海，以及印度－西太平洋暖水域。体长约12.5 cm。

45（3） 鲈亚目 Percoidei（13b）

本亚目物种背鳍鳍棘通常发达。腹鳍胸位或喉位，一般具有1枚鳍棘和5枚鳍条，不呈吸盘状。上颌骨不固着于前颌骨上。第3眶下骨不与前鳃盖骨连接。鼻骨不与额骨相缝合。无眶蝶骨。中筛骨直接伸达犁骨。无鳃上器官。肋骨不包围鳔。为鲈形目中最大的亚目。全球有69科522属2 849种，我国海产有57科。

鲈亚目物种形态简图

鲈亚目的总科、科、属、种分类检索表

1a 胸鳍下部鳍条扩大，且不分支·················鳚总科 Cirrhitoidae（216）

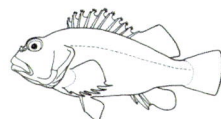

1b 胸鳍下部鳍条不扩大 ·· （2）

2a 左、右下咽骨愈合；臀鳍鳍条至少25枚
·················· 海鲫总科Embiotocoidae 海鲫 *Ditrema temmincki* [2005]

2b 左、右下咽骨不愈合 ·· （3）

3a 体延长，呈带状；背鳍、臀鳍与尾鳍相连（欧氏膳亚科Owstoniinae例
外）·················· 赤刀鱼总科Cepoloidae 赤刀鱼科 Cepolidae （211）

3b 体不延长，不呈带状；背鳍、臀鳍与尾鳍不相连
·· 鲈总科Percoidae（4）

4a 两颌不愈合成骨喙 ·· （6）

4b 两颌愈合形成骨喙 ········ 石鲷科Oplegnathidae 石鲷属 *Oplegnathus*（5）

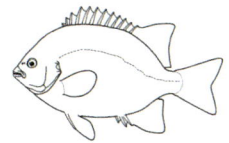

5a 体侧有深褐色横带 ··· 条石鲷 *O. fasciatus* [1979]

5b 体侧无横带，密布深褐色圆斑 ·································· 斑石鲷 *O. punctatus* [1980]

6-4a 头部不被骨质板；鳍棘不强大 ····································· （9）

6b 头部被骨质板；鳍棘强大 ··················· 帆鳍鱼科Histiopteridae （7）

7a 背鳍鳍棘11～14枚；臀鳍鳍棘4～5枚 ··············· 日本五棘鲷 *Pentaceros japonicus* [1968]

7b 背鳍鳍棘4枚；臀鳍鳍棘3枚 ··· （8）

8a 背鳍、臀鳍鳍棘短，鳍条部宽；体侧横纹发达 ············· 尖吻棘鲷 *Evistias acutirostris* [1967]

8b 背鳍第3、第4鳍棘粗长；臀鳍第2鳍棘粗长；背鳍、臀鳍最长鳍棘，分别与该鳍最长鳍条
约等长 ··· 帆鳍鱼 *Histiopterus typus* [1966]

9-6a 后颞骨与颅骨相接 ··· （202）

9b 后颞骨不与颅骨相接 ··· （10）

10a 臀鳍基底通常短于背鳍基底 ··· （17）

10b 臀鳍基底远远长于背鳍基底 ·················· 单鳍鱼科 Pempheridae （11）

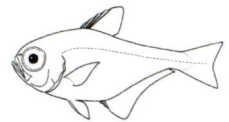

11a 体呈椭圆形（侧面观）；前鳃盖骨缘无棘；臀鳍鳍条20～23枚；不被鳞
·· 红海拟单鳍鱼 *Parapriacanthus ransonneti* [1867]

11b 体呈卵圆形（侧面观）；前鳃盖骨缘有1～3枚强棘；臀鳍鳍条34～45枚；被细鳞
·· 单鳍鱼属 *Pempheris*（12）

12a 体被强栉鳞；体橘红色，各鳍色深 ·················· 日本单鳍鱼 *P. japonicus* [1868]

28a 体侧有纵带 ·· 条斑副绯鲤 *P. barberinus* [1858]

28b 体侧无纵带 ·· 印度副绯鲤 *P. indicus* [1859]

29−27a 第1背鳍后下方有黑斑，第2背鳍基部黑褐色 ············· 黑斑副绯鲤 *P. pleurostigma* [1860]

29b 体侧与第2背鳍无黑斑 ··· （30）

30a 颏须短或较长，不伸达或达到鳃盖后缘 ··································· （33）

30b 颏须长，达到或超过鳃盖后缘 ·· （31）

31a 吻背缘急陡；体红色；第1背鳍下方有暗红色斑点 ··········· 红点副绯鲤 *P. heptacanthus* [1862]

31b 吻背缘缓坡状；体黄色或黄褐色 ··· （32）

32a 体单一黄色 ·· 黄副绯鲤 *P. luteus* [1861]

32b 体黄褐色至红色；尾柄背面有浅橙色鞍状斑 ················· 圆口副绯鲤 *P. cyclostomus* [1866]

33−30a 尾柄部无暗褐色斑；臀鳍前缘长短于基底长 ············· 黄带副绯鲤 *P. chrysopleuron* [1863]

33b 尾柄部有暗褐色斑；臀鳍前缘长大于基底长 ······························· （34）

34a 尾柄处斑纹越过侧线；体淡黄褐色 ··························· 短须副绯鲤 *P. ciliatus* [1864]

34b 尾柄处斑纹不伸达侧线；体淡红色 ··························· 点纹副绯鲤 *P. spilurus* [1865]

35−18a 眶前不被鳞 ··· （38）

35b 眶前被鳞 ··· （36）

36a 背鳍第1鳍棘长；体无纵带纹；尾鳍仅上叶具3~5条斜条纹 ····· 日本绯鲤 *U. japonicus* [1851]

36b 背鳍第1鳍棘短；体具纵带或斑条 ··· （37）

37a 体有宽纵带，头、体散布斑点；第1背鳍末端黑色 ················· 黑斑绯鲤 *U. tragula* [1845]

37b 头、体色一致，无斑点；第1背鳍末端具小黑点 ··············· 纵带绯鲤 *U. subvittatus* [1847]

38−35a 尾鳍上、下叶均有3~5条斜纹 ···································· 多带绯鲤 *U. vittatus* [1846]

38b 尾鳍上、下叶均无斜纹或仅上叶有斜纹 ·································· （39）

39a 尾鳍上、下叶均无斜纹；体侧具2条黄色细纵带 ················· 黄带绯鲤 *U. sulphureus* [1848]

39b 仅尾鳍上叶具4~5条斜纹 ··· （40）

40a 体侧具1条黄色宽纵带 ··· 摩鹿加绯鲤 *U. moluccensis* [1850]

40b 体侧具4条黄色细纵带 ··· 四带绯鲤 *U. quadrilineatus* [1849]

41−17a 上颌骨一般被眶前骨遮盖 ··· （131）

41b 上颌骨一般不被眶前骨遮盖 ··· （42）

42a 臀鳍鳍棘1或2枚 ·· （95）

42b 臀鳍鳍棘通常3枚 ·· （43）

43a 胸鳍下方腹部无发光腺体 ··· （47）

43b 胸鳍下方具U形发光腺体（赤鲑、新鲑例外）

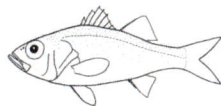

·· 发光鲷科 Acropomatidae（44）

44a 肛门靠近臀鳍起始处 ··· （46）

44b 肛门位于腹鳍与臀鳍起始的中间或靠前 ··························· 发光鲷属 *Acropoma*（45）

45a 肛门位于腹鳍末端之前 ··· 日本发光鲷 *A. japonicum* [1261]

IV 辐鳍鱼纲

45b 肛门位于腹鳍末端 ······························· 圆鳞发光鲷 *A. hanedai* [1262]

46-44a 体被栉鳞；体橘红色 ····················· 赤鲑 *Doederleinia berycoides* [1263]

46b 体被圆鳞；体紫褐色 ················· 太平洋新鲑 *Neoscombrops pacificus* [1264]

47-43a 鳞不坚厚，鳞片不粗糙 ·· （57）

47b 鳞坚厚，鳞片粗糙 ····················· 大眼鲷科 Priacanthidae（48）

48a 体长小于或等于体高的2倍；背鳍有缺刻；侧线鳞30～38枚···锯大眼鲷属 Pristigenys（56）

48b 体长大于体高的2倍；背鳍无缺刻；侧线鳞58～83枚 ······················· （49）

49a 腹鳍大，后端可超越臀鳍起始处 ················ 日本牛目鲷 *Cookeolus japonicus* [1424]

49b 腹鳍正常大小，后端不伸达或伸达臀鳍起始处 ·········· 大眼鲷属 Priacanthus（50）

50a 尾鳍后缘截形，稍凸或浅凹形 ·· （52）

50b 尾鳍后缘凹入，上、下叶延伸 ·· （51）

51a 背鳍Ⅹ-14～15枚，第4鳍条不延长；腹鳍内侧有一黑点；尾鳍上、下叶不呈丝状
·· 金目大眼鲷 *P. hamrur* [1425]

51b 背鳍Ⅹ-12～14枚，第4鳍条延长；腹鳍内侧密布黑点；尾鳍上、下叶呈丝状延长
·· 长尾大眼鲷 *P. tayenus* [1426]

52-50a 背鳍、臀鳍、尾鳍散布暗斑或黄斑 ··································· （55）

52b 背鳍、臀鳍、尾鳍无暗斑和黄斑 ··· （53）

53a 腹鳍基部有一黑斑；胸鳍色浅 ···················· 高背大眼鲷 *P. sagittarius* [1428]

53b 腹鳍色暗 ·· （54）

54a 胸鳍黄色，背鳍鳍条、臀鳍、尾鳍边缘不黑 ··············· 黄鳍大眼鲷 *P. zaiserae* [1427]

54b 胸鳍色淡，背鳍鳍条、臀鳍、尾鳍黑色 ··················· 布氏大眼鲷 *P. blochii* [1430]

55-52a 背鳍、臀鳍、腹鳍散布黄色小圆斑；侧线鳞66～83枚
·· 短尾大眼鲷 *P. macracanthus* [1429]

55b 背鳍、臀鳍、尾鳍散布红褐色斑点；侧线鳞58～62枚·······斑鳍大眼鲷 *P. cruentatus* [1430]

56-48a 背鳍鳍条10～11枚；体侧线鳞棘细；体侧有4条红色横带
·· 日本锯大眼鲷 *P. niphonius* [1431]

56b 背鳍鳍条11～12枚；体侧线鳞棘粗；体侧有10条以上红色细横带
·· 麦氏锯大眼鲷 *P. meyeri* [1432]

57-47a 眶前骨上、下缘不具锯齿 ··· （61）

57b 眶前骨上、下缘均具锯齿 ················· 双边鱼科Ambassidae（58）

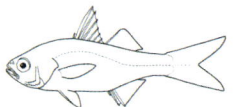

58a 颊部鳞板1列 ·································· 尾纹双边鱼 *Ambassis urotaenia* [1253]

58b 颊部鳞板2列 ·· （59）

59a 体较高；侧线在中部中断，与尾部侧线不连续 ·········· 断线双边鱼 *A. interrupta* [1254]

59b 体较低；侧线不中断 ·· （60）

60a 背鳍前鳞约14枚；头背眼上方无凹陷；尾鳍后缘黑色·········· 少棘双边鱼 *A. miops* [1255]

60b 背鳍前鳞18～19枚；头背眼上方凹陷；尾鳍后缘不黑·········康氏双边鱼 *A. commersoni* [1256]

61-57a 臀鳍鳍条数多于或等于背鳍鳍条数·······················（81）

61b 臀鳍鳍条数少于背鳍鳍条数·······················（62）

62a 侧线完全，不中断·······························（72）

62b 无侧线或侧线中断·····························（63）

63a 无侧线，仅1枚孔鳞

············拟鲹科 Pseudoplesiopidae 玫瑰拟鲹 *Pseudoplesiops rosae* [1412]

63b 侧线不完全或中断；背鳍鳍棘1～3枚

·····················拟雀鲷科 Pseudochromidae（64）

64a 鳞大；腭骨有齿；背鳍鳍棘通常2～3枚，第1鳍棘甚小；纵列鳞30～45枚

·····················拟雀鲷属 *Pseudochromis*（67）

64b 鳞小；腭骨无齿；背鳍鳍棘2枚；纵列鳞46～80枚···········戴氏鱼属 *Labracinus*（65）

65a 胸鳍后有约10条暗横纹，或有延至背鳍基的黑线纹；胸鳍基有一明显黑斑

·····················黑线戴氏鱼 *Labracinus melanotaenia* [1405]

65b 体侧若有暗横纹，则前端较密集，可多达16条，不伸达背鳍基；胸鳍基无明显黑斑

·····················（66）

66a 体侧黑线纹通常存在，颊部有浅色条纹；上颌骨有白斑点；胸部具大红斑，背鳍鳍棘部前
后时有黑斑·····················条纹戴氏鱼 *L. lineatus* [1404]

66b 体侧无黑线纹；上颌骨无白斑点；雄鱼背鳍鳍条部有时有长椭圆形黑斑，鳍基处有黑点

·····················环眼戴氏鱼 *L. cyclophthalmus* [1403]

67-64a 背鳍鳍条通常少于24枚·······················（69）

67b 背鳍鳍条多于24枚·························（68）

68a 各鳍均为黑褐色或浅黄褐色；头、体前部有蓝点·········棕拟雀鲷 *P. fuscus* [1406]

68b 背鳍、尾鳍均为黄色；背部有数条暗纵带·········黄尾拟雀鲷 *P. xanthochir* [1407]

69-67a 体无任何斑纹·····················（71）

69b 体有明显斑纹·····················（70）

70a 体侧有8～9条蓝色横纹·················蓝带拟雀鲷 *P. cyanotaenia* [1408]

70b 体侧无横纹，但沿背鳍基到尾鳍外缘有一黑色斑带·········黑带拟雀鲷 *P. melanotaenia* [1409]

71-69a 体色均匀，为紫青色到紫褐色，腹部颜色稍淡·········紫青拟雀鲷 *P. tapeinosoma* [1410]

71b 体色多为紫红色·················棕红拟雀鲷 *P. porphyreus* [1411]

72-62a 除吻部外，头全部被鳞；体高，侧扁；背鳍基底后端有一黑斑
········叶鲷科 Glaucosomidae 灰叶鲷 *Glaucosoma hebraicum* [1873]

72b 颊部、鳃盖与头后部被鳞·····················（73）

73a 背鳍鳍棘一般为9枚或更多·····················（76）

73b 背鳍鳍棘7或8枚·····················（74）

IV
辐鳍鱼纲

74a 头部诸多骨块裸露，表面坚硬

………鳂鲈科 Ostracoberycidae 矛状鳂鲈 *Ostracoberyx dorygenys* [1402]

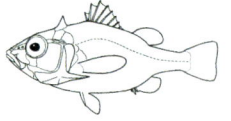

74b 头部诸多骨块不裸露，头背缘稍凹……………………尖吻鲈科 Latidae（75）

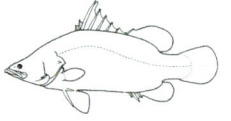

75a 舌面无齿；上颌末端伸达眼后缘下方；两鼻孔相距近；前鳃盖骨下缘具棘

………………………………………………………………尖吻鲈 *Lates calcarifer* [1257]

75b 舌面具齿；上颌末端仅达瞳孔下方；两鼻孔相距远；前鳃盖骨下缘无棘

………………………………………………红眼沙鲈 *Psammoperca waigiensis* [1258]

76-73a 头背缘弧形；鳃盖骨棘通常1～3枚………………………………………（78）

76b 头背缘较平直；鳃盖骨棘通常2枚………鮨鲈科 Percichthyidae（77）

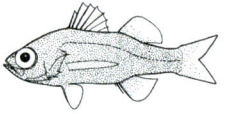

77a 下鳃盖骨棘2枚；前鳃盖骨棘显著；鳞片易落……深海拟野鲈 *Bathysphyaenops simplex* [1259]

77b 下鳃盖骨棘1枚，强大；前鳃盖骨棘短且不明显；栉鳞小棘强

………………………………………………………腭齿尖棘鲷 *Howella zina* [1260]

78-76a 上颌缝合处无凹刻与下颌突起相嵌；下颌齿骨后半部无突起………………（80）

78b 上颌缝合部有一凹刻与下颌突起相嵌；下颌齿骨后半部突起

………………………………………愈齿鲷科 Symphysanodontidae（79）

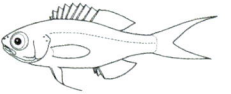

79a 体侧有一黄色纵带；尾鳍上、下叶呈丝状延伸；上叶黄色

………………………………………片山愈齿鲷 *Symphysanodon katayamai* [1265]

79b 体侧无黄色纵带；尾鳍上、下叶无丝状延伸；下叶黄色…………愈齿鲷 *S.typus* [1266]

80-78a 鳃盖骨棘2枚；前鳃盖骨平滑；侧线近背缘，伸达尾鳍基

………………………………………丽花鮨科 Callanthiidae

日本丽花鮨 *Callanthias japonicus* [1267]

80b 鳃盖骨棘通常3枚；前鳃盖骨有锯齿或无；侧线完全

………………………………………鮨科 Serranidae（见分检索表1）

81-61a 侧线不中断；腹鳍不延长，Ⅰ－5………………………………………（91）

81b 侧线中断或无侧线；腹鳍延长，Ⅰ－4或Ⅰ－2

………………………………………鮗科 Plesiopidae（82）

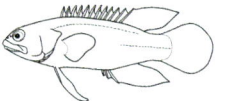

82a 背鳍鳍棘14～26枚，鳍条2～5枚…………………………棘鮗亚科 Acanthoclininae（88）

82b 背鳍鳍棘11～14枚………………………………………………鮗亚科 Plesiopinae（83）

83a 尾鳍呈叉形；上颌及吻端到眼上方被鳞；犁骨无齿………蓝氏燕尾鮗 *Assessor randalli* [1413]

83b 尾鳍后缘圆弧形或尖；上颌及吻端到眼上方裸露；犁骨有齿………………………（84）

84a 背鳍棘膜无深缺刻；尾鳍长和体高均大于头长，尾鳍后缘尖

··· 丽鮨 *Calloplesiops altivelis* [1414]

84b 背鳍棘膜有深缺刻；尾鳍长和体高均小于头长，尾鳍后缘圆弧形······鮨属 *Plesiops*（85）

85a 背鳍鳍棘11枚；体侧无显著斑纹；背鳍、臀鳍有蓝色纵带···蓝线鮨 *P. coeruleolineatus* [1415]

85b 背鳍鳍棘12枚 ···（86）

86a 腹鳍第2鳍条达臀鳍中部；体具暗横带 ························· 尖头鮨 *P. oxycephalus* [1416]

86b 腹鳍第2鳍条达臀鳍起始处 ···（87）

87a 鳃盖中部有一大眼状斑；上颌骨后端超越眼后缘 ············· 珊瑚鮨 *P. corallicola* [1417]

87b 鳃盖中部无暗斑；上颌骨后端仅达眼后缘下方 ················· 鮨 *P. nakaharae* [1418]

88-82a 侧线3条；体侧有12～13条黑色横纹 ········ 横带针翅鮨 *Belonpterygion fascialatum* [1419]

88b 侧线1～2条 ···（89）

89a 侧线2条；眼后下缘具感觉孔 ····················· 针鳍鮨 *Beliops batanensis* [1420]

89b 侧线1条；眼后下缘无感觉孔 ····················· 若棘鮨属 *Acanthoplesiops*（90）

90a 腹部及各鳍皆无鳞 ····························· 腹滑若棘鮨 *A. psilogaster* [1422]

90b 腹部被鳞 ··· 海氏若棘鮨 *A. hiatti* [1421]

91-81a 头大；体长约为头长的3倍；臀鳍Ⅲ-25～27枚

················ 乳香鱼科 Lactariidae 乳香鱼 *Lactarius lactarius* [1538]

91b 头小；体长约为头长的3.5倍；臀鳍Ⅲ-9～12枚

················ 汤鲤科 Kuhliidae 汤鲤属 *Kuhlia*（92）

92a 尾鳍上、下叶均有黑色斜带 ····························· 鲻形汤鲤 *K. mugil* [1975]

92b 尾鳍无黑色斜带 ···（93）

93a 尾鳍末端橙色，幼鱼两叶中部有黑斑；侧线鳞不超过44枚········ 大口汤鲤 *K. rupestris* [1976]

93b 尾鳍末端有黑边，体背侧散布小黑斑；侧线鳞44枚以上 ····················（94）

94a 体侧无斑纹；头背缘直线状；成鱼尾鳍黑色；幼鱼尾鳍上、下叶末端黑色

··· 邦宁汤鲤 *K. boninensis* [1977]

94b 体侧有小暗斑；头背稍隆起；尾鳍后缘黑色，背鳍有黑斑······黑边汤鲤 *K. marginata* [1978]

95-42a 尾柄通常细，体一般被圆鳞 ···（118）

95b 尾柄通常较宽，体一般被栉鳞 ··（96）

96a 两背鳍分离或有深缺刻；头不钝圆 ··（106）

96b 两背鳍相连且无缺刻；头钝圆··········· 弱棘鱼科 Malacanthidae（97）

97a 背鳍硬棘和软条共21～23枚；臀鳍Ⅱ-11～12········方头鱼亚科 Latilinae（103）

97b 背鳍硬棘和软条共46～64枚；臀鳍Ⅰ-37～53········弱棘鱼亚科 Malacanthinae（98）

98a 前鳃盖骨后缘锯齿状；主鳃盖骨棘短，呈薄板状；尾鳍后缘凹入

··· 似弱棘鱼属 *Hoplolatilus*（100）

98b 前鳃盖骨后缘光滑；主鳃盖骨后缘有1枚长棘；尾鳍后缘通常截形或双凹形
···弱棘鱼属 *Malacanthus*（99）

99a 体色淡；尾鳍有2条黑色水平纵带；臀鳍Ⅰ-46～53；吻钝
···尾带弱棘鱼 *M. brevirostris* [1527]

99b 自头至尾鳍有极宽的水平纵带；臀鳍Ⅰ-37～40；吻较长
···侧条弱棘鱼 *M. latovittatus* [1528]

100-98a 体背色深，腹侧色淡·····································（102）

100b 体或头部紫色·····································（101）

101a 体为紫色或蓝紫色·····················紫似弱棘鱼 *H. purpureus* [1529]

101b 头部紫色，躯干、尾部黄色·················斯氏似弱棘鱼 *H. starcki* [1530]

102-100a 体背有一红色纵带·····················马氏似弱棘鱼 *H. marcosi* [1531]

102b 体背侧黄褐色，腹侧白色·····················似弱棘鱼 *H. cuniculus* [1532]

103-97a 背鳍前方的背中线不呈黑色；眼周围无白斑或白带；背鳍无暗斑；尾鳍有黄色横带
···白方头鱼 *Branchiostegus albus* [1533]

103b 背鳍前方的背中线黑色；眼周围有白斑或白带·····················（104）

104a 眼后下方有三角形白斑；颊部鳞片埋于皮下，不明显·······日本方头鱼 *B. japonicus* [1534]

104b 眼下方有1～2条银白色线；颊部鳞片明显，不埋于皮下·····················（105）

105a 眼下方有2条银白色线；背鳍有1列黑斑；胸鳍、尾鳍上缘黑色
···银方头鱼 *B. argentatus* [1535]

105b 眼下方有1条银白色线；背鳍无黑斑；胸鳍、尾鳍上缘不黑
···斑鳍方头鱼 *B. auratus* [1536]

106-96a 体长椭圆形（侧面观）或纺锤形·····················（114）

106b 体细长，梭形·····················鳕科 Sillaginidae 鳕属 *Sillago*（107）

107a 腹鳍鳍棘小，特化成棒状；鳔退化·····················砂鳕 *S. chondropus* [1519]

107b 腹鳍鳍棘正常，不特化成棒状；鳔发达·····················（108）

108a 体侧有2列暗斑；胸鳍基有黑斑；颊部具鳞3～4列，圆鳞·····················斑鳕 *S. aeolus* [1520]

108b 体侧无暗斑；胸鳍基也无黑斑；颊部具鳞2～3列，圆鳞或栉鳞·····················（109）

109a 第2背鳍有黑色点列；侧线上鳞5～9行·····················（112）

109b 第2背鳍无黑色点列；侧线上鳞不超过5行·····················（110）

110a 侧线上鳞3～4行；颊部鳞片2列，上列常为圆鳞、下列兼具栉鳞···少鳞鳕 *S. japonica* [1521]

110b 侧线上鳞4～5行；颊部鳞片2～3列，栉鳞或圆鳞·····················（111）

111a 侧线上鳞4～5行；颊部鳞片2列，圆鳞·····················亚洲鳕 *S. asiatica* [1522]

111b 侧线上鳞5行；颊部鳞片2～3列，栉鳞·····················湾鳕 *S. ingenuua* [1523]

112-109a 第2背鳍暗点列不明显；侧线上鳞5～6行，侧线鳞68～72枚······多鳞鳕 *S. sihama* [1524]

112b 第2背鳍黑色点列明显；侧线上鳞7～9行·····················（113）

113a 侧线上鳞7～9行；第1背鳍鳍棘12～13枚；侧线鳞78～84枚······小鳞鳕 *S. parvisquamis* [1525]

113b 侧线上鳞7～8行；第1背鳍鳍棘10～11枚·····················中国鳕 *S. sinaca* [1526]

114-106a 体纺锤形；两背鳍间有深缺刻；第2背鳍、臀鳍及尾鳍基被鳞
·················舌鲀科 Labracoglossidae

银腹贪食鲀 *Labracoglossa argrentiventris* [1537]

114b 体侧面观呈长椭圆形；两背鳍分离···（115）

115a 第2背鳍鳍条7～10枚···（117）

115b 第2背鳍鳍条11～14或23～28枚··········鲙科 Pomatomidae（116）

116a 第2背鳍鳍条11～14枚；第1背鳍高；臀鳍鳍棘3枚·········牛眼青鲙 *Scombrops boops* [1539]
116b 第2背鳍鳍条23～28枚；第1背鳍低；臀鳍鳍棘2枚··········鲙 *Pomatomus saltatrix* [1540]

117-115a 围眼眶骨内缘光滑；通常体较高
·················天竺鲷科Apogonidae（见亚目分检索表2）

117b 围眼眶骨内缘锯齿状；体细长；第2背鳍鳍条10枚
········后天竺鲷科Epigonidae 细身后天竺鲷 *Epigonus denticulatus* [1518]

118-95a 前颌骨不能向前伸出···（129）

118b 前颌骨能向前伸出···（119）

119a 成鱼无腹鳍（幼鱼有）······乌鲳科 Formionidae 乌鲳 *Formio niger* [1606]

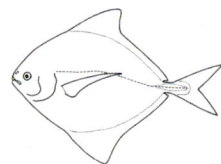

119b 成鱼有腹鳍···（120）

120a 臀鳍前方有2枚游离棘··········鲹科 Carangidae（见亚目分检索表3）

120b 臀鳍前方无游离棘···（121）

121a 体侧面观几乎呈三角形；腹部比背部更突出；成鱼腹鳍第1鳍条延长
·················眼镜鱼科Menidae 眼镜鱼 *Mene maculata* [1607]

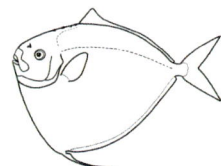

121b 体侧面观呈卵圆形或长椭圆形；腹鳍位于胸鳍基底下方或前下方
·················乌鲂科 Bramidae（122）

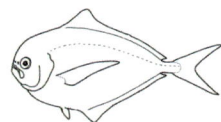

122a 背鳍、臀鳍分别起始于头部和胸鳍基后下方；背鳍、臀鳍有小鳞片·················（124）
122b 背鳍、臀鳍大，分别起始于头部和腹鳍基下方；背鳍、臀鳍有鳞鞘而无鳞片······（123）

123a 背鳍起始于吻上部，高大；背鳍、臀鳍前5枚鳍条较粗，其中有1枚很粗大
·················帆鳍鲂 *Pteraclis aesticola* [1624]

123b 背鳍起始于眼后上方，成鱼背鳍不高；背鳍、臀鳍前部鳍条粗细相同

·················彼得高鳍鲂 *Pterycombus petersii* [1625]

124-122a 两眼间隔显著突出；头部很侧扁···（126）

45
鲈形目

124b 两眼间隔平坦或稍突出；头部稍侧扁 ···（125）

125a 尾柄中部有特别大鳞片，而且隆起··························红棱鲂 *Taractes rubescens* [1626]

125b 尾柄中部无特别大鳞片··································粗棱鲂 *Taractes asper* [1627]

126−124a 从尾柄向尾鳍基鳞片渐渐变小；左、右腹鳍接近············乌鲂属 *Brama*（128）

126b 从尾柄向尾鳍基鳞片急剧变小；左、右腹鳍较分离·····························（127）

127a 腹鳍起始于胸鳍基前下方；尾柄背面有凹沟；纵列鳞34～38枚

·· 凹尾长鳍乌鲂 *Taractichthys steindachneri* [1628]

127b 腹鳍起始于胸鳍基下方；尾柄背面无凹沟；纵列鳞48～50枚

··· 真乌鲂 *Eumegistus illustris* [1629]

128−126a 体侧面观呈卵圆形；纵列鳞52～56枚；尾鳍上叶呈丝状延长

·· 梅氏乌鲂 *B. myersi* [1630]

128b 体侧面观呈椭圆形；纵列鳞65～75枚；尾鳍下叶较上叶长······日本乌鲂 *B. japonica* [1631]

129−118a 背鳍始于头后上方，有分离鳍棘

······军曹鱼科Rachycentridae 军曹鱼 *Rachycentron canadum* [1543]

129b 背鳍始于眼上方，无分离鳍棘···········鲯鳅科Coryphaenidae（130）

130a 体背、腹缘直线形；体在腹鳍起始处最高；背鳍鳍条55～67枚

·· 鲯鳅 *Coryphaena hippurus* [1541]

130b 体背、腹缘圆弧形；体在腹鳍后方最高；背鳍鳍条48～59枚

·· 棘鲯鳅 *C. equiselis* [1542]

131−41a 臀鳍鳍棘2枚，头骨具黏液腔

························石首鱼科 Sciaenidae（见亚目分检索表7）

131b 臀鳍鳍棘3枚（个别5枚）···（132）

132a 口不能伸出 ···（157）

132b 口能上下或向前伸···（133）

133a 体被较大圆鳞；背鳍鳍棘9～10枚，鳍条9～15枚

·· 银鲈科 Gerreidae（149）

133b 体被细小圆鳞；背鳍鳍棘7～8枚，鳍条16～17枚

·· 鲾科 Leiognathidae（134）

134a 口无犬齿，齿细小···（136）

134b 口具犬齿，可向前方伸出··································牙鲾属 *Gazza*（135）

135a 体长为体的2.15～2.52倍····································小牙鲾 *G. minuta* [1608]

135b 体长为体高的1.76～1.90倍····································裸牙鲾 *G. achlamys* [1609]

136−134a 口水平或稍向下，向前或下方伸出··················鲾属 *Leiognathus*（138）

136b 口倾斜，向前上方伸出····································仰口鲾属 *Secutor*（137）

137a 体长为体高的1.71～1.99倍；体侧有9～11条垂直暗带 ·········鹿斑仰口鲾 *S. ruconius* [1611]

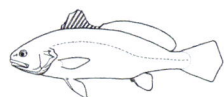

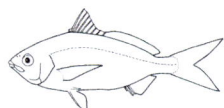

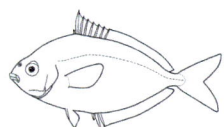

137b 体长为体高的2.12~2.36倍；体背侧具不连续的黑色横带和斑点
···静仰口鲾 *S. insidiator* [1610]

138-136a 体较低，体长约为体高的5倍；背部有不规则的黑斑及虫纹······长鲾 *L. elongatus* [1612]

138b 体较高，体长小于体高的5倍 ···（139）

139a 背鳍第2鳍棘长于体高，呈丝状延长；体长约为体高的3倍·········曳丝鲾 *L. leuciscus* [1613]

139b 背鳍第2鳍棘短于体高 ···（140）

140a 胸部无鳞或颊部无鳞 ···（144）

140b 胸部被鳞 ···（141）

141a 吻钝，前端近截形；背鳍第2~8鳍棘上缘黑色 ·····················黑边鲾 *L. splendens* [1614]

141b 吻较长，前端不呈截形；背鳍鳍棘部无黑边 ···（142）

142a 体较高，腹缘隆起大；背鳍、臀鳍鳍棘部有一黄色斑·········黄斑鲾 *L. bindus* [1615]

142b 体稍低，背、腹缘隆起约相等；背鳍鳍棘部无斑 ···································（143）

143a 体背侧有粗蠕纹状暗纹；两颌齿1~2行 ·····························粗纹鲾 *L. lineolatus* [1616]

143b 体背侧有细蠕纹状暗纹；两颌齿3~4行 ·····························细纹鲾 *L. berbis* [1617]

144-140a 项背有暗斑；背鳍鳍棘部有或无黑斑 ··（147）

144b 项背无暗斑；背鳍鳍棘部无黑斑 ··（145）

145a 体侧暗斑虫纹波状；体较延长；颊部无鳞 ·····························条鲾 *L. rivulatus* [1621]

145b 体侧横斑直线状；体较高；胸部无鳞 ···（146）

146a 体侧横带10~15条；体侧中部有黄色斑；背鳍第2鳍棘延长，长于体高的1/2
···长棘鲾 *L. fasciatus* [1623]

146b 体侧横带多而细；体侧中部无黄色斑；背鳍第2鳍棘短，不延长
···短棘鲾 *L. equulus* [1622]

147-144a 两颌背缘、腹缘均凹入；背鳍、腹鳍起点在同一垂线上
···小鞍斑鲾 *Nuchequula mannusella* [1620]

147b 下颌缘轮廓凹入；背鳍起始于腹鳍基稍前上方 ·······································（148）

148a 下颌缘轮廓稍凹；背鳍鳍棘部有暗斑；体侧有一黄色纵带·········短吻鲾 *L. brevirostris* [1618]

148b 下颌缘轮廓近乎平直；背鳍鳍棘部有黑斑；体侧有一黄褐色纵带
···颈斑鲾 *L. nuchalis* [1619]

149-133a 臀鳍长，鳍棘5枚，鳍条13~17枚·············五棘银鲈 *Pentaprion longimanus* [1703]

149b 臀鳍短，鳍棘2~4枚，鳍条7~8枚 ···（150）

150a 背鳍鳍棘10枚；尾鳍分叉浅·····················日本十棘鲈 *Gerreomorpha japonica* [1704]

150b 背鳍鳍棘9枚；尾鳍分叉深 ·································银鲈属 *Gerres*（151）

151a 体高较低，体长大于体高的2.5倍 ··（153）

151b 体高较高，体长小于体高的2.2倍···（152）

152a 背鳍第2鳍棘不呈丝状延长；侧线鳞37~39枚；胸鳍、腹鳍、臀鳍黄绿色
···短体银鲈 *G. abbreviatus* [1705]

152b 背鳍第2鳍棘呈丝状延长；侧线鳞42~47枚；体侧有8~10行点列横带
···长棘银鲈 *G. filamentosus* [1706]

IV
辐鳍鱼纲

153–151a 侧线上鳞5行以上；胸鳍伸达臀鳍起始处；体无横带 ························· （156）

153b 侧线上鳞4行；胸鳍伸达或不伸达臀鳍起始处；体横线纹不明显或无 ········· （154）

154a 体长为体高的2.6～3.1倍；胸鳍、腹鳍黄色 ··················· 奥奈银鲈 *G. oyena* [1707]

154b 体长为体高的2.5～2.6倍；各鳍无色，仅背鳍鳍棘部有黑边或黑点 ··········· （155）

155a 背鳍鳍棘膜边缘黑色；胸鳍伸达臀鳍起点处 ··············· 短棘银鲈 *G. lucidus* [1708]

155b 背鳍第2～4鳍棘间有一黑斑点；胸鳍不伸达臀鳍起点处······长体银鲈 *G. macrosoma* [1709]

156–153a 体长为体高的3.0～3.3倍；侧线上鳞5～6行；背鳍第2鳍棘较延长；体有斑点
·································· 长圆银鲈 *G. oblongus* [1710]

156b 体长为体高的2.6～2.7倍；侧线上鳞7行；背鳍第2鳍棘略延长；体无斑点
·································· 长鳍银鲈 *G. acinaces* [1711]

157–132a 侧线上方鳞片不斜行；犁骨、腭骨一般无齿 ···························· （159）

157b 侧线上方鳞片一般斜行；犁骨、腭骨通常有齿 ···························· （158）

158a 无发达脂眼睑；眼位于鱼体中线上方；背鳍、臀鳍无鳞或仅软条部
被鳞 ·············· 笛鲷科Lutjanidae（见亚目分检索表4）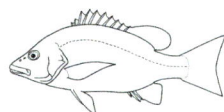

158b 有发达脂眼睑；眼位于鱼体中线上；背鳍、臀鳍均被鳞
·············· 梅鲷科 Caesionidae（见亚目分检索表4）

159–157a 两颌齿呈切齿状（细刺鱼例外）········· 鲶科Kyphosidae（196）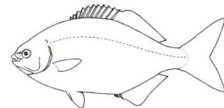

159b 两颌齿不呈切齿状 ·· （160）

160a 齿通常发达；前鳃盖骨后缘一般有锯齿 ································ （164）

160b 齿不发达或无齿；前鳃盖骨后缘光滑
·············· 谐鱼科Emmelichthyidae（161）

161a 第1背鳍与第2背鳍间有2～3枚棘游离 ··············· 史氏谐鱼 *Emmelichthys struhsakeri* [1632]

161b 第1背鳍与第2背鳍间有深缺刻或缺刻不深，无游离棘 ····························· （162）

162a 第1背鳍基底长于头长，鳍棘大于12枚 ············· 双鳍谐鱼 *Dipterygonotus balteatus* [1701]

162b 第1背鳍基底短于头长，鳍棘10～11枚 ················ 红谐鱼属 *Erythrocles*（163）

163a 鳃腔后缘有两肉质突起；尾柄细，成鱼有隆起嵴；眼间隔窄
·································· 史氏红谐鱼 *E. schlegelii* [1633]

163b 鳃腔后缘无肉质突起；尾柄粗，无隆起嵴；眼间隔稍宽
·································· 夏威夷红谐鱼 *E. scintillans* [1634]

164–160a 两颌侧方不具白齿 ··· （166）

164b 两颌侧方通常具白齿 ··· （165）

165a 颊部与头顶无鳞；吻部尖长
·············· 裸颊鲷科 Lethrinidae（见亚目分检索表6）

165b 颊部与头顶具鳞；吻部短钝……鲷科 Sparidae（见亚目分检索表6）

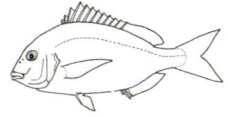

166-164a 体通常较低···（168）

166b 体较高··（167）

167a 背鳍鳍棘部与鳍条部间缺刻浅；臀鳍第3鳍棘粗大；尾鳍后缘圆弧形
···················松鲷科 Lobotidae 松鲷 *Lobotes surinamensis* 1702

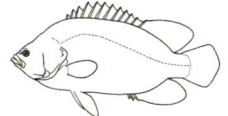

167b 背鳍鳍棘部与鳍条部间缺刻深；臀鳍第2鳍棘粗大；尾鳍后缘浅叉状
·······················寿鱼科 Banjosidae 寿鱼 *Banjos banjos* 1423

168-166a 两颌前部无圆锥状犬齿，或上颌有犬齿；前鳃盖骨下缘无锯齿·················（178）

168b 两颌前部具圆锥状犬齿；前鳃盖骨下缘有锯齿
·················金线鱼科 Nemipteridae 金线鱼属 *Nemipterus*（169）

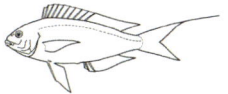

169a 背鳍鳍棘和尾鳍上叶均呈丝状延长·················长丝金线鱼 *N. nematophorus* 1748

169b 背鳍鳍棘不呈丝状延长；尾鳍上叶呈或不呈丝状延长·······································（170）

170a 仅上颌有犬齿···（173）

170b 两颌均有犬齿···（171）

171a 体长约为体高的4倍；尾鳍上叶略呈丝状延长·················长体金线鱼 *N. zysron* 1749

171b 体长为体高的2.7～3.1倍；尾鳍上叶不呈丝状···（172）

172a 侧线鳞49～51枚；背鳍具黄色带，镶蓝边；尾鳍上叶末端黄色
···六齿金线鱼 *N. hexodon* 1750

172b 侧线鳞44～45枚；背鳍红色；尾鳍末端无黄色缘·············横斑金线鱼 *N. furcosus* 1751

173-170a 背鳍鳍棘间鳍膜有深缺刻·····························斐氏金线鱼 *N. peronii* 1752

173b 背鳍鳍棘间鳍膜无深缺刻···（174）

174a 犬齿5～6对；体较高，体长约为体高的2.9倍；尾鳍上叶呈丝状延长
···日本金线鱼 *N. japonicus* 1753

174b 犬齿3～4对；体较低，体长为体高的2.9～3.5倍···（175）

175a 臀鳍鳍条8枚；胸鳍鳍条多于17枚；尾鳍上叶呈丝状延长···········金线鱼 *N. virgatus* 1754

175b 臀鳍鳍条7枚；胸鳍鳍条少于17枚；尾鳍上叶呈丝状延长或不延长·····················（176）

176a 尾鳍上叶呈丝状延长；腹鳍末端抵达肛门·················深水金线鱼 *N. bathybius* 1755

176b 尾鳍上叶不呈丝状延长；腹鳍末端超过肛门···（177）

177a 尾鳍上叶末端尖，黄色；体侧有2条黄色纵带·············黄缘金线鱼 *N. thosaporni* 1756

177b 尾鳍上叶末端钝圆；体侧有5条不明显的白带·················赤黄金线鱼 *N. aurorus* 1757

178-168a 前鳃盖被鳞；眶下骨棚宽···（189）

178b 前鳃盖无鳞；眶下骨棚狭·············锥齿鲷科Pentapodidae（179）

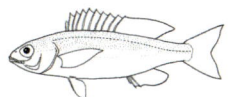

179a 上颌骨表面光滑，无锯齿隆起线 ……………………………………………（181）

179b 上颌骨表面具1条纵走锯齿隆起线 ………………………………………（180）

180a 侧线鳞60～70枚；胸鳍鳍条通常15枚 …………金带齿颌鲷 *Gnathodentex aurolineatus* [1760]

180b 侧线鳞42～45枚；胸鳍鳍条通常14枚，鳍基内侧无鳞

………………………………………………莫桑比克嵴颌鲷 *Wattsia mossambica* [1761]

181–179a 头顶鳞片伸至眼间隔前方；两颌犬齿向外伸出 …………锥齿鲷属 *Pentapodus*（185）

181b 头顶通常裸露无鳞；两颌犬齿不向外伸出；颊部无鳞……裸顶鲷属 *Gymnocranius*（182）

182a 下颌侧齿臼状；侧线上鳞一般5行；背鳍边缘白色…………日本裸顶鲷 *G. japonicus* [1762]

182b 下颌侧齿圆锥状；侧线上鳞一般6行；背鳍边缘非白色…………………………（183）

183a 体长大于体高的2.6倍；头下半部有许多小斑点 …………小齿裸顶鲷 *G. microdon* [1763]

183b 体长小于体高的2.5倍；头部无斑点 ………………………………………（184）

184a 尾鳍叉浅；叉深处鳍条长于眼径 …………………………灰裸顶鲷 *G. griseus* [1764]

184b 尾鳍叉深；叉深处鳍条短于眼径 …………………………长裸顶鲷 *G. elongatus* [1765]

185–181a 尾鳍叉形；尾鳍上、下叶不延长 …………………………………………（188）

185b 尾鳍深叉形；尾鳍上叶或上、下两叶延长 ………………………………（186）

186a 尾鳍仅上叶呈丝状延长，无红边；体侧有黄色纵带…………多毛锥齿鲷 *P. setosus* [1768]

186b 尾鳍上、下叶均延长 …………………………………………………………（187）

187a 尾鳍上、下叶均呈丝状延长，无红边，有黑缘………………叉尾锥齿鲷 *P. emeryii* [1769]

187b 尾鳍上、下叶丝状稍延长，有红边；背鳍红色………………犬牙锥齿鲷 *P. caninus* [1767]

188–185a 体侧黄带显著；尾鳍淡红色…………………………黄带锥齿鲷 *P. aureofasciatus* [1770]

188b 体侧黄带不显著；尾鳍上叶黄色………………………长崎锥齿鲷 *P. nagasakiensis* [1771]

189–178a 后颞骨和匙骨后上角不裸露 ……………………………………………（195）

189b 后颞骨与匙骨后上角裸露，边缘具锯齿……鲹科 Teraponidae（190）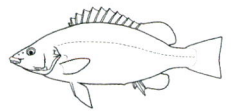

190a 尾鳍无明显黑色带 …………………………………………………………（192）

190b 尾鳍有3～5条黑色带 ………………………………………………………（191）

191a 体侧的黑色纵带弧状；侧线鳞75～100枚 …………………细鳞鲹 *Terapon jarbua* [1969]

191b 体侧的黑色纵带直线状；侧线鳞46～56枚 ………………………鲹 *Terapon theraps* [1970]

192–190a 后颞骨后部被以鳞片 …………………………………列牙鲹 *Pelates quadrilineatus* [1971]

192b 后颞骨后部外露，后缘呈锯齿状 …………………………………………（193）

193a 侧线上鳞10～11行，侧线鳞58～80枚……………突吻鲹 *Rhyncopelates oxyrhynchus* [1972]

193b 侧线上鳞6～8行，侧线鳞47～58枚…………………中锯鲹属 *Mesopristes*（194）

194a 前、后鼻孔接近；背鳍鳍条部外缘直线状或稍弯入；体侧斑纹上半部为横带，与3条纵带

交叉，下半部仅1条纵带 ……………………………………格纹中锯鲹 *M. cancellatus* [1973]

194b 前、后鼻孔分离；背鳍鳍条部外缘圆弧形；成鱼体侧无斑纹，幼鱼有纵带

………………………………………………………………银中锯鲹 *M. argenteus* [1974]

195-189a 眶下骨下缘不游离；第2眶下骨无棘
·····················石鲈科 Pomadasyidae（见亚目分检索表5）

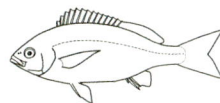

195b 眶下骨下缘游离；第2眶下骨有向后的棘
·····················眶棘鲈科 Scolopsidae（见亚目分检索表5）

196-159a 两颌前端齿分三叉·····················鮊属 *Girella*（200）

196b 两颌齿均不分叉·····················（197）

197a 上、下颌齿尖细，呈刷毛状；前鳃盖骨边缘锯齿状；上颌骨区无鳞
·····················细刺鱼 *Microcanthus strigatus* [1875]

197b 上、下颌具门齿，不呈三尖状；尾鳍后缘凹入；前鳃盖边缘被细鳞
·····················鱾属 *Kyphosus*（198）

198a 背鳍鳍条14枚；臀鳍鳍条13枚·····················短鳍鱾 *K. lembus* [1876]

198b 背鳍鳍条12枚；臀鳍鳍条11枚·····················（199）

199a 背鳍鳍条前部高，比最长鳍棘长；侧线鳞50～52枚·····················长鳍鱾 *K. cinerascens* [1877]

199b 背鳍鳍条前部低，比最长鳍棘短；侧线鳞52～53枚·····················双峰鱾 *K. bigibbus* [1878]

200-196a 上唇厚；鳃盖全部被鳞；成鱼前部高耸，幼鱼体侧具一黄色横带
·····················绿带鮊 *Girella mezina* [1879]

200b 上唇薄；鳃盖下部无鳞；成鱼前部缓斜，幼鱼体侧无黄色横带·····················（201）

201a 鳃盖后缘黑色；各鳞基部无暗点；侧线鳞62～66枚；成鱼尾鳍两叶尖端长
·····················小鳞黑鮊 *G. melanichthys* [1880]

201b 鳃盖后缘不呈黑色；各鳞基部有暗点；侧线鳞50～56枚；成鱼尾鳍两叶不长
·····················鮊 *G. punctata* [1881]

202-9a 后颞骨固着于颅骨上·····················（209）

202b 后颞骨不固着于颅骨上·····················（203）

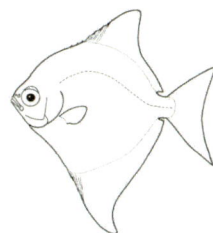

203a 腭骨有齿；鳃膜与峡部不相连
······大眼鲳科 Monodactylidae 银大眼鲳 *Monodactylus argenteus* [1874]

203b 腭骨无齿；鳃膜与峡部相连·····················（204）

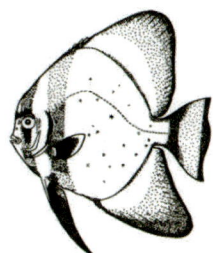

204a 胸鳍短；不延长呈镰状·····················白鲳科 Ephippidae（206）

IV 辐鳍鱼纲

204b 胸鳍延长呈镰状·····················鸡笼鲳科 Drepanidae（205）

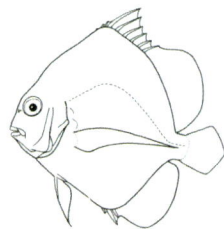

205a 体侧有4～11条由小黑点连缀成的横带；鳃盖膜横跨峡部，愈合成一皮褶
···斑点鸡笼鲳 *Drepane punctata* [1882]

205b 体侧有4～9条横带；鳃盖膜连着峡部，但不愈合成皮褶
···条纹鸡笼鲳 *D. longimana* [1883]

206-204a 齿细尖，呈毛刷状；体被中型圆鳞；背鳍前具一向前平卧棘
···白鲳 *Ephippus orbis* [1981]

206b 齿侧扁，具三个尖；体被小栉鳞；背鳍前无向前平卧棘··············燕鱼属 *Platax*（207）

207a 3个齿尖约等长；头背缘均匀圆弧形；背鳍 V－30～32枚；臀鳍Ⅲ－23～24枚
···燕鱼 *P. teira* [1982]

207b 3个齿尖以中间者最长；头背缘多少呈折角状·····························（208）

208a 中间齿尖，稍长于侧齿；犁骨、腭骨无齿；背鳍 V－34～38枚；臀鳍Ⅲ－26～28枚
···圆燕鱼 *P. orbicularis* [1983]

208b 中间齿特别长，两侧齿长度为中间齿的1/3；犁骨有齿；背鳍 V－36～37枚；臀鳍Ⅲ－25～27
枚···弯鳍燕鱼 *P. pinnatus* [1984]

209-202a 背鳍有一向前棘
··········金钱鱼科 Scatophagidae 金钱鱼 *Scatophagus argus* [1985]

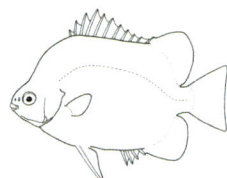

209b 背鳍无向前棘；腭骨无齿·····························（210）

210a 前鳃盖骨隅角无大硬棘；腹鳍具腋鳞
···蝴蝶鱼科 Chaetodontidae（见亚目分检索表8）

210b 前鳃盖骨隅角有一大硬棘；腹鳍一般无腋鳞
···刺盖鱼科 Pomacanthidae（见亚目分检索表8）

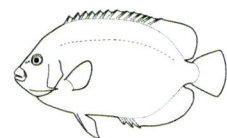

211-3a 体呈带状；背鳍、臀鳍和尾鳍相连
···赤刀鱼亚科Cepolinae（213）

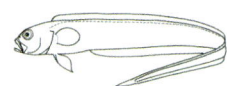

211b 体不呈带状；背鳍、臀鳍与尾鳍不相连

·················欧氏膛亚科 Owstoniinae 欧氏膛属 *Owstonia*（212）

212a 体前部高，向后急剧变细；背鳍Ⅲ－20～21枚；臀鳍Ⅰ－13～14；颊部无鳞；左、右侧线在背鳍前连续···图图欧氏膛 *O. totomiensis* [2000]

212b 体后部不急剧变细；背鳍Ⅲ－23枚；臀鳍Ⅰ－16；颊部有鳞；左、右侧线不连续

···土佐欧氏膛 *O. tosaensis* [1999]

213－211a 前鳃盖骨后缘光滑无棘；上颌与前颌骨间膜有细长黑斑

···赤刀鱼 *Cepola schlegeli* [2001]

213b 前鳃盖骨后缘有锯齿状小棘；上颌与前颌骨间膜无黑斑

·································棘赤刀鱼属 *Acanthocepola*（214）

214a 背鳍前部有一黑斑；体长约为体高的13倍；背鳍鳍条102～104枚

·································背点棘赤刀鱼 *A. limbata* [2002]

214b 背鳍前部无黑斑或黑斑不显著；体长为体高的7～8倍；背鳍鳍条78～85枚········（215）

215a 背鳍前部黑斑不显著；体长约为体高的7倍；体有橙黄色细横带

·································印度棘赤刀鱼 *A. indica* [2003]

215b 背鳍前部无黑斑；体长约为体高的8倍；体有橙黄色小圆斑

·································克氏棘赤刀鱼 *A. krusensterni* [2004]

216－1a 背鳍鳍棘10枚；鳍棘部基底稍长于鳍条部基底长

·····················鳍科 Cirrhitidae（219）

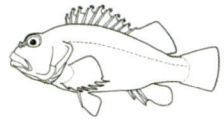

216b 背鳍鳍棘大于16枚；鳍棘部基底长小于或略等于鳍条部基底长

·····················唇指䲢科 Cheilodactylidae（217）

217a 尾鳍黄褐色，散布白色小圆斑 ·············花尾指䲢 *Cheilodactylus zonatus* [1998]

217b 尾鳍上叶白色，下叶黑色 ··（218）

218a 口唇部不呈红色；通过眼的黑褐色斜带不达胸鳍基部，背鳍ⅩⅦ－28；臀鳍Ⅲ－9

·····················四角唇指䲢 *C. quadricomis* [1996]

218b 口唇部红色；通过眼的黑褐色斜带达胸鳍基部，背鳍ⅩⅦ－33；臀鳍Ⅲ－8

·····················斑唇指䲢 *C. zebra* [1997]

219－216a 背鳍鳍条至少13枚···（224）

219b 背鳍鳍条不超过12枚···（220）

220a 背鳍鳍条12枚···（225）

220b 背鳍鳍条11枚···（221）

221a 侧线鳞不超过44枚 ·····················鳍 *Cirrhitus pinnulatus* [1986]

221b 侧线鳞45枚以上 ···（222）

222a 胸鳍上部具鳍条8枚；鳃盖和背鳍鳍条部各有一大黑斑

·····················双斑钝鳍 *Amblycirrhitus bimacula* [1987]

222b 胸鳍上部具鳍条6枚以下 ·······················副鮨属 Paracirrhites（223）

223a 眼后方有眼镜状斑纹 ··························夏威夷副鮨 P. arcatus [1988]

223b 眼后方无眼镜状斑纹；头部和胸部散布小红点；体背部茶褐色···雀斑副鮨 P. forsteri [1989]

224–219a 背鳍鳍条13枚；吻长管状 ···················尖吻鮨 Oxycirrhites typus [1990]

224b 背鳍鳍条16～17枚；尾鳍深叉形················长鳍鲤鮨 Cyprinocirrhites polyactis [1991]

225–220a 体黄色，体侧暗斑不明显；背鳍无斑纹；体高达体长的43%～45%
···金鮨 Cirrhitichthys aureus [1992]

225b 体侧或头部有许多暗红色斑；背鳍有斑纹；体高小于体长的40% ·················（226）

226a 体侧斑纹不规则；尾鳍无红色小斑 ···················斑金鮨 C. aprinus [1993]

226b 体侧斑纹呈纵列或横行排列；尾鳍有红色或暗褐色小斑·························（227）

227a 体侧有5个黄褐色横斑；尾鳍具红色小斑 ···············真丝金鮨 C. falco [1994]

227b 体侧有4纵列褐色斑块；尾鳍具暗褐色斑点·············尖头金鮨 C. oxycephalus [1995]

（195）双边鱼科 Ambassidae（57b）

本科物种体侧面观呈长椭圆形或卵圆形，侧扁而近乎透明。侧线完全或中断。两颌和犁骨、腭骨均具绒毛细齿。无上颌辅骨。眶前骨和前鳃盖骨均具锯齿状边缘，下缘具细齿或小棘。主鳃盖骨无棘。背鳍具一向前平卧状短棘和6～7枚强棘。臀鳍具3枚或4枚鳍棘。尾鳍叉形。我国有3属8种。

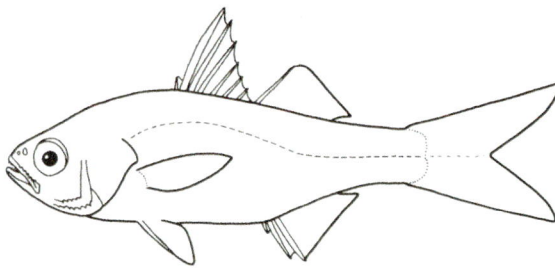

双边鱼科物种形态简图

注：鲈亚目鱼类科多，检索表复杂，为方便查阅，在各科名称后均标注其在鲈亚目检索表中的序号，下同。

双边鱼属 Ambassis Cuvier，1828

本属物种一般特征同科。

1253 **尾纹双边鱼** *Ambassis urotaenia* Bleeker，1852 [38]

背鳍Ⅶ，Ⅰ－9；臀鳍Ⅲ－9～10。侧线鳞24～27。鳃耙9＋1＋19～20。

本种体侧扁，侧面观呈长椭圆形。眼大，颊部鳞板仅1列。侧线在体侧中部急剧下弯。尾柄细长，尾鳍深叉形。体背侧淡黄色，侧面及腹侧银白色。为咸淡水鱼类，喜集群活动，并上溯至淡水区域。分布于我国南海、台湾海域，以及日本相模湾以南海域、印度－西太平洋暖水域。体长约7 cm。

1254 **断线双边鱼** *Ambassis interrupta* Bleeker，1852 [38]

背鳍Ⅶ，Ⅰ－9～10；臀鳍Ⅲ－9～10。侧线鳞12＋10。鳃耙8＋1＋22。

本种体呈卵圆形（侧面观），侧扁而高。颊部鳞板2列。侧线在体侧中部中断而不连续。体浅黄色，略透明；项背色稍深，各鳍色浅。为咸淡水鱼类，常集群栖息。分布于我国南海、台湾海域，以及琉球群岛以南海域、印度－西太平洋暖水域。体长约8 cm。

1255 **少棘双边鱼** *Ambassis miops* Günther，1872[38]

背鳍Ⅶ，Ⅰ－9；臀鳍Ⅲ－9～10。侧线鳞28～30。鳃耙11＋1＋24。

本种与断线双边鱼相似，颊部鳞板亦为2列，但本种体较低，侧线完全，头背无凹陷。体色稍深，背鳍鳍棘部尖端和尾鳍后缘黑色。为河口或咸淡水区栖息鱼类。分布于我国南海、台湾海域，以及琉球群岛以南海域、印度－太平洋暖水域。体长约8 cm。

1256 **康氏双边鱼** *Ambassis commersoni* Cuvier et Valenciennes，1828[38]
= 安巴双边鱼 *A. ambassis*

背鳍Ⅶ，Ⅰ－9～10；臀鳍Ⅲ－8～10。侧线鳞27～29。鳃耙6～8＋1＋21～24。

本种体呈长椭圆形（侧面观），体长约为体高的2.8倍。眼径小，小于头长的1/3。眼间隔窄，小于头长的1/5。眼上方稍凹陷，吻则稍隆起。背鳍前鳞18～19枚。体深灰色，尾鳍黄色。为暖水性河口鱼类。栖息于河口咸淡水区。分布于我国东海，以及琉球群岛以南海域、印度－西太平洋暖水域。体长约8 cm。

▲ 本属我国尚有古氏双边鱼 *A. kopsii*、布鲁双边鱼 *A. buruensis* 等种，均为南海、台湾海域河口小型鱼类。
本科我国亦有暹罗副双边鱼 *Parambassis siamensis* 和茎拟双边鱼 *Pseudambassis baculis*[13]。二者皆分布于我国南海。

（196）尖吻鲈科 Latidae （74b）

　　本科物种体呈长椭圆形（侧面观），稍侧扁。头中等大，颊部和鳃盖被鳞。口较大，前位，下颌稍突出。颌齿绒毛状，犁骨、腭骨具齿。前鳃盖骨后缘具细齿，隅角有1～2枚强棘。主鳃盖骨具扁棘或无。体被弱栉鳞或圆鳞。侧线完全，伸达尾鳍。背鳍2个。臀鳍Ⅲ－6～9，腹鳍Ⅰ－5。尾鳍后缘圆弧形、截形。全球有3属22种，我国仅有2属2种。

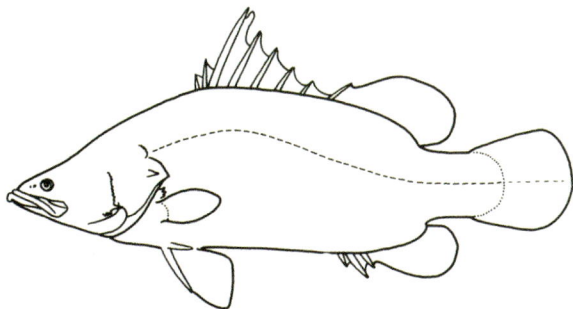

尖吻鲈科物种形态简图

1257 **尖吻鲈** *Lates calcarifer*（Bloch，1790）[38]（**左幼鱼，右成鱼**）
= *L. japonicus*

背鳍Ⅶ～Ⅷ，Ⅰ－11；臀鳍Ⅲ－8；胸鳍18。侧线鳞60～63；侧线上鳞7～8。鳃耙2＋6～7。

　　体侧面观呈长椭圆形，侧扁。头中等大，吻尖。口大，上颌骨远超眼后缘，下颌较上颌突出。前、后鼻孔相接近。前鳃盖骨下缘有棘。体灰色，腹浅灰色，瞳孔红色。为暖水性底层鱼类。栖息于热带、亚热带海区。分布于我国南海、台湾海域，以及日本和歌山海域、宫崎海域，印度－西太平洋暖水域。体长可达1.2 m，为海水养殖对象。

1258 红眼沙鲈 *Psammoperca waigiensis*（Cuvier，1828）[38]

背鳍Ⅶ，Ⅰ－13～14；臀鳍Ⅲ－9；胸鳍16～17。侧线鳞48～49；侧线上鳞6。鳃耙6～7＋12～14。

本种体略呈长椭圆形（侧面观），侧扁。吻稍钝，口稍小，上颌仅达瞳孔后缘下方。两颌约等长或上颌稍突出。两鼻孔距离远。前鳃盖骨下缘无棘。体被粗大栉鳞。体灰黑色，腹侧银白色。为暖水性底层鱼类。栖息于珊瑚礁海区。分布于我国南海、台湾海域，以及琉球群岛海域、印度洋沿岸。体长约35 cm。

（197）鮨鲈科（真鲈科）Percichthyidae（76b）

鮨鲈原置于鮨科，现已独立为一科。本科物种主鳃盖骨通常具2枚棘，侧线完全而连续，尾鳍分叉，腹鳍Ⅰ－5，无腋鳞。所包括的种属在不同著作中不甚一致[9, 36]。本书采纳刘瑞玉（2008）、黄宗国（2012）[12, 13]列写。我国有2属3种。

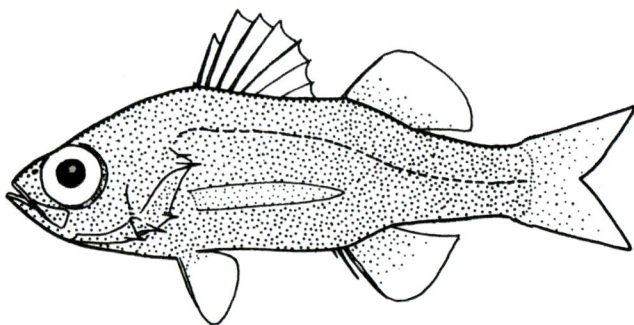

鮨鲈科物种形态简图

1259 **深海拟野鲈** *Bathysphyaenops simplex* Parr，1933 [38]

背鳍Ⅷ，Ⅰ－8～9；臀鳍Ⅲ－7～8；胸鳍14～16。侧线鳞27～32；侧线上鳞2～3。鳃耙25～29。

本种体呈长椭圆形（侧面观），稍侧扁。头中等大。鳃盖骨上部有2枚棘，下鳃盖骨亦有2枚等长棘，前鳃盖骨小棘显著。眼眶上缘具2枚向后延伸的小棘。体被栉鳞，胸鳍末端超越臀鳍起点。体黑色。为深海鱼类。分布于我国台湾海域，以及日本骏河湾海域、熊野滩海域，印度–太平洋，大西洋。体长约9 cm。

1260 **腭齿尖棘鲷** *Howella zina* Fedoryako，1976 [48]

背鳍Ⅷ，Ⅰ－8～9；臀鳍Ⅲ－5～7；胸鳍15～16。侧线鳞33～39；侧线上鳞2。鳃耙8～9＋Ⅰ＋19～20。

本种体延长，稍侧扁。眼大，眶上缘有两棘。下鳃盖骨仅一长棘，前鳃盖骨棘短小，不显著。体被强栉鳞，侧线中断。体黑褐色，无斑纹；各鳍褐色。栖息水深150～360 m。分布于我国台湾海域，以及日本九州以南海域，帕劳海岭，太平洋、印度洋、大西洋的热带、亚热带水域。体长约8 cm。

▲ 本属我国尚有舍氏尖棘鲷 *H. sherborni*，为分布于我国南海深海的小型鱼类 [13]。曾被置于天竺鲷科 [97]。

（198）发光鲷科 Acropomatidae（43b）

发光鲷科是鲈亚目中的一个小科。它和赤鲑属物种，等曾共同被列入真鲈科中。其以胸鳍腹面有U形发光器为典型特征。体侧面观呈长椭圆形，被弱栉鳞，但赤鲑属物种无发光器，而且背鳍没完全分离，与发光鲷有较大差别，故亦有观点主张将赤鲑属保留于鮨科内。此外，本书中，软鱼属 *Malakichthys* 和尖牙鲈属*Synagrops*未被列入发光鲷科，仍被置于鮨鱼中[2]。本科我国有3属4种。

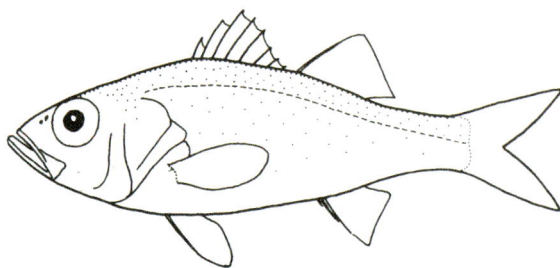

发光鲷科物种形态简图

发光鲷属 *Acropoma* Temminck et schlegel，1842

本属物种一般特征同科。

1261 日本发光鲷 *Acropoma japonicum* Günther，1953[15]

背鳍Ⅷ，Ⅰ－10；臀鳍Ⅲ－7；胸鳍15～16。侧线鳞43～45。鳃耙5～8＋15～18。

本种体侧面观呈长椭圆形，被弱栉鳞。前鳃盖骨后缘光滑。肛门位置显著靠前，位于两腹鳍之间。发光器短，位于腹鳍附近，U形，黄色，埋于皮下。体背面红色，腹侧银白色。为暖水性底层鱼类。分布于我国东海、南海、台湾海域，以及日本南部海域、印度-西太平洋暖水域。体长约14 cm。

1262 **圆鳞发光鲷** *Acropoma hanedai* Matsubara，1953 [38]

= 羽根发光鲷

背鳍Ⅷ， Ⅰ－10；臀鳍Ⅲ－7；胸鳍15～16。侧线鳞45～47。鳃耙4～7＋13～16。

本种与日本发光鲷相似，只是肛门位置靠后，位于腹鳍末端附近，距臀鳍起点较近。肛门深黑色。发光器较长，由喉部伸达臀鳍附近。体背侧淡灰褐色，腹侧银白色，各鳍乳白色。为暖水性底层鱼类。分布于我国台湾海域，以及日本南部海域、西太平洋温暖水域。体长约11 cm。

1263 **赤鲑** *Doederleinia berycoides*（Hilgendorf，1879）[38]

背鳍Ⅸ，10；臀鳍Ⅲ－6～8；胸鳍15～18。侧线鳞41～46；侧线上鳞5。鳃耙6～9＋15～18。

本种体侧面观呈长椭圆形。头中等大，上、下颌有犬齿。眼特大，眼径超过吻长。两背鳍间有深缺刻。体被栉鳞，胸鳍特长，可伸达臀鳍。体橘红色，口腔、腹膜黑色。为暖温性底层鱼类。栖息水深100～200 m。分布于我国黄海、东海、台湾海域，以及日本东京海域、鹿儿岛海域，东印度洋和西太平洋温暖水域。体长约30 cm。

1264 **太平洋新鲳** *Neoscombrops pacificus* Mochizuki，1979 [38]

背鳍IX，10；臀鳍III－7；胸鳍15。侧线鳞47～51；侧线上鳞5。鳃耙4～8＋11～16。

本种外形与赤鲳相似。体较高。两背鳍间缺刻深，以至于间断。体被圆鳞，体紫褐色。为暖水性底层鱼类。栖息水深100～500 m。分布于我国台湾海域，以及日本南部海域、萨摩亚海域、太平洋。体长约34 cm。

（199）愈齿鲷科 Symphysanodontidae（78b）

本科物种曾被认为是鮨科或笛鲷科物种，是鲈形目中较为原始的物种[3]。体延长，侧扁。上颌缝合处有一凹窟，而与下颌瘤状突相嵌。两颌均无犬齿。鳃盖骨有2枚扁棘。腹鳍有腋鳞。尾鳍深分叉。全球仅有1属6种，我国有2种。

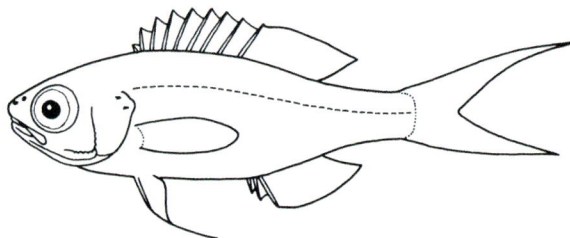

愈齿鲷科物种形态简图

愈齿鲷属 *Symphysanodon* Bleeker，1878
＝片山花鲷属 ＝腭齿鮨属

本属物种一般特征同科。

1265 **片山愈齿鲷** *Symphysanodon katayamai* Anderson，1970[48]

背鳍Ⅸ－10；臀鳍Ⅲ－7；胸鳍16～17。侧线鳞50～55。鳃耙11～12＋22～24。

本种一般特征同科。体延长，侧扁。头小，吻稍钝。主鳃盖骨有2枚扁棘。上颌缝合处有一凹窟，接纳下颌瘤状突。背鳍基底长。腹鳍有腋鳞，鳍条呈丝状延长。尾鳍深叉形，上、下叶呈丝状延长。体玫瑰红色，体侧中部有一黄色宽幅纵带。为暖水性底层鱼类。栖息于沿海岩礁区域。分布于我国台湾海域，以及日本南部海域。体长约20 cm。

1266 **愈齿鲷** *Symphysanodon typus* Bleeker，1878[37]

背鳍Ⅸ－9～10；臀鳍Ⅲ－7；胸鳍15～17。侧线鳞42～47。鳃耙9～11＋22～26。

本种形态与片山愈齿鲷相似。但本种体粉红色，无黄色纵带；鳃盖后部黄色；背鳍黄绿色；尾鳍上叶粉红色，下叶黄色。为暖水性底层鱼类。栖息于岩礁海域，水深可达320 m。分布于我国台湾海域，以及日本奄美大岛海域。体长约13 cm。

（200）丽花鮨科 Callanthiidae（80a）

本科物种与愈齿鲷属一样，也曾被置于鮨科中。但它的某些特征与拟雀鲷科略有相似之处而分立为一科。第1背鳍有11枚鳍棘。前、后鼻孔相距远。前鳃盖骨后缘无棘，主鳃盖骨棘仅2枚。鳃盖条6枚。侧线完全，可抵尾鳍基。尾鳍后缘凹入或有多条鳍条呈丝状延长。全球仅有2属12种，我国有1属1种。

丽花鮨科物种形态简图

1267 日本丽花鮨 *Callanthias japonicus* Franz，1910 [38]
　　＝红黄带花鮨

背鳍XI－11～12；臀鳍III－10～11；胸鳍19～21。侧线鳞35～40。鳃耙8～9＋21～22。

　　本种体呈长椭圆形（侧面观），侧扁。头较小，除唇、吻外均被鳞。口中等大，斜裂；上颌骨达眼中部下方。颌齿1行，具犬齿。犁骨、腭骨具绒毛齿。前鳃盖骨边缘无棘，主鳃盖骨有2枚扁棘。背鳍无缺刻，侧线达尾鳍基。尾鳍后缘凹入，上、下叶呈丝状延长。体红色，腹部和奇鳍黄色。为暖水性底层鱼类。栖息水深200 m。分布于我国东海、台湾海域，以及日本南部海域、西北太平洋暖水域。体长约20 cm。

（201）鮨科 Serranidae（80b）

　　鮨科作为鲈形目鱼类中的大科之一，许多物种的分类归属也不统一。其基本特征大致可归纳为：体延长或呈长卵圆形（侧面观）。口大或中等大。上颌骨不为眶前骨所遮盖。通常有上颌辅骨。鳃盖骨多具3枚扁棘，以中间者较大。侧线完全，但不延伸至尾鳍基。背鳍多连续，仅部分种类中间有缺刻，有7～12枚鳍棘。腹鳍胸位，I－5。本科含有大量海洋经济鱼类和海水养殖种类[72, 98, 110]。全球有62属450多种，我国海洋种类约有32属140种。

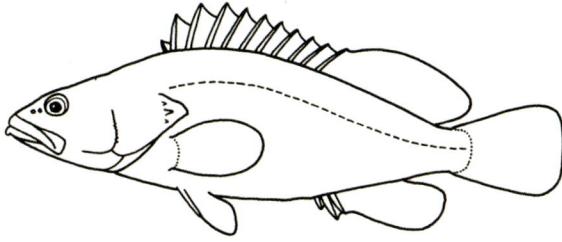

鮨科物种形态简图

鲈亚目分检索表1——鮨科（80b）

1a 背鳍鳍棘部与鳍条部分离或仅基部相连，中间有明显缺刻（大花鮨、拟线纹鲈例外）…（116）

1b 背鳍鳍棘部与鳍条部相连，一般无缺刻……………………………………………（2）

2a 上颌具上颌辅骨；背鳍鳍棘8～11枚……………………………………………………（41）

2b 上颌通常无上颌辅骨；背鳍通常有8枚鳍棘……………………………………………（3）

3a 上颌骨区通常具鳞；侧线位高；尾舌骨大；脊椎骨26枚
　………………………………………………………花鮨亚科 Anthiinae（7）

3b 上颌骨区无鳞或有鳞；侧线较低；尾舌骨颇小；脊椎骨24枚
　………………………………………………………鮨亚科 Serraninae（4）

4a 体前部侧扁；背鳍鳍条18～20枚；尾鳍后缘深凹形；尾鳍上、下叶和臀鳍鳍条呈丝状延长
　………………………………………………………翁鮨 *Serranocirrhitus latus* [1268]

4b 体前部圆柱形；背鳍鳍条8～10枚；尾鳍后缘平截、浅凹入或稍突…赤鮨属 *Chelidoperca*（5）

5a 尾鳍后缘截形；体侧有5个黑斑排成1纵列…………………侧斑赤鮨 *C. pleurospilus* [1269]

5b 尾鳍后缘浅凹形或稍突；体侧中部有不明显暗斑或无暗斑………………………………（6）

6a 眼间隔前部被鳞；感觉管2列；尾鳍后缘凹入；体侧有1列白点…燕赤鮨 *C. hirundinacea* [1270]

6b 眼间隔鳞达中部；感觉管4列；尾鳍后缘圆弧形………………珠赤鮨 *C. margaritifera* [1271]

7-3a 颌部有一较大皮瓣，似须；体侧具黑斑和白斑…………斑须鮨 *Pogonoperca punctata* [1272]

7b 下颌先端无大皮须………………………………………………………………………（8）

8a 尾鳍后缘叉形或深凹形后缘………………………………………………………………（23）

8b 尾鳍后缘圆弧形、平截或浅凹……………………………………………………………（9）

9a 背鳍基底有1至多个黑斑；背鳍鳍条19～21枚；犁骨齿呈菱形排列
　………………………………………………………许氏菱齿鮨 *Caprodon schlegeli* [1273]

9b 背鳍基底无黑斑；背鳍鳍条13～18枚……………………………………………………（10）

10a 雄鱼臀鳍有黑斑；背鳍鳍条15～17枚；犁骨齿呈三角形排列
　………………………………………………………臀斑月花鮨 *Selenanthias analis* [1274]

10b 雄鱼臀鳍无黑斑；背鳍鳍条13～18枚；犁骨齿多呈"∧"形排列…………………………（11）

11a 侧线完全，达尾鳍基；胸鳍至少部分鳍条分支……………………………………………（14）

11b 侧线不完全，不达尾鳍基；胸鳍鳍条不分支；前鳃盖骨下缘具2枚向前棘
　………………………………………………………棘花鮨属 *Plectranthias*（12）

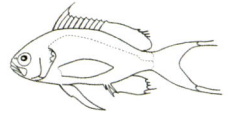

12a 体橙红色，无斑纹⋯⋯⋯⋯⋯⋯⋯⋯⋯⋯⋯⋯⋯⋯⋯⋯⋯⋯⋯⋯红椒棘花鲈 *P. winniensis* [1275]

12b 体黄褐色或黄红色，有横斑⋯⋯⋯⋯⋯⋯⋯⋯⋯⋯⋯⋯⋯⋯⋯⋯⋯⋯⋯⋯⋯⋯（13）

13a 胸鳍鳍条14枚；尾鳍基有1条暗横线；体有橙色宽横带⋯⋯⋯⋯⋯短棘花鲈 *P. nanus* [1277]

13b 胸鳍鳍条12～13枚；尾柄背、腹缘有1对暗斑；体有褐色宽横带
⋯⋯⋯⋯⋯⋯⋯⋯⋯⋯⋯⋯⋯⋯⋯⋯⋯⋯⋯⋯⋯银点棘花鲈 *P. longimanus* [1276]

14-11a 上颌骨区和颊部均无鳞；前鳃盖骨有向前棘⋯⋯⋯⋯⋯⋯⋯⋯⋯⋯⋯⋯⋯⋯（17）

14b 上颌骨区和颊部均被鳞；前鳃盖骨无向前棘⋯⋯⋯⋯⋯⋯⋯⋯⋯⋯⋯⋯⋯⋯⋯（15）

15a 尾鳍后缘稍凹入；背鳍缺刻浅；第2软条延长；体侧有深红色横带；尾鳍基有一红斑
⋯⋯⋯⋯⋯⋯⋯⋯⋯⋯⋯⋯⋯⋯⋯⋯⋯⋯⋯⋯⋯⋯凯氏棘花鲈 *P. kelloggi* [1280]

15b 尾鳍后缘平截或近圆弧形；背鳍缺刻深⋯⋯⋯⋯⋯⋯⋯⋯⋯⋯⋯⋯⋯⋯⋯⋯⋯（16）

16a 尾鳍后缘平截；体高，吻尖；体侧具鲜红色宽斜带，可伸入臀鳍
⋯⋯⋯⋯⋯⋯⋯⋯⋯⋯⋯⋯⋯⋯⋯⋯⋯⋯⋯⋯⋯⋯伦氏棘花鲈 *P. randalli* [1278]

16b 尾鳍后缘圆弧形；体侧面观呈长椭圆形；吻钝；体侧无红色横带
⋯⋯⋯⋯⋯⋯⋯⋯⋯⋯⋯⋯⋯⋯⋯⋯⋯⋯⋯⋯⋯日本棘花鲈 *P. japonicus* [1281]

17-14a 背鳍鳍条15～16枚；体侧有红色横斑⋯⋯⋯⋯⋯海伦棘花鲈 *P. helenae* [1282]

17b 背鳍鳍条16～18枚⋯⋯⋯⋯⋯⋯⋯⋯⋯⋯⋯⋯⋯⋯⋯⋯⋯⋯⋯⋯⋯⋯⋯⋯⋯（18）

18a 背鳍以第4或第5鳍棘最长⋯⋯⋯⋯⋯⋯⋯⋯⋯⋯⋯⋯⋯⋯⋯⋯⋯⋯⋯⋯⋯⋯（22）

18b 背鳍以第3鳍棘最长⋯⋯⋯⋯⋯⋯⋯⋯⋯⋯⋯⋯⋯⋯⋯⋯⋯⋯⋯⋯⋯⋯⋯⋯（19）

19a 项部有暗纵带⋯⋯⋯⋯⋯⋯⋯⋯⋯⋯⋯⋯⋯⋯⋯⋯⋯⋯⋯拟棘花鲈 *P. anthioides* [1283]

19b 项部无暗纵带⋯⋯⋯⋯⋯⋯⋯⋯⋯⋯⋯⋯⋯⋯⋯⋯⋯⋯⋯⋯⋯⋯⋯⋯⋯⋯⋯（20）

20a 体侧有2个金黄色斑⋯⋯⋯⋯⋯⋯⋯⋯⋯⋯⋯⋯⋯⋯⋯⋯⋯沈氏棘花鲈 *P. sheni* [1285]

20b 体侧体侧无金黄色斑⋯⋯⋯⋯⋯⋯⋯⋯⋯⋯⋯⋯⋯⋯⋯⋯⋯⋯⋯⋯⋯⋯⋯⋯（21）

21a 背鳍Ⅹ-16；体背侧有不规则橘红色斑纹⋯⋯⋯⋯⋯⋯⋯杂斑棘花鲈 *P. wheeleri* [1284]

21b 背鳍Ⅹ-18；尾鳍略带灰色缘⋯⋯⋯⋯⋯⋯⋯⋯⋯⋯⋯⋯⋯黄吻棘花鲈 *P. kamii* [1279]

22-18a 体较高，体长为体高的2.5～2.6倍；胸鳍鳍条13枚；体侧具暗绿色斑点，中部有1块大
红斑⋯⋯⋯⋯⋯⋯⋯⋯⋯⋯⋯⋯⋯⋯⋯⋯⋯⋯⋯⋯山川棘花鲈 *P. yamakawai* [1286]

22b 体稍低，体长为体高的2.8～3倍；胸鳍鳍条14～15枚；体背侧有2列暗红色斑
⋯⋯⋯⋯⋯⋯⋯⋯⋯⋯⋯⋯⋯⋯⋯⋯⋯⋯⋯⋯⋯怀特棘花鲈 *P. whiteheadi* [1287]

23-8a 舌上无齿板；背鳍鳍条通常无丝状延长（珠樱鲈例外）⋯⋯⋯⋯⋯⋯⋯⋯⋯（27）

23b 舌上有卵圆形齿板；背鳍鳍条部有数条鳍条呈丝状延长⋯⋯⋯⋯金花鲈属 *Holanthias*（24）

24a 尾鳍有暗褐色横带；侧线鳞30～32枚；背鳍鳍条13～14枚
⋯⋯⋯⋯⋯⋯⋯⋯⋯⋯⋯⋯⋯⋯⋯⋯⋯⋯⋯⋯⋯红衣金花鲈 *H. rhodopeplus* [1290]

24b 尾鳍无暗褐色横带；侧线鳞36～45枚；背鳍鳍条14～18枚⋯⋯⋯⋯⋯⋯⋯⋯⋯（25）

25a 腹鳍和臀鳍第2鳍条延长⋯⋯⋯⋯⋯⋯⋯⋯⋯⋯⋯⋯⋯片山金花鲈 *H. katayamai* [1291]

25b 腹鳍和臀鳍第2鳍条不延长⋯⋯⋯⋯⋯⋯⋯⋯⋯⋯⋯⋯⋯⋯⋯⋯⋯⋯⋯⋯⋯（26）

26a 背鳍第3鳍棘末端鳍膜色淡，背鳍鳍条17枚；体侧有黄褐色粗斑
⋯⋯⋯⋯⋯⋯⋯⋯⋯⋯⋯⋯⋯⋯⋯⋯⋯⋯⋯⋯⋯⋯粗斑金花鲈 *H. borbonius* [1292]

26b 背鳍第3鳍棘末端鳍膜黑色，背鳍鳍条14枚；体侧鳞片有小点
⋯⋯⋯⋯⋯⋯⋯⋯⋯⋯⋯⋯⋯⋯⋯⋯⋯⋯⋯⋯⋯单斑齿花鲈 *H. unimaculatus* [1293]

910

27-23a 背鳍第2~4鳍条中仅有1条呈丝状延长（雄性背鳍第3鳍棘延长，雌性背鳍鳍棘部有黑斑）；侧线鳞26~30枚…………………珠樱鮨 *Sacura margaritacea* 〔1294〕

27b 背鳍鳍条不延长；侧线鳞34~64枚…………………………………………………（28）

28a 背鳍鳍条11~14枚；胸鳍鳍条15~16枚；侧线鳞34~37枚…………姬鮨 *Tosana niwae* 〔1295〕

28b 背鳍鳍条15~18枚…………………………………………拟花鮨属 *Pseudanthias*（29）

29a 尾鳍后缘深凹形或深叉形…………………………………………………………（31）

29b 尾鳍后缘近平截；尾鳍上、下叶先端尖突或雄鱼有丝状延伸……………………（30）

30a 侧线下鳞18~19行；雄性腹鳍、臀鳍、尾鳍无丝状延伸；雌性尾鳍后缘红色
…………………………………………高体拟花鮨 *P. hypselosoma* 〔1300〕

30b 侧线下鳞16~17行；雄性腹鳍、臀鳍、尾鳍有丝状延伸；雌性尾鳍上、下叶缘红色
…………………………………………红带拟花鮨 *P. rubrizonatus* 〔1301〕

31-29a 背鳍第3~10鳍棘间的鳍膜上交互被鳞至鳍棘端；雄性背鳍第3鳍棘呈丝状延长
…………………………………………丝鳍拟花鮨 *P. squamipinnis* 〔1296〕

31b 背鳍第3~10鳍棘间的鳍膜上至少上半部无鳞………………………………………（32）

32a 下鳃盖骨下缘光滑；雄鱼上唇肥厚形成乳突…………………………………………（38）

32b 下鳃盖骨下缘锯齿状；雌鱼、雄鱼上唇皆不肥厚……………………………………（33）

33a 背鳍第7~10鳍棘皆长；第2~3鳍棘间的鳍膜不切入…………锯鳃拟花鮨 *P. cooperi* 〔1297〕

33b 背鳍第3~6鳍棘最长；第2~3鳍棘间的鳍膜切入……………………………………（34）

34a 尾鳍外缘叉形，上、下叶不延伸；雄性腹鳍第2鳍条呈丝状延长；侧线鳞44~51枚
…………………………………………侧带拟花鮨 *P. pleurotaenia* 〔1298〕

34b 尾鳍外缘深凹入，上、下叶延伸………………………………………………………（35）

35a 侧线鳞37~38枚；臀鳍基底和侧线间有T形暗斑；背鳍第3、第4鳍棘间的鳍膜突出成皮瓣状…………………………………………吕宋拟花鮨 *P. luzonensis* 〔1299〕

35b 侧线鳞38~47枚；臀鳍基底和侧线间无T形暗斑，背鳍第3、第4鳍棘通常无皮瓣……（36）

36a 侧线下鳞14行……………………………………………………丽拟花鮨 *P. cichlops* 〔1302〕

36b 侧线下鳞18~21行………………………………………………………………………（37）

37a 胸鳍鳍条19~20枚；体背侧鳞色淡；雄性腹鳍第2鳍条呈丝状延长
…………………………………………长拟花鮨 *P. elongatus* 〔1303〕

37b 胸鳍鳍条16~18枚；体背侧鳞色暗；雄性背鳍第3鳍棘稍伸长…条纹拟花鮨 *P. fasciatus* 〔1304〕

38-32a 眼后缘有小乳突；侧线鳞44~52枚……………………………………………（40）

38b 眼后缘无小乳突；侧线鳞55~64枚……………………………………………………（39）

39a 背鳍第2鳍棘最长，但不延伸……………………………………刺盖拟花鮨 *P. dispar* 〔1305〕

39b 背鳍第2、第3鳍棘呈丝状延伸………………………………………双色拟花鮨 *P. bicolor* 〔1306〕

40-38a 臀鳍后部鳍条延伸；雄鱼背鳍第3鳍棘不伸长……………紫红拟花鮨 *P. pascalus* 〔1307〕

40b 臀鳍后部鳍条不延伸；雄鱼背鳍第3鳍棘伸长；雌鱼体紫红色，背缘具一黄色纵带
…………………………………………静拟花鮨 *P. tuka* 〔1308〕

41-2a 背鳍鳍棘10~11枚…………………………………………………………………（69）

41b 背鳍鳍棘8~9枚…………………………………………………………………………（42）

42a 背鳍鳍棘9枚………………………………………………………………………………（54）

45
鲈
形
目

IV
辐鳍鱼纲

42b 背鳍鳍棘8枚 ······ （43）

43a 两鼻孔接近；胸鳍后缘一般圆弧形，上部鳍条不长
······ 石斑鱼亚科 Epinephelinae（49）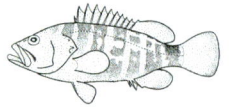

43b 两鼻孔远离；胸鳍后缘一般尖，上部鳍条最长；尾柄粗
······ 长鲈亚科 Liopropominae 长鲈属 *Liopropoma*（44）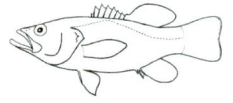

44a 体侧无黑色纵带 ······ （46）

44b 体侧有黑色纵带 ······ （45）

45a 体侧有多条黑色纵带 ······ 条纹长鲈 *L. susumi* [1309]

45b 体侧有1条纵带达尾柄处，位于侧线上方；背鳍鳍条13枚；臀鳍鳍条9枚
······ 宽带长鲈 *L. latifasciatum* [1310]

46-44a 背鳍鳍条14枚；臀鳍鳍条10～11枚；体侧有深红色椭圆形横斑连成的纵带
······ 日本长鲈 *L. japonicum* [1311]

46b 背鳍鳍条12枚；臀鳍鳍条8～9枚 ······ （47）

47a 尾鳍上、下叶圆弧形，后缘黑色；背鳍第8鳍棘比第7鳍棘短；体红色
······ 黑缘长鲈 *L. erythraeum* [1312]

47b 尾鳍上、下叶尖，后缘不是黑色；背鳍第8鳍棘比第7鳍棘长 ······ （48）

48a 体侧散布暗斑点 ······ 新月长鲈 *L. lunulatum* [1313]

48b 体侧有不明显的黄色纵带 ······ 荒贺长鲈 *L. aragai* [1314]

49-43a 体侧无斑点；臀鳍第1鳍棘显露 ······ 鲍氏泽鲉 *Saloptia powelli* [1315]

49b 体侧有斑点；臀鳍第1鳍棘不显露，埋于皮下 ······ 鳃棘鲈属 *Plectropomus*（50）

50a 尾鳍后缘截形；体侧斑点与瞳孔同大 ······ 截尾鳃棘鲈 *P. truncatus* [1316]

50b 尾鳍后缘凹入；体侧斑点小于瞳孔 ······ （51）

51a 体侧具蓝色横纹；头具放射线状纹 ······ 点线鳃棘鲈 *P. oligacanthus* [1317]

51b 体侧无蓝色横纹；头无放射线状纹 ······ （52）

52a 体橙色，头部和体前部有杆状蓝斑 ······ 蓝斑鳃棘鲈 *P. maculatus* [1318]

52b 全体散布蓝色斑点或有黑色鞍斑 ······ （53）

53a 体红色或褐色，散布蓝色小点；胸鳍色淡 ······ 豹纹鳃棘鲈 *P. leopardus* [1319]

53b 体黄褐色，有多个黑色鞍斑；胸鳍全部或部分黑色 ······ 黑鞍鳃棘鲈 *P. laevis* [1320]

54-42a 尾鳍后缘浅凹、截形或圆弧形 ······ （56）

54b 尾鳍后缘深凹 ······ 侧牙鲈属 *Variola*（55）

55a 尾鳍后缘黄色；体黄褐色；幼鱼红色，有黑色纵带 ······ 侧牙鲈 *V. louti* [1321]

55b 尾鳍后缘白色；体红色；幼鱼无黑色纵带 ······ 白缘侧牙鲈 *V. albimarginata* [1322]

56-54a 胸鳍上部鳍条最长；体高，侧扁 ······ 烟鲈 *Aethaloperca rogaa* [1323]

56b 胸鳍中部鳍条最长 ······ （57）

57a 尾鳍后缘圆弧形或亚截形 ······ 九棘鲈属 *Cephalopholis*（59）

57b 尾鳍后缘稍凹入或截形 ······ 纤齿鲈属 *Gracila*（58）

58a 体侧无暗纵带 ······ 白边纤齿鲈 *G. albomarginatus* [1324]

58b 体侧多条纵带 ···························· 博林纤齿鲈 *G. polleni* [1325]

59-57a 胸鳍色浅 ·································· （62）

59b 胸鳍色暗 ····································· （60）

60a 体侧有斑点；胸鳍长比眼后头长短 ············ 斑点九棘鲈 *C. argus* [1326]

60b 体侧无斑点；胸鳍长等于或长于眼后头长 ············ （61）

61a 体侧有许多纵线纹 ···················· 台湾九棘鲈 *C. formosa* [1327]

61b 体侧有许多深黑色横带 ················ 横纹九棘鲈 *C. boenack* [1328]

62-59a 腹鳍部分或全部黑色 ············ 七带九棘鲈 *C. igarashiensis* [1329]

62b 腹鳍全部色淡 ································· （63）

63a 尾柄背部无明显黑斑 ························· （65）

63b 尾柄背部有明显黑斑 ························· （64）

64a 头后部无暗斑点；尾鳍有1对暗斜带 ·········· 豹纹九棘鲈 *C. leopardus* [1330]

64b 头后部散布暗斑点；尾鳍无暗斜带；背中线上有6块斑 ····· 六斑九棘鲈 *C. sexmaculata* [1331]

65-63a 从尾柄到尾鳍有黑色区；尾鳍有浅斜带 ········· 尾纹九棘鲈 *C. urodelus* [1332]

65b 从尾柄到尾鳍无黑色区；尾鳍无浅斜带 ············ （66）

66a 颊部有网目状斑纹 ···················· 红九棘鲈 *C. sonnerati* [1333]

66b 颊部无网目状斑纹 ····························· （67）

67a 颊部体侧散布圆形暗斑点 ············ 青星九棘鲈 *C. miniatus* [1334]

67b 颊部无暗斑点 ································· （68）

68a 臀鳍外缘黑色 ···················· 黑边九棘鲈 *C. spiloparaea* [1335]

68b 臀鳍外缘色淡 ···················· 橙点九棘鲈 *C. aurantia* [1336]

69-41a 背鳍鳍棘10枚，臀鳍鳍条9～10枚；体背高耸；各鳍和体上散布圆形黑色斑

··········· 驼背鲈 *Cromileptes altivelis* [1337]

69b 背鳍鳍棘11枚 ································· （70）

70a 臀鳍鳍条7～8枚 ······························· （76）

70b 臀鳍鳍条9～10枚（南海石斑鱼例外，为8枚） ············ （71）

71a 眼间隔隆起；背鳍鳍条18～21枚；体紫褐色，无斑纹 ·········· 鸢鲐 *Triso dermopterus* [1338]

71b 眼间隔平坦；背鳍鳍条13～16枚；体多有斑点或横带 ············ （72）

72a 胸鳍鳍条15～16枚；腭骨无齿 ······ 白线光腭鲈 *Anyperodon leucogrammicus* [1339]

72b 胸鳍鳍条17～19枚；腭骨有齿 ············ 石斑鱼属 *Epinephelus* （73）

73a 体侧有7条横带 ································· （75）

73b 体侧有6条横带 ································· （74）

74a 体侧横带垂直排列，无斑点 ············ 六带石斑鱼 *E. sexfasciatus* [1341]

74b 体侧横带略向前倾斜排列，散布小斑点 ········ 南海石斑鱼 *E. stictus* [1342]

75-73a 体稍低；尾鳍后缘通常有白边 ············ 七带石斑鱼 *E. septemfasciatus* [1343]

75b 体较高；尾鳍后缘无白边 ············ 八带石斑鱼 *E. octofasciatus* [1344]

76-70a 背鳍鳍棘部低，前方也不高，侧线鳞有4～6个放射状小管

··········· 鞍带石斑鱼 *E. lanceolatus* [1340]

IV
辐鳍鱼纲

45 鲈形目

112b　眼后头背有凹陷；胸鳍红褐色··························棕点石斑鱼 *E. fuscoguttatus* [1380]

113−111a　背鳍鳍棘部基底有大黑斑；体侧中部斑点不连续·····························（115）

113b　背鳍基底无大黑斑；体侧中部斑点部分连续或不连续·····················（114）

114a　下颌齿3行；体侧蜂窝状褐色斑点部分连续···················蜂巢石斑鱼 *E. merra* [1381]

114b　下颌齿2行；体侧有指印状褐色斑点，不连续···········指印石斑鱼 *E. megachir* [1382]

115−113a　眼前吻部不隆起；体侧斑点轮廓明显···········黑点石斑鱼 *E. melanostigma* [1383]

115b　眼前吻部隆起；体侧斑点轮廓模糊·······················巨石斑鱼 *E. tauvina* [1384]

116−1a　下颌前端无突起···（120）

116b　下颌前端有突起···（117）

117a　颏部具一小皮质突起；鳞片颇小，多埋于皮下；眼间隔无鳞，突起棘2
　　　枚；体侧有白色纵带··········线纹鱼亚科 Grammistinae

　　　　　　　　　　　六带线纹鱼 *Grammistes sexlineatus* [1385]

117b　颏部有1对尖齿状骨质突起；鳞片大而薄
　　　··························软鱼亚科 Malakichthyinae（118）

118a　臀鳍基底长于最长鳍条·····················协谷软鱼 *Malakichthys wakiyai* [1386]

118b　臀鳍基底短于或等于最长鳍条·····································（119）

119a　体高小于体长的1/3；侧线鳞48～51枚·····················美软鱼 *M. elegans* [1387]

119b　体高大于体长的1/3；侧线鳞42～47枚·····················灰软鱼 *M. griseus* [1388]

120−116a　下颌前端齿呈圆锥状；背鳍鳍棘、腹鳍鳍棘前端锯齿状
　　　·······················大花鮨亚科 Giganthiinae

　　　　　　　　　桃红大花鮨 *Giganthias immaculatus* [1389]

120b　下颌齿不呈圆锥状；背鳍鳍棘、腹鳍鳍棘前端无锯齿·····················（121）

121a　背鳍通常分离或深缺刻·····································（123）

121b　背鳍连续无缺刻，鳍条部高于鳍棘部
　　　·····················拟线鲈亚科 Pseudogrammatinae（122）

122a　眼间隔左右具1对感觉孔；背鳍前鳞18～20枚
　　　　　　　　　·····················多棘拟线鲈 *Pseudogramma polyacanthum* [1390]

122b　眼间隔无感觉孔；背鳍前鳞40～50枚；上颌骨越过眼后缘
　　　　　　　　　·····················双线少孔纹鲷 *Aporops bilinearis* [1391]

123−121a　体侧面观呈长椭圆形···································（126）

123b　体纺锤形···（124）

124a　无上颌辅骨；前鳃盖骨隅角具1枚特大棘
　　　·····················东洋鲈亚科 Niphoninae 东洋鲈 *Niphon spinosus* [1392]

124b　具上颌辅骨；前鳃盖骨隅角无特大棘
　　　·····················常鲈亚科 Oligorinae 花鲈属 *Lateolabrax*（125）

125a　体稍低；体侧散布黑色斑点；下颌腹面无鳞··············中国花鲈 *L. maculatus* [1393]

125b 体较高；体侧黑色斑点少或无；下颌腹面有1列鳞 ·············· 宽真鲈 *L. latus* [1394]

126–123a 鳃盖骨具2枚弱棘；鳞较大；臀鳍鳍棘2或3枚 ············· 尖牙鲈属 *Synagrops*（129）

126b 鳃盖骨具3～4枚强棘；鳞片小 ········ 黄鲈亚科 Diploprioninae（127）

127a 尾鳍后缘截形；背鳍鳍条10枚 ············· 查氏鳞鲈 *Belonoperca chabanaudi* [1395]

127b 尾鳍后缘圆弧形；背鳍鳍条12～16枚 ·············（128）

128a 头部和体侧有黑色横带；臀鳍鳍条12～13枚；体鲜黄色
············· 双带黄鲈 *Diploptron bifasciatus* [1396]

128b 头部和体侧无黑色横带；臀鳍鳍条8～9枚；体蓝色，背缘具黄色带
············· 琉璃紫鲈 *Aulacocephalus temmincki* [1397]

129–126a 臀鳍鳍棘3枚；腹鳍鳍棘前缘锯齿状 ············· 多棘尖牙鲈 *S. analis* [1401]

129b 臀鳍鳍棘2枚；腹鳍鳍棘前缘锯齿状或光滑 ·············（130）

130a 腹鳍鳍棘前缘光滑 ············· 日本尖牙鲈 *S. japonicus* [1398]

130b 腹鳍鳍棘前缘细锯齿状 ·············（131）

131a 第2背鳍第1鳍棘和臀鳍第2鳍棘光滑 ············· 腹棘尖牙鲈 *S. philippinensis* [1399]

131b 第2背鳍第1鳍棘和臀鳍第2鳍棘锯齿状 ············· 锯棘尖牙鲈 *S. serratospinosus* [1400]

鮨亚科 Serraninae

[1268] **翁鮨** *Serranocirrhitus latus* Watanabe，1949 [38]
= 宽身花鮨

背鳍X – 18～20；臀鳍Ⅲ；7；胸鳍13～14。侧线鳞33～38，侧线上鳞5。鳃耙9～10＋23～26。

本种体呈卵圆形（侧面观），甚侧扁。吻圆钝，口较小。下鳃盖骨、间鳃盖骨缘均光滑。背鳍以第10鳍棘较长。腹鳍鳍条几乎伸达臀鳍起点。尾鳍深凹形，尾鳍上、下叶略呈丝状延长。体深粉红色，每枚鳞片均有一黄点，眼周围有放射状黄带。为暖水性底层鱼类。栖息于珊瑚礁水域。分布于我国台湾海域，以及琉球群岛海域、日本伊豆诸岛海域、西太平洋热带水域。体长约8.2 cm。

赤鮨属 *Chelidoperca* Boulenger，1895

本属物种体延长，稍侧扁。前部圆柱形，被弱栉鳞。口中等大，无上颌辅骨。两颌和犁骨、腭骨均具绒毛细齿，无犬齿。前鳃盖骨缘锯齿状，主鳃盖骨具2枚棘。侧线较平直。背鳍连续，Ⅹ－8～10，缺刻浅。臀鳍Ⅲ－6。尾鳍后缘近截形。本属我国有3种。

1269 **侧斑赤鮨** *Chelidoperca pleurospilus*（Günther，1880）[38]

背鳍Ⅹ－10；臀鳍Ⅲ－6；胸鳍15。侧线鳞42～44，侧线上鳞4。鳃耙4～6＋10～11。

本种一般特征同属。体延长，稍侧扁。眼间隔狭，无鳞且平坦。前鳃盖骨缘具锯齿。主鳃盖骨具2枚棘。尾鳍后缘截形。体背侧深红色，各鳍黄色。体侧有1列黑斑。为暖水性底层鱼类。栖息于沙泥底质海区。分布于我国东海、台湾海域，以及日本南部海域、西太平洋温热水域。体长约13 cm。

1270 **燕赤鮨** *Chelidoperca hirundinacea*（Valenciennes，1831）[68]

背鳍Ⅹ－9～10；臀鳍Ⅲ－6；胸鳍15～17。侧线鳞42～45，侧线上鳞4～5。鳃耙5～8＋11～14。

本种与侧斑赤鮨相似。二者的区别在于本种尾鳍稍凹入，尾鳍上叶可延长成丝状；眼间隔区有2列感觉管孔；鳞仅达眼前缘。体背侧淡红色，体侧有黄色横带，沿侧线有小白点。为暖水性底层鱼类。栖息于沙泥底质海区，水深80～200 m。分布于我国东海、南海、台湾海域，以及日本南部海域、西太平洋温暖水域。体长约20 cm。

1271 **珠赤鮨** *Chelidoperca margaritifera* Weber，1913

背鳍X－10；臀鳍Ⅲ－6；胸鳍16。侧线鳞44～45，侧线上鳞3。鳃耙6～7＋12。

　　本种与燕赤鮨相似。二者的区别在于本种尾鳍后缘圆弧形；眼间隔区被鳞并有4列感觉管孔；体鲜红色，腹侧有同色横带，沿侧线小白点不显著。为暖水性底层鱼类。栖息于沙泥底质海区。分布于我国南海，以及日本种子岛海域、西太平洋暖水域。体长约9 cm。

　　注：本图由王春生研究员提供。

花鮨亚科 Anthiinae

1272 **斑须鮨** *Pogonoperca punctata*（Valenciennes，1830）[38]（左幼鱼，右成鱼）
＝斑点须鮨

背鳍Ⅷ－12～13；臀鳍Ⅲ－8；胸鳍17～18。侧线鳞88～100。鳃耙1～2＋7～8。

　　本种体卵圆形（侧面观），侧扁而高。细小圆鳞埋于皮下，头部密被细鳞。颏部具一较大皮瓣，似须。前鳃盖骨后缘有3～5枚棘，主鳃盖骨有3枚棘。背鳍有深缺刻。胸鳍、尾鳍后缘圆弧形。体棕色，具许多白色斑点，背部有5个黑色鞍斑。为暖水性底层鱼类。栖息于沿岸岩礁或珊瑚礁海区。分布于我国台湾海域，以及日本南部海域、印度－太平洋暖水域。体长约30 cm。

1273 许氏菱齿鮨 *Caprodon schlegeli*（Günther，1859）[38]（左雄鱼，右雌鱼）
= 异臂花鮨

背鳍X－19～21；臀鳍Ⅲ－7～9；胸鳍16～17。侧线鳞57～61。鳃耙8～8＋21～23。

本种体侧面观呈长椭圆形，侧扁。下颌稍突出。两颌、口盖骨以至于舌上均有绒毛齿带，其中犁骨齿呈菱形排列。两颌前方和下颌侧方有犬齿。尾鳍后缘截形或稍突出。雄鱼桃红色，背鳍鳍棘部有黑斑。雌鱼红黄色，背部具3～4个暗斑。为暖水性底层鱼类。栖息于沿岸岩礁海区。分布于我国南海、台湾海域，以及日本南部海域、美国夏威夷海域、中西太平洋暖水域。体长约40 cm。

1274 臀斑月花鮨 *Seleranthias analis* Tanaka，1918[38]

背鳍X－15～17；臀鳍Ⅲ－7；胸鳍15。侧线鳞36～38，侧线上鳞5。鳃耙9～10＋19。

本种体侧扁，侧面观呈长卵圆形，体高大于头长。两颌和犁骨、腭骨具小齿，前颌尚有犬齿。前鳃盖骨、间鳃盖骨和下鳃盖骨均具锯齿缘。尾鳍后缘稍凹入，上叶较尖长。侧线弓形。体桃红色，体侧散布白斑点。头部具2条黄色横带。雄性臀鳍后部有黑斑。为暖水性底层鱼类。栖息于沿岸较深沙泥底质海区。分布于我国南海、台湾海域，以及日本南部海域、澳大利亚海域、西太平洋暖水域。体长约10 cm。

棘花鮨属 *Plectranthias* Bleeker，1873

本属物种体呈长椭圆形（侧面观）或纺锤形。头较大，吻稍尖。喉部无鳞。犁骨齿带呈"∧"形。鳃耙数通常少于20枚。体色鲜艳。我国有15种。

1275 **红椒棘花鮨** *Plectranthias winniensis*（Tyler，1966）[37]

背鳍Ⅹ－15～17；臀鳍Ⅲ－7；胸鳍16～18。侧线鳞27。鳃耙4～6＋11～15。

　　本种一般特征同属。体呈长椭圆形（侧面观）。颊部鳞4～5列。前鳃盖骨有锯齿，下缘有2枚向前棘。胸鳍长，末端达臀鳍鳍条，不分支。尾鳍后缘圆弧形。侧线不完全，止于背鳍软条部下方。体橙红色，无斑纹。各鳍浅粉红色，背鳍、臀鳍基底有红斑。为暖水性底层鱼类。栖息于近岸海沙泥底质海区。分布于我国台湾海域，以及印度－太平洋暖水域。

1276 **银点棘花鮨** *Plectranthias longimanus*（Weber，1913）[37]
　　＝长臂棘花鮨

背鳍Ⅹ－13～15；臀鳍Ⅲ－6～7；胸鳍12～13。侧线鳞12～16，侧线上鳞3。鳃耙4～6＋9～12。

　　本种体侧面观呈长椭圆形，侧扁。体长为体高的2.7倍左右。前鳃盖骨下缘有2枚向前棘。背鳍有缺刻，以第4鳍棘最长。侧线达背鳍鳍条部的1/3处。体有褐色宽横带。背鳍、臀鳍后缘有黑斑。颊部有一斜带。为暖水性底层鱼类。栖息于珊瑚礁海区。分布于我国台湾海域，以及日本南部海域、印度－太平洋暖水域。体长约2.8 cm。

1277 **短棘花鮨** *Plectranthias nanus* Randall，1980 [37]

背鳍X－13；臀鳍Ⅲ－6；胸鳍14。鳃耙5＋12。

本种与银点棘花鮨形态特征很相像。二者的区别在于本种体稍修长，体长约为体高的3倍；胸鳍鳍条较多，14枚；尾柄末端有3个黑色斑，尾鳍基尚有一暗垂带。本种体黄红色，背鳍、臀鳍、尾鳍基底深红色。为暖水性底层鱼类。栖息于浅海珊瑚礁区。分布于我国台湾海域，以及印度–西太平洋暖水域。体长约2 cm。

注：本种和银点花鮨 *P. longimanus* 有可能是同种，益田一（1984）提供的银点棘花鮨图照似是本种 [38]。

1278 **伦氏棘花鮨** *Plectranthias randalli* Lin，Shao et Chen，1994 [37]
＝蓝道氏棘花鮨

本种体较高。眼大，位于头前部近背缘，眼间隔平坦。前鳃盖骨后缘具锯齿，但无向前棘。背鳍具缺刻，尾鳍后缘截形。体橙黄色，有鲜红色宽斜带，可伸入臀鳍。为暖水性底层鱼类。分布于我国台湾海域，以及西太平洋暖水域。

45
鲈
形
目

1279 **黄吻棘花鮨** *Plectranthias kamii* Randall，1980 [38]
= 臀斑棘花鮨

背鳍X－18；臀鳍Ⅲ－7。侧线鳞33～36。鳃耙5～6＋11～13。

本种体呈长椭圆形（侧面观），侧扁。吻尖，口大。头部和上颌骨区无鳞。前鳃盖骨下缘有2枚向前棘，背鳍第3鳍棘显著长。胸鳍除最上方鳍条外，全部分支。尾鳍后缘稍凹入，上叶鳍条略长。腹鳍末端不达肛门。体粉红色，散布不规则橙色斑纹。为暖水性底层鱼类。栖息于岩礁海海域，水深60～200 m。分布于我国南海、台湾海域，以及琉球群岛海域。体长约20 cm。

注：本种在1980年前被认为是拟棘花鮨 *P. anthioides*。

1280 **凯氏棘花鮨** *Plectranthias kelloggi*（Jordan et Erermann，1903）[38]
= 浪花鮨 *Zalanthias azumanus*

背鳍X－14～16；臀鳍Ⅲ－7～8；胸鳍15。侧线鳞33～36，侧线上鳞3。鳃耙6～8＋13。

本种体侧扁，侧面观呈长椭圆形。上颌骨区被鳞。两颌、口盖骨均具小齿，颌上有犬齿。前鳃盖骨后缘具小锯齿。背鳍缺刻较浅，第2鳍条呈丝状延长。尾鳍后缘稍凹入，上叶鳍条丝状延长。体黄红色，体侧有红色宽横带，尾鳍基有一红斑。为暖水性底层鱼类。栖息于沿岸岩礁或沙砾底质海区，水深100～300 m。分布我国台湾海域，以及日本相模湾以南海域、中西太平洋暖水域。体长约15 cm。

1281 **日本棘花鮨** *Plectranthias japonicus*（Steindachner，1883）[38]

= 橙鮨 = *Sayonara satsumae*

背鳍 X－14～16；臀鳍 Ⅲ－7；胸鳍15～17。侧线鳞30～35，侧线上鳞2。鳃耙6～8＋10～12。

本种体侧面观呈长椭圆形，侧扁。上颌骨区有鳞。前鳃盖骨下缘无向前棘。背鳍鳍棘与鳍条部间有深缺刻。背鳍鳍棘以第5鳍棘最长。尾鳍后缘近圆弧形。体浅橘红色，无横带。为暖水性底层鱼类。栖息于水深100 m以深沙砾底质海区。分布于我国台湾海域，以及日本南部海域、西太平洋暖水域。体长约20 cm。

1282 **海伦棘花鮨** *Plectranthias helenae* Randall，1980[14]

背鳍 X－15～16；臀鳍 Ⅲ－7；胸鳍14。鳃耙6～9＋11。

本种体呈长卵圆形（侧面观），侧扁。头大，吻端尖。上颌骨区无鳞。两颌等长。前鳃盖骨下缘有2个向前棘。背鳍以第3鳍棘最长。体红黄色，沿背鳍基有1列红斑。体侧有6条红色横带，最后2条在尾柄上，常呈破裂斑块状。为暖水性底层鱼类。栖息于沿岸岩礁海区。分布于我国台湾海域，以及美国夏威夷海域、太平洋暖水域。体长约7.5 cm。

45
鲈
形
目

[1283] **拟棘花鮨** *Plectranthias anthioides*（Günther，1872）[37]

本种体呈长椭圆形（侧面观），侧扁。上颌骨区无鳞。眼大，眼间隔平坦，几乎呈直线状。前鳃盖骨下缘有2枚向前棘。胸鳍鳍条分支，背鳍以第3鳍棘最长。体红黄色，背鳍基部有1列黑斑。项部有一暗纵带。为暖水性底层鱼类。栖息于水深较深的岩礁海区。分布于我国台湾海域，以及琉球群岛海域、日本伊豆大岛海域、帕劳海域、太平洋暖水域。体长约23 cm。

[1284] **杂斑棘花鮨** *Plectranthias wheeleri* Randall，1980 [37]
= 威氏棘花鮨

背鳍 X－16；臀鳍 Ⅲ－7；胸鳍13。鳃耙5～6＋9～10。

本种体呈长卵圆形（侧面观），侧扁。吻较尖，下颌稍突出。前鳃盖骨后缘锯齿状，下缘有1～2枚向前棘。尾鳍后缘截形，最上方鳍条稍突出。体粉红色，背侧有若干橘红色斑纹。本种与海伦棘花鮨相像，但本种的胸鳍鳍条13枚，体侧斑纹亦未达腹面。为暖水性底层鱼类。栖息于岩礁海区。分布于我国台湾海域，以及日本伊豆半岛海域、印度尼西亚海域、西太平洋暖水域。体长约8 cm。

1285 **沈氏棘花鮨** *Plectranthias sheni* Chen et Shao，2002 [37]

本种体呈卵圆形（侧面观），侧扁。吻较尖，下颌比上颌稍长。眼大，位于近背缘，前鳃盖骨后缘锯齿状，其下缘具2枚向前棘。尾鳍后缘平截或稍凹。体背侧黄褐色。体侧黄粉红色，具2个金黄色斑。腹侧淡黄色。头背橘黄色，中部有金黄色带。为暖水性底层鱼类。分布于我国台湾海域，以及西北太平洋温暖水域。

1286 **山川棘花鮨** *Plectranthias yamakawai* Yoshino，1972 [38]

背鳍Ⅹ－16～18；臀鳍Ⅲ－7。胸鳍13。侧线鳞31～33，侧线上鳞4。鳃耙5～6＋11～13。

本种体侧面观呈卵圆形。头大，吻钝尖。上颌骨区无鳞；下颌稍长。眼较大，眼间隔窄。两颌及口盖骨具小齿，下颌具犬齿。前鳃盖骨缘有锯齿，下缘有2枚向前棘。背鳍深缺刻，以第4、第5鳍棘最长。胸鳍鳍条分支，尾鳍后缘凹入。体背侧黄红色，体侧具暗绿色斑点，中部有一大红斑。为暖水性底层鱼类。栖息于水深稍深的岩礁海区。分布于我国台湾海域，以及琉球群岛海域、西太平洋暖水域。体长约20 cm。

1287 **怀特棘花鮨** *Plectranthias whiteheadi* Randall，1980 [37]
　　　= 中洲棘花鮨 *P. chungchowensis*

背鳍Ⅹ－17；臀鳍Ⅲ－7；胸鳍14～15。鳃耙5～6＋10。

　　本种体侧面观呈长椭圆形。吻端尖，下颌稍长。眼大，眼间隔平坦。前鳃盖骨下缘有2枚向前棘。背鳍鳍棘与鳍条部间有缺刻。尾鳍最上方鳍条延长。体粉红色，沿体背缘有8个暗红色斑，另有5个斑沿侧线下缘纵走，其中最前方2个略呈长方形。为暖水性底层鱼类。栖息于沿海岩礁区域。分布于我国台湾海域，以及阿拉弗拉海、西太平洋暖水域。体长约10 cm。

1288 **长身棘花鮨** *Plectranthias elongates* Wu，Randall et Chen，2011 [37]

背鳍Ⅹ－15。侧线鳞31。

　　本种体侧面观呈长椭圆形，侧扁。体较低，体长为体高的3.7倍。吻部裸露。上颌骨区被鳞。前鳃盖骨后缘呈锯齿状。主鳃盖骨、间鳃盖骨和下鳃盖骨缘均光滑。背鳍鳍棘以第4、第5鳍棘最长。体淡粉红色，散布大的橘红色斑块。为暖水性底层鱼类。栖息于水深200 m以浅岩礁海区。分布于我国台湾海域。

　　注：长身棘花鮨和黄斑棘花鮨相像，为同属的近缘种。笔者掌握的可比信息不足，未将二者列于检索表中。

45
鲈形目

1289 黄斑棘花鲌 *Plectranthias xanthomaculatus* Wu，Randall et Chen，2011 [37]

背鳍 X－14。侧线鳞30。

本种与长身棘花鲌相似。体侧扁，侧面观呈长椭圆形。体稍高，体长约为体高的3.2倍。吻稍尖，吻部裸露。上颌骨区被鳞。背鳍以第4鳍棘最长。体红色，具大型黄色斑块。头部具黄带。各鳍均呈黄色。为暖水性底层鱼类。栖息水深超过100 m。分布于我国台湾海域。

金花鲌属 *Holanthias* Günther，1868

本属特征与菱齿鲌属相近。体侧面观呈椭圆形，侧扁。但其背鳍、腹鳍、臀鳍常有若干鳍条呈丝状延长。中坊徹次（1994）将齿花鲌属 *Odontanthias* 并入其中，但二者还是有区别的。例如，金花鲌背鳍鳍条较多，近20枚；而齿花鲌的背鳍鳍条偏少，通常不超过14枚。本书为简便采用中坊徹次的分类安排 [36]。我国有4种。

1290 红衣金花鲌 *Holanthias rhodopeplus*（Günther，1872）[38]
= 玫瑰齿花鲌 *Odontanthias rhodopedus*

背鳍 X－13～14；臀鳍 Ⅲ－7；胸鳍17～18。侧线鳞30～32，侧线上鳞7。鳃耙10～12＋27～28。

本种体呈长卵圆形（侧面观）。犁骨齿带呈菱形。下颌骨区无鳞。背鳍第3鳍棘延长；鳍条数少，前部鳍条延长呈丝状。体红褐色。鳞片均具一白点。吻至胸鳍基有一黄带，尾鳍基有一暗褐色横带。为暖水性底层鱼类。栖息于珊瑚礁海区。分布于我国台湾海域，以及琉球群岛海域、日本伊豆海域、西太平洋暖水域。体长约16 cm。

1291 **片山金花鮨** *Holanthias katayamai* Ràndall Maugé et Plessis，1979[38]
= 丝鳍金花鮨 = 金带金花鮨 *H. chrysostictus*

背鳍Ⅹ－16～17；臀鳍Ⅲ－7～8；胸鳍16～17。侧线鳞36～41，侧线上鳞6。鳃耙11～13＋27～30。

本种体侧面观近长方形，侧扁而高。头高，吻圆钝。眼较大，眼间隔宽。背鳍第3鳍条，臀鳍及腹鳍第2鳍条均延长，尤其背鳍第3鳍条显著长。体红黄色，吻端至胸鳍基有一黄色斜带。为暖水性底层鱼类。栖息于较深岩礁海区。分布于我国台湾海域，以及日本南部海域、马里亚纳群岛海域、印度–西太平洋暖水域。体长约16 cm。

1292 **粗斑金花鮨** *Holanthias borbonius*（Valenciennes，1828）[38]（前正常，后变异）
= 花斑金花鮨 = 黄斑齿花鮨 *Odontanthias borbonius*

背鳍Ⅹ－17；臀鳍Ⅲ－7；胸鳍16～17。侧线鳞39～41，侧线上鳞8。鳃耙10～11＋26～27。

本种与片山金花鲐相似，但体更高，侧面观呈卵圆形；腹鳍和臀鳍第2鳍条不呈丝状延长。背鳍第3鳍棘末端鳍膜色浅。体桃红色，遍布黄褐色斑。雌雄有别，雄鱼体色与斑块色深。为暖水性底层鱼类。栖息于水深较深的岩礁海区。分布于我国台湾海域，以及日本南部海域。体长约13 cm。

1293 **单斑金花鲐** *Holanthias unimaculatus*（Tanaka，1917）[38]
= 单斑齿花鲐 *Odontanthias unimaculatus*

背鳍Ⅹ－14；臀鳍Ⅲ－7；胸鳍18。侧线鳞38，侧线上鳞7。鳃耙15＋26。

本种体侧面观呈长卵圆形。腹鳍和臀鳍的第2鳍条不延长。背鳍第3鳍棘最长，鳍膜末端为黑色。多数背鳍鳍条呈不同的丝状延长。体橙红色，背部深红色，鳞片上均有小点，头部有黄色斜带。为暖水性底层鱼类。栖息于水深较深的岩礁海区。分布于我国台湾海域，以及日本南部海域、西太平洋暖水域。体长约14 cm。

1294 **珠樱鮨** *Sacura margaritacea*（Hilgendorf，1879）[68]
　　　　＝珠斑燕尾鮨

　　背鳍Ⅹ－16～18；臀鳍Ⅲ－7；胸鳍16～18。侧线鳞26～30，侧线上鳞5～6。鳃耙10～13＋23～26。

　　本种体呈卵圆形（侧面观），很侧扁。吻稍尖，下颌略长。前鳃盖骨缘有锯齿。背鳍第3鳍棘和第3鳍条呈丝状延长。尾鳍弯月形，上、下叶显著延长，似燕尾。雄鱼体鲜红色，体侧具有珍珠光泽的白斑，眼下部有一白色纵带。雌鱼红黄色，背鳍鳍棘部具一黑斑。为暖水性底层鱼类。栖息于岩礁海区。分布于我国南海、台湾海域，以及日本小笠原群岛海域、西北太平洋暖水域。体长约14 cm。

1295 **姬鮨** *Tosana niwae* Smith et Pope，1906[38]

　　背鳍Ⅹ－11～14；臀鳍Ⅲ－6～7；胸鳍15～16。侧线鳞34～37，侧线上鳞5。鳃耙10～12＋23～25。

本种体细长，侧扁。吻稍钝，上、下颌约等长。两颌具犬齿，犁骨、腭骨齿小。胸鳍中间鳍条不分支。背鳍第3鳍棘最长。尾鳍叉形，分上、下叶延长。腹鳍第2鳍条和臀鳍中间鳍条呈丝状延长。体背部深红色，体侧粉红色，有一黄色纵带。为暖水性底层鱼类。栖息于沿岸沙泥底质海区。分布于我国南海、台湾海域，以及日本南部海域、西太平洋暖水域。体长约11 cm。

拟花鮨属 *Pseudanthias* Bleeker，1872

本属物种体延长，侧扁。体被小栉鳞。头较小。眼中等大，眼间隔宽于眼径。口中等大，无上颌辅骨。前鳃盖骨后缘具锯齿，主鳃盖骨有扁棘。颌齿细小，前端有犬齿。犁骨、腭骨具齿。背鳍无缺刻，雄鱼第3鳍棘有时延长。尾鳍后缘凹形，上、下叶呈丝状延长。侧线完全。种类较多，原异唇鮨属 *Mirolobrichchys*、花鮨属 *Anthias* 物种也已移入本属。我国有15种。

1296 **丝鳍拟花鮨** *Pseudanthias squamipinnis*（Peters，1855）[38]（上雄鱼，下雌鱼）
= 长棘拟花鮨 = 金拟花鮨 *Anthias squamipinnis* = 弗氏鮨 *Franzia squamipinnis*

背鳍Ⅹ－17；臀鳍Ⅲ－7；胸鳍16～18。侧线鳞39～43，侧线上鳞6～7。鳃耙9～11＋22～24。

本种一般特征同属。以背鳍第3～10鳍棘间的鳍膜上交互被鳞至鳍棘末端。雄鱼背鳍第3鳍棘呈丝状延长。尾鳍上、下叶呈丝状延长。雄鱼体紫红色，鳞具黄点，眼下缘有黄带达胸鳍基部。雌鱼桃红色，腹鳍黄色。为暖水性底层鱼类。栖息于沿岸岩礁或珊瑚礁海区。分布于我国台湾海域，以及日本南部海域、印度-西太平洋暖水域。体长约11 cm。

1297 **锯鳃拟花鮨** *Pseudanthias cooperi*（Regan，1902）[82]
= 康伯拟花鮨

背鳍X － 16 ~ 17；臀鳍Ⅲ － 7；胸鳍19 ~ 20。侧线鳞49 ~ 52，侧线上鳞5 ~ 6。鳃耙9 ~ 12 + 23 ~ 27。

本种体形与丝鳍拟花鮨相似。背鳍第3 ~ 10鳍棘间膜上部不被鳞，其第2 ~ 3鳍棘间的鳍膜无凹刻。雄性无呈丝状延长的鳍棘，下鳃盖骨下缘锯齿状。雌鱼、雄鱼上唇均不肥厚。体紫红色。雌鱼背鳍第1 ~ 4鳍棘间有宽纵带。雄鱼背鳍第1 ~ 4鳍棘间的纵带窄，体侧中部有一黑斑。为暖水性底层鱼类。栖息于珊瑚礁海区，水深10 ~ 30 m。分布于我国台湾海域，以及日本南部海域、澳大利亚大堡礁海域、印度–西太平洋暖水域。体长约7 cm。

1298 **侧带拟花鮨** *Pseudanthias pleurotaenia*（Bleeker，1857）[38]（前雄鱼，后雌鱼）
= 侧带花鮨 *Anthias pleurotaenia*

背鳍X － 16 ~ 18；臀鳍Ⅲ － 7；胸鳍17 ~ 19。侧线鳞44 ~ 51，侧线上鳞7。鳃耙8 ~ 13 + 26 ~ 31。

本种体侧扁。吻较圆钝，上唇稍肥厚。眼间隔隆起。背鳍以第3鳍棘最长。雄鱼腹鳍第2鳍条呈丝状延伸。尾鳍深叉形，体红黄色，背侧部鳞片色淡。雄鱼玫瑰色，胸侧有大型紫色方斑，雌鱼鲜黄色。为暖水性底层鱼类。栖息于珊瑚礁海区，水深20～70 m。分布于我国南海、台湾海域，以及琉球群岛海域，中西太平洋暖水域。体长约11 cm。

1299 **吕宋拟花鮨** *Pseudanthias luzonensis*（Katayama et Masuda，1983）[38]
= 白带花鮨 *Anthias luzonensis*

背鳍Ⅹ－16；臀鳍Ⅲ－7；胸鳍19。侧线鳞37～38，侧线上鳞5～6。鳃耙12＋25～26。

本种体呈长椭圆形（侧面观），侧扁。吻端尖，上、下颌略等长。背鳍第3鳍棘最长，第3、第4鳍棘间的鳍膜呈皮瓣状突出。尾鳍后缘凹形，上、下叶鳍条延伸。体红色，有2条深橘黄色侧带。臀鳍基与侧线间有T形暗斑。为暖水性底层鱼类。栖息于水深40 m的岩礁海区。分布于我国台湾海域，以及日本伊豆半岛海域、菲律宾海域、澳大利亚大堡礁海域、西太平洋暖水域[34]。体长约10 cm。

1300 **高体拟花鮨** *Pseudanthias hypselosoma* Bleeker，1878 [38]（上雄鱼，下雌鱼）
= 截尾花鮨 *Anthias truncates*

背鳍Ⅹ-17~18；臀鳍Ⅲ-7；胸鳍18~20。侧线鳞44~48，侧线上鳞5。鳃耙11~13+26~29。

本种体侧面观呈长椭圆形，眼间隔隆起。吻圆钝，下颌稍突出。背鳍第3鳍棘稍长，但不甚突出。尾鳍后缘平截。雄鱼腹鳍、臀鳍、尾鳍均无丝状延伸。侧线下鳞18~19行。体红色，头侧有一白色斜带，体侧有若干小波浪状黄线。雄鱼背鳍鳍棘部有深红色斑，雌鱼尾鳍后缘红色。为暖水性底层鱼类。栖息于水深15~30 m的岩礁海区。分布于我国台湾海域，以及琉球群岛海域、印度–太平洋暖水域。体长约9 cm。

IV
辐鳍鱼纲

1301 红带拟花鮨 *Pseudanthias rubrizonatus*（Randall，1983）[14]

背鳍Ⅹ－16~17；臀鳍Ⅲ－7~8；胸鳍18~20。侧线鳞41~47，侧线上鳞5~6。鳃耙10~12＋25~29。

本种体侧面观呈长椭圆形。吻短，稍尖。下鳃盖骨与间鳃盖骨有少数锯齿。背鳍以第4鳍棘最长，但不延长。侧线下鳞16~17行。尾鳍后缘深凹入。雄鱼尾鳍上、下叶及腹鳍、臀鳍均呈丝状延长，雌鱼不延长。体粉红色，体侧有一深红色宽横带，头侧有一浅色斜带。为暖水性底层鱼类。栖息于水深10~58 m的珊瑚礁海区。分布于我国台湾海域，以及日本南部海域、西太平洋暖水域。体长约6.5 cm。

注：沈世杰（2011）提供的红带拟花鮨图片[37]，与益田一（1984）提供的丽拟花鮨图片相同[38]。黄宗国（2012）则将二者列为两种[13]。本书亦分别列写以供参考。

1302 丽拟花鮨 *Pseudanthias cichlops*（Bleeker，1853）[38]（前雄鱼，后雌鱼）

背鳍Ⅹ－16；臀鳍Ⅲ－7；胸鳍18~19。侧线鳞44，侧线上鳞6。鳃耙11＋24。

　　本种与红带拟花鮨很相像。体呈长椭圆形（侧面观），但侧线下鳞14行。背鳍第3鳍棘长但不延长，腹鳍第2鳍条、臀鳍第3鳍条显著延伸。尾鳍后缘凹入。雄鱼尾鳍上、下叶延长；体前半部红色，后半部黄红色；背鳍第6～10鳍棘下方有深红色横带，其前缘有狭幅白色带。雌鱼橙红色，尾鳍两叶尖端有深红色点。为暖水性底层鱼类。栖息于水深20～40 m的岩礁海区。分布于我国南海，以及日本南部海域、西太平洋暖水域。体长约9.5 cm。

[1303] **长拟花鮨** *Pseudanthias elongatus*（Franz，1910）[38]（前雄鱼，后雌鱼）
　　= *P. dongtus* = *Anthias elongatus*

　　背鳍Ⅹ－15～16；臀鳍Ⅲ－6～7；胸鳍19～20。侧线鳞40～46，侧线上鳞6～7。鳃耙11～12＋25～27。

　　本种体侧面观呈椭圆形，侧扁。前鳃盖骨后缘具锯齿。侧线下鳞18～21行。背鳍以第3鳍棘最长。腹鳍第2鳍条和臀鳍第3鳍条呈丝状延长。尾鳍弯月形，上、下叶呈丝状延长。雄鱼体红色，体侧有波浪状黄色纵线，从眼至胸鳍基有红色斜线。雌鱼体橙黄色。为暖水性底层鱼类。栖息于水深30 m以深的岩礁海区。分布于我国南海、台湾海域，以及日本南部海域、西北太平洋暖水域。体长约14 cm。

1304 **条纹拟花鮨** *Pseudanthias fasciatus*（Kamohara，1954）[38]
= 条纹花鮨 *Anthias fasciatus*

背鳍Ⅹ－16～17；臀鳍Ⅲ－7；胸鳍16～18。侧线鳞41～45，侧线上鳞7。鳃耙10～12＋24～30。

　　本种体呈长椭圆形（侧面观），稍高。其背侧部鳞片色较暗。雄鱼背鳍第3鳍棘稍伸长，鳍膜末端无皮瓣。前鳃盖骨缘、间鳃盖骨缘、下鳃盖骨缘均具锯齿。尾鳍弯月形，上、下叶延长如丝。雄鱼桃红色，有一红色纵纹从吻贯穿鱼体中部。雌鱼橙红色，具宽幅红色纵带。为暖水性底层鱼类。栖息于水深20～68 m的岩礁海区。分布于我国南海、台湾海域，以及日本南部海域、西太平洋暖水域。体长约14 cm。

1305 刺盖拟花鮨 *Pseudanthias dispar*（Herre，1955）[38]（上雄鱼，下雌鱼）
= 红花鮨 = 异唇鮨 *Mirolabrichthys moil*

背鳍Ⅹ－16～18；臀鳍Ⅲ－7～8；胸鳍18～21。侧线鳞55～63，侧线上鳞9。鳃耙9～12＋22～26。

本种体呈长椭圆形（侧面观），侧扁。头较大，眼后缘无小乳头状突起。鳃盖骨后缘具2枚棘，前鳃盖骨后缘锯齿状。雄鱼上唇肥厚。背鳍前具一骨刺。背鳍第2鳍棘最长，但不呈丝状延长。尾鳍深叉形。雄鱼尾鳍上、下叶和腹鳍第2鳍条均呈丝状延长，雄鱼体红色，腹侧粉红色；背鳍鳍棘前部深红色。雌鱼则黄红色。为暖水性底层鱼类。栖息于水深3～15 m的珊瑚礁海区。分布于我国台湾海域，以及琉球群岛海域，中西太平洋和东印度洋暖水域。体长约7 cm。

45
鲈形目

1306 **双色拟花鮨** *Pseudanthias bicolor*（Randall，1979）[38]（上雄鱼，下雌鱼）
= 双色奇唇鱼 *Mirolabrichthys bicolor*

背鳍Ⅹ－16～18；臀鳍Ⅲ－7～8；胸鳍19～21。侧线鳞57～64，侧线上鳞8～9。鳃耙11～12＋26～29。

本种体呈椭圆形（侧面观），侧扁，延长。眼后缘无小乳突状突起。雄鱼上唇肥厚，下颌较上颌稍长。鳃盖骨后缘具3枚棘。背鳍第2、第3鳍棘呈丝状延长，腹鳍第2软条延长。尾鳍深叉形，上、下叶呈丝状延长。体背侧黄红色，腹侧紫红色。为暖水性底层鱼类。栖息于水深20～70 m的珊瑚礁海区。分布于我国台湾海域，以及琉球群岛海域、印度–太平洋暖水域。体长约10 cm。

1307 **紫红拟花鮨** *Pseudanthias pascalus*（Jordan et Tanaka，1927）[38]（上雄鱼，下雌鱼）
　= 厚唇拟花鮨 *Mirolabrichthys pascalus*

　　背鳍Ⅹ－15～17；臀鳍Ⅲ－7～8；胸鳍16～19。侧线鳞48～52，侧线上鳞6。鳃耙9～11＋23～27。

　　本种体延长，侧扁。吻尖，眼眶后有乳突状突起。雄鱼上唇肥厚，向前突出，但背鳍第3鳍棘不延长，臀鳍第2鳍棘比第3鳍棘短，后部鳍条延伸。雄鱼腹鳍第2鳍条与尾鳍上、下叶延长如丝，尾鳍深叉形，体深红色，背部紫红色，腹部稍淡。为暖水性底层鱼类。栖息于水深于5～45 m的珊瑚礁海区。分布于我国台湾海域，以及琉球群岛海域，中西太平洋暖水域。体长约11 cm。

1308 **静拟花鮨** *Pseudanthias tuka*（Herre et Montalban，1927）[37]
　　　　= 异唇拟花鮨 *Mirolabrichthys tuka*

背鳍 X－15～17；臀鳍Ⅲ－7～8；胸鳍18～19。

　　本种体呈长椭圆形（侧面观），侧扁。头较小，吻尖长。眼后有肉质小乳突，雄鱼上唇厚。鳃盖骨具2枚棘。下鳃盖骨缘、间鳃盖骨缘光滑。背鳍第5～10鳍棘粗长。雄鱼鳍条部较高，尾鳍深叉形，腹鳍第2鳍条呈丝状延长，超越臀鳍；而雌鱼的腹鳍鳍条仅达肛门。雌鱼体紫红色，背缘有一黄色纵带达尾鳍上叶，下叶缘亦有黄纵带；雄鱼的背缘及尾鳍上、下叶则均无黄色纵带。为暖水性底层鱼类。栖息于浅海珊瑚礁区。分布于我国南海、台湾海域，以及印度－西太平洋暖水域。体长约10 cm。

▲ 本属尚有恩氏拟花鮨 *P. engelhardi*、汤氏拟花鮨 *P. thompsoni*，均分布于我国台湾海域[13]。

长鲈亚科 Liopropominae

长鲈属 *Liopropoma* Gill，1861
= 粗尾鲈属 *Chorististium*

　　本属物种体延长，侧扁。口大，具上颌辅骨。颌齿绒毛状，犁骨、腭骨均具齿。两鼻孔相距颇远。上颌骨后端扩大，伸达眼后下方。背鳍有缺刻。臀鳍Ⅲ－8～11。胸鳍长，上部鳍条最长。腹鳍胸位。尾柄高，又称粗尾鲈。尾鳍后缘浅凹或近截形。本属在我国有8种。

1309 条纹长鲈 *Liopropoma susumi*（Jordan et seale，1906）[38]

背鳍Ⅵ－Ⅰ，11～12；臀鳍Ⅲ－8；胸鳍15～16。侧线鳞44～49，侧线上鳞5。鳃耙5＋1＋12。

　　本种一般特征同属。前鼻孔接近吻端。前鳃盖骨下缘无棘。背鳍鳍棘部和鳍条部分离为2个背鳍。体红褐色，具8条黑褐色纵带，各鳍粉红色。为暖水性底层鱼类。栖息于珊瑚礁海区。分布于我国台湾海域，以及琉球群岛海域、印度－太平洋暖水域。体长约8 cm。

1310 宽带长鲈 *Liopropoma latifasciatum*（Tanaka，1922）[38]

背鳍Ⅷ，13；臀鳍Ⅲ－9；胸鳍14～16。侧线鳞47～52。鳃耙6～7＋12～14。

　　本种体形与条纹长鲈相似。仅有一背鳍，具浅缺刻。体侧有一黑色宽纵带。两颌和犁骨、腭骨均具绒毛细齿。主鳃盖骨具3枚棘。尾鳍后缘稍凹入。体背红色，腹侧色稍淡。背鳍和尾鳍黄色。为暖水性底层鱼类。栖息于稍深岩礁海区。分布于我国台湾海域，以及日本南部海域、朝鲜半岛海域、西北太平洋温暖水域。体长约15 cm。

1311 **日本长鲈** *Liopropoma japonicum*（Döderlein，1883）[38]

背鳍Ⅷ，14；臀鳍Ⅲ－10～11；胸鳍15～17。侧线鳞46～51。鳃耙6～7＋13～14。

　　本种体延长，侧扁。体侧无黑色宽纵带，但有1条由深红色椭圆形斑连成的、贯穿于吻至尾柄的纵带。尾鳍基尚有一深红色圆斑。体红黄色。为暖水性底层鱼类。栖息于稍深的岩礁海区。分布于我国东海、台湾海域，以及日本南部海域、朝鲜半岛南部海域、西北太平洋暖温水域。体长约20 cm。

1312 **黑缘长鲈** *Liopropoma erythraeum* Randall et Taylor，1928[38]
　　＝红身长鲈＝*L. rubre*

背鳍Ⅷ，12；臀鳍Ⅲ－9；胸鳍15～16。侧线鳞49～51。鳃耙6～7＋13～15。

　　本种体无任何纵带。前鼻孔位于吻端至后鼻孔的中间处。背鳍第7鳍棘长于第8鳍棘。尾鳍后缘稍凹入，上、下叶均为圆弧形，有黑缘。全身均为红色。为暖水性底层鱼类。栖息于稍深的岩礁海区。分布于我国台湾海域，以及琉球群岛海域、太平洋暖水域。体长约25 cm。

1313 **新月长鲈** *Liopropoma lunulatum*（Guichenot，1863）[38]

= 双目长鲈

背鳍Ⅷ，12；臀鳍Ⅲ-8；胸鳍15。侧线鳞46~51。鳃耙5~6+13~14。

　　本种前鼻孔位置靠近眼前缘，前鳃盖骨下缘有前向棘。背鳍第8鳍棘长于第7鳍棘。尾鳍浅叉形。体侧散布暗斑点。体淡红色，腹侧色稍淡。背鳍、臀鳍、尾鳍黄色。为暖水性底层鱼类。栖息于较深岩礁海区。分布于我国台湾海域，以及琉球群岛海域、印度−太平洋暖水域。体长约19 cm。

1314 **荒贺长鲈** *Liopropoma aragai* Randall et Taylor，1988[37]

背鳍Ⅷ，11~12；臀鳍Ⅲ-8；胸鳍14~15。侧线鳞48。鳃耙6+14。

　　本种与新月长鲈相似，均为前鼻孔位置靠后，近于眼前缘。前鳃盖骨下缘亦有向前小棘，背鳍第8鳍棘长于第7鳍棘。但本种背鳍、尾鳍、臀鳍均鲜黄色。体黄红色，体侧有一不明显的黄色纵带，无暗斑点。为暖水性底层鱼类。栖息于较深岩礁海区。分布于我国台湾海域，以及琉球群岛海域、日本伊豆群岛海域、西北太平洋暖水域。体长约14 cm。

　▲ 本属我国尚有分布于我国台湾海域的黄背长鲈 *L. dorsoluteum* 和苍白长鲈 *L. pallidum*[13]。

石斑鱼亚科 Epinephelinae

1315 **鲍氏泽鮨** *Saloptia powelli* Smith，1964 [52]
= 褒氏贫鮨

背鳍Ⅷ－11～12；臀鳍Ⅲ－8；胸鳍14～15。侧线鳞70～78。

本种体侧面观呈椭圆形，侧扁。吻稍尖。口大，端位，可以伸出。下颌无犬齿。前鳃盖骨后缘有锯齿，下缘具向前棘。背鳍无缺刻。尾鳍后缘稍凹入。头背红色，体背深红色，腹侧淡红色，无任何斑点。背鳍、臀鳍、尾鳍均为黄色。为暖水性底层鱼类。栖息于水深较深的岩礁海区。分布于我国台湾海域，以及琉球群岛海域、印度洋–太平洋暖水域。体长约39 cm。

鳃棘鲈属 *Plectropomus* Oken，1817

本属物种体延长。背鳍连续，具一浅缺刻。尾鳍新月形或后缘凹形及截形。两颌前端各具1对大犬齿，下颌两侧各有1～4枚犬齿。前鳃盖骨下缘有3～4枚较大的向前棘。主鳃盖骨棘不很发达。本属在我国有5种。

1316 **截尾鳃棘鲈** *Plectropomus truncatus* Fowler et Bean，1930 [38]
= 蓝点鳃棘鲈 = 蓝点豹鲙 *P. areolatus*

背鳍Ⅷ－11；臀鳍Ⅲ－7～8；胸鳍15～17。侧线鳞83～97。

本种一般特征同属。前、后鼻孔大小相等。上颌骨达眼后缘。前鳃盖骨圆，下缘具3枚棘。主鳃盖骨有3枚棘。臀鳍第1枚棘埋于皮下而不显著。尾鳍后缘截形。体密布与瞳孔等大的蓝色斑点。为暖水性底层鱼类。栖息于水深60 m以浅的岩礁海区。分布于我国南海、台湾海域，以及琉球群岛海域、西太平洋暖水域。体长可达1 m。

1317 **点线鳃棘鲈** *Plectropomus oligacanthus*（Bleeker，1854）[16]

　　本种体延长，侧扁。口大，颌齿小，但前端和两颌仍有大犬齿。犁骨、腭骨具绒毛齿。前鳃盖骨下缘有前向棘。主鳃盖骨3枚扁棘。体红色，头部、项背部具蓝色放射状纹。体具蓝色横纹并有斑点。为暖水性底层鱼类。栖息于近岸岩礁海区。分布于我国南海，以及印度尼西亚海域、菲律宾海域、澳大利亚海域、西太平洋暖水域。体长约24 cm。

1318 **蓝斑鳃棘鲈** *Plectropomus maculatus*（Bloch，1790）[17]
　　= 斑鳃棘鲈

　　本种形态特征与点线鳃棘鲈相像。口大，上颌末端达眼后缘下方。两颌前端具1对犬齿。下颌两侧各具3～4枚犬齿。体橙色，头、体和臀鳍散布许多蓝色斑，位于体前部的蓝色斑多呈短线状或为椭圆形点，而体后部斑点则较圆。为暖水性底层鱼类。栖息于水深较深的岩礁或珊瑚礁海区。分布于我国南海、台湾海域，以及东南亚海域、中西太平洋暖水域。体长约40 cm。

1319 **豹纹鳃棘鲈** *Plectropomus leopardus*（Lacépède，1802）[38]（上雄鱼，下雌鱼）
= 鳃棘鲈 = 花斑刺鳃鲈

背鳍VIII－11；臀鳍III－8；胸鳍14～17。侧线鳞81～99。

本种体呈长椭圆形（侧面观），前部略呈圆柱状。两颌前端具1对犬齿，下颌侧有犬齿3对。眼间隔稍平扁，宽稍大于眼径。尾鳍后缘稍凹入。体鲜红色或绿褐色，遍布比瞳孔小的蓝色斑点。胸鳍色淡。为暖水性底层鱼类。栖息于珊瑚礁区外缘海区。分布于我国南海、台湾海域，以及日本南部海域、西太平洋暖水域。体长约45 cm。

1320 **黑鞍鳃棘鲈** *Plectropomus laevis*（Lacepède，1801）[38]（左幼鱼，右成鱼）
= 黑带鳃棘鲈 *P. melanoleucus*

背鳍VIII－11；臀鳍III－7；胸鳍16～18。侧线鳞92～115。

本种吻端尖，口裂大，上颌骨后端达眼后缘下方。尾鳍后缘凹入。眼间隔稍隆起，前鳃盖骨下缘除2个向前棘外，均较光滑。40 cm左右的小型个体体乳白色，布有5条黑褐色鞍带和黑缘蓝斑点，各鳍多呈橙黄色；而1 m左右的大型个体体红褐色，布有许多黑缘蓝斑点，体侧各暗带不明显。为暖水性底层鱼类。栖息于岩礁或珊瑚礁区外缘海域。分布于我国台湾海域，以及日本南部海域、西太平洋暖水域。

侧牙鲈属 *Variola* Swainson，1839

本属物种体呈长椭圆形（侧面观），侧扁。两颌、犁骨、腭骨均具绒毛状齿。两颌前端及下颌两侧具大犬齿。前鳃盖骨边缘光滑或具锯齿。主鳃盖骨有3枚扁平棘。背鳍连续，无缺刻，鳍条末端延长。臀鳍Ⅲ－8。尾鳍新月形，上、下叶呈丝状延长。我国有2种。

1321 **侧牙鲈** *Variola louti*（Forskål，1775）
= 星鲙

背鳍Ⅸ－13～14；臀鳍Ⅲ－8；胸鳍16～19。侧线鳞66～77。

本种一般特征同属。背鳍、臀鳍后缘尖，腹鳍末端可伸越肛门。体红色，密布深红色或蓝紫色小斑点，各鳍边缘均有黄色带。幼鱼色浅，体侧具黑紫色宽纵带。为暖水性底层鱼类。栖息于珊瑚礁外缘海域。分布于我国南海、台湾海域，以及日本南部海域、印度－太平洋暖水域。体长达60 cm。

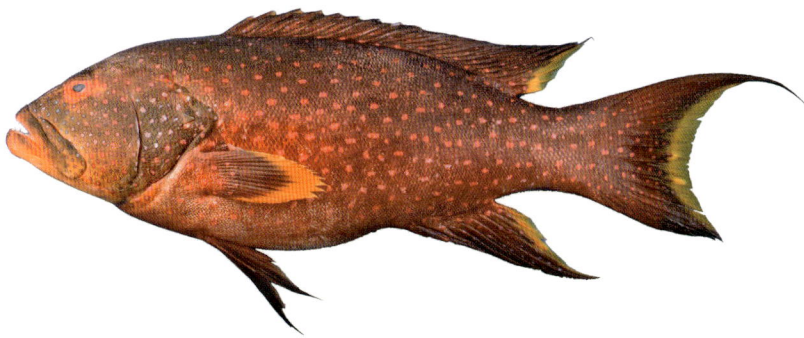

1322 **白缘侧牙鲈** *Variola albimarginata* Baissac，1952[38]
= 白缘星鲙

背鳍Ⅸ－14；臀鳍Ⅲ－8；胸鳍17～19。侧线鳞66～75。

本种与侧牙鲈十分相似。以腹鳍较短，臀鳍中间鳍条抵尾鳍基部，体深红色而具有白点，尾鳍后缘具窄白边而与侧牙鲈相区别。为暖水性底层鱼类。栖息于珊瑚礁外缘海域。分布于我国台湾海域，以及琉球群岛海域、印度－太平洋暖水域。体长约40 cm。

IV
辐鳍鱼纲

1323 烟鲈 *Aethaloperca rogaa*（Forskål，1775）[38]
= 烟鲙

背鳍IX－16～18；臀鳍Ⅲ－8～9；胸鳍17～18。侧线鳞48～55。

本种体呈卵圆形（侧面观），侧扁而高。头部眼背缘稍凹陷。口大，端位，上颌骨达眼后缘下方。前鳃盖骨边缘圆弧形，具小锯齿。主鳃盖骨具3枚棘。胸鳍上部的鳍条最长。背鳍、臀鳍后缘圆弧形。体黑褐色，由胸鳍末端到腹鳍有一白色横斑。尾鳍后缘白色。为暖水性底层鱼类。栖息于珊瑚礁外缘海域。分布于我国南海、台湾海域，以及日本南部海域、印度－西太平洋暖水域。体长约30 cm。

纤齿鲈属 *Gracila* Randall，1964

本属物种体呈长椭圆形（侧面观），侧扁。体大多被栉鳞。上颌后端伸越眼后方。下颌突出，两侧具2行齿。前鳃盖骨具细锯齿，无向前倒棘。背鳍连续，无缺刻，IX－14～16。臀鳍Ⅲ－8～10。尾鳍后缘截形。我国有2种。

1324 白边纤齿鲈 *Gracila albomarginatus*（Fowler et Bean，1930）[14]

背鳍IX－14～16；臀鳍Ⅲ－9～10；胸鳍18～19。侧线鳞66～76。

本种一般特征同属。眼间隔比眼径宽，显著隆起。尾鳍后缘稍凹入。体暗褐色，头部有3条斜线。体侧具约14条青绿色横带。幼鱼背鳍后缘、尾鳍后缘、臀鳍前缘深红色。为暖水性底层鱼类。栖息于珊瑚礁外缘海域。分布于我国南海、台湾海域，以及琉球群岛海域、印度－太平洋暖水域。体长约30 cm。

1325 **博林纤齿鲈** *Gracila polleni*（Bleeker，1868）[38]
= 多纹纤齿鲈 = 卜氏九棘鲈 *Cephalopholis polleni*

背鳍Ⅸ－14～15；臀鳍Ⅲ－8～9；胸鳍17～19。侧线鳞66～75。

本种与白边纤齿鲈相似。二者的区别在于本种尾鳍后缘平截；体在黄色基底上，布有众多青色纵纹，从吻端直到尾鳍以及背鳍、臀鳍均有纵纹；各鳍边缘仍为黄色，尾鳍后缘深红色。为暖水性底层鱼类。栖息于珊瑚礁外缘海域。分布于我国南海，以及琉球群岛海域、印度－太平洋暖水域。体长约28 cm。

九棘鲈属 *Cephalopholis* Bloch et Schneider，1801

本属物种体呈长椭圆形（侧面观），侧扁。口大，具上颌辅骨。两颌前端有小犬齿。下颌内侧齿尖锐，排列不规则，可向内倒伏。犁骨、腭骨具绒毛状齿。前鳃盖骨边缘具细锯齿，通常无向前倒棘。体被小栉鳞。背鳍连续，无缺刻。臀鳍Ⅲ－7～10。尾鳍后缘圆弧形。全球有28种，我国有11种。

1326 **斑点九棘鲈** *Cephalopholis argus* Schneider，1801[15]

背鳍Ⅸ－15～17；臀鳍Ⅲ－9；胸鳍16～18。侧线鳞45～51。

本种一般特征同属。眼间隔隆起。下颌侧齿4行以上。体暗褐色或紫色，密布有带黑边的蓝色小斑点。背鳍鳍棘部有橙色边缘。体侧有黑褐色横带。背鳍、胸鳍、臀鳍、尾鳍有白点。为暖水性底层鱼类。栖息于珊瑚礁及岩礁附近海域。分布于我国南海、台湾海域，以及日本南部海域、印度－太平洋暖水域。体长约40 cm。

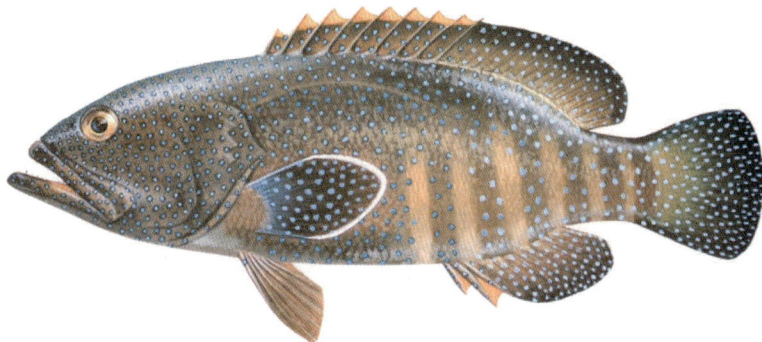

1327 台湾九棘鲈 *Cephalopholis formosa*（Shaw et Nodder，1812）[37]
= 美丽九棘鲈 = 蓝纹鲙

背鳍Ⅸ－15～17；臀鳍Ⅲ－7～9；胸鳍16～18。侧线鳞44～53。

本种与斑点九棘鲈相像。本种眼间隔稍凹陷。下颌侧齿3行。胸鳍长于眼后头长。体背黑色，体侧褐色。体除了鳃盖角有一黑斑外，无其他斑点，布有许多青色纵线，各鳍均色暗。为暖水性底层鱼类。栖息于珊瑚礁浅海区。分布于我国台湾海域，以及日本和歌山以南海域、印度－太平洋暖水域。体长约31 cm。

1328 横纹九棘鲈 *Cephalopholis boenack*（Bloch，1790）[38]
= 横带九棘鲈 *C. pachycentron*

背鳍Ⅸ－15～17；臀鳍Ⅲ－8；胸鳍15～17。侧线鳞46～51。

本种体呈长椭圆形（侧面观），侧扁。眼间隔稍隆起，宽约等于眼径。下颌侧齿3～4行。前鳃盖骨下缘具向前棘。体暗褐色，主鳃盖具一黑色斑，体侧具7～8条深蓝色横带。为暖水性底层鱼类。栖息于珊瑚礁浅海区。分布于我国南海、台湾海域，以及日本南部海域、印度－西太平洋暖水域。体长约20 cm。

1329 七带九棘鲈 *Cephalopholis igarashiensis* Katayama，1957 [38]（左幼鱼，右成鱼）
= 五十九刺鮨

背鳍IX－13～14；臀鳍III－9；胸鳍18～19。侧线鳞58～65。

本种体呈卵圆形（侧面观），侧扁而高。两颌端具1对犬齿。下颌侧齿3～4行。主鳃盖骨具3枚棘，中间棘位于近下方。体被小栉鳞。尾鳍后缘截形。体背黄色，具7条红褐色横带。幼鱼背鳍条部有一大黑斑，胸鳍色淡，腹鳍部分或全部呈黑色。为暖水性底层鱼类。栖息于深水岩礁海区。分布于我国台湾海域，以及日本南部海域，西太平洋暖水域。体长约29 cm。

1330 豹纹九棘鲈 *Cephalopholis leopardus*（Lacepède，1801）[17]
= 斑鮨 *Serramus spilurus*

背鳍IX－13～15；臀鳍III－9～10；胸鳍16～18。侧线鳞47～52。

本种体呈长卵圆形（侧面观），侧扁。主鳃盖骨有3枚棘，棘后具一暗斑。体黄褐色，布有色斑。尾柄背缘有1对黑色小鞍斑。尾鳍上、下缘有斜带。为暖水性底层鱼类。栖息于珊瑚礁浅海区。分布于我国南海、台湾海域，以及琉球群岛海域、印度－太平洋暖水域。体长约15 cm。

45
鲈形目

1331 **六斑九棘鲈** *Cephalopholis sexmaculata*（Rüppell，1830）[38]

背鳍IX－14~16；臀鳍III－9；胸鳍16~18。侧线鳞47~54。

本种体呈长椭圆形（侧面观），侧扁。头后背缘稍高，眼间隔略凹。体呈橘红色或淡褐色，遍布蓝色小点，头部、背部蓝点尤其浓密。尾柄有两黑色褐色斑。背鳍基部有4条黑褐色横带。尾鳍无黑斜带。为暖水性底层鱼类。栖息于珊瑚礁稍深海区。分布于我国台湾海域，以及日本南部海域、印度–太平洋暖水域。体长约39 cm。

1332 **尾纹九棘鲈** *Cephalopholis urodelus*（Forster，1801）[15]

背鳍IX－14~16；臀鳍III－8~9；胸鳍17~19。侧线鳞54~68。

本种体呈长椭圆形（侧面观），侧扁。下颌齿多，4~5行。体红色，前半部色淡，后半部深暗，散布小圆点。尾鳍具2条斜向后方的白色条纹，尾鳍端有白缘。为暖水性底层鱼类。栖息于珊瑚礁浅海区。分布于我国南海、台湾海域，以及日本南部海域、印度–太平洋暖水域。体长约22 cm。

1333 **红九棘鲈** *Cephalopholis sonnerati*（Valenciennes，1828）[15]

= 索氏九棘鲙 = 网纹鲙

背鳍Ⅸ − 14~16；臀鳍Ⅲ − 9；胸鳍18~20。侧线鳞66~80。

本种体呈长椭圆形（侧面观），较高。吻稍钝。下颌侧齿2~3行。体橘红色到紫红色不等。头部、背部密布黑褐色小点，点间橘黄色。前颌骨、上颌骨间膜黑色。为暖水性底层鱼类。栖息于浅海岩礁及珊瑚礁区。分布于我国南海、台湾海域，以及日本南部海域、印度−太平洋暖水域。体长可达60 cm。

1334 **青星九棘鲈** *Cephalopholis miniatus*（Forskål，1775）[20]

= 红鲙

背鳍Ⅸ − 14~16；臀鳍Ⅲ − 8~9；胸鳍17~18。侧线鳞47~55。

本种体呈长椭圆形（侧面观），吻较尖。下颌侧齿3行以上。前鳃盖骨后缘、间鳃盖骨缘、下鳃盖骨缘均具锯齿。体橙红色，密布蓝色小点，颊部散布圆形暗斑点。为暖水性底层鱼类。栖息于珊瑚礁浅海区。分布于我国南海、台湾海域，以及日本南部海域、印度−太平洋暖水域。体长约31 cm。

1335 **黑边九棘鲈** *Cephalopholis spiloparaea*（Valenciennes，1828）[14]

背鳍Ⅸ－14～16；臀鳍Ⅲ－9～10；胸鳍17～19。侧线鳞47～53。

　　本种体侧面观呈长椭圆形。前鳃盖骨后缘具锯齿，间鳃盖骨缘和下鳃盖骨缘平滑无锯齿。腹鳍较短，不伸达肛门。臀鳍后缘圆弧形，可伸达尾鳍基。体红色，有若干不明显白斑。沿背鳍基部有1列暗斑。臀鳍具黑缘。为暖水性底层鱼类。栖息于珊瑚礁区稍深海域。分布于我国台湾海域，以及琉球群岛海域、印度-太平洋暖水域。体长约17 cm。

1336 **橙点九棘鲈** *Cephalopholis aurantia*（Valenciennes，1828）[38]
＝红点九棘鲈＝翱翔九棘鲈 *C. analis* ＝钝九棘鲈 *C. obtusaurrus*

背鳍Ⅸ－14～16；臀鳍Ⅲ－8；胸鳍16～19。侧线鳞47～53。

　　本种体呈长椭圆形（侧面观），侧扁。下颌侧齿3行以上。胸鳍长，后缘达臀鳍起点。体背深红色，腹侧淡粉红色。体侧具深红色小点。各鳍淡黄色，臀鳍无黑边。为暖水性底层鱼类。栖息于沿海水深较深处岩礁区。分布于我国台湾海域，以及琉球群岛海域、印度-太平洋暖水域。体长约23 cm。

1337 驼背鲈 *Cromileptes altivelis*（Valenciennes，1828）[38]
= 老鼠斑

背鳍Ⅹ－17～19；臀鳍Ⅲ－9～10；胸鳍17～18。侧线鳞54～62。

本种体呈长卵圆形
（侧面观），甚侧扁。
吻尖突。口小，位于吻
端。下颌稍长，上颌达
眼后缘。两颌无犬齿。
后鼻孔裂隙状。眼后头
背隆起，向背鳍起点陡
升。主鳃盖骨有3枚扁
棘。背鳍、臀鳍鳍条
长，尾鳍后缘圆弧形。
体淡褐色，头、体及各
鳍散布黑色圆斑。为暖
水性底层鱼类。栖息于
沿岸岩礁或珊瑚礁海区。分布于我国南海、台湾海域，以及日本南部海域，中西太平洋，东印度洋
暖水域。体长约47 cm。为名贵海水养殖鱼类[99]。

1338 鸢鮨 *Triso dermopterus*（Temminck et Schlegel，1842）[38]
= 细鳞三棱鲈 *Trisotropis dermopterus*

背鳍Ⅺ－18～21；臀鳍Ⅲ－9～10；胸鳍18～20。侧线鳞67～77。

本种体呈卵圆形
（侧面观），侧扁而
高。眼间隔甚隆起，较
眼径宽。两颌与犁骨、
腭骨均具绒毛状细齿。
颌前端具1对犬齿。前
鳃盖骨后缘具锯齿，下
缘突出。主鳃盖骨具3
枚棘。体被小栉鳞。尾
鳍后缘近截形。体紫褐
色，鳃盖及各鳍皆为黑
褐色。为暖水性底层鱼类。栖息于水深60～200 m的岩礁海区。分布于我国东海、南海、台湾海
域，以及日本南部海域、西太平洋暖水域。体长约39 cm。

IV 辐鳍鱼纲

1339 **白线光腭鲈** *Anyperodon leucogrammicus* （Valenciennes，1828）[38]

背鳍Ⅺ－14～16；臀鳍Ⅲ－8～9；胸鳍15～16。侧线鳞63～72。

本种体侧面观呈长椭圆形，侧扁。头长，吻稍尖。口裂大，上颌末端伸达眼后缘下方。下颌无犬齿，腭骨无齿。前鳃盖骨缘具小锯齿，下缘有向前倒棘。主鳃盖骨有3枚棘。尾鳍后缘圆弧形。体暗褐色，密布暗红色斑点。体侧具白色纵线。为暖水性底层鱼类。栖息于浅水珊瑚礁海区。分布于我国南海、台湾海域，以及琉球群岛海域、印度－太平洋暖水域。体长约52 cm。

石斑鱼属 *Epinephelus* Bloch，1793

本属物种体侧面观呈长椭圆形或卵圆形，稍侧扁。体被小栉鳞。口大，具上颌辅骨。颌齿细小，前端具犬齿。犁骨、腭骨有齿，舌上无齿。前鳃盖骨具细锯齿。主鳃盖骨有3枚扁棘。背鳍连续，无缺刻，Ⅺ－12～19。臀鳍Ⅲ－7～10。尾鳍后缘圆弧形、截形或凹入。种类繁多，是鮨科中最大一属。全球约有100种，我国有46种。本属鱼类种类多，种间分化小。另外，本属物种具性转换特性，体色、斑纹多变，同种异名甚多，给分类鉴定增添困难。本属检索表仅供参考。

1340 **鞍带石斑鱼** *Epinephelus lanceolatus* （Bloch，1790）[38]
= 宽额鲈 = 龙胆石斑鱼 *Promicrops lanceolatus*

背鳍Ⅺ－14～16；臀鳍Ⅲ－8；胸鳍17～19。侧线鳞50～67。

本种体粗壮，侧扁。被圆鳞，侧线管有分支。口大，颌齿细小。前端有小犬齿。犁骨、腭骨具绒毛状齿。背鳍鳍棘部比鳍条部低，尾鳍后缘圆弧形。幼鱼体黄色，具3条宽横带，夹有不规则黑带。成鱼体色深，偶带小斑。各鳍色深，边缘有小黑点。为暖水性底层鱼类。栖息于沿岸浅水岩礁或珊瑚礁海区。分布于我国台湾海域，以及日本南部海域、澳大利亚海域、印度－太平洋暖水域。体长可达2 m[99]。

1341 **六带石斑鱼** *Epinephelus sexfasciatus*（Valenciennes，1828）[15]

　　本种一般特征同属。体棕色，体侧有6条褐色横带，带宽大于带间隙。背鳍鳍条部、尾鳍和臀鳍皆有不规则暗斑点。为暖水性底层鱼类。栖息于近岸沙砾底质海区。分布于我国南海，以及西太平洋暖水域。体长约40 cm。

1342 **南海石斑鱼** *Epinephelus stictus* Randall et Allen，1987[16]
　　　　= 双棘石斑鱼 *E. diacanthus*

背鳍Ⅺ－16；臀鳍Ⅲ－8；胸鳍18～19。

　　本种与六带石斑鱼很相像。体侧面观呈长椭圆形，有6条延入背鳍的横带，以至于其在台湾曾被误认为是拟青石斑鱼[9]。本种体侧横带略向前下方倾斜。眼间隔较宽。前鳃盖骨隅角两棘齿粗大。体灰褐色，散布黑色小斑点。为暖水性底层鱼类。栖息于沿岸岩礁海区。分布于我国南海、东海、台湾海域，以及印度-西太平洋暖水域。体长约25 cm。

　　注：笔者查阅有关资料和图片比较，认为黄宗国（2012）收录的南海石斑鱼，即是陈清潮（1997）记述的双棘石斑鱼[13, 14, 16]。

1343 七带石斑鱼 *Epinephelus septemfasciatus*（Thunberg，1828）[38]（**左未成熟鱼，右成鱼**）

背鳍XI－13～16；臀鳍III－9～10；胸鳍17～19。侧线鳞63～71。鳃耙9＋6。

本种体侧面观呈长椭圆形，头大，吻钝尖。口中等大，上、下颌约等长，上颌骨达瞳孔后下方。两颌前端各有1对犬齿。前鳃盖骨后缘具细锯齿，隅角有几个较大棘，下缘光滑。幽门垂6～7枚。背鳍鳍棘以第3鳍棘最长，但仍短于最长鳍条。臀鳍鳍棘以第2鳍棘最强。腹鳍位于胸鳍下方，末端抵达肛门。尾鳍后缘近圆弧形。体褐色，体侧有7条暗褐色横带。尾鳍有白缘。幼鱼条带明显，成鱼条带渐消失。为暖水性底层鱼类。栖息于320 m以浅岩礁海区。分布于我国黄海、东海、南海，以及朝鲜半岛海域、日本北海道以南海域、西北太平洋暖水域。体长约90 cm。我国北方已开展该鱼的人工繁殖与养殖试验。

注：据记载七带石斑鱼是石斑鱼属中唯一的暖水性种类，分布于我国黄海、东海，以及西北太平洋[97]。但李永振（2007）记载在南沙群岛礁区可采集到该鱼，体长达1m以上[52]。孙典荣（2013）亦记录到该鱼在南海南部有分布[142]。

1344 八带石斑鱼 *Epinephelus octofasciatus* Griffin，1926[38]
＝间带石斑鱼 *E. compressus* ＝厚唇石斑鱼 *E. mystacinus*

背鳍XI～XII－13～15；臀鳍III－9；胸鳍18～20。侧线鳞62～71。

本种与七带石斑鱼十分相似。同为体褐色，吻至鳃盖有一黑色斜带，体侧有7～8条黑褐色横带。但本种体较高，眼稍大，幽门垂多达40～60枚，尾柄处横带较宽，背鳍鳍条部下方为一宽横带而不分为两狭带。为暖水性底层鱼类。栖息于沿岸深水礁岩海区。分布于我国台湾海域，以及日本南部海域、印度－太平洋暖水域。体长约88 cm。

注：益田一等（1984）认为八带石斑鱼、间带石斑鱼和厚唇石斑鱼为同种[36, 38]。孙典荣（2013）也认为八带石斑鱼与厚唇石斑鱼是同种[142]。但沈世杰（1994）认为厚唇石斑鱼产于大西洋[9]，2011年更明确地将八带石斑鱼和厚唇石斑鱼认定为两个物种；厚唇石斑鱼体更高，紫灰色，尾鳍色浅[37]。

1345　**红稍石斑鱼** *Epinephelus retouti* Bleeker，1868[52]
= 雷托石斑鱼 = 截尾石斑鱼 *E. truncatus*

背鳍XI－16～17；臀鳍III－8；胸鳍19～20。侧线鳞64～76。

本种体呈椭圆形（侧面观），侧扁，吻端稍尖。口裂小，上、下颌约等长，上颌末端仅达眼前缘下方。前鳃盖骨后缘有小锯齿，隅角棘稍长。体浅橘红色，或具不明显横带。背鳍鳍棘外缘红色，背鳍鳍条部和尾鳍后缘黑色。为暖水性底层鱼类。栖息于沿岸深水礁岩海区。分布于我国台湾海域，以及日本南部海域、印度-太平洋暖水域。体长约39 cm。

1346　**细点石斑鱼** *Epinephelus cyanopodus*（Richardson，1846）[38]
= 蓝鳍石斑鱼 = 高体石斑鱼 *E. hoedti*

背鳍XI－15～17；臀鳍III－8；胸鳍17～20。侧线鳞63～75。

本种体呈椭圆形（侧面观），侧扁而高。体高约等于头长。前鳃盖骨隅角棘粗大，前部背鳍鳍棘较后部长。尾鳍后缘平截。体蓝灰色，密布细小黑点。幼鱼体、鳍皆呈黄色，仅尾鳍后缘有宽黑带。为暖水性底层鱼类。栖息于珊瑚礁浅海区。分布于我国南海、台湾海域，以及日本小笠原群岛海域、西太平洋暖水域。体长可达1 m。

1347 黄鳍石斑鱼 *Epinephelus flavocaeruleus*（Lacepède，1802）[38]

背鳍XI – 16～17；臀鳍Ⅲ – 8；胸鳍18～19。鳃耙8～10＋15～17。

本种与细点石斑鱼相似，仅以体深青色，各鳍均呈黄色相区别。但本种黄色部分随生长或因个体有变化。为暖水性底层鱼类。栖息于近海岩礁或砾石底质区域。分布于我国台湾海域，以及日本小笠原群岛海域、印度－西太平洋暖水域。体长约70 cm。

1348 橙点石斑鱼 *Epinephelus bleekeri*（Vaillant，1878）[20]
= 布氏石斑鱼

背鳍XI – 17；臀鳍Ⅲ – 8；胸鳍19～20。鳃耙9～12＋15。

本种体侧面观呈长椭圆形。口裂较大，上颌骨伸达眼后缘下方。下颌侧具2行齿。前鳃盖骨后缘具细锯齿，隅角具4～5枚较大棘齿。尾鳍后缘截形。体灰褐色或紫褐色，密布金黄色或橘黄色斑点。尾鳍上1/3浅褐色且具黄色斑点；下2/3暗紫灰色。为暖水性底层鱼类。栖息于沿岸深水岩礁海区。分布于我国南海、台湾海域，以及新加坡海域、印度－西太平洋暖水域。体长约30 cm。

1349 网纹石斑鱼 *Epinephelus chlorostigma*（Valenciennes，1828）[38]
=密点石斑鱼

背鳍XI − 16～18；臀鳍III − 8；胸鳍17～19。侧线鳞50～53。

本种体呈长椭圆形（侧面观），吻端尖。下颌突出，眼间隔稍隆起。前鳃盖骨后下缘突出，具8枚棘齿。主鳃盖骨三棘间距约相等。尾鳍后缘截形。体浅褐色，密布略小于或等于瞳孔的圆形或六角形暗斑，斑点排列紧密。为暖水性底层鱼类。栖息于沿岸岩礁海区。分布于我国南海、东海、台湾海域，以及日本南部海域、印度−太平洋暖水域。体长约62 cm。

1350 宝石石斑鱼 *Epinephelus areolatus*（Forskål，1775）[15]

背鳍XI − 15～17；臀鳍III − 7～8；胸鳍17～19。侧线鳞49～53。

本种与网纹石斑鱼相像。以体上均匀分布有大于瞳孔的六角形黄褐色斑点和尾鳍稍凹且后缘白色相区别。吻稍尖，下颌略突出，下颌侧齿2行。前鳃盖骨后下缘突出，有3～4枚强棘。体浅褐色。为暖水性底层鱼类。栖息于沿海浅水岩礁区或珊瑚礁区。分布于我国南海、台湾海域，以及日本南部海域、印度−太平洋暖水域。体长约31 cm。

1351 **琉璃石斑鱼** *Epinephelus poecilonotus*（Temminck et Schlegel，1842）[52]

= 点线石斑鱼

背鳍XI－14～15；臀鳍Ⅲ－8；胸鳍17～19。侧线鳞54～65。

　　本种体侧面观呈椭圆形，侧扁。吻尖，下颌稍突出，具2行侧齿。其前鳃盖骨隅角仅有2枚特大棘。尾鳍后缘圆弧形。体浅褐色，体侧具4条黑褐色纵向弧纹，且随生长演变为点状波纹。幼鱼为淡黄色，背鳍鳍棘部有黑斑，体侧纵弧纹显著。为暖水性底层鱼类。栖息于沿岸岩礁海区。分布于我国台湾海域，以及日本南部海域、印度-西太平洋暖水域。体长约52 cm。

1352 **弧纹石斑鱼** *Epinephelus cometae* Tanaka，1927 [68]

= 弓斑石斑鱼 *E. morrhua*

背鳍XI－14～15；臀鳍Ⅲ－8；胸鳍17～18。侧线鳞54～64。鳃耙9～10＋15～16。

　　本种体侧面观呈长椭圆形，侧扁。体褐色，体侧有5条暗褐色斜纵带。其中第5条始于眼后缘，经胸鳍基直抵尾柄。为暖水性底层鱼类。栖息于沿岸较深岩礁海区。分布于我国南海，以及琉球群岛海域、日本高知海域、印度-西太平洋暖水域。体长约70 cm。

1353　**电纹石斑鱼** *Epinephelus radiatus*（Day，1868）[20]
= 吊桥石斑鱼 = 弓斑石斑鱼 *E. morrhua*

背鳍XI－14～15；臀鳍Ⅲ－7～8；胸鳍17～18。侧线鳞55～64。

　　本种与弧纹石斑鱼相似。体呈椭圆形（侧面观），侧扁。口裂大，下颌侧齿2行，上颌达眼后缘下方。前鳃盖骨隅角棘大。体侧同为5条斜带，但本种斜带幅宽色淡，有黑边，呈虫纹状；第1条斜带仅从眼到后头部，第2～4条带斜向上方，达背鳍，第5条仅在尾柄部。本种曾被认为是弓斑石斑鱼 *E. morrhua* 的亚种。为暖水性底层鱼类。栖息于沿岸深处岩礁海区。分布于我国台湾海域，以及日本南部海域、印度－太平洋暖水域。体长约56 cm。

1354　**白星石斑鱼** *Epinephelus summana*（Forskål，1775）[16]

背鳍XI－14～16；臀鳍Ⅲ－8；胸鳍15～17。侧线鳞48～53。

　　本种体侧面观呈椭圆形，侧扁。两颌前端具2～4枚犬齿，下颌两侧各具齿3～4行。前鳃盖骨后角圆弧形，后下缘锯齿较大。尾鳍后缘圆弧形。体黑褐色，密布白色斑点连成的不规则虫纹状斑纹。眶下骨缘黑色。胸鳍黑色。背鳍边缘有白边。为暖水性底层鱼类。栖息于浅水珊瑚礁海区。分布于我国南海、台湾海域，以及琉球群岛海域、印度－西太平洋暖水域。体长约50 cm。

1355 **纹波石斑鱼** *Epinephelus ongus* （Bloch，1790）[37]

　　本种与白星石斑鱼相像。体呈长椭圆形（侧面观），侧扁。眼间隔平坦。口大，斜裂。上颌骨达眼后缘下方，下颌两侧各具齿3～4行。前鳃盖骨后缘圆弧形，后下缘锯齿稍强大。主鳃盖骨三棘甚突出。体淡褐色。眶下骨缘黑色。体侧密布大小不等的白点，并且连成波纹状。胸鳍色深或部分黑色。为暖水性底层鱼类。栖息于浅海岩礁区。分布于我国台湾海域。

1356 **萤点石斑鱼** *Epinephelus caeruleopunctatus* （Bloch，1790）[38] （左幼鱼，右成鱼）
　　 = 蓝点石斑鱼

背鳍XI – 15～17；臀鳍Ⅲ – 8；胸鳍17～19。侧线鳞86～109。

　　本种体呈长椭圆形（侧面观），侧扁。头背平直，吻尖突。口大，下颌侧齿3～4行。前鳃盖骨后缘具锯齿，隅角棘膨大。主鳃盖骨棘3枚。背鳍最后鳍棘与第3鳍棘几乎等长。体紫褐色，散布白色圆斑点。胸鳍黑色，其他鳍有白边。为暖水性底层鱼类。栖息于浅水珊瑚礁海区。分布于我国南海、台湾海域，以及日本南部海域、印度−太平洋暖水域。体长约47 cm。

1357 **赤点石斑鱼** *Epinephelus akaara*（Temminck et Schlegel，1842）[15]

背鳍 XI － 15～17；臀鳍 III － 8～9；胸鳍17～19。侧线鳞50～54。

　　本种体呈长椭圆形（侧面观），侧扁。吻尖，下颌突出，下颌侧齿2行，眼间隔稍隆起。体浅红褐色，无纵带和横带，均匀散布有橙红色小圆斑点，通常背鳍基部有一大黑斑。为暖水性底层鱼类。栖息于沿岸浅水岩礁沙砾底质海区。分布于我国东海、南海、台湾海域，以及日本青森县以南海域、朝鲜半岛南部海域、西北太平洋暖水域。体长约38 cm。

1358 **黑边石斑鱼** *Epinephelus fasciatus*（Forskål，1775）[15]
　　＝横条石斑鱼 *E. alexandrinus*

　　本种体呈长椭圆形（侧面观），侧扁。下颌侧齿3行。尾鳍后缘近截形。体红色，背部较深，腹侧稍浅。具5条深红色横带，背鳍鳍棘膜具黑边。属暖水性底层鱼类。栖息于珊瑚礁或沿岸岩礁海区。分布于我国南海、台湾海域，以及日本南部海域、印度−太平洋暖水域。体长约30 cm。

1359 **额带石斑鱼** *Epinephelus heniochus* Fowler，1904[52]
　＝颊条石斑鱼＝灰石斑鱼＝三线石斑鱼

背鳍XI－14～15；臀鳍Ⅲ－8；胸鳍16～18。侧线鳞54～62。

　　本种体呈长椭圆形（侧面观），侧扁。头背缓弧形，吻稍钝。其前鳃盖骨隅角部稍突出，有数个大锯齿。体淡褐色。颊部和眼后部分别有2条和1条暗纵斜带。体侧无显著斑纹。为暖水性底层鱼类。栖息于沿岸沙泥底质海区。分布于我国南海、东海，以及日本南部海域、西太平洋暖水域。体长约52 cm。

1360 **半月石斑鱼** *Epinephelus rivulatus*（Valenciennes，1830）[38]
　＝霜点石斑鱼 *E. rhyncholepis*＝纹斑石斑鱼 *E. grammatophorus*

背鳍XI－16～18；臀鳍Ⅲ－8；胸鳍17～19。侧线鳞48～53。

　　本种与额带石斑鱼相似。体浅褐色，每枚鳞片中部皆具一白点，体侧有2～3条不明显的褐色横带。胸鳍暗褐色，基部具一红斑。为暖水性底层鱼类。栖息于珊瑚礁或沿岸岩礁海区。分布于我国台湾海域，以及日本南部海域、印度–太平洋暖水域。体长约32 cm。

1361 **波纹石斑鱼** *Epinephelus undulosus*（Quoy et Gaimard，1824）[37]
= 线纹石斑鱼

背鳍Ⅺ－18；臀鳍Ⅲ－8；胸鳍19。鳃耙11～13＋21。

本种体呈椭圆形（侧面观），侧扁。眼间隔隆起。前鳃盖骨后缘垂直状，隅角具特大齿棘。体背灰褐色，体侧淡灰色。头侧有若干纵列黑点，当延伸至体背时形成斜行波状线纹。为暖水性底层鱼类。栖息于近岸礁石海域。分布于我国台湾海域，以及菲律宾海域、印度—西太平洋暖水域。体长约30 cm。

1362 **宽带石斑鱼** *Epinephelus latifasciatus*（Temminck et Schlegel，1842）[15]
= 纵带石斑鱼

背鳍Ⅺ－12～14；臀鳍Ⅲ－7～8；胸鳍17～19。侧线鳞56～66。

本种体呈长椭圆形（侧面观），侧扁。眼间隔隆起，较眼径宽。前鳃盖骨后缘几乎呈直角，锯齿大。体侧鳞片无白点。体灰褐色，幼鱼有2条白色宽纵带，随成长以3条暗褐色点线代之，大型个体颜色转为暗褐色。为暖水性底层鱼类。栖息于沿岸岩礁或沙泥底质海区。分布于我国南海、台湾海域，以及日本南部海域、印度—西太平洋暖水域。体长约1.4 m。

1363 **褐石斑鱼** *Epinephelus brunneus* Bloch，1790 [15]

= 云纹石斑鱼 *E. moara*

背鳍XI - 13～15；臀鳍III - 8～9；胸鳍17～19。侧线鳞64～72。

本种体呈长椭圆形（侧面观），侧扁，吻稍尖。口裂大，上颌后端达眼后缘下方。前鳃盖骨隅角棘大。体褐色，具6～7条斜列暗横带，横带中含有不规则白斑或条纹。随生长横带渐不明显。为暖水性底层鱼类。栖息于沿岸岩礁海区。分布于我国黄海、东海、南海、台湾海域，以及日本南部海域、朝鲜半岛海域、菲律宾海域、西北太平洋暖水域。体长约80 cm。

注：黄宗国（2012）、孙典荣（2013）认为，褐石斑鱼和云纹石斑鱼是同种 [13, 142]。苏永全（2011）报告云纹石斑鱼横带中的白斑偏大而多 [20]，笔者认为这可能是个体差异。

1364 **青石斑鱼** *Epinephelus awoara*（Temminck et Schlegel，1842） [15]

背鳍XI - 15～16；臀鳍III - 8～9；胸鳍17～19。侧线鳞49～55。

本种体呈长椭圆形（侧面观），侧扁。前鳃盖骨隅有2枚粗大棘齿。体黄褐色，散布黄色小点。体侧有5条暗褐色宽横带。背鳍鳍条部和尾鳍边缘黄色。为暖水性底层鱼类。栖息于岩礁海区。分布于我国黄海、东海、南海、台湾海域，以及日本新潟以南海域、朝鲜半岛海域、西北太平洋暖水域。体长约31 cm。

1365 **镶点石斑鱼** *Epinephelus amblycephalus*（Bleeker，1857）[16]

背鳍XI － 15～16；臀鳍Ⅲ － 8；胸鳍17～19。侧线鳞46～58。

　　本种与青石斑鱼相似。体略高，侧面观呈椭圆形，侧扁。眼间隔稍隆起。两颌具犬齿1对，下颌侧齿2行。间鳃盖骨具弱锯齿。体淡褐色，体侧具6条暗褐色横带，带的两侧镶有黑色点列。本种尚与八带石斑鱼相似，可以臀鳍鳍条数目和横带数目相区分。为暖水性底层鱼类。栖息于沿岸深处岩礁或沙泥底质海域。分布于我国南海、台湾海域，以及日本鹿儿岛海域、西太平洋、东印度洋暖水区域。体长约39 cm。

1366 **蓝身大斑石斑鱼** *Epinephelus tukula* Morgans，1959[52]
　　= 黑斑石斑鱼

背鳍XI － 13～15；臀鳍Ⅲ － 7～9。胸鳍18～20。侧线鳞62～70。

　　体侧面观呈椭圆形，侧扁。两颌前端犬齿1对。前鳃盖骨后缘圆弧形，隅角棘中等大。主鳃盖骨上缘显著突出。体灰褐色，体侧有比眼大的黑色斑点。各鳍密布暗褐色小斑点。为暖水性底层鱼类。栖息于珊瑚礁浅水区。分布于我国南海、台湾海域，以及日本和歌山以南海域、印度－西太平洋暖水域。体长可达1.2 m。

1367 **小点石斑鱼** *Epinephelus epistictus*（Temminck et Schlegel，1842）[68]
= 小纹石斑鱼 *E. stigmogrammacus*

背鳍Ⅺ － 13～15；臀鳍Ⅲ － 7～8；胸鳍16～19。侧线鳞55～71。

本种体呈长椭圆形（侧面观），侧扁。下颌侧齿2行，前鳃盖骨后缘直角形，具2枚大锯齿棘。体黄褐色，体侧中部有1纵列黑点，纵列黑点上方及各鳍散布有小黑点，并随成长渐不明显。为暖水性底层鱼类。栖息于从沿岸浅水到水深80 m的岩礁或沙泥底质海域。分布于我国南海、台湾海域，以及日本南部海域、印度-西太平洋暖水域。体长约67 cm。

1368 **珊瑚石斑鱼** *Epinephelus corallicola*（Valenciennes，1828）[38]
= 黑驳石斑鱼 = 棕斑石斑鱼 *E. howlandi*

背鳍Ⅺ － 15～16；臀鳍Ⅲ － 8；胸鳍17～19。侧线鳞49～53。

本种体呈长椭圆形（侧面观）。头圆，吻钝。下颌侧齿2行，前鳃盖骨后缘圆弧形，隅角棘锯齿不大。体灰褐色。头、体部和鳍上均分布有小于瞳孔的黑褐色小点。背鳍基部有3个大黑斑是其显著特征。为暖水性底层鱼类。栖息于浅水珊瑚礁海区。分布于我国南海、台湾海域，以及新加坡海域、琉球群岛海域、中西太平洋暖水域。体长约40 cm。

1369 **马拉巴石斑鱼** *Epinephelus malabaricus*（Bloch et Schneider，1801）[38]（**左幼鱼，右成鱼**）

背鳍XI－14～16；臀鳍III－8；胸鳍18～20。侧线鳞54～64。

本种体侧面观呈椭圆形，侧扁。下颌侧齿2行。眼间隔稍隆起。前鳃盖骨后缘圆弧形，隅角棘齿稍大。主鳃盖骨上缘直线状，具3枚棘。体淡褐色，布以比瞳孔略小的褐色斑点。另具5条微斜暗横带，近腹侧横带呈分叉状。为暖水性底层鱼类。栖息于近岸内湾浅水岩礁海区。分布于我国南海、台湾海域，以及琉球群岛海域、印度-太平洋暖水域。体长约82 cm[9, 38]。

注：本种在《南海鱼类志》（1962）中被称为点带石斑鱼[7]，刘瑞玉（2008）、黄宗国（2012）、孙典荣（2013）认为似鲑石斑鱼 *E. salmonoides* 和马拉巴石斑鱼同种异名[12, 13]。沈世杰（1994）、益田一（1984）则将二者分为2个独立种[38, 9]。

1370 **似鲑石斑鱼** *Epinephelus salmonoides*（Lacepède，1802）[38]（**左幼鱼，右成鱼**）

背鳍XI－15；臀鳍III－8；胸鳍19～20。侧线鳞57～58。鳃耙9＋17。

本种与马拉巴石斑鱼十分相似。体褐色，体侧具5条暗褐色横带。其横带在腹侧分2叉，随鱼体长大，横带渐不明显。本种体上同样散布黑褐色斑点。但本种以黑褐色斑点等于或略大于瞳孔，体尚有白斑，以及眼间隔较平坦而与马拉巴石斑鱼相区分。为暖水性底层鱼类。栖息于内湾浅水的岩礁或珊瑚礁区。分布于我国台湾海域，以及琉球群岛海域、印度-西太平洋暖水域。体长约60 cm[9, 38]。

IV
辐鳍鱼纲

1371 **橘点石斑鱼** *Epinephelus coioides*（Hamilton，1822）[20]
= 斜带石斑鱼[20] = 点带石斑鱼[13]

背鳍XI－13～16；臀鳍Ⅲ－8；胸鳍18～21。侧线鳞58～66。

本种体稍细长，侧扁。吻端尖。口大，水平位，开口于吻端。前鳃盖骨后小角棘稍大。主鳃盖骨具3枚棘，棘间隔几乎相等。体褐色，散布有红褐色斑点。体侧隐具5条暗褐色横带，横带在腹侧通常分2叉。为暖水性底层鱼类。栖息于浅海岩礁区。分布于我国台湾海域、南海。

1372 **点列石斑鱼** *Epinephelus bontoides*（Bleeker，1855）[37]

背鳍XI－17；臀鳍Ⅲ－8；胸鳍18。鳃耙8＋11。

本种形态与青星九棘鲈相似，但后者背鳍有9枚鳍棘，14～16枚鳍条，橙红色，散布蓝点。本种前鳃盖骨隅角棘齿中等大小。体黄褐色。体侧约有8纵列黑斑点，其中有的呈长条形。背鳍鳍棘部也有3斜列长形黑斑。背鳍、胸鳍、尾鳍边缘有黑棕色宽带或淡黄色、白色鳍缘。为暖水性底层鱼类。栖息于浅海岩礁区。分布于我国台湾海域，以及印度尼西亚海域、菲律宾海域、西太平洋暖水域。

1373 **拟青石斑鱼** *Epinephelus fasciatomaculatus*（Peters，1865）[38]
= 斑带石斑鱼

背鳍XI－15～17；臀鳍III－7～8；胸鳍17～19。侧线鳞48～53。

本种体侧面观呈长椭圆形。下颌侧齿2行。眼间隔狭窄。前鳃盖骨隅角有3枚大的棘齿。体浅褐色，密布黄褐色斑点，有6条稍斜伸入背鳍的暗横带。其中第3～5横带腹面分叉。为暖水性底层鱼类。栖息于沿岸岩礁海区。分布于我国南海、台湾海域，以及日本南部海域、越南海域、菲律宾海域、西太平洋暖水域。体长约22 cm。

1374 **三斑石斑鱼** *Epinephelus trimaculatus*（Valenciennes，1828）[38]
= 鲑点石斑鱼 *E. fario* = 长棘石斑鱼 *E. longispinis*

背鳍XI－15～17；臀鳍III－8；胸鳍16～18。侧线鳞47～52。

本种体侧面观呈长椭圆形。吻端尖，下颌突出。前鳃盖骨后缘垂直，隅角棘齿不大。体褐色，密布瞳孔大小的红黑色斑点。背缘有3个黑色鞍状斑，分别位于背鳍鳍棘部、鳍条部和尾柄背缘。为暖水性底层鱼类。栖息于沿岸岩礁海区。分布于我国南海、台湾海域，以及日本南部海域、印度-西太平洋暖水域。体长约32 cm。

45
鲈形目

IV
辐鳍鱼纲

1375 **六角石斑鱼** *Epinephelus hexagonatus* (Forster，1801) [14]

背鳍Ⅺ－15～17；臀鳍Ⅲ－8；胸鳍17～19。侧线鳞57～70。

　　本种体呈长椭圆形（侧面观），吻端尖。口裂大，下颌侧齿3行。前鳃盖骨后缘具锯齿，隅角棘齿稍大。臀鳍第2鳍棘粗长，长度超过尾柄高。体褐色，密布黄褐色、黑褐色六角形斑点，体侧中间的斑点色深，斑点间隙甚窄。背缘有5个黑斑，第5个位于尾柄上方。胸鳍红褐色，具黄线纹和斑点。为暖水性底层鱼类。栖息于珊瑚礁外缘浅海区。分布于我国南海、台湾海域，以及琉球群岛海域、印度–太平洋暖水域。体长约21 cm。

1376 **大斑石斑鱼** *Epinephelus macrospilos* (Bleeker，1855) [38]

背鳍Ⅺ－15～17；臀鳍Ⅲ－8；胸鳍17～20。侧线鳞48～52。

　　本种体呈长椭圆形（侧面观）。吻端尖，下颌突出。前鳃盖骨隅角棘齿中等大。头、体均密布斑点。胸鳍色深，其基部和其他鳍均有网状斑点。为暖水性底层鱼类。栖息于珊瑚礁浅海区。分布于我国台湾海域，以及琉球群岛海域、印度–太平洋暖水域。体长约38 cm。

1377 玳瑁石斑鱼 *Epinephelus quoyanus*（Valenciennes，1830）[141]

背鳍XI－16～18；臀鳍Ⅲ－8；胸鳍16～19。侧线鳞47～52。

本种体侧面观呈长椭圆形，侧扁。体稍低。吻端较圆钝。前鳃盖骨隅角棘齿稍长。体浅褐色。头部、体部密布六角形暗斑，状似蜂巢。腹鳍色淡，有不明显横带。臀鳍、尾鳍后缘有黑边。为暖水性底层鱼类。栖息于沿岸沙泥底质或岩礁海区。分布于我国台湾海域，以及日本沿海、西太平洋暖水域。体长约31 cm。

1378 花点石斑鱼 *Epinephelus maculatus*（Bloch，1790）[38]（左幼鱼，右成鱼）

背鳍XI－15～17；臀鳍Ⅲ－8～9；胸鳍17～19。侧线鳞48～52。

本种体呈长椭圆形（侧面观），侧扁。眼间隔稍隆起，较眼径窄。下颌侧齿2行。前鳃盖骨后缘稍突出，隅角棘齿稍大。体灰褐色。体散布瞳孔大小的黑斑。背部有3块色淡区域，其间为黑褐色大斑。幼鱼黄褐色，体部黑斑点不发达。为暖水性底层鱼类。栖息于珊瑚礁浅海区。分布于我国南海、台湾海域，以及日本南部海域、西太平洋、东印度洋暖水域。体长约40 cm。

1379 **清水石斑鱼** *Epinephelus polyphekadion*（Temminck et Schlegel，1842）
= 小牙石斑鱼 *E. microdon*

背鳍XI－14～15；臀鳍Ⅲ－8；胸鳍16～18。侧线鳞47～53。鳃耙8～10＋15～17。

本种体侧面观呈长椭圆形，侧扁。头背缘平滑稍突。前鳃盖骨具细锯齿缘，主鳃盖骨后上角突出。体与各鳍淡褐色，密布与瞳孔等大或稍小的深色网状斑点，伴有几条不明显横带。背侧有5个大暗斑，尾柄背部呈黑色鞍斑。胸鳍淡褐色。为暖水性底层鱼类。栖息于珊瑚礁浅海区。分布于我国台湾海域，以及日本南部海域、印度–太平洋暖水域。体长约61 cm。

1380 **棕点石斑鱼** *Epinephelus fuscoguttatus*（Forskål，1775）[38]
= 褐点石斑鱼 = 老虎斑

背鳍XI－13～15；臀鳍Ⅲ－8；胸鳍18～20。侧线鳞52～60。

本种体侧面观呈椭圆形，侧扁。头大，吻钝。头背缘眼后部凹陷，而后稍隆起。主鳃盖骨后上角明显突出，且近垂直下降至鳃盖骨最后缘。后鼻孔大，呈三角形。体淡黄棕色，斑纹与清水石斑鱼略相似。体与各鳍密布与瞳孔等大或较小的斑点，体侧也有不规则斑纹。尾柄背部有鞍斑。但本种胸鳍赤褐色，可与清水石斑鱼明显区分。为暖水性底层鱼类。栖息于浅海珊瑚礁区。分布于我国南海、台湾海域，以及琉球群岛海域、印度–太平洋暖水域。体长约80 cm[99]。

1381 **蜂巢石斑鱼** *Epinephelus merra* Bloch，1793 [15]

= 网纹石斑鱼

背鳍XI－15～17；臀鳍Ⅲ－8～9；胸鳍16～18。侧线鳞48～53。

本种体呈长椭圆形（侧面观），侧扁。吻端尖。眼间隔较窄。前鳃盖骨隅角具大棘齿。主鳃盖骨上缘直线状。体浅褐色，头部、体部、鳍部密布深褐色斑点，腹部斑点间隙较背部稍宽，体侧斑点相连续。为暖水性底层鱼类。栖息于珊瑚礁、礁盘海区。分布于我国南海、台湾海域，以及日本南部海域、印度－太平洋暖水域。体长约25 cm。

1382 **指印石斑鱼** *Epinephelus megachir*（Richardson，1846）[16]

背鳍XI－17；臀鳍Ⅲ－8；胸鳍17。侧线鳞81～83。

本种体呈长椭圆形（侧面观），侧扁。吻长，约等于眼径。眼间隔宽。上、下颌约等长。前鳃盖骨后缘有细锯齿，隅角处锯齿较大。体黄褐色，体及背鳍、尾鳍均有棕褐色指印状斑。胸鳍、腹鳍淡褐色，无斑点。为暖水性底层鱼类。栖息于近岸海岩礁或珊瑚礁海区。分布于我国南海，以及日本南部海域、印度尼西亚海域、印度－西太平洋暖水域。体长约41 cm。

注：黄宗国（2012）与朱元鼎（1962）[7]，指出本种与玳瑁石斑鱼为同种[13]，但两者在前鳃盖骨隅角棘大小、侧线鳞数目及斑纹上仍有较大差别。故本书仍作为两种列写。供读者参考。

1383 黑点石斑鱼 *Epinephelus melanostigma* Schultz，1953 [38]

背鳍Ⅺ－14~16；臀鳍Ⅲ－8；胸鳍17~19。侧线鳞56~68。

　　本种体呈长椭圆形（侧面观），侧扁。吻稍尖。眼间隔平坦，不隆起。下颌侧齿3~5行。前鳃盖骨后下缘锯齿状。体褐色。体侧和各鳍均遍布六角形深褐色斑，斑点较小；腹鳍则转为较稀圆点。背鳍鳍棘基部有一大型黑斑。为暖水性底层鱼类。栖息于珊瑚礁浅海区。分布于我国台湾海域，以及琉球群岛海域、印度–太平洋暖水域。体长约27 cm。

1384 巨石斑鱼 *Epinephelus tauvina*（Forskål，1775）[15]
　　 ＝鲈滑石斑鱼

背鳍Ⅺ－13~16；臀鳍Ⅲ－8；胸鳍17~19。侧线鳞62~74。

　　本种体侧面观呈长椭圆形，侧扁。吻尖长，吻前稍隆起。前鳃盖骨后缘具细锯齿，隅角棘不大。体浅褐色，遍布瞳孔大小的黑斑，但斑点轮廓不甚分明。背鳍基底也有大型黑斑，幼鱼时仅1个。为暖水性底层鱼类。栖息于珊瑚礁海区。分布于我国南海，以及日本南部海域、印度–太平洋暖水域。体长可达2 m，体重可达200 kg，是石斑鱼类中最大的种类。

▲ 本属我国尚有吻斑石斑鱼 *E. spilotoceps*，分布于我国南海、台湾海域[8, 13]。

线纹鱼亚科 Grammistinae

1385 **六带线纹鱼** *Grammistes sexlineatus*（Thunberg，1792）[15]

= 六线黑鲈

背鳍Ⅶ，12～14；臀鳍Ⅱ－9；胸鳍16~18。侧线鳞82~88。鳃耙1～3＋7～9。

本种体呈长椭圆形（侧面观），侧扁。被小圆鳞，埋于皮下。口大，斜裂，具上颌辅骨。颏部有小皮瓣。两颌与犁骨、腭骨均具绒毛状齿。前鳃盖骨后缘有2～4枚棘，主鳃盖骨有3枚强棘。侧线完全。背鳍具深缺刻。臀鳍鳍棘小，埋于皮下。胸鳍、尾鳍后缘圆弧形。体黑褐色，具3～6条白色纵纹。幼鱼纵带少。为暖水性底层鱼类。栖息于沿岸岩礁或珊瑚礁浅海区。分布于我国南海、台湾海域，以及日本南部海域，印度–太平洋暖水域。体长约25 cm。

软鱼亚科 Malakichthyinae

软鱼属 *Malakichthys* Döderlein，1883

本属物种体呈长椭圆形（侧面观），侧扁。体被中等大弱栉鳞。侧线完全，位高。头大。眼大，侧上位。口大，斜裂；上颌骨达瞳孔下方，具上颌辅骨。两颌和犁骨、腭骨均具绒毛状齿。下颌缝合部有1对齿状突起。前鳃盖骨缘具弱锯齿，主鳃盖骨有2枚棘。背鳍2个，仅基部微连，Ⅸ～Ⅹ，9～10。臀鳍Ⅲ－7～9。尾鳍叉形。

注：本属被黄宗国（2012）、Nelson（2006）移入发光鲷科Acropomatidae[13, 3]。

1386 **协谷软鱼** *Malakichthys wakiyai* Valenciennes，1835[38]
= 瓦氏软鱼

背鳍Ⅸ～Ⅹ，10；臀鳍Ⅲ－8～9；胸鳍13～14。侧线鳞48～52。鳃耙7～9＋1＋20～23。

本种一般特征同属。臀鳍鳍条长小于臀鳍基长。肛门距臀鳍较距腹鳍基为近，腹鳍不伸达肛门。腹鳍鳍棘前缘平滑无锯齿。体青灰色，腹侧银白色。各鳍略带黄色，尾鳍色稍深。为暖温性底层鱼类。栖息于沿岸较深海区。分布于我国东海、台湾海域，以及日本东京至鹿儿岛沿海、西北太平洋温热水域。体长约25 cm。

1387 **美软鱼** *Malakichthys elegans* Matsubara et Yamaguchi，1943[38]

背鳍Ⅹ，9～10；臀鳍Ⅲ－7；胸鳍13～14。侧线鳞48～51。鳃耙7～10＋1＋20～25。

本种体呈长椭圆形（侧面观），侧扁。体高较低，小于体长的1/3。吻较长，吻端尖。臀鳍鳍条长于鳍基底长。体背暗褐色，腹侧银白色。各鳍色较深，背鳍鳍棘部有黑缘。为暖温性底层鱼类。栖息于沿岸较深海域。分布于我国东海、南海、台湾海域，以及日本相模湾海域、冲绳海域，印度－西太平洋温暖水域。体长约20 cm。

1388 **灰软鱼** *Malakichthys griseus* Döderlein，1883 [38]

背鳍X，9～10；臀鳍Ⅲ－7～8；胸鳍14。侧线鳞42～47。鳃耙7～10＋1＋17～23。

本种与美软鱼相似，亦为臀鳍鳍条长大于臀鳍基底长。但本种体较高，体高大于体长的1/3；侧线鳞为42～47枚。体色亦相似，银灰色，背缘呈暗灰色。背鳍、臀鳍、腹鳍色浅；胸鳍、尾鳍色较深。为暖温性底层鱼类。栖息于沿岸较深海区。分布于我国南海、台湾海域，以及日本新潟至鹿儿岛沿海、西太平洋温暖水域。体长约15 cm。

大花鮨亚科 Giganthiinae

1389 **桃红大花鮨** *Giganthias immaculatus* Katayama，1954 [38]
　　 ＝巨棘花鮨

背鳍Ⅸ－13；臀鳍Ⅲ－8；胸鳍16。侧线鳞42～44。鳃耙10＋20～21。

本种体呈卵圆形（侧面观），侧扁而高。吻圆钝，口裂大，下颌稍长。眼大，眼间隔稍隆起。两颌及犁骨、腭骨均具绒毛状齿。两颌尚有大型圆锥状齿。前鳃盖骨后缘具锯齿。体被大栉鳞。背鳍第2～4鳍棘及腹鳍鳍棘前缘锯齿状。尾鳍后缘凹入。体背紫红色，腹侧粉红色。吻至眼下缘具一红线。背鳍鳍棘部黄色。为暖水性底层鱼类。栖息于水深稍深的岩礁海区。分布于我国台湾海域，以及日本伊豆群岛海域、琉球群岛海域、西太平洋暖水域。体长约30 cm。

45
鲈形目

拟线鲈亚科 Pseudogrammatinae

1390 多棘拟线鲈 *Pseudogramma polyacanthum*（Bleeker，1856）[38]

背鳍Ⅶ～Ⅷ－19～22；臀鳍Ⅲ－15～18；胸鳍16～17。纵列鳞48～50，背鳍前鳞18～20。

本种体侧面观呈长椭圆形。被栉鳞，头部除吻和上、下颌外均被鳞。眼大，眼径超过吻长。眼间隔有1对感觉管孔。上颌骨超过眼后缘。犁骨、腭骨有齿。侧线2条。背鳍始于胸鳍基的上方，鳍棘短于鳍条，棘膜缺刻深。尾鳍后缘圆弧形。体黄褐色，具网纹。鳃盖上具一大黑斑。为暖水性底层鱼类。栖息于珊瑚礁海区及潟湖。分布于我国台湾海域，以及琉球群岛海域、太平洋暖水域。体长约6 cm。

1391 双线少孔纹鮨 *Aporops bilinearis* Schultz，1943[37]
　　= 双线拟鮗

背鳍Ⅶ－23～24；臀鳍Ⅲ－19～21；胸鳍15～17。纵列鳞60，背鳍前鳞40～50。

本种眼间隔无感觉管孔。上颌骨长，超过眼后缘。体淡黄褐色，散布斑点。为暖水性底层鱼类。栖息于潮流通畅的礁缘海区。分布于我国台湾海域，以及日本南部海域、印度−太平洋暖水域。体长约9 cm。

东洋鲈亚科 Niphoninae

1392 东洋鲈 *Niphon spinosus* Cuvier，1828[38]（左幼鱼，右成鱼）

背鳍Ⅷ，10～11；臀鳍Ⅲ－6～8；胸鳍15～17。侧线鳞84～93。鳃耙7～9＋13～16。

本种体延长，侧扁。头大。吻尖长，口裂大。上颌骨宽，无上颌辅骨。眼前方稍突起。眼间隔平坦。前鳃盖骨隅角具一长棘。主鳃盖骨具棘3枚。体被细小栉鳞，尾鳍后缘稍凹入。体背紫灰色，腹面银白色。尾鳍有白缘。幼鱼体侧有3条褐色纵带，成鱼不明显。为暖水性底层鱼类。栖息水深可达420 m。分布于我国东海、台湾海域，以及日本南部海域、菲律宾海域、西太平洋暖水域。体长可达1 m。

常鲈亚科 Oligorinae

1393 中国花鲈 *Lateolabrax maculatus*（McClelland，1844）
= 日本真鲈 *L. japonicus*

背鳍Ⅻ～ⅩⅤ，12～14；臀鳍Ⅲ－7～9；胸鳍14～18。侧线鳞71～86。鳃耙7～11＋15～18。

本种体呈长纺锤形。吻端尖，口裂大；下颌较上颌突出，具上颌辅骨。两颌和犁骨、腭骨均具绒毛状细齿。前鳃盖骨后缘有细锯齿，隅角及下缘有钝棘。主鳃盖骨有2枚棘。体被小栉鳞，侧线完全。尾鳍浅叉形。体背侧灰褐色，腹侧银白色，侧线上方和背鳍鳍棘部散布黑色斑点。为暖温性底层鱼类。栖息于近岸浅海以及内湾河口处，亦可溯入淡水。分布于我国渤海、黄海、东海、南海、台湾海域，以及日本海域、朝鲜半岛海域、西太平洋温暖水域。体长约80 cm。现已是主要养殖类种[102，103]。

注：花鲈在我国学名曾长期延用 *L. japonicus*。高天翔通过形态学和分子生物学分析，认为在中国沿海和在日本沿海分布的花鲈为两个独立种，在中国分布的花鲈应称中国花鲈 *L. maculatus*。倪勇（2006）、黄宗国（2012）等也已用该名称[10, 13]。

1394 宽真鲈 *Lateolabrax latus* Katayama，1957[38]
= 宽花鲈

背鳍XII，15～16；臀鳍III－9～10；胸鳍16～17。侧线鳞71～76，侧线上鳞13～15。鳃耙8～9＋15～17。

本种体侧面观呈长椭圆形，侧扁。体较高，尾柄宽。下颌腹面有鳞。体灰褐色，侧腹银白色，散布黑色斑点。为暖温性底层鱼类。栖息于近海水深稍深的岩礁区。分布于我国南海，以及日本静冈县海域、长崎县海域，西北太平洋温暖水域。体长约80 cm。

注：本种和中国花鲈一起，已移入狼鲈科Moronidae中[3, 13]。本书仍将二者置于鲔科。

黄鲈亚科 Diploprioninae

1395 查氏鱵鲈 *Belonoperca chabanaudi* Fowler et Bean，1930[38]
= 尖背鲈

背鳍VIII～IX，I－10；臀鳍II－8；胸鳍13～15。侧线鳞66～76。鳃耙6～8＋13～15。

　　本种体延长，侧扁。头大，吻尖。口大，斜裂；上、下颌约等长。前鳃盖骨垂直状，具细锯齿，隅角具棘刺。主鳃盖骨棘3枚。两背鳍分离，胸鳍短，尾鳍后缘截形。体深青灰色，背鳍鳍棘部有一大黑斑。为暖水性底层鱼类。栖息于珊瑚礁浅海区。分布于我国台湾海域，以及琉球群岛海域、印度－太平洋暖水域。体长约15 cm。

[1396] **双带黄鲈** *Diploprion bifasciatus* Cuvier，1828 [15]

背鳍Ⅷ，13～16；臀鳍Ⅱ－12～13；胸鳍17～18。侧线鳞80～88。鳃耙9～10＋20～22。

　　本种体呈卵圆形（侧面观），侧扁而高。口大，位于吻端。两颌和犁骨、腭骨均具绒毛状齿。前鳃盖骨缘有细锯齿。主鳃盖骨有3枚扁棘。背鳍2个，仅基部相连。尾鳍后缘圆弧形。体被小栉鳞。体鲜黄色，体侧有一宽的黑褐色横带，头部有一较窄横带。为暖水性底层鱼类。栖息于近岸浅海区，有时可进入河口。分布于我国东海、南海、台湾海域，以及日本南部海域、印度－西太平洋暖水域。体长约20 cm。体表黏液有毒。

[1397] **琉璃紫鲈** *Aulacocephalus temmincki* Bleeker，1854 [38]

背鳍Ⅸ，12；臀鳍Ⅲ－8～9；胸鳍14～16。侧线鳞76～82。鳃耙7～8＋18～20。

本种体侧面观呈长椭圆形，侧扁。头大，吻端尖。口大，斜前位；下颌长于上颌。主鳃盖骨具尖棘3枚。背鳍连续，缺刻浅。胸鳍较腹鳍稍短。体被小栉鳞。体蓝紫色，从吻至尾鳍基有一鲜黄色纵带贯穿体背缘。为暖水性底层鱼类。栖息于沿岸岩礁海区。分布于我国东海、台湾海域，以及日本南部海域、印度–西太平洋暖水域。体长约25 cm。体表有毒腺。

尖牙鲈属 *Synagrops* Günther，1887

本属物种体延长，侧扁。眼大，眼径约占头长的1/3，侧上位。两颌具绒毛状齿，在上颌前端和下颌两侧具犬齿。犁骨、腭骨具绒毛状细齿。背鳍2个，分离，IX，I－8～9。臀鳍II～III－7。尾鳍叉形。我国有5种。

注：尖牙鲈属和软鱼、赤鲑一起被Nelson（2006）和黄宗国（2012）列入发光鲷科中。本书仍将尖牙鲈属和软鱼属置于鮨科中。

[1398] **日本尖牙鲈** *Synagrops japonicus*（Döderlein，1883）[48]

背鳍IX，I－9；臀鳍II－7；胸鳍16；侧线鳞28～33。鳃耙3～8＋11～14。

本种一般特征同属。前鳃盖骨隅角稍突出，边缘有锯齿。主鳃盖骨扁棘弱，2枚。体被圆鳞。腹鳍鳍棘前缘光滑，无锯齿。头、体灰褐色，口腔黑色，胸鳍淡黄色，其他鳍色暗。为暖水性底层鱼类。栖息水深100～800 m。分布于我国东海、南海、台湾海域，以及日本北海道以南海域、印度–太平洋暖水域。体长约35 cm。

[1399] **腹棘尖牙鲈** *Synagrops philippinensis*（Günther，1880）[38]
　　　＝菲律宾尖牙鲈

背鳍Ⅸ，Ⅰ－9；臀鳍Ⅱ－7；胸鳍16。侧线鳞28～32。鳃耙2～4＋1＋8～12。

　　本种前鳃盖骨隅角处无棱棘，腹鳍鳍棘前缘具锯齿，背鳍、臀鳍鳍棘前缘平滑无锯齿，尾鳍叉较浅。体灰褐色，腹部色淡，未见明显斑纹分布。各鳍亦色淡。为暖水性底层鱼类。栖息水深30～200 m。分布于我国东海、台湾海域，以及日本骏河湾以南海域、印度－西太平洋暖水域。体长约10 cm。

[1400] **锯棘尖牙鲈** *Synagrops serratospinosus* Smith et Radcliffe，1912 [38]

背鳍Ⅸ，Ⅰ－9；臀鳍Ⅱ－7；胸鳍17。侧线鳞28。鳃耙4＋1＋12。

　　本种体延长，侧扁。腹鳍鳍棘前缘具细锯齿。前鳃盖骨下缘有锯齿。第1、第2背鳍分离，第2背鳍第1鳍棘和臀鳍第2鳍棘前缘呈锯齿状。体灰褐色。奇鳍色稍淡，偶鳍色较深。为暖水性深海鱼类。分布于我国南海，以及日本骏河湾海域、菲律宾海域、西太平洋暖水域。体长约5.7 cm。

1401 多棘尖牙鲈 *Synagrops analis*（Katayama，1957）[38]

背鳍Ⅸ，Ⅰ-9；臀鳍Ⅲ-7；胸鳍17~18。侧线鳞28~31。鳃耙3~5+1+10~12。

　　本种体呈长椭圆形（侧面观），侧扁，体稍高。吻钝尖，下颌突出。下颌具4~6枚大犬齿。眼大，侧位，几乎占头侧前部的1/2。前鳃盖骨边缘直角状，主鳃盖骨扁棘发达。臀鳍鳍棘3枚，腹鳍鳍棘前缘锯齿状。体灰褐色。各鳍色浅。为暖水性底层鱼类。栖息水深超过100 m。分布于我国台湾海域，以及日本尾鹫海域、菲律宾海域。体长约10 cm。

▲ 本属尚有棘尖牙鲈*S. spinosus*，分布于我国台湾海域[13]。

（202）鳈鲈科 Ostracoberycidae（74a）
＝ 甲金眼鲷科

　　本科是从原鮨科中独立出来的科。头骨外露，粗糙而坚硬。眶前骨和眶下骨肥大，并和前鳃盖骨连接。前鳃盖骨隅角有一强棘。无上颌辅骨。体被弱栉鳞。背鳍2个，分离；有9枚鳍棘，9~10枚鳍条。臀鳍有3枚鳍棘，7~8枚鳍条。全球仅有1属3种，我国有1种。

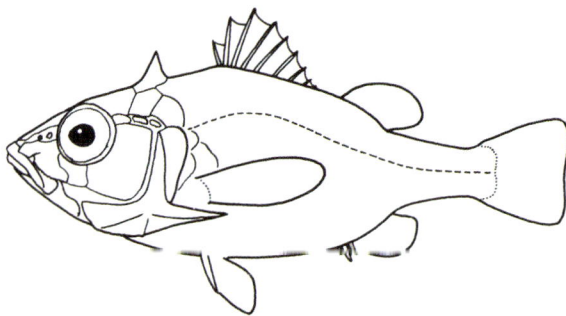

鳈鲈科物种形态简图

1402 **矛状鲲鲈** *Ostracoberyx dorygenys* Fowler，1934 [38]
= 矛状大甲金眼鲷

背鳍Ⅸ，9～10；臀鳍Ⅲ－7；胸鳍14～16。侧线鳞47～55。

　　本种一般特征同科。体呈卵圆形（侧面观），侧扁。头大，尾柄稍细长，尾柄长约是尾柄高的2倍。口稍小，斜位；上颌骨后端达眼前缘。眼大，眼径大于吻长和眼间隔宽度，眼间隔平坦。主鳃盖骨后缘光滑无棘。鳞小，弱栉鳞。背鳍第3鳍棘最长。头背有角状小突起。尾鳍后缘圆弧形。体灰褐色，腹侧银白色。各鳍色淡。为暖水性底层鱼类。栖息水深229～711 m。分布于我国南海、台湾海域，以及日本南部海域、菲律宾海域、印度–西太平洋暖水域。体长约10 cm。

（203）拟雀鲷科 Pseudochromidae （63b）

　　本科物种体呈长椭圆形（侧面观），侧扁。头通常圆钝。口中等大，颌可伸缩。颌齿数行，且外行前端齿大。犁骨、腭骨多具齿。前鳃盖骨边缘光滑或具细齿。体被中等大栉鳞或圆鳞。侧线不完或中断。上侧线位高，邻背缘；下侧线起始于体后部中部，抵尾鳍基。背鳍连续，基底长，Ⅰ～Ⅲ－21～37。臀鳍Ⅰ～Ⅲ－13～21。尾鳍后缘圆弧形或截形。全球有15属93种，我国有2属12种。

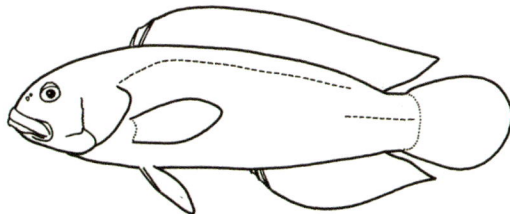

拟雀鲷科物种形态简图

　　注：鳗鲷 *Congrogadus subducens* 又称鳗鳅，本书置于龙䲢亚目。

戴氏鱼属 *Labracinus* Schlegel，1858

= 丹波鱼属 *Dampieria*

本属物种体近长方形（侧面观），甚侧扁。头钝，上部突出。口稍大，斜裂，颌齿多行，外行锥状，近前端有犬齿。腭骨无齿，犁骨齿为半月形齿群。体被中等大栉鳞。侧线中断，上行近背缘，止于背鳍基末端；下行始于尾部，止于尾鳍基。背鳍连续，Ⅱ–23～26。臀鳍Ⅲ–13～15。胸鳍宽。尾鳍后缘圆弧形。本属我国有3种。

1403 **环眼戴氏鱼** *Labracinus cyclophthalmus*（Müller et Troschel，1849）[38]（**上雄鱼，下雌鱼**）

= 圆眼丹波鱼 *Dampieria cyclophthalmus* = *Ogilbyina cyclophthalmus*

背鳍Ⅱ–25；臀鳍Ⅲ–14；胸鳍18～19。侧线鳞53～56＋19～24。

本种一般特征同属。吻短钝，口中等大。下颌稍突出，两颌具犬齿2～3对。背鳍、臀鳍末端尖，尾鳍后缘圆弧形。雄鱼头、胸鳍、臀鳍深橄榄色，具灰褐色小点；体侧有鲜红色斑，扩至腹部。背鳍、臀鳍雄鱼淡青黄色，雌鱼艳红色。本种体色随生长而变化。为暖水性底层鱼类。栖息于珊瑚礁浅海区。分布于我国台湾海域，以及日本南部海域、西太平洋暖水域。体长约12 cm。

1404 条纹戴氏鱼 *Labracinus lineatus* Gastelnau，1875 [9]

本种体灰棕色，眼下方有橘红色横纹，主鳃盖深棕色，体侧有1个大于胸鳍的鲜红色大斑，背部和鳞上有灰蓝色斑点，并有诸多点列状纵纹。为暖水性底层鱼类。栖息于珊瑚礁海区及潟湖。分布于我国台湾海域，以及印度-太平洋暖水域。体长约10 cm。

1405 黑线戴氏鱼 *Labracinus melanotaenia*（Bleeker，1852）[9]（上鱼体长7.5cm，下鱼体长8.5cm）

背鳍Ⅱ－23～26；臀鳍Ⅲ－13～15；胸鳍17～18。侧线鳞46～61。

本种体橘红色，具深黑色横纹。头顶由绿色转为橄榄色，斑点灰褐色。腹部红色。各鳍红黑色。眼前缘和颊部有8～9条蓝斜纹，尾鳍具马蹄形环带。为暖水性底层鱼类。栖息于珊瑚礁浅海区。分布于我国南海、台湾海域，以及西太平洋暖水域。体长约12 cm。

IV
辐鳍鱼纲

拟雀鲷属 *Pseudochromis* Rüppell，1835

本属物种体型小，侧面观呈长椭圆形。头尖，口大。颌齿数行，部分为犬齿状；犁骨、腭骨有齿。栉鳞大，侧线中断。纵列鳞30～45枚。背鳍连续，Ⅱ～Ⅲ－21～28。臀鳍Ⅲ～Ⅳ－12～19。胸鳍钝圆。尾鳍后缘圆弧形或截形。我国有9种。

1406 **棕拟雀鲷** *Pseudochromis fuscus* Müller et Troschel，1849 [14]
= 金色拟雀鲷 *P. aureus* = 褐准雀鲷

背鳍Ⅲ－25～28；臀鳍Ⅲ－13～15；胸鳍17～20。侧线鳞23～36＋4～13。

本种一般特征同属。体较高，眼上缘头背直线状，上、下颌犬齿显著长，共3对。背鳍鳍棘粗，尾柄短。体色有亮黄色、深灰色等。头项部及体前半部具蓝点，体背两侧部及背鳍浅黄褐色，尾柄和尾鳍色淡。为暖水性底层鱼类。栖息于珊瑚礁浅海区或潟湖。分布于我国南海、台湾海域，以及琉球群岛海域、印度–西太平洋暖水域。体长约4 cm。

1407 **黄尾拟雀鲷** *Pseudochromis xanthochir* Bleeker，1855 [38]
= 黄鳍准雀鲷

背鳍Ⅲ－24～26；臀鳍Ⅲ－13～14；胸鳍17～18。纵列鳞33～38。

本种体延长，体较低。体棕色、棕黑色，背部有暗纵带，头及体下半部色略淡。背鳍、尾鳍艳黄色，偶鳍淡红色或黄色。为暖水性底层鱼类。栖息于浅海岩礁或珊瑚礁区。分布于我国台湾海域，以及印度–西太平洋暖水域。体长约5 cm。

1408 **蓝带拟雀鲷** *Pseudochromis cyanotaenia* Bleeker，1857 [38]

背鳍Ⅲ－22～24；臀鳍Ⅲ－13～14；胸鳍17～18。侧线鳞26～32＋8～13。

本种体型与黄尾拟雀鲷相似。主鳃盖上部有皮瓣，体深青色。雄鱼沿上侧线有黄色纵带，体侧有8～9条蓝色横带；雌鱼因背鳍和尾鳍呈黄色而易与黄尾拟雀鲷混淆。为暖水性底层鱼类。栖息于珊瑚礁海区及潟湖。分布于我国南海、台湾海域，以及琉球群岛海域、印度–西太平洋暖水域。体长约6 cm。

注：沈世杰《台湾鱼类志》（1994）中的黄尾拟雀鲷附图也有可能是本种雌性个体 [9]。

1409 **黑带拟雀鲷** *Pseudochromis melanotaenia* Bleeker，1863 [38]

背鳍Ⅲ－21～23；臀鳍Ⅲ－13～14；胸鳍17～18。侧线鳞27～35。

本种体延长，侧扁。体和鳍条黄色，沿背鳍缘有一明显黑带，该黑带沿尾鳍缘呈马蹄形。臀鳍、腹鳍稍带红色。在鳃孔后部尚有一白色圆点。为暖水性底层鱼类。栖息于珊瑚礁海区及潟湖。分布于我国台湾海域，以及琉球群岛海域、西太平洋暖水域。体长约6 cm。

1410 紫青拟雀鲷 *Pseudochromis tapeinosoma* Bleeker，1853 [38]
= 狭身拟雀鲷

背鳍Ⅲ-21～23；臀鳍Ⅲ-12～13；胸鳍17～19。侧线鳞27～36。

本种与黑带拟雀鲷相似，刘瑞玉（2008）、黄宗国（2012）认为二者是同种异名 [12, 13]，而日本益田一（1985）和沈世杰（1995）则分立两种 [9]。区别在于本种的体、鳍均为紫青色到紫褐色，腹部稍淡；背鳍上缘有一灰色纵带，胸鳍透明。同时，沈世杰（1995）认为吉氏拟雀鲷 *P. kikail* 及灰黄（红）拟雀鲷 *P. luteus* 也和本种同种异名，而刘瑞玉（2008）则认为将三者分别独立为种 [9, 12]。故值得进一步探讨。本种为暖水性底层鱼类。栖息于珊瑚礁海区及潟湖。分布于我国台湾海域，以及琉球群岛海域、印度-西太平洋暖水域。体长约6 cm。

1411 棕红拟雀鲷 *Pseudochromis porphyreus* Lubbock et Goldman，1974 [38]
= 紫准雀鲷

背鳍Ⅲ-22；臀鳍Ⅲ-12；胸鳍17～18。侧线鳞21～25＋7～10。

本种体延长，侧扁。头圆钝。臀鳍第2和第3鳍棘等长。尾鳍后缘截形。体除尾鳍外均为紫红色，无斑纹或小点。各鳍后边有一透明带，易与近似种相区分。为暖水性底层鱼类。栖息于水深8～15 m的珊瑚礁海区。分布于我国台湾海域，以及琉球群岛海域、西太平洋暖水域。体长约5 cm。

▲ 本属我国尚有马来拟雀鲷 *P. diadema*、灰黄拟雀鲷 *P. luteus* 和条纹拟雀鲷 *P. striatus*，均分布于我国台湾海域 [13, 37]。

（204）拟鲅科 Pseudoplesiopidae（63a）

本科物种形态与拟雀鲷科相似，亦是小型鱼种；但体无侧线，腹鳍延长，背鳍仅有1枚鳍棘痕迹。它与鲅科又因背鳍鳍条数、腹鳍鳍条数少以及尾鳍后缘截形等也有很大差别。其分类地位依学者不同认识不甚统一。Nelson（2006）、沈世杰（2011）将其列为拟雀鲷科的1个亚科[3, 9]，中坊彻次（1993）将其列为一独立科[36]。本科共有5属26种，我国有1属1种。

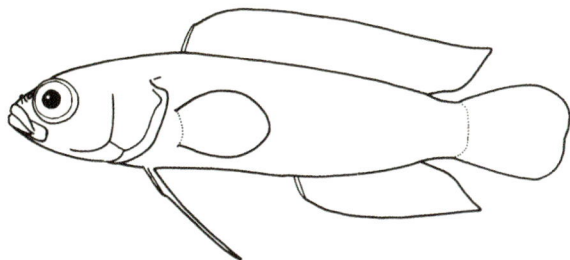

拟鲅科物种形态简图

1412 **玫瑰拟鲅** *Pseudoplesiops rosae* Schultz，1943[37]

背鳍 I－22；臀鳍 I－13；胸鳍16～18。

本种体延长。吻短，圆钝。口较大。眼大，突出头背缘。无侧线，鳃孔上端有1枚孔鳞。腹鳍长，超越肛门。背鳍鳍棘、臀鳍鳍棘仅为痕迹。体玫瑰色，除胸鳍外，其他鳍鲜红色。背鳍、臀鳍边缘青蓝色。为暖水性底层鱼类。栖息于潮间带水窟或潟湖至水深5 m的岩石或珊瑚礁海区。分布于我国台湾海域，以及日本奄美大岛海域、萨摩亚群岛海域、西太平洋暖水域。体长约2.3 cm。

（205）鮗科 Plesiopidae （81b）

本科物种体呈卵圆形（侧面观）或细长，稍侧扁。头小。吻短，眼大。口中等大，具上颌辅骨。颌齿绒毛状，前端稍扩大。犁骨、腭骨具齿。前鳃盖骨、主鳃盖骨无棘。体被中等大栉鳞或圆鳞。吻和上、下颌裸露或有鳞。侧线中断或无侧线。背鳍连续，鳍棘部较长。腹鳍胸位，Ⅰ-4或Ⅰ-2。尾鳍后缘圆弧形或尖。全球有11属46种，我国有7属11种。

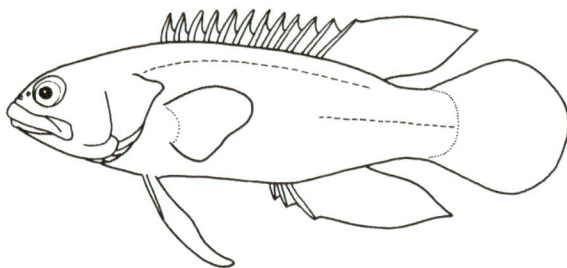

鮗科物种形态简图

鮗亚科 Plesiopinae

[1413] **蓝氏燕尾鮗** *Assessor randalli* Allen et Kuitar，1976 [38]

背鳍Ⅺ-10；臀鳍Ⅲ-10；胸鳍15；腹鳍Ⅰ-4。鳃耙8+17。

本种体较细长，侧扁。吻短，稍圆钝。口裂大，端位，斜裂。两颌及腭骨均有绒毛状齿带。体被栉鳞，上颌及吻端到眼上方亦被鳞。背鳍鳍棘细长，以第6~8鳍棘最长，第1鳍棘仅为第2鳍棘的1/2。尾鳍深叉形。体紫黑色。为暖水性底层鱼类。栖息于潮间带、潟湖或珊瑚礁海区。分布于我国台湾海域，以及日本南部海域、印度-西太平洋暖水域。体长约5 cm。

1414 **丽鮗** *Calloplesiops altivelis*（Steindachner，1903）[38]
= 瑰丽七夕鱼

背鳍Ⅺ－9～10；臀鳍Ⅲ－9～10；胸鳍19～20；腹鳍Ⅰ－4。背鳍前鳞9～10。

本种体呈长椭圆形（侧面观），侧扁。背鳍棘膜无深缺刻。背鳍鳍条部、臀鳍鳍条部长，后缘尖。腹鳍长，尾鳍矛状。体褐色，除胸鳍外，均布有小白圆点。背鳍后部有眼斑。为暖水性底层鱼类。栖息于礁瑚或珊瑚礁海区。分布于我国台湾海域，以及琉球群岛海域、印度－西太平洋暖水域。体长约14 cm。

鮗属 *Plesiops* Cuvier，1817

本属一般特征同科。头较大，大于体高和尾鳍长。背鳍棘膜缺刻深。侧线中断。尾鳍后缘圆弧形。我国有4种。

1415 **蓝线鮗** *Plesiops coeruleolineatus* Rüppell，1935[38]

背鳍Ⅺ－7；臀鳍Ⅲ－8～9；胸鳍21；腹鳍Ⅰ－4。背鳍前鳞6～7。

本种体长而侧扁，背鳍棘膜缺刻深，腹鳍鳍条呈丝状延长。尾鳍后缘圆弧形。体被大栉鳞。体褐色或黑褐色，眼后具小黑点。背鳍缘、尾鳍缘橙黄色，背鳍、臀鳍具蓝色纵带。为暖水性底层鱼类。栖息于潮间带、礁瑚或珊瑚区。分布于我国台湾海域，以及日本南部海域、印度－西太平洋暖水域。体长约7 cm。

1416 **尖头鲐** *Plesiops oxycephalus* Bleeker，1855 [38]

背鳍XII－7；臀鳍III－9；胸鳍20；腹鳍 I－4。背鳍前鳞10。

本种吻尖长。腹鳍长，第2鳍条达臀鳍基中部。胸鳍下部鳍条分2支。尾鳍后缘圆弧形。体褐色，体侧有6～8条暗横带并散布小黑点。鳃盖部橙黄色，尾鳍有新月形橙色斑。为暖水性底层鱼类。栖息于礁瑚的珊瑚区。分布于我国南海、台湾海域，以及日本奄美大岛海域、印度-西太平洋暖水域。体长约6 cm。

1417 **珊瑚鲐** *Plesiops corallicola* Bleeker，1853 [38]

背鳍XII－7；臀鳍III－8；胸鳍20；腹鳍 I－4。背鳍前鳞7。

本种体延长，侧扁。腹鳍稍短，仅达臀鳍起始处。胸鳍下部鳍条分4支。口裂大，上颌骨后端超越眼后缘。体黑褐色，头、体和尾鳍密布小白点。主鳃盖中部有青蓝色眼斑。背鳍上缘和尾鳍缘黄绿色。为暖水性底层鱼类。栖息于礁瑚的珊瑚区。分布于我国台湾海域，以及日本西表岛海域、印度-西太平洋暖水域。体长约17 cm。

1418 **鮗** *Plesiops nakaharae* Tanaka，1917[38]
　　 ＝仲原氏鮗＝七夕鱼

背鳍XII－7；臀鳍III－8；胸鳍20；腹鳍I－4。背鳍前鳞6～7。

本种腹鳍稍短，第2鳍条仅稍超越臀鳍起始处。胸鳍下方鳍条分4支。口稍小，上颌骨仅达眼后缘下方。体背黑褐色，前鳃盖有黑点，主鳃盖中部无眼斑。每一鳞片均具蓝色小点，尾鳍缘有白边。为暖水性底层鱼类。栖息于沿岸岩礁海区。分布于我国台湾海域，以及日本伊豆半岛海域、和歌山沿海，西北太平洋暖水域。体长约14 cm。

棘鮗亚科 Acanthoclininae

1419 **横带针翅鮗** *Belonpterygion fascialatum*（Ogilby，1889）[37]
　　 ＝台鮗 *Erongrammoides fasciatus*

背鳍XVIII－5；臀鳍X－5；胸鳍17。侧线鳞22～23＋30～31。

本种体细长，侧扁。吻短而尖。主鳃盖骨无棘，有睛斑。头、胸部无鳞，体后部被圆鳞，体侧被栉鳞。具3条侧线，其中间侧线达尾柄部。体深褐色，依栖息地不同而有变化。体侧有12～13条黑色横纹。背鳍、臀鳍、尾鳍外缘黄色。为暖水性底层鱼类。栖息于潮间带水窟或珊瑚礁海区。分布于我国台湾海域，以及琉球群岛海域、印度−西太平洋暖水域。体长约5 cm。

1420 **针鳍鮗** *Beliops batanensis* Smith-Vaniz et Johnson，1990 [14]
= 菲律宾针鳍鮗 = 针鳍银宝鱼

背鳍XX－2；臀鳍XI－2；胸鳍15～16。侧线鳞33～35。

本种体细长，后部侧扁。吻短，口裂大，上颌骨远超过眼后缘。鳃盖骨具1～2枚棘，眼后下缘有稀疏的感觉管孔。头、胸部裸露；体后部被栉鳞，其鳞片末端延长呈矛状。侧线2条，不分支。背鳍低，鳍棘短。体黑褐色。上颌后部及鳃盖条有许多小的黑色素细胞。头背有不明显的白带。背鳍、臀鳍深褐色。为暖水性底层鱼类。分布于我国台湾海域，以及菲律宾海域、西太平洋暖水域。

若棘鮗属 *Acanthoplesiops* Regan，1912

本属物种体延长，后部侧扁。仅1条侧线，不分支，位于背鳍基下方。眼眶骨仅1块，两颌与犁骨、腭骨均具齿。前鳃盖骨有2枚棘。背鳍鳍棘14～21枚，臀鳍鳍棘7～10枚。我国有2种。

1421 **海氏若棘鮗** *Acanthoplesiops hiatti* Schultz，1953 [38]
= 海氏棘银鮗

背鳍XIV～XVI－3～5；臀鳍VIII～X－3～5；胸鳍17。侧线管鳞7～11。

本种一般特征同属。吻尖，下颌突出，眼位于侧背缘。鳞大，栉鳞，头、胸部无鳞。下颌连合部有1对感觉孔，下颌每侧具感觉孔4个。腹部全部被鳞。背鳍、臀鳍最后1枚鳍条无鳍膜连于尾柄或尾鳍上。体黑褐色。背鳍、臀鳍、腹鳍、尾鳍的外缘均呈黄色。为暖水性底层鱼类。栖息于潮汐水洼或珊瑚礁海区中。分布于我国台湾海域，以及日本南部海域、菲律宾海域、西太平洋暖水域。体长约3 cm。

1422 **腹滑若棘鲶** *Acanthoplesiops psilogaster* Hardy，1985 [37]

背鳍XVIII－5；臀鳍VIII－5；胸鳍17。侧线管鳞9。

本种与海氏若棘鲶相像。在日本这二者是1种鱼，在我国台湾分为2种。二者主要区别在于本种体略高；口较大，上颌骨后端超越眼后缘，下颌连合部无感觉孔；腹部及各鳍皆无鳞；背鳍、臀鳍膜延伸达尾鳍基；体褐色，吻至背鳍有白斑，胸鳍基有小白点。为暖水性底层鱼类。栖息于潮间带水窟或珊瑚礁海区中。分布于我国台湾海域，以及日本南部海域、西太平洋暖水域。体长约2.2 cm [36, 37]。

▲ 本科我国尚有羞鲶 *Plesiops verecundus*，分布于我国台湾海域 [13, 37]。

（206）寿鱼科 Banjosidae（167b）

本科物种体呈卵圆形（侧面观），甚侧扁。被弱栉鳞。头中等大，吻尖，背缘斜直。眼大，高位。口中等大。上颌骨几乎被眶前骨遮盖。颌齿细小，锥状。犁骨具绒毛状齿，腭骨无齿。前鳃盖骨有锯齿，主鳃盖骨无棘。背鳍连续，缺刻深，X－11～12；鳍棘扁高而强大。臀鳍III－7，第2鳍棘粗长。胸鳍长，镰状。腹鳍胸位，I－5。尾鳍后缘微凹入。全球有1属1种。

寿鱼科物种形态简图

1423 **寿鱼** *Banjos banjos*（Richardson，1846）[38]
= 扁棘鲷

背鳍 X－11～12；臀鳍 III－7；胸鳍15～16。侧线鳞48～51。

本种特征同科。因背鳍鳍棘特别长且侧扁，而与近似科石鲈科分立。体灰褐色，背鳍、臀鳍各具一黑斑，并有白色边缘。尾鳍有一黑色横带。腹鳍黑色。为暖水性底层鱼类。栖息水深200 m左右。分布于我国东海、南海、台湾海域，以及日本南部海域、西太平洋暖水域。体长约30 cm。

（207）大眼鲷科 Priacanthidae（47b）

本科物种体侧面观呈卵圆形或长椭圆形，侧扁而高。眼甚大，约占头长的一半。口大，斜裂或几乎近垂直。吻短，下颌突出，无上颌辅骨。两颌及犁骨、腭骨具多行细齿，无犬齿。前鳃盖骨后缘、下缘具锯齿，并有一强棘。体被坚厚粗糙栉鳞。背鳍连续，通常无缺刻，X－10～15。腹鳍大，胸位，I－5。尾鳍后缘圆弧形、截形或微凹形。全球有4属18种，我国有3属9种。

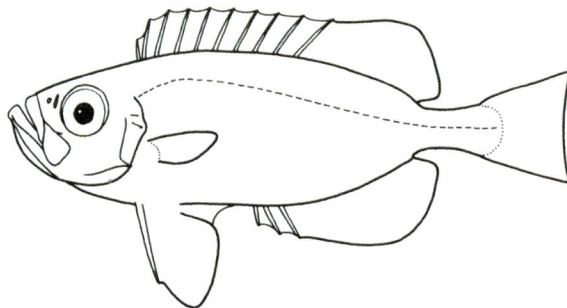

大眼鲷科物种形态简图

1424 **日本牛目鲷** *Cookeolus japonicus*（Cuvier，1829）
= 黑鳍大眼鲷 *Priacanthus boops*

背鳍 X－12～13；臀鳍 Ⅲ－12～13。侧线鳞 56～59。鳃耙 6～7＋17～19。

本种体呈卵圆形（侧面观），高而侧扁。眼巨大，约占头长的一半。口大，近于垂直开裂。腹鳍特大，后端可超越臀鳍起始处。体被小栉鳞。体背深红色，腹侧色稍淡。成鱼背鳍浅灰色，腹鳍黑色。幼鱼背鳍、臀鳍均呈黑色，且体侧有暗斑。为暖水性底层鱼类。栖息水深大于 100 m。分布于我国东海、南海、台湾海域，以及日本南部海域，太平洋、印度洋、大西洋热带、亚热带水域。体长约 25 cm。

注：黄宗国（2012）将黑鳍大眼鲷和灰鳍异大眼鲷 *Heteropriacanthus cruentatus* 及斑鳍大眼鲷 *P. cruentatus* 视为同种。笔者查阅资料比较，初步认为黑鳍大眼鲷与日本牛目鲷为同种，而灰鳍异大眼鲷与斑鳍大眼鲷为同种。

大眼鲷属 *Priacanthus* Oken，1817

本属物种一般特征同科。体侧面观呈长椭圆形。腹鳍较大，后端不达或达臀鳍起始处，鳍膜不呈黑色。背鳍 X－11～15；鳍棘依次增长，第 10 鳍棘超过第 2 鳍棘的 2 倍。本属我国有 6 种。

1425 **金目大眼鲷** *Priacanthus hamrur*（Forskål，1775）[38]
= 宝石大眼鲷

背鳍 X－14~15；臀鳍 Ⅲ－14~15。侧线鳞75~80。鳃耙5＋19~20。

本种一般特征同属。其体稍低，尾鳍后缘双凹形，尾鳍上、下叶尖突。体背侧红褐色，腹侧粉红色。腹鳍基内侧具一黑斑，尾鳍有黑缘。为暖水性底层鱼类。栖息于珊瑚礁海域。分布于我国南海、台湾海域，以及日本南部海域、印度–西太平洋暖水域。体长约25 cm。

1426 **长尾大眼鲷** *Priacanthus tayenus* Richardson，1846[15]
= 曳丝大眼鲷

背鳍 X－12~13；臀鳍 Ⅲ－12~14；胸鳍15。侧线鳞58~59。鳃耙4~5＋18~19。

本种背鳍鳍条较少。尾鳍后缘深凹，上、下叶呈丝状延长。体背侧深红色，腹侧灰白色，腹鳍散布黑色斑点。为暖水性底层鱼类。栖息于沙泥底质海区。分布于我国南海、台湾海域，以及印度–西太平洋暖水域。体长约25 cm。

1427 **黄鳍大眼鲷** *Priacanthus zaiserae* Starnes et Moyer，1988 [38]

背鳍 X－13～14；臀鳍 Ⅲ－14～15。侧线鳞61～64。鳃耙5＋17～19。

本种体稍短，近似于长卵圆形（侧面观）。尾鳍后缘截形。前鳃盖骨棘短。背鳍、臀鳍鳍条部近方形。体红色，无暗斑。胸鳍黄色，腹鳍鳍膜黑色。为暖水性底层鱼类。栖息于沙泥底质海区。分布于我国台湾海域，以及琉球群岛海域、菲律宾海域、西太平洋暖水域。体长约30 cm。

1428 **高背大眼鲷** *Priacanthus sagittarius* Starnes，1988 [38]

背鳍 X－13～14；臀鳍 Ⅲ－13～15。侧线鳞61～70。鳃耙5＋17～19。

本种体近似于长方形（侧面观）。尾鳍后缘近截形，前鳃盖骨棘短，背鳍、臀鳍鳍条部近方形。体黄红色。背鳍、臀鳍、尾鳍色较体色深，有棕色斑点，背鳍鳍棘前部和腹鳍基有黑点。为暖水性底层鱼类。栖息于沙泥底质海区。分布于我国台湾海域，以及日本南部海域、印度-西太平洋暖水域。体长约30 cm。

1429 **短尾大眼鲷** *Priacanthus macracanthus* Cuvier，1829

背鳍Ⅹ－13～14；臀鳍Ⅲ－14～15。侧线鳞66～83。鳃耙5～7＋20～22。

　　本种体呈长椭圆形（侧面观），侧扁。前鳃盖骨具一带锯齿缘的强棘。尾鳍后缘内凹。体背侧深红色，腹侧银白色。背鳍、臀鳍、腹鳍均具黄色斑点。为暖水性底层鱼类。栖息于沙泥底质海区。分布于我国黄海、东海、南海、台湾海域，以及琉球群岛海域、印度–太平洋暖水域。体长约25 cm。

1430 **斑鳍大眼鲷** *Heteropriacanthus cruentatus*（Lacépède，1801）[38]
　　　　＝灰鳍异大眼鲷＝布氏大眼鲷 *Priacanthus blochii*

背鳍Ⅹ－12～13；臀鳍Ⅲ－14。侧线鳞58～62。鳃耙4～5＋17～18。

　　本种体呈长椭圆形（侧面观），侧扁。眼巨大，口裂近垂直状。两颌与犁骨、腭骨均具绒毛状齿带。前鳃盖骨具锯齿缘，隅角有尖棘。前鳃盖后缘有宽的无鳞带。背鳍鳍棘间有缺刻，尾鳍后缘截形。体红色或淡灰褐色，背鳍、臀鳍、尾鳍密布深红褐色小斑点，尾鳍末端有黑缘。为暖水性底层鱼类。栖息于珊瑚礁海域。分布于我国南海、台湾海域，以及琉球群岛海域、日本小笠原群岛海域，太平洋、印度洋、大西洋热带、亚热带水域。体长约20 cm。

注：过去把斑鳍大眼鲷与布氏大眼鲷混淆，沈世杰（1994）和中国科学院海洋研究所（1992）所称斑鳍大眼鲷实际是布氏大眼鲷[9, 15]。二者相像，区别见本书鲈亚目检索表54b、55b项。布氏大眼鲷记述，本书略。

锯大眼鲷属 *Pristigenys* Agassiz，1835
= 拟大眼鲷属 = 大鳞大眼鲷属 *Psedopriacanthus*

本属物种体呈卵圆形（侧面观），侧扁而高。头大，眼巨大。腹鳍大，但短于头长，鳍膜不呈黑色。背鳍鳍棘粗强，以中部最长，鳍棘部基底长于鳍条部基底。棘间膜具深缺刻。体被粗糙大栉鳞。侧线鳞少。我国有2种。

1431 日本锯大眼鲷 *Pristigenys niphonius*（Cuvier，1829）
= 大鳞大眼鲷

背鳍X－10～11；臀鳍III－9～10。侧线鳞30～36。鳃耙7～8＋16～20。

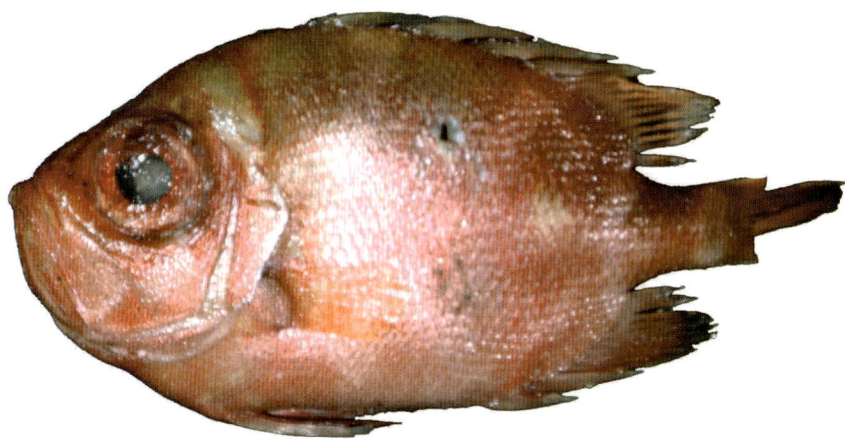

本种一般特征同属。本种背鳍鳍条稍少，10～11枚。体被栉鳞。体鲜红色，体有4条红色横带，幼鱼横带显著。背鳍、臀鳍、尾鳍和腹鳍均有黑缘。为暖水性底层鱼类。栖息于沙泥底质海区。分布于我国台湾海域，以及日本南部海域、印度-西太平洋暖水域。体长约18 cm。

1432 **麦氏锯大眼鲷** *Pristigenys meyeri*（Günther，1872）[38]
= 横带拟大眼鲷 *Psedopriacanthus multifasciatus*

背鳍 X－11～12；臀鳍 III－11～12。侧线鳞30～32。鳃耙7＋16～18。

本种体侧栉鳞的栉齿粗而少。体红黄色，体侧有10条以上细的红色横线，横线间有红色断线分布。为暖水性底层鱼类。栖息于水深100～200 m岩礁海区。分布于我国南海、台湾海域，以及日本八丈岛海域、琉球群岛海域、西太平洋暖水域。体长约23 cm。

（208）天竺鲷科 Apogonidae（117a）

本科物种体呈长椭圆形（侧面观），侧扁。头较大。眼大，侧上位。口大，斜裂。颌齿细小或有犬齿。犁骨具齿，腭骨齿较少。体被圆鳞（裸天竺鲷例外）。前鳃盖骨边缘光滑或有锯齿，主鳃盖骨棘不发达，颊部与鳃盖被鳞。侧线完全或不完全。背鳍 VI～VII，I－7～14；臀鳍 II－7～18；腹鳍胸位，I－5；尾鳍后缘圆弧形、平截或叉形。全球有23属273种，我国有14属91种。

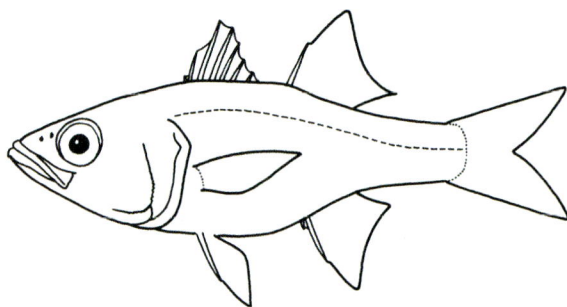

天竺鲷科物种形态简图

鲈亚目分检索表2——天竺鲷科（117a）

1a 各鳍硬棘弱；侧线不完全或缺如；体裸露无鳞或被圆鳞……裸天竺鲷亚科 Pseudamiae（81）

1b 各鳍硬棘强；侧线完全或稍不完全；体被圆鳞或栉鳞………天竺鲷亚科 Apogoninae（2）

2a 尾鳍最长鳍条有分支……………………………………………………………………（4）

2b 尾鳍最长鳍条无分支………………………………圆天竺鲷属 Sphaeramia（3）

3a 体侧中部有宽幅暗横带；体后部小圆斑红色；背鳍、腹鳍黄色

…………………………………………………丝鳍圆天竺鲷 S. nematoptera 1433

3b 体侧中部有窄幅暗横带；体后部小圆斑黑色………环纹圆天竺鲷 S. orbicularis 1434

4–2a 从峡部到臀鳍基底无发光腺………………………………………………………（6）

4b 从峡部到臀鳍基底有发光腺………………………管竺鲷属 Siphamia（5）

5a 第1背鳍鳍棘6枚；侧线鳞无开孔；体侧鳞片包埋不外露………马岛管竺鲷 S. majimai 1435

5b 第1背鳍鳍棘7枚；侧线鳞有开孔；体侧鳞片外露……………变色管竺鲷 S. versicolor 1436

6–4a 两颌无大犬齿……………………………………………………………………（12）

6b 两颌有大犬齿………………………………………………………………………（7）

7a 第1背鳍鳍棘7枚；侧线鳞开孔分支状，体侧中部有宽幅暗纵带，颊部有一暗斜带

………………………………………………多棘天竺鲷 Coranthus polyacanthus 1437

7b 第1背鳍鳍棘6枚；侧线鳞开孔单孔状…………巨牙天竺鲷属 Cheilodipterus（8）

8a 前鳃盖骨缘平滑……………………………………锥巨牙天竺鲷 C. subulatus 1438

8b 前鳃盖骨缘锯齿状…………………………………………………………………（9）

9a 体狭长；体侧有8～10条暗纵带………………中间巨牙天竺鲷 C. intermedius 1442

9b 体稍高；体侧有5或8条暗纵带……………………………………………………（10）

10a 体侧有5条黑色纵带………………………五带巨牙天竺鲷 C. quinquelineatus 1439

10b 体侧有8条黑色纵带………………………………………………………………（11）

11a 体侧暗纵带幅宽相等；幼鱼尾柄有直径比眼径大的圆斑，成鱼模糊；尾鳍上、下叶边缘
　　色浅………………………………………………巨牙天竺鲷 C. macrodon 1440

11b 体侧暗纵带粗细相间排列；幼鱼尾柄黑斑镶黄边，成鱼不明显；尾鳍上、下叶边缘色深

……………………………………………………纵带巨牙天竺鲷 C. artus 1441

12–6a 侧线完全，到达尾柄…………………………………………………………（17）

12b 侧线不完全，仅达第2背鳍下方………………………………………………（13）

13a 主鳃盖上方有黑斑；腭骨有或无齿………………乳突天竺鲷属 Fowleria（15）

13b 主鳃盖上方无黑斑；腭骨有齿……………………腭竺鲷属 Foa（14）

14a 体侧有6～7条红褐色横带；眼周边有点列状放射纹………驼峰腭竺鱼 F. abocellata 1443

14b 体侧无暗横带，但幼鱼有3条横带……………………短线腭竺鱼 F. brachygrammus 1444

15–13a 体侧有6～8条暗横带；各鳍有红色斑纹………显乳突天竺鲷 Fowleria marmorata 1445

15b 体侧有许多暗斑…………………………………………………………………（16）

16a 暗斑从体侧至尾柄呈纵形排列；各鳍无黑斑……………等斑乳突天竺鲷 F. isostigma 1446

16b 暗斑全部呈不规则排列；各鳍（胸鳍除外）散布暗斑⋯⋯多斑乳突天竺鲷 *F. variegata* [1447]

17–12a 背鳍鳍棘8枚；眼周围有放射状斑纹⋯⋯八棘扁天竺鲷 *Neamia octospina* [1448]

17b 背鳍鳍棘6~7枚⋯⋯⋯⋯⋯⋯⋯⋯⋯⋯⋯⋯⋯⋯⋯⋯⋯⋯⋯⋯⋯⋯⋯⋯⋯（18）

18a 前鳃盖骨缘锯齿状⋯⋯⋯⋯⋯⋯⋯⋯⋯⋯⋯⋯⋯⋯⋯⋯⋯⋯⋯⋯⋯⋯⋯⋯⋯⋯（22）

18b 前鳃盖骨缘平滑⋯⋯⋯⋯⋯⋯⋯⋯⋯⋯⋯⋯⋯⋯⋯⋯⋯⋯⋯⋯⋯⋯⋯⋯⋯⋯⋯⋯（19）

19a 背鳍鳍棘6枚，臀鳍鳍条9~13枚⋯⋯⋯⋯⋯⋯⋯⋯箭天竺鲷属 *Rhabdamia*（21）

19b 背鳍鳍棘7枚，臀鳍鳍条8~9枚⋯⋯⋯⋯⋯⋯天竺鱼属 *Apogonichthys*（20）

20a 第1背鳍有黑斑；眼下有黑色斜带⋯⋯⋯⋯⋯⋯鳍斑天竺鱼 *A. ocellatus* [1449]

20b 第1背鳍无黑斑，第1鳍棘微小⋯⋯⋯⋯⋯⋯⋯⋯鸠斑天竺鱼 *A. perdix* [1450]

21–19a 臀鳍鳍条9枚；尾鳍上、下叶有黑边⋯⋯⋯⋯燕尾箭天竺鲷 *R. cypselurus* [1451]

21b 臀鳍鳍条12~13枚；尾鳍上、下叶无黑边⋯⋯⋯⋯细箭天竺鲷 *R. gracilis* [1452]

22–18a 臀鳍鳍条10枚以下⋯⋯⋯⋯⋯⋯⋯⋯⋯⋯⋯⋯天竺鲷属 *Apogon*（28）

22b 臀鳍鳍条不少于12枚⋯⋯⋯⋯⋯⋯⋯⋯⋯长鳍天竺鲷属 *Archamia*（23）

23a 体侧有狭窄纵带；臀鳍鳍条12~13枚⋯⋯⋯⋯横带长鳍天竺鲷 *A. buruensis* [1453]

23b 体侧无狭窄纵带；臀鳍鳍条13~18枚⋯⋯⋯⋯⋯⋯⋯⋯⋯⋯⋯⋯⋯⋯⋯（24）

24a 体侧不具任何纵带或横带⋯⋯⋯⋯⋯⋯⋯⋯龚氏长鳍天竺鲷 *A. goni* [1454]

24b 体侧有纵带或横带⋯⋯⋯⋯⋯⋯⋯⋯⋯⋯⋯⋯⋯⋯⋯⋯⋯⋯⋯⋯⋯⋯⋯⋯⋯（25）

25a 体侧鳃裂后方无黑斑⋯⋯⋯⋯⋯⋯⋯⋯⋯⋯⋯⋯⋯⋯⋯⋯⋯⋯⋯⋯⋯⋯⋯⋯⋯（27）

25b 体侧鳃裂后方有黑斑⋯⋯⋯⋯⋯⋯⋯⋯⋯⋯⋯⋯⋯⋯⋯⋯⋯⋯⋯⋯⋯⋯⋯⋯⋯（26）

26a 黑斑位于侧线下方，鳃盖稍后面；颊部无横带⋯⋯⋯⋯横纹长鳍天竺鲷 *A. dispilus* [1455]

26b 黑斑位于鳃裂上方，侧线穿过黑点；颊部有一短横带⋯⋯双斑长鳍天竺鲷 *A. biguttata* [1456]

27–25a 臀鳍鳍条15~18枚；黑色素遍布全身⋯⋯⋯⋯红纹长鳍天竺鲷 *A. fucata* [1457]

27b 臀鳍鳍条13~15枚；只有少量黑色素散布全身⋯⋯真长鳍天竺鲷 *A. macropterus* [1458]

28–22a 前鳃盖骨后缘弱锯齿状⋯⋯⋯⋯⋯⋯⋯⋯⋯⋯⋯⋯⋯⋯⋯⋯⋯⋯⋯⋯⋯⋯⋯（35）

28b 前鳃盖骨后缘强锯齿状⋯⋯⋯⋯⋯⋯⋯⋯⋯⋯⋯⋯⋯⋯⋯⋯⋯⋯⋯⋯⋯⋯⋯⋯（29）

29a 第1背鳍鳍棘6枚⋯⋯⋯⋯⋯⋯⋯⋯⋯⋯⋯⋯⋯⋯⋯⋯⋯⋯⋯⋯⋯⋯⋯⋯⋯⋯⋯（33）

29b 第1背鳍鳍棘7枚⋯⋯⋯⋯⋯⋯⋯⋯⋯⋯⋯⋯⋯⋯⋯⋯⋯⋯⋯⋯⋯⋯⋯⋯⋯⋯⋯（30）

30a 体侧无暗纵纹；尾柄无黑斑；上颌骨达眼后缘下方⋯⋯⋯⋯单色天竺鲷 *A. unicolor* [1459]

30b 体侧有1暗纵纹；尾柄有1黑斑；上颌骨不达眼后缘⋯⋯⋯⋯⋯⋯⋯⋯⋯⋯⋯（31）

31a 体长为体高的2.6~2.9倍⋯⋯⋯⋯⋯⋯⋯⋯丽鳍天竺鲷 *A. kallopterus* [1460]

31b 体长为体高的3.1~3.3倍⋯⋯⋯⋯⋯⋯⋯⋯⋯⋯⋯⋯⋯⋯⋯⋯⋯⋯⋯⋯⋯⋯⋯（32）

32a 尾柄黑色圆斑比瞳孔小，位于纵带以上⋯⋯⋯⋯⋯单线天竺鲷 *A. exostigma* [1461]

32b 尾柄黑色圆斑大于瞳孔，位于纵带的延长线上⋯⋯⋯⋯套缰天竺鲷 *A. fraenatus* [1462]

33–29a 体无斑纹；尾柄也无暗斑；侧线鳞23~24枚，侧线在第2背鳍下方急剧下降

⋯⋯⋯⋯⋯⋯⋯⋯⋯⋯⋯⋯⋯⋯⋯⋯⋯⋯⋯⋯大鳞天竺鲷 *A. crassiceps* [1463]

33b 体有斑纹；尾柄也有1暗斑；侧线鳞25~27枚，侧线在第2背鳍下方缓慢下降⋯⋯⋯（34）

45
鲈
形
目

34a 鳃盖上黑斑明显；体背侧有3个鞍状黑斑；颊部暗斜带不明显
······三斑天竺鲷 *A. trimaculatus* 1464

34b 鳃盖上黑斑不明显；体背侧有2个不明显的鞍状暗斑；颊部暗斜带明显
······玫鳍天竺鲷 *A. rhodopterus* 1465

35−28a 眼上背缘有深凹陷；吻长 ······扁头天竺鲷 *A. hyalosoma* 1466

35b 眼上背缘无凹陷；吻短 ······（36）

36a 体纵扁，体幅狭；臀鳍鳍条9枚；尾柄有一小黑斑；吻部有黑色纵带
······齐氏天竺鲷 *A. gilberti* 1467

36b 体较粗，体幅宽；臀鳍鳍条8～10枚；尾鳍上、下叶末端无色斑 ······（37）

37a 胸鳍末端未达臀鳍基；上颌骨不达眼后缘 ······（42）

37b 胸鳍末端达臀鳍基的中间处；上颌骨达眼后缘 ······（38）

38a 第1背鳍第2鳍棘长，可伸越第2背鳍基中间处 ······长棘天竺鲷 *A. doryssa* 1468

38b 第1背鳍第2鳍棘较长，但不达第2背鳍基中间处 ······（39）

39a 体侧有2条黑色斜带 ······半饰天竺鲷 *A. semiornatus* 1469

39b 体侧无显著条带 ······（40）

40a 吻端圆；体侧鳞片后缘红褐色；体高为头长的1.5～1.7倍······粉红天竺鲷 *A. erythrinus* 1470

40b 吻稍尖；体侧鳞片全部暗红褐色；体高为头长的1.2～1.3倍 ······（41）

41a 尾柄和尾鳍上、下叶不呈黑色 ······小湊天竺鲷 *A. coccineus* 1471

41b 尾柄和尾鳍上、下叶黑色；或尾柄具一黑色鞍状斑 ······棕天竺鲷 *A. fusca* 1472

42−37a 第1背鳍鳍棘7枚 ······（47）

42b 第1背鳍鳍棘6枚 ······（43）

43a 体侧纵带至少4条 ······（45）

43b 体侧纵带少于4条，下部不具纵带 ······（44）

44a 体侧中间的黑色纵带不伸达尾鳍后缘；第1背鳍有黑斑 ······（46）

44b 体侧中间的黑色纵带伸达尾鳍后缘；第1背鳍无黑斑 ······中线天竺鲷 *A. kiensis* 1474

45−43a 体侧具5～6条红褐色纵带；尾柄后部有数个褐斑 ······裂带天竺鲷 *A. compressus* 1475

45b 体侧有4条纵带；尾柄处有一黑斑 ······条腹天竺鲷 *A. thermalis* 1476

46a 侧线鳞26～27枚；鳃耙4＋1＋13 ······侧条天竺鲷 *A. lateralis* 1473

46b 侧线鳞23～24枚；鳃耙4＋1＋14 ······弓线天竺鲷 *A. amboinensis* 1477

47−42a 体侧无纵带 ······（62）

47b 体侧有纵带 ······（48）

48a 纵带遍布体侧 ······（53）

48b 纵带多位于体侧中间的背部 ······（49）

49a 体侧纵带2条 ······（51）

49b 体侧纵带3～4条，中间纵带达尾鳍后缘；尾柄无黑圆斑 ······（50）

50a 体侧黄褐色纵带4条；腹侧无横带 ······褐条天竺鲷 *A. nitidus* 1478

50b 体侧暗纵带3条；腹侧有横带 ······四线天竺鲷 *A. quadrifasciatus* 1479

IV
辐鳍鱼纲

51-49a 体侧中间纵带达尾鳍后缘，有5～9条横带与其垂直相交；背鳍、臀鳍有红带
·· 侧带天竺鲷 *A. pleuron* [1480]

51b 体侧中间纵带不达尾鳍后缘；尾柄有黑色圆斑 ····································（52）

52a 体侧中间纵带止于鳃盖后缘；尾柄黑色圆斑很小 ·········· 半线天竺鲷 *A. semilineatus* [1481]

52b 体侧中间纵带伸越第2背鳍基后下方；尾柄黑色圆斑与瞳孔等大；鳃盖后有一黑点
·· 陈氏天竺鲷 *A. cheni* [1482]

53-48a 吻部钝圆；体侧暗纵带通常比白色纵带带幅狭 ·······························（55）

53b 吻部尖；体侧暗纵带比白色纵带带幅宽或等宽 ································（54）

54a 体侧第2纵带达尾鳍后端，幅宽不均；第1、第3纵带伸越尾柄后缘
·· 九丝天竺鲷 *A. novemfasciatus* [1483]

54b 体侧第2纵带达尾柄黑斑，幅宽均等；第1、第3纵带止于尾柄后缘
·· 黑带天竺鲷 *A. nigrofasciatus* [1484]

55-53a 尾柄有黑斑（九带天竺鲷例外）···（57）

55b 尾柄没有黑斑或有橙红色斑 ··（56）

56a 尾柄无橙红色斑 ·· 黄带天竺鲷 *A. properuptus* [1485]

56b 尾柄有橙红色斑 ·· 金带天竺鲷 *A. cyanosoma* [1486]

57-55a 体侧有5条或多于5条暗纵带 ··（59）

57b 体侧有4条暗纵带 ···（58）

58a 体侧第2纵带不达尾柄圆斑 ································· 斗氏天竺鲷 *A. doederleini* [1487]

58b 体侧第2纵带通过尾柄圆斑达尾鳍 ·························· 纵带天竺鲷 *A. angustatus* [1488]

59-57a 体侧暗纵带约10条；尾柄中间黑斑不明显 ·········· 黄体天竺鲷 *A. chrysotaenia* [1489]

59b 体侧暗纵带5～7条 ···（60）

60a 体侧暗纵带7条；尾柄中间黑斑大，黑斑直径等于眼径 ····· 细线天竺鲷 *A. endekataenia* [1490]

60b 体侧暗纵带5条 ···（61）

61a 尾柄中间圆斑直径等于瞳孔径；腹鳍、臀鳍基部红色 ·········· 库氏天竺鲷 *A. cookii* [1491]

61b 尾柄中间无圆斑；腹鳍、臀鳍基部色浅 ················· 九带天竺鲷 *A. taeniophorus* [1492]

62-47a 尾鳍后缘浅凹或叉形 ··（70）

62b 尾鳍后缘圆弧形 ···（63）

63a 鳃腔、鳃耙黑色；鳃盖有黑斑 ···························· 黑鳃天竺鲷 *A. arafurae* [1493]

63b 鳃腔、鳃耙不呈黑色 ···（64）

64a 体不高；体色较浅；腹鳍后端不达臀鳍起始处 ·································（66）

64b 体显著高；体黑褐色或黑色 ··（65）

65a 体黑褐色；体侧有2～3条不显著横带；腹鳍后端达臀鳍起始处 ······ 黑天竺鲷 *A. niger* [1494]

65b 体黑色；体侧有2～3条深黑色横带；鳃盖后有眼状黑斑 ····· 晴斑天竺鲷 *A. nigripinnis* [1495]

66-64a 第2背鳍有一大黑斑，臀鳍外缘黑色 ················· 斑鳍天竺鲷 *A. carinatus* [1496]

66b 第2背鳍无大黑斑；臀鳍外缘不呈黑色 ···（67）

67a 体侧横带2条；尾鳍后缘截形或稍凹入 ····················· 塞尔天竺鲷 *A. sialis* [1497]

45
鲈
形
目

天竺鲷亚科 Apogoninae

圆天竺鲷属 *Sphaeramia* Fowler et Bean，1930

本属物种一般特征同科。体侧面观呈卵圆形，侧扁。无上颌辅骨，前鳃盖骨上缘平滑，下缘具锯齿。侧线完全，侧线鳞22～27枚，被栉鳞。本属我国有2种。

[1433] **丝鳍圆天竺鲷** *Sphaeramia nematoptera*（Bleeker，1856）[8]

背鳍Ⅶ，Ⅰ－9；臀鳍Ⅱ－9；胸鳍13～14。侧线鳞26～27。鳃耙7＋1＋26。

本种体呈卵圆形（侧面观），侧扁。眼特大，口裂大。颌齿绒毛状，犁骨、腭骨齿小。成鱼第2背鳍鳍条呈丝状延长。体银褐色，第1背鳍与腹鳍黄褐色，同位体侧有一宽黑色横带。体后半部有红褐色斑点。为暖水性中下层鱼类。栖息于珊瑚礁海域。分布于我国台湾海域，以及琉球群岛海域、印度－太平洋暖水域。体长约6 cm。

1434 环纹圆天竺鲷 *Sphaeramia orbicularis*（Cuvier，1828）[38]
= 红尾圆天竺鲷 = 斑带天竺鲷 *A. orbicularis*

背鳍Ⅵ，Ⅰ－9；臀鳍Ⅱ－9；胸鳍12～13。侧线鳞23～24。鳃耙6＋1＋18。

　　本种第1背鳍有6枚棘。体淡褐色；体侧褐色横带窄，宽度约等于瞳孔直径；体侧后部小圆点为黑色。为暖水性中下层鱼类。栖息于红树林咸淡水区域。分布于我国台湾海域，以及琉球群岛海域、印度－太平洋暖水域。体长约6 cm。

　　注：刘继兴（1979）记述的斑带天竺鲷 *A. orbicularis* [8] 不是环纹圆天竺鲷，而是丝鳍圆天竺鲷。

管竺鲷属 *Siphamia* Weber，1909

　　本属物种体腹面有银色发光器。前鳃盖骨缘锯齿状，主鳃盖骨边缘平滑。无上颌辅骨。两颌和犁骨、腭骨有绒毛状细齿，无犬齿。第2背鳍有8～10枚鳍条。我国有3种。

1435 马岛管竺鲷 *Siphamia majimai* Matsubara et Iwai，1958[38]
= 日本吸红天竺鲷

背鳍Ⅵ，Ⅰ－9；臀鳍Ⅱ－8；胸鳍15。侧线鳞23～24。鳃耙1＋1＋7。

IV
辐鳍鱼纲

本种一般特征同属。头大，体高。口大，口裂近垂直。第1背鳍有6枚鳍棘。侧线鳞无开孔。体侧鳞片为黏膜包被，呈埋没状。尾柄细长，尾鳍后缘稍凹入（图中尾鳍不完整）。体黑褐色。除胸鳍外，其他鳍粉红色。为暖水性中下层鱼类。栖息于珊瑚礁或岩礁海区，常与刺冠海胆共栖。分布于我国台湾海域，以及日本奄美大岛海域、西太平洋暖水域。体长约3 cm。

1436 变色管竺鲷 *Siphamia versicolor*（Smith et Radcliffe，1911）[38]

背鳍Ⅶ，Ⅰ－8～9；臀鳍Ⅱ－8～9；胸鳍14。侧线鳞20～23。鳃耙1＋1＋6～8。

本种第1背鳍有7枚鳍棘，侧线鳞均有开孔，体侧鳞片显露。体灰白色，散布小黑点，体侧有3条深褐色纵带。为暖水性中下层鱼类。栖息于珊瑚礁或岩礁海区，常成群与刺冠海胆共栖。分布于我国台湾海域，以及日本奄美大岛以南海域、印度–中西太平洋暖水域。体长约4 cm。

▲ 本属我国尚有棕线管竺鲷 *S. fuscolineata*，分布于我国台湾海域[13]。

1437 多棘天竺鲷 *Coranthus polyacanthus*（Vaillant，1877）[38]

背鳍Ⅶ，Ⅰ－10；臀鳍Ⅱ－8；胸鳍14。侧线鳞25。鳃耙2＋1＋7～8。

本种体侧面观呈长椭圆形。两颌有大犬齿。第1背鳍鳍棘7枚。体被栉鳞，侧线鳞开孔呈分支状。体浅灰褐色，眼下方有褐色斜带。体侧中部有一宽幅暗纵带，至尾部附近变得不明显。为暖水性中下层鱼类。栖息于水深较深的外海。分布于我国台湾海域，以及日本奄美大岛海域、冲绳海域，印度–太平洋暖水域。是天竺鲷科的大型种类，体长可达22 cm。

45
鲈形目

巨牙天竺鲷属 *Cheilodipterus* Lacépède，1802

本属物种体呈长纺锤形。具上颌辅骨。上颌前端有2对小犬齿，两侧各有2枚大犬齿；下颌前端有1对大犬齿，两侧各有1枚小犬齿和2枚大犬齿。犁骨、腭骨具细齿，犁骨后部有1～4枚大型齿，腭骨前端时有大型齿。前鳃盖骨边缘呈锯齿状或光滑。第1背鳍有6枚鳍棘。体被栉鳞。侧线完全，侧线孔不呈分支状。尾鳍后缘平截或凹入。本属我国有5种。

1438　锥巨牙天竺鲷 *Cheilodipterus subulatus* Weber，1909[38]
= 圆鳃盖巨牙天竺鲷 = 新加坡巨牙天竺鲷 *C. singapurensis*

背鳍Ⅵ，Ⅰ－9；臀鳍Ⅱ－8；胸鳍13。侧线鳞27。鳃耙2＋1＋9。

本种一般特征同属。前鳃盖骨后缘无锯齿。体黄褐色，胸腹部银白色，体侧有8条深褐纵带。为暖水性中下层鱼类。栖息于珊瑚礁或岩礁海区。分布于我国台湾海域，以及日本奄美大岛海域、菲律宾海域、帕劳海域、西太平洋暖水域。体长约13 cm。

1439　五带巨牙天竺鲷 *Cheilodipterus quinquelineatus* Cuvier，1828[38]
= 六线巨牙天竺鲷 = 五带副天竺鲷 *Paramia quinquelineatus*

背鳍Ⅵ，Ⅰ－9；臀鳍Ⅱ－8；胸鳍12。侧线鳞25～26。鳃耙4～5＋1＋13。

本种前鳃盖骨后缘锯齿状。眼特别大，眼径远大于吻长。体淡褐色，体侧有5条黑色细纵带，尾柄有镶黄边的黑色圆点。为暖水性中下层鱼类。栖息于珊瑚礁或岩礁海区。分布于我国台湾海域，以及日本小笠原诸岛海域、印度–西太平洋暖水域。体长约9 cm。

IV
辐鳍鱼纲

1440 巨牙天竺鲷 *Cheilodipterus macrodon*（Lacépède，1802）[7]

背鳍Ⅵ，Ⅰ-9；臀鳍Ⅱ-8；胸鳍13。侧线鳞24～25。鳃耙5～6+1+14。

本种体呈纺锤形。前鳃盖骨后缘锯齿状。体淡褐色。体侧有8条暗褐色纵带，其幅宽相等。幼鱼尾柄有直径比眼径大的黑色圆斑，成鱼的黑色圆斑不明显。尾鳍上、下叶边缘淡绿色。为暖水性中下层鱼类。栖息于珊瑚礁或礁岩海区。分布于我国南海、台湾海域，以及日本千叶海域、小笠原群岛海域，印度-西太平洋暖水域。体长约17 cm。

1441 纵带巨牙天竺鲷 *Cheilodipterus artus* Smith，1961[38]
＝圆鳃盖巨牙天竺鲷

背鳍Ⅵ，Ⅰ-9；臀鳍Ⅱ-8；胸鳍14。侧线鳞24～25。鳃耙2+1+9～11。

本种前鳃盖骨具锯齿，体淡褐色。体侧具8条黄褐色纵带，但幅宽不等，粗细相间排列。幼鱼尾柄基部有瞳孔大小的黑斑，周围有黄色边缘，且随生长逐渐不明显。为暖水性中下层鱼类。成群栖息于珊瑚礁或岩礁海区。分布于我国台湾海域，以及琉球群岛海域、印度-西太平洋暖水域。体长约15 cm。

注：本种在《台湾鱼类图鉴》（2010）中称圆鳃盖巨牙天竺鲷[37]，而锥巨牙天竺鲷在《台湾鱼类志》（1995）中曾称圆鳃盖巨牙天竺鲷[9]。但后者以前鳃盖骨后缘光滑、无锯齿而与本种相区别。本种常因幼鱼、成鱼尾柄黑斑的变化而易与其他近似种混淆。

1442　中间巨牙天竺鲷 *Cheilodipterus intermedius* Gon，1993 [37]

背鳍Ⅵ，Ⅰ－9；臀鳍Ⅱ－8；胸鳍12～13。侧线鳞27～29。下鳃耙7～9。

　　本种体呈长纺锤形，犁骨后部有14枚较大齿，有时腭骨亦有大型齿。体淡灰褐色，体侧具8～10条暗褐色窄纵带，带宽小于带间隙。尾柄具一镶金黄边的小眼斑，尾鳍上、下缘有黑边。为暖水性中下层鱼类。栖息于珊瑚礁或岩礁海区。分布于我国台湾海域，以及琉球群岛海域、越南海域、西太平洋暖水域。

腭竺鲷属 *Foa* Jordan et Eveman，1905

　　本属物种体呈长椭圆形（侧面观），头大。尾柄长，尾鳍后缘圆弧形。以侧线不完全，不达第2背鳍末端；腭骨具细齿为主要特征。我国有2种。

1443　驼峰腭竺鱼 *Foa abocellata*（Goren et Karpuls，1980）[38]
　　＝维拉乳突天竺鲷 *Fowleria vaiulae* ＝白点小天竺鲷

背鳍Ⅷ，Ⅰ－9；臀鳍Ⅱ－8；胸鳍12～13。侧线鳞9～10。鳃耙1＋1＋4。

　　本种一般特征同属。吻尖，体背高。上颌骨达眼后缘下方，眼周围有点列状放射纹。体淡灰褐色，体侧有6～7条红褐色宽横带。背鳍、臀鳍、腹鳍、尾鳍有红褐色宽横带。为暖水性中下层鱼类。栖息于岩礁海区。分布于我国南海、台湾海域，以及日本德岛以南海域、菲律宾海域、印度－太平洋暖水域。体长约4 cm。

1444 短线腭竺鱼 *Foa brachygrammus*（Jenkins，1903）[38]
= 福天竺鲷 = 短线小天竺鲷

背鳍Ⅷ，Ⅰ－9；臀鳍Ⅱ－8～9；胸鳍10。侧线鳞9～10。鳃耙1＋1＋5。

本种体背高，口大，上颌骨末端超过眼后下缘。体黄灰色。成鱼无横带，幼鱼有3条横带。胸鳍红色，背鳍、臀鳍、尾鳍浅灰色。为暖水性中下层鱼类。栖息于沿岸内湾、红树林周边海域。分布于我国台湾海域，以及日本静冈以南海域、印度－西太平洋暖水域。体长约5 cm。

乳突天竺鲷属 *Fowleria* Jordan et Evemann，1903
= *Papillapogon*

本属物种体呈椭圆形或长椭圆形（侧面观），稍侧扁。体被弱栉鳞。侧线在第2背鳍下方中断。前鳃盖骨边缘平滑，或具锯齿。两颌与犁骨、腭骨均具绒毛状齿，或腭骨无齿。两背鳍分离。尾鳍后缘圆弧形。我国有3种。

1445 显乳突天竺鲷 *Fowleria marmorata*（Alleyne et Macleay，1877）[14]

背鳍Ⅶ，Ⅰ－9；臀鳍Ⅱ－8；胸鳍14。侧线鳞12。鳃耙1＋1＋5。

本种一般特征同属。眼大，吻短尖。口大，上颌骨伸达眼后缘下方。前鳃盖骨具锯齿缘。体红褐色，鳃盖后方有一眼大小的黑斑。体侧有6～8条暗褐色横带。各鳍红色。为暖水性中下层鱼类。栖息于沿岸岩礁海区。分布于我国南海、台湾海域，以及琉球群岛海域、印度－太平洋暖水域。体长约6 cm。

1446 等斑乳突天竺鲷 *Fowleria isostigma*（Jordan et Seale，1906）[38]（上变异，下正常）
= 犬形乳突天竺鲷 = *F. punctulata*

背鳍VII，Ⅰ－9；臀鳍Ⅱ－8；胸鳍14。侧线鳞11～12。鳃耙0＋1＋3。

本种与显乳突天竺鲷相似，鳃盖上都有眼状黑斑。二者的区别在于本种体侧茶褐色，有5～6纵列小黑点，且鳃盖上尚有2～3条短纵纹。背鳍、臀鳍、腹鳍、尾鳍均无斑。同时，本种尚有一种体侧全无斑纹的无斑型变异个体（左图）。为暖水性中下层鱼类。栖息于近岸岩礁海区。分布于我国台湾海域，以及日本和歌山以南海域、印度-太平洋暖水域。体长约7 cm。

1447 多斑乳突天竺鲷 *Fowleria variegata*（Valenciennes，1832）[38]

背鳍VII，Ⅰ－9；臀鳍Ⅱ－8；胸鳍13。侧线鳞10～11。鳃耙1＋1＋4。

本种体较高，呈椭圆形（侧面观），侧扁。眼大，眼间隔窄。吻尖，吻长小于眼径。前鳃盖骨具锯齿缘。体淡褐色，布满不规则暗褐色小斑。除胸鳍外，其他鳍散布波状横斑。为暖水性中下层鱼类。栖息于珊瑚砾石海区或小的洞穴中，也见于内湾藻场或咸淡水水域。分布于我国台湾海域，以及日本奄美大岛海域、印度–西太平洋暖水域。体长约6 cm。

IV
辐鳍鱼纲

1448 **八棘扁天竺鲷** *Neamia octospina* Simith et Radcliffe，1912 [38]
=菲律宾八棘天竺鲷

背鳍Ⅷ，Ⅰ－9；臀鳍Ⅱ－8；胸鳍20。侧线鳞25。鳃耙1＋1＋6。

本种体呈椭圆形（侧面观），侧扁。眼大，位高。口大，上颌骨后端伸达眼后缘下方。两颌和犁骨、腭骨均具绒毛状齿。尾鳍后缘圆弧形。侧线完全，伸达尾柄。第1背鳍有8枚鳍棘，两背鳍具鳍膜相连。体侧黄粉红色，体背红褐色，腹部银白色。眼周围具放射状褐带。为暖水性中下层鱼类。栖息于沿海内湾，隐蔽于小的礁石下面。分布于我国台湾海域，以及琉球群岛海域、印度–西太平洋暖水域。体长约5 cm。

天竺鱼属 *Apogonichthys* Bleeker，1854

本属物种体呈长椭圆形（侧面观），侧扁。体被大栉鳞。口中等大，上颌骨达眼后缘下方。两颌、腭骨具绒毛状齿，犁骨齿有或无。前鳃盖骨边缘通常光滑，主鳃盖骨无棘。侧线完全，且伸达尾鳍。内背鳍分离，Ⅶ，Ⅰ－9。臀鳍Ⅱ－8～9。尾鳍后缘圆弧形。我国有2种。

注：过去曾把细条天竺鲷*A. lineatus*从天竺鲷属*Apogon*移出而列为天竺鱼属*Apogonichthys*，称为细条天竺鱼。本书与黄宗国（2012）一致，仍将其列于天竺鲷属中 [13]。

1449 **鳍斑天竺鱼** *Apogonichthys ocellatus*（Weber，1913）[38]
= 眼斑原天竺鲷

背鳍Ⅶ，Ⅰ－9；臀鳍Ⅱ－8；胸鳍16。侧线鳞24。鳃耙1＋1＋5。

本种一般特征同属。其前鼻管长且具瓣膜。两颌与犁骨、腭骨均具齿。前鳃盖骨后缘具锯齿。背鳍第1鳍棘埋于皮下。体暗褐色，眼后下缘至前鳃盖后下方具一黑色斜带。第1背鳍具眼大小的黑斑。为暖水性中下层鱼类。栖息于沿海珊瑚礁砾石间或藻场。分布于我国台湾海域，以及琉球群岛海域、印度－太平洋暖水域。体长约5 cm。

1450 **鸠斑天竺鱼** *Apogonichthys perdix* Bleeker，1854 [37]

背鳍Ⅶ，Ⅰ－9；臀鳍Ⅱ－8；胸鳍13～14。侧线鳞23～25。鳃耙1～2＋1＋5～7。

本种前鳃盖骨后下缘圆，锯齿状。第1背鳍第8鳍棘退化，埋于鳞片下。体红褐色，体侧有5～6条褐色纵纹。除胸鳍外，其他鳍皆呈红色。为暖水性中下层鱼类。栖息于珊瑚礁砾石间或藻场沿海。分布于我国南海、台湾海域，以及日本和歌山以南海域、帕劳海域、美国夏威夷海域、印度－太平洋暖水域。体长约3 cm。

箭天竺鲷属 *Rhabdamia* Weber，1909

本属物种体延长，侧扁。尾鳍深叉形。第1背鳍有6或7枚鳍棘。前鳃盖骨外缘平滑或具锯齿。体被圆鳞或栉鳞。侧线完全。无上颌辅骨。两颌无犬齿，犁骨齿有或无。具细菌发光器[9]。全球有4种，我国有2种。

1451 **燕尾箭天竺鲷** *Rhabdamia cypselurus* Weber，1909 [14]
= 短箭天竺鲷

背鳍Ⅵ，Ⅰ－9；臀鳍Ⅱ－9；胸鳍14～15。侧线鳞25。鳃耙2～3＋1＋10～11。

本种一般特征同属。体细长，侧扁。前鳃盖骨后缘具锯齿。臀鳍有9枚鳍条，与第2背鳍同形、对位。体淡黄褐色，半透明。尾鳍上、下叶有黑缘。从吻端至眼前缘有黑色纵带。胸带骨下方有一发光器。为暖水性中下层鱼类。栖息于沿岸珊瑚礁内湾或崖缘海区，集成大群。分布于我国台湾海域，以及琉球群岛海域、菲律宾海域、印度–西太平洋暖水域。体长约5 cm。

1452 **细箭天竺鲷** *Rhabdamia gracilis*（Bleeker，1856）[37]

背鳍Ⅵ，Ⅰ－9；臀鳍Ⅱ－12～13；胸鳍13。侧线鳞26。鳃耙7＋1＋21。

本种体半透明，色略深。吻端黑色。尾鳍上、下叶无黑缘，有时尾鳍基或尾鳍末端有黑点。无发光器。为暖水性中下层鱼类。栖息于沿岸珊瑚礁内湾、岩礁海区。分布于我国台湾海域，以及日本和歌山以南海域、印度–太平洋暖水域。体长约5 cm。

长鳍天竺鲷属 *Archamia* Gill，1863

本属物种体呈长椭圆形（侧面观），稍侧扁。体被弱栉鳞。口中等大，斜裂；上颌达瞳孔后下方。两颌和犁骨、腭骨均具绒毛状齿。前鳃盖骨通常具细锯齿，鳃盖骨无棘。侧线完全。背鳍2个，分离Ⅵ，Ⅰ－7～9。臀鳍基长，Ⅱ－12～18。尾鳍后缘浅凹形。具细菌发光器[9]。我国有6种。

1453 **横带长鳍天竺鲷** *Archamia buruensis*（Bleeker，1856）[14]

背鳍Ⅵ，Ⅰ－9；臀鳍Ⅱ－12～13；胸鳍10。侧线鳞23。鳃耙4＋1＋15。

本种一般特征同属。臀鳍基长，约为第2背鳍长的2倍。体略带棕黄色，体侧有3条窄纵带。第3条纵带稍宽，起始于吻端，直抵尾鳍基；后有瞳孔大小的黑斑。前鳃盖散布小黑点，各鳍色浅。为暖水性中下层鱼类。栖息于珊瑚礁海区。分布于我国台湾海域，以及印度尼西亚海域，中西太平洋暖水域。体长约7 cm。

1454 **龚氏长鳍天竺鲷** *Archamia goni* Chen et Shao，1993[14]
　　＝布氏长鳍天竺鲷 *A. bleekeri*

背鳍Ⅵ，Ⅰ－9；臀鳍Ⅱ－14～17；胸鳍14。侧线鳞25。

本种体侧扁。吻短，稍尖，吻长小于眼径。眼大，眼间隔狭。口大，下颌稍突出。臀鳍基长，为第2背鳍基的2倍。体背侧黄褐色，腹侧银白色，无纵带或横带。尾柄黑斑直径小于眼径。为暖水性中下层鱼类。栖息于珊瑚礁或岩礁海区。分布于我国台湾海域，以及泰国海域、新加坡海域、印度－西太平洋暖水域。体长约5 cm。

1455 **横纹长鳍天竺鲷** *Archamia dispilus* Lachner，1951 [38]

= 斑柄长鳍天竺鲷 = 红纹长鳍天竺鲷 *A. fucata* [10，13]

背鳍Ⅵ，Ⅰ－9；臀鳍Ⅱ－16～18；胸鳍13～14。侧线鳞26。鳃耙3～4＋1＋15～16。

本种体侧扁而高，淡褐色，有众多横纹。鳃盖后上方、侧线下方有一近黑色斑点。尾柄后部有一大黑斑。为暖水性中下层鱼类。栖息于珊瑚礁潟湖，常成群聚集。分布于我国台湾海域，以及日本奄美大岛以南海域、西太平洋暖水域。体长约7 cm。

1456 **双斑长鳍天竺鲷** *Archamia biguttata* Lachner，1951 [14]

背鳍Ⅵ，Ⅰ－9；臀鳍Ⅱ－16～17；胸鳍13。侧线鳞25～26。鳃耙3～4＋1＋15～16。

本种体红褐色，鳃盖上方侧线穿过一大黑斑，尾柄中部后方有一小黑斑，颊部有一短而宽的棒状黑带。为暖水性中下层鱼类。栖息于珊瑚礁潟湖。分布于我国台湾海域，以及日本西表岛海域、印度尼西亚海域、西太平洋暖水域。体长约6 cm。

1457 **红纹长鳍天竺鲷** *Archamia fucata*（Cantor，1849）[38]
=褐斑长鳍天竺鲷

背鳍Ⅵ，Ⅰ－7；臀鳍Ⅱ－15～18；胸鳍13～14。侧线鳞25～26。鳃耙4～5＋1＋14～15。

本种与横纹长鳍天竺鲷相似。刘瑞玉（2008）、黄宗国（2012）认为二者同种异名[10, 13]。但本种的第2背鳍鳍条仅7枚，体黄褐色，腹侧银白色，鳃盖后上方无红色斑，体侧具许多红褐色小点组成的横纹，尾柄基部有一大黑斑，有时呈扩散状或稍淡，从吻到眼尚有黑线。益田一（1983）、中坊徹次（1993）将二者立为两个独立种[36, 38]。为暖水性中下层鱼类。栖息于珊瑚礁潟湖，集群活动。分布于我国台湾海域，以及琉球群岛海域、印度–西太平洋暖水域。体长约8 cm。

1458 **真长鳍天竺鲷** *Archamia macropterus*（Cuvier，1828）[38]
=原长鳍天竺鲷＝条长鳍天竺鲷 *A. lineolata*

背鳍Ⅵ，Ⅰ－7；臀鳍Ⅱ－13～15；胸鳍13～14。侧线鳞25～26。鳃耙5～6＋1＋15～16。

本种与红纹长鳍天竺鲷相似，体侧也有许多红褐色小点组成的横纹；但其臀鳍鳍条数少，为13～15枚。体淡褐色，吻端黑色。尾柄基部也有黑斑，有些个体黑斑不甚显著。为暖水性中下层鱼类。栖息于珊瑚礁潟湖，集群活动。分布于我国南海、台湾海域，以及琉球群岛海域、印度–西太平洋暖水域。体长约7 cm。

天竺鲷属 *Apogon* Lacépède，1802

本属是天竺鲷科中种类最多，分类分歧也多的一属。其一般特征为体呈长椭圆形（侧面观），侧扁。头大，吻长，眼大。第1背鳍有6～7枚鳍棘，背鳍、臀鳍最后一鳍条有时和基底不相连。体被栉鳞，侧线完全，有23～27枚孔鳞。两颌与犁骨、腭骨有绒毛状齿。前鳃盖骨平滑，无锯齿缘，或有锯齿缘。尾鳍后缘凹入或平截。我国有57种。

1459 **单色天竺鲷** *Apogon unicolor* Döderlein，1883 [14]

背鳍Ⅶ，Ⅰ－9；臀鳍Ⅱ－8；胸鳍14。侧线鳞26～27。鳃耙2＋1＋8。

本种一般特征同属。体呈长椭圆形（侧面观），尾柄细长。口大，上颌骨伸达眼后缘下方。眼大，眼间隔后缘具锯齿。前鳃盖骨后缘有锯齿。体深红色，侧线黄色，但无暗纵带，尾柄无黑斑。为暖水性中下层鱼类。栖息于沙泥底质有岩礁海区。分布于我国台湾海域，以及日本东京湾以南海域、西太平洋暖水域。体长约10 cm。

1460 **丽鳍天竺鲷** *Apogon kallopterus* Bleeker，1856 [14]
＝棘头天竺鲷

背鳍Ⅶ，Ⅰ－9；臀鳍Ⅱ－8；胸鳍13。侧线鳞26。鳃耙2＋1＋8。

本种体呈长卵圆形（侧面观），侧扁。头钝尖，上、下颌等长，上颌骨后缘仅达眼中部下方。体黄褐色，自吻至尾鳍基有一黑色纵带。第1背鳍前部黑色，第2背鳍基有鞍状暗斑，尾柄上有一黑斑。为暖水性中下层鱼类。栖息于岩礁海区的岩洞中。分布于我国台湾海域，以及日本小笠原群岛海域、和歌山以南海域，印度–太平洋暖水域。体长约10 cm。

1461 **单线天竺鲷** *Apogon exostigma*（Jordan et Seale，1906）[38]
= 外斑天竺鲷

背鳍Ⅶ，Ⅰ－9；臀鳍Ⅱ－8；胸鳍14。侧线鳞27。鳃耙2＋1＋8。

本种体细长，侧扁。吻钝尖。两颌长约相等，上颌骨末端达眼后缘下方。前鳃盖骨后缘锯齿状。体淡黄褐色，腹侧银白色。体侧有一黑色纵带。尾柄部黑斑比瞳孔小，位于纵带上方。为暖水性中下层鱼类。栖息于岩礁海区，营独居生活。分布于我国台湾海域，以及日本奄美大岛以南海域、菲律宾海域、印度－太平洋暖水域。体长约7 cm。

1462 **套缰天竺鲷** *Apogon fraenatus* Valenciennes，1832[38]
= 棘眼天竺鲷 = 珊瑚天竺鲷

背鳍Ⅶ，Ⅰ－9；臀鳍Ⅱ－8；胸鳍14。侧线鳞25～26。鳃耙2＋1＋8。

本种与单线天竺鲷相似。体稍高，体色略深，呈黄褐色。体侧黑色纵带较宽，尾柄黑色圆斑比瞳孔大，位于纵带的延长线上。为暖水性中下层鱼类。栖息于岩礁海区洞穴中。分布于我国南海、台湾海域，以及日本和歌山海域、奄美大岛以南海域，印度－太平洋暖水域。体长约8 cm。

1463 **大鳞天竺鲷** *Apogon crassiceps* Garman，1903 [38]
= 竖头天竺鲷

背鳍Ⅵ，Ⅰ－9；臀鳍Ⅱ－8；胸鳍13～14。侧线鳞23～24。鳃耙3＋1＋14。

本种体呈长椭圆形（侧面观），侧扁。尾柄细长，尾鳍后缘凹入，上、下叶端圆弧形。第1背鳍有6枚鳍棘。侧线完全，于第2背鳍处急剧下降。体被大栉鳞。体红褐色，各鳞有红褐色斑。尾柄部无暗斑。为暖水性中下层鱼类。栖息于岩礁海区。分布于我国台湾海域，以及日本西表岛海域、萨摩亚群岛海域、斐济海域、印度－太平洋暖水域。体长约12 cm。

1464 **三斑天竺鲷** *Apogon trimaculatus* Cuvier，1828 [38]

背鳍Ⅵ，Ⅰ－9；臀鳍Ⅱ－8；胸鳍14。侧线鳞25～27。鳃耙2＋1＋9。

本种体呈长椭圆形（侧面观）。第1背鳍有6枚鳍棘。侧线完全，但侧线与背缘平行，缓慢下降。体黄褐色，体背部有3块鞍状黑斑。鳃盖上有明显的黑斑。颊部有暗斜带，但不太明显。为暖水性中下层鱼类。栖息于岩礁海区的洞穴中。分布于我国台湾海域，以及日本奄美大岛以南海域、西太平洋暖水域。体长约12 cm。

1465 **玫鳍天竺鲷** *Apogon rhodopterus* Bleeker，1852 [38]

背鳍Ⅵ，Ⅰ－9；臀鳍Ⅱ－8；胸鳍15。侧线鳞26。鳃耙3＋1＋10。

本种体略呈红褐色，体背部仅有2块鞍状暗斑，鳃盖上黑斑不显著。颊部的暗斜带明显。鳃盖膜边缘黑色。尾柄暗斑稍大。除第1背鳍外，其他鳍带玫瑰红色。为暖水性中下层鱼类。栖息于珊瑚礁或岩礁海区的岩穴深处。分布于我国南海，以及琉球群岛海域、西太平洋暖水域。体长约12 cm。

1466 **扁头天竺鲷** *Apogon hyalosoma* Bleeker，1852 [38]

背鳍Ⅵ，Ⅰ－9；臀鳍Ⅱ－8；胸鳍14。侧线鳞24～25。鳃耙1～3＋1＋5～6。

本种体侧扁。头大，吻长。眼大，眼上背缘有深凹陷。第1背鳍第2鳍棘粗长，长度为第1鳍棘的5倍。体背缘暗褐色，腹侧银黄色，尾柄处有一眼大小的黑斑。为暖水性中下层鱼类。栖息于沿海河口区。分布于我国台湾海域，以及日本西表岛海域、印度－太平洋暖水域。体长约7 cm。

1467 **齐氏天竺鲷** *Apogon gilberti*（Jordan et Seale，1905）[38]

= 吉氏天竺鲷 = *A. fragilis* = 吉氏狸竺鲷 = *Zoramia gilberti*

背鳍VI，I－9；臀鳍II－9；胸鳍13～14。侧线鳞25。鳃耙5＋1＋17。

本种体呈长椭圆形（侧面观），体幅窄。背鳍鳍棘无丝状延长，尾鳍后缘浅凹。体淡青绿色，腹侧银白色。鳃盖和体侧前部有小暗斑。从吻端到眼有黑色纵带。尾柄上有小黑斑。为暖水性中下层鱼类。栖息于珊瑚礁海区，集群活动。分布于我国台湾海域，以及日本奄美大岛海域、菲律宾海域、印度－太平洋暖水域。体长约5 cm。

1468 **长棘天竺鲷** *Apogon doryssa*（Jordan et Seale，1906）[38]

背鳍VI，I－9；臀鳍II－8；胸鳍11～12。侧线鳞24。鳃耙1＋1＋7。

本种体呈长卵圆形（侧面观），侧扁。体厚，幅宽。上颌骨伸达眼后缘下方。第1背鳍第2鳍棘特别长，可伸越第2背鳍基底中部。胸鳍可达臀鳍基底前部。尾鳍后缘凹入。体红褐色，各鳍色浅，尾鳍末端无色斑。为暖水性中下层鱼类。栖息于近岸岩礁海区。分布于我国台湾海域，以及日本冲绳岛以南海域、萨摩亚群岛海域、印度－太平洋暖水域。体长约5 cm。

1469 **半饰天竺鲷** *Apogon semiornatus* Peters，1876 [38]
= 双斜带天竺鲷

背鳍Ⅵ，Ⅰ－9；臀鳍Ⅱ－8；胸鳍13。侧线鳞24～25。鳃耙1＋1＋5。

　　本种与长棘天竺鲷相似，但第1背鳍第2鳍棘不特别长，不达第2背鳍基底中部。体红褐色，体侧布有2条黑色斜纵带，分别为自吻端至臀鳍和自第2背鳍下至尾鳍叉。为暖水性中下层鱼类。栖息于岩礁海区，白昼在岩礁间潜居。分布于我国台湾海域，以及日本千叶以南海域、琉球群岛海域、印度－西太平洋暖水域。体长约5 cm。

1470 **粉红天竺鲷** *Apogon erythrinus* Snyder，1904 [38]

背鳍Ⅵ，Ⅰ－9；臀鳍Ⅱ－8；胸鳍13。侧线鳞23～24。鳃耙2＋1＋6～7。

　　本种体侧面观呈长卵圆形，吻端圆。第1背鳍有6枚鳍棘，其第1鳍棘显著小。尾柄细长。体背和头背从橘红色到淡褐色不等，腹侧淡灰色，体侧鳞片后缘红褐色。背鳍、臀鳍、尾鳍略呈灰色。为暖水性中下层鱼类。栖息于浅海岩礁或珊瑚礁区。分布于我国南海、台湾海域，以及日本奄美大岛以南海域、印度－西太平洋暖水域。体长约6 cm。

1471 小凑天竺鲷 *Apogon coccineus* Rüppell，1838[38]

= 红天竺鲷

背鳍Ⅵ，Ⅰ－9；臀鳍Ⅱ－8；胸鳍13。侧线鳞24。鳃耙2＋1＋6～7。

本种体呈长卵圆形（侧面观），体稍低。吻较尖，尾柄细长。体黄褐色，体侧鳞片呈红褐色。各鳍淡黄色，尾鳍上、下叶无黑缘。背鳍、尾鳍、臀鳍有小红点。为暖水性中下层鱼类。栖息于浅海岩礁或珊瑚礁区。分布于我国台湾海域，以及日本千叶以南海域、印度－西太平洋暖水域。体长约6 cm。

1472 棕天竺鲷 *Apogon fusca* Quoy et Gaimard，1825[9]

= 褐天竺鲷 = 魔鬼天竺鲷 = 棕色圣竺鲷 *Nectamia fusca*

背鳍Ⅵ，Ⅰ－8～9；臀鳍Ⅱ－8；胸鳍13。侧线鳞23～24。鳃耙2～3＋1＋8～9。

本种体呈长卵圆形（侧面观），侧扁。吻短，稍尖。口大，上颌骨达眼中部下方。眼大，眼上缘、眼间隔稍隆起。体棕褐色。眼下缘颊部有一三角形黑斑。尾柄上具马鞍形黑斑，尾鳍上、下叶有黑缘，或尾柄有一大黑斑并与尾鳍下叶黑斑相连[9]。为暖水性中下层鱼类。栖息于浅海岩礁或珊瑚礁区。分布于我国南海、台湾海域，以及日本小笠原群岛海域、奄美大岛海域，西太平洋暖水域。体长约5 cm。

1473 侧条天竺鲷 *Apogon lateralis* Valenciennes，1832 [37]
= 侧身天竺鲷

背鳍Ⅵ，Ⅰ−9；臀鳍Ⅱ−8；胸鳍14。侧线鳞26~27。鳃耙4＋1＋13。

本种体侧面观呈卵圆形，侧扁。吻短，圆钝。头背有一凹陷。头、体淡褐色。体侧有一细黑纵带，始于鳃盖后黑点，止于尾鳍基黑点。第1背鳍上部有黑斑，第2背鳍和臀鳍基部各有一与基底平行的淡褐色条纹。为暖水性中下层鱼类。栖息于珊瑚礁或岩礁海区。分布于我国台湾海域，以及印度−西太平洋暖水域。体长约4 cm。

1474 中线天竺鲷 *Apogon kiensis* Jordan et Snyder，1901 [38]

背鳍Ⅵ，Ⅰ−9；臀鳍Ⅱ−8；胸鳍15。侧线鳞25。鳃耙4＋1＋12。

本种与侧条天竺鲷相似，但体较低，灰褐色；体侧黑纵带较粗，而且始于吻端，穿过鱼体中部，伸达尾鳍后缘；体侧上缘尚有一暗褐色细纵带。为暖水性中下层鱼类。栖息于近海内湾。分布于我国南海、东海、台湾海域，以及日本相模湾以南海域、菲律宾海域、印度−太平洋暖水域。体长约8 cm。

1475 **裂带天竺鲷** *Apogon compressus* （Smith et Radcliffe，1911）[38]

背鳍Ⅵ，Ⅰ－9；臀鳍Ⅱ－9；胸鳍13～14。侧线鳞25。鳃耙7＋1＋20。

本种体呈长椭圆形（侧面观），甚侧扁。吻稍钝，眼大，前鼻管短。体背褐色，体侧灰白色。体侧有5～6条红褐色纵带，包括头背分裂带。尾柄后端有几个褐色斑，幼鱼的斑点为红褐色小圆斑，周围镶黄边。尾鳍无显著斑纹。为暖水性中下层鱼类。栖息于近海珊瑚礁内湾，隐蔽于珊瑚枝间。分布于我国台湾海域，以及日本奄美大岛以南海域、印度－西太平洋暖水域。体长约9 cm。

1476 **条腹天竺鲷** *Apogon thermalis* Cuvier，1829[37]

背鳍Ⅵ，Ⅰ－9；臀鳍Ⅱ－8；胸鳍14。

本种体呈长卵圆形（侧面观），侧扁。头大，吻稍长，眼大。第1背鳍较高，以第3鳍棘最长。体淡红褐色至透明，腹部银白色。体侧具4条纵带，中轴纵带与尾柄基部瞳孔大小的黑斑相连，但不达尾鳍末端。第1背鳍前部有黑斑，其他鳍透明。为暖水性中下层鱼类。栖息于沿岸岩礁或珊瑚礁海区。分布于我国南海、台湾海域，以及印度－太平洋暖水域。

1477 **弓线天竺鲷** *Apogon amboinensis* Bleeker，1853 [38]

背鳍Ⅵ，Ⅰ-9；臀鳍Ⅱ-8；胸鳍14。侧线鳞23~24。鳃耙4+1+14。

本种体呈长椭圆形（侧面观），稍侧扁。吻较尖，前鼻孔管长而透明。眼上缘头背有凹陷。体黄褐色，头部深褐色。体侧中间有一不甚显著的纵带。尾柄后部有一黑斑。背鳍前缘黑色，各鳍色浅。为暖水性中下层鱼类。栖息于沿海河口，在红树林水域集群。分布于我国南海、台湾海域，以及日本奄美大岛以南海域、菲律宾海域、帕劳海域、印度-西太平洋暖水域。体长约7 cm。

1478 **褐条天竺鲷** *Apogon nitidus*（Smith，1961）[14]
= 褐尾天竺鲷

背鳍Ⅶ，Ⅰ-9；臀鳍Ⅱ-8；胸鳍13~14。侧线鳞24~25。鳃耙2~3+1+14。

本种体呈长椭圆形（侧面观），侧扁。吻短而尖，下颌略长。体背侧黄褐色，腹侧银白色。体侧具4条黄褐色纵带，中间1条由吻端经眼直达尾鳍后缘。各鳍金黄色。为暖水性中下层鱼类。栖息于珊瑚礁礁盘海区。分布于我国南海、台湾海域，以及印度-太平洋暖水域。体长约4 cm。

1479 四线天竺鲷 *Apogon quadrifasciatus* Cuvier，1828[15]

= *A. fasciatus*

背鳍Ⅶ，Ⅰ－9；臀鳍Ⅱ－8；胸鳍15。侧线鳞27～28。鳃耙5＋1＋15。

本种体呈长椭圆形（侧面观），侧扁。吻短，钝尖。口大，上颌骨伸达眼后缘下方。体黄褐色，具3条暗纵带，中轴纵带达尾鳍后缘。腹侧有众多横带，背部纵带止于第2背鳍末端下方。尾柄部无黑色圆斑。为暖水性中下层鱼类。栖息于沙泥底质海区。分布于我国东海、南海、台湾海域，以及日本长崎以南海域、印度－西太平洋暖水域。体长约8 cm[9, 15, 36]。

1480 侧带天竺鲷 *Apogon pleuron* Fraser，2005[37]

背鳍Ⅶ，Ⅰ－9；臀鳍Ⅱ－8；胸鳍15。侧线鳞24～25。鳃耙21～23。

本种与四线天竺鲷十分相似。体较高，口略小，上颌骨达瞳孔后缘下方。口颌与鳃盖上半部黑色。鳃耙发达。体背暗褐色，腹侧银黄色。体侧有2条棕黑色纵带，背部细纵带止于第2背鳍中部下方。为暖水性中下层鱼类。栖息于近岸浅海区。分布于我国台湾海域[37]。

1481 半线天竺鲷 *Apogon semilineatus* Temminck et Schlegel，1842 [68]

背鳍Ⅶ，Ⅰ－9；臀鳍Ⅱ－8；胸鳍14。侧线鳞25。鳃耙6＋1＋17。

本种体呈长椭圆形（侧面观），稍高。吻较尖。体背淡黄褐色；腹侧银白色，略带粉红色。体侧有2条暗纵带，下侧纵带始于吻端，止于鳃盖后缘。尾柄上有一小于瞳孔的黑色圆斑。第1背鳍上缘黑色。为暖水性中下层鱼类。栖息水深小于100 m。分布于我国东海、南海、台湾海域，以及日本本州中部以南海域、菲律宾海域、西太平洋暖水域。体长约11 cm。

1482 陈氏天竺鲷 *Apogon cheni* Hayashi，1990 [37]

背鳍Ⅶ，Ⅰ－9；臀鳍Ⅱ－8；胸鳍14。侧线鳞25～26。鳃耙4＋1＋14～15。

本种体呈卵圆形（侧面观），侧扁而高。吻短尖。体黄红色。体侧有2条褐色窄纵带，上侧纵带由眼上方向后达尾柄，下侧纵带始于吻端达第2背鳍下方。黑色圆斑位于尾柄中间。各鳍浅粉红色。为暖水性中下层鱼类。栖息于水深70～100 m的岩礁海区及较浅珊瑚礁海区。分布于我国台湾海域，以及日本冲绳北部海域。体长约13 cm。

1483 **九丝天竺鲷** *Apogon novemfasciatus* Cuvier，1828 [15]

= 九线天竺鲷 = 九带天竺鲷

背鳍Ⅶ，Ⅰ－9；臀鳍Ⅱ－8；胸鳍14。侧线鳞27。鳃耙3＋1＋12。

本种体呈长椭圆形（侧面观），侧扁。吻短稍尖，尾柄较粗。体灰褐色。体侧具宽的黑色纵带5条，幅宽不均；以中部3条最明显，始于吻端，伸达尾鳍。第2背鳍和臀鳍基各有一黑色带。各鳍浅粉红色。为暖水性中下层鱼类。栖息于珊瑚礁海域。分布于我国南海，以及日本伊豆半岛海域，琉球群岛海域，中西太平洋和东印度洋暖水域。体长约8 cm。

1484 **黑带天竺鲷** *Apogon nigrofasciatus* Lachner，1953 [38]

= 沃娄宾天竺鲷 = 阔带天竺鲷 *A. aroubiensis*

背鳍Ⅶ，Ⅰ－9；臀鳍Ⅱ－8；胸鳍14。侧线鳞27。鳃耙3＋1＋12。

本种与九丝天竺鲷相似。吻部直线形，吻端尖。体灰褐色。体侧布有3条黑褐色宽纵带。两者的主要区别在于本种各纵带前后等宽和纵带终止于尾柄后端而不伸入尾鳍。为暖水性中下层鱼类。多栖息于珊瑚礁海域，沿岸岩礁海区较稀少。分布于我国台湾海域，以及日本神奈川以南海域，中西太平洋暖水域。体长约7 cm。

1485 黄带天竺鲷 *Apogon properuptus*（Whitley，1964）[37]

背鳍Ⅶ，Ⅰ-9；臀鳍Ⅱ-8；胸鳍14。侧线鳞26。鳃耙3+1+13。

本种体呈长椭圆形（侧面观），吻钝。口稍小，上颌骨不伸达眼后缘。胸鳍长，伸过臀鳍起点。体银色，具6条橙黄色纵带；各纵带与带间幅略等宽。尾柄后部无橙红色斑。尾鳍上、下叶无深色斑。为暖水性中下层鱼类。栖息于沿岸岩礁或珊瑚礁海区。分布于我国台湾海域，以及日本千叶以南海域、印度-西太平洋暖水域。体长约6 cm[37]。

1486 金带天竺鲷 *Apogon cyanosoma* Bleeker，1853[38]
= 金线天竺鲷

背鳍Ⅶ，Ⅰ-9；臀鳍Ⅱ-8；胸鳍13~14。侧线鳞26~27。鳃耙3~4+1+13~15。

本种与黄带天竺鲷相似。二者区别在于本种体背淡褐色，体侧淡黄色，体侧有多条狭幅橙黄色纵带，尾柄后端有橙红色圆斑。为暖水性中下层鱼类。栖息于珊瑚礁海区，常集群。分布于我国台湾海域，以及日本石垣岛海域、西表岛海域，印度-西太平洋暖水域。体长约4 cm[37, 38]。

注：本图的橙黄色纵带幅偏宽，尾柄也未见橙红色圆斑。益田一（1984）的原图即为如此[38]。

1487　斗氏天竺鲷 *Apogon doederleini* Jordan et Snyder，1901[38]

背鳍Ⅶ，Ⅰ－9；臀鳍Ⅱ－8；胸鳍14～15。侧线鳞28～29。鳃耙2～3＋1＋10。

　　本种体侧扁而高，尾柄长。吻稍尖，眼大。体背淡褐色，腹侧银灰色。体侧具4条褐色纵带，纵带靠近尾部变细渐消失。尾柄后部有1个的黑斑。为暖水性中下层鱼类。栖息于沿岸岩礁海区。分布于我国南海、台湾海域，以及日本千叶以南海域、菲律宾海域、西太平洋暖水域。体长约11 cm。

1488　纵带天竺鲷 *Apogon angustatus*（Smith et Radcliffe，1911）[9]
　　　　＝宽带天竺鲷

背鳍Ⅶ，Ⅰ－9；臀鳍Ⅱ－8；胸鳍14。侧线鳞28。鳃耙5～6＋1＋12～14。

　　本种体呈长卵圆形（侧面观），侧扁，尾柄粗。吻较尖，下颌突出。眼大，眼间隔窄。体灰白色，体侧具紫黑色宽纵带，从上往下第1、第3纵带达尾柄后端，第2纵带则伸达尾鳍。为暖水性中下层鱼类。栖息于珊瑚礁海区。分布于我国台湾海域，以及日本奄美大岛海域、印度-太平洋暖水域。体长约8 cm。

1489 **黄体天竺鲷** *Apogon chrysotaenia* Bleeker，1851 [9]
= 多线天竺鲷

背鳍VII，I－9；臀鳍II－9；胸鳍14。侧线鳞24～25。鳃耙2＋1＋8。

　　本种体呈长卵圆形（侧面观），侧扁。吻短尖。尾柄高。体黄色，体侧约有10条暗纵带，中部1条可达尾鳍基底。尾柄中部有一不明显的黑斑。曾被认为和细鳞天竺鲷 *A. multitaeniatus* 同种异名 [9]。为暖水性中下层鱼类。栖息于近岸岩礁海区。分布于我国台湾海域，以及菲律宾海域、印度-西太平洋暖水域。体长约10 cm。

1490 **细线天竺鲷** *Apogon endekataenia* Bleeker，1852 [38]
= 小条天竺鲷

背鳍VII，I－9；臀鳍II－8；胸鳍14～15。侧线鳞27～28。鳃耙2＋1＋9。

　　本种体呈长椭圆形（侧面观），侧扁。吻稍尖。第1背鳍较高，以第3鳍棘最长。体粉红色，腹侧具银色。尾柄中部有眼大小的黑色圆斑。体侧纵带7条，中轴纵条从吻端至尾鳍基与尾柄圆斑相连。各鳍橘红色，第2背鳍与臀鳍基底有深红色纵带。为暖水性中下层鱼类。栖息于沿岸稍深的岩礁海区。分布于我国南海、台湾海域，以及日本东京湾以南海域、西太平洋暖水域。体长约11 cm。

IV
辐鳍鱼纲

1491 库氏天竺鲷 *Apogon cookii* Macleay，1881 [38]
= 粗体天竺鲷 *A. robustus*

背鳍Ⅶ，Ⅰ−9；臀鳍Ⅱ−8；胸鳍14。侧线鳞27。鳃耙2＋1＋9。

本种体呈长椭圆形（侧面观），较高。头大，吻钝尖。眼大。体褐色，体侧具褐绿色纵带5条。尾柄中间有一瞳孔大小的黑色圆斑，腹鳍与臀鳍基部红色。为暖水性中下层鱼类。栖息于珊瑚礁或岩礁海区。分布于我国南海、台湾海域，以及日本千叶以南海域、印度−太平洋暖水域。体长约8 cm。

1492 九带天竺鲷 *Apogon taeniophorus* Regan，1908 [37]
= 褐带天竺鲷

背鳍Ⅶ，Ⅰ−9；臀鳍Ⅱ−8；胸鳍14。侧线鳞24。鳃耙2＋1＋3。

本种体呈长椭圆形（侧面观），侧扁。吻短尖。眼大，尾柄粗。体黄褐色，腹侧银白色。体侧具5条褐色纵带，从上往下第2、第3、第4条纵带伸入尾鳍中部，各鳍色浅。纵带窄，尾柄无黑斑。为暖水性中下层鱼类。分布于我国台湾海域，以及日本南部海域、印度−太平洋暖水域。体长约5 cm。

1493 **黑鳃天竺鲷** *Apogon arafurae*（Güther，1880） [16]
= 黑鳃天竺鱼 *Apogonichthys arafurae* = 截尾天竺鲷 *A. truncatus*

背鳍Ⅶ，Ⅰ-9；臀鳍Ⅱ-8；胸鳍15。侧线鳞25。鳃耙4～5+11。

本种体呈长椭圆形（侧面观），侧扁。头大，尾柄较高，尾鳍后缘圆弧形。体棕灰色，鳃腔及鳃耙黑色，鳃盖有一黑斑。体侧无纵、横带纹。为暖水性中下层鱼类。栖息于近岸岩礁海区。分布于我国南海、台湾海域，以及印度-西太平洋暖水域。体长约8 cm。

1494 **黑天竺鲷** *Apogon niger*（Döderlein，1883） [38]
= 黑天竺鱼 *Apogonichthys niger*

背鳍Ⅶ，Ⅰ-9；臀鳍Ⅱ-8；胸鳍13。侧线鳞24～26。鳃耙2+1+7。

本种体呈卵圆形（侧面观），侧扁。体显著高。头大。吻短，圆钝。第1背鳍以第3鳍棘最长。腹鳍大，后端超越臀鳍起点。体黑褐色，体侧有2～3条不显著横带。背鳍、臀鳍、腹鳍黑色，胸鳍、尾鳍灰色。为暖水性中下层鱼类。栖息于沿海滚石多的沙泥底质内湾。分布于我国南海、台湾海域，以及日本神奈川海域、长崎以南海域，西北太平洋暖水域。体长约10 cm。

1495 **睛斑天竺鲷** *Apogon nigripinnis* Cuvier，1829[9]

= 黑鳍天竺鲷 = 黑鳍似天竺鲷 *Apogonichthyoides nigripinnis*

背鳍Ⅶ，Ⅰ－9；臀鳍Ⅱ－8；胸鳍15～16。侧线鳞27。鳃耙2＋1＋9～10。

本种体呈卵圆形（侧面观），侧扁。体较高，吻短稍尖。体淡黑褐色。第1、第2背鳍下方和尾柄处各有一深褐色横带。其主鳃盖后有眼状黑斑。为暖水性中下层鱼类。栖息于近岸沙泥底质海区。分布于我国台湾海域，以及印度-西太平洋暖水域；并已由红海经苏伊士运河扩散分布至地中海。体长约5 cm。

1496 **斑鳍天竺鲷** *Apogon carinatus* Cuvier，1828[38]

= 斑鳍天竺鱼 *Apogonichthys carinatus* = 锯缘天竺鲷 = 单斑天竺鲷

背鳍Ⅶ，Ⅰ－9；臀鳍Ⅱ－8；胸鳍16～17。侧线鳞25。鳃耙1＋1＋9。

本种体呈长椭圆形（侧面观），侧扁。体稍低。吻钝圆，眼大。前鳃盖骨下角具锯齿。腹鳍后端不达臀鳍起始处。体背黄褐色，腹侧银灰色。第1背鳍褐色，第2背鳍有镶白边的眼状黑斑。臀鳍外缘黑色。为暖水性中下层鱼类。栖息于泥底质海区。分布于我国黄海、东海、南海、台湾海域，以及千叶群岛以南海域、西太平洋暖水域。体长约12 cm。

1497 塞尔天竺鲷 *Apogon sialis*（Jordan et Thompson，1914）[37]

背鳍Ⅶ，Ⅰ－9；臀鳍Ⅱ－8；胸鳍15。

本种体呈长卵圆形（侧面观），侧扁。吻短稍尖，眼径大于吻长。口大，上、下颌约等长。尾柄稍长，尾鳍后缘截形或稍凹入。体黄褐色，腹侧银白色。第1和第2背鳍下方各有一横带。为暖水性中下层鱼类。栖息于近岸沙底质海区。分布于我国台湾海域，以及西太平洋暖水域。

1498 黑边天竺鲷 *Apogon ellioti* Day，1875[38]

背鳍Ⅶ，Ⅰ－9；臀鳍Ⅱ－8；胸鳍16～17。侧线鳞25。鳃耙1＋1＋9。

本种体延长，侧扁。体内有细菌发光器。第1背鳍较短。体背褐色，腹侧银白色。体侧有6～7条较宽的暗横带。颊部暗带明显。第1背鳍上端黑色，尾鳍亦带暗边。为暖水性中下层鱼类。栖息于水深50～80 m泥底质海区。分布于我国台湾海域，以及日本骏河湾以南海域、印度-西太平洋暖水域。体长约12 cm。

1499 细条天竺鲷 *Apogon lineatus* Temminck et Schlegel，1842
= 细条天竺鱼 *Apogonichthys lineatus*

背鳍Ⅶ，Ⅰ－9；臀鳍Ⅱ－8；胸鳍15。侧线鳞26，侧线上鳞2～3。鳃耙2＋1＋11。

本种体呈长椭圆形（侧面观），侧扁。吻长短于眼径，稍钝。口大，下颌稍突出，上颌骨抵眼后缘下方。前鳃盖骨后缘具锯齿。尾鳍后缘圆弧形。体背暗褐色，腹侧淡褐色。体侧具8～11条暗横带。第1背鳍具黑缘，第2背鳍有褐色纵带。为暖温性中下层鱼类。栖息于从沿海内湾至100 m水深的沙泥底质海区。口腔内孵卵。分布于我国渤海、黄海、东海、南海、台湾海域，以及日本北海道以南海域，西北太平洋暖温、暖水域。体长约6 cm。

1500 横带天竺鲷 *Apogon striatus*（Smith et Radcliffe，1912）[9]
= 宽条天竺鱼 *Apogonichthys striatus* = 条纹天竺鲷

背鳍Ⅶ，Ⅰ－9；臀鳍Ⅱ－8；胸鳍14～15。侧线鳞24～25。鳃耙2＋1＋10。

本种体呈长椭圆形（侧面观），侧扁。体背灰褐色，腹侧灰白色。体侧黑色横带多达13～15条，带幅较带间隙宽，颊部暗带较明显。此外，本种有细菌发光器。为暖水性中下层鱼类。栖息于近岸沙泥底质海区。分布于我国南海、台湾海域，以及菲律宾海域、中西太平洋暖水域。体长约6.5 cm。

注：《南海鱼类志》（1962）记述本种体侧横带为8～10条，未提及本种有发光器[7]。

1501 黑身天竺鲷 *Apogon melas* Bleeker，1848 [38]
= 黑褐天竺鲷

背鳍Ⅶ，Ⅰ-9；臀鳍Ⅱ-8；胸鳍14～15。侧线鳞26～27。鳃耙5+1+14。

本种体呈长卵圆形（侧面观），侧扁。眼大，眼间隔窄。吻长约等于眼径。下颌稍长。尾柄长，尾鳍大，后缘浅凹入。各鳍均较长。体黑褐色。腹部与鳃盖银灰色。第2背鳍与臀鳍有黑斑。除胸鳍外，各鳍皆呈暗褐色。为暖水性中下层鱼类。栖息于珊瑚礁内湾海区。分布于我国台湾海域，以及琉球群岛海域、马来西亚海域、西太平洋暖水域。体长约11 cm。

1502 绿身天竺鲷 *Apogon timorensis* Bleeker，1854 [14]
= 帝纹似天竺鲷 *Apogonichthyoides timorensis*

背鳍Ⅶ，Ⅰ-9；臀鳍Ⅱ-8；胸鳍15。侧线鳞26。鳃耙1+1+6。

本种体呈长卵圆形（侧面观），侧扁。吻短，钝尖；吻长小于眼径。腹鳍大，伸越臀鳍起始处。体背深褐色，腹侧黄白色。体侧具2条宽的褐色横带。一条横带自第1背鳍至腹鳍，另一条横带自第2背鳍至臀鳍。颊部有一暗斜带，第1背鳍上端黑色，腹鳍暗绿色。为暖水性中下层鱼类。栖息于珊瑚礁或岩礁内湾海区。分布于我国台湾海域，以及日本奄美大岛以南海域、菲律宾海域、印度-西太平洋暖水域。体长约7 cm。

注：黄宗国（2012）原图腹鳍未达臀鳍起始处，颊部斜带亦不明显 [14]。

IV
辐鳍鱼纲

1503 云纹天竺鲷 *Apogon guamensis* Valenciennes，1832 [14]

背鳍Ⅶ，Ⅰ－9；臀鳍Ⅱ－8；胸鳍14～15。侧线鳞25。鳃耙1＋1＋6。

本种体呈长卵圆形（侧面观），侧扁。吻短，稍钝。眼较小，头长为眼径的3倍左右。口裂大，两颌约等长，上颌骨伸达眼后缘下方。前鳃盖骨具棘，但后缘平滑。体黄褐色，颊部具一暗斜带。除第1背鳍前部呈黑色外，其他鳍均呈白色。为暖水性中下层鱼类。栖息于近岸沙泥底质海区。分布于我国台湾海域，以及琉球群岛海域、印度－西太平洋暖水域。体长约8 cm。

1504 沙维天竺鲷 *Apogon savayensis* Günther，1872 [38]
＝萨氏耶圣竺鲷 *Nectamia savayensis*

背鳍Ⅶ，Ⅰ－9；臀鳍Ⅱ－8；胸鳍13。侧线鳞26。鳃耙7＋1＋19。

本种体呈长卵圆形（侧面观），侧扁。吻短，眼大。体背暗褐色，腹侧银灰色。背部有两黑褐色鞍状带。尾柄中部也具一鞍状黑带。侧线下方有6～10条细且不规则的暗褐色横带。眼下有一斜的长锥形黑斑。为暖水性中下层鱼类。分布于我国南海，以及琉球群岛海域、西太平洋暖水域。体长约7 cm。

1505 **颊纹天竺鲷** *Apogon bandanensis* Bleeker，1854 [38]

= 颊纹圣竺鲷 *Nectamia bandanensis*

背鳍Ⅶ，Ⅰ－9；臀鳍Ⅱ－8；胸鳍13。侧线鳞26。鳃耙6～7＋1＋18。

本种体侧面观呈椭圆形，侧扁。吻短，眼大，头长为眼径的2.5～2.7倍。体背黄褐色，腹侧呈淡黄灰色。颊部有斜锥状黑斑。尾柄也有暗褐色鞍带、横带。体侧或尚有2条被侧线横断的暗横带。为暖水性中下层鱼类。栖息于水深30 m左右的珊瑚礁海域。分布于我国南海、台湾海域，以及日本冲绳岛海域、西表岛海域，印度－太平洋暖水域。体长约10 cm [36, 37]。

1506 **大眼天竺鲷** *Apogon nubilus* Garmam，1903 [38]

背鳍Ⅶ，Ⅰ－9；臀鳍Ⅱ－8；胸鳍13。侧线鳞26。鳃耙5～6＋1＋17。

本种体侧面观呈椭圆形，侧扁。头大，眼大，头长为眼径的2.2～2.3倍。眼间隔宽。体背暗褐色，尾柄后部和侧线上方各有一暗褐色斑，侧线下方腹侧有5～6条暗褐色横带。第1背鳍前缘黑色，第4鳍棘最长。颊部有一黑色细斜线，末端弯曲。为暖水性中下层鱼类。栖息于珊瑚礁或红树林海区。分布于我国南海、台湾海域，以及琉球群岛海域、西太平洋暖水域。体长约8 cm。

1507 摩鹿加天竺鲷 *Apogon moluccensis* Valenciennes，1832 [14]

背鳍Ⅶ，Ⅰ－9；臀鳍Ⅱ－8；胸鳍13～14。侧线鳞25。鳃耙4＋1＋15。

本种体呈长椭圆形（侧面观），侧扁。吻短，较尖。口大，下颌稍突出，上颌骨达眼后缘下方。前鳃盖骨后缘具锯齿。尾柄长，较高；尾鳍后缘凹入。体淡黄褐色，第2背鳍后方具白点。腹部有几条垂直窄带。幼鱼体上部有2条暗纵带，随成长而消失。为暖水性中下层鱼类。栖息于近岸岩礁海区或珊瑚礁海区。分布于我国台湾海域，以及马来半岛海域、印度–西太平洋暖水域。体长约3.5 cm。

1508 短齿天竺鲷 *Apogon apogonides*（Bleeker，1856）[38]
= 短齿鹦竺鲷 *Ostorhinchus apogonides*

背鳍Ⅶ，Ⅰ－9；臀鳍Ⅱ－8；胸鳍14。侧线鳞26。鳃耙3＋1＋13。

本种体呈长椭圆形（侧面观），侧扁。体较低，尾柄细长。头长，眼大，上颌骨达眼中部下方。上颌有绒毛状齿，腭骨前部有不规则的大犬齿。体背桃红色，腹侧金黄色。眼上、下缘有蓝银色线。体侧与尾柄无黑斑或黑带。第1背鳍上缘黑色，其他鳍色浅亦无斑纹。为暖水性中下层鱼类。栖息于浅海岩礁洞穴中。分布于我国台湾海域，以及日本三宅岛海域、冲绳海域，菲律宾海域，印度–西太平洋暖水域。体长约10 cm。

1509 **斑柄天竺鲷** *Apogon fleurieu*（Lacépède，1802）[15]
= 黄身天竺鲷

背鳍Ⅶ，Ⅰ－9；臀鳍Ⅱ－8；胸鳍13～15。侧线鳞24～25。鳃耙5～6＋15～16。

本种体侧面观呈椭圆形，侧扁。眼大，眼间隔小于眼径。两颌与犁骨、腭骨皆具绒毛状齿。前鳃盖骨后缘具锯齿。侧线较平直。头褐色，体背深褐色，体侧橘黄色。头部有2条蓝白色细带。体侧无横带，尾柄基部有一大黑斑。为暖水性中下层鱼类。栖息于沿岸浅海。分布于我国南海、台湾海域，以及印度－太平洋暖水域。体长约12 cm。

1510 **环尾天竺鲷** *Apogon aureus*（Lacépède，1802）[38]
= 黄天竺鲷

背鳍Ⅶ，Ⅰ－9；臀鳍Ⅱ－8；胸鳍14。侧线鳞26。鳃耙4＋1＋15。

本种与斑柄天竺鲷十分相似，以致曾将二者视为同种异名。二者的区别在于本种体更高，侧线在胸鳍上方略弯曲，体金黄色稍带红色，尾柄基的黑斑扩张为环带状。为暖水性中下层鱼类。栖息于浅海岩礁洞穴中。分布于我国台湾海域，以及琉球群岛海域、印度－太平洋暖水域。体长约11 cm。

1511 黑点天竺鲷 *Apogon notatus*（Houttuyn，1782）[38]

背鳍Ⅶ，Ⅰ－9；臀鳍Ⅱ－8；胸鳍15。侧线鳞26。鳃耙7＋1＋20。

本种体呈长椭圆形（侧面观），侧扁。体较低。吻尖，下颌突出。体背红褐色，腹侧粉红色，头背两侧和尾柄基部各有一黑色圆点。下颌前端黑色，吻部有一黑褐色纵带。第1背鳍前部黑色。为暖水性中下层鱼类。栖息于沿岸岩礁海区。分布于我国台湾海域，以及日本南部海域、菲律宾海域、西太平洋暖水域。体长约11 cm。

1512 垂带天竺鲷 *Apogon cathetogramma*（Tanaka，1917）[141]

背鳍Ⅶ，Ⅰ－9；臀鳍Ⅱ－8；胸鳍15。侧线鳞26。鳃耙7＋1＋7。

本种与黑点天竺鲷相似。二者区别在于本种体较高，头背、眼上缘略凹陷，尾柄稍短而高；体红褐色；体侧有2条暗横带，垂向胸鳍，随鱼体成长渐不明显；尾柄基部有小黑圆点，而头背两侧无黑斑。为暖水性中下层鱼类。分布于我国东海、台湾海域，以及日本神奈川以南海域、菲律宾海域、西太平洋暖水域。体长约12 cm。

▲ 本属我国尚有白边天竺鲷 *A. albomarginatus*、渊天竺鲷 *A. bryx*、新几内亚天竺鲷 *A. novaeguineae* 等种，分布于我国南海、台湾海域[13]。

裸天竺鲷亚科 Pseudamiae

裸天竺鲷属 *Gymnapogon*

本属物种体延长，外形颇似虾虎鱼。头部感觉孔列发达，体裸露无鳞，前鳃盖骨下缘有尖、强硬棘和瓣膜，尾鳍后缘凹入或叉形。我国有4种。

1513 菲律宾裸天竺鲷 *Gymnapogon philippinus*（Herre，1939）[9]

背鳍Ⅵ，Ⅰ－9；臀鳍Ⅱ－8；胸鳍14。鳃耙1＋1＋7。

本种体延长，侧扁。口大，上颌骨达眼后缘下方，下颌具小型犬齿。前鳃盖骨具尖棘和瓣膜，体无鳞。胸鳍长，超越臀鳍起点。尾鳍叉形。体透明，头部具黑点，各鳍色浅。胸鳍以下腹侧银白色。为暖水性中下层鱼类。栖息于珊瑚礁海区。分布于我国台湾海域，以及日本冲绳岛海域、西表岛海域，菲律宾海域，西太平洋暖水域。体长约5 cm。

1514 尾斑裸天竺鲷 *Gymnapogon urospilotus* Lachner，1953 [37]

背鳍Ⅵ，Ⅰ－9；臀鳍Ⅱ－9；胸鳍14～15。鳃耙1＋1＋8。

本种与菲律宾裸天竺鲷相似。体长，侧扁。吻短，稍圆钝。两颌约等长。前鳃盖骨棘尖端向下。体浅黄色，头顶有黑斑。尾柄有B形黑斑。为暖水性中下层鱼类。栖息于珊瑚礁内湾海区。分布于我国台湾海域，以及日本冲绳岛海域、石垣岛海域，所罗门群岛海域，太平洋暖水域。体长约5 cm。

1515 **日本裸天竺鲷** *Gymnapogon japonicus* Regan，1905 [38]

背鳍VI，I－10；臀鳍II－9；胸鳍12。鳃耙1＋1＋7。

本种体细长，侧扁。前鳃盖骨棘尖端向后。体淡灰色，各鳍灰白色。头顶和尾柄均无黑斑。为暖水性中下层鱼类。分布于我国台湾海域，以及日本千叶以南海域、菲律宾海域、西太平洋暖水域。体长约6 cm。

▲ 本属我国尚有无斑裸天竺鲷 *G. annona*，分布于我国台湾海域[13]。

1516 **准天竺鲷** *Pseudamiops gracilicauda*（Lachner，1953）[38]
= 拟天竺鲷 *Pseudamia gracilicauda*

背鳍VI，I－8；臀鳍II－8；胸鳍15～17。侧线鳞23～24。鳃耙1＋1＋6。

本种体细长，侧扁。眼大，前鼻孔无鼻瓣。吻圆钝，口大，上颌骨后端超越眼后缘下方。两颌均具犬齿，犁骨、腭骨具钝齿。前鳃盖骨后缘有锯齿。体被大型鳞，侧线无有孔鳞。尾柄细长，尾鳍后缘圆弧形。体淡褐色，半透明。前鳃盖具褐色斑。为暖水性中下层鱼类。栖息于岩礁海区洞穴中。分布于我国台湾海域，以及日本奄美大岛以南海域、印度－太平洋暖水域。体长约5 cm。

1517 **犬牙拟天竺鲷** *Pseudamia gelatinosa* Smith，1955 [38]
　　　　=钝尾拟天竺鲷

背鳍Ⅵ，Ⅰ－8；臀鳍Ⅱ－8～9；胸鳍15～17。侧线鳞35～36。鳃耙1+1+6。

　　本种体细长，侧扁。头部感觉孔呈格子状排列。眼大，吻短而圆钝。口大，两颌有犬齿和绒毛状齿。前鳃盖骨平滑无棘。尾鳍后缘圆弧形。体棕黄色，前鼻孔长瓣膜黑色。头部遍布褐色小点。体侧具褐色细点，呈窄长纵列。第2背鳍、臀鳍和尾鳍黑色，边缘较淡。尾柄和尾鳍上端有时具眼状斑。为暖水性中下层鱼类。栖息于岩礁海区，隐蔽于岩穴深处。分布于我国台湾海域，以及日本相模湾海域、奄美大岛以南海域，印度-太平洋暖水域。体长约9 cm。

▲ 本属我国尚有林氏拟天竺鲷 *P. hayashii*，分布于我国台湾海域 [13]。

（209）后天竺鲷科 Epigonidae （117b）

　　本科原被列为天竺鲷科的一个亚科，又称角背鲷亚科Epigoninae，现已独立为科 [3, 36]。该科物种体形似鲟科物种，体延长，稍侧扁。头部尖，尾柄细长。两背鳍分离，臀鳍具2～3枚硬棘，尾鳍深叉形。眼眶骨内缘具锯齿是本科物种的主要特征。全球共有6属25种，我国仅有1属1种。

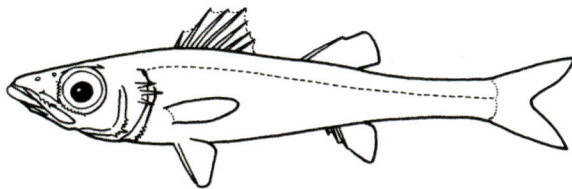

后天竺鲷科物种形态简图

IV
辐鳍鱼纲

1518 **细身后天竺鲷** *Epigonus denticulatus* Dieuzeide，1950 [48]
= 大眼后天竺鲷

背鳍Ⅶ，Ⅰ－10；臀鳍Ⅱ－9；胸鳍19～21。侧线鳞49～51。鳃耙8～10＋19～21。

本种一般特征同科。体延长，稍侧扁。吻短钝。眼大，眼间隔宽而平坦。两颌约等长，上颌骨达眼中部下方。上、下颌各具1行小齿，缝合部附近为绒毛状齿丛。主鳃盖骨无强棘，前鳃盖骨隅角突出而圆。背鳍长。胸鳍甚短，远未达肛门。侧线与背部平行。体灰褐色，略带橘黄色。为暖水性底层鱼类。栖息水深100～600 m。分布于我国台湾海域，以及日本中南部海域，帕劳海域，印度–西太平洋、西大西洋暖水域。体长可达20 cm。

（210）鳕科 Sillaginidae （106b）

本科物种体延长，略呈圆柱状。头部尖，具黏液腔。眼大，位于头中部。口小，上颌骨为眶前骨遮盖。颌齿细小，犁骨具齿，腭骨无齿。前鳃盖骨光滑或具细锯齿，主鳃盖骨有短棘。侧线完全。背鳍2个，分离。腹鳍胸位，尾鳍后缘凹形。鳔正常或退化。全球现知有3属34种，我国有1属10种。

注：本科内容主要由中国海洋大学高天翔教授编写。

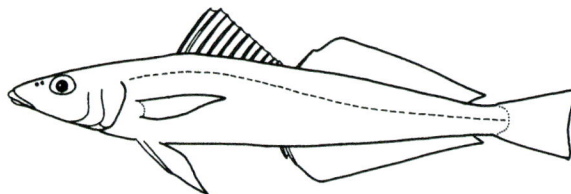

鳕科物种形态简图

鳕属 *Sillago* Cuvier，1817

本属物种一般特征同科。口小，两颌约等长或下颌稍短，颌齿绒毛状。侧线鳞50～84枚。背鳍Ⅹ～Ⅻ，Ⅰ－16～24；臀鳍Ⅱ－15～24。为近海、浅海小型底层鱼类。有一定经济价值。

1519 **砂鱚** *Sillago chondropus* Bleeker，1849 [14]

= 砂大指鱚 *Sillaginopodys chondropus*

背鳍XI～XII，I－20～22；臀鳍II－22～23。侧线鳞66～73，侧线上鳞6行。

本种体延长，略呈圆柱状。吻尖长，口小。颊部有鳞3～4列，皆为栉鳞。腹鳍第1硬棘特化呈棒状。鳔室退化，腹面无管状突起。体背褐色，体侧灰色，腹侧银灰色。体侧中部有一银灰色带。为暖水性底层鱼类。栖息于泥底质浅海。分布于我国台湾海域，以及菲律宾海域、印度尼西亚海域、印度海域、南非海域。体长可达35 cm。

1520 **斑鱚** *Sillago aeolus* Jordan et Evermann，1902 [15]

= 杂色鱚 = 星沙鲅

背鳍XI，I－18～20；臀鳍II－17～19；胸鳍15～17。侧线鳞67～72，侧线上鳞5～6。鳃耙2～3＋6～8。

本种体延长，略呈长纺锤形。吻尖长，颊部圆鳞3～4列。眼间隔栉、圆鳞混合排列。口小，上颌稍长。两颌、犁骨均具齿带。前鳃盖骨后缘垂直，有小锯齿。主鳃盖骨有小棘。体背侧黄褐色，腹侧银灰色。体侧有2列不规则褐色斑纹。第1背鳍尖端褐色。为暖水性底层鱼类。栖息于沙泥底质浅海。分布于我国东海、南海、台湾海域，以及琉球群岛海域、菲律宾海域。体长约20 cm。

1521 **少鳞鱚** *Sillago japonica* Temminck et Schlegel，1843
= 青沙鲹 = 日本沙鲹

背鳍Ⅹ～Ⅺ，Ⅰ－21～23；臀鳍Ⅱ－22～24；胸鳍15～17。侧线鳞70～73，侧线上鳞3～4。鳃耙4～5＋9～10。

本种体延长，略呈圆柱状。吻尖长，颊部鳞片2列，上列通常为圆鳞，下列兼具栉鳞。口小，上颌较突出。颌骨、犁骨具细齿带。前鳃盖骨后缘垂直，主鳃盖骨有1枚弱棘。侧线上鳞少，仅3～4行。鳔发育正常，末端不分叉。体背淡黄色，腹侧银白色。胸鳍、腹鳍起始处无色透明。为暖水性底层鱼类。栖息于沿岸沙底质海区。分布于我国渤海、黄海、东海、南海、台湾海域，以及日本北海道以南海域、朝鲜半岛海域、菲律宾海域。体长约20 cm。

1522 **亚洲鱚** *Sillago asiatica* Mckay，1982 [14]
= 亚洲沙鲹

背鳍Ⅺ，Ⅰ－20～21；臀鳍Ⅱ－21～23。侧线鳞67～70，侧线上鳞4～5。

本种体细长，略侧扁。吻长，吻端尖。口小，上颌稍长。颊部被鳞2列，皆圆鳞。侧线上鳞4～5行。鳔末端不分叉。体背与体侧暗褐色，腹侧银灰色。为暖水性底层鱼类。栖息于沙泥底质浅海区。分布于我国南海、台湾海域，以及泰国海域、越南海域。体长约15 cm。

1523 **湾鱚** *Sillago ingenuua* Mckay，1985 [14]
　　＝海湾鱚＝湾沙鲛

背鳍XI，Ⅰ－17；臀鳍Ⅱ－17。侧线鳞66～70，侧线上鳞3～4。

本种体细长，圆柱状。吻较尖长。口小，上颌突出。前鳃盖骨后缘平滑，呈垂直状。颊部被鳞2～3列，皆为栉鳞。尾鳍后缘叉形。鳔末端1个分支。体银灰色，尾鳍色稍深。为暖水性底层鱼类。栖息于近岸沙底质浅海区。分布于我国南海、台湾海域，以及泰国海域、澳大利亚海域、印度海域。体长约20 cm。

1524 **多鳞鱚** *Sillago sihama*（Forskål，1775）[15]
　　＝多鳞沙鲛

背鳍XI，Ⅰ－20～23；臀鳍Ⅱ－21～23；胸鳍14～16。侧线鳞68～72，侧线上鳞5～6。

本种体细长，略呈圆柱状。吻长，吻端尖。口小，上、下颌约等长。两颌、犁骨均具齿带。前鳃盖中部稍内凹，下缘平直。主鳃盖骨具弱棘1枚。体被弱栉鳞。眼间隔部与颊部具圆栉混合鳞。尾鳍后缘近截形。体背侧褐色，腹侧银白色。为暖水性底层鱼类。栖息于近岸沙底质海区，亦可进入河口。本种分布于印度－西太平洋区，为广布种。在我国分布于东海、南海、台湾海域。体长约25 cm。

1525 小鳞鱚 *Sillago parvisquamis* Gill，1861
= 细鳞鱚 *S. visquamis* = 小鳞沙鲛

背鳍Ⅻ～ⅩⅢ，Ⅰ－20～22；臀鳍Ⅱ－22～24；胸鳍15～17。侧线鳞78～84，侧线上鳞7～9。

本种体延长，前部圆柱状，后部侧扁。吻尖长。口小，上颌稍长。前鳃盖骨后缘垂直，稍凹入。主鳃盖骨具1枚弱棘。眼间隔部、颊部多被栉鳞。尾鳍后缘近截形。体背暗褐色，腹侧淡黄色。第2背鳍有5～6行黑色点列。尾鳍有黑缘。为暖水性底层鱼类。栖息于浅海内湾、沙泥底质河口。分布于我国台湾海域，以及日本南部海域。体长约20 cm。

1526 中国鱚 *Sillago sinaca* Gao et Xuo，2011

背鳍Ⅹ～Ⅺ，Ⅰ－20～22；臀鳍Ⅱ－21～23；胸鳍15～17。侧线上鳞7～8。鳃耙2～4＋6～8。

本种与小鳞鱚很相似。体甚细长，略呈圆柱状。头圆锥状，吻尖长。口小，体被细小栉鳞。胸鳍第1鳍条呈丝状延长。尾鳍后缘略呈截形。体褐色，腹侧灰白色。吻背部灰褐色，颊部有银色光泽。第2背鳍有3～4行黑色点列。尾鳍上、下缘黑灰色。为暖温性底层鱼类。栖息于近岸沙泥底质海区。分布于我国渤海、黄海、东海。体长约16 cm[111]。

▲ 本属我国尚记录有大头鱚 *S. megacephalus*，分布于南海沿岸水域，北部湾鱚 *S. boutani* 和小眼鱚 *S. microps*，分别分布于我国北部湾海域和台湾海域[13]。

注：高天翔教授尚有几个鱚科新种待发表。

（211）弱棘鱼科 Malacanthidae（96b） ＝ 方头鱼科 Branchiostegidae

本科物种体延长，侧扁。体被弱栉鳞，吻圆钝或尖。口中大，前位，具绒毛状齿和锥状齿，犁骨、腭骨无齿。主鳃盖骨通常有1枚棘，前鳃盖骨边缘平滑或具锯齿。背鳍长，腹鳍胸位，Ⅰ－5。尾鳍后缘平截或稍尖。全球有5属40种，我国有4属11种，其中弱棘鱼多为观赏鱼类[17]，方头鱼为经济鱼类[39, 110]。

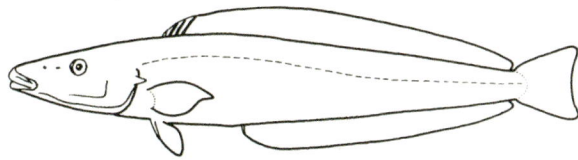

弱棘鱼科物种形态简图

弱棘鱼亚科 Malacanthinae

弱棘鱼属 *Malacanthus* Cuvier，1829

本属物种体甚延长，呈圆柱状，头部中间无背鳍前嵴。前鳃盖骨光滑，主鳃盖骨具一尖棘。背鳍长，始于头后直至尾鳍基部。臀鳍亦长。尾鳍后缘截形或双凹形。

1527 **尾带弱棘鱼** *Malacanthus brevirostris* Guichenot，1848 [38]
　　　　＝ 短吻软棘鱼 *M. hoedii*

背鳍Ⅰ～Ⅳ－50～60；臀鳍Ⅰ－46～53；胸鳍15～17。侧线鳞146～181。鳃耙12～18。

本种一般特征同属。体细长。吻短钝。眼稍大。口小，上颌骨止于眼前缘下方。前鳃盖骨后方无锯齿。犁骨、腭骨无齿。背鳍1个，很长。尾鳍后缘圆弧形。体背灰黑色，腹侧灰白色或银白色。尾鳍上有2条黑色纵带。为暖水性底层鱼类。栖息于岩礁或珊瑚礁的沙砾底质海区。分布于我国南海、台湾海域，以及日本南部海域、印度－太平洋暖水域。体长约28 cm。

1528 **侧条弱棘鱼** *Malacanthus latovittatus* Lacépède，1801 [53]
= 黑带弱棘鱼

背鳍IV − 43～47；臀鳍 I − 37～40；胸鳍16～17。侧线鳞116～132。鳃耙6～10。

本种体呈长纺锤形。吻长，吻端稍尖。口小，上颌骨未达眼前缘。尾鳍后缘呈截形。体背黑色，体侧蓝灰色，体中部从胸鳍至尾鳍有1条黑色纵带。尾鳍下缘黑色。为暖水性底层鱼类。栖息于珊瑚礁、沙砾底质海区。分布于我国南海、台湾海域，以及日本南部海域、美国夏威夷海域、印度–太平洋暖水域。体长可达40 cm。稀有，是观赏鱼类。

似弱棘鱼属 *Hoplolatilus* Günther，1887

本属物种与弱棘鱼相似。体呈带状，前鳃盖骨后缘锯齿状；主鳃盖骨棘短而宽，扁平状。尾鳍叉形或后缘凹形。我国有5种。

1529 **紫似弱棘鱼** *Hoplolatilus purpureus* Burgess，1978 [53]

本种一般特征同属，体侧扁，带状。吻圆钝，上颌突出，上颌骨达眼后缘下方。背鳍、臀鳍长。胸鳍、腹鳍短。尾鳍深叉形。体紫色、蓝紫色，头部、胸部深蓝色，背鳍、臀鳍浅褐色或灰褐色。尾鳍上、下缘红褐色，中间色浅。为暖水性底层鱼类。栖息于水深50 m左右的岩礁海区。分布于我国台湾海域，以及日本冲绳海域，中西太平洋暖水域。体长约11 cm。

1530 **斯氏似弱棘鱼** *Hoplolatilus starcki* Randall et Dooley，1974 [112]

背鳍Ⅷ－21～23；臀鳍Ⅱ－15～16；胸鳍18～19。侧线鳞100～118。鳃耙23。

本种体延长，呈带状。上颌骨宽和鳃盖骨棘长均小于瞳孔径。背鳍、臀鳍的倒数第2鳍条不呈丝状延长。体背棕绿色，腹侧呈黄色。头与胸喉部紫色。尾鳍黄色，具蓝缘。幼鱼尾鳍蓝色。为暖水性底层鱼类。栖息于珊瑚礁或岩礁海区。分布于我国台湾海域，以及菲律宾海域、西太平洋暖水域。体长约20 cm。

1531 **马氏似弱棘鱼** *Hoplolatilus marcosi* Burgess，1978 [112]

本种形态与斯氏似弱棘鱼十分相像。头与胸喉部淡蓝色。体底色为乳白色。体侧有1条起始于吻端、伸达尾叉的鲜红色纵带。各鳍淡蓝色，近于透明。背鳍缘略带土黄色。为暖水性底层鱼类。栖息于珊瑚礁海区。分布于我国台湾海域，以及日本冲绳海域，印度尼西亚海域，菲律宾海域，中西太平洋暖水域。体长约10 cm。

IV
辐鳍鱼纲

1532 **似弱棘鱼** *Hoplolatilus cuniculus* Randall et Dooley，1974[38]

背鳍Ⅲ～Ⅴ－29～34；臀鳍Ⅰ－19～20；胸鳍17～18。侧线鳞116～140。鳃耙21～23。

本种一般特征同属。依地域其体长和体色略有变化。分布于西太平洋的个体头部蓝褐色。体背黄褐色，向腹侧渐变淡。头、胸部乳白色，后部淡褐色。背鳍褐色，尾鳍深褐色，其他鳍色浅。为暖水性底层鱼类。栖息于珊瑚礁外缘海区，水深30～50 m。分布于我国台湾海域，以及日本冲绳海域、印度－太平洋暖水域。体长约15 cm。

▲ 本属我国尚记录有叉尾似弱棘鱼 *H. fronticinctus*，分布于我国台湾海域[13]。

方头鱼亚科 Latilinae

方头鱼属 *Branchiostegus* Rafinesque，1815

本属物种体呈长方形（侧面观），侧扁。体被弱栉鳞。头钝圆。口中等大，下侧位。两颌具齿，犁骨、腭骨无齿。具背鳍前嵴。前鳃盖骨边缘具锯齿，隅角无棘。主鳃盖骨无棘。背鳍、臀鳍长，分别为Ⅵ～Ⅶ－15～16；Ⅰ～Ⅱ－11～12。尾鳍后缘双截形。我国有4种。

1533 **白方头鱼** *Branchiostegus albus* Dooley，1978[38]

背鳍Ⅶ－15～16；臀鳍Ⅱ－12；胸鳍18～19。侧线鳞48～51。鳃耙9＋12。

本种一般特征同属。体近长方形（侧面观），侧扁。背鳍前方有一肉嵴，于眼前陡降，使头部形如马头。眼小，吻短，吻端钝圆。口较小，位于吻侧下方。背鳍第1鳍棘短。尾鳍后缘双截形。体背淡红色，腹部灰白色，尾鳍后部具黄色横带而无斑纹。为暖水性底层鱼类。栖息于泥或沙泥底质海区。分布于我国南海、台湾海域，以及日本南部海域、朝鲜半岛海域、菲律宾海域、西北太平洋暖水域。体长约40 cm。

1534 **日本方头鱼** *Branchiostegus japonicus*（Houttuyn，1782）[18]

背鳍Ⅶ－15；臀鳍Ⅱ－12；胸鳍17～18。侧线鳞46～53。鳃耙4＋11。

本种体呈长方形（侧面观），侧扁。头顶与眼前缘几乎为垂直状，头呈方形（侧面观）。体背侧黄红色，腹侧银白色，体侧具黄红黑带。尾鳍有5～6条黄色纵带。背鳍前的背中线黑色。眼后缘有一白色三角形斑。颊部鳞片包埋于皮下。为暖温性底层鱼类。栖息于沙泥底质海区，水深达156 m。分布于我国黄海、东海、南海、台湾海域，以及日本本州以南海域、朝鲜半岛海域、西北太平洋暖温水域。体长约35 cm。

1535 **银方头鱼** *Branchiostegus argentatus*（Cuvier，1830）[15]

背鳍Ⅶ－15；臀鳍Ⅱ－12；胸鳍17～19。侧线鳞45～47。鳃耙6～8＋13～15。

本种与日本方头鱼相似。体背粉红色，腹侧银白色。眼前下方至上颌骨有2条平行的银色带。背鳍前的背中线黑色。颊部鳞片外露。背鳍上有1列黑斑。胸鳍、尾鳍上缘黑色。为暖温性底层鱼类。栖息水深100～200 m。分布于我国东海、南海、台湾海域，以及日本南部海域、西太平洋暖温水域。体长约30 cm。

1536 斑鳍方头鱼 *Branchiostegus auratus*（Kishinouye，1775）【38】

背鳍Ⅶ－15；臀鳍Ⅱ－12；胸鳍17～18。侧线鳞47～53。鳃耙5＋11。

本种体红黄色。眼前下缘至上颌缘仅1条银白色带。头和背鳍有较宽的黄带。尾鳍具多条黄色纵带，其下部有许多黄点。胸鳍、尾鳍上缘无黑边。为暖温性底层鱼类。栖息于沙泥底质海区。分布于我国东海、南海、台湾海域，以及日本南部海域、西太平洋暖温水域。体长约35 cm。

（212）舌鲳科 Labracoglossidae（114a）

本科物种体纺锤形。口中等大，口裂稍斜，上颌骨后端达眼中部下方。无上颌辅骨，颌无犬齿。体被栉鳞，侧线上方鳞片不呈斜形排列。背鳍鳍棘部与鳍条部相连，具10枚鳍棘。臀鳍具3枚鳍棘，尾鳍叉形。全球有3属5种，我国仅有1属1种。

注：Nelson（1984）将其列为独立一科。现已被移入鲕科 Kyphosidae，赋予其亚科地位【3】。

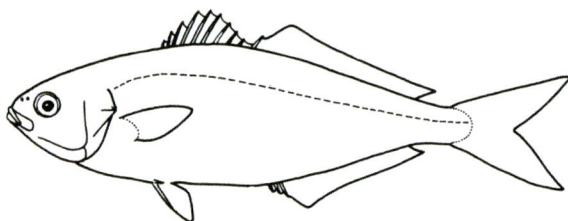

舌鲳科物种形态简图

1537 **银腹贪食鮀** *Labracoglossa argentiventris* Peters，1866 [68]

背鳍X－26～29；臀鳍Ⅲ－22～23。侧线鳞62。

本种一般特征同科。形态、体色与笛鲷科的黄带若梅鲷相似。但本种体更修长，背鳍长，鳍棘与鳍条部间有缺刻。体被栉鳞，可覆盖尾鳍基部。体深蓝色，体背侧有1条黄色纵带。为暖水性中下层鱼类。栖息于沿岸礁石海区，集群于水域中层。分布于我国台湾海域，以及日本本州海域、九州海域，西太平洋暖水域。体长约20 cm。

（213）乳香鱼科 Lactariidae（91a）

本科物种体呈长椭圆形（侧面观），侧扁。体被大圆鳞。具发达的枕骨棱和黏液腔。眼中等大，侧位。口大，斜裂。下颌突出，上颌骨达眼中部下方。下颌齿1行，前端有1对犬齿。上颌齿呈绒毛状，缝合处亦有1对犬齿。犁骨、腭骨具细齿。鳃盖骨后缘无棘，有一凹陷。背鳍2个，分离。臀鳍基底长长于第2背鳍基底长。腹鳍胸位，Ⅰ－5。尾鳍叉形。全球仅有1属1种，我国有1种。

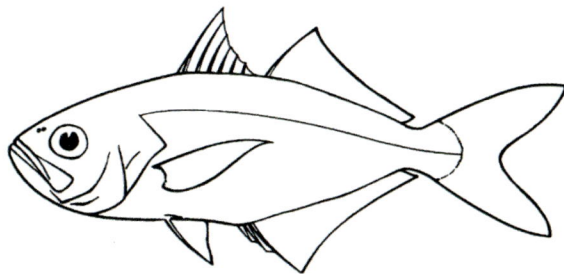

乳香鱼科物种形态简图

1538 乳香鱼 *Lactarius lactarius*（Bloch et Schneider，1801）[16]

背鳍Ⅶ～Ⅷ，Ⅰ－22；臀鳍Ⅲ－25～27；胸鳍15；腹鳍Ⅰ－5。侧线鳞68～70。鳃耙3＋12～13。

本种形态特征同科。体背银灰色，腹侧银白色。鳃盖后上角有一黑色斑。各鳍色浅。为暖水性中下层鱼类。栖息于沿岸沙泥底质浅海。分布于我国南海、台湾海域，以及澳大利亚北部海域、马来半岛海域、印度洋暖水域。体长约14 cm。

（214）鲹科 Pomatomidae（115b）

本科物种体呈长椭圆形（侧面观），稍侧扁。体被细小弱栉鳞或圆鳞，颊部和鳃盖亦被鳞。头钝尖。口大，前位。下颌突出，上颌骨后端达眼中部下方。两颌各具1行犬齿，犁骨、腭骨具齿。背鳍2个，分离。腹鳍胸位，Ⅰ－5。尾鳍叉形或后缘凹形。侧线完全。全球有2属4种，我国有2属2种。

注：Nelson（2006）将其分立出青鲹科 Scombropidae 和鲹科 Pomatomidae 两科[3]。

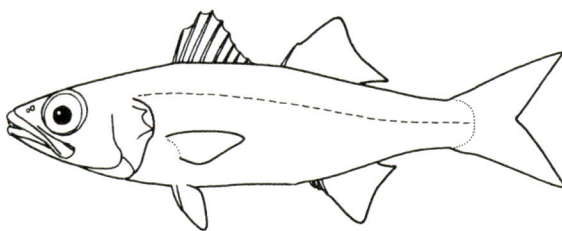

鲹科物种形态简图

1539 牛眼青鲹 *Scombrops boops*（Houttuyn，1782）
　　＝短鳍鲹＝牛尾鲹

背鳍Ⅷ～Ⅸ，Ⅰ－11～14；臀鳍Ⅲ－11～13；胸鳍15～17。侧线鳞50～57。鳃耙2～5＋12～17。

本种体呈长椭圆形（侧面观），稍侧扁，被大圆鳞。头尖，眼大。口大，下颌稍突出，有1块上颌辅骨。两颌各有1行稍大犬齿。犁骨、腭骨具齿。主鳃盖骨有2枚棘。第1背鳍第9鳍棘小，埋于皮下。第2背鳍被小鳞。尾鳍深叉形。体紫褐色，具金属光泽，腹部色淡。为暖温性底层鱼类。栖息于水深200～700 m的岩礁海区。幼鱼见于沿海表层。分布于我国黄海、东海、台湾海域，以及日本北海道以南海域，朝鲜半岛海域，印度–西太平洋温、暖水域。体长可达1 m。

1540 **鯥** *Pomatomus saltatrix*（Linnaeus，1766）[14]
= 扁鲹

背鳍Ⅶ～Ⅷ，Ⅰ－23～28；臀鳍Ⅱ－23～27。侧线鳞90～100。

本种与牛眼青鯥相似。区别在于本种第1背鳍低，第2背鳍鳍条多达23～28枚，两背鳍靠近，基部有膜相连。鳞较小，侧线鳞多达90～100枚。体背部青蓝色，腹侧银白色。背鳍、臀鳍略带黄色，胸鳍基有黑色斑，尾鳍缘略带黄色。为暖水性底层鱼类。栖息于沿岸岩礁海区。分布于我国台湾海域，以及太平洋、大西洋和印度洋暖水域。体长约60 cm。

（215）鲯鳅科 Coryphaenidae （129b）

本科物种体延长，侧面观呈镰刀形，侧扁。额部随成长而高耸。体被小圆鳞。侧线完全。口大，前下位。两颌与犁骨、腭骨均有弯齿构成的齿带，外行齿排列稀疏。背鳍1个，自头背至尾基。臀鳍基底短。背鳍、臀鳍均无鳍棘。腹鳍胸位，Ⅰ－5，部分可存入腹沟中。尾鳍深叉形。全球仅有1属2种，我国有2种。

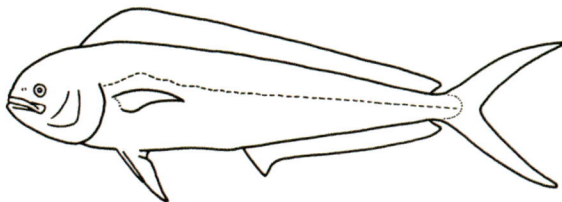

鲯鳅科物种形态简图

鲯鳅属 *Coryphaena* Linnaeus，1758

本属物种特征如科。

[1541] 鲯鳅 *Coryphaena hippurus* Linnaeus，1758

背鳍55～67；臀鳍25～30；胸鳍17～20；腹鳍 I－5。侧线鳞200～300。鳃耙0～1＋8～9。

本种一般特征同科。体背缘和腹缘直线状，体高最高处在腹鳍附近。背鳍鳍条较多，为55～67枚。体背部蓝褐色，腹侧黄褐色，体侧与体背布满小黑点。为暖水性中上层鱼类。分布于我国渤海、黄海、东海、南海、台湾海域，以及日本南部海域，太平洋、印度洋、大西洋暖水域。体长可达2 m。

[1542] 棘鲯鳅 *Coryphaena equiselis* Linnaeus，1758 [38]

背鳍48～59；臀鳍23～29；胸鳍18～21；腹鳍 I－5。侧线鳞160～200。鳃耙0～1＋8～9。

本种与鲯鳅相似。二者区别在于本种背、腹缘圆弧状，使体近似长椭圆形（侧面观），体最高处在腹鳍后方。体背侧灰褐色，腹侧灰白色，体侧无明显黑点或黑点稀疏分布。尾鳍色浅，有银色光泽。为暖水性中上层鱼类。分布于我国台湾海域，以及日本南部海域，太平洋、印度洋、大西洋暖水域。体长约75 cm。

(216) 军曹鱼科 Rachycentridae（129a）

本科物种体延长，稍侧扁。头扁平。口大，前位。下颌稍突出，上颌骨后端达眼前缘下方。两颌与犁骨、腭骨均具绒毛状齿。体被小圆鳞。侧线完全，稍呈波状。背鳍2个，分离。第1背鳍具6～9枚粗短鳍棘，第2背鳍基长。臀鳍具2～3枚鳍棘。腹鳍胸位，Ⅰ-5。尾鳍后缘凹入。本科全球仅有1属1种，我国有1种。

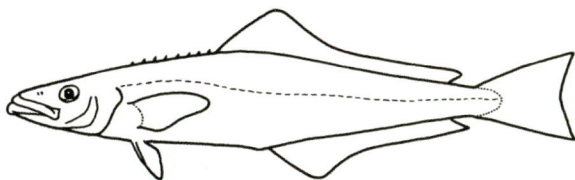

军曹鱼科物种形态简图

1543　**军曹鱼** *Rachycentron canadum*（Linnaeus，1766）[15]
　　　=海鲡

背鳍Ⅵ～Ⅸ，Ⅰ-28～36；臀鳍Ⅱ～Ⅲ-20～28；胸鳍18～22；腹鳍Ⅰ-5。鳃耙2+8～10。

本种一般特征同科。体延长。背鳍鳍棘互相独立，可收入棘沟中。幼鱼尾鳍后缘圆弧形，成鱼尾鳍后缘凹入。体背和体侧黑褐色，腹侧白色，体侧有一贯穿眼上方到尾柄的浅色纵带。为暖水性中上层鱼类。分布于我国黄海、东海、南海，台湾海域，以及日本南部海域，太平洋、印度洋、大西洋温热水域。体长约1.5 m。已成为海水养殖鱼类[113]。

(217) 鲹科 Carangidae（120a）

本科物种体侧面观呈长椭圆形、卵圆形，侧扁或甚侧扁；或体呈纺锤形。体全部或部分区域被小圆鳞。侧线完全，前半部多呈弧形，全部或仅后端被棱鳞。口大小不一，前颌骨一般能伸缩。颌齿细小，单行或成齿带。犁骨、腭骨通常有齿。背鳍2个，第1背鳍有4～8枚鳍棘，其前方常有一平卧倒棘。臀鳍前方有2枚游离棘，许多种类背鳍、臀鳍后方有1个或数个小鳍。胸鳍短而宽或镰刀形。腹鳍胸位，Ⅰ-5。尾鳍叉形。为暖水性中层鱼类。全球有32属约140种，我国有21属67种。其中，许多物种是捕捞或养殖对象，有重要经济价值[56, 110, 114]。

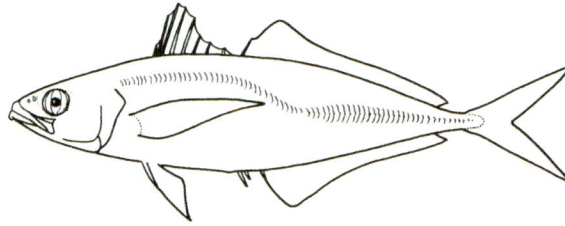

鲹科物种形态简图

鲈亚目分检索表3——鲹科（120a）

1a 侧线无棱鳞···（50）

1b 侧线部分或全部被棱鳞··鲹亚科 Caranginae（2）

2a 棱鳞起始于第2背鳍起始处下方或后方··（4）

2b 棱鳞起始于第2背鳍前方···（3）

3a 侧线全部被棱鳞；无小鳍··································竹荚鱼 *Trachurus japonicus* [1544]

3b 棱鳞不达侧线前部；有小鳍·····························大甲鲹 *Megalaspis cordyla* [1545]

4-2a 脂眼睑不发达···（27）

4b 脂眼睑发达···（5）

5a 尾柄无小鳍···（13）

5b 尾柄有小鳍···圆鲹属 *Decapterus*（6）

6a 背鳍前鳞达到或超过眼中部上方···（8）

6b 背鳍前鳞不达眼中部上方··（7）

7a 上颌骨后端截形或稍凹入；棱鳞覆盖侧线的直线部；胸鳍达背鳍第7鳍棘后下方
···红鳍圆鲹 *D. russelli* [1546]

7b 上颌骨后端突起；棱鳞覆盖侧线直线部的3/4；胸鳍达背鳍第7鳍棘下方
···长体圆鲹 *D. macrosoma* [1547]

8-6a 棱鳞覆盖不超过侧线直线部的3/4···（12）

8b 棱鳞覆盖整个侧线直线部··（9）

9a 胸鳍未达第2背鳍起始处下方；体高为体长的22.2%以下；鳃膜后缘锯齿状
···锯缘圆鲹 *D. tabl* [1548]

9b 胸鳍超越第2背鳍起始处下方；体高为体长的23.5%以上；鳃膜后缘光滑·············（10）

10a 侧线在第1背鳍前弯曲；尾鳍红色······························无斑圆鲹 *D. kurroides* [1549]

10b 侧线在第2背鳍基中部弯曲···（11）

11a 背鳍前鳞达瞳孔前缘；臀鳍鳍条25～30＋1；尾鳍淡黄色··········蓝圆鲹 *D. maruadsi* [1550]

11b 背鳍前鳞超越眼前缘；臀鳍鳍条20～24＋1；尾鳍淡红色··········高体圆鲹 *D. akaadsi* [1551]

12-8a 棱鳞仅覆盖侧线直线部的后半部；口腔底后半部色淡········细鳞圆鲹 *D. macarellus* [1552]

12b 棱鳞覆盖侧线直线部的3/4；口腔全部黑色·····················赭带圆鲹 *D. muroadsi* [1553]

13-5a 肩带下部突出；体侧自鳃盖至尾柄有黄色纵带；鳃盖上缘有深凹刻
···脂眼凹肩鲹 *Selar crumenophthalmus* [1554]

13b 肩带下部不突出；体侧无黄色纵带，或从眼上缘至尾柄上缘有黄色纵带 ……………（14）

14a 成鱼上颌无齿；体侧自眼上缘至尾柄上缘有黄色纵带 … 金带细鲹 *Selaroides leptolepis* [1555]

14b 成鱼上颌有齿；体侧无纵带 …………………………………………… 叶鲹属 *Atule*（15）

15a 脂眼睑裂口状；体侧上部有7~10条绿色横纹 ……………… 游鳍叶鲹 *A. mate* [1556]

15b 脂眼睑半月状；体侧上部如有横带，则不超过7条 …………………………………（16）

16a 第2背鳍前部比第1背鳍高，呈镰状 ……………………………… 鲹属 *Caranx*（20）

16b 第2背鳍与第1背鳍等高，不呈镰状 ……………………………………………（17）

17a 上颌齿带状排列；侧线在第2背鳍第5~6鳍条下转直；鳃盖上部有黑斑
 …………………………………………………………………… 丽叶鲹 *A. kalla* [1557]

17b 上颌齿1行；侧线在第2背鳍第2~3鳍条下转直；鳃盖上部有或无黑斑 ……………（18）

18a 棱鳞42~48枚；鳃盖上角有黑斑 ………………………… 吉打叶鲹 *A. djeddaba* [1558]

18b 棱鳞52~68枚；鳃盖有或无明显的黑斑 …………………………………………（19）

19a 鳃盖无明显的黑斑 …………………………………………… 大尾叶鲹 *A. macrurus* [1559]

19b 鳃盖上角有明显的黑斑；体轴上方有6~7条横纹 …………… 黑鳍叶鲹 *A. malam* [1560]

20-16a 胸部有无鳞区 ………………………………………………………………（24）

20b 胸部完全被鳞 ……………………………………………………………………（21）

21a 棱鳞黑色；头背缘在眼前急剧下降，稍凹 ………………… 黑体鲹 *Caranx lugubris* [1561]

21b 棱鳞白色；头背缘在眼前不急剧下降，不凹 ……………………………………（22）

22a 鳃盖上部无黑斑；上颌骨不达眼后缘下方 ……………… 黑尻鲹 *C. melampygus* [1562]

22b 鳃盖上部有黑斑；上颌骨超越眼后缘下方 ………………………………………（23）

23a 眼前头背缘直线形，稍凸状；鳃盖有较瞳孔小的黑斑；尾鳍上、下叶有黑缘；幼鱼体侧有
 6条黑色横带 ……………………………………………………… 六带鲹 *C. sexfasciatus* [1563]

23b 眼前头背缘凸状；鳃盖有大于瞳孔的黑斑；尾鳍上叶有黑缘 ………… 泰勒鲹 *C. tille* [1564]

24-20a 侧线弯曲部短于直线部；臀鳍鳍条15~16枚 ………… 大口鲹 *C. bucculentus* [1565]

24b 侧线弯曲部约等于直线部 ………………………………………………………（25）

25a 体侧散布小黑点；第2背鳍鳍条22~23枚 ……………… 巴布亚鲹 *C. papuensis* [1566]

25b 体侧无小黑点；第2背鳍鳍条少于22枚 …………………………………………（26）

26a 成鱼鳃盖无黑点；第2背鳍鳍条18~20枚 ……………………… 珍鲹 *C. ignobilis* [1567]

26b 成鱼鳃盖有黑点；第2背鳍鳍条20~22枚；幼鱼体侧有5~7条横带 …… 马鲹 *C. hippos* [1568]

27-4a 背鳍鳍棘长；棘间有鳍膜 …………………………………………………（29）

27b 背鳍鳍棘显著短；无棘间膜或棘埋于皮下 ……………………… 丝鲹属 *Alectis*（28）

28a 眼前方头背缘较突出 …………………………………………… 短吻丝鲹 *A. ciliaris* [1569]

28b 眼前方头背缘凹入 …………………………………………… 长吻丝鲹 *A. indica* [1570]

29-27a 腹鳍长，黑色；腹部有纵沟 ………………………… 沟鲹 *Atropus atropos* [1571]

29b 腹鳍短，色浅；腹部无纵沟 ……………………………………………………（30）

30a 口腔色浅；游离臀鳍多外露可动 ………………………………………………（32）

30b 除舌、口腔上部外，口腔周围均黑色；游离臀鳍埋于皮下·········尾甲鲹属 *Uraspis*（31）

31a 胸部、腹部和胸鳍基无鳞区不连续·····················白舌尾甲鲹 *U. helvola* [1572]

31b 胸部、腹部和胸鳍基无鳞区连续··························尾甲鲹 *U. uraspis* [1573]

32-30a 体侧有暗横带；两颌无齿···········黄鹂无齿鲹 *Gnathanodon speciosus* [1574]

32b 体侧无暗横带或横带不明显；两颌有齿····································（33）

33a 鳃耙中等长，形状正常···（35）

33b 鳃耙很长，呈羽状··································羽鳃鲹属 *Ulua*（34）

34a 眼前头背缘稍凹，后头隆起；第2背鳍中部无丝状鳍条······短丝羽鳃鲹 *U. mandibularis* [1575]

34b 眼前头背缘呈直线，后头高耸；第2背鳍中部有丝状鳍条

···丝背羽鳃鲹 *U. aurochs* [1576]

35-33a 背鳍、臀鳍最后鳍条与前一鳍条稍分离；体侧中部有一黄色纵带

···黄带拟鲹 *Pseudocaranx dentex* [1577]

35b 背鳍、臀鳍最后鳍条与前一鳍条不分离；体侧中部无纵带····················（36）

36a 侧线直线前部无棱鳞··（40）

36b 侧线直线全部被棱鳞··（37）

37a 背鳍、臀鳍前部鳍条不延长；吻尖；鳃盖上无黑点·········高体鲹 *Kaiwarinus equula* [1578]

37b 背鳍、臀鳍前部鳍条呈丝状延长或略延长·····················若鲹属 *Carangoides*（38）

38a 背鳍鳍条、臀鳍鳍条略延长；鳃盖上有黑点·········白舌若鲹 *C. talamparoides* [1579]

38b 背鳍鳍条、臀鳍鳍条丝状延长··（39）

39a 第2背鳍基有明显的1列黑色斑点；侧线直线部短；背鳍鳍条17～19枚

···背点若鲹 *C. dinema* [1580]

39b 第2背鳍基无明显的斑点；侧线直线部较长；背鳍鳍条20～22枚

···卵圆若鲹 *C. oblongus* [1581]

40-36a 胸部无鳞或胸部无鳞区延伸至腹部·····································（42）

40b 胸部全有鳞或腹中线部分例外···（41）

41a 前鳃盖骨后缘黑色；胸部全被鳞；臀鳍鳍条18～20枚·········横带若鲹 *C. plagiotaenia* [1582]

41b 前鳃盖骨后缘不呈黑色；腹中线上无鳞；臀鳍鳍条21～24枚·········橙点若鲹 *C. bajad* [1583]

42-40a 背鳍鳍条19～23枚；臀鳍鳍条14～20枚·····························（46）

42b 背鳍鳍条25～34枚；臀鳍鳍条21～27枚·······································（43）

43a 胸部无鳞区达腹鳍基后方···（45）

43b 胸部无鳞区不达腹鳍基后方···（44）

44a 体侧有幅宽、不明显的暗横带，无黄点；吻端圆，吻长等于眼径

···平线若鲹 *C. ferdau* [1584]

44b 体侧无暗横带，散布黄色斑点；吻端尖，吻长大于眼径·····直线若鲹 *C. orthogrammus* [1585]

45-43a 眼位于吻端水平线以上；眼前头背缘稍凹入··········黄点若鲹 *C. fulvoguttatus* [1586]

45b 眼位于吻端水平线上；眼前头背缘凸状·····················裸胸若鲹 *C. gymnostethus* [1587]

46-42a 胸部无鳞区达胸鳍基以上 ·················· 马拉巴若鲹 *C. malabaricus* 〔1588〕

46b 胸部无鳞区不达胸鳍基以上 ·· （47）

47a 吻长明显大于眼径；雌鱼、雄鱼背鳍鳍条、臀鳍鳍条除前部的以外，均不延长 ······ （49）

47b 吻长与眼径等长或更短；雄鱼背鳍中部鳍条呈丝状延长，雌鱼、幼鱼仅前部鳍条延长
·· （48）

48a 眼间隔区的头背缘直线状；第1鳃弧下鳃耙20～24枚 ············· 甲若鲹 *C. armatus* 〔1589〕

48b 眼间隔区的头背缘凸状；第1鳃弧下鳃耙14～17枚 ··········· 少耙若鲹 *C. hedlandensis* 〔1590〕

49-47a 吻端钝；背鳍鳍条18～20枚 ················· 长吻若鲹 *C. chrysophrys* 〔1591〕

49b 吻端尖；背鳍鳍条21～23枚 ················· 青羽若鲹 *C. caeruleopinnatus* 〔1592〕

50-1a 第2背鳍与臀鳍起始处相对 ·· （57）

50b 第2背鳍与臀鳍起始处不相对 ·················· 鰤亚科 Seriolinae （51）

51a 背鳍、臀鳍后方有一小鳍 ·················· 纺锤鰤 *Elagatis bipinnulata* 〔1593〕

51b 背鳍、臀鳍后方无小鳍 ·· （52）

52a 第1背鳍间棘膜不连续；体侧有明显的暗横带 ·················· 舟鰤 *Naucrates ductor* 〔1594〕

52b 第1背鳍间棘膜连续；体侧无明显的暗横带（幼鱼例外） ·················· （53）

53a 第1背鳍黑色；吻端圆 ·················· 黑纹条鰤 *Seriolina nigrofasciata* 〔1595〕

53b 第1背鳍不为黑色；吻端尖 ·················· 鰤属 Seriola （54）

54a 眼中心位于吻端水平线以上；幼鱼具通过眼的暗斜带 ·················· （56）

54b 眼中心位于吻端水平线上或以下；幼鱼无通过眼的暗斜带 ·················· （55）

55a 上颌骨后上角尖锐；胸鳍与腹鳍等长 ·················· 五条鰤 *S. quingueradiata* 〔1596〕

55b 上颌骨后上角圆钝；胸鳍比腹鳍短 ·················· 黄条鰤 *S. aureovittata* 〔1597〕

56-54a 第2背鳍前部镰状；尾鳍下叶末端不呈白色；第1鳃弧下鳃耙17～20枚
·································· 长鳍鰤 *S. rivoliana* 〔1598〕

56b 第2背鳍前部不呈镰状；尾鳍下叶末端白色；第1鳃弧下鳃耙12～16枚
·································· 高体鰤 *S. dumerili* 〔1599〕

57a-50 前部背鳍鳍条、臀鳍鳍条延长 ········ 鲳鲹亚科 Trachinotinae 鲳鲹属 *Trachinotus* （61）

57b 前部背鳍鳍条、臀鳍鳍条不延长 ······ 似鲹亚科 Scomberoidinae 似鲹属 *Scomberoides* （58）

58a 鳞片针状；上颌骨达瞳孔后缘下方；体侧有1纵列4～8个小黑斑 ······ 革似鲹 *S. tol* 〔1600〕

58b 鳞片匙状；上颌骨达到或超过眼后缘下方 ·················· （59）

59a 体侧有2纵列斑 ·················· 长颌似鲹 *S. lysan* 〔1601〕

59b 体侧有1纵列斑 ·················· （60）

60a 体侧有6～8个明显的深蓝色圆斑；头侧无指状斜斑 ······ 康氏似鲹 *S. commersonnianus* 〔1602〕

60b 体侧有4～7个不明显的黑斑；头侧有指状斜斑 ·················· 红海似鲹 *S. tolooparah* 〔1603〕

61-57a 吻端尖；体有黑斑；背鳍鳍条21～25枚；臀鳍鳍条20～24枚 ··· 小斑鲳鲹 *T. baillonii* 〔1604〕

61b 吻端圆；体无黑斑；背鳍鳍条18～20枚；臀鳍鳍条16～18枚 ·················· 狮鼻鲳鲹 *T. blochii* 〔1605〕

鲹亚科 Caranginae

[1544] **竹荚鱼** *Trachurus japonicus*（Temminck et Schlegel，1844）
= 银竹荚鱼 *T. argenteus*

背鳍Ⅷ，Ⅰ−30~35；臀鳍Ⅱ，Ⅰ−26~30。棱鳞69~73。鳃耙13~15+37~41。

本种体侧面观呈长椭圆形，侧扁。吻长，吻端尖。口大，下颌稍长于上颌。两颌与犁骨、腭骨均具细齿。臀鳍前方有2枚游离棘。尾柄细，尾鳍叉形。侧线于第2背鳍起始处下弯，后部呈直线状。侧线全部被棱鳞。体背侧暗绿色，腹侧灰白色。为洄游性中上层鱼类。分布于我国渤海、黄海、东海、南海，以及日本海域、朝鲜半岛海域、西北太平洋温暖水域。体长约30 cm。为重要海洋经济鱼类[39, 110]。

[1545] **大甲鲹** *Megalaspis cordyla*（Linnaeus，1758）[15]

背鳍Ⅷ，Ⅰ−9~11+7~10；臀鳍Ⅱ，Ⅰ−8~10+6~8。棱鳞51~56。鳃耙8~11+18~22。

本种体侧面观呈长椭圆形，稍侧扁。脂眼睑很发达。上颌骨达眼中部下方。上颌具一窄齿带，犁骨、腭骨齿均极小。第2背鳍后部有8~10枚游离小鳍。臀鳍后部有6~8枚小鳍。侧线前部弯曲，于第1背鳍下方转为直线形。直线部全部被大棱鳞。胸部无鳞。体背深蓝色，腹侧银白色。鳃盖上部有一黑斑。为暖水性中上层鱼类。分布于我国东海、南海、台湾海域，以及日本南部海域、印度–西太平洋暖水域。体长可达1 m。

圆鲹属 *Decapterus* Bleeker，1851

本属物种体呈长椭圆形（侧面观），稍侧扁；或体呈纺锤形。头短，吻钝尖。脂眼睑发达，仅留中央裂隙。口小，斜前位，具上颌辅骨。两颌、犁骨、腭骨和舌上均有齿。肩带边缘有2个突起。棱鳞覆盖侧线直线部。背鳍、臀鳍后方各具一小鳍。我国有8种。

1546 **红鳍圆鲹** *Decapterus russelli*（Rüppell，1830）[48]

背鳍Ⅷ，Ⅰ－27～32＋1；臀鳍Ⅱ，Ⅰ－24～28＋1。棱鳞30～40。鳃耙10～14＋30～39。

本种一般特征同属。背鳍前鳞不达眼中部上方。上颌骨后端截形或稍凹入。棱鳞覆盖侧线直线部分。胸鳍短而尖，未达第2背鳍起始处。体背侧淡青黄色，腹侧银白色，尾鳍淡红色。为暖水性中下层鱼类。栖息于近海，水深小于100 m。分布于我国南海、台湾海域，以及琉球群岛海域、印度–西太平洋暖水域。体长约30 cm。

1547 **长体圆鲹** *Decapterus macrosoma* Bleeker，1851[48]
= 颌圆鲹 *D. lajang*

背鳍Ⅷ，Ⅰ－32～38＋1；臀鳍Ⅱ，Ⅰ－26～30＋1。棱鳞24～40。鳃耙10～12＋34～38。

本种与红鳍圆鲹相似。体修长，体低。但上颌骨后端圆凸，背鳍前鳞终止于眼后缘。棱鳞覆盖侧线直线部分的3/4。胸鳍短，未达第1背鳍末端。体背青绿色，腹部银白色。体侧淡青色，各鳍淡褐色。鳃盖后上方有黑点。为暖水性中下层鱼类。栖息于近海。分布我国东海、南海、台湾海域，以及日本东京湾以南海域、印度–太平洋温热水域。体长约25 cm。

1548 **锯缘圆鲹** *Decapterus tabl* Berry，1968 [38]

= 泰勒圆鲹

背鳍Ⅷ，Ⅰ－29～33＋1；臀鳍Ⅱ，Ⅰ－23～26＋1。棱鳞30～40。鳃耙10～12＋30～33。

　　本种体呈长纺锤形，背鳞前鳞超越眼中部上方。下鳃盖骨后缘内凹。鳃膜后缘锯齿状。侧线稍弯曲，于第2背鳍中部转直，直线部分全被棱鳞。体背侧青蓝色，腹侧银白色。吻端黑色，背鳍、胸鳍、尾鳍均淡红色。为暖水性中下层鱼类。栖息水深200～300 m。分布于我国台湾海域，以及日本南部海域，印度－太平洋、大西洋热带水域。体长约35 cm。

1549 **无斑圆鲹** *Decapterus kurroides* Bleeker，1855 [9]

= 红扁圆鲹

背鳍Ⅷ，Ⅰ－28～29＋1；臀鳍Ⅱ，Ⅰ－22～25＋1。棱鳞31～36。鳃耙10～12＋30～31。

　　本种体呈纺锤形，背鳍前鳞超越眼中部上方。鳃膜后缘光滑，无锯齿。侧线在第1背鳍基底前弯曲，而后转直。直线部分全被棱鳞。胸鳍长，末端伸越第2背鳍起始处。体背青蓝色，有时为青黑色；腹面银白色。尾鳍红色，鳃孔后缘具黑斑。为暖水性中层鱼类。栖息于近海。分布于我国台湾海域，以及印度－太平洋暖水域。体长约33 cm。

1550 **蓝圆鲹** *Decapterus maruadsi*（Temminck et Schlegel，1844）
　　= 红背圆鲹

背鳍Ⅷ，Ⅰ－30～36＋1；臀鳍Ⅱ，Ⅰ－25～30＋1。棱鳞30～37。鳃耙12～13＋35～39。

　　本种头较高，呈纺锤形。颌齿较发达，犁骨齿群呈箭形。背鳞前鳞达瞳孔前缘。侧线前部弯曲，在第2背鳍中部转直，整个直线部分被棱鳞。胸鳍长，尖端达第2背鳍起点下方。体侧上部蓝绿色，体侧下部银白色。各鳍均呈淡黄色，鳃盖后缘具黑斑。为暖水性中上层鱼类。栖息于沿岸内湾水域。分布于我国黄海、东海、南海、台湾海域，以及日本南部海域、印度-西太平洋温暖水域。体长约30 cm。是我国南部海区重要经济鱼类[110, 114]。

　　注：本种习惯上被称为蓝圆鲹。黄宗国（2012）所称红背圆鲹与蓝圆鲹同种[13]。笔者校对过标本和记述，该物种没有明显的红背特征。同时，赫带圆鲹的另一称谓也叫红背圆鲹，故建议本种仍称蓝圆鲹为好。

1551 **高体圆鲹** *Decapterus akaadsi* Abe，1958 [39]
　　= 红尾圆鲹

背鳍Ⅷ，Ⅰ－27～30＋1；臀鳍Ⅱ，Ⅰ－0～24＋1。棱鳞32～35。鳃耙11～12＋29～32。

　　本种与蓝圆鲹相似。体更高，背鳞前鳞发达，可超越眼前缘。胸鳍长，尖端伸越第2背鳍起点处。臀鳍鳍条略偏少。体背侧蓝黑色，腹侧银白色。鳃盖后有黑斑。胸鳍、尾鳍淡红色。为暖水性中下层鱼类。分布于我国东海、南海海域，以及日本南部海域、西太平洋暖水域。体长约30 cm。

1552 **细鳞圆鲹** *Decapterus macarellus*（Cuvier，1833）[38]
= 拉洋圆鲹 = 马卡圆鲹

背鳍Ⅷ，Ⅰ－30～36＋1；臀鳍Ⅱ，Ⅰ－27～30＋1。棱鳞25～35。鳃耙10～13＋34～41。

本种体呈长纺锤形，体较低。下鳃盖骨后缘凹，鳃盖骨后缘呈锯齿状。上颌骨短，上颌和腭骨无齿，下颌也仅前端具齿数枚。侧线虽也在第2背鳍中部转直，但仅直线后半部分被棱鳞。体背侧青蓝色，腹侧银白色。背鳍、尾鳍淡黄色，口腔底后半部色淡。为暖水性中下层鱼类。栖息于近海或岛屿周边海区，水深40～200 m。分布于我国东海、南海、台湾海域，以及日本南部海域。体长约35 cm。

1553 **赭带圆鲹** *Decapterus muroadsi*（Temminck et Schlegel，1844）[68]
= 穆氏圆鲹 = 黄带圆鲹 = 红背圆鲹

背鳍Ⅷ，Ⅰ－29～33＋1；臀鳍Ⅱ，Ⅰ－24～28＋1。棱鳞33～38。鳃耙12～14＋37～39。

本种与细鳞圆鲹相似。体呈长纺锤形。胸鳍末端仅达第1背鳍下方。棱鳞占侧线直线部分的3/4。体背蓝绿色，侧腹银白色。体侧有一黄色纵带。尾鳍淡黄色，口腔底全部黑色。为暖水性中下层鱼类。栖息于沿岸或岛屿周边海区。分布于我国东海、台湾海域，以及日本南部海域、西太平洋暖水域。体长约35 cm。

1554 **脂眼凹肩鲹** *Selar crumenophthalmus*（Bloch，1793）[15]
= 白鲹

背鳍Ⅷ，Ⅰ－23～28；臀鳍Ⅱ，Ⅰ－21～23。棱鳞29～42。鳃耙9～12＋24～31。

本种体呈长椭圆形（侧面观），稍侧扁。头中等大，吻锥状。眼大，脂眼睑发达。口大，斜裂。上颌骨达瞳孔前缘。颌齿尖细，上颌前部2行，下颌1行。犁骨、腭骨均有齿。肩带下角有一深凹刻，深凹上缘有一肉质突起。胸部被鳞。侧线前部弯曲，后部平直，具棱鳞。体背青褐色，腹侧银白色。体侧具一黄色宽纵带。为暖水性中下层鱼类。栖息水深达170 m。分布于我国黄海、东海、南海、台湾海域，以及日本南部海域。体长约30 cm。

▲ 本属*Selar*我国还有一脂眼凹肩鲹的近似种牛目凹肩鲹 *S. boops*，以侧线弯曲、棱鳞发达为特征。分布于我国南海[35]。

1555 **金带细鲹** *Selaroides leptolepis*（Cuvier，1883）[20]
= *Caranax leptolepis* = 木叶鲹

背鳍Ⅷ，Ⅰ－24～26；臀鳍Ⅱ，Ⅰ－20～23。棱鳞20～33。鳃耙10～14＋27～34。

本种体呈长椭圆形（侧面观），侧扁。头稍尖，吻长几乎等于眼径。脂眼睑发达。上颌与犁骨、腭骨均无齿，下颌有1行细齿。胸部有鳞。侧线前部稍弯曲，侧线直线部分被弱棱鳞。体背青蓝色，腹侧银白色。体侧有金黄色宽纵带，鳃盖后上角有一大黑斑。为暖水性中下层鱼类。栖息于沿岸沙泥底质海区，水深小于50 m。分布于我国东海、南海、台湾海域，以及日本南部海域、印度-西太平洋暖水域。体长约17 cm。

叶鲹属 *Atule* Jordan et Jordan，1922

= 副叶鲹属 *Alepes*

本属物种体侧面观呈长椭圆形或长卵圆形，侧扁。头较长，吻锥状，吻长长于眼径。脂眼睑发达，前部至少达眼前缘。颌齿尖细，成鱼上颌前端有2～3行小犬齿。第2背鳍和臀鳍最后鳍条呈不分离的小鳍状（游鳍叶鲹除外）。侧线前部弯曲，侧线直线部分全部覆盖棱鳞。我国有5种。

注：目前，也可将叶鲹属和副叶鲹属分立为2属。叶鲹参只有游鳍叶鲹1种，以背鳍、臀鳍最后1枚鳍条分离为特征，副叶鲹属物种背鳍、臀鳍最后1枚鳍条则不分离，我国有4种。

1556 游鳍叶鲹 *Atule mate*（Cuvier，1833）[14]

= 瘦平鲹

背鳍Ⅷ，Ⅰ－22～25；臀鳍Ⅱ，Ⅰ－18～21。棱鳞36～49。鳃耙10～13＋24～31。

本种一般特征同属。口小，开口于吻端。脂眼睑发达，开口呈裂隙状。背鳍和臀鳍的最后1枚鳍条分离。体背青蓝色，腹侧银白色。体侧上部有7～10条绿色横带。鳃盖后上缘有一黑斑。为暖水性中上层鱼类。栖息水深小于50 m。分布于我国南海、台湾海域，以及日本三重县海域、印度－太平洋暖水域。体长约25 cm。

1557 丽叶鲹 *Atule kalla*（Cuvier，1833）[20]

= 副鲹 *Caranx para*

背鳍Ⅷ，Ⅰ－21～26；臀鳍Ⅱ，Ⅰ－19～22。棱鳞35～45。鳃耙9～12＋27～32。

本种体较高，侧面观呈长卵圆形。上颌齿多行，呈带状排列。吻长短于眼径，脂眼睑稍发达。侧线在第2背鳍第5～6鳍条下方转平直。尾鳍深叉形，上叶长于下叶。体背侧青蓝色，腹部银白色。背鳍黄色，臀鳍白色。鳃盖后缘具大黑斑。为暖水性中上层鱼类。栖息水深小于60 m。分布于我国东海、南海、台湾海域，以及日本三重县海域、印度－西太平洋暖水域。体长约15 cm。

1558 吉打叶鲹 *Atule djeddaba*（Forskål，1775）[37]
= 吉打副叶鲹 *Alepes djeddaba* = 丽叶鲹 *Atule kalla*

背鳍Ⅷ，Ⅰ－23～24；臀鳍Ⅱ，Ⅰ－19～20。棱鳞42～48。鳃耙27～31。

　　本种体呈长椭圆形（侧面观），很侧扁。上颌齿1行。胸部具鳞。第2背鳍与臀鳍前部鳍条比第1背鳍略高。胸鳍长，镰刀状。尾柄细长。体背侧蓝绿色，腹侧银白色。背鳍、臀鳍白色。尾鳍黄色，上叶有黑缘。鳃盖具黑斑。为暖水性中上层鱼类。栖息于近海。分布于我国黄海、东海、南海、台湾海域，以及日本南部海域、印度－太平洋温暖水域。体长约20 cm。

　　注：黄宗国（2012）认为吉打叶鲹和丽叶鲹是同种[13]，但过去一直认为二者是明确的独立种。二者区别在于后者棱鳞少，上颌齿带状排列，体高，腹缘弧较大[35]。

1559 大尾叶鲹 *Atule macrurus*（Bleeker，1851）[38]
= 花氏副叶鲹 *Alepes vari*

背鳍Ⅷ，Ⅰ－23～27；臀鳍Ⅱ，Ⅰ－20～23。棱鳞54～63。鳃耙9～12＋23～27。

　　本种体侧面观呈长椭圆形，背、腹轮廓相同。侧线在第2背鳍第1～3鳍条下方转平直。棱鳞数多，下鳃耙数略少，鳃盖上角无明显的黑斑。体背青灰色，腹侧银白色。第2背鳍和臀鳍、尾鳍暗褐色。分布于我国南海、台湾海域，以及琉球群岛海域、印度－西太平洋暖水域。体长约40 cm。

1560 黑鳍叶鲹 *Atule malam* Bleeker，1861 [16]

= 黑鳍鲹 *Caranx malam*

背鳍Ⅷ，Ⅰ－23～26；臀鳍Ⅱ，Ⅰ－19～21。棱鳞52～68。鳃耙6～10＋20～21。

本种体侧面观呈长椭圆形，侧扁。头小，吻圆钝。颌齿细小，单行排列。侧线弯曲度大，在第2背鳍第2～3鳍条下方转直。其直线部分棱鳞偏多。体背侧浅灰蓝色，腹部银白色。鳃盖后上缘有一明显的黑斑。一般个体在体轴上方有6～7条暗横带。第1背鳍深黑色。为暖水性中上层鱼类。栖息于近岸内湾海域。分布于我国南海，以及日本南部海域、印度尼西亚海域、印度-西太平洋暖水域。体长约18 cm。

鲹属 *Caranx* Lacépède，1801

本属物种体呈长椭圆形（侧面观），侧扁而高。脂眼睑稍发达。上颌齿呈带状排列，外行齿扩大，下颌齿1行。犁骨、腭骨和舌均有齿。胸部、腹部均被鳞或仅胸部的腹面无鳞。侧线直线部分全部覆盖棱鳞。第2背鳍与臀鳍镰刀状，但无丝状延长。我国有8种。

1561 黑体鲹 *Caranx lugubris* Poey，1860 [68]

= 洞步叶鲹 = 暗鲹 = *C. ishikawai*

背鳍Ⅷ，Ⅰ－20～22；臀鳍Ⅱ，Ⅰ－16～19。棱鳞26～33。鳃耙6～8＋17～21。

本种一般特征同属。体侧面观呈椭圆形，侧扁。头背缘于眼前急剧下降并出现浅凹。第2背鳍与臀鳍前部鳍条延长呈镰刀形。胸部有鳞，侧线直线部分被棱鳞。体深褐色，棱鳞黑色。为暖水性中上层鱼类。栖息水深25～65 m。分布于我国南海、台湾海域，以及日本三重县以南海域、太平洋、印度洋、大西洋热带水域。体长约50 cm。

1562 **黑尻鲹** *Caranx melampygus* Cuvier，1833 [15]
= 星点鲹 *C. stekllatus* = 蓝鳍鲹

背鳍Ⅷ，Ⅰ－21～24；臀鳍Ⅱ，Ⅰ－17～20。棱鳞27～42。鳃耙5～9＋17～21。

　　本种与黑体鲹相似。体稍低，头部前背缘无凹陷。背鳍、臀鳍前部鳍条呈镰刀状，不甚延长。体呈淡绿褐色。成鱼体侧布满黑色小点。棱鳞不是黑色。幼鱼胸鳍鲜黄色，其他鳍色浅。为暖水性中上层鱼类。栖息于沿岸内湾或珊瑚礁海域。分布于我国南海、台湾海域，以及日本南部海域、印度－太平洋暖水域。体长约50 cm。

1563 **六带鲹** *Caranx sexfasciatus* Quoy et Gaimard，1824 [15]

背鳍Ⅷ，Ⅰ－19～22；臀鳍Ⅱ，Ⅰ－14～17。棱鳞27～36。鳃耙6～8＋15～19。

　　本种体侧面观呈长椭圆形。眼前头背缘直线状，稍突出。口裂较大，下颌突出，上颌骨可伸越眼后缘下方。上颌齿小，窄带形排列；下颌齿仅1行，前端有大型齿。犁骨齿群呈三角形。体侧上部灰蓝色，腹侧银白色。鳃盖上部有比瞳孔小的黑斑。幼鱼体侧有6条黑色横带，尾鳍上、下叶有黑边。为暖水性中上层鱼类。栖息于沿岸内湾或珊瑚礁海域。分布于我国东海、黄海、南海、台湾海域，以及日本南部海域，印度－太平洋、大西洋温暖水域。体长可达1 m。

1564 泰勒鲹 *Caranx tille* Cuvier，1833 [38]（左幼鱼，右成鱼）

背鳍Ⅷ，Ⅰ-20~22；臀鳍Ⅱ，Ⅰ-16~18。棱鳞33~42。鳃耙5~8+14~17。

本种与六带鲹相似。二者区别在于本种头背缘圆而突，鳃盖上方黑点大于瞳孔，以及尾鳍上叶后缘黑色而下叶略带黄色。体背青蓝色，腹侧银灰色。为暖水性中上层鱼类。栖息于沿岸内湾或珊瑚礁海域。分布于我国南海、台湾海域，以及日本山口县海域、琉球群岛海域、印度-西太平洋暖水域。体长约60 cm。

1565 大口鲹 *Caranx bucculentus* Alleyne et Macleay，1877 [37]
= 蓝点鲹

本种体呈长卵圆形（侧面观），侧扁。头背缘陡升，吻端尖，下颌稍突出。口大，上颌骨达眼瞳孔后下方。上颌外侧具锥状齿，内侧具小齿带。下颌仅1行圆锥齿。犁骨具三角形齿带。胸部裸露。胸鳍长，可伸越臀鳍起始处。侧线前部极度弯曲，弯曲部分长度短于直线部分，直线部分皆被强棱鳞。体背侧橄榄绿色，腹侧银白色。体侧散布蓝色斑点。胸鳍基部有黑斑。为暖水性中上层鱼类。栖息于近岸内湾或珊瑚礁海域。分布于我国南海、台湾海域，以及西北太平洋暖水域。体长约45 cm。

1566 巴布亚鲹 *Caranx papuensis* Alleyne et Macleay，1877[38]（左幼鱼，右成鱼）

背鳍Ⅷ，Ⅰ－22～23；臀鳍Ⅱ，Ⅰ－16～19。棱鳞31～39。鳃耙7～9＋18～21。

本种与大口鲹相似。头背缘呈弧形，吻端钝尖。胸鳍长，呈镰刀形，末端伸越臀鳍起点。胸部腹面无鳞，腹鳍正前有小鳞群丛。侧线不甚弯曲，弯曲部分约与直线部分等长。体背青蓝色，成鱼体侧布满小黑点。第2背鳍与尾鳍上叶黑色。臀鳍与尾鳍下叶黄色，幼鱼更明显。为暖水性中上层鱼类。栖息于沿岸内湾或珊瑚礁海区。分布于我国台湾海域，以及日本南部海域、印度–太平洋暖水域。体长约50 cm。

1567 珍鲹 *Caranx ignobilis*（Forskål，1775）[38]（左幼鱼，右成鱼）
　　　＝浪人鲹

背鳍Ⅷ，Ⅰ－18～20；臀鳍Ⅱ，Ⅰ－15～17。棱鳞29～32。鳃耙5～6＋15～16。

本种体呈长椭圆形（侧面观），侧扁而高。头背缘呈弧形隆起，吻圆钝。口裂大，上颌骨达眼后缘下方。仅胸部腹面裸露无鳞。侧线直线部分全被棱鳞。成鱼鳃盖无黑点。体背缘橄榄色，体侧与腹部皆白色。为暖水性中上层鱼类。栖息于沿岸内湾或珊瑚礁海域。分布于我国黄海、东海、南海、台湾海域，以及日本南部海域、印度–太平洋暖水域。体长可达1 m。

1568 **马鲹** *Caranx hippos*（Linnaeus，1766）[115]

背鳍Ⅷ，Ⅰ－20～22；臀鳍Ⅱ，Ⅰ－17～19。棱鳞27～33。

　　本种与珍鲹相似。体侧面观呈长椭圆形，侧扁。头背缘呈弧形隆起。但本种胸部除靠近腹鳍基中部有鳞外均裸露无鳞。尾柄有1对隆起嵴。胸鳍长，镰状，末端可达臀鳍第3～5鳍条处。体背侧浅黄色，体侧灰白色，腹部黄色。胸鳍、臀鳍黄色，其他鳍橄榄绿色。鳃盖后缘有黑斑。为暖水性中上层鱼类。分布于我国南海，以及印度–西太平洋、大西洋热带水域。体长可达1 m。

丝鲹属 *Alectis* Rafinesque，1815

　　本属物种体侧面观呈菱形或卵圆形，甚侧扁而高。头高大于头长。两颌、犁骨、腭骨和舌上均具齿。鳃耙退化。棱鳞弱，仅覆盖侧线直线部分的后部。幼鱼背鳍、臀鳍鳍条呈长丝状，臀鳍前部两游离棘明显。成鱼丝状鳍条变短，游离棘埋入皮下。我国有2种。

1569 **短吻丝鲹** *Alectis ciliaris*（Bloch，1787）[38][115]（**左幼鱼，右成鱼**）
　　　＝丝鳍鲹

背鳍Ⅵ～Ⅶ，Ⅰ－18～20；臀鳍（Ⅱ），Ⅰ－15～17。棱鳞8～30。鳃耙4～6＋12～17。

本种一般特征同属。幼鱼体侧面观呈菱形，成鱼体延长；侧扁。背鳍鳍棘显著短，无棘间膜或棘完全埋于皮下，眼前方头背缘稍突出。体背青色，腹侧银黄色。幼鱼体侧具6条黑色横带，背鳍基、臀鳍基各有一黑斑。为暖水性中上层鱼类。栖息水深小于100 m。分布于我国黄海、东海、南海、台湾海域，以及日本南部海域。体长约30 cm。

1570 **长吻丝鲹** *Alectis indica*（Rüppell，1830）[15][38]（左幼鱼，右成鱼）
= 印度丝鳍鲹

背鳍Ⅴ～Ⅵ，Ⅰ－18～20；臀鳍（Ⅱ），Ⅰ－15～17。棱鳞9～13。鳃耙7～11＋21～26。

本种与短吻丝鲹相似。眼前方头背缘稍凹，吻长大于眼径。体背青色，腹侧银白色。幼鱼体侧有4～5条黄色弧形横带。成鱼体轴上部有黑点，各鳍均黄色。为暖水性中层鱼类。栖息于近海内湾。分布于我国黄海、东海、南海、台湾海域，以及日本南部海域。体长可达1.5 m。

1571 **沟鲹** *Atropus atropos*（Bloch et Schneider），1801[15]

背鳍Ⅷ，Ⅰ－19～22；臀鳍Ⅱ，Ⅰ－17～18。棱鳞31～37。鳃耙8～11＋19～23。

本种体呈卵圆形（侧面观），甚侧扁。腹部平直，有一深沟，以纳腹鳍。臀鳍前2枚游离棘亦位于沟内。颌齿细，前部呈带状排列。犁骨、腭骨、舌上均有齿。鳃耙长。鳞小，胸部无鳞区大。棱鳞弱。侧线直线部分全部覆盖棱鳞。腹鳍大，尾鳍叉形。体背青蓝色，腹侧银白色，腹鳍黑色。为暖水性中上层鱼类。栖息于近海。分布于我国渤海、黄海、东海、南海、台湾海域，以及日本南部海域、印度-西太平洋暖水域。体长约25 cm。

1093

IV
辐鳍鱼纲

尾甲鲹属 *Uraspis* Bleeker，1855

本属物种体侧面观呈长椭圆形，侧扁。颌齿1行，犁骨、腭骨无齿。口腔黑色，仅舌和口腔背面呈白色。胸部无鳞，棱鳞布于侧线直线部分。第2背鳍和臀鳍前部鳍条平直。臀鳍游离棘埋于皮下。本属我国有2种。

1572 **白舌尾甲鲹** *Uraspis helvola*（Forster，1801）[14][38] **（左幼鱼，右成鱼）**
= 冲鲹

背鳍Ⅷ，Ⅰ−25～30；臀鳍（Ⅱ），Ⅰ−19～22。棱鳞23～40。鳃耙5～8＋13～17。

本种一般特征同属。胸部、腹部和胸鳍基部无鳞区不连续。吻圆钝，部分颌齿弯曲。成鱼腹鳍长为胸鳍长的一半。体背黑褐色，腹侧灰白色。幼鱼体侧有暗褐色横带。为暖水性中上层鱼类。分布于我国东海、南海、台湾海域，以及日本南部海域、印度−太平洋和大西洋暖水域。体长约40 cm。

1573 **尾甲鲹** *Uraspis uraspis*（Günther，1860）[38]
= 白口尾甲鲹 = 正冲鲹

背鳍Ⅵ～Ⅷ，Ⅰ−24～30；臀鳍（Ⅱ），Ⅰ−17～22。棱鳞24～39。鳃耙4～7＋13～17。

本种胸、腹部和胸鳍基无鳞区连续。吻稍尖，颌齿不弯曲。成鱼腹鳍长短于胸鳍长的一半。体蓝灰褐色，腹侧灰褐色，体侧无横带。为暖水性中上层鱼类。栖息水深50～130 m。分布于我国台湾海域，以及琉球群岛海域、印度−西太平洋暖水域。体长约30 cm。

1574 **黄鹂无齿鲹** *Gnathanodon speciosus*（Forskål，1775）[38]
= 黄鹂鲹 *Caranx speciosus*

背鳍Ⅶ～Ⅷ，Ⅰ－18～21；臀鳍Ⅱ，Ⅰ－15～17。棱鳞14～26。鳃耙7～9＋19～22。

本种体呈卵圆形（侧面观），甚侧扁。吻长，吻端钝。两颌与犁骨、腭骨均无齿。臀鳍前有2枚游离棘。尾柄细，尾鳍深叉形。胸部被鳞。侧线直线部分的后半部被弱棱鳞。体蓝灰色。体侧具黑色窄横带约10条，随生长色带淡化。为暖水性中上层鱼类。栖息于近岸内湾或珊瑚礁海区。分布于我国南海、台湾海域，以及日本南部海域、印度－太平洋暖水域。体长可达1 m。

羽鳃鲹属 *Ulua* Jordan et Snyder，1908

本属物种体侧面观呈椭圆形，侧扁。头高，侧扁。颌齿细小，1行。犁骨、腭骨和舌上均有齿。鳃耙甚长，数目多。胸部腹面无鳞。我国有2种。

1575 **短丝羽鳃鲹** *Ulua mentalis*（Cuvier，1833）[14]
= 丝口鲹 = 羽鳃鲹 *U. mandibularis*

背鳍Ⅶ～Ⅷ，Ⅰ－20～21；臀鳍Ⅱ，Ⅰ－17～18。棱鳞26～31。鳃耙22～26＋50～56。

本种一般特征同属。口大，斜裂；口裂与眼中部位于同一水平线上。上颌骨达眼中部下方。颌齿1行。第2背鳍前部鳍条长。胸鳍长，呈镰刀状，长度大于头长。腹鳍短。尾鳍叉形。体浅灰褐色，侧线直线部分黄色，尾鳍下叶有黑缘。为暖水性中上层鱼类。栖息于近海及近岸内湾水域。分布我国南海、台湾海域，以及印度－西太平洋暖水域。体长可达1 m。

IV
辐鳍鱼纲

1576 丝背羽鳃鲹 *Ulua aurochs*（Ogilby，1915）**[37]**

= 黑冠丝口鲹

　　本种体侧面观呈卵圆形，甚高，侧扁。口裂大，上、下颌各具一极窄绒毛状齿带。犁骨具扁形齿带，腭齿带则呈长条状。第2背鳍镰刀状，前、中部鳍条延长呈丝状。臀鳍鳍条虽延长，但不呈丝状。胸鳍长，镰刀形。体背侧银蓝色，腹侧银白色。体侧横斑随成长而消失。为暖水性中上层鱼类。栖息于近海。分布于我国南海、台湾海域，以及印度–西太平洋暖水域。体长约35 cm。

1577 黄带拟鲹 *Pseudocaranx dentex*（Bloch et Schneider，1801）**[68]**

= 纵带拟鲹 = 条纹鲹 *Caranx delicaissimus*

背鳍Ⅷ，Ⅰ－23～26；臀鳍Ⅱ，Ⅰ－21～23。棱鳞25～31。鳃耙11～14＋24～27。

本种体呈长椭圆形（侧面观），甚侧扁。吻长且钝尖。口中等大，斜裂，上颌骨未达眼前缘下方。颌齿为1行圆锥齿。腭骨、舌上各有1行齿带。体被圆鳞，胸部全被鳞。侧线直线部分后方具棱鳞。体背侧蓝绿色，腹侧银白色，体侧有一黄色纵带。鳃盖后上缘有黑斑。为暖水性中上层鱼类。栖息水深小于200 m。分布于我国南海、台湾海域，以及日本岩手县以南海域、西北太平洋暖水域。体长约60 cm。

[1578] **高体鲹** *Kaiwarinus equula*（Temminck et Schlegel，1844）[20]
= 等若鲹 = 平鲹 *Carangichthys equula*

背鳍Ⅷ，Ⅰ－23～25；臀鳍Ⅱ，Ⅰ－21～24。棱鳞22～32。鳃耙7～10＋18～23。

本种体呈长卵圆形（侧面观），甚侧扁。吻尖，吻长稍长于眼径。口中等大，上、下颌约等长，上颌骨达眼前缘下方。颌齿绒毛状。犁骨、腭骨、舌上均具齿。臀鳍前有2枚游离棘。第1背鳍较第2背鳍高，第2背鳍与臀鳍前部鳍条不延长。侧线前半部分弯曲，于第2背鳍后部转平直，被棱鳞。胸部全部被鳞。体背侧黄绿色，腹侧银白色。第2背鳍与臀鳍有黑褐色纵带。为暖水性中上层鱼类。栖息水深小于200 m。分布于我国台湾海域，以及日本南部海域、印度－太平洋暖水域。体长约25 cm。

若鲹属 *Carangoides* Bleeker，1851
（含裸胸鲹属 *Carangichthys*）

本属物种体侧面观呈卵圆形、长卵圆形、椭圆形或长椭圆形，侧扁。脂眼睑不发达。两颌、犁骨、腭骨和舌上均有绒毛状齿，呈带状。胸部被鳞或仅胸部腹面无鳞。棱鳞弱，覆盖于侧线直线部分的后半部或全部。第2背鳍前部鳍条呈镰刀状，有时延长。我国有16种。

1579 白舌若鲹 *Carangoides talamparoides* Bleeker，1852 [37]
= 镰鳍若鲹

本种一般特征同属。体侧面观呈卵圆形。吻钝尖，吻长大于眼径。口裂大，上颌骨末端达瞳孔前缘下方。体被小圆鳞，胸部裸露。侧线直线部分全部覆盖棱鳞。体背侧蓝绿色，腹侧银白色。鳃盖后缘有黑斑，舌白色至淡灰色。为暖水性中上层鱼类。栖息于近海。分布于我国南海、台湾海域，以及印度–西太平洋暖水域。

1580 背点若鲹 *Carangoides dinema*（Bleeker，1851）[38]
= 曳丝若鲹 = 双线裸胸鲹 *Carangichthys dinema*

背鳍Ⅷ，Ⅰ－17～19；臀鳍Ⅱ，Ⅰ－15～17。棱鳞23～30。鳃耙7～9＋16～19。

本种体呈长卵圆形（侧面观），侧扁，吻端尖。第2背鳍和臀鳍前部鳍条呈丝状延长。臀鳍前有2枚游离棘。胸部无鳞。侧线弯曲部分较直线部分长，直线部分全被棱鳞。体青灰色，沿第2背鳍基底具1列黑色斑点。为暖水性中上层鱼类。栖息于近岸内湾或珊瑚礁海域。分布于我国南海、台湾海域，以及日本南部海域、印度–西太平洋暖水域。体长约50 cm。

1581 **卵圆若鲹** *Carangoides oblongus*（Cuvier，1833）[38]

　　= 长若鲹 = 椭圆裸胸鲹 *Carangichthys oblongus*

背鳍Ⅷ，Ⅰ－20～22；臀鳍Ⅱ，Ⅰ－18～19。棱鳞37～45。鳃耙7～9＋17～21。

　　本种与背点若鲹相似。体稍低，呈长椭圆形（侧面观），侧扁。背鳍、臀鳍前部鳍条呈丝状延长。胸鳍长，呈镰刀状，尖端伸越臀鳍前部。侧线的弯曲部分较直线部分短。体银青色。侧线直线部分、胸鳍、腹鳍和尾鳍下叶黄色。第2背鳍基有不明显的点列。为暖水性中上层鱼类。栖息于沿岸内湾或珊瑚礁浅海区。分布于我国台湾海域，以及日本南部海域、印度-太平洋暖水域。

1582 **横带若鲹** *Carangoides plagiotaenia* Bleeker，1857[38]

　　= 斜条鲹 *Caranx plagiotaenia*

背鳍Ⅷ，Ⅰ－22～24；臀鳍Ⅱ，Ⅰ－18～20。棱鳞11～19。鳃耙8～14＋19～27。

　　体呈长椭圆形（侧面观），侧扁。吻尖，下颌突出。胸部全被鳞。侧线直线部分短于弯曲部分。棱鳞弱，仅覆盖直线部分的后半部。背鳍、臀鳍前部鳍条略长，不呈丝状延长。胸鳍长，呈镰刀状，尖端超越臀鳍起始处。体背侧银青色，腹侧银白色。前鳃盖后缘黑色，各鳍色略深。为暖水性中上层鱼类。栖息于珊瑚礁海域。分布于我国南海、台湾海域，以及琉球群岛海域、印度-西太平洋暖水域。体长约40 cm。

1583 橙点若鲹 *Carangoides bajad*（Forskål，1775）[38]

背鳍Ⅷ，Ⅰ－24～26；臀鳍Ⅱ，Ⅰ－21～24。棱鳞20～30。鳃耙7～9＋18～21。

本种与横带若鲹相似。体呈长椭圆形（侧面观），侧扁。吻钝尖，上、下颌约等长。腹中线上有无鳞区。臀鳍鳍条21～24枚。体色银黄色，各鳍橙黄色，体侧有橙点，前鳃盖后缘不呈黑色。为暖水性中上层鱼类。栖息于沿岸珊瑚礁浅海区。分布于我国台湾海域，以及日本南部海域。体长约40 cm。

1584 平线若鲹 *Carangoides ferdau*（Forskål，1775）[20]
　　＝印度若鲹

背鳍Ⅷ，Ⅰ－26～34；臀鳍Ⅱ，Ⅰ－21～27。棱鳞21～37。鳃耙7～10＋17～21。

本种体呈长椭圆形（侧面观），侧扁。吻端钝圆，眼径等于吻长。口裂中等大，上、下颌约等长，上颌骨达眼中部下方。胸部无鳞区不达腹鳍基部。棱鳞仅覆盖侧线直线部分的后半部。第2背鳍和臀鳍前部鳍条镰刀状，但不呈丝状延长。臀鳍前有2枚游离棘。体背灰青色，腹侧灰色，体侧有幅宽、不明显的暗横带。为暖水性中上层鱼类。栖息于沿岸珊瑚礁、岩礁浅海。分布于我国南海、台湾海域，以及日本南部海域、印度－太平洋暖水域。体长约40 cm。

【1585】 **直线若鲹** *Carangoides orthogrammus*（Jordan et Gilbert，1882）[38]

背鳍Ⅷ，Ⅰ－28～33；臀鳍Ⅱ，Ⅰ－23～27。棱鳞19～31。鳃耙8～10＋20～23。

本种与平线若鲹相似。体呈长椭圆形（侧面观），侧扁。二者区别在于本种吻端尖，吻长大于眼径；胸鳍下方无鳞，侧线直线部分几乎皆被棱鳞；第2背鳍和臀鳍前部鳍条镰刀状，但较延长；体青灰色，侧线上、下具黄色斑点，无暗横带。为暖水性中上层鱼类。栖息于沿岸珊瑚礁浅海区。分布于我国台湾海域，以及日本南部海域、印度－西太平洋暖水域。体长约40 cm。

注：苏永全（2012）认为直线若鲹与平线若鲹为同种[20]。但益田一（1983）、黄宗国（2012）等认为二者是2个明确的独立种[38, 13]，可依体侧横纹有无及棱鳞分布等区别。

【1586】 **黄点若鲹** *Carangoides fulvoguttatus*（Forskål，1775）[38]
= 星点若鲹

背鳍Ⅷ，Ⅰ－25～30；臀鳍Ⅱ，Ⅰ－21～26。棱鳞14～21。鳃耙6～8＋17～21。

本种体呈长椭圆形（侧面观），侧扁。其吻端较尖，眼位于吻端水平线以上，眼前部的头背缘稍凹陷。第2背鳍、臀鳍镰刀形，稍延长。侧线直线部分全部被棱鳞。胸部无鳞区几乎达腹鳍基。体淡褐色，吻部有黑褐色斜带。各鳍灰褐色，尾鳍后缘色深。为暖水性中上层鱼类。栖息于沿岸珊瑚礁浅海区。分布于我国台湾海域，以及日本宫崎县以南海域、印度－太平洋暖水域。体长约70 cm。

IV
辐鳍鱼纲

1587 **裸胸若鲹** *Carangoides gymnostethus*（Cuvier，1833）[38]
= 小点鲹

背鳍Ⅷ，Ⅰ－28～33；臀鳍Ⅱ，Ⅰ－24～27。棱鳞15～31。鳃耙7～9＋19～22。

本种体侧面观呈长椭圆形。吻长，钝圆。眼位于吻端水平线上，眼前头背缘稍凸。胸部无鳞。棱鳞仅覆盖侧线直线部分的2/3。体背橄榄绿色，腹部银白色。各鳍褐绿色，体侧散布褐色点。为暖水性中上层鱼类。栖息于沿岸珊瑚礁等浅海区。分布于我国台湾海域，以及琉球群岛海域、印度–西太平洋热带水域。体长约70 cm。

1588 **马拉巴若鲹** *Carangoides malabaricus*（Bloch et Schneider，1801）[141]
= 马拉巴裸胸鲹 *Carangichthys malabaricus* = 爪仔鲹

背鳍Ⅷ，Ⅰ－20～23；臀鳍Ⅱ，Ⅰ－17～19。棱鳞19～36。鳃耙7～12＋21～27。

本种体呈卵圆形（侧面观），侧扁而高。吻稍尖，下颌突出。眼前头背缘弧状。第2背鳍与臀鳍前部鳍条不延长。臀鳍前具2枚游离棘。胸部裸露，无鳞区伸达胸鳍基上方。棱鳞弱，仅覆盖侧线直线部分的后部。体背侧青绿色，腹侧银白色。鳃盖后上缘有一黑斑。为暖水性中上层鱼类。栖息于沿海内湾。分布于我国南海、台湾海域，以及日本宫崎县以南海域、印度–西太平洋暖水域。体长约25 cm。

1589 **甲若鲹** *Carangoides armatus*（Rüppell，1830）[37]
= 铠若鲹 = 许氏鲹 *Caranx schlegali* = 澎湖鲹 *C. pescadorensis*

背鳍Ⅷ，Ⅰ－19～22；臀鳍Ⅱ，Ⅰ－16～18。棱鳞11～24。鳃耙10～15＋20～24。

本种体呈卵圆形（侧面观），侧扁而高。吻尖，吻长约等于眼径，吻端高于眼下缘。下颌突出，眼间隔区头背缘直线状。第2背鳍和臀鳍第1鳍条呈丝状延长。雄鱼背鳍、臀鳍中部鳍条亦呈丝状延长。胸部无鳞区达胸鳍基底处。棱鳞弱，仅覆盖侧线直线部分的后半部。体背淡青色，体侧银白色。为暖水性中上层鱼类。栖息于沿海内湾。分布于我国南海、台湾海域，以及日本南部海域、泰国湾海域、印度－西太平洋暖水域。体长约25 cm。

1590 **少耙若鲹** *Carangoides hedlandensis*（Whitley，1934）[38]（左幼鱼，右成鱼）
= 海蓝德若鲹 = 铅灰若鲹 *C. plumbeus*

背鳍Ⅷ，Ⅰ－19～22；臀鳍Ⅱ，Ⅰ－16～18。棱鳞17～29。鳃耙6～11＋14～17。

　　本种与甲若鲹相似。体呈长卵圆形（侧面观），甚侧扁。二者区别在于本种眼大，吻短，吻长短于眼径；头背缘在眼间隔隆起；鳃耙数少，第1鳃弧下鳃耙14～17枚。体背蓝色，体侧和腹侧具绿色光泽。幼鱼体色偏红。为暖水性中上层鱼类。栖息于近岸浅海区。分布于我国南海、台湾海域，以及日本南部海域、萨摩亚群岛海域、西太平洋暖水域。体长约25 cm。

1591 **长吻若鲹** *Carangoides chrysophrys*（Cuvier，1933）[38]
　　　 ＝冬瓜若鲹

　　背鳍Ⅷ，Ⅰ－18～20；臀鳍Ⅱ，Ⅰ－14～17。棱鳞20～37。鳃耙5～9＋15～18。

　　本种体侧面观呈长卵圆形，侧扁。吻长大于眼径，吻端稍钝。下颌稍突出，眼位于吻端水平线以上。头背缘呈直线状。第2背鳍与臀鳍镰刀形，前部鳍条延长。棱鳞弱，仅覆盖侧线直线部分的后半部。胸鳍无鳞区达胸鳍基底。体灰青色，腹侧银白色。为暖水性中上层鱼类。栖息于沿岸浅海区。分布于我国南海、台湾海域，以及日本宫崎以南海域、印度－西太平洋暖水域。体长约50 cm。

1592 **青羽若鲹** *Carangoides caeruleopinnatus*（Rüppell，1830）[38]

　　背鳍Ⅷ，Ⅰ－21～23；臀鳍Ⅱ，Ⅰ－16～20。棱鳞16～38。鳃耙5～8＋15～19。

　　本种体侧面观呈椭圆形，侧扁。吻端稍尖，头顶稍隆起。第2背鳍和臀鳍前部鳍条延长。尤其臀鳍前部鳍条在幼鱼中甚长，在成鱼中鳍条丝状延长则消失。背鳍鳍条为21～23枚。胸部无鳞区达胸鳍基底。体青灰色，臀鳍色深，尾鳍黄褐色。为暖水性中上层鱼类。栖息于沿岸浅海区。分布于我国东海、南海、台湾海域，以及日本南部海域、印度－西太平洋暖水域。体长约30 cm。

▲ 本属我国尚有大眼若鲹 *C. humerosus* 和褐背若鲹 *C. praeustus*，分布于我国南海[13]。

鲕亚科 Seriolinae

1593 **纺锤鲕** *Elagatis bipinnulata*（Quoy et Gaimard，1825）[7]
= 双带鲹

背鳍Ⅴ~Ⅵ，Ⅰ−23~28+2；臀鳍（Ⅰ），Ⅰ−15~20+2。棱鳞0。鳃耙9~11+25~26。

本种体延长，呈纺锤形。眼小，吻长而尖。口小，上、下颌约等长。臀鳍前方有一游离棘。背鳍、臀鳍后方各具一小鳍。第1背鳍各鳍棘有棘膜相连，第2背鳍与臀鳍起始处不对应。尾柄细，上、下有缺刻。侧线无棱鳞。体背侧蓝色，腹侧银白色。体侧有2条黄绿色纵带。为暖水性中上层鱼类。分布于我国南海、台湾海域，以及日本南部海域，太平洋、印度洋、大西洋温、热带海域。体长可达1 m。

1594 **舟鲕** *Naucrates ductor*（Linnaeus，1758）[15]
= 黑带鲕

背鳍Ⅳ~Ⅵ，Ⅰ−25~29；臀鳍Ⅱ，Ⅰ−15~17。棱鳞0。鳃耙5~7+16~19。

本种体形与纺锤鲕相似。第1背鳍鳍棘短，各棘分离。臀鳍前有2枚游离棘，臀鳍起始处不与第2背鳍起始处相对应。背鳍、臀鳍后方无小鳍。尾柄上、下方缺刻浅而两侧具有纵嵴。体背深蓝色，腹侧银白色，尾端白色。体侧具6~7条黑色横带。为暖水性中上层鱼类。分布于我国东海、南海，以及日本以南海域，太平洋、印度洋、大西洋温带、热带水域。体长可达60 cm。

中国 | 海洋 | 鱼类

IV
辐鳍鱼纲

1595 黑纹条鰤 *Seriolina nigrofasciata*（Rüppell，1829）[38]（**左幼鱼，右成鱼**）
= 小甘鲹

背鳍 Ⅵ～Ⅷ，Ⅰ－30～37；臀鳍（Ⅰ），Ⅰ－15～18。棱鳞0。鳃耙1～2＋5～8。

本种体呈纺锤形。吻圆钝。口裂大，上颌骨伸达眼中部后方。鳃耙少。臀鳍前方一游离棘，起始于第2背鳍中后部下方。尾柄上、下方有浅凹，侧隆嵴弱。体背深蓝色，腹侧灰白色。体侧具不明显灰褐色斜横带5～6条，幼鱼的斜横带略呈斑块状。背鳍鳍棘部黑色。为暖水性中上层鱼类。栖息水深20～150 m。分布于我国东海、南海、台湾海域，以及日本南部海域、印度－西太平洋暖水域。体长约40 cm。

鰤属 *Seriola* Cuvier，1817

本属物种体呈椭圆形（侧面观）或呈纺锤形，稍侧扁。头锥形，吻尖。口大，具上颌辅骨。两颌、犁骨、腭骨和舌上均具绒毛状齿。鳃耙长。体被小圆鳞，侧线无棱鳞。第1背鳍有5～7枚鳍棘，有棘膜相连，成鱼的鳍棘或埋入皮下。臀鳍前有2枚游离棘，成鱼的游离棘亦埋入皮下。背鳍、臀鳍后方无小鳍。腹鳍胸位，内侧缘有膜与腹部相连。尾鳍叉形。体侧有黄色纵带。本属我国有4种。

1596 五条鰤 *Seriola quingueradiata* Temminck et Schlegel，1845 [68]

背鳍 Ⅴ～Ⅵ，Ⅰ－29～36；臀鳍Ⅱ，Ⅰ－17～22。棱鳞0。鳃耙8～12＋17～23。

本种一般特征同属。眼中心位于吻端的水平线上，上颌骨后上角尖锐。胸鳍与腹鳍等长。体背侧褐绿色，腹侧银白色。体侧有穿过眼的黄色纵带。幼鱼体为褐色，体侧有暗横带。为暖温性中上层鱼类。分布于我国黄海、东海、南海，以及日本海域，朝鲜半岛海域，西北太平洋温、暖水域。体长可达1 m。为主要养殖鱼类。

[1597] **黄条鰤** *Seriola aureovittata* Temminck et Schlegel，1845
= 莱氏鰤 *S. lalandi*

背鳍Ⅵ～Ⅶ，Ⅰ－30～36；臀鳍Ⅱ，Ⅰ－19～22。棱鳞0。鳃耙7～10＋15～21。

本种与五条鰤相似。体呈纺锤形。上颌骨后缘仅达眼前缘下方。尾柄短，上、下有缺刻，侧有隆起嵴。上颌骨宽，后上角圆弧形。胸鳍比腹鳍短。体背部青蓝色，腹部银白色。体侧从吻端至尾柄也有一明显的黄色纵带。尾鳍下叶末端黄色。为暖温性中上层鱼类。栖息于沿岸或离岸较远的岩礁海域。分布于我国渤海、黄海、东海，以及日本以南海域，太平洋、印度洋、大西洋温带、亚热带水域。体长可达近2 m。

[1598] **长鳍鰤** *Seriola rivoliana* Valenciennes，1833 [16]
= 画眉鰤 = 黄尾鲹

背鳍Ⅶ，Ⅰ－26～33；臀鳍Ⅱ，Ⅰ－18～22。棱鳞0。鳃耙6～9＋17～20。

本种体呈纺锤形。吻端稍钝圆。眼中心位于吻端体中轴线以上。口裂大。上颌骨后端宽大，可伸达眼中部下方。第2背鳍与臀鳍前部鳍条延长。尾柄上、下有缺刻。体背侧由褐色或橄榄色到蓝灰色，腹侧色淡。体侧中间具一淡黄色纵带。幼鱼头部有通过眼的暗斜带。为暖水性中上层鱼类。栖息于近海。分布于我国渤海、黄海、东海、南海、台湾海域，以及日本南部海域，太平洋、印度洋、大西洋温带、热带水域。体长约1 m。

1599 **高体鲕** *Seriola dumerili* （Risso，1810）[68]
= 杜氏鲕 = 红甘鲹

背鳍Ⅵ~Ⅶ，Ⅰ－29~36；臀鳍Ⅱ，Ⅰ－18~22。棱鳞0。鳃耙4~6+12~16。

本种体呈纺锤形。眼中心位于吻端中轴线以上。上颌骨后角圆弧形，后缘可达眼中部下方。第2背鳍、臀鳍前部不呈镰状。第1鳃弧下鳃耙为12~16枚。体背紫褐色，腹侧淡灰色。吻略呈桃红色，前额背面有"八"字形褐斑。体侧中间有一不明显淡黄色纵带。尾鳍下叶末端白色。幼鱼亦有贯通眼的暗斜带。为暖水性中上层鱼类。栖息于近海。分布于我国黄海、东海、南海、台湾海域，以及日本南部海域，东太平洋以外的温带、热带水域。体长约1.5 m。

似鲹亚科 Scomberoidinae
= 鳍鲹亚科 Chorineminae

似鲹属 *Scomberoides* Lacépède，1801
= 鳍鲹属

本属物种体延长，甚侧扁，尾柄两侧无隆起嵴。头短尖，无鳞。口中等大，上颌骨可达眼瞳孔或眼后缘下方。颌齿为1~2行较大齿。犁骨、腭骨和舌上均有齿。鳞小，针状或匙形，隐于皮下。侧线前部弯曲，无棱鳞。第1背鳍有6~7枚棘，第2背鳍与臀鳍同形，后部有数个半分离状小鳍。臀鳍前方有2枚强棘。腹鳍胸位。我国有4种。

1600 **革似鲹** *Scomberoides tol*（Cuvier，1832）[38]
= 针鳞鲭鲹 = 托尔拟鲭 = 台湾鮨鲹 *Chorinemus formosanus*

背鳍Ⅵ～Ⅶ，Ⅰ－19～21；臀鳍Ⅱ，Ⅰ－17～20。棱鳞0。鳃耙4～7＋17～20。

　　本种一般特征同属。体延长，侧扁。背棘分立，无连续棘膜。背鳍基、臀鳍基长，前部鳍条不延伸呈镰状。上颌骨后缘仅达瞳孔后缘下方。体被针鳞，无棱鳞。体背青蓝色，腹部银白色。体侧有1纵列4～8个斑点。为暖水性中上层鱼类。分布于我国东海、南海、台湾海域，以及日本和歌山以南海域、印度-西太平洋暖水域。体长约50 cm。

1601 **长颌似鲹** *Scomberoides lysan*（Forskål，1775）[38]
= 长颌鲭鲹 = 逆钩鲹 = 东方鲭鲹 *Chorinemus orientalis*

背鳍Ⅵ～Ⅶ，Ⅰ－19～21；臀鳍Ⅱ，Ⅰ－17～19。棱鳞0。鳃耙3～8＋15～20。

　　本种与革似鲹相似。体延长，侧扁。背鳍鳍条、臀鳍鳍条前部不延伸呈镰状，但后半部各具8～11个半游离鳍条。鳞片匙形。吻长而尖，上颌骨后端达眼后缘下方。体背侧蓝灰色，腹侧银白色。沿侧线上、下各有1纵列6～8个铅灰色圆斑。第2背鳍前上半部黑色。为暖水性中上层鱼类。分布于我国南海、台湾海域，以及日本南部海域、印度-西太平洋暖温水域。体长约50 cm。

1602 **康氏似鲹** *Scomberoides commersonnianus* Lacépède，1801 [15]
= 拟鲭 = 大口逆钩鲹

背鳍Ⅵ~Ⅶ，Ⅰ－20；臀鳍Ⅱ，Ⅰ－18~19。棱鳞0。

　　本种与长颌似鲹相似。体延长，侧扁。口裂大，上颌骨达眼后缘下方。第2背鳍与臀鳍后方具半游离小鳍。体被匙形鳞，埋入皮下。吻短，稍圆。体较高。体背黄绿色，腹侧黄色或金黄色。各鳍黄色，沿体侧有6~8个蓝黑色圆斑。为暖水性中上层鱼类。栖息于近海。分布于我国南海、台湾海域，以及印度-西太平洋暖水域。体长可达1 m。

1603 **红海似鲹** *Scomberoides tolooparah*（Rüppell，1829）[16]
= 红海鲭鲹 *Chorinemus tolooparah*

背鳍Ⅶ，Ⅰ－19~21；臀鳍Ⅱ，Ⅰ－18~19。棱鳞0。鳃耙6~7＋16~19。

本种体延长，被匙形鳞。头小，吻尖，吻长约等于眼径。第2背鳍和臀鳍后方有8～9个半分离状小鳍。背部蓝色，侧面橙黄色。头侧自眼上方至胸鳍基具一指状黑斑。体侧有4～7个不明显的黑斑。第1背鳍前上部和臀鳍基前部各有一黑斑。为暖水性中上层鱼类。栖息于近海。分布于我国南海，以及日本南部海域、红海、印度–西太平洋暖水域。体长约30 cm。

鲳鲹亚科 Trachinotinae

鲳鲹属 *Trachinotus* Lacépède，1801

本属物种体侧面观呈卵圆形或长卵圆形，甚侧扁。尾柄细，无隆起嵴。头小，眼小。口小，下位。上颌骨达眼中部下方，无上颌辅骨。两颌、犁骨、腭骨均具绒毛状齿，并随成长逐渐消失。体被极小圆鳞，鳞多埋皮下。侧线几乎平直，无棱鳞。第1背鳍有5～6枚鳍棘，成鱼棘间膜退化，鳍棘成为游离棘。第2背鳍与臀鳍约等长，对位；后方无小鳍。腹鳍短。尾鳍叉形。本属我国有4种。

1604 小斑鲳鲹 *Trachinotus baillonii*（Lacépède，1801）[38]
　　　　= 斐氏黄蜡鲹

背鳍Ⅴ～Ⅵ，Ⅰ－21～25；臀鳍Ⅱ，Ⅰ－20～24。棱鳞0。鳃耙7～13＋14～19。

本种一般特征同属。体呈长卵圆形（侧面观），侧扁。体稍低，体长大于体高的2倍。吻端尖，口裂位于眼中心水平线上。第2背鳍与臀鳍对位，呈镰刀状。前部鳍条延长而末端尖。体背青色，腹侧银白色。侧线上有1列2～5个小黑点。为暖水性中上层鱼类。栖息于沿岸沙底质浅海区。分布于我国南海、台湾海域，以及日本南部海域、印度–太平洋暖水域。体长约30 cm。

1605 **狮鼻鲳鲹** *Trachinotus blochii*（Lacépède，1801）[16]
= 布氏鲳鲹 = 卵形鲳鲹 *T. ovatus*

背鳍VI，I－18～20；臀鳍II，I－16～18。棱鳞0。鳃耙5～8＋7～10。

本种与小斑鲳鲹相似。体呈卵圆形（侧面观）。体长小于体高的2倍。吻端圆钝。眼位于口裂水平线以上。背鳍、臀鳍前部鳍条延长。体背青灰色，腹侧银白色。体侧无斑。为暖水性中上层鱼类。栖息于沿岸浅海区。分布于我国南海、台湾海域，以及日本南部海域、印度－太平洋、非洲西部沿海。体长约50 cm。现已成为养殖物种[98]。

注：因布氏鲳鲹与卵形鲳鲹相似，过去国内视为同种[142]，现据张其永[150]依第2背鳍的长短、成鱼的体色等分为2种。此外，据《中东大西洋底层鱼类》（2000），分布到非洲西部沿海的卵形鲳鲹 *T. ovatus*，其体较低，背鳍、臀鳍鳍条不延长，且体有不明显的斑点，实际上不是本种。

▲ 本属我国尚有阿纳鲳鲹 *T. anak* 和大斑鲳鲹 *T. botla*（ = 勒氏鲳鲹 *T. russelli*），分别分布于我国南海和台湾海域[13]。

(218) 乌鲳科 Formionidae ＝ Apolectidae（119a）

本科物种体呈卵圆形（侧面观），侧扁而高。体被细小圆鳞，头圆钝。眼小，口小，前位。两颌约等长。颌齿尖细，1行。犁骨、腭骨无齿。体无食道囊。侧线完全。尾柄处每枚鳞均有向后棘，形成隆起嵴。背鳍成鱼鳍棘埋于皮下。第2背鳍与臀鳍对位，同形。胸鳍镰刀状，腹鳍胸位，成鱼腹鳍消失。尾鳍叉形。本科全球仅有1属1种，我国有1种。基于其形态特征与鲹科相似，故近来有学者将其归入鲹科[3, 13, 37]，列为乌鲳属 *Parastromateus*。

45
鲈
形
目

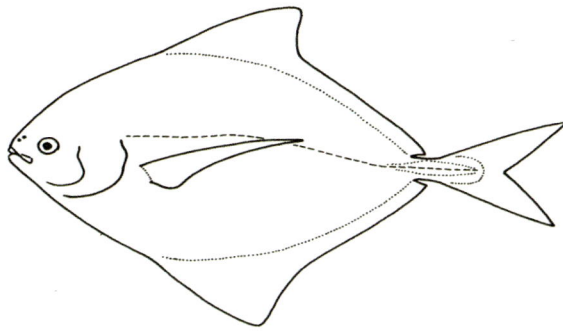

乌鲳科物种形态简图

1606 **乌鲳** *Formio niger*（Bloch，1975）[15]
= 乌鲹 *Parastromateus niger* = *Apolectus niger*

背鳍Ⅳ，Ⅰ－40～45；臀鳍Ⅱ，Ⅰ－35～39。棱鳞8～19。鳃耙5～7＋13～16。

　　本种特征同科。体呈卵圆形（侧面观），侧扁，似鲳鲹或银鲳。无食道囊。成鱼腹鳍消失。背鳍鳍棘部埋于皮下。尾柄处有隆起嵴。体黄褐色。为暖水性中上层鱼类。栖息于沙泥底质海区，水深50～80 m。分布于我国黄海、东海、南海、台湾海域，以及日本南部海域、印度－西太平洋暖水域。体长约40 cm。

(219) 眼镜鱼科 Menidae（121a）

　　本科物种体形如眼镜片，背缘近平直，腹缘突出而薄，头小，枕骨棱高。口小，几乎垂直。前颌骨能伸缩，上颌骨外露。两颌具绒毛齿，犁骨、腭骨无齿。体无鳞。背鳍1个，基底长，前部有3～4枚鳍棘。臀鳍无鳍棘，鳍条埋于皮下。成鱼腹鳍仅剩第1鳍条延长。尾鳍叉形。全球仅有1属1种，我国有1种。

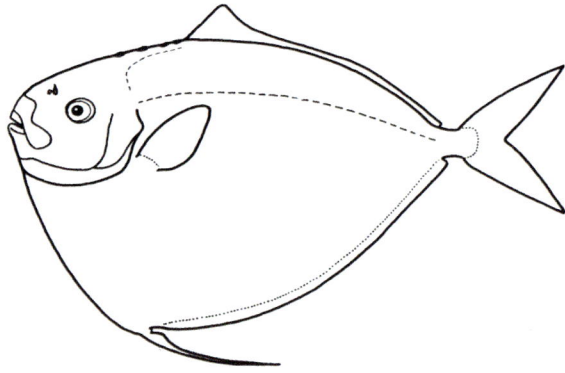

眼镜鱼科物种形态简图

1607 眼镜鱼 *Mene maculata*（Bloch et Schneider，1801）[15]

背鳍Ⅲ～Ⅳ－40～45；臀鳍30～33；胸鳍15；腹鳍Ⅰ－5。鳃耙6～8＋23～25。

本 种 一 般 特 征 同科。体近似三角形（侧面观），显著侧扁，背鳍鳍棘仅为痕迹，并随成长而消失。成鱼腹鳍仅由最前部两鳍条，伸长。侧线不完全，止于背鳍基底后部下方。体背青色，体侧银白色，其上散布2～3纵列青蓝色斑点。为暖水性中上层鱼类。栖息于沿岸内湾等浅海区。分布于我国东海、南海，以及日本南部海域、印度－太平洋暖水域。体长约20 cm。

（220）鲾科 Leiognathidae（133b）

本科物种体侧面观呈卵圆形或长椭圆形，甚侧扁。体被小圆鳞，头部裸露无鳞。口小，伸出时呈上斜、向前或下斜的口管状。颌齿小，呈绒毛带状，前端有犬齿。犁骨、腭骨均无齿。前鳃盖骨下缘具细锯齿。侧线完全。背鳍鳍棘部与软条部相连，Ⅶ～Ⅷ－16～17；臀鳍Ⅲ－13～15；两鳍基具鳞鞘。腹鳍胸位，Ⅰ－5。尾鳍叉形。全球有3属30种[3]，我国有3属22种[13]。

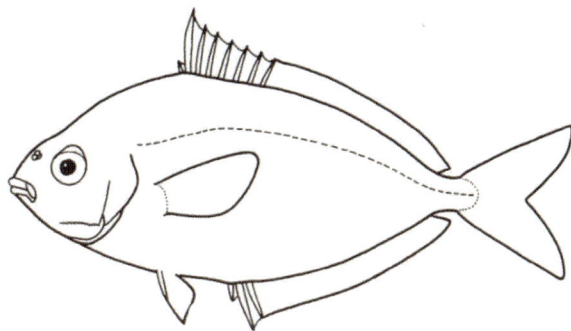

鲾科物种形态简图

牙鲾属 *Gazza* Rüppell，1835

本属物种一般特征同科。口斜裂，伸出时形成前向口管。颌齿稍大，1行，位于缝合处；有犬齿。背鳍有7～8枚鳍棘。我国有2种。

1608 **小牙鲾** *Gazza minuta*（Bloch，1835）[15]

背鳍Ⅷ－16；臀鳍Ⅲ－14；胸鳍17～18。鳃耙4～6＋14～17。

本种一般特征同属。体呈长椭圆形（侧面观），侧扁。眼上缘具2枚鼻后棘。吻尖，吻长稍短于眼径。口小，为向前伸的口管。上颌具1行尖齿，前端为1对犬齿。下颌有1行较大犬齿。下颌上斜约45°。侧线伸达尾柄。体被小圆鳞，腹鳍具腋鳞。体背侧银灰色，散布暗灰色斑点或波状条纹，腹侧银白色。吻和背鳍鳍棘部亦有灰色斑点。为暖水性沿岸鱼类。栖息于近岸海区，可入内湾、河口浅水处。分布于我国东海、南海、台湾海域，以及琉球群岛海域、印度－太平洋暖水域。体长约15 cm。

IV
辐鳍鱼纲

1609 **裸牙鲾** *Gazza achlamys* Jordan et Starka，1917 [14]
　　＝宽身牙鲾

背鳍Ⅷ－16；臀鳍Ⅲ－14；胸鳍16～17。鳃耙5～6＋15。

本种与小牙鲾相似。二者区别在于本种体呈卵圆形（侧面观），较高而侧扁；吻长短于眼径；口斜裂，下颌上斜约60°；上颌具1行尖齿，下颌仅少许小犬齿；体背侧灰白色，腹侧银白色；背侧具不规则黑斑或黑圈，吻端和背鳍鳍棘部具灰色点。为暖水性沿岸鱼类。栖息于近岸浅海区。分布于我国台湾海域。体长约10 cm。

仰口鲾属 *Secutor* Gistel，1848

本属物种体呈卵圆形（侧面观）。上、下颌齿细小，呈绒毛状，无犬齿。口很小，可向前上方伸出。下颌上斜几乎近垂直。吻尖突，吻长短于眼径。侧线短，止于背鳍末端。背鳍鳍棘、臀鳍鳍棘弱。腹鳍短，有腋鳞。本属我国有4种。

1610 **静仰口鲾** *Secutor insidiator*（Bloch，1787）[14]
　　＝长吻仰口鲾＝静鲾 *Leiognathus insidiator*

背鳍Ⅷ－16；臀鳍Ⅲ－14；胸鳍17～19。鳃耙5～7＋20～23。

本种一般特征同属。体侧面观呈长椭圆形，侧扁。腹部轮廓较背部突出。眼前上缘具2枚棘。口裂小，向前上方伸出，齿细小。吻端尖，吻长短于眼径。下颌近垂直状，近口裂处稍凹。侧线终止于背鳍末端的前下方。吻

缘灰白色。眼眶前至额部有黑线纹。体背侧具不连续的黑色横带和斑点。为暖水性沿岸鱼类。栖息于近岸浅海区。分布于我国南海、台湾海域，以及印度－西太平洋暖水域。体长约8.2 cm。

1611 **鹿斑仰口鲾** *Secutor ruconius*（Hamilton，1822）[141]

= 鹿斑鲾 *Leiognathus ruconius*

本种与静仰口鲾相似。体呈卵圆形（侧面观），侧扁。体更高，腹部轮廓更突出。眼上缘具一明显鼻后棘。背鳍、臀鳍鳍棘弱，皆以第2鳍棘最长。体灰褐色，腹侧银白色，体背侧具9～11条褐色横带。眼眶至颏部有一黑线纹。沿背鳍基底有黑色。为暖水性沿岸鱼类。栖息于近岸浅海区。分布于我国东海、南海、台湾海域，以及琉球群岛海域、印度–西太平洋暖水域。体长约5.9 cm。

▲ 本属我国尚有印度仰口鲾 *S. indiius*、间断仰口鲾 *S. interruptus*，分布于我国台湾海域[13]。

鲾属 *Leiognathus* Lacépède，1802

本属物种体侧面观呈卵圆形、椭圆形或长椭圆形，侧扁。背、腹轮廓对称。口小，口裂水平或稍向下，可向前或向下伸出。下颌向上斜30°～45°。前鳃盖骨下缘具锯齿。颌齿小，尖锐。犁骨、腭骨无齿。体被小圆鳞，背鳍基、臀鳍基具鳞鞘。腹鳍具腋鳞。尾鳍后缘深凹形。我国有14种。

1612 **长鲾** *Leiognathus elongatus*（Günther，1874）[38]

背鳍Ⅷ－16；臀鳍Ⅲ－14。侧线鳞42。

本种体长，近似梭形（侧面观），稍侧扁，体长约为体高的5倍。头长大于体高，食道周围有发光器。体鳞小，颊部有鳞，鳃盖无鳞。侧线明显，伸达尾鳍基。体背青灰色，具不规则的黑色斑，腹侧银白色。为暖水性沿岸鱼类。栖息于沿岸浅海区。分布于我国南海、台湾海域，以及日本南部海域、印度—西太平洋暖水域。体长约9 cm。

1613 **曳丝鲾** *Leiognathus leuciscus*（Günther，1860）[14]
= 曳丝马鲾 *Equulites leuciscus*

背鳍Ⅷ－16；臀鳍Ⅲ－14；胸鳍17～19。鳃耙4～6＋12。

本种体呈椭圆形（侧面观），侧扁。体长约为体高的3倍。吻尖，吻长等于眼径。眼间隔稍凹。眶上棘2枚。口裂小，口管向前下方伸出。齿小，圆锥状。食道周围有发光器。背鳍第2鳍棘延长如丝。体背侧灰色，具黑色虫状斑纹，腹侧银白色，眼上缘具两黑斑。吻与胸鳍基部黑色，侧线下方有3块黄斑。为暖水性沿岸鱼类。栖息于近岸内湾浅海区。分布于我国南海、台湾海域，以及琉球群岛海域、印度—西太平洋暖水域。体长约12 cm。

1614 **黑边鲾** *Leiognathus splendens*（Cuvier，1829）[14]
= 黑边布氏鲾 *Eubleekeria splendens*

背鳍Ⅷ－16；臀鳍Ⅲ－14；胸鳍17～18。鳃耙5～6＋21～22。

本种体呈卵圆形（侧面观），侧扁。背缘轮廓较腹缘突出。吻端钝，近截形，吻长短于眼径。口裂小，齿小。臀鳍第2鳍棘粗壮。胸部被鳞，腹鳍具腋鳞。体背侧灰褐色，具不规则波状横纹，横纹可伸达侧线下方。腹侧银白色，背鳍鳍棘部黄色，上缘具一黑斑。为暖水性沿岸鱼类。栖息于沿岸浅水内湾、河口处。分布于我国南海、台湾海域，以及琉球群岛海域、印度—西太平洋暖水域。体长约13 cm。

1615 黄斑鲾 *Leiognathus bindus*（Valenciennes，1835）[15]
= *Photopectoralis bindus*

背鳍Ⅷ－16；臀鳍Ⅲ－14；胸鳍16～18。鳃耙4～5＋17～18。

本种体呈卵圆形（侧面观），侧扁。随鱼体增长，腹缘渐较背部轮廓突出。吻尖，吻长短于眼径。口水平伸出。上、下颌仅有1行小圆锥齿。侧线止于背鳍末端前下方。体被小圆鳞，胸部有鳞。体上部蓝灰色，有深蓝色虫纹状斑；下部银白色。体侧中部有白色纵带。背鳍、臀鳍鳍棘部有黄斑。为暖水性沿岸鱼类。栖息于沿岸内湾浅水区。分布于我国黄海、东海、南海、台湾海域，以及琉球群岛海域、印度－西太平洋暖水域。体长约12 cm。

1616 粗纹鲾 *Leiognathus lineolatus*（Valenciennes，1835）[16]
= 粗纹光胸鲾 *Photopectoralis lineolatus*

背鳍Ⅷ－16；臀鳍Ⅲ－14；胸鳍17～18。鳃耙4＋15～17。

本种体呈长椭圆形（侧面观），侧扁。背、腹缘轮廓大致相同。吻尖，眼前上缘仅有一鼻后棘。口小，颌齿细尖，1～2行。侧线止于背鳍基部末端下方。体呈银色，吻上端黑色。背侧部有不规则蠕虫状粗斑纹。背鳍、臀鳍鳍棘部无色斑。为暖水性沿岸鱼类。栖息于近岸内湾浅水区。分布于我国南海、台湾海域，以及日本南部海域、印度－西太平洋暖水域。体长约16.5 cm。

1617 细纹鲾 *Leiognathus berbis*（Valenciennes，1835）[14]

= 椭圆鲾 *L. oblongus*

背鳍Ⅷ-16；臀鳍Ⅲ-14；胸鳍17~18。鳃耙5~6+11~14。

本种与粗纹鲾相似。体呈长椭圆形（侧面观）。吻尖，吻长短于眼径。口小，上、下颌齿各有3~4行[36]。体背银灰色，腹侧银白色。体背侧、背鳍下方有不规则细点。侧线上下具Z形斑纹。吻部有黑点。背鳍、臀鳍鳍棘部具灰点。为暖水性沿岸鱼类。栖息于近岸内湾浅水区。分布于我国南海、台湾海域，以及印度-太平洋暖水域。体长约8 cm。

1618 短吻鲾 *Leiognathus brevirostris*（Valenciennes，1835）[15]

背鳍Ⅷ-16；臀鳍Ⅲ-13~14；胸鳍17~18。侧线鳞58~60。鳃耙4~6+15~18。

本种体呈卵圆形（侧面观），侧扁。背、腹缘轮廓大致相同。吻较钝，口小，水平状，下颌稍凹。齿尖细，上、下颌齿各1行，呈带状排列。体被小圆鳞，头、胸部均无鳞。背鳍起始于腹鳍前上方。体背部浅灰蓝色，带有淡黄色斑纹。腹部银白色，项背有一蓝色鞍斑，背鳍鳍棘上端有一暗灰色斑，体侧自眼上缘至尾鳍基有一黄色纵带。为暖水性沿岸鱼类。栖息于近岸内湾浅水区。分布于我国东海、南海、台湾海域，以及日本南部海域、印度-太平洋暖水域。体长约10 cm。

1619 **颈斑鲾** *Leiognathus nuchalis*（Temminck et Schlegel，1842）[141]
= 颈斑项鲾 *Nuchequula nuchalis*

背鳍Ⅷ－16；臀鳍Ⅲ－14；胸鳍17。鳃耙4＋15。

　　本种体呈卵圆形（侧面观），侧扁。背部轮廓较腹部突出。齿细小，绒毛状。下颌轮廓近于平直。体青银色，项背有褐色斑，背鳍鳍棘上部有一黑色斑。体侧具一黄褐色纵带和少量不规则黄褐色斑纹。为暖水性沿岸鱼类。栖息于沿岸河口区。分布于我国东海、南海、台湾海域，以及日本南部海域、西北太平洋暖水域。体长约9 cm。

　　注：基于本种与短吻鲾十分相像，有可能是同种异名，但黄宗国（2012）认为是两个独立种，故笔者在本书中亦作两种列写，供读者参考。

1620 **小鞍斑鲾** *Nuchequula mannusella* Chakrabaity et Sparks，2007[37]
= 圈项鲾

背鳍Ⅷ－16；臀鳍Ⅲ－14；胸鳍18。下鳃耙16。

　　本种与颈斑鲾相似。体侧面观呈卵圆形，侧扁。项背具黑色鞍状斑。上、下颌的背、腹缘均凹入。背鳍的起点与腹鳍在同一垂线上。体银色，背鳍前缘黑色，鳍棘部上方黄色，其他鳍浅黄色。体背具不规则蠕虫纹或横条纹。为暖水性沿岸鱼类。栖息于近海。分布于我国台湾海域。

1621 条鲾 *Leiognathus rivulatus*（Temminck et Schlegel，1845）[38]
= 花身斜颌光鲾 *Equulites rivulatus*

背鳍Ⅷ－16；臀鳍Ⅲ－14。

本种体呈长椭圆形（侧面观），侧扁。体较低，体高小于体长的1/2。口小，可向前下方伸出。颌齿细小。体被小圆鳞，项、背有鳞，颊部无鳞。背鳍第2鳍棘不延长。体背侧银灰色，具较大的虫纹黑斑。项背无黑斑，腹侧银白色。背鳍鳍棘部无斑，各鳍灰色。为暖水性沿岸鱼类。栖息于近岸浅水区。分布于我国南海、台湾海域，以及日本南部海域、印度－西太平洋暖水域。体长约6 cm。

1622 短棘鲾 *Leiognathus equulus*（Forskål，1775）[38]

背鳍Ⅷ－16；臀鳍Ⅲ－14。

本种体呈卵圆形（侧面观），侧扁。体高，头背有凹陷。头胸部无鳞。背鳍第2鳍棘不延长。体背侧部蓝褐色，侧腹银白色。体侧有细而多的横带，但无黄色斑点。为暖水性沿岸鱼类。栖息于近岸内湾到河口区。分布于我国南海、台湾海域，以及琉球群岛海域、印度－西太平洋暖水域。体长约19 cm。

1623 **长棘鲾** *Leiognathus fasciatus*（Lacépède，1803）[15]
= 条纹鲾 *Aurigequula fasciatus*

背鳍Ⅷ − 16；臀鳍Ⅲ − 14；胸鳍17 ~ 18。下鳃耙14 ~ 16。

体呈卵圆形（侧面观），侧扁。吻钝，前端略呈截形。体被小圆鳞，胸部、项部均无鳞。背鳍第2鳍棘呈丝状延长，其长度大于体高的1/2。体背侧浅蓝灰色，腹侧灰白色。侧线上方有10 ~ 15条横纹，并有许多黄斑。背鳍、臀鳍淡黄无斑，尾鳍后缘略呈褐色。为暖水性沿岸鱼类。栖息于内湾浅水区、河口区。分布于我国南海、台湾海域，以及琉球群岛海域、印度−西太平洋暖水域。体长约19 cm。

▲ 本属我国尚有黑斑鲾 *L. daura*、杜氏鲾 *L. dussumieri*，分布于我国南海。

本科我国亦有金黄鲾 *Leiognathus aureus* = 金黄光胸鲾 *Photopectoralis aureus*，分布于我国台湾海域[13]。

（221）乌鲂科 Bramidae（121b）

本科物种体高而侧扁或体延长。尾柄较细。口大，斜裂；上颌骨外露，后部至少达眼中部。颌齿细，呈带状排列。体被圆鳞。吻部和鳃孔边缘不被鳞。侧线1条或无侧线。背鳍1个，基底长，或与臀鳍同形，等长，对位。腹鳍Ⅰ − 5，通常具腋鳞。尾鳍后缘叉形或截形，微凹入。全球有7属22种，我国有6属10种。

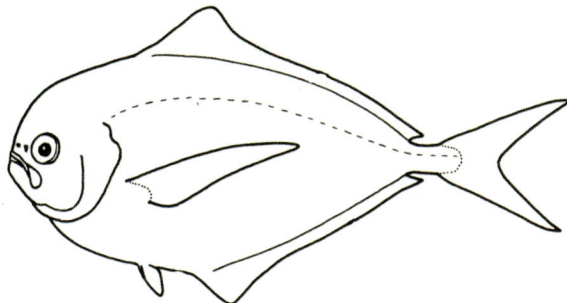

乌鲂科物种形态简图

1624 帆鳍鲂 *Pteraclis aesticola* （Jordan et Snyder，1901）[38]

背鳍46～55；臀鳍40～43；胸鳍15～20。侧线鳞50～51。鳃耙8。

本种体侧面观呈长椭圆形，侧扁。背鳍起始于吻部上方，臀鳍起始于胸鳍基前方。背鳍和臀鳍前部5枚鳍条较粗，其中有1枚很粗大。鳍条无鳞，鳍大如帆，可折叠。尾鳍叉形。体背部黄褐色，体侧灰褐色，背鳍、臀鳍黑褐色。为暖水性中上层鱼类。分布于我国台湾海域，以及日本高知海域，西北太平洋和东太平洋温、暖水域。体长约45 cm。

1625 彼得高鳍鲂 *Pterycombus petersii*（Hilgendorf，1878）[38]

背鳍47～49；臀鳍37～40；胸鳍19～22。侧线鳞47～50。鳃耙6～7。

本种与帆鳍鲂相似。体侧面观呈椭圆形，侧扁。体较高，背鳍起始于眼后部上方。背鳍、臀鳍前部鳍条粗细相同。幼鱼背鳍和臀鳍鳍大如帆，成鱼的渐小。体暗灰色略带银白色。胸鳍淡黄灰色，基部有半环状黑斑；其他鳍深黑色。为暖水性中上层鱼类。栖息水深332～340 m，幼鱼可出现于近岸浅水区。分布于我国台湾海域，以及日本相模湾以南海域，印度−西太平洋、中西太平洋、大西洋温、热水域。体长约40 cm。

棱鲪属 *Taractes* Lowe，1843

本属物种体侧面观呈长椭圆形，侧扁。头部较侧扁，眼间隔平坦或稍突出。背鳍起始于鳃盖后上方，较胸鳍基明显靠后。背鳍、臀鳍不可折叠，鳍上有小鳞片。体被较大型鳞片，具小棘。侧线无或不明显。胸鳍发达。我国有2种。

1626 **红棱鲪** *Taractes rubescens*（Jordan et Evermann，1877）[38]
= 红褐乌鲪

背鳍30～32；臀鳍21～23；胸鳍19～22。纵列鳞42～43＋3～5。

本种一般特征同属。体呈长椭圆形（侧面观），侧扁。体较高，被大型鳞片。尾柄中间3～5枚鳞片具强棘，并形成一隆起嵴。幼鱼尾鳍后缘圆弧形，成鱼尾鳍呈弯月形。体褐色，尾鳍后缘白色。为暖水性中上层鱼类。分布于我国台湾海域，以及日本骏河湾、冲绳海域，太平洋、大西洋热带水域。体长约70 cm。

1627 **粗棱鲪** *Taractes asper* Lowe，1843[38]
= 小乌鲪 = 高鳍拟乌鲪

背鳍31～34；臀鳍23～26；胸鳍18～20。纵列鳞43～46。鳃耙8～9。

本种体呈长椭圆形（侧面观），体稍低。头较侧扁，眼大，眼间隔平坦。体被大型鳞，尾柄中间无特大鳞片。体深褐色。除胸鳍基部外，各鳍均呈深褐色。为暖水性中上层鱼类。分布于我国南海，以及日本骏河湾、冲绳海域，太平洋和大西洋热带水域。体长约45 cm。

1628 凹尾长鳍乌鲂 *Taractichthys steindachneri*（Döderlein，1884）[38]
= 斯氏长鳍乌鲂 = 大鳞乌鲂

背鳍33～37；臀鳍26～28；胸鳍19～22。纵列鳞34～38。鳃耙17。

本种体呈卵圆形（侧面观），侧扁而高。头部显著侧扁，眼间隔头背缘突出。体被大型鳞，从尾柄向尾鳍基鳞片急剧变小。背鳍、臀鳍前部鳍条呈镰状延长。腹鳍位于胸鳍基前方，左右分离。尾柄背面有凹沟。体深褐色，带金属光泽。除胸鳍外，各鳍黑褐色，尾鳍后缘白色。为暖水性中上层鱼类。栖息水深50～360 m。分布于我国台湾海域，以及日本相模湾以南海域，印度–太平洋温、热水域。体长约60 cm。

1629 真乌鲂 *Eumegistus illustris* Jordan et Jordan，1922[48]
= 裸首乌鲂

背鳍33～35；臀鳍24～26；胸鳍20～22。侧线鳞48～50。鳃耙9～10。

本种体呈椭圆形（侧面观），侧扁而高。口小，口裂斜，下颌突出。前端颌齿犬齿状，两侧颌齿绒毛状。犁骨无齿，腭骨齿弱。前鳃盖骨边缘有锯齿。体被圆鳞，有侧线。腹鳍小，起始于胸鳍基下方。尾柄背面无凹沟，尾鳍后缘双凹形。体蓝灰色，带银白色。背鳍、臀鳍、尾鳍暗灰色，边缘色淡。为暖水性中下层鱼类。栖息水深381～620 m。分布于我国东海、台湾海域，以及日本相模湾海域、冲绳海域，美国夏威夷海域，太平洋和印度洋温、热水域。体长约55 cm。

乌鲂属 *Brama* Bioch et Schneider，1801

本属物种体侧面观呈卵圆形或椭圆形，高而侧扁。口中等大，斜裂。颌齿小，锥状。头、体均被圆鳞。从尾柄向尾鳍基处鳞片渐渐变小。侧线有或无。背鳍基、臀鳍基长，前部鳍条延长，鳍条被鳞。胸鳍长，可达臀鳍中部。腹鳍短小，左、右腹鳍靠近。尾鳍深叉形。本属我国有4种。

[1630] **梅氏乌鲂** *Brama myersi* Mead，1972 [38]

背鳍32～36；臀鳍28～31；胸鳍19～20。纵列鳞52～56。鳃耙12～14。

本种一般特征同属。体侧面观呈卵圆形，侧扁。胸鳍位高，鳍基下缘至腹鳍起点距离占体长的12%以上。尾鳍上叶长，可超过体长的一半。体被圆鳞。体灰褐色，各鳍几乎与鱼体同色。为暖水性中上层鱼类。分布于我国台湾海域，以及日本南部海域，中西太平洋、西印度洋热、温带水域。体长约8 cm。

[1631] **日本乌鲂** *Brama japonica* Hilgendorif，1878 [48]

背鳍33～36；臀鳍27～30；胸鳍21～23。纵列鳞65～75。鳃耙17～20。

本种体侧面观呈椭圆形，侧扁。吻钝圆。胸鳍基下缘到腹鳍起点距离占体长的12%以下。尾鳍上叶长度不及体长的1/3。体被椭圆形小鳞。纵列鳞65～75枚。体蓝灰色，带银色光泽。除胸鳍颜色稍淡外，其他鳍灰黑色。为暖水性中上层鱼类。栖息水深达620 m，夜间可上浮至表层。分布于我国台湾海域，以及日本南部海域、北太平洋亚热带水域。体长约40 cm。

▲ 本属我国尚有杜氏乌鲂 *B. dussumieri* 和小鳞乌鲂 *B. orcini*，分布于我国东海、台湾海域[13]。

（222）谐鱼科 Emmelichthyidae（160b）

本科物种体呈长纺锤形。头、体被栉鳞。口斜裂，下颌突出，颌骨能伸缩。上颌不为眶前骨遮盖。颌齿细或无，犁骨具小细齿，腭骨无齿。前鳃盖骨后缘平直或内凹，下角有细锯齿。侧线平直，位稍高。鳃耙细长。背鳍鳍棘与鳍条部相连、有缺刻或不相连，背鳍 X～XI，9～12；臀鳍Ⅲ－9～11；腹鳍胸位，I－5；尾鳍叉形。全球有4属15种，我国有2属3种。

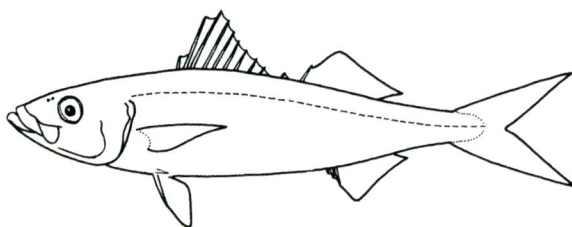

谐鱼科物种形态简图

注：孟庆闻（1995）认为本科尚包括双鳍谐鱼属*Dipterygonotus*[2]，现该属已移入梅鲷科 Caesionidae[13, 37]，本书也将其属下的双鳍谐鱼（双鳍梅鲷）编入谐鱼科检索表中供参考。

1632 史氏谐鱼 *Emmelichthys struhsakeri* Heemstra et Randall，1977[48]
= 黄细谐鱼 = 史氏鲢

背鳍X～XI，I－11～12；臀鳍Ⅲ－9～10；胸鳍19～21。侧线鳞68～76。

本种体延长，稍侧扁。眼大，吻短。口小，除下颌有小型齿外，上颌、犁骨、腭骨均无齿。前鳃盖骨后缘圆弧形。第1背鳍与第2背鳍间隔处有2～3枚游离棘。尾鳍叉形。体被粗糙栉鳞。体背侧红黄色，腹部淡黄红色。胸鳍、尾鳍黄红色，背鳍、臀鳍色稍淡。为暖水性底层鱼类。栖息水深200 m左右。分布于我国台湾海域，以及日本九州以南海域、西太平洋暖水域。体长约30 cm。

红谐鱼属 *Erythrocles* Jordan，1919

本属物种体略呈长纺锤形。体被小栉鳞。头中等大。口较小，斜裂。下颌突出，上颌被鳞。颌齿小或无。背鳍2个，稍分离，中间具深缺刻，Ⅹ～Ⅺ，Ⅰ－10～12。臀鳍与背鳍同形。尾鳍叉形。我国有2种。

1633 **史氏红谐鱼** *Erythrocles schlegelii*（Richardson，1846）[48]

背鳍Ⅹ～Ⅺ，Ⅰ－10～12；臀鳍Ⅲ－9～10；胸鳍18～20。侧线鳞65～75。

本种一般特征同属。体呈长纺锤形。眼大，眼径约等于吻长。口上位，颌齿小，犁骨、腭骨无齿。前鳃盖骨后缘具锯齿。鳃孔后缘有两肉质突起。背鳍具深缺刻。背鳍、臀鳍具鳞鞘。腹鳍基有腋鳞。尾柄有隆起嵴。体背侧暗红色，腹侧银白色。各鳍均呈红色。为暖水性底层鱼类。栖息水深150～300 m。分布于我国南海、台湾海域，以及日本本州以南海域、印度–西太平洋暖水域。体长约55 cm。

1634 **夏威夷红谐鱼** *Erythrocles scintillans*（Jordan et Thompson，1912）[38]
= 火花红谐鱼

背鳍Ⅹ，Ⅰ－10～11；臀鳍Ⅲ－10～11；胸鳍18～19。侧线鳞69～72。

　　本种与史氏红谐鱼相似。二者区别在于本种体较高，前鳃盖骨后缘圆弧形，鳃孔后缘无肉质突起和尾柄无隆起嵴。体背红黄色，腹侧银白色。各鳍色稍淡。为暖水性底层鱼类。栖息水深250～300 m。分布于我国台湾海域，以及日本冲绳海域、美国夏威夷海域、太平洋暖水域。体长约30 cm。

鲈亚目分检索表4——笛鲷科与梅鲷科（158a、158b）

1a 有发达的脂眼睑；背鳍、臀鳍均被鳞 ·················梅鲷科 Caesionidae（55）

1b 无发达的脂眼睑；背鳍、臀鳍无鳞或仅鳍条基部被鳞·········笛鲷科 Lutjanidae（2）

2a 背鳍鳍条基部不被鳞 ···（34）

2b 背鳍鳍条基部被鳞 ···（3）

3a 犁骨无齿带；幼鱼背鳍鳍条呈丝状延长 ···（33）

3b 犁骨有齿带；幼鱼背鳍鳍条不延长 ·····································（4）

4a 第1鳃弓上鳃耙20枚以下；体色鲜艳 ·································（6）

4b 第1鳃弓上鳃耙30枚以上；体色深 ·················羽鳃笛鲷属 Macolor（5）

5a 头部黑色，无斑点或线纹，幼鱼有黑白相间的条纹·············黑羽鳃笛鲷 M. niger [1635]

5b 头部有深蓝色纵线或斑点 ·····················斑点羽鳃笛鲷 M. macularis [1636]

6-4a 眼中心位于鱼体中轴的上方；上颌齿较大 ·················笛鲷属 Lutjanus（8）

6b 眼中心几乎位于鱼体的中轴上；上颌齿小 ·················斜鳞鲷属 Pinjalo（7）

7a 体上半部红色，下半部粉白色；尾鳍后缘稍凹入 ·············李氏斜鳞鲷 P. lewisi [1637]

7b 体几乎全部红色，仅腹部下缘白色；尾鳍叉形 ·············斜鳞鲷 P. pinjalo [1638]

8-6a 头长为眶前骨宽的9.2～16.3倍；背鳍鳍条12枚 ·········黄笛鲷 L. lutjanus [1639]

8b 头长为眶前骨宽的3.3～8.9倍；背鳍鳍条不少于13枚 ·························（9）

9a 体侧无青色纵带 ···（12）

9b 体侧有青色纵带 ···（10）

10a 体侧有5条青色纵带 ·····················五线笛鲷 L. quinquelineatus [1643]

10b 体侧有4条青色纵带 ···（11）

11a 背鳍鳍条13～14枚；体腹侧无斑纹 ·············孟加拉笛鲷 L. bengalensis [1641]

11b 背鳍鳍条14～15枚；体腹侧有数条点列线纹 ·············四带笛鲷 L. kasmira [1642]

12-9a 侧线以上鳞片全部向斜上方排列 ·······································（15）

12b 侧线以上鳞片与侧线平行排列 ·······························（13）

13a 体侧上方无暗斑；犁骨齿带新月形；成鱼头长小于眶前骨宽的5倍；体红褐色

　　　　　　　　　　　　　　　　　　　　　　紫红笛鲷 L. argentimaculatus [1645]

13b 体侧上方有暗斑；犁骨齿带钻石状或三角形；成鱼头长大于眶前骨宽的6倍 ·········（14）

14a 头长大于眶前骨宽的8倍；体棕褐色；侧线下方有4～5条黄色纵带

　　　　　　　　　　　　　　　　　　　　　　　　　埃氏笛鲷 L. ehrenbergii [1646]

14b 头长是眶前骨宽的6倍左右；体灰褐色；侧线下方无黄色纵带 ·······约氏笛鲷 L. johnii [1647]

15-12a 犁骨齿带不呈钻石状 ·······································（20）

15b 犁骨齿带呈钻石状 ··（16）

16a 体侧后部无暗斑，如有则在侧线下方 ···························（18）

16b 体侧后部侧线上有一大暗斑 ·····································（17）

17a 头背侧有鳞4～5列；左、右侧鳞列在头顶不分离 ···········金焰笛鲷 *L. fulviflamma* [1648]

17b 头背侧有鳞1～2列；左、右侧鳞列在头顶分离 ···········勒氏笛鲷 *L. russellii* [1649]

18－16a 体侧有8条黄色纵带；胸鳍基有一黑斑 ···········纵带笛鲷 *L. carponotatus* [1644]

18b 体侧无黄色纵带，仅体侧中部有一黑色或褐色纵带 ···········（19）

19a 体侧中部有黑斑或无斑；前鳃盖后下缘无小鳞；侧线鳞49～52枚 ······画眉笛鲷 *L. vitta* [1650]

19b 体侧中部黑斑不显著；前鳃盖后下缘有小鳞；侧线鳞46～49枚
 ···奥氏笛鲷 *L. ophuysenii* [1651]

20－15a 体下半部鳞片几乎全向斜上方排列 ·····················（31）

20b 体侧下半部鳞片几乎与体轴平行排列 ·····················（21）

21a 体侧无纵带或有黄色纵线 ·······································（23）

21b 体侧有纵带 ··（22）

22a 体侧有红褐色纵带和横带交叉排列 ···········斜带笛鲷 *L. decussatus* [1652]

22b 体侧有数条金黄色宽纵带 ···········金带笛鲷 *L. vaigiensis* [1653]

23－21a 体侧下方每一鳞列都有1条黄色纵线 ···········前鳞笛鲷 *L. madras* [1654]

23b 体侧无纵带；尾柄有或无暗斑 ·································（24）

24a 尾柄上部有鞍状暗斑；大型鱼体侧无斜横带 ···········马拉巴笛鲷 *L. malabaricus* [1655]

24b 尾柄部无暗斑 ···（25）

25a 头部有许多纵线；幼鱼体侧有横带 ···········蓝点笛鲷 *L. rivulatus* [1656]

25b 头部无纵线 ··（26）

26a 体侧背鳍鳍条下面有1个白色斑 ···········星点笛鲷 *L. stellatus* [1657]

26b 体侧背缘有2个白色斑或无白色斑 ·····························（27）

27a 眼前部有鼻沟；沿背缘有2个白色斑；各鳍暗褐色 ···········白斑笛鲷 *L. bohar* [1658]

27b 眼前部无显著鼻沟；背缘无白色斑；各鳍色较淡 ···········（28）

28a 体侧侧线上有一暗斑 ···········单斑笛鲷 *L. monostigma* [1659]

28b 体侧无明显的暗斑 ···（29）

29a 前鳃盖骨后缘缺刻浅；体侧上半部有6条斜纵带 ········菲律宾笛鲷 *L. dodecacanthoides* [1660]

29b 前鳃盖骨后缘缺刻深 ···（30）

30a 尾鳍深褐色，后缘有白边；眼下具一蓝色线 ···········焦黄笛鲷 *L. fulvus* [1661]

30b 尾鳍黄色，后缘色暗；体侧约有10条黄色纵线 ···········蓝带笛鲷 *L. boutton* [1662]

31－20a 体侧侧线鳞以下鳞至体中轴线以上鳞列斜行；尾柄有暗鞍斑
 ···红鳍笛鲷 *L. erythropterus* [1663]

31b 体侧侧线鳞以下鳞列斜行 ·······································（32）

32a 背鳍 X－13～14；臀鳍Ⅲ－8；臀鳍基部长于臀鳍鳍条 ···········隆背笛鲷 *L. gibbus* [1664]

32b 背鳍 XI－16；臀鳍Ⅲ－10；臀鳍基部短于臀鳍鳍条 ···········千年笛鲷 *L. sebae* [1665]

33-3a 尾柄上部有一大暗斑；头上半部纵线中断；成鱼吻部外缘几乎近于垂直

　　···帆鳍笛鲷 *Symphorichthys spilurus* [1666]

33b 尾柄部无暗斑；头部无纵线或有纵线但纵线不中断；成鱼吻部外缘圆形

　　···丝条长鳍笛鲷 *Symphorus nematophorus* [1667]

34-2a 背鳍无缺刻或缺刻浅··（38）

34b 背鳍缺刻深··（35）

35a 上颌无鳞；胸鳍与腹鳍等长或短于腹鳍；臀鳍Ⅲ-9

　　···拟赤鲑 *Randallichthys filamentosus* [1668]

35b 上颌有鳞；胸鳍比腹鳍长；臀鳍Ⅲ-8···红钻鱼属 *Etelis*（36）

36a 尾鳍下叶末端白色；上鳃耙4枚··红钻鱼 *E. carbunculus* [1669]

36b 尾鳍下叶末端黑色；上鳃耙不少于6枚···（37）

37a 上颌骨后端位于眼中部前下方；上鳃耙8~10枚·····················丝尾红钻鱼 *E. coruscans* [1670]

37b 上颌骨后端达眼中部后下方；上鳃耙11~13枚·····················多耙红钻鱼 *E. radiosus* [1671]

38-34a 眼前部有沟，鼻孔位于沟上方；吻长与胸鳍几乎等长

　　···绿短鳍笛鲷 *Aprion virescens* [1672]

38b 眼前部无沟；吻长短于胸鳍长···（39）

39a 犁骨有齿带；上颌骨后端达眼中部前方···（41）

39b 犁骨无齿带；上颌骨后端达眼中部下方或后方·····························叉尾鲷属 *Aphareus*（40）

40a 上鳃耙约6枚；体背深蓝色··叉尾鲷 *A. furcatus* [1673]

40b 上鳃耙约18枚；体背浅褐至深紫色·····································红叉尾鲷 *A. rutilans* [1674]

41-39a 唇肥厚；上颌比下颌突出·····················叶唇笛鲷 *Lipocheilus carnolabrum* [1675]

41b 唇不肥厚；下颌比上颌突出···（42）

42a 背鳍、臀鳍最后鳍条不延长；眼间隔隆起··························若梅鲷属 *Paracaesio*（51）

42b 背鳍、臀鳍最后鳍条延长；眼间隔平坦··························紫鱼属 *Pristipomoides*（43）

43a 体侧无明显斑纹；体长是体高的3.1~3.8倍···（45）

43b 体侧有斑纹；体长是体高的2.6~3倍···（44）

44a 体侧上部有数条黄色横带··斜带紫鱼 *P. zonatus* [1676]

44b 体侧上部有不规则的青色点、线、斑纹····························蓝纹紫鱼 *P. argyrogrammicus* [1677]

45-43a 侧线鳞59~75枚···（47）

45b 侧线鳞47~52枚···（46）

46a 眼下缘有2~3条青色点列和黄色纵带；体黄色；头背有不规则的黄褐色横带

　　···多牙紫鱼 *P. multidens* [1678]

46b 吻部、颊部无斑纹；体红色；头背有不规则的黄褐色纵带·················尖齿紫鱼 *P. typus* [1679]

47-45a 侧线鳞59~65枚···（49）

47b 侧线鳞70~75枚···（48）

48a 舌上有齿带；尾鳍褐色···西氏紫鱼 *P. sieboldii* [1680]

48b 舌上无齿带；尾鳍上叶黄色···日本紫鱼 *P. auricilla* [1681]

49-47a 侧线鳞59~62枚；虹膜金黄色；尾鳍后缘黄色；头背面有黄色虫纹

……………………………………………………………………黄鳍紫鱼 *P. flavipinnis* [1682]

49b 侧线鳞60~65枚；虹膜黄色或暗黄色 ………………………………………………………（50）

50a 虹膜暗黄色；尾鳍后缘红色；头背有蓝黑色小斑纹…………丝鳍紫鱼 *P. filamentosus* [1683]

50b 虹膜黄色；尾鳍后缘白色 ……………………………………细鳞紫鱼 *P. microlepis* [1684]

51-42a 尾鳍后缘凹入或呈双凹形；侧线鳞47~50枚 ……………………………………………（53）

51b 尾鳍深叉形；侧线鳞68~73枚 ………………………………………………………………（52）

52a 体淡紫蓝色；体侧上部有黄色大斑；尾鳍黄色………………黄背若梅鲷 *P. xanthurus* [1685]

52b 体暗紫褐色；体背侧无黄色大斑；尾鳍后缘淡红色…………冲绳若梅鲷 *P. sordida* [1686]

53-51a 上颌有鳞…………………………………………………………条纹若梅鲷 *P. kusakarii* [1687]

53b 上颌无鳞 ………………………………………………………………………………………（54）

54a 体侧有褐色横带并穿越侧线达腹部；头后部不膨突…………横带若梅鲷 *P. stonei* [1688]

54b 体侧无褐色横带；背部褐色；头后部膨突…………………青若梅鲷 *P. caerulea* [1689]

55-1a 前颌骨后方有两突起；体较细长，体长大于体高的3.4倍

……………………………………………………………………鳞鳍梅鲷属 *Pterocaesio*（62）

55b 前颌骨后方有一突起 ………………………………………………………………………（56）

56a 体细长，体长是体高的5倍左右；背鳍XIV-9；臀鳍III-9~10

………………………………………………………… 双鳍梅鲷 *Diptergonotus balteatus* [1701]

56b 体较粗，体长是体高的2.2~3.4倍；背鳍X~XIII-13~21；臀鳍III-11~12

……………………………………………………………………梅鲷属 *Caesio*（57）

57a 尾鳍无暗斑 ……………………………………………………………………………………（60）

57b 尾鳍有暗斑或暗斑带 …………………………………………………………………………（58）

58a 体侧无黄色或黄褐色纵带……………………………………新月梅鲷 *C. lunaris* [1691]

58b 体侧有1条黄色或黄褐色纵带 ………………………………………………………………（59）

59a 尾鳍上、下叶各有一黑色纵带………………………………褐梅鲷 *C. caerulaurea* [1690]

59b 尾鳍上、下叶端各有一黑斑…………………………………金带梅鲷 *C. chrysozona* [1692]

60-57a 体侧上部各鳞有暗点；臀鳍鳍条11枚………………………黄尾梅鲷 *C. cuning* [1693]

60b 体侧上部各鳞无暗点；臀鳍鳍条11~12枚 ………………………………………………（61）

61a 体侧面观呈长椭圆形；臀鳍鳍条11枚…………………………黄梅鲷 *C. erythrogaster* [1694]

61b 体呈纺锤形；体背部黄色；臀鳍鳍条12…………………………黄背梅鲷 *C. xanthonotus* [1695]

62-55a 尾鳍两叶边缘有暗带；背鳍鳍条19~22枚……………………黑带鳞鳍梅鲷 *P. tile* [1696]

62b 尾鳍两叶末端有暗斑；背鳍鳍条14~16枚 ………………………………………………（63）

63a 体侧有2条黄色纵带 …………………………………………………………………………（65）

63b 体侧无明显黄色纵带，或有斜方形黄斑 …………………………………………………（64）

64a 体侧无明显黄色纵带；侧线鳞62~72枚…………………………斑尾鳞鳍梅鲷 *P. pisang* [1697]

64b 体侧有斜方形黄色大斑；侧线鳞69~80枚…………………菲律宾鳞鳍梅鲷 *P. randalli* [1698]

65-63a 体侧第2纵带在侧线下方；胸鳍鳍条20~21枚……………双带鳞鳍梅鲷 *P. digramma* [1699]

65b 体侧第2纵带沿侧线走向；胸鳍鳍条22~24枚……………马氏鳞鳍梅鲷 *P. marri* [1700]

45
鲈形目

IV
辐鳍鱼纲

（223）笛鲷科 Lutjanidae （158a）

　　本科物种体呈椭圆形（侧面观）或稍延长，侧扁。头中等大。口中等大或大，前位，斜裂。前颌骨能伸缩，上颌骨后端宽，大部分为眶前骨所遮盖。颌齿细，外行或前端有时扩大成犬齿。犁骨、腭骨通常具细锥状齿。前鳃盖骨边缘具锯齿或光滑。主鳃盖骨一般无棘。体被栉鳞，在体侧上部多斜行排列。背鳍连续或中间有一浅凹，IX～XII－10～17。臀鳍III－7～11。腹鳍胸位，I－5。尾鳍叉形或后缘截形、凹入。全球有17属105种，我国有12属55种。

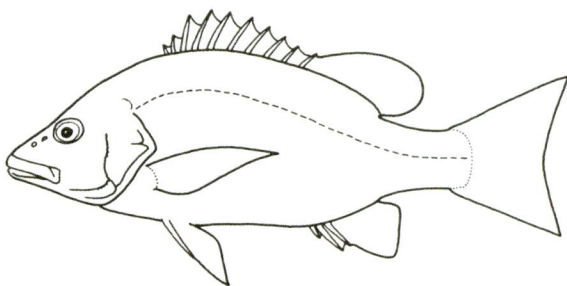

笛鲷科物种形态简图

羽鳃笛鲷属 *Macolor* Bleeker，1880

　　本属物种体呈长椭圆形（侧面观），侧扁。口中等大。颌齿细，外行扩大，前端有4～6枚犬齿。鳃耙长，数多。侧线鳞49～55；背鳍X－13～15；臀鳍III－10～11。尾鳍后缘凹入。我国有2种。

1635 黑羽鳃笛鲷 *Macolor niger*（Forskål，1775）[52]
　　　　=黑背笛鲷

背鳍IX～X－13～15；臀鳍III－10～11；胸鳍16～18。侧线鳞49～58。

　　本种一般特征同属。前鳃盖骨后缘具锯齿和缺刻。鳃耙长而侧扁，第1鳃弓上鳃耙30枚以上。背鳍、臀鳍鳍条部后端突出呈尖角状。尾鳍后缘稍凹入。侧线上方鳞斜列，侧线下方鳞与体轴平行。体黑色；幼鱼有黑白相间的条纹。为暖水性中下层鱼类。栖息于岩礁海区、潮岬海域。分布于我国南海、台湾海域，以及琉球群岛海域、印度−西太平洋暖水域。体长约60 cm。

1648 **金焰笛鲷** *Lutjanus fulviflamma*（Forskål，1775）[15]
= 火斑笛鲷

背鳍 X－12～14；臀鳍Ⅲ－8；胸鳍16。侧线鳞46～49。

本种体呈长椭圆形（侧面观），侧扁。头中等大，吻钝尖。犁骨齿呈钻石状。侧线上方鳞片斜列，下方鳞片与体轴平行。头背侧鳞有4～5列，且左、右鳞列靠近。体侧黄绿色，具5～6条橙黄色纵带。背鳍下方侧线上有一镶白边黑斑。为暖水性中下层鱼类。栖息于岩礁、珊瑚礁海区。分布于我国东海、南海、台湾海域，以及琉球群岛海域、印度–西太平洋暖水域。体长约35 cm。

1649 **勒氏笛鲷** *Lutjanus russellii*（Bleeker，1849）[20]
= 黑星笛鲷

背鳍 X－14～15；臀鳍Ⅲ－8；胸鳍16～17。侧线鳞47～50。

本种侧线上方鳞斜列，犁骨齿丛新月形。头背凹陷，吻较尖突。头背侧鳞仅1～2列。体背侧灰褐色，腹侧灰白色，背鳍下方具一大黑斑。幼鱼体侧有3条黑色纵带。为暖水性中下层鱼类。栖息于近岸岩礁海区。分布于我国东海、南海、台湾海域，以及日本南部海域、印度–西太平洋暖水域。体长约50 cm。

IV
辐鳍鱼纲

1650 **画眉笛鲷** *Lutjanus vitta*（Quoy et Gaimard，1824）[110]
= 纵带笛鲷

背鳍Ⅹ－12～13；臀鳍Ⅲ－8；胸鳍16～17。侧线鳞49～52。

　　本种体呈长椭圆形（侧面观），侧扁。头背突出，吻长而尖。口裂大，下颌较上颌突出。犁骨齿呈钻石状。背鳍前鳞始于瞳孔后缘。前鳃盖后下缘无小鳞。背鳍、臀鳍基具鳞鞘。体背侧黄褐色，腹侧银白色。体侧中部有一黑色纵带，后部尚有一黑斑。沿鳞列具棕色线纹。为暖水性中下层鱼类。栖息于近岸岩礁海区。分布于我国东海、南海、台湾海域，以及琉球群岛海域、印度−西太平洋暖水域。体长约34 cm。

1651 **奥氏笛鲷** *Lutjanus ophuysenii*（Bleeker，1860）[37]

背鳍Ⅹ－12～13；臀鳍Ⅲ－8；胸鳍16～17。侧线鳞46～49。

　　本种体呈长椭圆形（侧面观），侧扁。头背缘平直。吻较长，上颌稍长，突出。前鳃盖后下缘具小鳞。背鳍、臀鳍基具鳞鞘。体背侧黄褐色，腹部银白色。体中部有一褐色纵带。纵带上在背鳍鳍条起点下方有一黑斑。为暖水性中下层鱼类。栖息于近岸岩礁海区。分布于我国东海、南海、台湾海域，以及琉球群岛海域、朝鲜半岛南部海域、印度−西太平洋暖水域。体长约23 cm。

1652 **斜带笛鲷** *Lutjanus decussatus*（Cuvier，1828）[38]
= 交叉笛鲷

背鳍X－13～14；臀鳍Ⅲ－8；胸鳍16～17。侧线鳞45～50。

本种体呈长椭圆形（侧面观），侧扁。头背平直。吻长且吻端尖。体侧有5条暗纵带与约5条暗横带相交叉，形成网状。尾柄有一黑斑。为暖水性中下层鱼类。栖息于珊瑚礁海区。分布于我国台湾海域，以及日本八重山诸岛海域、印度-西太平洋暖水域。体长约25 cm。

1653 **金带笛鲷** *Lutjanus vaigiensis*（Quoy et Gaimard，1824）[15]

背鳍X－14；臀鳍Ⅲ－7；胸鳍15。侧线鳞46～47。

本种体呈长椭圆形（侧面观），侧扁。头中等大，吻钝。口中等大，上、下颌约等长。上颌前端两齿较大，口闭时可露于唇外。头部鳞始于眼后缘上方。前鳃盖骨后缘具细锯齿，并有浅缺刻。体略呈紫红色，腹部银白色。体侧有金黄色纵带。成鱼背鳍、尾鳍后缘均有白色边缘。为暖水性中下层鱼类。栖息于泥沙或岩礁底质海区。分布于我国东海、南海，以及印度-西太平洋暖水域。体长可达60 cm。

1654 **前鳞笛鲷** *Lutjanus madras*（Valenciennes，1831）[37]

背鳍X－13；臀鳍Ⅲ－8～9；胸鳍16～17。侧线鳞44～46。

本种体呈长椭圆形（侧面观），侧扁。头背平直。口中等大，犁骨齿丛三角形。舌上具颗粒状齿带。前鳃盖骨缺刻浅。背鳍、臀鳍后方呈锐角状。体背、头背棕色，腹侧银白色。每一鳞片均有一黄色纵纹，在侧线上方因鳞片斜列而成斜条纹。为暖水性中下层鱼类。栖息于岩礁海区。分布于我国台湾海域，以及印度-西太平洋暖水域。体长约30 cm。

1655 **马拉巴笛鲷** *Lutjanus malabaricus*（Bloch et Schneider，1801）[16]

背鳍XI－13～14；臀鳍Ⅲ－9；胸鳍17～18。侧线鳞46～48。

本种体呈长椭圆形（侧面观），侧扁。头背缘显著凹陷。侧线上方鳞斜列，下方鳞前部亦有小部分斜列。背鳍、臀鳍基有鳞鞘，两鳞后缘呈圆弧形。尾鳍后缘近平截。体背橘红色，腹侧粉红色。体侧有时具暗纵纹，胸鳍基内侧黑色。尾柄上部有一黑色鞍状斑。为暖水性中下层鱼类。栖息于近岸沙泥底质或岩礁海区。分布于我国南海、台湾海域，以及日本南部海域、印度-西太平洋暖水域。体长约50 cm。

1656 **蓝点笛鲷** *Lutjanus rivulatus*（Cuvier，1828）[52]
= 蓝纹笛鲷

背鳍Ⅹ－15～16；臀鳍Ⅲ－8～9；胸鳍17～18。侧线鳞46～49。

本种体呈椭圆形（侧面观），侧扁，头背缘隆起，眼前方凹陷。口裂大，上颌具犬齿，两颌侧面具圆锥齿。前鳃盖骨后缘具锯齿，下方有缺刻。体背侧褐色，腹侧色稍淡。吻、颊部有波纹状纵纹。体侧每枚鳞各具一白点。侧线后部有一白斑。幼鱼体侧有横带。为暖水性中下层鱼类。栖息于沿海岩礁区及咸淡水水域。分布于我国南海、台湾海域，以及日本冲绳以南海域、印度–西太平洋暖水域。体长约70 cm。

1657 **星点笛鲷** *Lutjanus stellatus* Akazaki，1983[52]
= 白星笛鲷

背鳍Ⅹ－13～16；臀鳍Ⅲ－8；胸鳍16～17。侧线鳞47～50。

本种与蓝点笛鲷相似。头背不甚隆起，体稍低。体背红褐色，腹侧淡红褐色。体侧背鳍鳍条下方具一白斑，鳞片上无白点，吻、颊部无波纹状纵纹。为暖水性中下层鱼类。栖息于岩礁海区。分布于我国南海、台湾海域，以及日本南部海域、西北太平洋暖水域。体长约35 cm。

IV 辐鳍鱼纲

1658 **白斑笛鲷** *Lutjanus bohar*（Forskål，1775）[8]

= 双斑笛鲷

背鳍Ⅹ－14；臀鳍Ⅲ－8；胸鳍17。侧线鳞52～59。

本种体呈长椭圆形（侧面观），侧扁。头背部呈直线状，眼前部有鼻沟。口裂大，上颌具犬齿。犁骨齿绒毛状，齿群三角形。前鳃盖骨后缘具细锯齿，下有浅缺刻。背鳍、臀鳍基部具鳞鞘。体背侧紫褐色，腹侧淡黄色。幼鱼体背色较深。各鳍暗褐色。为暖水性中下层鱼类。栖息于珊瑚礁附近浅海区。分布我国南海、台湾海域，以及琉球群岛海域、印度-太平洋暖水域。体长约75 cm。

1659 **单斑笛鲷** *Lutjanus monostigma* Cuvier et Valenciennes，1828[52]

背鳍Ⅹ－12～13；臀鳍Ⅲ－8；胸鳍16。侧线鳞50～55。

本种与勒氏笛鲷外形相像，在侧线上均有一黑斑，但本种犁骨齿呈三角形排列。成鱼体无纵纹，体背侧红褐色，腹侧红色，各鳍红黄色。为暖水性中下层鱼类。栖息于珊瑚礁海区。分布于我国南海、台湾海域，以及琉球群岛海域、印度-西太平洋暖水域。体长约60 cm。

1660 **菲律宾笛鲷** *Lutjanus dodecacanthoides* Bleeker，1854[37]
= 似十二棘笛鲷

背鳍Ⅻ－13；臀鳍Ⅲ－8；胸鳍17。侧线鳞48。

本种体呈长椭圆形（侧面观），侧扁。头背部稍弯曲，口裂大。上颌前部具犬齿，两颌、犁骨、腭骨具绒毛状齿带。前鳃盖骨后缘具锯齿，下缘有浅缺刻。体背粉红色，腹侧银白色。体侧具6条斜行黄色纵带。为暖水性中下层鱼类。栖息于近岸岩礁、沙泥底质海区。分布于我国台湾海域，以及印度尼西亚海域、菲律宾海域、西太平洋暖水域。体长约13 cm。

1661 **焦黄笛鲷** *Lutjanus fulvus*（Forster，1801）[38]
= 黄足笛鲷 = 金带笛鲷 *L. vaigiensis*

背鳍Ⅹ－13～15；臀鳍Ⅲ－8；胸鳍16。侧线鳞47～51。

本种体呈长卵圆形（侧面观），侧扁。头背缘弧形，眼前稍凹。吻稍圆钝突出。前鳃盖骨后缘具锯齿，缺刻深。体背褐色，腹面银白色。体侧有许多黄色纵线，眼下有一蓝色线。背鳍、尾鳍深褐色或黑色，后缘有白边。体色随栖息地有变化。为暖水性中下层鱼类。栖息于岩礁海区。分布于我国南海、台湾海域，以及日本南部海域、印度－太平洋暖水域。体长约60 cm。

注：黄宗国（2012）认为焦黄笛鲷与金带笛鲷为同种。但笔者查阅《南海鱼类志》（1962）[7]、《台湾鱼类图鉴》（2011）[37]、《中国鱼类系统检索》（1987）[35]等著作认为，两者虽相似，

但后者以体较低、前鳃盖骨后缘缺刻浅和具有显著金黄色纵带与前者相区别，为两个种。本书亦以两种分别介绍，供参考。

1662 **蓝带笛鲷** *Lutjanus boutton*（Lacépède，1802）[37]
= *L. caeruleovittatus*

背鳍Ⅹ～Ⅺ－13～14；臀鳍Ⅲ－8；胸鳍16～17。侧线鳞45～48。

本种与焦黄笛鲷相似。前鳃盖骨后缘具深缺刻。头背缘隆起。吻稍长，吻端尖。眼小，口大。鼻孔下方有眼前沟。体红色，具10条黄色纵线。背部具一暗斑，各鳍黄色。为暖水性中下层鱼类。栖息于岩礁海区。分布于我国台湾海域，以及日本高知县以南海域、西太平洋暖水域。体长约30 cm。

1663 **红鳍笛鲷** *Lutjanus erythropterus* Bloch，1790 [15]
= 红笛鲷 *L. sanguineus*

背鳍Ⅺ－13；臀鳍Ⅲ－8；胸鳍16。

本种体呈长椭圆形（侧面观），侧扁。头背缘缓弧状，眼前略凹。吻尖，口大。上颌前方有2～4枚犬齿。前鳃盖骨后缘有细锯齿，下有宽浅缺刻。体上半部鳞及侧线上、下鳞斜列，体轴下半部鳞与鱼体长轴平行。背鳍鳍条基底大于鳍高。体背侧深红色，腹侧粉红色。尾柄有一暗鞍斑。幼鱼从吻经眼至背鳍前有一暗斜条。为暖水性中下层鱼类。栖息于沙泥或岩礁海区，水深30～100 m。分布于我国东海、南海、台湾海域，以及日本南部海域、印度-西太平洋暖水域。体长约65 cm。曾是我国南海主要经济鱼类[110]。

1664 **隆背笛鲷** *Lutjanus gibbus*（Forskål，1775）【52】
= 驼背笛鲷

背鳍Ⅹ－13～14；臀鳍Ⅲ－8；胸鳍17。侧线鳞46～53。

本种体呈卵圆形（侧面观），侧扁。体背高耸，眼前方凹陷。吻尖，吻端突出。犁骨齿丛呈三角形。前鳃盖骨后缘具锯齿及深缺刻。体侧鳞片斜列。背鳍、臀鳍基底具鳞鞘。尾鳍叉形，上叶末端圆弧形。体深红色。背鳍、臀鳍、尾鳍红黑色，有白边。为暖水性中下层鱼类。栖息于岩礁海区。分布于我国南海、台湾海域，以及日本鹿儿岛以南海域、印度-西太平洋暖水域。体长约50 cm。

1665 **千年笛鲷** *Lutjanus sebae*（Cuvier，1816）【38】**（左幼鱼，右成鱼）**
= 川纹笛鲷

背鳍Ⅺ－16；臀鳍Ⅲ－10；胸鳍17。侧线鳞46～49。

本种体高，侧面观呈卵圆形。侧线以下鳞片均斜列。前鳃盖骨后缘缺刻深。吻钝尖，背缘稍平直。背鳍、臀鳍后端尖。体背侧深红色，具3条宽、斜暗红色横带。幼鱼具黑白相间的斜横带。为暖水性底层鱼类。栖息于岩礁、珊瑚礁海区。分布于我国东海、南海、台湾海域，以及日本南部海域、印度-西太平洋暖水域。体长可达80 cm。

▲ 本属我国尚有红纹笛鲷 *L. rufolineatus*，分布于我国台湾海域【13】。

1666 **帆鳍笛鲷** *Symphorichthys spilurus* （Günther，1874）[7]
= 长鳍笛鲷 = 驼峰笛鲷

背鳍Ⅹ－14～18；臀鳍Ⅲ－8～11；胸鳍16。侧线鳞53～59。

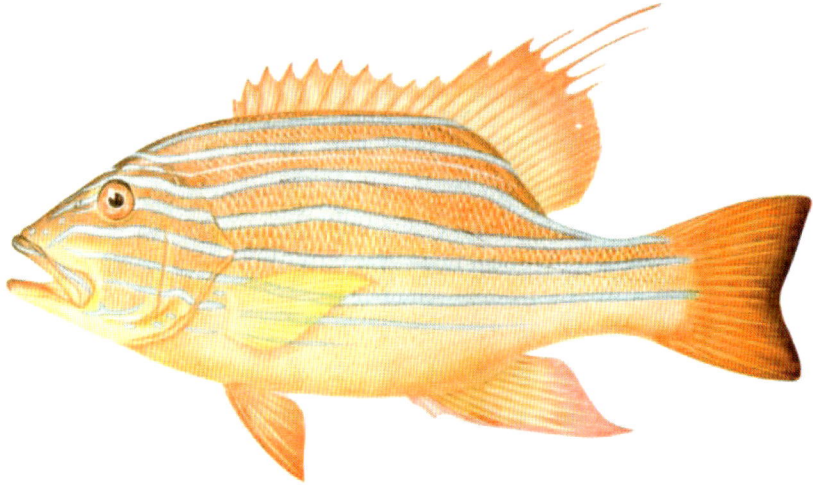

本种体呈卵圆形（侧面观），侧扁而高。吻部陡直，眼间隔隆起。口裂小，下位。颌齿小，多行；外行前端具犬齿。犁骨、腭骨和舌上均无齿。臀鳍后部尖。幼鱼背鳍与臀鳍前端有1至多枚鳍条呈丝状延长，尾鳍后缘内凹。体黄色，有多条淡蓝色纵带。尾柄背部有鞍状斑。为暖水性中下层鱼类。栖息于岩礁海区。分布于我国南海、台湾海域，以及琉球群岛海域、西太平洋暖水域。体长约50 cm。

注：本图为未成年鱼，吻部未隆起，尾柄未见黑色鞍斑。

1667 **丝条长鳍笛鲷** *Symphorus nematophorus* （Bleeker，1860）[38] **（左幼鱼，右成鱼）**

背鳍Ⅹ－15～16；臀鳍Ⅲ－9；胸鳍17。侧线鳞52～55。

本种体呈椭圆形（侧面观），侧扁。头背缘呈弓形突出。吻端钝圆。口中等大。眼鼻间有一深沟。颌齿呈狭带状，外行扩大；上颌前端有犬齿。犁骨、腭骨、舌上均无齿。前鳃盖被鳞，前鳃盖骨后缘有锯齿。幼鱼背鳍第3～6枚鳍条呈丝状延长，腹鳍末端伸越肛门，尾鳍后缘凹入，体红色，常具8～9条蓝色纵带。成鱼有深红色横带。为暖水性中下层鱼类。栖息于岩礁海区。分布于我国南海、台湾海域，以及琉球群岛海域、西太平洋暖水域。体长可达1 m。

1668 拟赤鲑 *Randallichthys filamentosus* (Fourmanoir，1970) [38]

背鳍Ⅹ－11；臀鳍Ⅲ－9；胸鳍16～17。侧线鳞48～49。

本种体侧面观呈椭圆形，侧扁。头背缘平直。吻尖，下颌突出。上颌无鳞。前鳃盖骨隅角尖。胸鳍短，不达腹鳍后缘。尾鳍后缘深凹入。体红色，腹侧稍淡。各鳍红色。背鳍鳍棘部、腹鳍后缘和尾鳍后缘黑色。为暖水性中下层鱼类。栖息水深大于100m。分布于我国台湾海域，以及琉球群岛海域、西太平洋暖水域。体长约50 cm。

红钻鱼属 *Etelis* Cuvier，1828

本属物种体呈纺锤形，细长。颌齿小，锥状，外行齿扩大，前端常有1～2对犬齿。犁骨齿丛呈弧形。眼间隔平直。背鳍Ⅹ，10～11；臀鳍Ⅲ－8；两鳍鳍条上无鳞，最后一鳍条延长。尾鳍深叉形。我国有3种。

1669 红钻鱼 *Etelis carbunculus* Cuvier，1828[52]

背鳍X，11；臀鳍Ⅲ-8；胸鳍15～17。侧线鳞47～52。上鳃耙4枚以下（含4枚）。

本种一般特征同属。体呈长纺锤形。眼大；眼间隔宽，稍凹。上颌后半部被鳞。前鳃盖骨后缘具细锯齿。背鳍鳍棘与鳍条部间有缺刻。胸鳍长达肛门。尾鳍叉形。体背侧鲜红色，腹侧粉红色。各鳍鲜红色，尾鳍下叶末端白色。为暖水性底层鱼类。栖息于岩礁海区，水深200 m左右。分布于我国南海、台湾海域，以及日本南部海域、印度-太平洋暖水域。体长约80 cm。

1670 丝尾红钻鱼 *Etelis coruscans* Valenciennes，1862[48]
= 长尾红钻鱼

背鳍X，11；臀鳍Ⅲ-8；胸鳍15～16。侧线鳞47～52。上鳃耙8～10。

本种体延长，头小，眼大。口中等大，上颌骨达眼中部前下方。犁骨齿丛三角形。尾柄细长，尾鳍深叉形。体背深红色，腹侧银白色。背鳍、胸鳍、尾鳍红色。为暖水性底层鱼类。栖息水深大于200 m。分布于我国南海、台湾海域，以及日本南部海域、印度-太平洋暖水域。体长约70 cm。

1152

1671 **多耙红钻鱼** *Etelis radiosus* Anderson，1981 [38]
= 大口红钻鱼

背鳍Ⅹ，11；臀鳍Ⅲ－8；胸鳍16。侧线鳞50～53。上鳃耙11～13。

　　本种与丝尾红钻鱼相似。体呈纺锤形。眼小，口大，上颌骨后端达眼后缘下方。犁骨齿丛呈新月形。鳃耙多，上鳃耙11～13枚。尾柄细，尾鳍深叉形，但上、下叶不呈丝状延长。体背侧红色，腹侧淡红色，各鳍红色。为暖水性底层鱼类。栖息水深大于100 m。分布于我国台湾海域，以及琉球群岛海域，东印度洋、西太平洋暖水域。体长约70 cm。

1672 **绿短鳍笛鲷** *Aprion virescens* Valenciennes，1830 [68]
= 绿短臂鱼

背鳍Ⅹ－11；臀鳍Ⅲ－8；胸鳍17～18。侧线鳞48～50。

　　本种体呈纺锤形。头背近直线状。眼侧高位，眼前部有一纵沟，鼻孔位于沟的上缘。口大，颌齿小，犁骨具新月状齿群。胸鳍短，几乎与吻部同长。背鳍、臀鳍基鳞鞘低，最后鳍条延长。尾鳍深叉形。体背侧青蓝色，腹侧淡青色。背鳍基部有黑斑。尾鳍暗褐色。为暖水性中下层鱼类。栖息于珊瑚礁海域。分布于我国南海、台湾海域，以及日本南部海域、印度－太平洋暖水域。体长约70 cm。

叉尾鲷属 *Aphareus* Cuvier et Valenciennes，1830

本属物种体呈纺锤形。体被小栉鳞。口大，下颌稍突出。眼间隔平坦。前鳃盖裸露无鳞。背鳍、臀鳍不被鳞，最后鳍条呈丝状延长。尾鳍深叉形。本属我国有2种。

[1673] 叉尾鲷 *Aphareus furcatus*（Lacépède，1801）[15]

背鳍X－11；臀鳍Ⅲ－8；胸鳍16。侧线鳞65～75。上鳃耙6。

本种一般特征同属。头背缘稍隆起，口裂大，上颌骨可达眼后缘下方，下颌肥厚，较上颌突出。成鱼颌齿退化。犁骨、腭骨均无齿。鳃耙少，上鳃耙6枚。体背深青色，腹侧浅青色。头部有暗褐色带，各鳍黄绿色。为暖水性底层鱼类。栖息于岩礁海区。分布于我国东海、南海、台湾海域，以及日本南部海域、印度–太平洋暖水域。体长可达60 cm。

[1674] 红叉尾鲷 *Aphareus rutilans* Cuvier，1830[52]
　　＝锈色叉尾鲷

背鳍X－11；臀鳍Ⅲ－8；胸鳍15～16。侧线鳞70～75。上鳃耙18。

本种与叉尾鲷相似。体略低，口较大，上颌骨可达眼中部下方。鳃耙扁而多，上鳃耙18枚。尾柄细，尾鳍叉形，上、下叶鳍条延长。体背浅褐至深紫色，腹侧粉红色，各鳍淡红色，尾鳍深红色。为暖水性底层鱼类。栖息水深大于100 m。分布于我国台湾海域，以及琉球群岛海域、日本小笠原群岛海域、印度–太平洋暖水域。体长约60 cm。

1675 **叶唇笛鲷** *Lipocheilus carnolabrum*（Chan，1970）[38]
= 黄唇笛鲷 = 裸鳍笛鲷

背鳍Ⅹ－10；臀鳍Ⅲ－8；胸鳍15～16。侧线鳞49～54。

本种体呈长椭圆形（侧面观），侧扁而高。口中等大，上颌突出，上颌骨后端不达眼中部下方，上唇中间有一肉质瘤突。颌齿细小，犁骨、腭骨具齿。背鳍与臀鳍最后鳍条不延长。胸鳍长大于头长。尾鳍叉形。体黄色，头背及吻端稍带棕色，腹部银白色。幼鱼体侧有5条横带。为暖水性底层鱼类。栖息于岩礁海区，水深大于100 m。分布于我国南海、台湾海域，以及琉球群岛海域、印度–西太平洋暖水域。体长约50 cm。

紫鱼属 *Pristipomoides* Bleeker，1852

本属物种体细长，侧扁。被中、小栉鳞。眼间隔宽而平坦。颌齿外行锥状，内行绒毛状，前端常具犬齿。犁骨齿群呈新月形或三角形。腭骨具齿。背鳍Ⅹ－11；臀鳍Ⅲ－7～8；背鳍与臀鳍不被鳞。尾鳍深叉形。我国有9种。

1676 **斜带紫鱼** *Pristipomoides zonatus*（Valenciennes，1830）[68]
= 横带花笛鲷 = 黄带锦鲷 *Tropidinius zonatus*

背鳍Ⅹ－11；臀鳍Ⅲ－8；胸鳍16。侧线鳞63～67。

本种一般特征同属。体呈长椭圆形（侧面观），侧扁，体长为体高的2.6～3倍。背鳍、臀鳍鳍条部最后一鳍条均延长。体红色，腹侧淡红色。体侧有5条黄色斜横带。为暖水性底层鱼类。栖息水深大于100 m。分布于我国台湾海域，以及日本南部海域、印度–太平洋暖水域。体长约35 cm。

1677 **蓝纹紫鱼** *Pristipomoides argyrogrammicus*（Valenciennes，1832）[48]
= 银斑紫鱼 = 花鳞锦鲷 *Tropidinius amoenus*

背鳍X－11；臀鳍Ⅲ－8；胸鳍15～16。侧线鳞58～66。

本种与斜带紫鱼相似。体较高。吻较短，口稍大。犁骨齿丛三角形。鳃耙上、下方瘤状，中部栉状。体背侧鲜黄色，体侧桃红色。腹部淡红色，具银色光泽。背鳍基部有3个荧光蓝色斑，沿侧线有1列蓝色斑点，体侧散布数列不规则蓝色斑点。为暖水性底层鱼类。栖息水深100～400 m。分布于我国台湾海域，以及日本高知海域、小笠原群岛海域，印度–太平洋暖水域。体长约40 cm。

1678 **多牙紫鱼** *Pristipomoides multidens*（Day，1871）[38]
= 黄吻紫鲷 = 纹面紫鱼 = 黄线紫鱼

背鳍X－11；臀鳍Ⅲ－8；胸鳍16。侧线鳞48～52。

本种体长纺锤形。颌具犬齿和圆锥状齿。犁骨、腭骨具绒毛状齿。前鳃盖骨后缘锯齿仅为痕迹。背鳍、臀鳍最后一鳍条延长。体黄红色。吻与颊部有2～3条镶蓝边的黄色纵带。头顶有横向排列的黄色虫纹状斑。为暖水性底层鱼类。栖息水深大于100 m。分布于我国台湾海域，以及日本南部海域、印度–太平洋暖水域。体长约70 cm。

1679 **尖齿紫鱼** *Pristipomoides typus* Bleeker，1852 [110]
＝紫鱼＝尖齿姬鲷

背鳍Ⅹ－11；臀鳍Ⅲ－8；胸鳍16。侧线鳞47～51。

　　本种体长纺锤形。吻与颊部无斑纹。上颌前端有犬齿。头、体玫瑰红色。头顶部有黄褐色纵向排列的虫纹状斑。背鳍具波浪状黄线；尾鳍红色，有黄边；其他鳍黄色。为暖水性中下层鱼类。栖息于沙泥底质海区，水深达100 m。分布于我国南海、台湾海域，以及日本冲绳海域、东印度–西太平洋暖水域。体长约60 cm。

1680 **西氏紫鱼** *Pristipomoides sieboldii*（Bleeker，1857）[68]
＝舌齿紫鱼＝紫鲷

背鳍Ⅹ－11；臀鳍Ⅲ－8；胸鳍16。侧线鳞70～74。

　　本种与尖齿紫鱼相似。体略细长。侧线鳞偏多，为70～74枚。颌齿绒毛状。犁骨齿钻石状。舌上有齿带。鳃盖骨后缘锯齿呈痕迹状。背鳍、臀鳍最后一鳍条延长。体背侧灰紫色，腹侧淡紫色。眼间隔具紫褐色点。尾鳍褐色，其他鳍淡红褐色。为暖水性底层鱼类。栖息水深达100 m。分布于我国台湾海域，以及日本南部海域、印度–太平洋暖水域。体长约50 cm。

1681 **日本紫鱼** *Pristipomoides auricilla*（Jordan，Evermann et Tanaka，1927）[38]
= 黄尾紫鲷

背鳍Ⅹ－11；臀鳍Ⅲ－8；胸鳍16。侧线鳞70～74。

本种与西氏紫鱼相似。口裂较小，两颌、犁骨、腭骨均具绒毛状齿。犁骨齿带呈三角形。前鳃盖骨后缘光滑。体背侧紫褐色，腹侧淡紫色。体侧有断裂状黄色横带。尾鳍上叶鲜黄色。为暖水性底层鱼类。栖息水深大于100 m。分布于我国台湾海域，以及日本南部海域、印度−太平洋暖水域。体长约40 cm。

1682 **黄鳍紫鱼** *Pristipomoides flavipinnis* Shinohara，1963[37]
= 金眼紫鱼

背鳍Ⅹ－11；臀鳍Ⅲ－8；胸鳍16。侧线鳞59～62。

本种体呈纺锤形。侧线鳞数较少，为59～62枚。眼虹膜金黄色，吻端尖。口裂大，下颌突出。两颌、犁骨、腭骨和舌上均有齿。头背有黄色虫纹。背鳍、臀鳍最后一鳍条显著长，长度是前一鳍条的2倍。体红黄色，背侧有6条纵行点列。各鳍黄色。为暖水性底层鱼类。栖息水深达100 m。分布于我国台湾海域，以及琉球群岛海域、印度−西太平洋暖水域。体长约50 cm。

1683 **丝鳍紫鱼** *Pristipomoides filamentosus*（Valenciennes，1830）[52]

背鳍Ⅹ-11；臀鳍Ⅲ-8；胸鳍15～16。侧线鳞60～65。

本种体呈纺锤形。眼虹膜暗黄色。两颌缝合处犬齿略大于邻近的齿。背鳍、臀鳍最后一鳍条呈丝状延长。头背密布深蓝色小斑点。体紫红色。每枚鳞片各具一蓝点，各鳍淡红色。为暖水性底层鱼类。栖息水深大于100 m。分布于我国南海、台湾海域，以及日本南部海域、印度-太平洋暖水域。体长约80 cm。

1684 **细鳞紫鱼** *Pristipomoides microlepis*（Bleeker，1869）[16]
= 丝鳍紫鱼 *P. filamentosus* [13]

背鳍Ⅹ-11；臀鳍Ⅲ-8；胸鳍16。侧线鳞63～65。

本种体呈长椭圆形（侧面观），侧扁。头中等大，背缘宽而平坦。吻钝，眼大，眼虹膜黄色。上颌前端有2个较小犬齿。犁骨齿丛三角形。前鳃盖骨后缘具弱锯齿。胸鳍长，长度约等于头长。体紫红色。背鳍中部有一浅黄色纵带。臀鳍边缘黄色，尾鳍后缘白色。为暖水性底层鱼类。栖息于珊瑚礁海域。分布于我国南海海域，以及菲律宾海域、印度尼西亚海域、西太平洋暖水域。体长约30 cm。

注：黄宗国（2012）指出，细鳞紫鱼与丝鳍紫鱼为同种。但后者眼虹膜深黄色，背鳍中部无浅黄色纵带以及尾鳍后缘无白边，与前者有一定差别。故笔者仍分列记录，供参考。

IV
辐鳍鱼纲

若梅鲷属 *Paracaesio* Bleeker，1875

本属物种体侧面观呈长椭圆形或卵圆形，稍侧扁。体被小栉鳞。口小，颌齿细小。上颌前端具犬齿。前鳃盖骨后缘具细锯齿。背鳍 X − 9～11；臀鳍 III − 8～9；两鳍均不被鳞，最后一枚鳍条短。尾鳍后缘凹入、双凹或深叉形。我国有5种。

1685 **黄背若梅鲷** *Paracaesio xanthurus*（Bleeker，1869）[52]
= 黄拟乌尾鮗

背鳍 X − 9～10；臀鳍 III − 8；胸鳍16～17。侧线鳞70～72。

本种一般特征同属。颌前部具短犬齿，侧面具1行圆锥齿。背鳍、臀鳍基鳞鞘低。体淡紫蓝色，背侧和尾部黄色，各鳍色较深。为暖水性中下层鱼类。栖息于岩礁海区。分布于我国南海、台湾海域，以及日本南部海域、印度−太平洋暖水域。体长约40 cm。

1686 **冲绳若梅鲷** *Paracaesio sordida* Abe et Shinohara，1962[38]
= 灰若梅鲷 = 梭德乌尾鮗

背鳍 X − 9～10；臀鳍 III − 8；胸鳍16～17。侧线鳞68～73。

本种与黄背若梅鲷相似。背鳍、臀鳍最后两鳍条长，两鳍基部具鳞鞘。尾鳍上、下叶延长。体暗紫褐色，背鳍和尾鳍后缘淡红色，其他鳍淡黄色。为暖水性底层鱼类。栖息水深大于100 m。分布于我国台湾海域，以及日本冲绳海域、印度−西太平洋暖水域。体长约40 cm。

1687 **条纹若梅鲷** *Paracaesio kusakarii* Abe，1960[38]
= 草虾若梅鲷 = 横带拟乌尾鲹

背鳍Ⅹ－10～11；臀鳍Ⅲ－8；胸鳍16。侧线鳞47～50。

本种体呈卵圆形（侧面观），侧扁。头背弓起。吻短，眼大，眼间隔隆起。上颌后缘被鳞。背鳍、臀鳍基部无鳞鞘。尾鳍后缘凹入或双凹形。体背侧青褐色，有4条宽短横带，腹侧银白色。属暖水性底层鱼类。栖息水深大于100 m。分布于我国台湾海域，以及琉球群岛海域、日本小笠原群岛海域、新加坡海域、西太平洋暖水域。体长约60 cm。

1688 **横带若梅鲷** *Paracaesio stonei* Raj et Seeto，1983[38]
= 史氏乌尾鲹

背鳍Ⅹ－10～11；臀鳍Ⅲ－8；胸鳍16。侧线鳞48～49。

本种与条纹若梅鲷相似。体呈卵圆形（侧面观），侧扁。体较高。头背不膨突。上颌无鳞。尾鳍后缘稍凹入，略呈双凹形。体淡褐色，体侧有5条深褐色横带。背鳍和尾鳍下叶黄色。为暖水性底层鱼类。栖息水深大于100 m。分布于我国台湾海域，以及琉球群岛海域、斐济群岛海域、西太平洋暖水域。体长约50 cm。

1689 **青若梅鲷** *Paracaesio caerulea*（Katayama，1934）[48]
= 蓝色拟乌尾鮗

背鳍Ⅹ－10；臀鳍Ⅲ－8；胸鳍16。侧线鳞47～50。

本种与横带若梅鲷相似。侧线鳞偏少，为47～50枚。上颌无鳞。体略低，尾鳍后缘凹入。体大部分青紫色。腹部带灰白色。背鳍、尾鳍淡黄褐色；其他鳍黄色，略带淡红色。为暖水性底层鱼类。栖息水深100～338 m[48]。分布于我国台湾海域，以及日本小笠原群岛海域、和歌山海域、鹿儿岛海域，西太平洋暖水域。体长约50 cm。

（224）梅鲷科 Caesionidae（158b）

本科物种体侧面观呈长椭圆形，稍侧扁。头圆锥形，吻短。眼中等大，有发达脂眼睑。口小或中等大，前颌能伸缩。颌齿细小。背鳍、臀鳍均被鳞。曾被置于笛鲷科。后因其前颌骨具1～2个指状突起，背鳍、臀鳍的鳍条数较多，腰带骨突起呈痕迹状或消失而独立为科[3]。全球有4属20种，我国有3属12种。

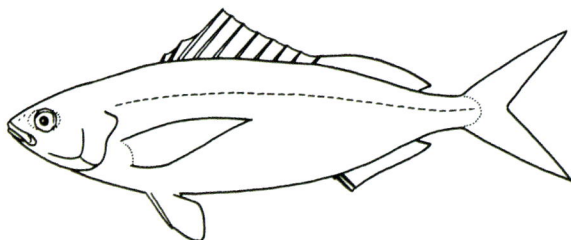

梅鲷科物种形态简图

梅鲷属 *Caesio* Lacépède，1802

本属物种一般特征同科。体侧面观呈长椭圆形。眼中等大，脂眼睑发达。口较小，能伸缩，唇甚薄。上颌骨后端分叉或不分叉。颌齿1行至多行，下颌前端有犬齿。侧线完全，平直。背鳍Ⅹ～ⅩⅢ－13～21；臀鳍Ⅲ－11～12；尾鳍深叉形。我国有6种。

1690 **褐梅鲷** *Caesio caerulaurea* Lacépède，1801[15]
　　　　= 乌尾鮗

背鳍Ⅹ－14～15；臀鳍Ⅲ－11～12；胸鳍19～22。侧线鳞58～63。

本种体侧面观呈长椭圆形。吻短，稍钝尖；口小。上、下颌各具1行圆锥齿，犁骨、腭骨无齿。前鳃盖骨后缘具细锯齿，下角圆弧形。背鳍、臀鳍基底具鳞鞘。体背侧蓝褐色。体侧上方有一黄褐色纵带。尾鳍上、下叶各有一黑色纵带。胸鳍腋部有一黑褐色小斑点。为暖水性中上层鱼类。栖息于岩礁、珊瑚礁海区。分布于我国南海、台湾海域，以及琉球群岛海域、印度–西太平洋暖水域。体长约35 cm。是我国西沙群岛、南沙群岛海域主要经济鱼类[52]。

1691 **新月梅鲷** *Caesio lunaris* Cuvier，1830[52]
　　　　= 花尾乌尾鮗

背鳍Ⅹ－13～14；臀鳍Ⅲ－11；胸鳍18～21。侧线鳞48～53。

本种体呈长椭圆形（侧面观），体稍高。吻短，钝圆。体背侧蓝绿色，腹侧粉红色。尾鳍上、下叶无黑色纵带，但末端具黑色斑点。为暖水性中上层鱼类。栖息于岩礁、珊瑚礁海区。分布于我国南海、台湾海域，以及琉球群岛海域、印度–西太平洋暖水域。体长约35 cm。

1692 **金带梅鲷** *Caesio chrysozona* Cuvier，1830 [15]
= 金带鳞鳍梅鲷 *Pterocaesio chrysozona*

背鳍 X－13～15；臀鳍 Ⅲ－11～12；胸鳍18。侧线鳞57。

本种体侧面观呈长椭圆形。吻短，眼大。口小，两颌各具1行细齿。背鳍有发达鳞鞘，鳍膜被细鳞。体背侧深红色，腹侧粉红色。体侧有1条黄色纵带。尾鳍上、下叶端各具一黑色斑。为暖水性中上层鱼类。栖息于岩礁海区。分布于我国东海、南海、台湾海域，以及印度–西太平洋暖水域。体长约20 cm。

1693 **黄尾梅鲷** *Caesio cuning*（Bloch，1791） [37]
= 赤腹乌尾鮗

背鳍 X－15；臀鳍 Ⅲ－11；胸鳍17～20。侧线鳞45～51。

本种体呈长椭圆形（侧面观），侧扁。体甚高，头背缘弓起。眼间隔隆起。吻短，稍钝圆。口小。颌前端具犬齿，犁骨、腭骨具细齿。背鳍、臀鳍鳍条部被鳞。尾鳍大，呈叉形。体背侧紫褐色，腹侧淡黄色。背鳍、尾鳍黄褐色，其他鳍红黄色。为暖水性中上层鱼类。栖息于近海岩礁区。分布于我国南海、台湾海域，以及琉球群岛海域、印度–西太平洋暖水域。体长约35 cm。

1694 **黄梅鲷** *Caesio erythrogaster* Cuvier，1830 [38]
= 黄尾梅鲷 *C. cuning*

背鳍Ⅹ－15；臀鳍Ⅲ－11；胸鳍16。侧线鳞53。

本种体呈长椭圆形（侧面观），体较高，甚侧扁。吻较短，略钝尖。口小，唇薄。两颌齿多行。犁骨、腭骨有细齿。犁骨齿丛呈三角形。头部深蓝色，从背鳍鳍条部前斜向尾柄下方为天蓝色，其后方为黄色。腹部浅蓝色，略带黄色。胸鳍粉红色，鳍基有一黑褐色斑。为暖水性中上层鱼类。栖息于岩礁海区。分布于我国南海、台湾海域，以及日本南部海域、印度尼西亚海域、印度－西太平洋暖水域。体长约30 cm。

注：黄宗国（2012）认为，黄梅鲷与黄尾梅鲷为同种。两种相似，但黄梅鲷体稍低，胸鳍鳍条略少，侧线鳞偏多，眼径稍大。笔者仍按两种记述，供参考。

1695 **黄背梅鲷** *Caesio xanthonotus* Bleeker，1853 [15]
= 黄蓝背梅鲷 *C. teres* = 黄尾乌尾鲛

背鳍Ⅺ－15；臀鳍Ⅲ－12；胸鳍18～23。侧线鳞55～60。

本种体呈纺锤形。吻稍长，颌齿多行。头背部深蓝色。体侧自背鳍起始向尾柄至尾鳍均为黄色，腹部淡红色，尾鳍边缘红色。胸鳍粉红色，鳍基有一黑斑。为暖水性中上层鱼类。栖息于海洋岛礁区或岩礁海区。分布于我国南海、台湾海域，以及日本南部海域、印度－西太平洋暖水域。体长约35 cm。

鳞鳍梅鲷属 *Pterocaesio* Bleeker，1876

本属物种体呈纺锤形，体较低。口小，前颌可伸缩，前颌骨有2枚指状突起。颌齿圆锥状，犁骨、腭骨无齿。背鳍有10～13枚鳍棘，背鳍、臀鳍均被鳞。通常尾鳍上、下叶尖端黑色。我国有5种。

IV 辐鳍鱼纲

1696 **黑带鳞鳍梅鲷** *Pterocaesio tile*（Cuvier，1830）[20]
= 长背梅鲷 = 帝尔乌尾鲛

背鳍X ～ XI － 19 ～ 22；臀鳍Ⅲ － 12 ～ 13；胸鳍23 ～ 24。侧线鳞65 ～ 70。

本种一般特征同属。体呈纺锤形。吻短，稍尖。口小，上、下颌各有1行圆锥状齿。眼小，眼下幅窄。背鳍、臀鳍最后鳍条延长。体背侧蓝色，腹侧红色。体侧有一黑色纵带，沿侧线直抵尾鳍并与尾鳍上叶黑纵带相连，尾鳍下叶亦具黑色纵带，各鳍均为红色。为暖水性中上层鱼类。栖息于岩礁海区。分布于我国台湾海域，以及日本南部海域、印度–西太平洋暖水域。体长约25 cm。

1697 **斑尾鳞鳍梅鲷** *Pterocaesio pisang*（Bleeker，1853）[38]
= 平山鳞鳍梅鲷 *P. trilineata*

背鳍X － 15 ～ 16；臀鳍Ⅲ － 12；胸鳍20。侧线鳞62 ～ 72。

本种体呈长纺锤形，体较低。背鳍鳍条较少，为15 ～ 16枚。体背侧紫红色，腹侧粉红色。体侧有2 ～ 3条明显的淡褐色纵带。尾鳍两叶末端有黑斑。为暖水性中上层鱼类。栖息于珊瑚礁海区，水深20 ～ 200 m。分布于我国台湾海域，以及琉球群岛海域、印度–西太平洋暖水域。体长约20 cm。

1698 **菲律宾鳞鳍梅鲷** *Pterocaesio randalli* Carpenter，1987 [37]
　　= 伦氏乌尾鮗

背鳍Ⅹ－15；臀鳍Ⅲ－12；胸鳍20～22。侧线鳞69～80。

　　本种与斑尾鳞鳍梅鲷相似。体呈长纺锤形。尾鳍上、下叶尖端黑色。头背、体背颜色随生长而变，幼鱼时为蓝绿色，成鱼时略带红色；腹部色稍淡。胸鳍上方具一不规则斜方形大黄斑，该斑前端可达头部。背鳍蓝绿色至粉红色，胸鳍、腹鳍、臀鳍白色至粉红色，胸鳍腋部有黑斑。为暖水性中上层鱼类。栖息于沿海珊瑚礁区或岩礁区。分布于我国台湾海域，以及菲律宾海域、印度–西太平洋暖水域。体长约25 cm。

1699 **双带鳞鳍梅鲷** *Pterocaesio digramma*（Bleeker，1865）[37]
　　= 双带乌尾鮗

背鳍Ⅹ－14～15；臀鳍Ⅲ－11～12；胸鳍20～21。侧线鳞66～76。

　　本种体呈纺锤形。眼稍大，吻短，钝尖。背鳍基底鳞鞘低。体背淡紫红色，腹侧略呈粉红色。体侧有2条金黄色纵带，第2纵带位于侧线下方。背鳍紫红色，其他鳍粉红色。尾鳍两叶末端黑色。为暖水性中上层鱼类。栖息于沿海岩礁海区或珊瑚礁海区。分布于我国台湾海域，以及日本南部海域、印度尼西亚海域、西太平洋暖水域。体长约30 cm。

1700 马氏鳞鳍梅鲷 *Pterocaesio marri* Schultz，1953[37]

背鳍Ⅹ－14～15；臀鳍Ⅲ－12；胸鳍22～24。侧线鳞70～75。

本种与双带鳞鳍梅鲷相似。头、体背部褐绿色，腹部白色。体侧有2条黄色纵带，其第2纵带沿侧线延伸直达尾鳍基。各鳍白色到粉红色，胸鳍腋下和尾鳍两叶尖端黑色。为暖水性中上层鱼类。栖息于岩礁海区。分布于我国台湾海域，以及日本高知县以南海域、印度－西太平洋暖水域。体长约30 cm。

1701 双鳍梅鲷 *Dipterygonotus balteatus*（Valenciennes，1830）[37]
= 双鳍谐鱼 *D. balteatus*

背鳍ⅩⅣ－9；臀鳍Ⅲ－9～10。侧线鳞78～81。鳃耙7～8＋23～25。

本种体细长，稍侧扁。头中等大。头、体被小栉鳞。颌齿细小，犁骨、腭骨无齿。上颌无鳞。前鳃盖骨后缘平直。背鳍2个，中间具深缺刻。尾鳍叉形。体背侧黑褐色。体侧沿背侧和体中轴有2条黄色纵带。腹侧银白色，各鳍色淡。为暖水性中上层鱼类。栖息于沿岸沙泥或岩礁海区。分布于我国南海、台湾海域，以及印度－太平洋暖水域。体长约20 cm。

（225）松鲷科 Lobotidae（167a）

本科物种体侧面观呈卵圆形或长椭圆形，稍侧扁。体被中等大栉鳞。头较小，被鳞。吻短钝。眼小，侧上位。口中等大，斜裂。颌齿呈绒毛状齿带，外行齿锥形。犁骨、腭骨无齿。前鳃盖骨边缘具强锯齿。主鳃盖骨有1～2枚扁棘。侧线完全，上侧位。背鳍连续，缺刻浅，ⅩⅠ～ⅩⅢ－13～17；臀鳍Ⅲ－8～12；背鳍和臀鳍鳍均具鳞鞘。腹鳍胸位，Ⅰ－5。尾鳍后缘圆弧形。全球有2属5种，我国有1属1种。

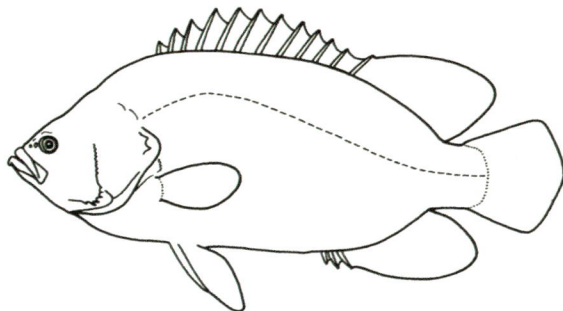

松鲷科物种形态简图

松鲷属 *Lobotes* Cuvier，1829

本属物种一般特征同科。体侧面观呈长椭圆形。眼小，位于头部前1/3处。前鳃盖骨后缘具强锯齿。臀鳍第3鳍棘最粗大。我国仅有1种。

1702 松鲷 *Lobotes surinamensis*（Bloch，1790）[17]

背鳍ⅩⅡ－15～16；臀鳍Ⅲ－11～12；胸鳍15。侧线鳞45。

本种一般特征同属。全体黑褐色，腹侧稍淡。雄鱼尾鳍具白缘。为暖水性中下层鱼类。幼鱼漂浮于表层，具橘叶状拟态。分布于我国黄海、东海、南海、台湾海域，以及日本南部海域，朝鲜半岛海域，太平洋、印度洋、大西洋热带、亚热带水域。体长可达1 m。

（226）银鲈科 Gerreidae（133a）

　　本科物种体侧面观呈长卵圆形或长椭圆形，侧扁。前颌骨有一棘突，伸入眼间隔凹陷内。上颌无鳞。口小，唇薄，可向前或向下伸出呈口管状。颌齿绒毛状，犁骨、腭骨无齿。前鳃盖骨边缘光滑或具弱锯齿，主鳃盖骨无棘。体被圆鳞，侧线完全。背鳍鳍棘与鳍条部相连，IX～X－9～15；臀鳍，II～V－7～18，基底具低鳞鞘。腹鳍胸位，I－5。尾鳍叉形。全球有8属44种，我国有3属11种。

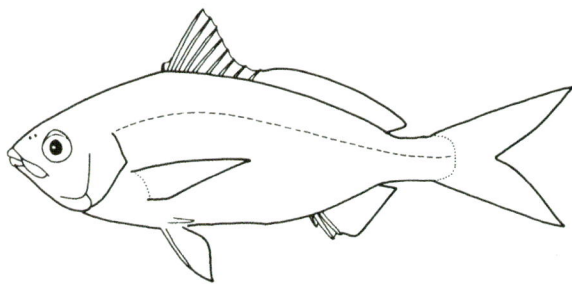

银鲈科物种形态简图

1703 **五棘银鲈** *Pentaprion longimanus*（Cantor，1849）[15]
= 长臂银鲈

背鳍IX～X－14～15；臀鳍V－13～17；胸鳍17。侧线鳞44～48。鳃耙5＋1＋12～13。

　　本种体侧面观长卵圆形。口小，前位。胸鳍长，镰状，可伸达臀鳍中部。肛门位于腹鳍与臀鳍起点的中间处。体银白色，有一银色纵带贯穿鱼体中部。各鳍暗黄色。为暖水性中下层鱼类。栖息于近岸沙泥底质海域，水深小于25 m。分布于我国东海、南海、台湾海域，以及琉球群岛海域、印度−西太平洋暖水域。体长约12 cm。

1704 **日本十棘银鲈** *Gerreomorpha japonica* Bleeker，1854 [141]

　　= 日本钻嘴鱼 *Gerres japonicus*

背鳍Ⅹ－9～10；臀鳍Ⅲ－7～8；胸鳍16～17。侧线鳞33～36。鳃耙4～6＋1＋7。

45
鲈形目

体呈长椭圆形（侧面观），侧扁。口小，前位。齿细小，绒毛状。眼径大于吻长。以背鳍Ⅹ－9～10与银鲈科其他物种区分。臀鳍基底短，背鳍、臀鳍均被小型鳞。胸鳍长超过头长。体背侧灰蓝色。腹侧淡青色，背鳍鳍棘部有黑斑。为暖水性中下层鱼类。栖息于沿岸沙泥底质海域。分布于我国东海、南海、台湾海域，以及日本长崎海域、菲律宾海域、印度-西太平洋暖水域。体长约20 cm。

银鲈属 *Gerres* Quoy et Gaimard，1824

本属物种体呈长卵圆形（侧面观），侧扁。眼大。口小，可向下伸出，呈口管状。颌齿绒毛状，前部颌齿可向内侧倒伏。背鳍Ⅸ－10～11；臀鳍Ⅲ－7～8；胸鳍镰状；尾鳍叉形。我国有8种。

1705 **短体银鲈** *Gerres abbreviatus* Bleeker，1850 [15]

　　= 红尾钻嘴鱼 *G. erythrourus*

背鳍Ⅸ－10；臀鳍Ⅲ－7；胸鳍17。侧线鳞37～39。鳃耙5＋1＋6～7。

本种一般特征同属。体侧扁而高，体长约小于体高的2.2倍。背鳍第2鳍棘不延长。胸鳍长，伸越臀鳍起始处。体被薄圆鳞。侧线上鳞4行。体银灰色，胸鳍、腹鳍、臀鳍黄绿色。为暖水性近海鱼类。栖息于近岸内湾沙泥底质海区，幼鱼可进入河口。分

布于我国东海、南海、台湾海域，以及琉球群岛海域、印度-西太平洋暖水域。体长约25 cm。

IV
辐鳍鱼纲

1706 长棘银鲈 *Gerres filamentosus* Cuvier，1829 [141]
= 曳丝银鲈 *G. philippinus*

背鳍Ⅸ－10；臀鳍Ⅲ－7；胸鳍17。侧线鳞42～47。鳃耙5～6＋1＋7～8。

本种与短体银鲈相似。体侧扁而高，体长是体高的1.9～2.2倍。吻较尖长，吻长约等于眼径。背鳍第2鳍棘呈丝状延长，可达体高的1.1～1.7倍。体银灰色，幼鱼体侧有10～12条浅灰色横纹，成鱼则有数列黑色斑点。胸鳍、腹鳍、臀鳍灰黄色。为暖水性近海鱼类。栖息于沿岸沙泥底质海区。分布于我国南海、台湾海域，以及日本南部海域、印度－太平洋暖水域。体长约20 cm。

1707 奥奈银鲈 *Gerres oyena*（Forskål，1775）[15]
= 素银鲈 *G. argyreus*

背鳍Ⅸ～10；臀鳍Ⅲ－7；胸鳍17。侧线鳞35～38。鳃耙6＋1＋7。

本种体呈长椭圆形（侧面观），极侧扁。吻钝尖，体较低，体长是体高的2.6～3.1倍。背鳍第2鳍棘不延长，背鳍、臀鳍基具鳞鞘。胸鳍可达肛门上方。侧线上鳞4行。体背侧青灰色，腹侧银白色。背鳍上缘灰色，其他鳍黄色。为暖水性近海鱼类。栖息于沿岸沙泥底质海区和河口水域。幼鱼可进入江河及咸淡水水域。分布于我国东海、南海、台湾海域，以及日本南部海域、印度－西太平洋暖水域。体长约20 cm。

1708 **短棘银鲈** *Gerres lucidus* Cuvier，1830 [20]
= 边缘银鲈 *G. limbatus*

背鳍IX－10；臀鳍Ⅲ－7；胸鳍16。侧线鳞35。鳃耙4～6＋7～8。

本种体呈长椭圆形（侧面观），侧扁。吻钝尖，吻长稍短于眼径。背鳍鳍棘锐尖，以第3鳍棘最长。胸鳍达臀鳍起点处。体背部银灰色，侧腹亮银色，无斑点。各鳍色淡。为暖水性近海鱼类。栖息于沿岸浅水海域和河口水域。分布于我国南海、东海，以及印度-西太平洋暖水域。体长约10 cm。

1709 **长体银鲈** *Gerres macrosoma* Bleeker，1854 [9]
= 巨钻嘴鱼 = 长圆银鲈 *G. oblongus*

背鳍IX－10；臀鳍Ⅲ－7；胸鳍17。侧线鳞43。鳃耙6＋7。

本种体呈长椭圆形（侧面观），侧扁。体稍高，体长是体高的2.5～2.6倍。胸鳍较长，但不达臀鳍起始处。臀鳍基底短。体背侧淡褐色，两侧及腹部银白色。各鳍均呈透明状，背鳍鳍棘部有一黑斑点。为暖水性近海鱼类。栖息于近海或河口水域。分布于我国台湾海域，以及印度尼西亚海域、印度-西太平洋暖水域。体长约8 cm。

注：黄宗国（2012）指出，长体银鲈和长圆银鲈是同种 [13]。但本种体稍高，侧线鳞和侧线上鳞均较少，体无斑纹。沈世杰（1994）将二者列为独立的两种 [9]。本书亦作两种记述，供参考。

1710 **长圆银鲈** *Gerres oblongus* Cuvier，1830 [38]
= 长身钻嘴鱼

背鳍 IX − 10；臀鳍 III − 7；胸鳍17。侧线鳞47～49。鳃耙5 + 1 + 6。

本种与长体银鲈相似。体更修长，体长是体高的3.0～3.3倍。吻端尖突。侧线上鳞5～6行。背鳍第2鳍棘长，并稍延长，背鳍、臀鳍基有鳞鞘。胸鳍长刀形，可伸达臀鳍起始处。尾鳍深叉形，上叶长。体银白色，体侧散布有暗斑。为暖水性近海鱼类。栖息于沿岸沙泥底质海区。分布于我国台湾海域，以及日本冲绳海域、印度−西太平洋暖水域。体长约27 cm。

1711 **长鳍银鲈** *Gerres acinaces* Bleeker，1854 [38]
= 长吻银鲈 *G. lingirostris* = 强棘银鲈 *G. poeti*

背鳍 IX − 10；臀鳍 III − 7；胸鳍16～17。侧线鳞43～46。鳃耙5 + 1 + 7。

本种体呈长椭圆形（侧面观），侧扁。体稍高，体长是体高的2.6～2.7倍。头短，吻尖长。侧线上鳞7行。背鳍第2鳍棘略延长。体背橄榄绿色，腹部银白色。侧线上方有纵黑线，下方有6～9条不明显的斜横带。背鳍鳞鞘上方有黑色点线。尾鳍色暗，后端有宽黑缘。为暖水性近海鱼类。栖息于沿岸沙泥底质海区。分布于我国南海、台湾海域，以及琉球群岛海域、印度−西太平洋暖水域。体长约20 cm。

▲ 本属我国尚有大棘银鲈 *G. macracanthus* 和志摩银鲈 *G. shima*，均分布于我国台湾海域 [13]。

鲈亚目分检索表5——石鲈科与眶棘鲈科（195a，195b）

1a 眶下骨下缘不游离，第2眶下骨无棘 ·· 石鲈科 Pomadasyidae（15）

1b 眶下骨下缘游离，第2眶下骨有向后棘 ································· 眶棘鲈科 Scolopsidae（2）

2a 眶下骨有大棘 ·· 眶棘鲈属 Scolopsis（5）

2b 眶下骨无大棘 ·· 副眶棘鲈属 Parascolopsis（3）

3a 前鳃盖有鳞 ·· 日本副眶棘鲈 P. tosensis 1734

3b 前鳃盖无鳞 ··· （4）

4a 鳃耙短，块状，11枚以下；体侧有4条红褐色横带 ················· 横带副眶棘鲈 P. inermis 1735

4b 鳃耙长，棒状，14枚以上；体侧有黄色纵带 ···················· 宽带副眶棘鲈 P. eriomma 1736

5-2a 上颌骨后缘有锯齿状突起 ····································· 齿颌眶棘鲈 Scolopsis ciliatus 1737

5b 上颌骨后缘无锯齿状突起 ··· （6）

6a 头背鳞片始于眼间隔前部 ·· （9）

6b 头背鳞片始于前鼻孔之间 ·· （7）

7a 体具2条平行的斜纹；体黄绿色 ································· 双线框棘鲈 S. bilineatus 1738

7b 体无斜纹 ··· （8）

8a 侧线鳞少于40枚；体侧无斜带；体灰褐色 ······················· 珠斑眶棘鲈 S. margaritifer 1739

8b 侧线鳞多于40枚；头部有一白色横带；体紫红色 ············· 伏氏眶棘鲈 S. vosmeri 1740

9-6a 体侧上部成鱼具黑色斜带，幼鱼为一纵带 ············· 单带眶棘鲈 S. monogramma 1741

9b 体侧具深色纵带或纵长斑纹 ··· （10）

10a 口裂小；上颌骨后端达后鼻孔下方 ··· （12）

10b 口裂大；上颌骨后端达眼前缘 ·· （11）

11a 头较钝；体侧有3条褐色纵带和数个褐色横斑形成的栅栏状纹；前鳃盖无鳞

 ·· 三带眶棘鲈 S. lineatus 1742

11b 头尖；体侧有1条黄褐色纵带，两眼间有蓝色带；前鳃盖有鳞 ······ 彼氏眶棘鲈 S. affinis 1743

12-10a 体背有3条灰褐色纵带 ··· 三线眶棘鲈 S. trilineatus 1744

12b 体侧有1条纵带或纵长斑纹 ·· （13）

13a 体侧有纵长斑纹（幼鱼有2条纵带）；前鳃盖下部有鳞 ······ 双斑眶棘鲈 S. bimaculatus 1745

13b 体侧有1条纵带 ··· （14）

14a 体侧有一黄色纵带；前鳃盖下部无鳞 ···························· 条纹眶棘鲈 S. taeniopterus 1746

14b 体侧有一宽的黄绿色纵带，被若干黑色斜线切割 ············ 蓝带眶棘鲈 S. xenochrous 1747

15-1a 臀鳍鳍条8枚以下；下颌无颏须；背鳍无向前棘 ·································· （19）

15b 臀鳍鳍条多于9枚；下颌有颏须；背鳍有向前棘 ······················ 髭鲷属 Hapalogenys（16）

16a 背鳍、臀鳍鳍条部和尾鳍后缘黑色；体侧有5~7条棕色横带

 ·· 横带髭鲷 H. mucronatus 1712

16b 背鳍、臀鳍鳍条部和尾鳍后缘不呈黑色；体侧无明显的横带 ······················· （17）

17a 体侧有数条暗纵带；下颌颏须仅为痕迹 ····························· 纵带髭鲷 H. kishinouyei 1713

17b 体侧有2条暗斜带或体色暗 ··· （18）

18a 上颌有鳞 ··· 斜带髭鲷 H. nitens 1714

IV
辐鳍鱼纲

（227）石鲈科 Pomadasyidae（195a）＝仿石鲈科 Haemulidae

本科物种体呈长椭圆形（侧面观），稍侧扁。体被中等大栉鳞。头大，钝圆或较尖。口小或中等大，前位。上颌骨被眶前骨遮盖。颏部有或无中央沟及颏孔。颌齿尖细，无犬齿；犁骨、腭骨无齿。前鳃盖骨后缘具锯齿或光滑，主鳃盖骨无棘，侧线完全。背鳍连续，中间有缺刻，IX～XIV－11～26。臀鳍III－6～18，通常第2鳍棘粗而长。腹鳍胸位，I－5。尾鳍后缘凹入、截形或圆弧形。全球有17属145种，我国有5属约30种。斑纹随年龄变化较多，同种异名也多。

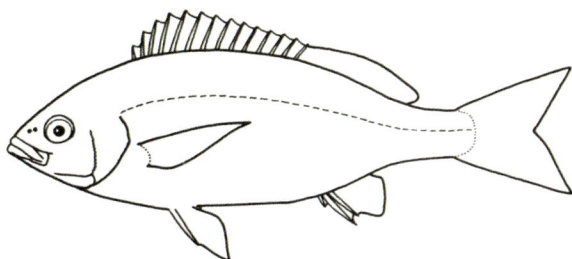

石鲈科物种形态简图

髭鲷属 Hapalogenys Richardson，1844

本属物种一般特征同科。体呈长椭圆形（侧面观），侧扁。下颌有密集短髭。唇厚，颌齿绒毛状，外行为较大锥形齿。体被栉鳞。背鳍有向前平卧棘1枚；臀鳍III－9～13；尾鳍后缘圆弧形或微凹。我国有4种或5种。

1712 **横带髭鲷** *Hapalogenys mucronatus*（Eydoux et Souleyet，1850）
＝华髭鲷＝臀斑髭鲷 *H. analis*

背鳍XI－15；臀鳍III－9；胸鳍19。侧线鳞48～49。

本种一般特征同属。体侧面观呈长椭圆形，颏部有3对小孔。上颌无鳞。背鳍前方有1枚向前平卧棘，背鳍第3鳍棘粗而长。头侧和体侧有5～7条褐、白相间的宽横带。背鳍、臀鳍、尾鳍边缘黑色。为暖温性中下层鱼类。栖息于沙泥底质海区。分布于我国渤海、黄海、东海、南海、台湾海域，以及日本南部海域、朝鲜半岛海域、西北太平洋温热水域。体长约25 cm。

注：沈世杰（2011）记述华髭鲷与横带髭鲷是同种异名[37]；黄宗国（2012）将二者分立为两种[13]。笔者据图照和记述暂作同种记述。

1713 **纵带髭鲷** *Hapalogenys kishinouyei* Smith et Pope，1906[16]
= 岸上氏髭鲷

背鳍Ⅺ－13～14；臀鳍Ⅲ－9；胸鳍17～18。侧线鳞44～47。

本种体形与横带髭鲷相似。上颌前部有犬齿，下颌颏髭仅为痕迹。背鳍第4鳍棘较低，第3鳍棘长。臀鳍第2鳍棘粗长。体灰褐色，体侧有4条宽纵带。为暖水性中下层鱼类。栖息于沙泥底质海区。分布于我国东海、南海、台湾海域，以及日本南部海域、西太平洋暖水域。体长约30 cm。

1714 **斜带髭鲷** *Hapalogenys nitens*（Richardson，1844）

背鳍Ⅹ～Ⅺ－15～16；臀鳍Ⅲ－9；胸鳍18。侧线鳞44～47。

本种体呈长椭圆形（侧面观），侧扁。下颌颏髭为痕迹。背鳍第4鳍棘长小于第3鳍棘长。上颌有鳞。体黄褐色，体侧有2条宽幅斜带。背鳍、尾鳍、臀鳍后缘不呈黑色。为暖温性中下层鱼类。栖息于沙泥底质海区。分布于我国渤海、黄海、东海、南海、台湾海域，以及日本南部海域、朝鲜半岛海域、西太平洋温热水域。体长约30 cm。

1715 **黑鳍髭鲷** *Hapalogenys nigripinnis*（Temminck et Schlegel，1843）[38]

背鳍Ⅺ－17；臀鳍Ⅲ－10；胸鳍18。侧线鳞45。

本种与斜带髭鲷相似。头背高耸，眼前浅凹。下颌先端突出，颏髭显著密集。上颌无鳞。头、体暗褐色。体侧有不明显的深色斑带。各鳍暗褐色。为暖温性中下层鱼类。栖息于沙泥底质海区。分布于我国黄海、东海、南海、台湾海域，以及日本南部海域、朝鲜半岛海域、西太平洋温热水域。体长约40 cm。

石鲈属 *Pomadasys* Lacépède，1802

本属物种体呈长椭圆形（侧面观），稍侧扁。口小，唇薄。颏部有一中央沟。颏孔1~2对。颌齿绒毛状。前鳃盖骨具锯齿。背鳍无向前倒棘。背鳍Ⅺ~ⅩⅢ－11~17；臀鳍Ⅲ－7~13，两鳍仅基底具鳞鞘。尾鳍新月形或叉形。我国有6种。

1716 **四带石鲈** *Pomadasys quadrilineatus* Shen et Lin，1984[38]
= 红海石鲈 *P. stridens* = 黄带石鲈

背鳍Ⅻ－13；臀鳍Ⅲ－7；胸鳍17。侧线鳞52；侧线上鳞7。

本种一般特征同属。体呈长椭圆形，侧扁。吻短，稍尖，吻长约等于眼径。口裂小，上颌稍长。眼大，眼间隔平坦。前鳃盖骨后缘锯齿状。背鳍有深缺刻。体银灰色，体侧具3~4条金黄色纵线。为暖水性中下层鱼类。栖息于沙泥底质浅海。分布于我国南海、台湾海域，以及日本南部海域、西太平洋温热水域。体长约11 cm。

注：黄宗国（2012）将四带石鲈和红海石鲈分立为两种[13]，但据沈世杰（2011）和益田一（1984）记述[37、38]，两者应是同种。

1717 大斑石鲈 *Pomadasys maculatus*（Bloch，1793）[15]

背鳍Ⅻ－13～14；臀鳍Ⅲ－7；胸鳍16～17。侧线鳞48～52。

本种体侧面观呈长椭圆形。吻长，稍钝。口小，开口于吻端下缘。颏部小孔2对。体被弱栉鳞。臀鳍第2鳍棘短于臀鳍鳍条，背鳍、臀鳍基鳞鞘发达。胸鳍大，末端可达臀鳍起始处。尾鳍后缘凹形。体为淡紫褐色，体侧有4～5个指印状黑褐色斑。背鳍鳍棘部有一大黑斑。为暖水性中下层鱼类。栖息于泥或沙泥底质海区，水深40～70 m。分布于我国东海、南海、台湾海域，以及日本高知县海域、印度–西太平洋暖水域。体长约30 cm。

1718 单斑石鲈 *Pomadasys unimaculatus* Tian，1982[15]

背鳍Ⅺ－13；臀鳍Ⅲ－7；胸鳍16。

本种与大斑石鲈相似。体侧面观呈长椭圆形。吻稍钝，颏部有2对颏孔。背鳍第3鳍棘最长。臀鳍第2鳍棘粗长且超过臀鳍鳍条长度。胸鳍不达臀鳍起始处。体背淡紫褐色，腹侧银灰色。项背有一深褐色鞍斑，向下止于侧线。背鳍鳍棘前部有一紫红色

大斑。为暖水性中下层鱼类。栖息于近岸泥或泥沙底质海区。分布于我国南海，以及马来西亚海域、西太平洋暖水域。体长约30 cm。

1719 **银石鲈** *Pomadasys argenteus*（Forskål，1775）[37]

背鳍XII－14；臀鳍Ⅲ－7；胸鳍17。侧线鳞47～49。

本种体侧面观呈长椭圆形。吻钝圆。眼间隔宽，稍隆起。口裂小，颏部有1对小孔。背鳍以第3鳍棘最长，臀鳍以第2鳍棘最强大。体、背银灰色，腹部乳白色。背鳍鳍棘膜灰褐色，鳍条部斑点排列成2条纵带。体侧黑点依鳞列呈多条纵带或斜纹。为暖水性中下层鱼类。栖息于沙泥底质海区。分布于我国南海、台湾海域，以及日本南部海域、印度-西太平洋暖水域。体长约30 cm。

注：黄宗国（2012）指出，银石鲈和点斑石鲈*P. kaakan*、断斑石鲈 *P. hasta* 是同种[13]。但笔者认为，银石鲈因其斑纹和后两者有明显差别，本书列为不同种。

1720 **点斑石鲈** *Pomadasys kaakan*（Cuvier，1830）[59]
＝断斑石鲈 *P. hasta* ＝ 星鸡鱼

背鳍XII－14；臀鳍Ⅲ－7；胸鳍17。侧线鳞53～55。

本种与银石鲈很相像，以至于Masuda等（1984）将银石鲈认为是本种[9]。本种鳞稍小，侧线鳞多于50枚。背鳍缺刻深。体银灰色，带浅绿色。体侧有6～9条断续横带。为暖水性中下层鱼类。栖息于近岸岩礁海区。分布于我国南海、台湾海域，以及日本南部海域、印度-西太平洋暖水域。体长约35 cm。曾是北部湾习见经济鱼类。笔者曾在涠洲岛采得体长超过40 cm的大型个体。

▲ 本属我国尚记录有赤带石鲈 *P. furcatum*，分布于我国台湾海域[13]。

1721 **三线矶鲈** *Parapristipoma trilineatum*（Thunberg，1793）[141]

背鳍XIII～XIV－16～18；臀鳍III－7～9；胸鳍17～19。侧线鳞54～57。

本种体侧面观呈长椭圆形，侧扁，被小栉鳞。眼大，下缘位于吻端下方。眶前骨窄。口较大，颏部无中沟，有6个小孔。前鳃盖骨具锯齿，主鳃盖骨无棘。侧线完全。背鳍连续，无缺刻。臀鳍短，尾鳍后缘凹入。体灰褐色，幼鱼有2条暗褐色纵带，成鱼暗带渐消失。除尾鳍红褐色外，其他鳍黄色。为暖水性中下层鱼类。栖息于岩礁浅海区。分布于我国东海、南海、台湾海域，以及日本中部以南海域、西太平洋暖水域。体长约40 cm。

胡椒鲷属 *Plectorhynchus* Lacépède，1801

本属物种体呈长椭圆形（侧面观），侧扁。体被小栉鳞。眼较小，下缘位于吻端上方。口较小。前颌骨能伸缩。眶前骨宽，上颌骨被眶前骨遮盖。下颌无中沟，有3对颏孔。颌齿绒毛状。前鳃盖骨具锯齿，主鳃盖骨无棘。侧线完全。腹鳍胸位，有腋鳞。尾鳍后缘圆弧形或截形。我国约有13种。

1722 **胡椒鲷** *Plectorhynchus pictus*（Tortonese，1935）[15][38] **（左幼鱼，右成鱼）**
= 密点少棘胡椒鲷 *Diagramma pictum*

背鳍IX～X－22～23；臀鳍III－7～8；胸鳍17。侧线鳞69～72。

本种体呈长椭圆形（侧面观），侧扁。下颌无中央沟，有3对颏孔。尾鳍后缘几乎平截。体色、斑纹随鱼体生长而变化。通常体长10 cm以下时，体侧纵纹明显；达20 cm左右，条纹渐破碎或呈圆点，散布于体侧和奇鳍上；长到25 cm以上时，圆点也逐渐消失。为暖水性中下层鱼类。栖息于岩礁、沙底质浅海。分布于我国东海、南海、台湾海域，以及日本南部海域、印度–西太平洋暖水区。体长可达1 m。

1723 黑胡椒鲷 *Plectorhynchus nigrus*（Cuvier，1830）[38]
= 驼背胡椒鲷 *P. gibbosus*

背鳍 XIV － 15～16；臀鳍Ⅲ－7～8；胸鳍16～17。侧线鳞47～55。

本种体呈长椭圆形（侧面观），侧扁。头背隆起。吻短，稍尖。口小，位于吻端下缘。颌齿小，圆锥状。背鳍基底长，鳍棘14枚，鳍条部外缘圆弧形。背鳍中部缺刻深。尾鳍后缘平截。体黑褐色，幼鱼尾鳍后半部透明。为暖水性中下层鱼类。栖息于沙泥底质浅海。幼鱼可入咸淡水水域生活。分布于我国南海、台湾海域，以及琉球群岛海域、印度–西太平洋暖水域。体长约40 cm。

注：黄宗国（2012）将黑胡椒鲷与驼背胡椒鲷分立为两种[13]，沈世杰（2011）视二者为同种[9]。

1724 花尾胡椒鲷 *Plectorhynchus cinctus*（Temminck et Schlegel，1843）[15]
= 花软唇石鲷

背鳍Ⅻ－15～17；臀鳍Ⅲ－7～8；胸鳍17～18。侧线鳞53～57。

本种体呈长椭圆形（侧面观），侧扁。唇厚，下颌有3对颏孔。背鳍鳍棘12枚。尾鳍后缘平

截。体淡灰褐色，腹侧灰白色。体侧有3条黑色斜带。在第2条斜带上方及背鳍、尾鳍上散布许多黑色圆点。为暖温性中下层鱼类。栖息于岩礁海区。分布于我国黄海、东海、南海、台湾海域，以及日本下北半岛以南海域、朝鲜半岛海域、印度−西太平洋温暖水域。体长约50 cm。

1725 **斑胡椒鲷** *Plectorhynchus chaetodonoides* Lacépède，1801[52]
= 厚唇石鲈

背鳍XI～XII − 19～20；臀鳍III − 7；胸鳍16～17。侧线鳞55～58。

本种与花尾胡椒鲷相似。同为口小，唇厚。本种尾鳍后缘凹入。腹鳍长，末端超越肛门。体淡黄色或白色，头、体侧和背鳍、尾鳍、臀鳍、腹鳍遍布黑色圆点。幼鱼褐色斑块与白色斑块交融。为暖水性中下层鱼类。栖息于岩礁浅海区。分布于我国南海、台湾海域，以及日本南部海域、印度−西太平洋暖水域。体长约35 cm。

1726 **肖氏胡椒鲷** *Plectorhynchus schotaf* (Forskål，1775) [38]
= 灰胡椒鲷

背鳍XII－19；臀鳍Ⅲ－7；胸鳍16。侧线鳞55。

本种体呈长椭圆形（侧面观），稍侧扁。头背隆起，吻端稍钝。口小，唇厚，颏部有3对小孔。背鳍中间无缺刻，背鳍、臀基底鳞鞘发达。尾鳍后缘截形。体暗褐色，鳃盖鲜红色。臀鳍、尾鳍黑色。为暖水性中下层鱼类。栖息于岩礁浅海区。分布于我国台湾海域，以及日本高知海域、琉球群岛海域、印度–西太平洋暖水域。体长约25 cm。

1727 **暗点胡椒鲷** *Plectorhynchus picus* (Cuvier，1830) [38] （左幼鱼，右成鱼）
= 亚洲石鲈 = 多点胡椒鲷 *P. punctatissimus*

背鳍XII～XIV－17～20；臀鳍Ⅲ－7～8；胸鳍17。侧线鳞70～75。

本种体呈长椭圆形（侧面观），侧扁。吻短，吻端稍圆钝。口小，唇厚。体被中小栉鳞。胸鳍短，背鳍基长，无缺刻。尾鳍后缘截形（幼鱼）或凹形（成鱼）。体灰色，头、体侧及奇鳍上密布深棕色小斑点。幼鱼具黑、白斑块。为暖水性中下层鱼类。栖息于岩礁浅海区。分布于我国南海、台湾海域，以及日本南部海域、印度–太平洋暖水域。体长约50 cm。

注：黄宗国（2012）将暗点胡椒鲷与多点胡椒鲷分立为两种[13]。笔者查考陈清潮（1997）、沈世杰（2011）等研究[16, 37, 38]，似应视二者为同种。

1728 **黄斑胡椒鲷** *Plectorhynchus flavomaculatus*（Cuvier，1830）[20]

= 黄点石鲈

背鳍XII～XIII－21～22；臀鳍III－7；胸鳍17。侧线鳞56～59。

本种体呈长椭圆形（侧面观），稍侧扁。吻钝，口小，唇厚。颌齿小，圆锥形。背鳍基底长，无缺刻。尾鳍后缘稍凹入。体浅灰褐色。幼鱼头侧和体侧具橙色纵线；成鱼体侧纵线转变为小斑点，头侧纵线依旧。为暖水性中下层鱼类。栖息于岩礁浅海区。分布于我国南海、台湾海域，以及日本纪伊半岛以南海域、印度-西太平洋暖水域。体长约50 cm。

1729 **斜纹胡椒鲷** *Plectorhynchus goldmanni*（Bleeker，1853）[38]

背鳍XIII－19～20；臀鳍III－7；胸鳍17。侧线鳞56～58。

本种体呈长椭圆形（侧面观），侧扁。吻圆钝，头背缘弓起。口小，唇厚。颌齿小，圆锥形。背鳍基长，无缺刻。尾鳍后缘截形。体灰色，背侧色深，腹部色浅。幼鱼体侧具7～9条黑色纵带，成鱼头侧和体侧上部有15～17条深棕色波纹带，带下部断裂成斑点。奇鳍均具小黑点。胸鳍基部红色。为暖水性中下层鱼类。栖息于岩礁浅海区。分布于我国南海、台湾海域，以及日本南部海域、印度-西南太平洋。体长约50 cm。

注：中坊徹次（1993）记述的条纹胡椒鲷 *P. lineatus* [36]似乎和本种为同种。

1730 **西里伯胡椒鲷** *Plectorhynchus celebicus* Bleeker，1873 [38]
= 黄纹胡椒鲷 *P. chrysotaenia* = 南洋石鲈

背鳍XⅢ－20；臀鳍Ⅲ－7；胸鳍17。侧线鳞56～59。

本种体呈长椭圆形（侧面观），稍侧扁。吻钝尖，背鳍基底长，无缺刻。尾鳍后缘稍凹入。头、体背侧蓝褐色，腹侧色浅，布有8～10条橙红色纵线（纵线数目随年龄增多）。背鳍亦有3条橙红色纵纹，各鳍橙黄色。为暖水性中下层鱼类。栖息于岩礁浅海区。分布于我国台湾海域，以及日本冲绳以南海域、菲律宾海域、西太平洋暖水域。体长约35 cm。

1731 **白带胡椒鲷** *Plectorhynchus albovittatus*（Rüppell，1838）[37]

背鳍XⅢ－19；臀鳍Ⅲ－7；胸鳍17。侧线鳞58。

本种体呈长椭圆形（侧面观），侧扁。头背缘隆起，眼前稍凹。眼间隔隆起。口小，唇薄，颌齿呈圆锥形。前鳃盖骨具锯齿，隅角圆突。背鳍基底长，无缺刻，鳍条部边缘圆弧形。尾鳍后缘截形。体侧有2条黑色宽纵带，其间隙为黄色。背鳍、腹鳍、臀鳍、尾鳍具暗斑。为暖水性中下层鱼类。栖息于近海内湾咸淡水水域。分布于我国台湾海域，以及日本西表岛海域、印度-太平洋暖水域。体长约25 cm。

IV 辐鳍鱼纲

1732 **四带胡椒鲷** *Plectorhynchus diagrammus* （Linnaeus，1758）[15]
= 少耙胡椒鲷 = 赖氏胡椒鲷 *P. lessonii*

背鳍XII ~ XIII - 19 ~ 20；臀鳍III - 7 ~ 8；胸鳍16 ~ 18。侧线鳞53 ~ 56。

本种体呈长椭圆形（侧面观），侧扁。头背隆起。吻短，吻端钝。口裂小，唇厚，颌齿绒毛带状。背鳍无缺刻。尾鳍后缘截形。体淡褐色，头部和体侧上部分别具6条和4条深褐色纵带。腹部无纵带。背鳍、臀鳍、尾鳍有黑色斑点。胸鳍基有深色小斑。腹鳍外缘黑色。幼鱼体侧仅有3条宽的黑色纵带。为暖水性中下层鱼类。栖息于珊瑚礁海区。分布于我国南海、台湾海域，以及日本南部海域、印度-西南太平洋暖水域。体长约40 cm。

1733 **东方胡椒鲷** *Plectorhynchus orientalis* （Bloch，1793）[38]
= 东方石鲈 *P. vittatus* = 条纹胡椒鲷 *P. lineatus*

背鳍XIII - 10；臀鳍III - 7；胸鳍17。侧线鳞60。

本种与四带胡椒鲷很相像，同为体侧上部有4条暗纵带，但其腹侧尚有2 ~ 3条纵带。腹鳍外缘色浅，不呈黑色，第1鳃弓的鳃耙多达27 ~ 33枚。为暖水性中下层鱼类。栖息于岩礁浅海区。分布于我国南海、台湾海域，以及琉球群岛海域、印度-西太平洋暖水域。体长约40 cm。

注：基于胡椒鲷斑纹随发育变化很大，以至于对斜纹胡椒鲷 *P. goldmanni* 和条纹胡椒鲷 *P. lineatus* 及东方胡椒鲷是否是同一物种的认知不尽相同[13, 16, 37]。

▲ 本属我国尚有中华胡椒鲷 *P. sinensis*，以体侧有4行深色大圆斑为特征[35]。分布于我国东海、南海和台湾海域。

本科我国尚有黑鳍少棘胡椒鲷 *Diagramma melanacra*，分布于我国台湾海域[13]。

（228）眶棘鲈科 Scolopsidae（195b）

　　本科物种体呈长椭圆形（侧面观），侧扁。体被中等大栉鳞。头中等大。眶前骨区裸露无鳞。眶下骨有一向后尖棘。口中等大，前位，可伸缩。上颌骨为眶前骨遮盖。颌齿小，呈带状排列，无犬齿。前鳃盖骨后缘具锯齿。主鳃盖骨有一弱棘。侧线完全。背鳍连续，中间无缺刻。尾鳍叉形。本科曾是从金线鱼科中分立出的1个科，现又回归金线鱼科，本书仍将其视为独立科记述[3]。全球有25种，我国有2属15种。

眶棘鲈科物种形态简图

副眶棘鲈属 *Parascolopsis* Boulenger，1901

　　本属物种一般特征同科。以眶下骨后角的向后棘弱小为主要特征。我国有3种。

1734 **日本副眶棘鲈** *Parascolopsis tosensis*（Kamohard，1938）[38]
　　　= 土佐副眶棘鲈 = 黄纹眶棘鲈 *Scolopsis tosensis* = 双带拟眶棘鲈

背鳍Ⅹ - 9；臀鳍Ⅲ - 7；胸鳍14～15。侧线鳞34～37；侧线上鳞4。

　　本种体呈长椭圆形（侧面观），甚侧扁。吻短，稍尖。眼大，眶下区幅窄。口裂小，端位，斜裂。具绒毛状及圆锥状颌齿，无犬齿。前鳃盖骨具微锯齿，被鳞。头部鳞区达眼前缘。尾鳍后缘稍凹入。体背红色。体侧中部及下部各有1条黄色纵带。为暖水性底层鱼类。栖息于泥底质海区，水深150～300 m。分布于我国东海、台湾海域，以及日本高知以南海域、印度尼西亚海域、西太平洋暖水域。体长约10 cm。

1735 **横带副眶棘鲈** *Parascolopsis inermis*（Temminck et Schlegel，1843）[38]

背鳍X－9；臀鳍Ⅲ－7；胸鳍14～16。侧线鳞34～35；侧线上鳞4。

本种与日本副眶棘鲈相似。前鳃盖无鳞，头部鳞区仅达眼间隔中部，第1鳃弧的鳃耙短块状，9枚。体粉红色，体侧有4条宽的深红色横带。吻和各鳍黄色。为暖水性底层鱼类。栖息于水深120～130 m的岩礁海区。分布于我国南海、台湾海域，以及日本铫子以南海域、菲律宾海域、印度尼西亚海域、印度–西太平洋暖水域。体长约20 cm。

1736 **宽带副眶棘鲈** *Parascolopsis eriomma*（Jordan et Richardson，1909）[20]
= 红尾拟眶棘鲈 = 弱眶棘鲈 *Scolopsis eriomma*

背鳍X－9；臀鳍Ⅲ－7；胸鳍15～16。侧线鳞36；侧线上鳞3。

本种与横带副眶棘鲈相似，同为前鳃盖无鳞，但其鳃耙长棒状，16～18枚。体背侧红色，腹侧红黄色。体中部有一黄色纵带。背鳍、尾鳍深红色。为暖水性底层鱼类。栖息于水深50～100 m的岩礁海区。分布于我国南海、台湾海域，以及日本土佐湾海域、琉球群岛海域、西太平洋暖水域。体长约25 cm。

眶棘鲈属 *Scolopsis* Cuvier，1817

本属物种一般特征同科。以两颌无犬齿，前鳃盖骨后缘有锯齿，眶下骨有一向后的强棘为主要特征。我国有11种或12种。

1737　齿颌眶棘鲈 *Scolopsis ciliatus*（Lacépède，1802）[38]
　　　 = 黄点眶棘鲈

背鳍X－9；臀鳍Ⅲ－7；胸鳍16～18。侧线鳞41～43；侧线上鳞3～4。

本种体呈长椭圆形，侧扁。吻短，稍尖。眼大，眼间隔平坦。眶下骨向后棘短，在眼下骨与眶下骨间尚有一前向棘。上颌骨有锯齿状突起。体背侧灰蓝色到蓝黑色，腹侧色淡。体背缘有一白色宽纵带，体侧布满黄点。为暖水性底层鱼类。栖息于珊瑚礁与沙底质海区。分布于我国南海、台湾海域，以及琉球群岛海域、印度尼西亚海域、印度–西太平洋暖水域。体长约13 cm。

1738　双线眶棘鲈 *Scolopsis bilineatus*（Bloch，1793）[38]（左幼鱼，右成鱼）
　　　 = 双带眶棘鲈

背鳍X－9；臀鳍Ⅲ－7；胸鳍16～18。侧线鳞43～46；侧线上鳞3～4。

本种体呈长椭圆形（侧面观），侧扁。吻短，圆钝。眼大，眶下骨棘强大。头部鳞区延伸至前鼻孔。臀鳍第2鳍棘不特别强大，仅稍长于第3鳍棘。体侧黄绿色，腹侧银白色，体侧有一镶黑边的白色斜带，还有一条位于侧线至背鳍鳍棘中部的黄线。背鳍、臀鳍有黑斑。为暖水性底层鱼类。栖息水深10～20 m。分布于我国南海、台湾海域，以及琉球群岛海域、印度–西太平洋暖水域。体长约16 cm。

1739 **珠斑眶棘鲈** *Scolopsis margaritifer* Cuvier，1830 [14]
= 条纹眶棘鲈

背鳍Ⅹ–9；臀鳍Ⅲ–7；胸鳍18。侧线鳞38；侧线上鳞3.5。

本种体呈长椭圆形（侧面观），头部鳞区达前鼻孔。其眶下骨棘中等大，下缘具6枚锯齿。体灰褐色，腹侧银白色。背侧每一鳞片均具垂直白线而在体中部处变为黄色。幼鱼一般白色，体侧中部具一黑纵带。为暖水性底层鱼类。栖息水深小于40 m。分布于我国南海、台湾海域，以及日本八重山群岛海域、泰国海域、西太平洋暖水域。体长约20 cm。

1740 **伏氏眶棘鲈** *Scolopsis vosmeri*（Bloch，1792）[15]
= 白颈眶棘鲈

背鳍Ⅹ–9；臀鳍Ⅲ–7；胸鳍17～19。侧线鳞40～43；侧线上鳞3.5。

本种体呈长椭圆形（侧面观），侧扁。吻端尖。眼大，口裂小。头部鳞片可达鼻孔附近。前鳃盖有鳞，前鳃盖骨后缘具锯齿。背鳍、臀鳍基有鳞鞘，臀鳍第2鳍棘粗大。体背侧红褐色，腹侧白色。鳃盖上有一半月形白斑。为暖水性中下层鱼类。栖息于近岸浅海。分布于我国南海、台湾海域，以及琉球群岛海域、印度–西太平洋暖水域。体长约20 cm。

1741 **单带眶棘鲈** *Scolopsis monogramma*（Cuvier，1830）[14]
= 黑带眶棘鲈 = 花吻眶棘鲈 *S. temporalis*

背鳍Ⅹ - 9；臀鳍Ⅲ - 3；胸鳍14 ~ 17。侧线鳞46 ~ 47；侧线上鳞5 ~ 6。

本种体呈长椭圆形（侧面观），侧扁。吻尖，口小。头背鳞区达眼前缘。眶下骨棘中等大，下缘具5 ~ 6枚细齿。幼鱼尾鳍上、下缘圆钝，成鱼尾鳍上叶延长。体黄褐色。幼鱼体侧有一黑色纵带。眼上、下缘至主鳃盖各有一蓝色纵带。成鱼体侧上半部有一黑色斜带斑。为暖水性中下层鱼类。栖息水深20 ~ 50 m。分布于我国南海、台湾海域，以及琉球群岛海域、印度-西太平洋暖水域。体长约26 cm。

注：沈世杰（1994）认为单带眶棘鲈、花吻眶棘鲈与叉尾眶棘鲈 *S. dubiosu* 为同种[9]。黄宗国（2012）将前两者立为1种，后者立为1种[13]。

1742 **三带眶棘鲈** *Scolopsis lineatus* Quoy et Gaimard，1824[15]
= 黄带赤尾鮗 = 栅纹眶棘鲈 *S. cancellatus*

背鳍Ⅹ - 9；臀鳍Ⅲ - 7；胸鳍16。侧线鳞40 ~ 42；侧线上鳞3.5。

本种体侧面观呈长椭圆形。眼大，吻短钝。眶下骨棘强，下缘具4个小锯齿。头背鳞区几乎达眼前缘。前鳃盖无鳞。腹鳍具丝状鳍条，伸达肛门。体黄褐色，腹侧银白色。体侧具褐色栅栏状带纹。背鳍鳍棘前部有一黑斑。为暖水性中下层鱼类。栖息于珊瑚礁浅海。分布于我国南海、台湾海域，以及琉球群岛海域、印度-西太平洋暖水域。体长约17 cm。

1743 **彼氏眶棘鲈** *Scolopsis affinis* Peters，1877[14]

= 乌面眶棘鲈 = *S. personafus*

背鳍X－9；臀鳍Ⅲ－7；胸鳍16～17。侧线鳞43～46；侧线上鳞5。

本种与三带眶棘鲈相似。前鳃盖有鳞。吻尖长，口裂大。体浅灰褐色，腹侧银白色，眼后体侧至尾鳍基有一黄褐色纵带，两眼间有一蓝带。为暖水性中下层鱼类。栖息水深5～60 m。分布于我国南海、台湾海域，以及琉球群岛海域、菲律宾海域、印度–西太平洋暖水域。体长约18 cm。

1744 **三线眶棘鲈** *Scolopsis trilineatus* Kner，1868[37]

背鳍X－9；臀鳍Ⅲ－7；胸鳍17。侧线上鳞2.5。

本种体侧面观呈长椭圆形。吻短，吻端尖。眼大，眼间隔平坦。口小，斜裂。体灰白色，腹侧银灰色。背侧具有3条灰褐色纵带。为暖水性中下层鱼类。栖息于近岸岩礁或珊瑚礁海区。分布于我国台湾海域，以及菲律宾海域、西太平洋暖水域。体长约15 cm。

1745 **双斑眶棘鲈** *Scolopsis bimaculatus* Rüppell，1828 [16]

本种体呈长椭圆形（侧面观），侧扁而高。头稍大。吻长，较尖。眼大；眼间隔宽，微凸。鳃盖骨后缘有一弱棘。颊部被鳞6行。体背玫瑰紫色。腹部色浅。体侧有一褐色棱形长斑（幼鱼有2条纵带）。为暖水性中下层鱼类。栖息于岩礁或沙泥底质浅海。分布于我国南海，以及印度−西太平洋暖水域。体长约20 cm。

注：黄宗国（2012）图集中的双斑眶棘鲈 [14]，实际是双线眶棘鲈 *S. bilineata*。

1746 **条纹眶棘鲈** *Scolopsis taeniopterus*（Kuhl et Van Hasselt，1830） [37]
= 细鳍眶棘鲈

本种体侧面观呈长椭圆形，侧扁。头背缘隆起。吻长稍尖。眼间隔宽而平坦。眶下骨后缘具锯齿。前鳃盖下半部无鳞；前鳃盖骨后缘稍凹入，呈锯齿状。颊部具鳞3～4列。体灰褐色，腹侧银白色。前额和眼下具浅青色带。胸鳍基底有红斑。为暖水性中下层鱼类。栖息于近岸沙泥底质海域，水深50 m左右。分布于我国南海、台湾海域，以及西太平洋暖水域。体长约15 cm。

1747 蓝带眶棘鲈 *Scolopsis xenochrous* Günther，1872 [14]
= 榄斑眶棘鲈

背鳍 X－9；臀鳍 III－7；胸鳍17。

本种体呈长椭圆形（侧面观）。头顶鳞区伸达眼前缘。眶下骨棘发达，下缘有6枚小锯齿。尾鳍上叶末端呈短丝状突出。体背蓝褐色，腹侧银白色，侧线起始处附近有一蓝色斜带。体后半部沿侧线下缘有一黄绿色纵带。体前部有若干斜行的黑色点列。为暖水性中下层鱼类。栖息于近海岩礁区。分布于我国台湾海域，以及印度－西太平洋暖水域。体长约16 cm。

（229）金线鱼科 Nemipteridae（168b）

本科物种体延长，侧扁。体被弱栉鳞。头部鳞片始于眼间隔中后方，颊部、鳃盖具鳞。口中等大。两颌有较大圆锥齿，圆锥齿两侧为小齿带。前鳃盖骨具细棘，主鳃盖骨有1枚扁棘。侧线完全，高位。背鳍连续，无缺刻，X－9。腹鳍胸位，I－5，末端多伸越肛门。尾鳍分叉，上叶或两叶末端呈丝状延长。本科原包括的属种较多，但这些属种的分类归属常变更。Nelson（1984～1994）将眶棘鲈属、锥齿鲷属分别列为独立科，而2006年又将二者合并回归金线鱼科 [3]。实际上它们之间仍有较多差别。本书仍按3科列写。本科我国有1属12种。

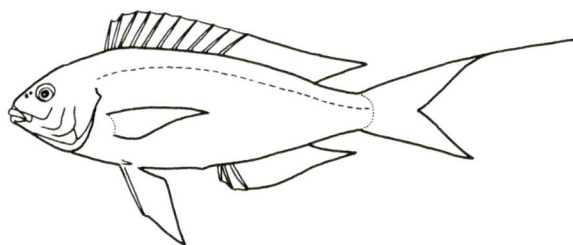

金线鱼科物种形态简图

金线鱼属 *Nemipterus* Swainson，1839

本属物种特征同科。

1748 **长丝金线鱼** *Nemipterus nematophorus*（Bleeker，1853）[14]

本种体延长，侧扁。吻短钝，吻长约等于眼径。口小，端位，下颌稍突出。背鳍和尾鳍上叶均呈丝状延长。腹鳍长，末端超过肛门，伸达臀鳍。体红褐色，腹侧色淡，带银色光泽。体侧具黄色纵带。尾鳍上叶末端黄色。为暖水性底层鱼类。栖息于近岸沙泥底质海区。分布于我国南海。

1749 **长体金线鱼** *Nemipterus zysron*（Bleeker，1856）[38]
　＝姬金线鱼＝短尾金线鱼＝圆额金线鱼＝画眉金线鱼 *N. metopias*

背鳍Ⅹ－9；臀鳍Ⅲ－7；胸鳍15～17。侧线鳞44～45；侧线上鳞3。

本种体延长，侧扁。体高小于头长。吻较短，吻端钝尖。口中等大，两颌具犬齿。头顶鳞区可达眼前缘。颊部鳞片4～6列。前鳃盖无鳞。尾鳍上叶略呈丝状延长。体红色，腹侧银白色，头侧有2条黄色纵带，背鳍具黄缘。为暖水性底层鱼类。栖息水深15～40 m。分布于我国南海、台湾海域，以及日本房总半岛以南海域、印度－西太平洋暖水域。体长约20 cm。

1750 **六齿金线鱼** *Nemipterus hexodon*（Quoy et Gaimard，1824）[15]
　　＝虹彩色金线鱼

背鳍Ⅹ－9；臀鳍Ⅲ－7；胸鳍16～17。侧线鳞49～51。

　　本种体延长，侧扁。两颌前端具6枚犬齿。眼间隔和前鳃盖后半部无鳞，颊部具鳞3列。体背侧深红色，腹侧淡黄色，体侧有5～6条黄色纵线。背侧有一镶蓝边的黄带，尾鳍上叶尖端黄色。为暖水性底层鱼类。栖息于近岸沙泥底质海区。分布于我国南海、台湾海域，以及西太平洋暖水域。体长约20 cm。

1751 **横斑金线鱼** *Nemipterus furcosus*（Valenciennes，1830）[14]
　　＝红金线鱼＝奥氏金线鱼 *N. oveni*

背鳍Ⅹ－9；臀鳍Ⅲ－7；胸鳍16～18。侧线鳞44～45，侧线上鳞4。

　　本种体延长，侧扁。眼间隔平坦。吻长，吻端钝尖。口裂大，两颌具稍长犬齿和圆锥状齿。眼间隔与前鳃盖后部无鳞。尾鳍上、下叶不呈丝状延长。背缘深红色，腹侧银白色。沿体侧有一黄色纵带。头、体背侧有7条暗红色鞍状横斑。背鳍、臀鳍具黄绿色纵带。尾鳍橘红色。为暖水性底层鱼类。栖息于沙泥底质海区，水深10～100 m。分布于我国南海、台湾海域，以及琉球群岛海域、印度-太平洋暖水域。体长约20 cm。

1752 **斐氏金线鱼** *Nemipterus peronii*（Valenciennes，1830）[15]
= 波鳍金线鱼 *N. tolu*

背鳍X－9；臀鳍Ⅲ－7；胸鳍16～18。侧线鳞47～50，侧线上鳞4。

　　本种体延长，侧扁。吻圆钝，口中等大。仅上颌前端有6～8枚圆锥状犬齿，两颌侧齿小。前鳃盖骨后缘光滑，颊部鳞3列。背鳍鳍棘部具波状深缺刻。体粉红色，腹侧略呈银白色。体侧具4～6条黄色纵线。侧线前端尚有一椭圆形红斑。为暖水性底层鱼类。栖息于泥沙底质海区，水深30～100 m。分布于我国东海、南海、台湾海域，以及琉球群岛以南海域、印度－西太平洋暖水域。体长约30 cm。

1753 **日本金线鱼** *Nemipterus japonicus*（Bloch，1791）[15]

背鳍X－9；臀鳍Ⅲ－7；胸鳍17～18。

　　本种体延长，侧扁。吻端尖，口较大。上颌前端具弱犬齿5～6对，侧面为圆锥状齿。背鳍第1、第2鳍棘短于后方鳍棘，棘间仅具微凹刻。尾鳍上叶呈丝状延长。体背侧红色，腹侧银白色。体侧有5条以上黄色纵带。侧线起始处有红斑。为暖水性底层鱼类。栖息于沙泥底质海区，水深25～100 m。分布于我国东海、南海、台湾海域，以及日本南部海域、印度－太平洋暖水域。体长约25 cm。

1754 **金线鱼** *Nemipterus virgatus*（Houttuyn，1782）

背鳍Ⅹ－9；臀鳍Ⅲ－8。侧线鳞47~48；侧线上鳞3。

　　本种体延长，体稍低。上颌前端犬齿略少，为3~4对。臀鳍鳍条数为本属最多，8枚。背鳍鳍棘部与鳍条部约等高。尾鳍上叶呈丝状延长。体鲜红色，腹侧具银光。体侧有6~7条金黄色纵带，侧线起点处有红斑。背鳍、臀鳍近基底处各有一黄色纵线。为暖温性底层鱼类。栖息于沙泥底质海区，水深10~250 m。分布于我国黄海、东海、南海、台湾海域，以及日本南部海域、西北太平洋温暖水域。体长约35 cm。

1755 **深水金线鱼** *Nemipterus bathybius* Snyder，1911 [15]
　　　＝紫红金线鱼＝底金线鱼

背鳍Ⅹ－9；臀鳍Ⅲ－7；胸鳍16。侧线鳞46~47；侧线上鳞4。

　　本种与金线鱼相似。体延长，侧扁。尾鳍上叶呈丝状延长。吻钝尖，眼较大。腹鳍末端约抵肛门。体背深红色。腹侧具3条鲜黄色纵带；第3条始于下颌，沿腹缘抵尾柄下方。背鳍有许多黄色波状纹。为暖水性底层鱼类。栖息于泥底质海区，水深90~250 m。分布于我国东海、南海、台湾海域，以及日本房总半岛以南海域、西太平洋暖水域。体长可达35 cm。

1756 **黄缘金线鱼** *Nemipterus thosaporni* Russell，1991 [20]
　　= 黄线金线鱼 *N. marginatus*

背鳍Ⅹ－9；臀鳍Ⅲ－7；胸鳍16。

本种体延长，侧扁。腹鳍第1鳍条呈丝状延长，可超越肛门，几乎达臀鳍起点。体粉红色，体侧有2条黄色纵带。背鳍上缘黄色。尾鳍两叶不呈丝状延长，上叶尖端金黄色。为暖水性底层鱼类。栖息于近岸沙泥底质海区。分布于我国台湾海域，以及日本南部海域、马六甲海峡、西太平洋暖水域。体长约23 cm。

1757 **赤黄金线鱼** *Nemipterus aurorus* Russell，1993 [38]
　　= 底拉哥金线鱼 *N. delagoae*

背鳍Ⅹ－9；臀鳍Ⅲ－7；胸鳍16。

本种与黄缘金线鱼相似。体延长，侧扁。尾鳍叉形，上、下叶不延长，均钝圆。体稍低。体粉红色，体侧有5条银白色纵带。背鳍基部有一橘红色纵带，外缘有黄边。为暖水性底层鱼类。栖息于近海岩礁区。分布于我国台湾海域，以及琉球群岛海域、西太平洋暖水域。体长约17 cm。

1758 红棘金线鱼 *Nemipterus nemurus*（Bleeker，1857）[16]
　　=双带金线鱼

　　本种体延长，侧扁。眼前方稍隆起。上颌具3对犬齿。下颌具3~6对较小齿。尾鳍上叶呈丝状延长。腹鳍较胸鳍短，仅抵肛门前。体桃红色，背鳍第1、第2鳍棘膜边缘鲜红色。体侧有2条淡黄色纵带。臀鳍有黄点。尾鳍上缘黄色。为暖水性底层鱼类。分布于我国南海，以及越南海域、菲律宾海域、印度-西太平洋暖水域。体长可达25 cm。

1759 双斑金线鱼 *Nemipterus bipunctatus*（Valenciennes，1830）[14]

　　本种体延长，侧扁。体稍高，吻圆钝。尾鳍叉形，无丝状延长。背鳍棘膜无深凹刻。体浅黄褐色。腹侧有数条纵带。胸鳍基底有一褐斑。为暖水性底层鱼类。分布于我国南海[13]。

　　注：上述两种因笔者掌握的可比性状不足，未编列于检索表中。

（230）锥齿鲷科 Pentapodidae（178b）

本科是由从原金线鱼科中分立出来的原锥齿鲷属的物种，加上原裸颊鲷科中的裸顶鲷和齿颌鲷等而共同组成的科。本科物种体呈长椭圆形（侧面观）或体延长，稍侧扁。头顶裸露或被鳞。颊部被鳞，前鳃盖无鳞。口较小，两颌前端无或有犬齿。眶下骨棚较窄。尾鳍叉形，有的种类尾鳍上叶呈丝状延长。我国有4属12种。

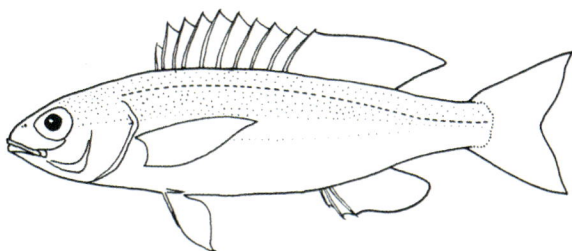

锥齿鲷科物种形态简图

1760 金带齿颌鲷 *Gnathodentex aurolineatus*（Lacépède，1802）[15]

背鳍Ⅹ－10；臀鳍Ⅲ－9；胸鳍15。侧线鳞60～70；侧线上鳞6。

本种体呈长椭圆形（侧面观），侧扁。体被小栉鳞，颊部鳞4～5行。前鳃盖无鳞，前鳃盖骨边缘光滑。主鳃盖骨具一扁棘。口小，斜裂。上颌骨有一纵列齿状嵴。颌齿锥状。尾鳍叉形。体背侧淡紫褐色，腹侧青绿色，体侧有若干黄色纵条。背鳍基下方有一金黄色斑。各鳍红色。为暖水性底层鱼类。栖息于岩礁浅海。分布于我国南海，以及日本高知以南海域、印度－西太平洋水域。体长约30 cm。

1761 **莫桑比克嵴颌鲷** *Wattsia mossambica*（Smith，1957）[38]
= 莫桑比克齿颌鲷 *Gnathodentex mossambica*

背鳍 X－10；臀鳍 Ⅲ－10；胸鳍14。侧线鳞42～45；侧线上鳞5。

本种体高，呈长椭圆形（侧面观），侧扁。吻尖，眼大。口裂小，两颌前端具犬齿。上颌骨有1纵列齿状嵴。背鳍鳍棘部基底长大于鳍条部基底长。尾鳍后缘浅凹入，上、下叶末端圆弧形。体灰褐色，口唇、各鳍黄色。为暖水性底层鱼类。栖息于岩礁海区，水深大于100 m。分布于我国台湾海域，以及日本鹿儿岛以南海域、印度－西太平洋暖水域。体长约35 cm。

裸顶鲷属 *Gymnocranius* Klunzinger，1870

本属物种体呈长椭圆形（侧面观），侧扁。头中等大，头顶裸露或被鳞。口中等大，能伸出。两颌前端有犬齿，两侧齿中外行为钝齿。成鱼前鳃盖骨后缘光滑。背鳍 X－9～10；臀鳍 Ⅲ－7～10；两鳍基无鳞鞘。我国有5种。

1762 **日本裸顶鲷** *Gymnocranius japonicus* Akazaki，1961 [38]
= 真裸顶鲷 = 日本白蜡 *G. euanus*

背鳍 X－10；臀鳍 Ⅲ－10；胸鳍14。侧线鳞49～50；侧线上鳞5～6。

本种一般特征同属。体呈长椭圆形（侧面观），侧扁。眼前方稍隆起。吻长，尖突。口裂小，两颌前端具犬齿，两侧具臼状齿。体浅灰色，腹侧银白色。体侧上部鳞片各具一黑点。奇鳍红色，有白缘。为暖水性底层鱼类。栖息于岩礁、沙砾底质海区，水深小于100 m。分布于我国台湾海域，以及日本鹿儿岛以南海域、西太平洋暖水域。体长约50 cm。

1763 **小齿裸顶鲷** *Gymnocranius microdon*（Bleeker，1851）[38]
=蓝点裸顶鲷

背鳍Ⅹ-10；臀鳍Ⅲ-10；胸鳍14。侧线鳞48～49；侧线上鳞6。

本种与日本裸顶鲷相似。体呈长椭圆形（侧面观），吻钝尖。口小，下颌侧齿为锥状齿。成鱼颊部无鳞。尾鳍后缘凹入。体略呈灰色，各鳍色较浅。吻与颊部具许多蓝色小点。为暖水性底层鱼类。栖息于岩礁、沙砾底质海区，水深小于100 m。分布于我国台湾海域，以及日本鹿儿岛以南海域、印度-西太平洋暖水域。体长约50 cm。

1764 **灰裸顶鲷** *Gymnocranius griseus*（Temminck et Schlegel，1843）[15][38]（左幼鱼，右成鱼）
=白蜡

背鳍Ⅹ-10；臀鳍Ⅲ-10；胸鳍14。侧线鳞48；侧线上鳞6。

本种体呈长椭圆形（侧面观），甚侧扁。头部除颊部、鳃盖外皆无鳞。上、下颌前端具2～3对犬齿。两侧齿中外行为圆锥齿。尾鳍叉形，上、下叶钝尖。体侧青紫色带银灰色，腹侧淡青色。颊部有一暗横带。体侧有5～7条暗横带，幼鱼横带显著。为暖水性中下层鱼类。栖息于沿岸岩礁或沙泥底质水域，水深小于100 m。分布于我国东海、南海、台湾海域，以及日本南部海域、印度-西太平洋暖水域。体长可达50 cm。

1765 长裸顶鲷 *Gymnocranius elongatus* Senta，1973 [38]

背鳍Ⅹ－10；臀鳍Ⅲ－10；胸鳍14。侧线鳞47～48；侧线上鳞6。

本种体呈长椭圆形（侧面观），稍侧扁。吻钝尖，口小。下颌侧齿锥形，颊部被鳞。尾鳍叉深，上、下叶尖，中间鳍条短于眼径。体银灰色，体侧有若干不甚明显的横带。各鳍色浅，尾鳍暗灰黄色。为暖水性中下层鱼类。栖息于近岸沙泥底质海域或岩礁海区。分布于我国台湾海域，以及日本冲绳以南海域、印度－西太平洋暖水域。体长约30 cm。

1766 蓝线裸顶鲷 *Gymnocranius grandoculis*（Valenciennes，1830）[52]

本种体呈长椭圆形（侧面观），侧扁。吻钝尖；口小，端位。眼上缘具凹陷。头背裸露，颊部被鳞。背鳍、臀鳍后部鳍条长。尾鳍后缘浅凹入。体灰褐色，腹侧色浅，具银亮光泽。吻部有多条蓝色纵线。胸鳍黄色，奇鳍暗褐色。为暖水性底层鱼类。栖息于岩礁、珊瑚礁浅海。分布于我国台湾海域、南海。体长约40 cm。

注：本种因笔者掌握的可比信息资料不足，而未编列于本书检索表中。

锥齿鲷属 *Pentapodus* Quoy et Gaimard，1824

本属物种体延长，稍侧扁。体被中等大栉鳞。头中等大，头顶被鳞，鳞区伸至眼间隔前沿。口较小，前位。上颌前端有犬齿，下颌侧齿有或无。前鳃盖骨边缘具细锯齿或光滑。主鳃盖骨有一扁棘。背鳍Ⅹ-9；臀鳍Ⅲ-7。尾鳍叉形，一般尾鳍上叶有丝状鳍条。我国有5种。

1767 **犬牙锥齿鲷** *Pentapodus caninus*（Cuvier，1830）[14]
= 黄条锥齿鲷 *P. macrurus*

背鳍Ⅹ-9；臀鳍Ⅲ-7；胸鳍16。侧线鳞44~47；侧线上鳞3。

本种一般特征同属。体延长，侧扁。眼小，眼间隔平坦。口裂小。两颌前部具犬齿，外侧具圆锥状齿1行。腭骨无齿。鳃耙瘤状。颊部、前鳃盖下部具鳞。尾鳍叉形，上、下叶稍呈丝状延长。体背蓝黑色，腹侧色较浅。体侧具深、浅2条黄色纵带。背鳍、胸鳍红色。臀鳍、腹鳍和尾鳍后缘略带黄色。为暖水性中下层鱼类。栖息于珊瑚礁海区。分布于我国南海、台湾海域，以及琉球群岛以南海域、马来半岛海域、西太平洋暖水域。体长约18 cm。

1768 **多毛锥齿鲷** *Pentapodus setosus*（Valenciennes，1830）
= 线尾锥齿鲷

本种与犬牙锥齿鲷相似。头顶被鳞，可达眼间隔前沿。尾鳍浅叉形，仅尾鳍上叶呈丝状延长。体上半部暗褐色，有一黄带贯通。黄带在头前部和尾柄后部镶有蓝边。腹侧白色。背鳍浅红色，胸鳍、腹鳍色浅，透明。尾鳍暗灰色。为暖水性中下层鱼类。栖息于岩礁、珊瑚礁海区，水深大于15 m。分布于我国南海，以及菲律宾海域、印度-西太平洋暖水域。

注：该图由王春生研究员提供。

1769 叉尾锥齿鲷 *Pentapodus emeryii*（Richardson，1843）[14]

本种体延长，侧扁。头中等大，吻钝尖。口小，端位。背鳍棘膜有缺刻。臀鳍高远大于背鳍高。尾鳍叉形，上、下叶有很长的丝状鳍条。体深褐色，头侧和胸腹部白色，有金属光泽。除胸鳍外，其他鳍均呈暗褐色。为暖水性中上层鱼类。栖息于岩礁或珊瑚礁浅海。分布于我国台湾海域。

1770 黄带锥齿鲷 *Pentapodus aureofasciatus* Russell，2001

背鳍 X – 9；臀鳍 III – 7；胸鳍16。侧线鳞44～47；侧线上鳞3。

本种体延长，稍侧扁。体鳍较低。尾鳍叉形，上、下叶均不延长呈丝状。体背侧淡紫褐色，腹侧白色。体侧有一显著的黄色纵带。腹鳍、臀鳍色浅、透明。尾鳍淡红色。为暖水性中下层鱼类。栖息于沿岸岩礁海域。分布于我国台湾海域，以及琉球群岛海域、西太平洋暖水域。体长约20 cm。

注：该图由王春生研究员提供。

1771 长崎锥齿鲷 *Pentapodus nagasakiensis*（Tanaka，1915）

背鳍X－9；臀鳍Ⅲ－7；胸鳍15～17。侧线鳞44～45；侧线上鳞3。

　　本种与黄带锥齿鲷相似。体延长，侧扁。体低，眼大，口小。两颌前端具犬齿，两侧具1行圆锥齿。尾鳍后缘浅凹，两叶不呈丝状延长。体背淡紫红色。腹侧银白色。体侧有1条黄色纵带，但不甚显著。尾鳍上叶黄色。为暖水性中下层鱼类。栖息于岩礁海区及沙泥底质海区，水深15～40 m。分布于我国南海、台湾海域，以及日本房总半岛以南海域、西太平洋暖水域。体长约20 cm。

　　注：该图由王春生研究员提供。

鲈亚目分检索表6——裸颊鲷科与鲷科（165a，165b）

1a　颊部和头顶具鳞；吻部短钝 ·······································鲷科 Sparidae（24）

1b　颊部和头顶无鳞；吻部尖长 ·······························裸颊鲷科 Lethrinidae（2）

2a　胸鳍基部内侧无鳞，或仅数枚 ···（15）

2b　胸鳍基部内侧密生小鳞 ···（3）

3a　体侧中部有一大暗斑 ·······························黑点裸颊鲷 *Lethrinus harak* 1772

3b　体侧中部无大黑斑 ···（4）

4a　背鳍鳍棘不延伸或第3鳍棘长 ···（6）

4b　背鳍第2鳍棘长，长于第3鳍棘 ···（5）

5a　吻端尖突，头长短于体高；体绿紫褐色；体背侧有1列暗斑
　　···长棘裸颊鲷 *L. genivittatus* 1773

5b　吻钝尖，头长约等于体高；体灰棕色；体侧无明显的暗斑
　　···丝棘裸颊鲷 *L. nematacanthus* 1774

6-4a　尾鳍两叶末端圆；臀鳍最长鳍条比鳍基部长 ·······························（14）

6b　尾鳍两叶末端尖或圆；臀鳍最长鳍条比鳍基部短 ·····························（7）

7a　体侧各鳞片无暗斑；侧线上鳞通常6或5.5或4.5行 ·····························（10）

7b　体侧各鳞片有暗斑；侧线上鳞通常5行 ···（8）

IV
辐鳍鱼纲

8a 背鳍第3鳍棘长；腹鳍色暗 ···长吻裸颊鲷 *L. miniatus* [1775]

8b 背鳍第3鳍棘不长；腹鳍色浅 ··（9）

9a 体灰褐色；尾鳍黄褐色；体侧有宽的黄色纵带 ························太平洋裸颊鲷 *L. atkinsoni* [1776]

9b 体橄榄绿色；尾鳍暗褐色，具红边；体侧无黄色纵带 ·············黄尾裸颊鲷 *L. mahsena* [1777]

10-7a 尾鳍两叶末端圆弧形；侧线上鳞4.5行 ························长鳍裸颊鲷 *L. erythropterus* [1778]

10b 尾鳍两叶末端尖；侧线上鳞5.5～6行 ··（11）

11a 吻部、颊部有2～3条斜带；腹鳍颜色较暗 ······················星斑裸颊鲷 *L. nebulosus* [1779]

11b 吻部、颊部无明显的斑纹；腹鳍颜色较淡 ··（12）

12a 体侧有4条橙色纵纹；主鳃盖后缘鲜红色；吻较长 ···············四带裸颊鲷 *L. Leutjanus* [1786]

12b 体侧有1条或多于4条橙色纵纹；主鳃盖后缘鲜红色或不呈红色；吻较长或短 ········（13）

13a 体侧有1条橙黄色纵带；前鳃盖后缘不呈红色；吻长 ···········橘带裸颊鲷 *L. obsoletus* [1781]

13b 体侧有5～6条橙色纵带；前鳃盖后缘红色；吻短 ···············短吻裸颊鲷 *L. ornatus* [1782]

14-6a 头背高突；吻钝；下颌略长于上颌 ································丽鳍裸颊鲷 *L. kallopterus* [1783]

14b 头背平缓；吻尖；上颌略长于下颌 ·······························黄点裸颊鲷 *L. erythracanthus* [1784]

15-2a 侧线上鳞5行 ···（17）

15b 侧线上鳞6行 ···（16）

16a 体较长，体长为体高的3.0～3.3倍；吻甚长而尖 ···············尖吻裸颊鲷 *L. olivaceus* [1785]

16b 体较短，体长为体高的2.6～2.8倍；吻较短钝 ···············扁裸颊鲷 *L. mahsenoides* [1780]

17-15a 体高显著大于头长；背鳍、臀鳍、胸鳍、腹鳍红色···红鳍裸颊鲷 *L. haematopterus* [1787]

17b 体高约等于或小于头长 ···（18）

18a 体高小于头长；前、后鼻孔间距短于眼前缘至鼻孔距离······杂色裸颊鲷 *L. variegatus* [1788]

18b 体高大于或约等于头长；前、后鼻孔间距等于或短于眼前缘至鼻孔距离 ···············（19）

19a 吻部于眼前有数条放射状线纹；头部外缘直线状 ···············小牙裸颊鲷 *L. microdon* [1789]

19b 吻部无放射线；头外缘稍圆或眼上有隆起 ···（20）

20a 颊部有暗斑；眼间隔稍凹陷；胸鳍基上半部红色 ···············黄唇裸颊鲷 *L. xanthochilus* [1790]

20b 颊部无暗斑；眼间隔平坦或圆；胸鳍基全部红色或不呈红色 ································（21）

21a 主鳃盖后缘几乎全部被鳞 ··（23）

21b 主鳃盖后缘有无鳞区 ··（22）

22a 眼前部、前鳃盖、胸鳍基有红色区；尾鳍暗黑色 ···············网纹裸颊鲷 *L. reticulatus* [1791]

22b 眼前部、前鳃盖、胸鳍基无红色区；尾鳍橙红色，有红边
 ···红裸颊鲷 *L. rubrioperculatus* [1792]

23-21a 体侧后半部有纵长暗斑；吻部直线状；胸鳍透明，呈淡红色
 ···半带裸颊鲷 *L. semicinctus* [1793]

23b 体侧后半部无纵长暗斑；吻背稍凹入；胸鳍上缘和中部淡青蓝色，外缘淡黄橙色
 ···安纹裸颊鲷 *L. amboinensis* [1794]

24-1a 上、下颌两侧为白状齿，前部为圆锥状齿或门齿 ···（27）

24b 上、下颌两侧齿带外侧1行为圆锥状齿，前部有4～6枚犬齿 ·································（25）

25a 背鳍前部数鳍棘呈丝状延长；侧线上鳞5～6行 ········松原冬鲷 *Cheimerius matsubarai* [1795]

25b 背鳍鳍棘不呈丝状延长；侧线上鳞6～7行·······················牙鲷属 *Dentex*（26）

26a 背部有3个黄色大圆斑；除腹鳍外，其他鳍红色···············黄牙鲷 *D. tumifrons* [1796]

26b 体侧有许多亮蓝色点列纵线；各鳍红黄色···················阿部牙鲷 *D. abei* [1797]

27-24a 白齿1行·······································单列齿鲷 *Monotaxis grandoculis* [1798]

27b 白齿2～3行或3～5行···（28）

28a 犁骨有少数圆锥状齿······································犁齿鲷 *Evynnis japonicus* [1799]

28b 犁骨无齿··（29）

29a 白齿3～5行；左、右额骨分离··（34）

29b 白齿2～3行；左、右额骨愈合（二长棘鲷除外）···················（30）

30a 背鳍延长···（32）

30b 背鳍不延长···（31）

31a 体侧面观呈长椭圆形，体长大于体高的2倍；体侧有蓝色小点········真鲷 *Pagrus major* [1800]

31b 体侧面观呈长卵圆形，体长小于体高的2倍；体侧无蓝色小点

···金鲷 *Chrysophrys auratus* [1801]

32-30a 臀鳍鳍条9枚；背鳍仅第3、第4鳍棘呈丝状延长·······二长棘鲷 *Parargyrops edita* [1802]

32b 臀鳍鳍条8枚；背鳍第2～5鳍棘呈丝状延长或不呈丝状延长·····四长棘鲷属 *Argyrops*（33）

33a 背鳍鳍棘11枚，仅第1鳍棘特短；幼鱼体侧有6条深红色横带········四长棘鲷 *A. bleekeri* [1803]

33b 背鳍鳍棘12枚，前部两鳍棘均特短；体侧无深红色横带···········高体四长棘鲷 *A. spinifer* [1804]

34-29a 臀鳍鳍条10～12枚；侧线上鳞7～8行；吻端圆··········平鲷 *Rhabodosargus sarba* [1805]

34b 臀鳍鳍条8枚；侧线上鳞4～6行；吻端尖·······················棘鲷属 *Acanthopagrus*（35）

35a 侧线上鳞6行以上；侧线鳞48～57枚·····························黑棘鲷 *A. schlegeli* [1806]

35b 侧线上鳞4～5行···（36）

36a 侧线上鳞5行···（40）

36b 侧线上鳞4行···（37）

37a 腹鳍、臀鳍鲜黄色；体长是体高的2.3～2.5倍···················黄鳍鲷 *A. latus* [1807]

37b 腹鳍、臀鳍不呈黄色；体长是体高的2.1～2.3倍·····················（38）

38a 腹鳍、臀鳍黑色；体长是体高的2.0～2.1倍·················太平洋黑鲷 *A. pacificus* [1808]

38b 腹鳍、臀鳍不呈黑色；体长是体高的2.1～2.4倍····················（39）

39a 腹鳍、臀鳍暗灰色；体长是体高的2.2（2.1～2.2）倍···············灰鳍鲷 *A. berda* [1809]

39b 腹鳍、臀鳍浅褐色；体长是体高的2.3（2.2～2.4）倍；腹部、颊部有黑点

···台湾黑鲷 *A. taiwanensis* [1810]

40-36a 臀鳍第2鳍棘长短于头长的1/2；腹鳍、臀鳍黄色；侧线鳞46～49枚

···琉球黑鲷 *A. chinshira* [1811]

40b 臀鳍第2鳍棘长大于头长的1/2；腹鳍、臀鳍黄色或灰色；侧线鳞44～52枚··········（41）

41a 臀鳍第2鳍棘长约是头长的70%；腹鳍、臀鳍黄色；侧线鳞44～47枚

···澳洲黑鲷 *A. australis* [1812]

41b 臀鳍第2鳍棘长约是头长的55%；腹鳍、臀鳍略呈灰色；侧线鳞46～52枚

···橘鳍黑鲷 *A. sivicolus* [1813]

45
鲈形目

（231）裸颊鲷科 Lethrinidae（165a）

本科物种体呈长椭圆形（侧面观），侧扁。体被中等大栉鳞。头中等大，除鳃盖外，其余部分多无鳞。吻尖长，口中等大。两颌前端具犬齿，后为绒毛状齿。两侧为细尖齿或臼齿。犁骨、腭骨无齿。背鳍鳍棘与鳍条部相连。背鳍Ⅹ－9；臀鳍Ⅲ－8。腹鳍胸位，Ⅰ－5，腋鳞发达。尾鳍叉形。原置于本科的裸顶鲷、齿颌鲷已移入锥齿鲷科。原裸颊鲷科全球有5属39种，我国有4属33种。本书仅保留裸颊鲷1属。

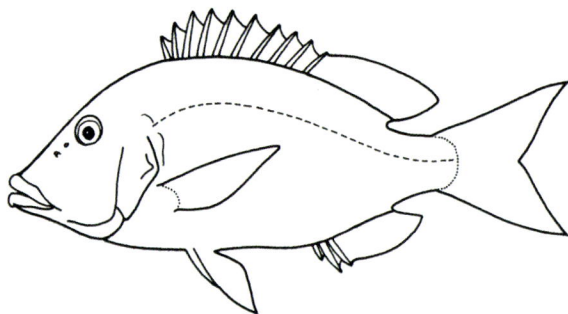

裸颊鲷科物种形态简图

裸颊鲷属 *Lethrinus* Cuvier，1929

本属物种特征同科。全球有28种，我国有20种。

1772 黑点裸颊鲷 *Lethrinus harak*（Forskål，1775）[38]
= 单斑裸颊鲷 = 菱鳍裸颊鲷 *L. rhodopterus* = 单斑龙占

背鳍Ⅹ－9；臀鳍Ⅲ－8；胸鳍13。侧线鳞46～48。

本种体呈长椭圆形（侧面观），侧扁。头背前缘几乎呈斜直线状。吻尖长，口裂小；前方具犬齿，侧面具臼齿。前鳃盖骨后缘圆弧形，光滑。胸鳍基内侧密被细鳞。体橄榄绿色，体中部侧线下缘有一大黑斑，各鳍粉红色，奇鳍有红色条纹。为暖水性中下层鱼类。栖息于近岸藻场及沙砾底质海域。分布于我国台湾海域，以及日本鹿儿岛以南海域、印度–西太平洋暖水域。体长约60 cm。

1773 **长棘裸颊鲷** *Lethrinus genivittatus* Valenciennes，1830
=细棘龙占

背鳍X－9；臀鳍Ⅲ－8；胸鳍13。侧线鳞46～47。

本种体呈长椭圆形（侧面观），侧扁。背鳍第2鳍棘长，超过第3鳍棘。吻端尖突，头长短于体高。体绿褐色，腹侧淡黄色，体背侧有1列暗斑。为暖水性中下层鱼类。栖息于近岸藻场及沙砾底质海域。分布于我国南海、台湾海域，以及日本神奈川以南海域、印度－西太平洋暖水域。体长约25 cm。

注：该图由王春生研究员提供。

1774 **丝棘裸颊鲷** *Lethrinus nematacanthus* Bleeker，1854[38]

背鳍X－9；臀鳍Ⅲ－8；胸鳍13。

本种与长棘裸颊鲷相似，同为背鳍第2鳍棘最长，但本种背鳍第2鳍棘略呈丝状延长。吻钝尖，头长约等于体高。体灰棕色，腹侧色稍浅。体侧有一些暗横带，无明显的暗斑。为暖水性中下层鱼类。栖息于近岸沙砾底质海区。分布于我国南海、台湾海域，以及印度－西太平洋暖水域。体长约25 cm。

注：黄宗国（2012）认为本种与长棘裸颊鲷为同种[13]，但二者体高、体色、斑纹仍有差异。笔者仍按两种列写。

IV
辐鳍鱼纲

[1775] **长吻裸颊鲷** *Lethrinus miniatus*（Forster，1801）[52]

背鳍Ⅹ－9；臀鳍Ⅲ－8；胸鳍13。侧线鳞45～49；侧线上鳞5行。

　　本种体呈长椭圆形（侧面观），体长约是体高的2.6倍。吻尖长，颌齿圆锥状。背鳍第3鳍棘最长。胸鳍基内侧有鳞。体浅紫褐色。眼前有2～3条紫色放射线，唇朱红色。胸鳍黄色，腹鳍暗褐色。为暖水性中下层鱼类。栖息于岩礁、沙砾底质海区，水深小于100 m。分布于我国南海、台湾海域，以及日本鹿儿岛以南海域、西太平洋暖水域。体长约70 cm。

[1776] **太平洋裸颊鲷** *Lethrinus atkinsoni* Seale，1910[14]
　　＝阿氏裸颊鲷

背鳍Ⅹ－9；臀鳍Ⅲ－8；胸鳍13。侧线鳞46～48。

　　本种体呈长椭圆形（侧面观），侧扁。头背前缘隆起。吻端尖，口裂小，下颌侧齿圆锥状。侧线上鳞5行。背鳍第3鳍棘不长。体灰紫褐色，体侧上部有暗斑，中部有一黄色宽纵带。腹鳍色淡。为暖水性中下层鱼类。栖息于岩礁、沙砾底质海区，水深小于100 m。分布于我国台湾海域，以及日本和歌山以南海域、印度尼西亚海域、菲律宾海域、印度－西太平洋暖水域。体长约50 cm。

1777 **黄尾裸颊鲷** *Lethrinus mahsena*（Forskål，1775）[38]
= 白点裸颊鲷

背鳍Ⅹ－9；臀鳍Ⅲ－8；胸鳍13。

本种体呈长椭圆形（侧面观），侧扁。头长略短于体高。体橄榄绿色，口角有红边。体无黄色纵带。尾鳍暗褐色，具红缘；其他鳍红色或粉红色。为暖水性中下层鱼类。栖息于近岸沙砾底质海区。分布于我国台湾海域，以及印度-西太平洋暖水域。体长约25 cm。

1778 **长鳍裸颊鲷** *Lethrinus erythropterus* Valenciennes，1830
= 红鳍龙占

背鳍Ⅹ－9；臀鳍Ⅲ－8；胸鳍13。侧线鳞47～48。

本种体呈长椭圆形（侧面观），稍侧扁。背缘缓弧形，腹缘近平直。吻尖，口大，颌齿臼状或圆锥状。侧线上鳞4.5行。尾鳍两叶末端圆弧形。体略呈黄褐色，体侧有宽横带。各鳍红色或橘黄色。为暖水性中下层鱼类。栖息于近岸岩礁、沙砾底质海区。分布于我国台湾海域，以及印度-西太平洋暖水域。

注：该图由王春生研究员提供。

[1779] **星斑裸颊鲷** *Lethrinus nebulosus*（Forskål，1775）[15]
= 青嘴龙占 = 黑斑裸颊鲷 *L. fraenatus* = 蓝带裸颊鲷 *L. choerorynchus*

背鳍Ⅹ－9；臀鳍Ⅲ－8；胸鳍13。侧线鳞45～48。侧线上鳞5.5。

本种体呈长椭圆形（侧面观），侧扁。头中等大，吻背缘直线状。口裂大，下位。颌前端具犬齿，侧齿1行，后部为臼齿。胸鳍基内侧密生小鳞。体、背侧橄榄绿色。体侧各鳞具晶蓝色斑点，吻、颊部有2～3条暗斜纹。幼鱼体侧有黄色纵带。腹鳍色较暗。为暖水性中下层鱼类。栖息于岩礁、沙砾底质海区。分布于我国南海、台湾海域，以及日本千叶以南海域、印度－西太平洋暖水域。体长约90 cm。

[1780] **扁裸颊鲷** *Lethrinus mahsenoides* Valenciennes，1830[14]
= 矶裸颊鲷 *L. lentjan* = 拟黄尾裸颊鲷 *L. mahsenoides*

背鳍Ⅹ－9；臀鳍Ⅲ－8；胸鳍13。侧线鳞45～48，侧线上鳞6。

本种与星斑裸颊鲷相似，但体略高，头长短于体高。吻较短钝。体背黄褐色，体侧各鳞具白色斑点。头部蓝褐色，吻、颊部无橙色纵纹。主鳃盖后缘红色，各鳍黄色。为暖水性中下层鱼类。栖息于近岸沙泥底质海区。分布于我国台湾海域，以及西太平洋暖水域。体长约20 cm。

1781 **橘带裸颊鲷** *Lethrinus obsoletus*（Forskål，1775）

背鳍Ⅹ－9；臀鳍Ⅲ－8；胸鳍13。侧线鳞46～47。

本种体稍低，呈长椭圆形（侧面观）。吻长，吻端钝尖。体黄褐色，吻部无明显的斑纹。主鳃盖后缘红色，但前鳃盖后缘不呈红色。体侧有1条橙黄色纵带，并有不明显的宽横带。为暖水性中下层鱼类。栖息于近岸岩礁、沙砾底质海域。分布于我国台湾海域，以及琉球群岛海域、印度－太平洋暖水域。体长约40 cm。

注：该图由王春生研究员提供。

1782 **短吻裸颊鲷** *Lethrinus ornatus* Valenciennes，1830[38]
= 黄带龙占

背鳍Ⅹ－9；臀鳍Ⅲ－8；胸鳍13。侧线鳞46～47。

本种体较高，呈长椭圆形（侧面观）。头、体背缘弓形。吻稍短，略钝圆。前鳃盖骨后缘平滑，背鳍鳍棘粗短。体浅黄绿色，具5～6条橙色纵带。前鳃盖和主鳃盖后缘鲜红色。背鳍、尾鳍粉红色，胸鳍、腹鳍黄色。为暖水性中下层鱼类。栖息于礁岩、沙砾底质沿海。分布于我国南海、台湾海域，以及日本冲绳以南海域、印度－西太平洋暖水域。体长约30 cm。

IV
辐鳍鱼纲

1783 丽鳍裸颊鲷 *Lethrinus kallopterus* Bleeker，1854[38]
= 红棘裸颊鲷 = 黄点裸颊鲷 *L. erythracanthus*

背鳍X－9；臀鳍Ⅲ－8；胸鳍13。侧线鳞47～48；侧线上鳞5。

本种体侧面观呈长椭圆形，侧扁。体稍高，吻钝圆。两颌侧部有粗圆齿。胸鳍基内侧密布小鳞。臀鳍软条部基底长，但短于最长鳍条。尾鳍上、下叶后缘圆弧形。头、体背侧红褐色，腹侧色稍浅，各鳍鲜红色。为暖水性中下层鱼类。栖息于岩礁、沙砾底质海区。分布于我国台湾海域，以及日本冲绳以南海域、萨摩亚海域、印度–太平洋暖水域。体长约70 cm。

1784 黄点裸颊鲷 *Lethrinus erythracanthus* Valenciennes，1830[52]
= 红棘龙占

背鳍X－9；臀鳍Ⅲ－8；胸鳍13。

本种与丽鳍裸颊鲷相似，臀鳍基底短于最长臀鳍鳍条长。本种体略高，呈长椭圆形（侧面观），侧扁。吻较尖，上颌略长于下颌。尾鳍后缘呈截形，两叶末端圆弧形。体深褐色，各鳍深红色。为暖水性中下层鱼类。栖息于近岸岩礁、沙砾底质海区。分布于我国南海、台湾海域，以及印度–太平洋暖水域。

注：黄点裸颊鲷与丽鳍裸颊鲷的主要特征十分相似。黄宗国（2012）将二者列为同种[13]。但考虑到二者在尾鳍形状、体高及头部形态等方面仍有差别，故暂作两种列写。

1785 尖吻裸颊鲷 *Lethrinus olivaceus* Valenciennes，1830
= 长吻龙占

背鳍Ⅹ－9；臀鳍Ⅲ－8；胸鳍13。侧线鳞47～48；侧线上鳞6。

本种体呈长椭圆形（侧面观），侧扁。体长是体高的3.0～3.3倍。吻部尖长。胸鳍基内侧无鳞。背鳍第3鳍棘不特别长。体灰褐色，唇部朱红色。吻部有3条蓝色放射状斑纹，体侧散布白色斑块。胸鳍黄色，腹鳍暗褐色。为暖水性中下层鱼类。栖息于岩礁、沙砾底质海区。分布于我国台湾海域，以及琉球群岛海域、印度-西太平洋暖水域。体长约1 m。

注：该图由王春生研究员提供。

1786 四带裸颊鲷 *Lethrinus leutjanus*（Lacépède，1802）[38]
= 长吻龙占

背鳍Ⅹ－9；臀鳍Ⅲ－8；胸鳍13。

本种体呈长椭圆形（侧面观），侧扁，体长是体高的2.6～2.8倍。头背前缘直线状。吻较长，尖突。口裂小，两颌侧具强臼齿。背鳍鳍棘粗短。尾鳍浅叉形。胸鳍基内侧有小鳞。体灰褐色。体侧有4条橙黄色纵带，侧线上方1条，侧线下方3条。鳃盖后缘和胸鳍基皆为鲜红色。为暖水性中下层鱼类。栖息于沙砾底质海区，水深小于100 m。分布于我国南海、台湾海域，以及日本冲绳以南海域、印度-西太平洋。体长约50 cm。

1787 红鳍裸颊鲷 *Lethrinus haematopterus* Temminck et Schlegel，1844 [15]
　　= 正龙占

背鳍Ⅹ－9；臀鳍Ⅲ－8；胸鳍13。侧线鳞47～48；侧线上鳞5。

本种体呈椭圆形（侧面观），侧扁，体高大于头长。眼间隔后隆起，通常眼前部具瘤状突起。吻细长而尖。口裂大，唇厚。两颌前端具犬齿，两侧有1行细齿。背鳍以第3、第4鳍棘最长。体灰褐色，口唇红色，除尾鳍外，其他鳍皆为红色。为暖水性底层鱼类。栖息于岩礁或沙泥底质海区，水深35～75 m。分布于我国南海、台湾海域，以及日本和歌山以南海域、西北太平洋暖水域。体长约45 cm。

1788 杂色裸颊鲷 *Lethrinus variegatus* Valenciennes，1830 [15]
　　= 杂色遗颊鲷 *Lethrinella variegatus* = 长身龙占

背鳍Ⅹ－9；臀鳍Ⅲ－8；胸鳍13。侧线鳞46～48；侧线上鳞5。

本种体呈长椭圆形（侧面观），稍侧扁。体被中等大栉鳞。眼后头部鳞片在头背部分离。背鳍、臀鳍基被细鳞，胸鳍基内侧无鳞。口小。两颌前端具犬齿，侧部有1行臼齿。头、体背部深蓝色，体侧黄褐色，有不明显的暗斑。背鳍、尾鳍红色，鳃盖后缘、胸鳍基有红斑。为暖水性中上层鱼类。栖息于珊瑚礁附近浅海区。分布于我国南海、台湾海域，以及日本石垣岛海域、印度-西太平洋暖水域。体长约20 cm。

1789 **小牙裸颊鲷** *Lethrinus microdon* Valenciennes，1830 [38]
= 小齿裸顶鲷 *Gymnocranius microdon*

背鳍Ⅹ－9；臀鳍Ⅲ－8；胸鳍13。侧线鳞47～49；侧线上鳞5。

　　本种体呈长椭圆形（侧面观），稍侧扁。头长，头部外缘直线状，头长是体高的1.2～1.3倍。吻尖，唇厚。两颌侧部各有1行小尖齿。体黄褐色，腹侧色稍淡。眼前吻部有数条放射状线纹。为暖水性底层鱼类。栖息于岩礁、沙砾底质浅海。分布于我国南海，以及日本冲绳以南海域、印度－西太平洋暖水域。体长约60 cm。

1790 **黄唇裸颊鲷** *Lethrinus xanthochilus* Klunzinger，1870 [52]
= 黄唇遗颊鲷 *Lethrinella xanthochilus* = 红胸龙占

背鳍Ⅹ－9；臀鳍Ⅲ－8；胸鳍13。侧线鳞47～48。

　　本种体呈长椭圆形（侧面观），侧扁。头部眼背缘稍隆起，眼间隔略凹。吻尖长，口小，唇厚。两颌侧齿为尖锥状。体黄绿色，颊部和主鳃盖散布小黑点。唇金黄色，胸鳍基上半部鲜红色。为暖水性底层鱼类。栖息于岩礁、沙砾底质海区。分布于我国南海、台湾海域，以及日本冲绳以南海域、印度－西太平洋暖水域。体长约70 cm。

1791 **网纹裸颊鲷** *Lethrinus reticulatus* Valenciennes，1830[38]

背鳍 X - 9；臀鳍 III - 8；胸鳍13。侧线鳞47；侧线上鳞5。

本种体呈长椭圆形（侧面观），侧扁。头长大于体高。眼间隔平坦。主鳃盖后缘无鳞。胸鳍基内侧无鳞。体深黄褐色，吻部具红斑。前鳃盖、主鳃盖后缘和胸鳍基红色。尾鳍黑色。为暖水性底层鱼类。栖息于岩礁、沙砾底质海区。分布于我国台湾海域，以及琉球群岛海域、印度-西太平洋暖水域。体长约45 cm。

1792 **红裸颊鲷** *Lethrinus rubrioperculatus* Sato，1978[52]
= 红鳃龙占

背鳍 X - 9；臀鳍 III - 8；胸鳍13。侧线鳞46～48；侧线上鳞5。

本种体呈长椭圆形（侧面观），侧扁。眼前头背缘稍隆起，吻略呈直线。背鳍鳍棘粗短。尾鳍后缘浅凹，上、下叶尖。体呈橄榄绿色至红褐色，有一些暗斑。唇部和主鳃盖后缘红色。背鳍和尾缘橙红色。为暖水性底层鱼类。栖息于岩礁、沙砾底质海区。分布于我国台湾海域，以及日本和歌山以南海域、印度-西太平洋暖水域。体长约50 cm。

1793　**半带裸颊鲷** *Lethrinus semicinctus* Valenciennes，1830 [38]

背鳍X－9；臀鳍Ⅲ－8；胸鳍13。侧线鳞46～49；侧线上鳞5。

本种体呈长椭圆形（侧面观），侧扁。鳃盖后缘被鳞。吻背缘平直。体黄褐色，体后部有纵长暗斑。其吻部无暗线纹，颊部无黑点，鳃盖后缘无红斑。胸鳍、腹鳍透明，呈淡红色。为暖水性底层鱼类。栖息于岩礁、沙砾底质海区。分布于我国台湾海域，以及日本冲绳以南海域、印度–西太平洋暖水域。体长约35 cm。

1794　**安纹裸颊鲷** *Lethrinus amboinensis* Bleeker，1854 [38]

背鳍X－9；臀鳍Ⅲ－8；胸鳍13。侧线鳞46～49；侧线上鳞5。

本种体呈长椭圆形（侧面观）。鳃盖后缘被鳞。吻背缘稍凹。两颌侧齿尖。体背深褐色，腹侧色稍淡。体后部无纵长暗斑，颊部及鳃盖后缘无红斑。胸鳍中间青蓝色，外缘淡黄色。背鳍红褐色，尾鳍暗褐色，有红缘。为暖水性底层鱼类。栖息于岩礁、沙砾底质海区。分布于我国南海，以及日本冲绳以南海域、印度–西太平洋暖水域。体长约70 cm。

注：我国是否有本种分布，仍有疑问。

（232）鲷科 Sparidae（165b）

本科物种体侧面观呈长椭圆形或长卵圆形，侧扁而高。头大，上枕骨嵴发达，额骨分离或愈合。眶前骨宽，遮盖上颌骨大部分或全部。两颌前端具犬齿或门齿。两侧为臼齿或颗粒状齿。体被大圆鳞或栉鳞。侧线完全，高位。背鳍鳍棘与鳍条部相连，Ⅹ～ⅩⅤ－9～17；臀鳍Ⅲ－8～14。腹鳍胸位，Ⅰ－5，具腋鳞。尾鳍叉形。全球约有30属115种，我国有20种。许多种为经济鱼种和养殖对象[98, 110]。

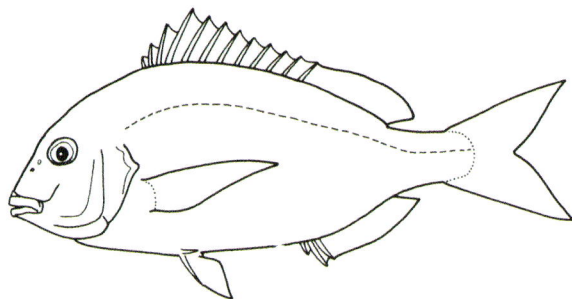

鲷科物种形态简图

[1795] 松原冬鲷 *Cheimerius matsubarai* Akazaki，1962[38]

背鳍Ⅻ－10；臀鳍Ⅲ－8；胸鳍15。侧线鳞60～61；侧线上鳞5～6。

本种体呈长椭圆形（侧面观），侧扁而高。眼间隔稍隆起。口中等大，两颌侧扁，有1行较大的圆锥齿；且圆锥齿稍呈臼齿状。背鳍第3、第4鳍棘呈丝状延长。体灰褐色，体侧散布紫蓝色小圆斑。为暖水性底层鱼类。栖息水深50～100 m。分布于我国台湾海域，以及日本奄美群岛海域。体长约60 cm。

牙鲷属 *Dentex* Cuvier

本属物种体呈长卵圆形（侧面观）。头中等大。左、右额骨愈合，前部稍隆起。吻中等长，眼大或中等大。口裂近水平位。颌齿尖，前端为4～6枚犬齿，两侧为圆锥状或颗粒状齿，无臼齿。后鼻孔卵圆形或裂缝状。体被中小栉鳞，颊部具鳞。背鳍、臀鳍鳍条无鳞或仅有鳞鞘。尾鳍叉形。我国有2种。

1796 黄牙鲷 *Dentex tumifrons*（Temminck et Schlegel，1843）[15]

= 黄鲷 *Taius tumifrons* = 赤鯮

背鳍XII－10；臀鳍III－8；胸鳍15。侧线鳞46～50；侧线上鳞6。

本种一般特征同属。两颌无臼齿，外行颌齿圆锥状，内行颌齿颗粒状。体橙红色，体侧具6条黄色纵线，背部有3个大黄斑，吻背部亦有黄斑，幼鱼为大黑斑，且黑斑伸入背鳍。背鳍鳍棘不延长。除腹鳍外，其他鳍红黄色。为暖水性底层鱼类。栖息于泥或沙泥底质海区，水深80～150 m。分布于我国东海、南海、台湾海域，以及日本南部海域、朝鲜半岛海域、西北太平洋暖水域。体长约35 cm。

1797 阿部牙鲷 *Dentex abei* Iwatsuki，Akazaki et Taniguchi，2007[37]

= 阿部牙鯮

背鳍XII－10；臀鳍III－8；胸鳍15～16。侧线鳞48～50；侧线上鳞5～6。

本种与黄牙鲷相似，同为体橙红色。二者区别在于本种头高耸，吻短钝；体背无黄斑，侧线下方有5～6纵列亮蓝色点列线纹，侧线上方为斜行的蓝色点列线纹；眼具金红光泽，背鳍红黄色。为暖水性底层鱼类。栖息于岩礁海区，水深50～150 m。分布于我国台湾海域，以及琉球群岛海域。体长约35 cm。

1798 **单列齿鲷** *Monotaxis grandoculis*（Forskål，1775）[15]

背鳍Ⅹ－10；臀鳍Ⅲ－9；胸鳍14。侧线鳞44～47；侧线上鳞5。

本种体呈长椭圆形（侧面观），侧扁。头大，头顶部、颊部和眶前区均无鳞，故亦有学者将其列于裸颊鲷科[9,13]。前鳃盖、主鳃盖被鳞。口中等大，斜裂。上颌骨有纵嵴。唇厚。颌齿前部为犬齿，两侧为臼齿。尾鳍叉形。体青绿色，带银色光泽，唇黄色。背鳍、臀鳍色浅，有黑斑和红边，胸鳍红色，尾鳍灰褐色。幼鱼有3条宽的黑色横带。为暖水性底层鱼类。栖息于浅海岩礁区及珊瑚丛边缘。分布于我国南海、台湾海域，以及日本鹿儿岛以南海域、印度－西太平洋暖水域。体长约60 cm。

1799 **犁齿鲷** *Evynnis japonicus* Tanaka，1931[38]

背鳍ⅩⅡ－10；臀鳍Ⅲ－9；胸鳍15。侧线鳞54～61；侧线上鳞5～6。

本种体呈长椭圆形（侧面观），侧扁而高。颌齿前端为犬齿，两侧为2行臼齿，犁骨有圆锥状齿。头背部被鳞，仅前鳃盖无鳞。背鳍第3、第4鳍棘延长。尾鳍叉形。体深红色，腹侧色稍暗。体侧有多行亮蓝色点密集排列的纵线。鳃盖后缘有鲜红宽带。为暖水性底层鱼类。栖息于岩礁、沙砾或沙底质海区。分布于我国东海、台湾海域，以及日本北海道以南海域、朝鲜半岛海域、西北太平洋温暖水域。体长约40 cm。

1800 **真鲷** *Pagrus major*（Temminck et Schlegel，1844）[15]
= 嘉腊鱼 = *Chrysophrys major* = *Pagrosomus major*

背鳍XII－10；臀鳍III－8；胸鳍15。侧线鳞53～59；侧线上鳞7～8。

本种体呈长椭圆形（侧面观），侧扁。头较大，左、右额骨愈合。口较小，前位。两颌前端具犬齿，两侧有2行臼齿。犁骨、腭骨、舌上无齿。前鳃盖具鳞，前鳃盖骨后缘光滑。尾鳍叉形。体鲜红色，体侧散布蓝色小点。各鳍红色。为暖温性底层鱼类。栖息于岩礁、沙泥底质海区，水深30～200 m。分布于我国渤海、黄海、东海、南海，台湾海域，以及日本北海道以南海域、朝鲜半岛海域、西北太平洋温暖水域。体长可达1 m。为我国海洋经济种类和重要增养殖对象。[56, 98]

1801 **金鲷** *Chrysophrys auratus*（Forster，1801）[37]
= 愈额鲷 = 黄鲷 = *Sparus auratus*

背鳍XII－10～12；臀鳍III－7～9；胸鳍15。侧线鳞53～64。

本种体呈长卵圆形（侧面观），稍侧扁。体背、腹缘均呈浅弧形。吻端钝圆，齿列与真鲷相似。体长小于体高的2倍。体粉红色，各鳍色稍淡。为暖水性底层鱼类。栖息于岩礁、沙泥底质海区。分布于我国南海、台湾海域，以及澳大利亚海域、印度－西太平洋暖水域。体长约40 cm。

1802 二长棘鲷 *Parargyrops edita* Tanaka，1916[15]
　　　= 二长棘犁齿鲷 *Evynnis cardinalis*

背鳍XII－10；臀鳍III－9；胸鳍15。侧线鳞58～64；侧线上鳞6～7。

本种体呈长卵圆形（侧面观），甚侧扁。左、右额骨分离。口小，端位。颌前端具4～6枚犬齿，两侧具2行臼齿。犁骨无齿（因为本种犁骨无齿，本书仍用"二长棘鲷"一名）。背鳍第1、第2鳍棘短小，第3、第4鳍棘呈丝状延长。体背侧红色，腹侧粉红色。主鳃盖骨后缘和背鳍延长的鳍棘深红色，体侧有数纵行青绿色点线。为暖温性底层鱼类。栖息于沙泥底质海域，水深20～70 m。分布于我国东海、南海、台湾海域，以及西北太平洋温暖水域。体长约35 cm。

▲ 二长棘鲷属我国尚有单长棘犁齿鲷 *Evynnis mononematos* Guan，Tang et Wu，2012。分布于我国东海[116]。

四长棘鲷属 *Argyrops* Swainson，1839

本属物种体呈卵圆形（侧面观），侧扁而高。头大，口小，前位。颌前端有4～6枚犬齿，侧部有2行臼齿。颊部被鳞，前鳃盖无鳞。背鳍前部若干鳍棘呈丝状延长。臀鳍III－8。尾鳍叉形或后缘凹入。本属我国有2种。

1803 **四长棘鲷** *Argyrops bleekeri*（Oshima，1927）[15]
= 小长棘鲷

背鳍XI－10；臀鳍Ⅲ－8；胸鳍15。侧线鳞50～53；侧线上鳞6～7。

本种一般特征同属。体甚高，体长为体高的1.7～1.8倍。左、右额骨愈合。体背缘隆起，眼前缘陡峻。吻短，吻端圆钝。背鳍第1鳍棘短小，其后4～5枚鳍棘呈丝状延长。体侧粉红色。幼鱼体侧具6条深红色横带，其中第1条横带穿过眼窝。为暖水性底层鱼类。栖息于近岸泥、沙泥底质海区。分布于我国南海、台湾海域，以及日本高知海域、印度－西太平洋暖水域。体长约40 cm。

1804 **高体四长棘鲷** *Argyrops spinifer*（Forskål，1775）[14]
= 长棘鲷

背鳍XII－10；臀鳍Ⅲ－8；胸鳍15。

本种与四长棘鲷相似。体高，头背缘眼前方陡峭，眼间隔隆起。背鳍有12枚鳍棘，第1、第2鳍棘均短小；其后数枚鳍棘稍延长，但皆不呈长丝状。幼鱼背鳍则延长达尾鳍。体粉红色，具银色光泽，每枚鳞各有一小红点，使体侧呈现许多点列纵线，无横带。为暖水性底层鱼类。栖息于近岸沙泥底质海区。分布于我国台湾海域，以及印度−西太平洋暖水域。

1805 平鲷 *Rhabdosargus sarba*（Forskål，1775）[141]
= 黄锡鲷 *Sparus sarba*

背鳍XI − 13；臀鳍Ⅲ − 10～12；胸鳍15。侧线鳞53～63；侧线上鳞7～8。

本种体呈卵圆形（侧面观），侧扁，体背缘弓形。眼间隔隆起。吻端圆钝。口小，端下位。颌前端具6枚门齿状犬齿；侧面具臼齿，上颌齿4行，下颌齿3行。背鳍、臀鳍鳍棘短。眼间隔和前鳃盖后部无鳞。体银黄色。每枚鳞有一褐色小点。胸鳍、腹鳍、臀鳍鲜黄色。背鳍灰色。尾鳍深灰色，仅下缘黄色。为暖水性底层鱼类。栖息于沿岸礁石海区或内湾沙泥底质海区。分布于我国黄海、东海、南海、台湾海域，以及日本南部海域、印度−西太平洋暖水域。体长约35 cm。

棘鲷属 *Acanthopagrus* Peter，1855

本属物种体呈长椭圆形（侧面观），侧扁。头中等大，吻端稍尖。眼中等大，侧上位。后鼻孔裂隙状。口较小，几乎为水平位。颌前端具圆锥状齿；两侧具臼齿，上颌齿4行，下颌齿3行。犁骨、腭骨无齿。体被弱栉鳞。颊部有鳞，前鳃盖无鳞。背鳍XI～XII − 10～15；臀鳍Ⅲ − 8～12，鳍棘粗强，鳞鞘发达。尾鳍叉形。我国有8种。

1806 **黑棘鲷** *Acanthopagrus schlegelii*（Bleeker，1854）
= 黑鲷 *Sparus macrocephalus*

背鳍Ⅺ～Ⅻ－11；臀鳍Ⅲ－8；胸鳍15。侧线鳞48～57；侧线上鳞6～7。

本种一般特征同属。吻端尖，眼上方不隆起，头背平直。背鳍鳍棘粗强，臀鳍以第2鳍棘最强大。体银灰色，体侧有许多不太明显的暗褐色横带。侧线起点靠近主鳃盖上角及胸鳍腋部各具一黑点。除胸鳍黄色外，其余鳍暗灰色。为暖温性底层鱼类。栖息于近岸岩礁海区、内湾以及咸淡水水域。分布于我国渤海、黄海、东海、南海、台湾海域，以及日本北海道以南海域、朝鲜半岛海域、西北太平洋温暖水域。体长约35 cm。

1807 **黄鳍鲷** *Acanthopagrus latus*（Houttuyn，1782）[15]
= 乌鲹 *Sparus latus*

背鳍Ⅺ－11；臀鳍Ⅲ－8；胸鳍15。侧线鳞43～48；侧线上鳞4。

本种头背缘和眼间隔均稍隆起。体略低，体长约为体高的2.4倍。背鳍、臀鳍鳍棘粗短。体侧青黄色，各鳍基底暗黄金色。胸鳍、腹鳍、臀鳍及尾鳍下叶黄色。为暖水性底层鱼类。栖息水深50 m附近。分布于我国东海、南海、台湾海域，以及日本南部海域、菲律宾海域、印度－西太平洋暖水域。体长约45 cm。

1808 **太平洋黑鲷** *Acanthopagrus pacificus* Iwatsuki，Kume et Yoshino，2010 [37]

背鳍XI－11；臀鳍Ⅲ－8；胸鳍15。侧线上鳞4。

　　本种体呈长椭圆形（侧面观），侧扁。头背缘眼前缘隆突，眼间隔宽且隆起。吻稍突。口裂小。两颌前端具门齿状齿3对，侧面有3～5行臼齿。胸鳍长，几乎达臀鳍中部。尾鳍叉形。体灰褐色，腹侧银灰色。胸鳍黄褐色，其他鳍黑色。为暖水性底层鱼类。栖息于近岸沙泥底质海区。分布于我国台湾海域，以及日本南部海域。

1809 **灰鳍鲷** *Acanthopagrus berda*（Forskål，1775）[38]
　　　= *Sparus berda*

背鳍XI－11；臀鳍Ⅲ－8；胸鳍15。侧线鳞43～52；侧线上鳞4。

　　本种体呈长椭圆形（侧面观），较侧扁而高。头背高耸，眼间隔稍隆起。吻端较尖。两颌具臼齿3行以上。体灰褐色，腹鳍、臀鳍深灰色。为暖水性底层鱼类。栖息于近海、内湾及河口水域。分布于我国南海、台湾海域，以及日本西南诸岛海域、东南亚海域、印度–西太平洋暖水域。体长约45 cm。

1810 **台湾黑鲷** *Acanthopagrus taiwanensis* Iwatsuki et Carpenter，2006 [37]

背鳍Ⅺ~Ⅻ－10~12；臀鳍Ⅲ－8~9。侧线上鳞4。

本种与灰鳍鲷相似。眶前骨下缘平直。唇薄。两颌臼齿大而平，上颌前部3~4行，后部4~5行；下颌前部3~4行，后部2~3行。体深灰色。腹部、颊部和胸鳍基均有黑点。腹鳍、臀鳍浅褐色。为暖水性底层鱼类。栖息于近海。分布于我国台湾海域。

1811 **琉球黑鲷** *Acanthopagrus chinshira* Kume et Yoshino，2008 [37]

背鳍Ⅺ－11；臀鳍Ⅲ－8；胸鳍15。侧线鳞46~49；侧线上鳞5。

本种体呈长椭圆形（侧面观），侧扁而高。头背隆起呈弓形。吻短，吻端钝。口小，端下位。颌前端有6枚犬齿；两侧具臼齿，上颌齿4~5行，下颌齿2行。臀鳍第2鳍棘短于头长的1/2。体背侧亮灰色，腹侧银白色。胸鳍黄色。背鳍、尾鳍有宽的黑缘。腹鳍、臀鳍黄色。为暖水性底层鱼类。栖息于沿海、内湾水域。分布于我国台湾沿海，以及日本南部沿海。

1812 **澳洲黑鲷** *Acanthopagrus australis*（Günther，1859）[14]

背鳍XI－11；臀鳍Ⅲ－8；胸鳍15。侧线鳞44～47；侧线上鳞5。

本种体呈长椭圆形（侧面观），侧扁。体背高耸。头背斜直。吻短尖。颌齿上颌4行，下颌3行。臀鳍第2鳍棘粗长。体银灰色。胸鳍橙黄色，背鳍、尾鳍具黑缘。腹鳍、臀鳍黄色。为暖水性底层鱼类。栖息于沿海。分布于我国台湾沿海，以及琉球群岛沿海、澳大利亚东部沿海。体长约50 cm。

1813 **橘鳍黑鲷** *Acanthopagrus sivicolus* Akazaki，1962[38]
= 南黑鲷

背鳍XI－11；臀鳍Ⅲ－8；胸鳍15。侧线鳞46～52；侧线上鳞5。

本种与澳洲黑鲷相似。本种体稍低。两颌侧臼齿均在3行以上。臀鳍第2棘粗长。体灰色，主鳃盖后缘黑色，腹鳍、臀鳍深灰色。为暖水性底层鱼类。栖息于近海、内湾咸淡水区域。分布于我国台湾沿海，以及日本奄美群岛沿海、冲绳群岛沿海，西太平洋暖水域。体长约45 cm。

（233）石首鱼科 Sciaenidae（131a）

本科物种体呈长椭圆形（侧面观），稍侧扁。头钝圆或较尖，有发达的黏液腔。吻褶发达，分叶或不分叶。口小或中等大，多下位。颌齿细小，呈绒毛状；或颌前端具犬齿。犁骨、腭骨均无齿。吻部有黏液孔，颏部具小孔2～6个，有的种类有颏须。前鳃盖骨后缘具细齿，鳃盖骨有2枚扁棘。体被圆鳞或栉鳞。背鳍延长，鳍棘和软条部间有缺刻，臀鳍通常具2枚鳍棘。腹鳍胸位，Ⅰ－5。侧线完全。鳔大，鳔支管发达。耳石大，块状[118]。全球有70属270种，我国有14属31种。

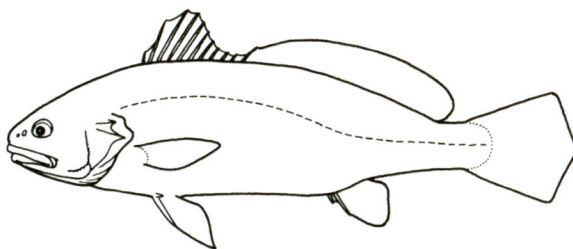

石首鱼科物种形态简图

鲈亚目分检索表7——石首鱼科（131a）

1a 鳔前端无侧管和侧囊 ·· （11）

1b 鳔前端有侧管或侧囊 ·· （2）

2a 鳔前端有1对侧囊 ·· （4）

2b 鳔前端有1对侧管 ················ 黄唇鱼亚科 Bahabinae（3）

3a 鳔侧管长，向后延伸通入体壁；背鳍Ⅶ，1－22～25；颏孔2个；尾鳍后缘尖长
·· 黄唇鱼 *Bahaba flavolabiata* [1814]

3b 鳔侧管短，向前伸达头部；背鳍Ⅹ，1－27～29；颏孔5个
······································ 斜纹大棘鱼 *Macrospinosa cuja* [1815]

4-2a 侧囊向前侧方突出，略呈锚状；体无斑点、斜纹；尾鳍后缘双凹形
············· 毛鲿亚科 Megalonibinae 褐毛鲿 *Megalonibea fusca* [1816]

4b 侧囊向外侧方突出，略呈T形；颏孔5个
···································· 叫姑鱼亚科 Johniinae（5）

5a 上、下颌约等长；下颌内行齿稍扩大 ························ 䱛属 *Wak*（10）

5b 上颌圆突；下颌内、外行齿均细小，绒毛状 ·············· 叫姑鱼属 *Johnius*（6）

6a 无颏须 ·· （8）

6b 具一短颏须 ·· （7）

7a 背鳍Ⅺ，24～26；臀鳍第2鳍棘较长，长度大于眼径 ········ 团头叫姑鱼 *J. amblycephalus* [1817]

7b 背鳍Ⅺ，28～30；臀鳍第2鳍棘较短，长度约等于眼径 ······ 杜氏叫姑鱼 *J. dussumieri* [1818]

8-6a 体侧有6～8条黑色宽横纹；奇鳍深灰色 ·············· 条纹叫姑鱼 *J. fasciatus* [1819]

8b 体侧无条纹；各鳍一般色浅 …………………………………………………………（9）

9-8a 背鳍基下方有5～6个黑斑；侧线上鳞8～9行…………………皮氏叫姑鱼 *J. belengerii* [1820]

9b 体侧无黑斑；侧线上鳞5行…………………………………………大吻叫姑鱼 *J. macrorhynus* [1821]

10-5a 第1背鳍鳍棘上方黑色；体背侧和沿侧线分别有1条纵纹…………………丁氏鲈 *W. tingi* [1822]

10b 第1背鳍全为黑褐色；体侧无纵纹 …………………………………………湾鲈 *W. sina* [1823]

11-1a 鳔支管有背、腹分支…………………黄鱼亚科 Pseudosciaeninae（26）

11b 鳔支管只有腹分支………………………………………………………………………（12）

12a 两颌无犬齿；额孔5或6个…………………白姑鱼亚科 Argyrosominae（14）

12b 两颌前端均具犬齿或仅上颌具犬齿；额孔2或6个
…………………………………………………………牙鲈亚科 Otolithinae（13）

13a 两颌均具犬齿；额孔2个；下颌长于上颌…………………红牙鲈 *Otolithes ruber* [1824]

13b 上颌具犬齿；额孔6个；上颌长于下颌…………………尖头黄鳍牙鲈 *Chrysochir aureus* [1825]

14-12a 额孔一般6个；鳔具18～27对侧支…………………白姑鱼属 *Argyrosomus*（23）

14b 额孔一般5个，少数为6个；鳔具约20对须状侧支 ……………………………………（15）

15a 额孔为"六孔型" …………………………………………………………………………（21）

15b 额孔为"五孔型" …………………………………………………………………………（16）

16a 额部有一短于眼径的须…………………勒氏枝鳔石首鱼 *Dendrophysa russelii* [1826]

16b 额部无小须…………………………………………………………………………………（17）

17a 背鳍鳍条21～23枚；胸鳍、腹鳍黑色…………………双棘黄姑鱼 *Nibea diacanthus* [1827]

17b 背鳍鳍条25～31枚…………………………………………………………………………（18）

18a 体侧无黑色波纹状条纹…………………………………………浅色黄姑鱼 *N. chui* [1828]

18b 体侧有黑色波纹状条纹，或仅在头后背侧有波状带纹，多行…………………………（19）

19a 侧线上方波状斜纹色浅，体后部不明显…………………半花黄姑鱼 *N. semifasciata* [1829]

19b 体侧黑色波状斜纹达尾柄部…………………………………………………………………（20）

20a 侧线上方斜纹中断，不规律；侧线鳞56枚以下；鳃耙20枚以下……黄姑鱼 *N. albiflora* [1830]

20b 侧线上方斜纹不中断，排列规律；侧线鳞56枚以上；鳃耙20枚以上
…………………………………………………………箕作氏黄姑鱼 *N. misukarii* [1831]

21-15a 尾鳍后缘双凹形；眼小，头长为眼径的8～8.3倍；体黑褐色，胸鳍、腹鳍黑色
…………………………………………………………日本黄姑鱼 *N. japonica* [1832]

21b 尾鳍楔形；眼较大，头长小于或等于眼径的6.5倍；胸鳍、腹鳍不呈黑色…………（22）

22a 眼中大，头长约是眼径的6.5倍；体散布褐色小点…………………尖尾黄姑鱼 *N. acuta* [1833]

22b 眼较大，头长约是眼径的5倍；体侧上部有浅褐色波状条纹
…………………………………………………………鮸状黄姑鱼 *N. miichthioides* [1834]

23-14a 尾鳍后缘截形；吻短钝，前下缘有一浅凹刻；体淡黄褐色……截尾白姑鱼 *A. aneus* [1835]

23b 尾鳍楔形或尖；鳔支管较粗…………………………………………………………………（24）

24a 口咽腔灰褐色；臀鳍第2鳍棘比眼径长…………………大头白姑鱼 *A. macrocephalus* [1836]

24b 口咽腔色浅；臀鳍第2鳍棘与眼径约等长 ······························（25）

25a 背鳍第6～7鳍棘间有一黑斑；幼鱼体侧有2行黑斑点；鳃耙4+9
·· 斑鳍白姑鱼 A. pawak [1838]

25b 背鳍鳍棘无黑斑，鳍条中间有一白色纵带；鳃耙5+10············ 白姑鱼 A. argentatus [1837]

26-11a 臀鳍鳍条7～10枚；枕骨嵴棱不显著 ··································（28）

26b 臀鳍鳍条11～13枚；枕骨嵴棱显著················ 梅童鱼属 Collichthys（27）

27a 鳃腔上部黑色；枕骨嵴具2枚棘················ 黑鳃梅童鱼 C. niveatus [1839]

27b 鳃腔几乎全部白色或灰色；枕骨嵴具4枚棘················ 棘头梅童鱼 C. lucidus [1840]

28-26a 口腔、鳃腔黑色；胸鳍上半部黑色················ 黑姑鱼 Atrobucca nibe [1841]

28b 口腔、鳃腔色浅或淡灰色 ··································（29）

29a 体灰褐色带紫色；上、下颌有犬齿；背鳍、臀鳍鳞区长约占鳍条长的1/3
·· 鮸 Miichthys miiuy [1842]

29b 体金黄色，腹部具黄色腺体；上、下颌有或无犬齿；鳞区占背鳍、臀鳍的大部分
·· 黄鱼属 Pseudosciaena（30）

30a 尾柄长是尾柄高的3倍多；臀鳍Ⅱ-7～9；鳞较小；侧线上鳞8～9行
·· 大黄鱼 P. crocea [1843]

30b 尾柄长是尾柄高的2倍多；臀鳍Ⅱ-9～10；鳞较大；侧线上鳞5～6行
·· 小黄鱼 P. polyactis [1844]

黄唇鱼亚科 Bahabinae

[1814] **黄唇鱼** *Bahaba flavolabiata*（Herre，1932）[41]

背鳍Ⅶ，1-22～25；臀鳍Ⅱ-7。

　　本种体侧扁。吻钝尖。颏孔2个，不显著。上颌骨达眼中部下方，其外行齿尖，圆锥状；内行为细齿带。体被栉鳞，头部被小圆鳞。背鳍基、臀鳍基各具一鳞鞘。尾鳍后缘尖。鳔圆筒状，后端细，具1对向后伸入体壁的侧管。体背侧棕灰色，带橙黄色；腹侧灰白色。胸鳍腋部有一黑斑。为暖温性底层鱼类。分布于我国东海、南海，以及西北太平洋温、暖水域。体长可达1.5 m。为我国特有名贵鱼种，国家Ⅱ级保护动物[19]。

1815 斜纹大棘鱼 *Macrospinosa cuja* （Buchanan－Hamilton，1822）[110]
= 花鳁 *Wak cuja*

背鳍Ⅹ，Ⅰ－27～29；臀鳍Ⅱ－7；胸鳍17～18。侧线鳞52～53。鳃耙6＋9。

本种体呈长椭圆形（侧面观），侧扁。头中等大，吻钝尖。口前位。上、下颌约等长，颏孔5个。上颌外行齿及下颌内行齿扩大，无犬齿。体被弱栉鳞，背鳍基、臀鳍基鳞鞘至少高达鳍条的1/2处。背鳍第2鳍棘粗大，长约为眼径的2倍。鳔具前向短侧管。体背侧灰褐色，腹侧灰白色。体侧布有细斜条纹。胸鳍浅灰色，腹鳍、臀鳍和尾鳍黄褐色。为暖水性底层鱼类。栖息于近岸沙泥底质海区，水深40～60 m。分布于我国南海，以及越南海域、缅甸海域、印度－太平洋暖水域。体长约40 cm。

毛鳁亚科 Megalonibinae

1816 褐毛鳁 *Megalonibea fusca* Chu, Lo et Wu，1963 [41]

背鳍Ⅺ，21～22；臀鳍Ⅱ－7；胸鳍16。侧线鳞53。鳃耙4～6＋8～13。

本种体稍侧扁。吻较突出，颏孔为"似五孔型"（中央颏孔内尚有1对小孔）。口中等大，前位。颌齿细小，上颌外行齿、下颌内行齿较大。体被栉鳞，背鳍基、臀鳍基各具1行鳞鞘。尾鳍后缘双凹形。鳔呈锚状，前部具髻状侧囊，鳔侧具20余对鳔支管。体银灰色，带橙褐色。幼鱼黑色。为暖水性底层鱼类。栖息于近海，喜居于岩礁、石砾底层水深流急海区。分布于我国黄海、东海、南海，以及西太平洋暖水域。体长可达2 m。现被列为濒危物种[41]。养殖者俗称其为黄金鲩。

叫姑鱼亚科 Johniinae

叫姑鱼属 *Johnius* Bloch，1793

本属物种吻突出，口裂小，下位。上颌长于下颌，上颌骨后缘达瞳孔中部下方。颏孔"似五孔型"。有的种类有颏须。背鳍基、腹鳍基起点相对，尾鳍楔形。体被栉鳞，背鳍、臀鳍、尾鳍布满小圆鳞。鳔前端有1对侧囊，略呈T形。我国有5种。

1817 **团头叫姑鱼** *Johnius amblycephalus*（Bleeker，1855）[14]
　　　= 钝头叫姑鱼

背鳍Ⅺ，24～26；臀鳍Ⅱ－7；胸鳍16。

本种一般特征同属。体呈长椭圆形（侧面观），侧扁。吻圆突，口裂小。上颌外行齿稍长，内行齿细。下颌前端齿行较多，齿细，呈绒毛状。颏部有一短须是本种突出特征。体背侧黑褐色；腹侧浅褐色，具银光。各鳍皆深褐色，尾鳍末端黑色。为暖水性底层鱼类。栖息于沿岸内湾、浅海。分布于我国南海、台湾海域，以及日本南部海域、印度－西太平洋暖水域。体长约25 cm。

1818 **杜氏叫姑鱼** *Johnius dussumieri*（Cuvier，1830）[14]
　　　= 杜氏须鮸 *Sciaena dussumieri*

背鳍Ⅺ，28～30；臀鳍Ⅱ－7；胸鳍17～18。侧线鳞50。鳃耙4～5＋8。

本种与团头叫姑鱼非常相似，以至于常被以为同种异名[37]。二者区别在于本种背鳍鳍棘较短，鳍条略多，Ⅺ－28～30（但《南海鱼类志》报告为Ⅺ－22～26）[7]。体被圆鳞，吻稍短钝。颏须粗短，长度短于瞳孔直径。臀鳍第2鳍棘较短，长度约等于眼径。体背侧暗灰褐色，腹侧灰白色。各鳍灰黄色。为暖水性底层鱼类。栖息于近海内湾。分布于我国东海、南海、台湾海域，以及印度尼西亚海域、印度－西太平洋暖水域。体长约20 cm。

1819 **条纹叫姑鱼** *Johnius fasciatus* Chu，Lo et Wu，1963【20】
　　　　＝叫姑鱼 *J. grypotus*

背鳍Ⅹ～Ⅺ，27～29；臀鳍Ⅱ－8；胸鳍18～19。侧线鳞44～50。鳃耙5～6＋12～13。

本种体稍侧扁。上颌圆突，口下位。颏孔"似五孔型"，无颏须。颌齿绒毛状，排列呈齿带。鳃耙短。体被栉鳞，背鳍、臀鳍鳍条被多行小圆鳞。背鳍起始于胸鳍基上方，臀鳍第2～3鳍棘强大。尾鳍楔形。鳔呈T形。体银灰褐色，腹侧银白色，具6～8条暗横纹。奇鳍灰黑色，偶鳍色浅。为暖水性底层鱼类。栖息于近岸沙泥底质海域。分布于我国东海、南海、台湾海域。

注：苏永全（2011）认为，条纹叫姑鱼与叫姑鱼为同种[20]，黄宗国（2012）则将二者分立为两种[13]。

1820 **皮氏叫姑鱼** *Johnius belengerii*（Cuvier，1830）

背鳍Ⅹ～Ⅺ，27～29；臀鳍Ⅱ－8；胸鳍18～19。侧线鳞44～50。鳃耙5～6＋12～13。

本种体呈长椭圆形（侧面观）。吻突出，无颏须。口下位，上颌外行齿稍大，下颌内行齿均细小。体被栉鳞，侧线上鳞8～9行。体背灰褐色，背鳍基下方通常有5～6个暗斑。腹侧浅灰褐色，具银白色光泽。为暖温性底层鱼类。栖息于近岸岩礁和沙底质海区。分布于我国近海，以及日本本州海域、朝鲜半岛海域、印度-西太平洋温暖水域。体长约19 cm。

注：张春霖（1955）记述皮氏叫姑鱼背鳍基下方无5～6个暗斑，与山田梅芳（1986）一致。但关于臀鳍第2鳍棘是短于还是等于眼径的记述则有出入[5, 39]。

[1821] **大吻叫姑鱼** *Johnius macrorhynus*（Mohan，1976）[14]
　　　　= 大鼻孔叫姑鱼

背鳍Ⅹ～Ⅺ，Ⅰ－24～28；臀鳍Ⅰ－16～18；胸鳍17～18。侧线鳞45～47。鳃耙3～5＋8～11。

本种与皮氏叫姑鱼相似。区别在于本种吻端钝圆而突出，吻长约等于眼径；鼻孔圆形，后鼻孔较大；侧线上鳞5行；体背侧紫褐色，腹侧白色至橘黄色，口腔粉红色。为暖水性底层鱼类。栖息于近岸内湾浅海。分布于我国南海、台湾海域，以及马来半岛海域、印度-太平洋暖水域。体长约15 cm。

鲢属 *Wak* Lin，1938

本属物种体呈长椭圆形（侧面观），侧扁。吻圆钝。口中等大，前位或亚前位，斜裂。上颌外行齿和下颌内行齿均扩大，无犬齿。颏孔5个，无颏须。背鳍、臀鳍的鳞区达鳍条的1/2以上处。体被栉鳞。尾鳍楔形。鳔具球状侧囊。我国有2种。

1822 丁氏鱥 *Wak tingi*（Tang，1937）[14]
　　= 鳞鳍叫姑鱼 = 丁氏叫姑鱼 *Johnius distinctus*

背鳍Ⅺ，29～31；臀鳍Ⅱ－7；胸鳍18～19。侧线鳞46～50。鳃耙6＋10～13。

　　本种一般特征同属。体呈长椭圆形（侧面观），侧扁。吻端圆。口裂小，前下位。背鳍鳍棘与软条部间有深缺刻。臀鳍第2鳍棘不粗长。侧线前部浅弧形，于臀鳍上方转平直。体青灰色，背侧部和沿侧线有一白色纵带。背鳍鳍棘部末端黑色。为暖水性底层鱼类。栖息于泥或沙泥底质海区。分布于我国南海、台湾海域，以及日本中部以南海域、西北太平洋温暖水域。体长约26 cm。

1823 湾鱥 *Wak sina* Chu et al，1963 [16]
　　= 白鱥 = 中华叫姑鱼 *Johnius sina*

背鳍Ⅹ，Ⅰ－28～30；臀鳍Ⅱ－7；胸鳍18～19。侧线鳞46～49。鳃耙5～6＋10～12。

　　本种与丁氏鱥相似。体较高，吻不甚突出，吻端圆。口裂大。上颌外行齿稀疏，5～6枚；内行齿细小，3～5行。下颌内行齿较大。体背侧紫褐色，腹侧银白色，体侧无黄色纵带。背鳍鳍棘部全部黑褐色，鳃盖有瞳孔大小的黑斑。口腔粉红色。为暖水性底层鱼类。栖息于近岸内湾沙泥底质海区。分布于我国东海、南海、台湾海域，以及印度－西太平洋温暖水域。体长约17 cm。

牙鲹亚科 Otolithinae

1824 红牙鲹 *Otolithes ruber*（Bloch et Schneider，1801）[16]
= 银牙鲹 *O. argenteus*

背鳍Ⅹ，Ⅰ－26～29；臀鳍Ⅱ－7；胸鳍15～16。侧线鳞47～50。鳃耙3～7＋9～10。

本种体呈长椭圆形（侧面观）。吻钝尖，眼稍小。下颌略长。两颌每侧各有1行较稀疏的圆锥状齿。上颌前端和下颌缝合处各有1对弯曲状大犬齿。颏孔2个。体被圆鳞。背鳍、臀鳍均无鳞鞘。体银灰色，带红色。口腔白色，鳃盖内侧灰黑色。背鳍、尾鳍灰褐色，其他鳍黄色。为暖水性底层鱼类。栖息于近岸沙泥底质海区。分布于我国东海、南海、台湾海域，以及印度－西太平洋暖水域。体长约65 cm。

1825 尖头黄鳍牙鲹 *Chrysochir aureus*（Richardson，1846）[20]
= 尖尾黄姑鱼 *Nibea acuta* = 黄金鳍鲹

背鳍Ⅹ～Ⅺ，25～27；臀鳍Ⅱ－7；胸鳍17～19。侧线鳞47～50。鳃耙4～5＋8～10。

本种体呈长椭圆形（侧面观），侧扁。头部呈三角形（侧面观），平扁。上颌长于下颌，口闭合时上颌外行犬齿外露。下颌最内行齿扩大。颏孔6个。体被栉鳞，背鳍基有3列鞘鳞。体侧上半部紫褐色，腹侧银白色。鳃腔黑色，口腔粉红色。背鳍浅黄色，尾鳍褐色。为暖水性底层鱼类。栖息于近岸沙泥底质海区。分布于我国黄海、东海、南海、台湾海域，以及印度－太平洋温暖水域。体长约25 cm。

注：刘敏（2013）认为本种与尖尾黄姑鱼为同种[141]。笔者注意到两者虽相似，但本种的体型明显较高，头较尖长，颏孔有的记述为5个，背鳍基有鳞鞘，体色和斑点也与尖尾黄姑鱼有差别。故二者似不应为同种。

白姑鱼亚科 Argyrosominae

1826 **勒氏枝鳔石首鱼** *Dendrophysa russelii*（Cuvier，1829）[141]
= 勒氏短须石首鱼 *Umbrina ruseelli* = 勒氏须鲛 *Sciaena russelli*

背鳍XI－25～28；臀鳍II－7；胸鳍16～18；腹鳍I－5。侧线鳞46～50。

本种体呈长椭圆形（侧面观），侧扁。吻圆突，颏孔5个。颏部有一短须，须长短于眼径。口小，下位，下颌稍长，上颌骨伸达眼中部下方。上颌齿绒毛状，下颌齿1行，较大。前鳃盖骨边缘具锯齿，主鳃盖骨后缘有一扁棘。体被栉鳞，奇鳍被小圆鳞。尾鳍楔形。鳔无侧囊，侧支15～17对。体背侧浅灰色，腹部银白色。背鳍前方有一大黑鞍斑，鳍棘部黑色，其他鳍浅灰色。为暖水性底层鱼类。栖息于近岸沙泥底质海域。分布于我国东海、南海，以及印度-西太平洋暖水域。体长约24 cm。

黄姑鱼属 *Nibea* Jordan et Thompson，1911

本属物种体延长，侧扁。吻圆钝。颏孔一般5个，少数为6个；无颏须。背鳍X～XI，21～31；臀鳍II－7；鳍条部基底具一鳞鞘。体被栉鳞。尾鳍楔形。鳔前部无侧囊，鳔支管17～22对。我国有8种。

1827 **双棘黄姑鱼** *Nibea diacanthus*（Lacépède，1802）[39]
= 双棘原黄姑鱼 *Protonibea diacanthus*

背鳍XI，21～23；臀鳍II－7～8；胸鳍17～19。侧线鳞50～52。鳃耙4～6＋8～9。

本种体延长，侧扁。吻长于眼径，吻端钝尖。口大，前下位。上颌骨伸达眼后缘下方。两颌齿带状，上颌外行和下颌内行齿长，犬齿状。颏孔5个。背鳍鳍条部无鳞鞘。尾鳍楔形。体背侧灰褐色，腹侧银白色。体侧上半部散布瞳孔大小的黑斑。胸鳍、腹鳍黑色。为暖水性中下层鱼类。栖息于泥、沙泥底质海区，水深小于100 m。分布于我国东海、台湾海域，以及日本南部海域、印度–西太平洋暖水域。体长可达1.8 m。

[1828] **浅色黄姑鱼** *Nibea chui* Trewavas，1971[20]
= 元鼎黄姑鱼 = 大棘白姑鱼 *Argyrosomus coiber*

本种体侧扁。吻短，微突，吻褶边缘呈波曲状。颏孔5个。口端位，无须。上颌外行、下颌内行齿较大，余者为绒毛状齿。鳃耙细长。头、体被栉鳞，背鳍、臀鳍基具鳞鞘。臀鳍起始于背鳍第11鳍条下，第2鳍棘粗大。尾鳍楔形。鳔前端截形，无侧囊，侧支22对，具腹分支。体银白色，体侧无灰黑色细纹。臀鳍、腹鳍和尾鳍下叶边缘浅黄色。为暖水性底层鱼类。栖息于近岸沙泥底质海域。分布于我国东海、南海、台湾海域。

[1829] **半花黄姑鱼** *Nibea semifasciata* Chu，Lo et Wu，1963[14]
= 半斑黄姑鱼

背鳍XI，26~29；臀鳍II－7；胸鳍16。侧线鳞51。鳃耙5＋9~10。

本种一般特征同属。体延长，背、腹缘呈弧形。头大，吻端圆钝。口大，前下位。上颌骨达眼后缘下方。体黄褐色，侧线上方具波状斜纹，体后部斜纹不明显。为暖水性中下层鱼类。栖息于沙泥底质海区。分布于我国南海、台湾海域，以及西太平洋暖水域。体长约25 cm。

[1830] **黄姑鱼** *Nibea albiflora*（Richardson，1846）

背鳍XI～XII，28～31；臀鳍II－7～8；胸鳍17～19。侧线鳞50。鳃耙5＋10。

本种体延长，侧扁。吻稍尖，上颌较下颌稍长而突出，上颌骨后端几乎达眼后缘下方。两颌均具齿2行，上颌外行齿尖长。颏孔5个。臀鳍第2鳍棘粗长，背鳍、臀鳍无鳞鞘。体橙黄色，体侧具暗褐色斜带；但斜带在侧线上方多中断，排列不规律。背鳍鳍棘部黑色，鳍条部浅褐色。为暖温性中下层鱼类。栖息于泥、沙泥底质浅海，水深25～80 m。分布于我国渤海、黄海、东海、南海、台湾海域，以及日本山阴海域、高知以南海域，西北太平洋温暖水域。体长约45 cm。

[1831] **箕作氏黄姑鱼** *Nibea misukarii*（Jordan et Snyder，1901）[38]

背鳍IX，27～31；臀鳍II－7；胸鳍16。侧线鳞60。鳃耙22～27。

本种与黄姑鱼相似。二者区别在于本种两颌几乎等长，上颌骨后端几乎达眼中部下方；颌齿2行，上颌外行为圆锥状小齿；侧线鳞较多，达60枚；第1鳃弧鳃耙多；体背灰青色，体侧有黑色斜带，但斜带排列规律不中断。为暖温性中下层鱼类。栖息于近岸泥沙底质海区。分布于我国东海，以及日本东北以南海域、西北太平洋温热水域。体长约75 cm。

1832 **日本黄姑鱼** *Nibea japonica* （Temminck et Schlegel，1843）
= 日本白姑鱼 = 大白姑鱼 *Argyrosomus japonica* = 日本银姑鱼 *Pennahia japonica*

背鳍XI，27～29；臀鳍II－6～7；胸鳍16～18。侧线鳞50。鳃耙6＋9。

本种体延长，侧扁。头尖突，颏孔六孔型。眼较小。上、下颌约等长。上颌骨伸达眼中后部下方。背鳍鳍棘与鳍条部间具一凹刻。臀鳍第1鳍棘短小，第2鳍棘强大，第2鳍棘长度约为眼径的2倍。尾鳍后缘双凹形。体侧褐色，腹部灰色，口腔浅灰色。背鳍边缘黑色，尾鳍深灰色。为暖温性中下层鱼类。栖息于近岸沙、沙泥底质海区。分布于我国黄海、东海、南海、台湾海域，以及日本南部海域，朝鲜半岛海域，印度洋、太平洋温暖水域。体长约1.5 m。

1833 **尖尾黄姑鱼** *Nibea acuta* （Tang，1937）[16]

背鳍XI，26；臀鳍II－7；胸鳍18～20。侧线鳞49～51。鳃耙6～7＋9。

本种体延长，侧扁。吻尖突，颏孔6个。上颌稍长于下颌；上颌齿外行较大，圆锥形，前端有数个犬齿，口闭时前端每侧有2枚长齿外露。背鳍、臀鳍均无鳞鞘。尾鳍楔形。体背侧褐蓝灰色，具许多褐色小点。腹部银白色。背鳍鳍棘部淡灰褐色。尾鳍后缘黑褐色，其他鳍淡黄色。为暖水性中下层鱼类。栖息于近岸沙泥底质海区。分布于我国东海、南海，以及印度–西太平洋暖水域。体长约30 cm。

IV
辐鳍鱼纲

1834 **鮸状黄姑鱼** *Nibea miichthioides* Chu，Lo et Wu，1963 [16]
= 鮸状白姑鱼 *Argyrosomus miichthioides* = 厦门白姑鱼 *A. amoyensis*

　　本种体延长，侧扁。头中等大，稍尖突。头背较高，眼较大。吻短尖，稍突。体背侧灰橙色，腹面银橙色，体侧上部有浅褐色波状条纹。胸鳍、腹鳍、臀鳍橙黄色。为暖温性中下层鱼类。栖息于近岸沙泥底质海区。分布于我国东海、南海。体长约30 cm。

白姑鱼属 *Argyrosomus* de la Pylaie，1834
= 银姑鱼属

　　本属物种体延长，侧扁。吻圆钝，颏孔小，通常6个。口中等大，前位，斜裂。颌齿细小，上颌齿带状排列，外行齿较大。下颌齿2~3行，内行齿较大。体被栉鳞，背鳍、臀鳍基部有鳞鞘，为1~2行小鳞。尾鳍楔形或后缘截形。鳔无侧囊，鳔支管18~27对。我国有4种。

1835 **截尾白姑鱼** *Argyrosomus aneus*（Bloch，1793）
= 大眼白姑鱼 *A. macrophthalmus* = 灰鳍银姑鱼 *Pennahia aneus*

背鳍Ⅺ，24；臀鳍Ⅱ-7；胸鳍16。侧线鳞49。鳃耙6+12。

　　本种体稍短高。吻短钝，前下缘两侧各有一浅凹刻。颏孔6个。眼中等大，口裂大。上、下颌约等长。颌齿绒毛状，上颌外行齿、下颌内行齿扩大，排列稀疏。体被栉鳞，背鳍、臀鳍基部各具1列鞘鳞。头、体淡黄褐色，腹部银白色。第2背鳍有2条橙黄色细纵纹。为暖水性中下层鱼类。栖息于近岸沙泥底质海区。分布于我国东海、南海、台湾海域，以及印度–西太平洋暖水域。体长约28 cm。

[1836] **大头白姑鱼** *Argyrosomus macrocephalus*（Tang，1937）[14]
　　　= 大头银姑鱼 *Pennahia macrocephalus*

　　背鳍XI，27~30；臀鳍II－7；胸鳍16~18。侧线鳞48~50。鳃耙7~8＋13~18。

　　本种头大，体短而高。吻钝圆。口裂大，端位。上、下颌几乎等长，上颌骨达瞳孔后缘，上颌前端中部无齿，上颌外行齿和下颌内行齿扩大为犬齿。背鳍、臀鳍基部有1列鳞鞘。臀鳍第2鳍棘长，其长度是眼径的1.2~1.6倍。尾鳍楔形。体背部紫褐色，腹侧银白色，背鳍、尾鳍浅褐色。下颌前部和下颌内侧有暗斑，口咽腔灰褐色。为暖水性中下层鱼类。栖息水深小于90 m。分布于我国东海、南海、台湾海域，以及越南海域、印度–西太平洋温暖水域。体长约23 cm。

[1837] **白姑鱼** *Argyrosomus argentatus*（Houttuyn，1782）
　　　= 银姑鱼 *Pennahia argentatus*

　　背鳍XI，25~28；臀鳍II－7~8；胸鳍17~18。侧线鳞50~52。鳃耙5＋10。

本种与大头白姑鱼相似。两颌各具齿2行，上颌前端有犬齿。背鳍、臀鳍基部无鳞鞘。臀鳍第2鳍棘较短，与眼径几乎等长。体银白色，背侧略带紫色光泽。背鳍鳍条部有一银白色纵带。口腔白色。鳃盖上方有一大黑斑。为暖温性中下层鱼类。分布于我国东海、南海，以及日本以南海域、印度–西太平洋温暖水域。体长可达40 cm。

[1838] **斑鳍白姑鱼** *Argyrosomus pawak*（Lin，1940）[16]
= 斑鳍银姑鱼 *Pennahia pawak*

背鳍XI，24～25；臀鳍II–7；胸鳍16～17。侧线鳞48。鳃耙4＋9。

本种与白姑鱼相似。头钝尖，上颌稍长于下颌。上颌外行齿扩大呈犬齿状，闭口时犬齿外露。两颌前端中部无齿。背鳍、臀鳍基部有1列鞘鳞。体背侧略呈灰黄色，腹部银白色。幼鱼体侧有2行黑斑。背鳍鳍棘部褐色，第6～7鳍棘间有一黑斑。口腔白色，鳃盖上方亦有黑斑。为暖水性中下层鱼类。栖息近岸沙泥底质海区。分布于我国东海、南海、台湾海域，以及泰国海域、西太平洋暖水域。体长约18 cm。

黄鱼亚科 Pseudosciaeninae

梅童鱼属 *Collichthys* Günther，1860

本属物种体延长，侧扁。头大，额部突起。黏液腔发达，枕骨嵴棱显著。吻圆钝，口大，前位。颌齿绒毛状。颏孔4个，不明显。体被圆鳞。尾柄细长，尾鳍后缘尖。鳔无侧囊，鳔支管14～22对，具背、腹分支。我国有2种。

1839 **黑鳃梅童鱼** *Collichthys niveatus* Jordan et Starks，1906

背鳍IX，24～29；臀鳍II－11～13；胸鳍15。侧线鳞47。鳃耙9＋15～16。

本种一般特征同属。头部枕骨嵴棱突起为两尖头。臀鳍第1鳍棘钩状。体金黄色，鳃腔上部黑色，鳃盖部色暗，尾鳍末端稍黑。为暖温性中下层鱼类。栖息于近岸沙泥底质海区，水深小于80 m。分布于我国渤海、黄海、东海，以及西北太平洋暖温水域。体长约15 cm。

1840 **棘头梅童鱼** *Collichthys lucidus*（Richardson，1845）

背鳍IX，24～29；臀鳍II－11～13；胸鳍15。侧线鳞49～50。鳃耙10～11＋16～20。

本种与黑鳃梅童鱼相似。头部枕骨嵴棱突起为四尖头。臀鳍第1鳍棘直立不呈钩状。体背浅黄褐色，腹侧银白色，带金黄色。口腔白色或灰色，鳃盖部无暗斑。尾鳍稍黑。为暖温性中下层鱼类。栖息于近海内湾、河口水域，水深小于90 m。分布于我国渤海、黄海、东海、台湾海域，以及日本九州海域、西太平洋暖温水域。体长约17 cm。

1841 **黑姑鱼** *Atrobucca nibe*（Jordan et Thompson，1911）[38]
= 黑鲛 = 黑口白姑鱼 *Argyrosomus nibe*

背鳍XI，29～32；臀鳍II－7；胸鳍17。侧线鳞50～51。鳃耙6＋14～17。

本种体呈长椭圆形（侧面观），头背缘稍平直。吻长，圆钝。口裂大，斜裂。下颌稍长，上颌骨后端达眼中部下方。下颌齿2行，内行齿较长。背鳍、臀鳍基部有1列鳞鞘。尾鳍楔形。体背侧灰褐色，腹侧银白色，口腔和胸鳍上部皆黑色。为暖温性中下层鱼类。栖息于沙泥底质海区，水深40～120 m。分布于我国黄海、东海、南海、台湾海域，以及日本南部海域、印度－西太平洋温暖水域。体长约40 cm。

1842 **鮸** *Miichthys miiuy*（Basilewsky，1855）

背鳍X，29～31；臀鳍II－7～8；胸鳍21～22。侧线鳞50～51。鳃耙4～5＋9～10。

本种体呈长椭圆形，侧扁。头中等大，尖突，颏孔4个。口裂大，上颌骨延长达眼后缘下方。上颌外行齿、下颌内行齿扩大，呈犬齿状。体被栉鳞，背鳍、臀鳍基部被鳞，鳞区长约占鳍条长的1/3。尾鳍楔形。体褐色，腹部稍淡，胸鳍后半部黑色。背鳍、臀鳍、尾鳍褐色。为暖温性中下层鱼类。栖息水深40～120 m。分布于我国黄海、东海、南海，以及日本中南部海域、朝鲜半岛海域、西北太平洋温暖水域。体长可达80 cm。

黄鱼属 *Pseudosciaena* Bleeker，1863
= *Larimichthys*

本属物种体延长，侧扁。头部黏液腔发达。口大，前位。颌齿细小，无或有犬齿。上颌齿绒毛状，外行齿稍扩大；下颌齿内行较大。颏孔6个，不明显。体被栉鳞，体下部鳞片常具一金黄色皮腺。尾鳍略呈楔形。鳔无侧囊，鳔支管27～32对，有背、腹支。本属物种曾是我国最主要海洋经济鱼类。被列入海洋四大家鱼[110, 114]。我国有2种。

1843 **大黄鱼** *Pseudosciaena crocea*（Richardson，1846）
= *Larimichthys crocea*

背鳍Ⅸ～Ⅹ，30～35；臀鳍Ⅱ－7～9；胸鳍15～17。侧线鳞50～53。鳃耙9＋9～20。

本种一般特征同属。体延长。尾柄低，尾部细长。口裂大。两颌各具2行齿，外行齿长，前端为犬齿。体被栉鳞，鳞片较小，侧线上鳞8～9行。臀鳍第2鳍棘长等于或大于眼径。体背侧灰褐色，腹侧金黄色。背鳍、尾鳍浅黄褐色，尾鳍黑褐色，其他鳍鲜黄色。为暖温性中下层鱼类。栖息水深小于60 m。分布于我国黄海、东海、南海、台湾海域，以及西北太平洋暖水域。体长可达75 cm。为我国主要海洋经济鱼类[69, 114]。现已人工养殖[117]。

1844 **小黄鱼** *Pseudosciaena polyactis* Bleeker，1877
= *Larimichthys polyactis*

背鳍Ⅹ～Ⅺ，31～36；臀鳍Ⅱ－9～10；胸鳍16。侧线鳞59。

本种与大黄鱼相似。体较粗短，尾柄部较短而高。下颌仅具齿1行，无犬齿。栉鳞较大，侧线上鳞5～6行。臀鳍第2棘稍短，小于眼径。体背侧黄褐色，腹侧橙黄色。为暖温性中下层鱼类。栖息水深小于120 m。分布于我国渤海、黄海、东海，以及朝鲜半岛海域、日本南部海域、西北太平洋温暖水域。体长可达40 cm。为我国重要海洋经济鱼类[89, 114, 144]。

（234）羊鱼科 Mullidae （17b）

本科物种体延长，略侧扁。头中等大。口小，两颌约等长，颌齿细小，1行或多行。犁骨、腭骨有或无齿。颏部有1对肉质长须。前鳃盖骨边缘光滑或具弱棘，主鳃盖骨具棘或无。侧线完全。背鳍2个，Ⅵ～Ⅷ，Ⅰ－8～9。臀鳍Ⅰ～Ⅱ，5～8。尾鳍叉形。全球有6属62种，我国有3属25种。

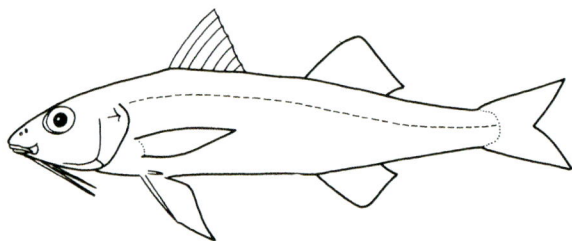

羊鱼科物种形态简图

绯鲤属 *Upeneus* Cuvier et Valenciennes，1829

本属物种体延长，稍侧扁。吻圆钝，颏部有1对长须。上颌骨伸达眼前部1/3处下方。颌齿细，呈绒毛状。犁骨、腭骨具齿。体被大栉鳞，颊部鳞3～5列，侧线鳞28～39枚。第2背鳍和臀鳍基部被鳞。全球有12种[109]，我国有8种。

1845 **黑斑绯鲤** *Upeneus tragula* Richardson，1846 [15]

背鳍Ⅷ，9；臀鳍7；胸鳍12～14。侧线鳞28～33。鳃耙5～6＋15～19。

　　本种一般特征同属。体延长，侧扁。吻长，钝尖，颏须达眼后缘。口小，两颌、犁骨、腭骨均具绒毛状细齿。鳃盖骨后缘圆弧形，具2枚棘。体被栉鳞，眶前有鳞。尾鳍叉形。体灰绿色。头、体具红斑与黑斑。体侧有一褐色纵带。尾鳍上、下叶各具4～6条黑色斜带。为暖水性底层鱼类。栖息于沙底质浅海和岩礁海区。分布于我国南海、台湾海域，以及日本南部海域、印度−太平洋暖水域。体长约30 cm。

1846 **多带绯鲤** *Upeneus vittatus*（Forskål，1775）[38]
　　　　= 斑尾绯鲤

　　背鳍Ⅷ，9；臀鳍7；胸鳍15～17。侧线鳞32～38。鳃耙6～9＋16～22。

　　本种体延长，侧扁。吻圆钝。口小，颏须达眼后缘。眶前无鳞，第2背鳍和臀鳍基部被小鳞。体背侧褐色，腹侧银白色，体侧具黄褐色纵带数条。尾鳍上、下叶各具3～5条灰褐色斜带，尾鳍下叶中部斜带特别宽。第1背鳍尖端黑色。为暖水性底层鱼类。栖息水深小于100 m。分布于我国南海、台湾海域，以及日本高知以南海域、印度−太平洋暖水域。体长约23 cm。

1847 **纵带绯鲤** *Upeneus subvittatus*（Temminck et Schlegel，1843）[38]
　　　　= 绿绯鲤

　　背鳍Ⅷ，9；臀鳍7；胸鳍15～16。侧线鳞38。鳃耙7～8＋9～21。

45
鲈形目

　　本种体延长，侧扁。背、腹缘均呈浅弧形。头中等大，吻圆钝。口小，两颌、犁骨、腭骨均具细齿。眶前被鳞，第2背鳍前部具鳞。体黄褐色，体侧有纵带。第1背鳍尖端黑色，尾鳍上、下叶有暗斜带，但下叶中部无特别宽的带。为暖水性底层鱼类。栖息于沙泥底质浅海。分布于我国南海、台湾海域，以及日本南部海域、印度尼西亚海域、西太平洋暖水域。体长约21 cm。

[1848] **黄带绯鲤** *Upeneus sulphureus* Cuvier，1829 [15]

背鳍Ⅷ，9；臀鳍7；胸鳍15～17。侧线鳞34～39。鳃耙7～10＋18～22。

　　本种体延长，侧扁。吻圆钝。口小，两颌、犁骨、腭骨均具绒毛状齿。眶前无鳞。第1背鳍有8枚棘，第1鳍棘短小。体背侧淡红褐色，腹侧银白色，体侧有2条金黄色纵带。第1背鳍尖端黑色，尾鳍无暗斜带。为暖水性底层鱼类。栖息于沙泥底质海区，水深小于65 m。分布于我国南海、台湾海域，以及日本长崎海域、冲绳海域，澳大利亚海域，印度–西太平洋暖水域。体长约23 cm [34]。

[1849] **四带绯鲤** *Upeneus quadrilineatus* Cheng et Wang，1963 [20]

背鳍Ⅷ，9；臀鳍7；胸鳍15～16。侧线鳞38。鳃耙8～9＋17～20。

本种体延长，侧扁。眼大，近头背缘。吻钝，口大，上颌骨达眼中部下方。颏须较长，达眼后缘下方。鳃盖骨具一棘。体被大栉鳞，腹鳍有腋鳞。体背侧灰褐色，腹侧蓝白色，体侧有4条黄色细纵带。尾鳍上叶和背鳍具黄褐色带。为暖水性底层鱼类。栖息于近岸沙泥底质海域。分布于我国东海、台湾海域，以及日本高知以南海域、印度-西太平洋暖水域。体长约17 cm。

注：本种曾被误为摩鹿加绯鲤[1, 9]。

1850 **摩鹿加绯鲤** *Upeneus moluccensis*（Bleeker，1855）[15]

背鳍Ⅷ，9；臀鳍7；胸鳍15～18。侧线鳞33～38。鳃耙7～9＋18～22。

本种体延长，侧扁。眼较大，吻钝圆。口稍大，上颌骨达眼中部下方。颏须达眼后缘下方。鳃盖骨具2枚棘。体被中小栉鳞，眶前无鳞。体侧红色，腹侧银白色。体侧有一黄色宽纵带，背鳍与尾鳍上叶具3～4条褐色带，尾鳍下叶无色带。为暖水性底层鱼类。栖息于泥沙、泥底质海区，水深大于110 m。分布于我国东海、南海、台湾海域，以及日本高知以南海域、澳大利亚海域、西太平洋暖水域。体长约19 cm[34, 109]。

1851 **日本绯鲤** *Upeneus japonicus*（Houttuyn，1782）[15]
= 条尾绯鲤 *U. bensasi*

背鳍Ⅶ，9；臀鳍7；胸鳍13～14。侧线鳞31～33。鳃耙6～8＋17～19。

本种体延长，侧扁。吻长，吻端钝。眼稍大。口小，两颌具圆锥状绒毛齿。第1背鳍有7枚鳍棘，第1鳍棘与第2鳍棘约等长。体被栉鳞。眶前具鳞。体背侧深红色，腹侧黄色。颏须黄色。背鳍具2～3条红色纵带。尾鳍上叶有3～5条红色宽带。为暖水性底层鱼类。栖息于沙泥底质浅海。分布于我国黄海、东海、南海、台湾海域，以及日本海域、朝鲜半岛海域、印度–西太平洋暖水域。体长约13 cm。

▲ 本属据记录，我国尚有吕宋绯鲤 *U. luzonius*，分布于我国南海、台湾海域[13]。笔者认为可能与纵带绯鲤 *U. subvittatus* 为同种。

拟羊鱼属 *Mulloidichthys* Whitley，1929

本属物种体延长，稍侧扁。吻钝尖，上颌骨未达眼前缘。颌齿细小，多行，绒毛状，后部常呈1行。犁骨、腭骨无齿。体被大栉鳞，颊鳞3列，侧线鳞33～42枚。背鳍、臀鳍均不被鳞。尾鳍叉形。我国有3种。

[1852] **斑带拟羊鱼** *Mulloidichthys samoensis*（Günther）[15]
= 黄线拟羊鱼 *M. flovolineatus*

背鳍Ⅶ～Ⅷ，9；臀鳍7；胸鳍16～18。侧线鳞33～39。鳃耙7～9 + 16～21。

本种一般特征同属。体延长，侧扁。吻长，吻端钝。口小，上颌骨不达眼前缘，颌齿细小，绒毛状。犁骨、腭骨无齿。体背侧浅灰褐色，腹侧银白色。体侧有4～5条黄色纵带。第1背鳍下方具1个或多个暗长斑。为暖水性底层鱼类。栖息于珊瑚礁盘浅海区。分布于我国南海、台湾海域，以及琉球群岛海域、印度–太平洋暖水域。体长约25 cm。

注：黄宗国（2012）认为，斑带拟羊鱼与黄线拟羊鱼是同种[13]。笔者对照中坊彻次（1993）[36]和中国科学院海洋研究所（1992）[15]图照，认为二者可能为两种；其主要区别为后者仅有1条黄带和1个卵形暗斑。

1853 **红背拟羊鱼** *Mulloidichthys pflugeri*（Steindachner，1900）[38]

背鳍Ⅶ～Ⅷ，9；臀鳍7；胸鳍17～18。侧线鳞36～41。鳃耙7～8＋18～22。

本种体延长，侧扁。吻长，吻端钝。口小，上颌骨后端达眼前缘下方。颌齿细小，犁骨、腭骨无齿。颏须不达前鳃盖后缘下方。主鳃盖骨后缘圆弧形。全体橘红色，无横、纵带。为暖水性底层鱼类。栖息于岩礁海区，水深30～110 m。分布于我国南海、台湾海域，以及日本冲绳海域、美国夏威夷海域、印度-太平洋暖水域。体长约65 cm。是羊鱼科物种中的大型种。

1854 **无斑拟羊鱼** *Mulloidichthys vanicolensis*（Valenciennes，1831）[15]
　　＝ 金带拟羊鱼 *M. auriflamma* ＝ 福氏副绯鲤 *Parupeneus forsskali*

背鳍Ⅶ～Ⅷ，9；臀鳍7～8；胸鳍16～17。侧线鳞36～42。鳃耙7～10＋21～26。

本种体延长，侧扁。吻钝，眼大。口小，上颌骨达眼前缘下方。颌齿细小，犁骨、腭骨无齿。颏须几乎达前鳃盖后缘下方。体背红黄色，腹侧银白色。体侧有1条黄色纵带。第1背鳍下方无暗斑。为暖水性底层鱼类。栖息水深小于113 m。分布于我国南海、台湾海域，以及日本南部海域、印度–太平洋暖水域。

注：孟庆闻等（1995）描述的无斑拟羊鱼体侧无条纹[2]，可能有误。据阿部宗明（1995）及沈世杰（2011）记述，该鱼种体侧均有黄色纵纹[37, 68]。我国台湾称该鱼种为金带拟羊鱼，而孟庆闻与中国科学院海洋所采用的学名为 *Mulloidichthys auriflamma*[2, 15]。

副绯鲤属 *Parupeneus* Bleeker，1863

本属物种体延长或呈长椭圆形（侧面观），侧扁。吻甚长。眼较小，位于头后半部。口小，唇厚，上颌骨远未达眼前方。颌齿1行，尖锐，长短不一。犁骨、腭骨无齿。颏须长。体被大栉鳞，颊鳞3列，眶前无鳞，第2背鳍和臀鳍亦不被鳞。体侧具黑斑或横斑。我国有14种。

1855 **似条斑副绯鲤** *Parupeneus barberinoides*（Bleeker，1852）【38】
= 须海绯鲤 = 似条斑拟绯鲤 *Pseudupeneus barberinoides*

背鳍Ⅷ，9；臀鳍7；胸鳍14～16。侧线鳞27～30。鳃耙6～7＋22～23。

本种一般特征同属。体呈长椭圆形（侧面观），侧扁。吻长，稍尖。口小，上颌骨达吻中部。颌齿1行，圆锥形。犁骨、腭骨无齿。主鳃盖骨后缘具小棘。体前半部暗褐色，后半部黄色。吻端到第2背鳍有黑色斜纵带，其上、下缘为黄色。尾部侧线上具一黑斑。为暖水性底层鱼类。分布于我国南海、台湾海域，以及日本南部海域、西太平洋暖水域。体长约25 cm。

1856 二带副绯鲤 *Parupeneus bifasciatus*（Lacépède，1801）[15]
= 三带副绯鲤 *P. trifasciatus*

背鳍Ⅷ，9；臀鳍7；胸鳍15～16。侧线鳞27～30。鳃耙7～10＋26～31。

本种体呈长椭圆形（侧面观），侧扁。头较大。吻长，钝尖。眼小，近头后背缘。眼间隔窄，为头长的28%～30%。口小。颌齿大，1行。前鳃盖骨光滑，主鳃盖骨下缘有小棘。颏须短，不达鳃盖后缘。体淡黄褐色，有3条宽的黑色横带。成鱼颏须黑褐色。为暖水性底层鱼类。栖息于珊瑚礁海域。分布于我国南海、台湾海域，以及日本南部海域、印度−西太平洋暖水域。体长约35 cm。

注：黄宗国（2012）认为二带副绯鲤与三带副绯鲤是同种[13]。经笔者查考，二者应是2个独立的种，区别在于后者颏须长，眼间隔宽，背鳍、臀鳍后缘尖。

1857 三带副绯鲤 *Parupeneus trifasciatus*（Lacépède，1801）[15]
= 多带副绯鲤 *P. multifasciatus*

背鳍Ⅷ，9；臀鳍7；胸鳍16。侧线鳞27～30。鳃耙6～10＋29～32。

45
鲈形目

本种体呈长椭圆形（侧面观），侧扁。头较大。吻长，钝圆。眼小，近头后背缘。眼间隔宽，为头长的31%～46%。口小。颏须长，达鳃盖后缘。鳃盖骨具一棘。第2背鳍后部鳍条长大。体红棕色，体常具3～5条黑色横带，眼后具一短纵带。颏须黄白色。为暖水性底层鱼类。分布于我国南海、台湾海域，以及日本南部海域、印度-太平洋暖水域。体长约23 cm。

注：中坊徹次（1993）和阿部宗明（1995）认为三带副绯鲤和多带副绯鲤是同种[36, 68]。黄宗国（2012）图集中的三带副绯鲤似应是二带副绯鲤。

[1858] **条斑副绯鲤** *Parupeneus barberinus*（Lacépède，1801）[38]
= 单带海绯鲤 = 条斑拟绯鲤 *Pseudupeneus barberinus*

背鳍Ⅷ，9；臀鳍7；胸鳍16～18。侧线鳞27～30。鳃耙6～7 + 20～23。

本种体呈长椭圆形（侧面观），侧扁。吻长，吻端尖。颏须达前鳃盖后缘。口小。颌齿圆锥形，犁骨、腭骨无齿。鳃盖骨具小棘。体被大栉鳞。体银黄色，体侧具一灰褐色纵带。尾柄有一大黑圆点。颏须浅褐色。为暖水性底层鱼类。栖息水深小于100 m。分布于我国南海、台湾海域，以及日本南部海域、印度-太平洋暖水域。体长约50 cm。

[1859] **印度副绯鲤** *Parupeneus indicus*（Shaw，1803）[38]

背鳍Ⅷ，9；臀鳍7；胸鳍15～17。侧线鳞26～31。鳃耙5～6 + 18～21。

本种体呈长椭圆形（侧面观），侧扁。吻长，钝尖。眼小，口小。颏须达前鳃盖骨后缘。鳃盖骨具一棘。体被中等大栉鳞，眶前无鳞，腹鳍具腋鳞。体黄绿色，尾柄具一黑色大圆点。两背鳍

间，侧线上方有一金黄色大斑。颏须黄褐色。为暖水性底层鱼类。栖息水深小于20 m。分布于我国南海、台湾海域，以及日本南部海域、印度-太平洋暖水域。体长约40 cm。

1860 **黑斑副绯鲤** *Parupeneus pleurostigma*（Bennett，1831）[15]
= 侧斑海绯鲤

背鳍Ⅷ，9；臀鳍7；胸鳍15～17。侧线鳞28～32。鳃耙6～8＋21～24。

本种体延长，侧扁。吻长，吻端钝，口小。颏须长，超越鳃盖后缘下方。鳃盖骨具1枚棘。体背侧深红色，腹部色浅。体背侧靠近第1背鳍下方有一黑色圆斑，其后有一白色椭圆斑。第2背鳍基部黑色。吻部有一红色斜带。为暖水性底层鱼类。栖息水深小于20 m。分布于我国南海、台湾海域，以及琉球群岛海域、印度-太平洋暖水域。体长约30 cm。

1861 黄副绯鲤 *Parupeneus luteus*（Cuvier et Valenciennes，1931）[15]

背鳍Ⅷ，9；臀鳍7；胸鳍15～17。侧线鳞27～32。鳃耙5～9＋21～25。

　　本种体较延长，侧扁。眼小，位高。吻长，吻端尖。口小。颌齿大，1行。前鳃盖骨边缘圆弧形，光滑。主鳃盖骨有1枚棘。颏须长，几乎达腹鳍起始处。体金黄色，也有个体体呈暗褐色；无斑点，仅眼周边有几条细纹。为暖水性底层鱼类。栖息水深达92 m。分布于我国南海、台湾海域，以及琉球群岛海域、印度–太平洋暖水域。体长约50 cm。

1862 红点副绯鲤 *Parupeneus heptacanthus*（Lacépède，1801）[38]
　　＝七棘副绯鲤

背鳍Ⅷ，9；臀鳍7；胸鳍14～17。侧线鳞27～30。鳃耙5～7＋20～22。

本种体呈长椭圆形（侧面观），侧扁。头背隆起，吻稍尖。口小。颌齿1行，圆锥状。颏须长，达到或稍超过主鳃盖后缘。体背侧红色，腹侧白色。第1背鳍下方有一红色小圆斑。各鳍红色。为暖水性底层鱼类。栖息水深小于60 m。分布于我国台湾海域，以及日本南部海域、印度–西太平洋暖水域。体长约23 cm。

1863 黄带副绯鲤 *Parupeneus chrysopleuron*（Temminck et Schlegel，1843）[38]
　　　=红带海绯鲤 = 黄带拟绯鲤 *Pseudupeneus chrysopleuron*

背鳍Ⅷ，9；臀鳍7；胸鳍16。侧线鳞28～30。鳃耙6～7 + 21。

本种体呈长椭圆形（侧面观），侧扁。头大；头背高耸，呈弧形。吻长，吻端钝。口小，颌齿1行。颏须长达主鳃盖骨后缘稍前方。鳃盖骨具一短棘。第1背鳍第3鳍棘最长。体背侧鲜红色，腹侧淡红色。体侧有一宽的红色纵带。各鳍黄色，颏须白色。为暖水性底层鱼类。栖息于岩礁海区。分布于我国南海、台湾海域，以及日本南部海域、西太平洋暖水域。体长约50 cm。

1864 短须副绯鲤 *Parupeneus ciliatus*（Lacépède，1802）[38]
　　　=短须海绯鲤 = 纵条副绯鲤 *P. fraterculus* = 双带副绯鲤

背鳍Ⅷ，9；臀鳍7；胸鳍15。侧线鳞28～30。鳃耙6～7 + 23～25。

本种体呈长椭圆形（侧面观），较高，侧扁。吻长，钝尖。口小，颌齿小。颏须短。仅达眼后缘下方。主鳃盖骨有2枚棘。体被中等大栉鳞，眶前无鳞。体淡黄褐色。体侧有2条浅黄色纵带，尾柄背侧有暗褐色鞍斑，颏须黄褐色。为暖水性底层鱼类。栖息于珊瑚礁海藻繁茂区或外缘海域。分布于我国台湾海域，以及日本南部海域、澳大利亚海域、印度-太平洋暖水域。体长约32 cm。

[1865] **点纹副绯鲤** *Parupeneus spilurus*（Bleeker，1854）[38]
    = 大型海绯鲤 = *P. signatus*

背鳍Ⅷ，9；臀鳍7；胸鳍14～16。侧线鳞30。鳃耙5～7 + 21～22。

本种体呈长椭圆形（侧面观），侧扁。头大，眼小。口小，两颌各具1行大型齿。前鳃盖骨边缘光滑。主鳃盖骨具一棘。颏须较长，可达到主鳃盖骨后缘。体淡红色，体侧有3条不甚明显的纵带。尾柄有一黑色鞍斑。为暖水性底层鱼类。栖息于岩礁海区，水深小于60 m。分布于我国台湾海域，以及日本南部海域、菲律宾海域、印度-太平洋暖水域。体长约32 cm。

[1866] **圆口副绯鲤** *Parupeneus cyclostomus*（Lacćpćdc，1801）[15]
    = 头带副绯鲤 *P. chryserdros*

背鳍Ⅷ，9；臀鳍7；胸鳍15。侧线鳞29～30。鳃耙7 + 15。

本种与黄副绯鲤相似，皆体无纵带。本种头部较高突，鳃耙数偏少，共22枚。体黄褐色，也有的个体红色。腹部色较浅。尾柄有浅橙色鞍状斑。头部有许多围眼细条纹。为典型的珊瑚礁鱼类。分布于我国南海，以及印度-太平洋暖水域。体长约35 cm。

▲ 本属我国尚记录有詹氏副绯鲤 *P. jansenii*、粗唇副绯鲤 *P. crassilabris*，分别分布于我国南海、台湾海域[13]。

（235）单鳍鱼科 Pempheridae （10b）
＝拟金眼鲷科

本科物种体侧面观呈长椭圆形或长卵圆形，甚侧扁。体被栉鳞或小圆鳞。吻短钝。眼大，侧上位。口大，前位，斜裂。上颌骨不被眶前骨遮盖。颌齿细小，1行或多行。犁骨、腭骨有齿。头部除吻端外，均被鳞。侧线完全。背鳍基底短，臀鳍基甚长。腹鳍胸位，具一小腋鳞。尾鳍后缘截形或叉形。全球有2属26种，我国有2属6种。

单鳍鱼科物种形态简图

1867 红海拟单鳍鱼 *Parapriacanthus ransonneti* Steindachner，1870[38]
　　＝充金眼鲷

背鳍Ⅴ－8～10；臀鳍Ⅲ－20～23；胸鳍16。侧线鳞63～79。侧线上鳞7。

本种体呈长椭圆形（侧面观），甚侧扁。体高小于体长的36%。吻短，眼大，口大。两颌与犁骨、腭骨均具绒毛状细齿。背鳍小，臀鳍较长，尾鳍深叉形。体被栉鳞，侧线不达尾鳍后端。肛门前有发光器。体背淡红色，腹侧粉红色，胸部银白色，尾鳍上、下叶末端黑色。为珊瑚礁鱼类。栖息于浅海岩礁或珊瑚礁区。分布于我国南海、台湾海域，以及日本千叶以南海域、朝鲜半岛海域、澳大利亚海域、印度-西太平洋暖水域。体长约6 cm。

单鳍鱼属 *Pempheris* Cuvier，1829

本属物种一般特征同科。体呈长卵圆形（侧面观），甚侧扁。体高大于体长的39%。前鳃盖骨边缘具细棘。体被圆鳞或栉鳞。侧线完全，且伸至尾鳍基。臀鳍基底甚长，并被鳞。我国有5种。

[1868] **日本单鳍鱼** *Pempheris japonicus* Döderlein，1883 [15]
= 黑单鳍鱼 *P. compressa*

背鳍Ⅵ～Ⅶ－10～12；臀鳍Ⅲ－35～37；胸鳍17。侧线鳞70～82。侧线上鳞14。

本种体呈长卵圆形（侧面观），甚侧扁。眼大，吻圆钝。口大，两颌与犁骨、腭骨均具窄的绒毛状齿带。前鳃骨缘具强棘。臀鳍显著长。体被小栉鳞。侧线达尾鳍后缘。体红褐色，背鳍、臀鳍末梢黑色。为珊瑚礁鱼类。栖息于浅海珊瑚礁、岩礁区岩穴中，有夜间集群性。分布于我国南海、台湾海域，以及日本相模湾以南海域、菲律宾海域、西太平洋暖水域。体长约15 cm。

[1869] **黑边单鳍鱼** *Pempheris oualensis* Cuvier，1831 [141]
= 乌伊兰拟金眼鲷 = 琉球单鳍鱼 = 黑稍单鳍鱼

背鳍Ⅵ－8～10；臀鳍Ⅲ－38～43；胸鳍17～18。侧线鳞60～73。侧线上鳞5。

本种体呈长卵圆形（侧面观），甚侧扁。腹鳍前部无隆起嵴。体黑褐色，背鳍上端、胸鳍基部有黑斑。尾鳍后缘黑绿色。为珊瑚礁鱼类。栖息于浅海珊瑚礁区。常与黄鳍单鳍鱼混群活动。分布于我国南海、台湾海域，以及琉球群岛以南海域，印度-西太平洋暖水域。体长约16 cm。

1870 **银腹单鳍鱼** *Pempheris schwenkii* Bleeker，1855[38]
= 黄鳍单鳍鱼 *P. xanthopterus* = 史氏拟金眼鲷

背鳍Ⅴ~Ⅵ－8~10；臀鳍Ⅲ－34~41；胸鳍18。侧线鳞45~54。侧线上鳞3。

本种体形与黑边单鳍鱼相似。腹鳍前部有隆起嵴。体背、腹侧被大型栉鳞且呈两层；表层为大型鳞，内层为不规则小型鳞。侧线上鳞少，仅有约3列鳞。体背侧暗褐色，腹侧银白色，尾鳍黄灰色。为珊瑚礁鱼类。栖息于岩礁、珊瑚礁海区。幼鱼常集大群活动。分布于我国台湾海域，以及日本小笠原群岛海域、澳大利亚海域、印度-西太平洋暖水域。体长约13 cm。

注：银腹单鳍鱼与黄鳍单鳍鱼曾被认为是同种[36, 38]，有关黄鳍单鳍鱼的文字实际上记述的是银腹单鳍鱼的特征，其图片也是银腹单鳍鱼的。二者的主要区别在于黄鳍单鳍鱼的侧线鳞、侧线上鳞偏多，分布于我国南海。本书虽已将黄鳍单鳍鱼编列于检索表，但因无合适图照而未对其单独介绍。

1871 **黑缘单鳍鱼** *Pempheris vanicolensis* Cuvier，1831[14]

背鳍Ⅴ~Ⅵ－9；臀鳍Ⅲ－38~44；胸鳍17。侧线鳞55~59。侧线上鳞6~7。

本种体呈长卵圆形（侧面观）。背鳍前稍隆起。吻短钝，眼大。口小，口裂几乎呈垂直斜位。体棕色，头和背部黑色，腹侧色较淡或略带银白色，鳞片具黑点。背鳍末梢黑褐色，胸鳍基部无黑斑或黑带。臀鳍前部、尾鳍后缘褐色。为珊瑚礁鱼类。栖息于岩礁海区。分布于我国台湾海域，以及印度-西太平洋暖水域。体长约10 cm。

1872 白边单鳍鱼 *Pempheris nyctereutes* Jordan et Evrmann，1902 [37]

背鳍Ⅵ－9～10；臀鳍Ⅲ－41～45；胸鳍18～19。侧线鳞67～80。侧线上鳞8～10。

本种体稍低，呈长卵圆形（侧面观）。鳞片为单层栉鳞。腹鳍前方有隆起嵴。体深褐色，鳃盖内缘略带黑色，背鳍黑色，尾鳍褐色，臀鳍外缘透明。为珊瑚礁鱼类。栖息于沿岸岩礁海区。分布于我国南海、台湾海域，以及日本相模湾以南海域、西北太平洋暖水域。体长约15 cm。

（236）叶鲷科 Glaucosomidae （72a）

本科物种体高，近卵圆形（侧面观），侧扁。头大。眼大，侧上位。口大，斜裂。具上颌辅骨。颌齿细小，呈带状排列。犁骨、腭骨具绒毛状细齿。前鳃盖边缘光滑，鳃盖骨具2枚扁棘。体被粗栉鳞。除吻端和口唇外，头部被鳞。侧线完全。腹鳍有腋鳞。背鳍无缺刻。尾鳍后缘截形。全球仅有1属4种，我国有1种。

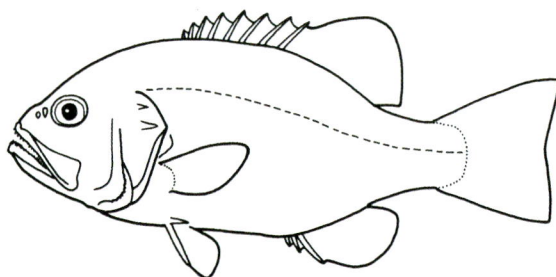

叶鲷科物种形态简图

1873 **灰叶鲷** *Glaucosoma hebraicum* Richardson，1845 [20]
= 条叶鲷 *G. fauveli*

背鳍Ⅷ－11；臀鳍Ⅲ－9～10；胸鳍15～16。侧线鳞49～57。鳃耙6～10＋14～18。

本种体高，近卵圆形（侧面观）。头大，眼大，吻短稍尖。眼径为吻长的1.7～1.8倍。口大，端位，斜裂。颌齿呈窄齿带状。鳞发达；除吻端外，头、体皆被鳞。背鳍基部低于鳍条部。尾鳍后缘截形。体银灰白色，体侧有7～10条褐色纵纹。为暖水性底层鱼类。栖息水深小于120 m。分布于我国南海、台湾海域，以及日本南部海域、澳大利亚海域。体长约45 cm。

注：黄宗国（2012）认为，灰叶鲷和条叶鲷是同种 [13]。益田一（1984）认同并指出：条叶鲷是灰叶鲷的幼鱼，以体侧具褐纵带相区别 [38]；而成鱼体侧无纵带，第2背鳍基底有一黑斑。

（237）大眼鲳科 Monodactylidae （203a）

本科物种体近圆形（侧面观），甚侧扁而高。体被小栉鳞或圆鳞。头小，枕嵴隆起。吻短钝，眼大。口小，颌齿绒毛状。犁骨、腭骨均具绒毛状齿。鳃膜与峡部不相连。侧线完全。背鳍连续，无缺刻。背鳍基、臀鳍基长，被小鳞。腹鳍小或退化。尾鳍浅叉形。全球有2属5种，我国仅有1种。为观赏鱼类。

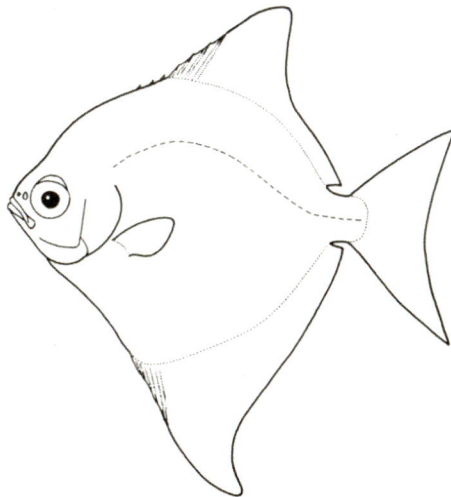

大眼鲳科物种形态简图

1874 银大眼鲳 *Monodactylus argenteus*（Linnaeus，1758）[38]

背鳍Ⅶ~Ⅷ－28~31；臀鳍Ⅲ－28~32。侧线鳞50~65。鳃耙6+1+18~21。

本种体特别高而侧扁。眼大，吻短而尖。口小，端位。颌齿为小圆锥状齿带。上颌骨裸露，可伸缩。体被小栉鳞和圆鳞，可扩张至奇鳍。颊部、鳃盖亦被鳞。背鳍、臀鳍鳍棘退化，埋入皮下。体银白色，背鳍、臀鳍末端黑色。幼鱼头部有2条黑色横带。为暖水性中下层鱼类。栖息于咸淡水水区、内湾及沙泥底质海域，幼鱼也可进入纯淡水水域。分布于我国南海、台湾海域，以及日本宫古岛以南海域、印度－西太平洋暖水域。体长约14 cm。

（238）鲵科 Kyphosidae（159a）

本科物种体侧面观呈长椭圆形或卵圆形，侧扁。体被细小或中等大栉鳞。头小，吻圆钝。口小，前位。上颌骨部分被眶前骨遮盖。颌齿多行，外行呈门齿状或颌齿尖细。犁骨、腭骨具齿或无。前鳃盖骨边缘光滑，主鳃盖骨通常无棘。侧线完全。背鳍连续，中间无缺刻。尾鳍后缘凹入或叉形。 Nelson（1984）将贝尔格（1955）[66] 所列的鲵科 Kyphosidae、舥科 Girellidae 和蝎鱼科 Scorpidae 合并，并赋予三者亚科的地位。而 Nelson（1994）则将两颌前端具可活动三尖头门齿且犁骨、腭骨无齿的舥亚科独立为科。但Nelson（2006）再次将其合并入鲵科[3]。全球共有16属45种（含前已述及舌鲾科的银腹贪食鲵），我国有3属7种。

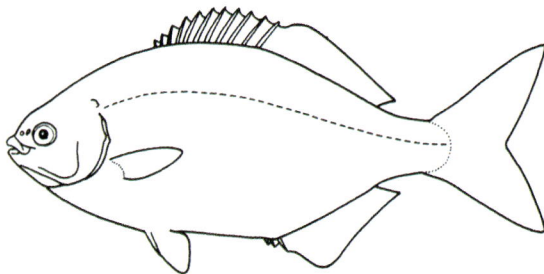

鲵科物种形态简图

1875 **细刺鱼** *Microcanthus strigatus*（Cuvier et Valenciennes，1831）[15]
= 小鳞蝴蝶鱼 = 柴鱼

背鳍 X ~ XI − 16 ~ 18；臀鳍 III − 13 ~ 14；胸鳍 15 ~ 16。侧线鳞 56 ~ 60。

　　本种体似蝴蝶鱼，呈卵圆形（侧面观），甚侧扁。头较小，吻尖短。眼大，前位。颌齿多行，细尖，呈毛刷状。犁骨有齿，腭骨无齿。左、右鳃盖膜愈合，但不与峡部相连。体被小栉鳞，侧线完全。背鳍连续，臀鳍后缘圆弧形。尾鳍后缘凹入。体淡黄褐色，体侧有 5 ~ 6 条宽黑色纵带。为暖水性中下层鱼类。栖息于岩礁海区。分布于我国黄海、东海、南海、台湾海域，以及日本茨城以南海域、西太平洋温暖水域。体长约 20 cm。

　　注：本种曾经被列于蝴蝶鱼科 Chaetodontidae [5] 或蝲鱼科 Scorpidae [15, 35]。

鱽属 *Kyphosus* Lacépède，1802

　　本属物种一般特征同科。体呈长椭圆形（侧面观），颇侧扁。上颌骨不为眶前骨遮盖。颌齿多行，外行齿呈门齿状，均不分叉。犁骨、腭骨和舌上有齿是本属主要特征。为海洋草食性鱼类。我国有 3 种。

IV
辐鳍鱼纲

1876 **短鳍鲶** *Kyphosus lembus*（Cuvier，1831）
= 低鳍鲶 *K. vaigiensis*

背鳍Ⅺ－14；臀鳍Ⅲ－13；胸鳍18～20。

本种一般特征同属。体高而侧扁。吻短而圆钝。口小，齿为矢状门齿。犁骨有齿，前鳃盖骨具细锯齿缘。除吻部外，体均被鳞。体青褐色，体侧具有与鳞列纵走的纵纹，头部有黄色和白色两条平行纵纹。为暖水性中下层鱼类。栖息于岩礁浅海区，幼鱼伴随流藻漂浮。分布于我国东海、南海、台湾海域，以及日本本州中部以南海域、印度－西太平洋暖水域。体长约70 cm。

1877 **长鳍鲶** *Kyphosus cinerascens*（Forskål，1775）[15]
= 天竺鲶

背鳍Ⅺ－12；臀鳍Ⅲ－11；胸鳍17～19。侧线鳞50～52。

本种与短鳍鲶相似。颌齿多行，最外1行门齿状，末端不分叉。背鳍鳍条前部较高，基底略短于鳍棘部基底。体蓝灰色，随水平鳞列有许多银色纵纹。为暖水性中下层鱼类。栖息于珊瑚礁和岩礁边缘海域。分布于我国南海、台湾海域，以及日本本州中部以南海域、印度－太平洋暖水域。体长约50 cm。

1878 **双峰鲗** *Kyphosus bigibbus* Lacépède，1801[38]
= 南方鲗

背鳍Ⅺ－12；臀鳍Ⅲ－11；胸鳍18～20。侧线鳞52～53。

本种体呈长椭圆形（侧面观），侧扁。吻背缘略峻峭，吻短，吻长略长于眼径。背鳍鳍条短于背鳍最长鳍棘。与短鳍鲗相比，其背鳍鳍条数少和鳃耙数较少（第1鳃弓鳃耙21～24枚）。体铅灰色，尾鳍色较淡。在日本小笠原群岛尚常见黄化个体，全身金黄色。为暖水性中下层鱼类。栖息于浅海岩礁区。分布于我国台湾海域，以及日本以南海域、印度－太平洋暖水域。体长约50 cm。

注：本图为双峰鲗的黄化个体。

鲗属 *Girella* Gray，1833

本属物种体高，长椭圆形（侧面观），侧扁。头小，吻钝。口小，前位，上颌骨大部为眶前骨所遮盖。颌齿前端呈门齿状，能活动，齿端呈三尖状。两侧齿细小，呈圆锥状。犁骨、腭骨无齿。为海洋草食性鱼类。我国有3种。

1879 **绿带鲗** *Girella mezina* Jordan et Starks，1907[38]
= 黄带爪子蠟

背鳍Ⅻ～ⅪⅤ－13～14；臀鳍Ⅲ－11。侧线鳞46～56。

本种体呈长椭圆形（侧面观），侧扁。吻短，吻端钝圆。口裂小，上唇宽厚。两颌等长。颌齿呈绒毛状，外侧为三尖头门齿。主鳃盖骨具1枚棘，鳃盖全被鳞。尾鳍后缘稍凹入。体灰褐色，幼鱼体侧有一宽的黄色横带。为暖水性中下层鱼类。栖息于沿岸岩礁海区。分布于我国东海、南海、台湾海域，以及日本千叶以南海域、西太平洋暖水域。体长约40 cm。

1880 小鳞黑鱽 *Girella melanichthys*（Richardson，1846）[38]

= 黑带鱽 *G. leonina*

背鳍XIV ~ XV − 14 ~ 15；臀鳍Ⅲ − 13。侧线鳞62 ~ 66。

本种体呈椭圆形（侧面观），甚侧扁。上唇薄，两颌具宽广齿带，外侧两行齿具三尖头，内侧齿小。体被小栉鳞，鳃盖下半部无鳞。背鳍、臀鳍具鳞鞘，鳍棘被鳞。尾鳍两叶末端尖。体暗褐色，鳃盖后缘黑色，胸鳍基有黑斑。为暖水性中下层鱼类。栖息于沿岸岩礁海区。分布于我国东海、台湾海域，以及日本相模湾以南海域、朝鲜半岛海域、西北太平洋温暖水域。体长约57 cm。

1881 鱽 *Girella punctata* Gray，1835[68]

= 斑鱽 = 爪子蠟

背鳍XIV ~ XV − 13 ~ 14；臀鳍Ⅲ − 12。侧线鳞50 ~ 56。

本种与小鳞黑鱽相似。皆为上唇薄，鳃盖下半部无鳞，鳃盖骨后缘有一锐棘。本种鳞稍大。尾鳍后缘稍凹入，尖端不长。体黑色，各鳞基部皆有暗斑点。为暖水性中下层鱼类。栖息于沿岸岩礁海区。分布于我国东海、台湾海域，以及日本北海道以南海域、朝鲜半岛海域、西北太平洋温暖水域。体长约50 cm。

（239）鸡笼鲳科 Drepanidae （204b）

本科物种体略呈菱形（侧面观），甚侧扁。头高，枕嵴高起。吻短，圆钝，眼大。口小，前下位。颌齿细小，呈毛刷状排列。犁骨、腭骨无齿。前鼻孔圆，后鼻孔裂隙状。通常鳃膜与峡部相连。体被中小栉鳞或圆鳞。眶前与前鳃盖无鳞，奇鳍亦被鳞。背鳍连续，中间无缺刻，前方具1枚平卧棘。胸鳍延长呈镰状。尾鳍后缘双凹形或圆弧形。因本科与白鲳相似，又与银鲈有联系，而独立为1科。全球仅1属3种，我国有2种。

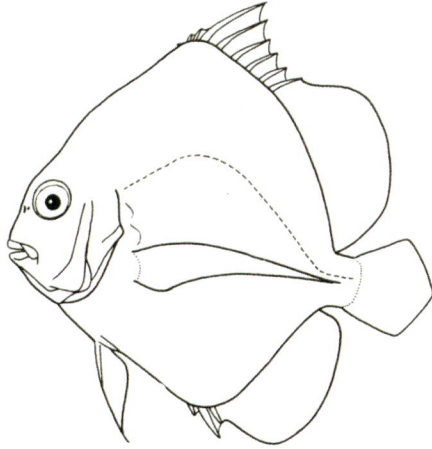

鸡笼鲳科物种形态简图

鸡笼鲳属 *Drepane* Cuvier，1831

本属物种一般特征同科。

1882 斑点鸡笼鲳 *Drepane punctata*（Linnaeus，1758）[15]

背鳍Ⅷ～Ⅸ－19～22；臀鳍Ⅲ－17～19。侧线鳞50～55。

本种体呈菱形（侧面观），侧扁而高。吻短，唇厚，颏部有一簇颏须。鳃膜横跨峡部愈合成一皮褶。头、腹及眼间隔前无鳞。背鳍通常有9枚鳍棘，以第4鳍棘最长。背鳍、臀鳍鳞鞘低。胸鳍长，镰刀状。腹鳍第1鳍棘延长，具腋鳞。体银灰色，体侧有4～11条黑点连缀成的横带，各鳍浅黄

色。背鳍有2纵列暗斑。为暖水性中下层鱼类。栖息于近岸浅海，可进入河口区。分布于我国东海、南海、台湾海域，以及日本冲绳以南海域、菲律宾海域、印度-太平洋暖水域。体长约30 cm。

1883 **条纹鸡笼鲳** *Drepane longimana*（Bloch et Schneider，1801）[15]

背鳍Ⅷ～Ⅸ－19～23；臀鳍Ⅲ－17～19。侧线鳞50～55。

本种与斑点鸡笼鲳相似。鳃膜连于峡部，但不愈合成皮褶。背鳍通常有8枚鳍棘，以第3鳍棘最长。体银灰色，体侧有4～9条横带。为暖水性中下层鱼类。栖息于近岸浅海，亦可进入河口。分布于我国东海、南海、台湾海域，以及日本长崎以南海域、菲律宾海域、印度-太平洋暖水域。体长约25 cm。

鲈亚目分检索表8——蝴蝶鱼科与刺盖鱼科（210a，210b）

1a 前鳃盖骨隅角有1枚强棘；腹鳍一般无腋鳞··················刺盖鱼科 Pomacanthidae（52）

1b 前鳃盖骨隅角无强棘；腹鳍具腋鳞··················蝴蝶鱼科 Chaetodontidae（2）

2a 吻呈圆锥状，不呈管状延长···································（5）

2b 吻向前延长，呈管状···（3）

3a 背鳍Ⅸ－28～29；胸鳍短圆；鳞中等大，侧线鳞43～46枚·····钻嘴鱼 *Chelmon rostratus* 1884

3b 背鳍Ⅻ～ⅩⅢ－21～25；胸鳍尖长；鳞细小，侧线鳞66～75枚···镊口鱼属 *Forcipiger*（4）

4a 背鳍鳍棘通常12枚；体高为吻长的1.6～2.1倍··········黄镊口鱼 *F. flavissimus* 1885

4b 背鳍鳍棘通常11枚；体高为吻长的1.1～1.5倍··········长吻镊口鱼 *F. longirostris* 1886

5-2a 背鳍鳍棘不延长或不呈鞭状·································（11）

5b 背鳍第4鳍棘呈鞭状延长，或延长但不呈鞭状··········马夫鱼属 *Heniochus*（6）

6a 项部正中线无角状突···（9）

6b 项部正中线有角状突···（7）

7a 背鳍第4鳍棘最长但不呈鞭状延长；体侧有2条白色斜带··········白带马夫鱼 *H. varius* 1887

7b 背鳍第4鳍棘最长并呈鞭状延长；头侧、体侧有3～4条黑色横带··········（8）

8a 头侧和体侧有3条黑色横带；第1条带始于背鳍前，贯通眼至颊部
··单角马夫鱼 *H. monoceros* 1888

8b 头侧和体侧有4条黑色横带；第1条带在吻部；第2条带在头部穿过眼至颊部

⋯⋯⋯⋯⋯⋯⋯⋯⋯⋯⋯⋯⋯⋯⋯⋯⋯⋯⋯⋯⋯⋯⋯⋯⋯ 四带马夫鱼 *H. singularius* 1889

9-6a 体侧有3条黑色横带⋯⋯⋯⋯⋯⋯⋯⋯⋯⋯⋯⋯ 金口马夫鱼 *H. chrysostomus* 1892

9b 体侧有2条黑色横带 ⋯⋯⋯⋯⋯⋯⋯⋯⋯⋯⋯⋯⋯⋯⋯⋯⋯⋯⋯⋯⋯⋯⋯⋯⋯⋯（10）

10a 背鳍鳍棘通常11枚；体侧第2条黑色横带不伸达臀鳍最长鳍条⋯⋯⋯ 马夫鱼 *H. acuminatus* 1890

10b 背鳍鳍棘通常12枚；体侧第2条黑色横带伸达臀鳍最长鳍条

⋯⋯⋯⋯⋯⋯⋯⋯⋯⋯⋯⋯⋯⋯⋯⋯⋯⋯⋯⋯⋯⋯⋯ 多棘马夫鱼 *H. diphreutes* 1891

11-5a 侧线不完全，止于背鳍后部鳍条下方 ⋯⋯⋯⋯⋯⋯⋯⋯⋯⋯⋯⋯⋯⋯⋯⋯⋯⋯⋯（15）

11b 侧线完全，止于尾鳍基部 ⋯⋯⋯⋯⋯⋯⋯⋯⋯⋯⋯⋯⋯⋯⋯⋯⋯⋯⋯⋯⋯⋯⋯⋯（12）

12a 背鳍Ⅷ～Ⅸ－28～32；鳞中等大，侧线鳞45～55枚；唇厚；头部和体侧有4条横带

⋯⋯⋯⋯⋯⋯⋯⋯⋯⋯⋯⋯⋯⋯⋯⋯⋯⋯⋯⋯⋯⋯⋯ 少女鱼属 *Coradion* （14）

12b 背鳍Ⅺ～Ⅻ－24～26；鳞细小，侧线鳞60～75枚；唇正常

⋯⋯⋯⋯⋯⋯⋯⋯⋯⋯⋯⋯⋯⋯⋯⋯⋯⋯ 霞蝶鱼属 *Hemitaurichthys* （13）

13a 体侧有一三角形银灰色区；尾鳍后缘平截⋯⋯⋯⋯⋯⋯ 银斑霞蝶鱼 *H. polylepis* 1893

13b 体侧有一三角形暗灰色区；尾鳍后缘凹入，上、下叶圆弧形⋯⋯⋯⋯ 霞蝶鱼 *H. zoster* 1894

14-12a 背鳍Ⅸ－28～30；通过眼的暗横带绕过峡部达腹鳍附近⋯⋯⋯少女鱼 *C. chrysozonus* 1895

14b 背鳍Ⅷ－30～32；通过眼的暗横带止于鳃盖下部⋯⋯⋯⋯ 褐带少女鱼 *C. altivelis* 1896

15-11a 背鳍Ⅵ～Ⅶ－28～30；长度渐增，最后1枚鳍棘最长，但其长度短于第1鳍条

⋯⋯⋯⋯⋯⋯⋯⋯⋯⋯⋯⋯⋯⋯⋯⋯⋯⋯ 副蝴蝶鱼 *Parachaetodon ocellatus* 1897

15b 背鳍有11～17枚鳍棘，中部鳍棘最长，最后1枚鳍棘与第1鳍条等长

⋯⋯⋯⋯⋯⋯⋯⋯⋯⋯⋯⋯⋯⋯⋯⋯⋯⋯⋯⋯⋯ 蝴蝶鱼属 *Chaetodon* （16）

16a 臀鳍鳍棘通常3枚；体圆形或近四边形 ⋯⋯⋯⋯⋯⋯⋯⋯⋯⋯⋯⋯⋯⋯⋯⋯⋯（18）

16b 臀鳍鳍棘通常4枚；体椭圆形 ⋯⋯⋯⋯⋯⋯⋯⋯⋯⋯⋯⋯⋯⋯⋯⋯⋯⋯⋯⋯⋯（17）

17a 体侧有许多"<"形斑纹；侧线鳞通常不多于26枚⋯⋯⋯⋯ 三纹蝴蝶鱼 *C. trifascialis* 1898

17b 体侧上半部有4～5条蓝色纵纹形成的长卵圆形斑⋯⋯⋯⋯ 四棘蝴蝶鱼 *C. plebeius* 1899

18-16a 眼上部无暗横带 ⋯⋯⋯⋯⋯⋯⋯⋯⋯⋯⋯⋯⋯⋯⋯⋯⋯⋯⋯⋯⋯⋯⋯⋯⋯（51）

18b 眼上部有暗横带 ⋯⋯⋯⋯⋯⋯⋯⋯⋯⋯⋯⋯⋯⋯⋯⋯⋯⋯⋯⋯⋯⋯⋯⋯⋯⋯（19）

19a 背鳍鳍条不延长 ⋯⋯⋯⋯⋯⋯⋯⋯⋯⋯⋯⋯⋯⋯⋯⋯⋯⋯⋯⋯⋯⋯⋯⋯⋯⋯（22）

19b 背鳍鳍条延长，但幼鱼例外 ⋯⋯⋯⋯⋯⋯⋯⋯⋯⋯⋯⋯⋯⋯⋯⋯⋯⋯⋯⋯⋯⋯（20）

20a 背鳍鳍条部有黑色带；体有黑色细点列⋯⋯⋯⋯⋯⋯⋯⋯ 细点蝴蝶鱼 *C. semeion* 1900

20b 背鳍鳍条部有暗斑或色深区 ⋯⋯⋯⋯⋯⋯⋯⋯⋯⋯⋯⋯⋯⋯⋯⋯⋯⋯⋯⋯⋯（21）

21a 背鳍鳍条部有暗眼状斑 ⋯⋯⋯⋯⋯⋯⋯⋯⋯⋯⋯⋯⋯⋯⋯ 丝蝴蝶鱼 *C. auriga* 1902

21b 背鳍鳍条后半部以及体后上部有大片色深区⋯⋯⋯⋯⋯ 鞭蝴蝶鱼 *C. ephippium* 1901

22-19a 体侧无明显的暗斑 ⋯⋯⋯⋯⋯⋯⋯⋯⋯⋯⋯⋯⋯⋯⋯⋯⋯⋯⋯⋯⋯⋯⋯⋯（26）

22b 体侧有一大的暗斑⋯⋯⋯⋯⋯⋯⋯⋯⋯⋯⋯⋯⋯⋯⋯⋯⋯⋯⋯⋯⋯⋯⋯⋯⋯（23）

23a 侧线位于暗斑上方⋯⋯⋯⋯⋯⋯⋯⋯⋯⋯⋯⋯⋯⋯⋯⋯⋯ 双丝蝴蝶鱼 *C. bennetti* 1903

23b 侧线穿过暗斑中部 ⋯⋯⋯⋯⋯⋯⋯⋯⋯⋯⋯⋯⋯⋯⋯⋯⋯⋯⋯⋯⋯⋯⋯⋯⋯（24）

45
鲈
形
目

IV
辐鳍鱼纲

42a 体侧灰褐色，后部橙黄色 ·· 鞍斑蝴蝶鱼 *C. ulietensis* [1919]

42b 体侧蓝银色，后部灰黄色 ·· 纹带蝴蝶鱼 *C. falcula* [1920]

43－40a 体侧线纹呈网状 ·· 格纹蝴蝶鱼 *C. rafflesi* [1922]

43b 体侧线纹为纵线或斜线 ·· （44）

44a 体侧线纹多呈纵线状 ·· 叉纹蝴蝶鱼 *C. auripes* [1923]

44b 体侧线纹多呈斜线状 ·· （45）

45a 尾鳍横带带宽和瞳孔直径相近 ·· 美蝴蝶鱼 *C. wiebeli* [1924]

45b 尾鳍横带带宽显著小于瞳孔直径 ·· （46）

46a 体暗银色；尾柄黄褐色 ·· 项斑蝴蝶鱼 *C. adiergastos* [1925]

46b 体暗褐色；尾柄后部红色 ·· 领蝴蝶鱼 *C. collare* [1926]

47－35a 体侧黄褐色斜带不向后上端集中 ······································ 华丽蝴蝶鱼 *C. ornatissimus* [1927]

47b 体侧黑色斜带向背鳍鳍棘部后方集中 ································· 麦氏蝴蝶鱼 *C. meyeri* [1928]

48－27a 腹鳍黑色 ·· 珠蝴蝶鱼 *C. kleirnii* [1929]

48b 腹鳍无明显的斑纹 ·· （49）

49a 体侧斑纹呈网状 ··· 黄蝴蝶鱼 *C. xanthurus* [1930]

49b 体侧有许多点列状斑 ·· （50）

50a 臀鳍边缘有宽的黑色区；体侧密布蓝色、呈纵行排列的点列 ···密点蝴蝶鱼 *C. citrinellus* [1931]

50b 臀鳍无明显的斑纹；体侧密布黑色、略呈横线状排列的点列 ···贡氏蝴蝶鱼 *C. guentheri* [1932]

51－18a 体侧仅后部有褐色区 ·· 暗带蝴蝶鱼 *C. nippon* [1933]

51b 体呈暗褐色 ··· 黑蝴蝶鱼 *C. daedalma* [1934]

52－1a 体橘黄色，具镶黑边的蓝白色横带 ····················· 双棘甲尻鱼 *Pygoplites diacanthus* [1935]

52b 体无上述特征 ·· （53）

53a 尾鳍后缘圆弧形或截形；上、下叶无丝状延长 ·· （59）

53b 尾鳍新月形；上、下叶呈丝状延长 ································· 月蝶鱼属 *Genicanthus*（54）

54a 背鳍上方无黑色纵带 ·· （56）

54b 背鳍上方有黑色纵带 ·· （55）

55a 臀鳍外缘无蓝色纵带；体侧有3～5条波状纵带；尾鳍有细黑点

··· 月蝶鱼 *Genicanthus lamarck* [1936]

55b 雌鱼体无纵纹；雄鱼腹侧有9条深蓝色条纹 ················· 渡边月蝶鱼 *G. watanabei* [1937]

56－54a 体侧有横纹 ·· （58）

56b 体侧无横纹 ·· （57）

57a 头部上方有黑色三角区，后方尚有银白色带 ········· 半纹月蝶鱼（♀）*G. semifasciatus* [1938]

57b 头部无黑色区；背鳍鳍条部有波状斜条纹 ········· 黑斑月蝶鱼（♀）*G. melanospilos* [1939]

58－56a 体侧具不规则间断的黑色横纹 ······················· 半纹月蝶鱼（♂）*G. semifasciatus* [1938]

58b 体侧有10多条完整的黑色横纹 ···························· 黑斑月蝶鱼（♂）*G. melanospilos* [1939]

59－53a 背鳍、臀鳍鳍条不呈丝状延长；背鳍最长鳍条短于或等于尾鳍中部鳍条 ········· （65）

59b 背鳍、臀鳍鳍条常呈丝状延长；背鳍最长鳍条长于尾鳍中部鳍条；幼鱼具蓝白色条纹
·· 刺盖鱼属 *Pomacanthus*（60）

60a 侧线鳞70枚以上，排列稍不规整；背鳍鳍条外缘向后伸长 ························（63）

60b 侧线鳞约50枚，排列规整；背鳍鳍条外缘圆弧形 ·····························（61）

61a 成鱼体侧有6～7条蓝褐色横带；眼后有一白色横带 ·········· 六带刺盖鱼 *P. sexestriatus* [1940]

61b 成鱼体侧无横带；幼鱼有多条横带 ··（62）

62a 体侧无红褐色马鞍状斑；胸鳍、眼周围黄色 ············ 黄颅刺盖鱼 *P. xanthometopon* [1941]

62b 体侧具红褐色马鞍状斑；背鳍、尾鳍、眼周围红褐色 ········· 马鞍刺盖鱼 *P. navarchus* [1942]

63-60a 成鱼体侧有许多黑色斑点；幼鱼尾鳍有数条蓝白相间的弧形横带
·· 半环刺盖鱼 *P. semicirculatus* [1943]

63b 成鱼体侧有4～20条斜带；幼鱼尾鳍无斑纹 ·····················（64）

64a 体侧有4～8条蓝色斜环带；幼鱼尾柄前方无白色轮纹 ········· 环纹刺盖鱼 *P. annularis* [1944]

64b 体侧有18条黄色和青灰色斜带；幼鱼尾柄前方有白色轮纹 ········ 主刺盖鱼 *P. imperator* [1945]

65-59a 眶前骨后缘不游离，无锯齿 ··（76）

65b 眶前骨后缘游离，具锯齿 ······························ 刺尻鱼属 *Centropyge*（66）

66a 体有9条带宽与瞳孔径等宽的黑色横带；背鳍鳍棘通常13枚；腹鳍末端呈丝状延长，伸达
臀鳍 ·· 多带刺尻鱼 *C. mulitfasciata* [1946]

66b 体无横带或具横带但横带带宽比瞳孔窄；背鳍鳍棘通常不少于14枚；腹鳍末端不达臀鳍
·· （67）

67a 体侧无明显的横带 ··（69）

67b 体侧有许多横带，但下半部多数无斑纹 ···································（68）

68a 体侧横带达腹部；尾鳍青灰色；胸鳍鳍条多为16枚 ·········· 双棘刺尻鱼 *C. bispinosus* [1947]

68b 体侧腹部几乎无横带；尾鳍色淡；胸鳍鳍条多为17枚 ········· 施氏刺尻鱼 *C. shepardi* [1948]

69-67a 体两色 ··（73）

69b 体色单 ···（70）

70a 体几乎为黄色；眼后半部周围黑色 ························ 海氏刺尻鱼 *C. heraldi* [1949]

70b 体褐色，但可有白斑或尾鳍色淡 ···（71）

71a 体黑褐色，体侧中上部有一大白斑 ························ 白斑刺尻鱼 *C. tibicen* [1950]

71b 体暗褐色或茶褐色 ··（72）

72a 体茶褐色；鳃盖后上方无斑；尾鳍淡黄色 ·················· 黄尾刺尻鱼 *C. flavicauda* [1951]

72b 体暗褐色；鳃盖后上方有斑；尾鳍色暗 ···················· 黑刺尻鱼 *C. nox* [1952]

73-69a 体侧颜色前、后不能清晰区分 ··（75）

73b 体侧颜色前、后可清晰区分 ··（74）

74a 体侧颜色以胸鳍后端为界，前部黄色，后部青灰色；尾鳍黄色 ··· 二色刺尻鱼 *C. bicolor* [1953]

74b 体侧颜色以臀鳍鳍棘为界，前部淡褐色，后部黑色；尾鳍黑色 ······ 棕刺尻鱼 *C. vrolickii* [1954]

75-73a 尾鳍色暗，上、下缘色深；体上半部有许多暗斑 ·········· 锈红刺尻鱼 *C. ferrugatus* [1955]

75b 尾鳍黄色；体前半部具许多青斑 ······················ 断线刺尻鱼 *C. interruptus* [1956]

76–65a 鳃盖后缘上方具一眼斑；间鳃盖骨大；体黄色

·· 三点阿波鱼 *Apolemichthys trimaculatus* [1957]

76b 鳃盖后缘上方无眼斑 ··· （77）

77a 眶前骨前缘具锯齿 ····················· 仙女刺蝶鱼 *Holacanthus venustus* [1958]

77b 眶前骨前缘光滑，无锯齿 ·············· 荷包鱼属 *Chaetodontoplus* （78）

78a 背鳍鳍棘11~12枚 ··· （83）

78b 背鳍鳍棘13枚 ··· （79）

79a 体侧有7~9条镶黑边的波状蓝带 ········· 蓝带荷包鱼 *C. septentrionalis* [1959]

79b 体侧无波状纵带 ··· （80）

80a 头部无网状纹或平行纵纹 ··· （82）

80b 头部具网状纹或平行纵纹 ··· （81）

81a 体蓝褐色；头部有黄色网状纹 ············ 头纹荷包鱼 *C. cephalareticulatus* [1960]

81b 体灰蓝色；头部有黄色平行纵纹 ············ 黄头荷包鱼 *C. chrysocephalus* [1961]

82–80a 体黑褐色；头部有黄色纹及杂斑 ············ 黑身荷包鱼 *C. melanosoma* [1962]

82b 雄鱼体黑色，头部灰色，有大型黄斑；雌鱼体后半部黄褐色，头部灰黄色

·· 罩面荷包鱼 *C. personifer* [1963]

83–78a 背鳍鳍条11枚；体侧有许多间断的紫色水平波状纹 ······· 眼带荷包鱼 *C. duboulayi* [1964]

83b 背鳍鳍条12枚；体侧密布黑色虫纹；头部有带宽与眼径等宽的黑色横带

·· 黄尾荷包鱼 *C. mesoleucus* [1965]

（240）蝴蝶鱼科 Chaetodontidae （210a）

本科物种体呈卵圆形或菱形（侧面观），甚侧扁。头小。口小，前位。吻尖突。颌齿细长，刚毛状。犁骨、腭骨无齿。前鳃盖骨具细锯齿，隅角无尖棘。体被栉鳞，奇鳍被小鳞。背鳍连续或有微缺刻。尾鳍后缘通常截形。为珊瑚礁鱼类。体色艳丽。全球有11属122种，我国有7属53种。

蝴蝶鱼科物种形态简图

1884 钻嘴鱼 *Chelmon rostratus*（Linnaeus，1758）[38]
= 长吻钻嘴鱼

背鳍Ⅸ－28～29；臀鳍Ⅲ－19～21；胸鳍14～15。侧线鳞43～46。

本种体呈卵圆形（侧面观），甚侧扁。吻延长呈管状。口小。颌齿细小，密生于两颌前部游离缘。眶前骨、前鳃盖骨具细锯齿。体被中等大栉鳞。侧线完全，伸达尾鳍基。胸鳍短圆。体黄白色，具数条红黄色横带，背鳍鳍条部有一眼斑。为珊瑚礁鱼类。栖息于珊瑚礁海区，不入河口。分布于我国南海、台湾海域，以及日本石垣岛以南海区、印度－西太平洋暖水域。体长约18 cm。

镊口鱼属 *Forcipiger* Jordan et McGregor，1898

体高，呈卵圆形（侧面观），侧扁。吻呈长管状。口小。颌齿甚小而尖，密生于两颌前部。背鳍鳍棘11～13枚。体被细弱栉鳞。侧线完全，伸达尾鳍基。胸鳍长，镰刀形。尾鳍后缘截形。我国有2种。

1885 黄镊口鱼 *Forcipiger flavissimus* Jordan et McGregor，1898[15]

背鳍Ⅻ－22～24；臀鳍Ⅲ－17～18；胸鳍15。侧线鳞68～75。

本种一般特征同属。体卵圆形（侧面观），背鳍鳍棘通常12枚。吻稍短，体高为吻长的1.6～2.1倍。体黄色，头上半部黑色，下半部白色。臀鳍具一黑点。为珊瑚礁鱼类。栖息于岩礁、珊瑚礁海区。分布于我国南海、台湾海域，以及日本南部海域、印度－太平洋暖水域。体长约18 cm。

【1886】 **长吻镊口鱼** *Forcipiger longirostris*（Broussonet，1782）[38]

背鳍Ⅺ－24～27；臀鳍Ⅲ－17～20；胸鳍14～15。侧线鳞66～75。

本种与黄镊口鱼十分相似，但背鳍鳍棘通常11枚。吻更长，体高为吻长的1.1～1.5倍。背鳍长大，后缘斜圆弧形。尾鳍上叶略尖长。为珊瑚礁鱼类。栖息于珊瑚礁海区。分布于我国南海、台湾海域，以及日本小笠原群岛海域、菲律宾海域、印度－太平洋暖水域。体长约20 cm。

马夫鱼属 *Heniochus* Cuvier，1817

本属物种体甚高，侧扁，背缘隆起。吻向前突出，但不呈管状。口小，颌齿细。体被中等大栉鳞。侧线完全，伸达尾鳍基。背鳍鳍棘11～13枚，以第4鳍棘最长，常呈鞭状，或延长但不呈鞭状。我国有6种。

【1887】 **白带马夫鱼** *Heniochus varius*（Cuvier，1829）[38]
＝黑身立旗鲷

背鳍Ⅺ～Ⅻ－21～24；臀鳍Ⅲ－17～18；胸鳍14～15。侧线鳞55～65。

本种一般特征同属。其项背和眼上部各有一角状突起。背鳍第4鳍棘最长，但不呈鞭状。体暗褐色，体侧有2条白色斜带。为珊瑚礁鱼类。栖息于珊瑚礁海区。分布于我国南海、台湾海域，以及日本田边湾以南海域、印度尼西亚海域、太平洋暖水域。体长约20 cm。

1888 **单角马夫鱼** *Heniochus monoceros* Cuvier，1831 [52]
= 乌面立旗鲷

背鳍XⅢ－23～27；臀鳍Ⅲ－18～19；胸鳍17。侧线鳞58～64。

本种体略呈卵圆形（侧面观），极侧扁。头背眼前稍凹，眼上缘有1枚短棘，项背骨质突起明显。背鳍第4鳍棘延长呈丝状。体黄白色，头侧和体侧有3条黑色横带，第1条横带始于背鳍前，贯通眼达吻部腹面，第2、第3条横带始于背鳍，分别达腹鳍及臀鳍后部。为珊瑚礁鱼类。栖息于珊瑚礁、岩礁海区。分布于我国南海、台湾海域，以及日本伊豆半岛海域、印度－太平洋暖水域。体长约25 cm。

1889 **四带马夫鱼** *Heniochus singularius* Smith et Radcliffe，1911 [38]
= 单棘立旗鲷

背鳍XI～XⅡ－25～28；臀鳍Ⅲ－16～18；胸鳍17。侧线鳞51～60。

本种与单角马夫鱼相似。以头侧、体侧共有4条黑色横带，第1条横带仅在吻部，第2条横带始于眼背部并穿过眼达颊部腹面而与单角马夫鱼相区别。为珊瑚礁鱼类。栖息于珊瑚礁、岩礁海区。分布于我国南海、台湾海域，以及日本伊豆半岛以南海域、印度－太平洋暖水域。体长约24 cm。

1890 **马夫鱼** *Heniochus acuminatus*（Linnaeus，1758）[15]
= 白吻双带立旗鲷

背鳍XI－23～27；臀鳍Ⅲ－16～19；胸鳍16～17。侧线鳞49～52。

本种吻长，呈圆锥状，眼背前缘深凹。项背无角状突起。背鳍第4鳍棘呈鞭状延长，其长度等于或大于体高。体灰色，体侧有2条黑色宽横带。头部连眼横带不达眼下缘。背鳍、尾鳍、胸鳍黄色。为珊瑚礁鱼类。栖息于岩礁、珊瑚礁海区。分布于我国南海、台湾海域，以及日本长崎县以南海域、印度-太平洋暖水域。体长约20 cm。

1891 **多棘马夫鱼** *Heniochus diphreutes* Jordan，1903[38]

背鳍XI～XⅢ－23～25；臀鳍Ⅲ－17～19；胸鳍16～18。侧线鳞46～54。

本种体侧扁而高。头尖，吻短而尖。眼上缘凹陷。背鳍鳍棘近直立，11～13枚。体银灰色，眼背有一黑色鞍带。体侧有2条黑色宽横带。第1条横带达腹鳍末端，第2条横带达臀鳍最长鳍条末端。为暖水性珊瑚礁鱼类。栖息于浅海珊瑚礁区。分布于我国台湾海域。

IV
辐鳍鱼纲

[1892] 金口马夫鱼 *Heniochus chrysostomus* Cuvier，1831 [15]
　　= 三带马夫鱼 *H. permutatus* = 三带立旗鲷

背鳍XII－21～22；臀鳍III－17～19；胸鳍16。侧线鳞58～64。

本种与马夫鱼相似。无项背角状突起，吻尖突。有眼前棘，第4背鳍鳍棘延长，其长度短于体高。体黄白色，体侧有3条黑色宽横带，第1条横带穿过眼达腹鳍，第2条横带斜向臀鳍后部，第3条横带达尾鳍基。栖息于珊瑚礁海区。分布于我国南海、台湾海域，以及日本伊豆诸岛海域、相模湾海域，印度-太平洋暖水域。体长约16 cm。

注：刘瑞玉（2008）认为三带马夫鱼 *H. permutatus* 和单角马夫鱼 *H. monoceros* 为同种异名。沈世杰（1994）则认为三带马夫鱼和金口马夫鱼为同种。笔者从项背角状突起的有无及3条横带分布而将三带马夫鱼和金口马夫鱼列为同种。

[1893] 银斑霞蝶鱼 *Hemitaurichthys polylepis*（Bleeker，1857）[15]
　　= 多鳞霞蝶鱼

背鳍XI～XII－24～26；臀鳍III－19～22；胸鳍16～18。侧线鳞68～74。

本种体呈卵圆形（侧面观），甚侧扁。吻短，较突出。口小。颌齿细，梳状。背鳍鳍棘不延长。体被小栉鳞，侧线完全。体侧有一大片银灰色区，近似三角形。胸鳍、腹鳍、尾鳍亦呈银灰色，其余部分土黄色。为珊瑚礁鱼类。栖息于岩礁浅海区。分布于我国南海、台湾海域，以及日本和歌山以南海域、印度-太平洋暖水域。体长约16 cm。

1894 霞蝶鱼 *Hemitaurichthys zoster*（Bennett，1831）[14]

本种与银斑霞蝶鱼相似。体高，侧扁。尾鳍后缘凹入，上、下叶圆弧形。体侧具一与尾鳍连接的三角形深灰色大斑。体前部从头背到腹缘黑色，背鳍、臀鳍金黄色。为暖水性珊瑚礁鱼类。栖息于浅海珊瑚礁区。分布于我国南海。

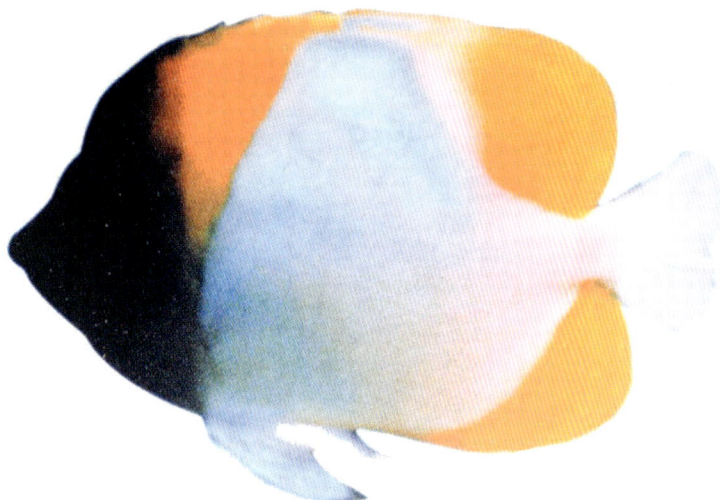

少女鱼属 *Coradion* Kaup，1860

本属物种体呈卵圆形（侧面观），甚侧扁。吻短，稍突出。口小，唇厚。颌齿短小，被肉褶遮盖。体被中等大弱栉鳞。侧线完全，伸达尾鳍基。背鳍有8～10枚鳍棘，向后渐长。尾鳍后缘截形。我国有2种。

1895 少女鱼 *Coradion chrysozonus*（Cuvier，1831）[38]
　　　　＝金斑少女鱼

背鳍Ⅸ－28～30；臀鳍Ⅲ－19～22；胸鳍15～17。侧线鳞48～52。

本种一般特征同属。吻稍尖突，小口具唇褶。鳍棘向后增长。体银灰色，具4条黄褐色宽横带。第1条横带通过眼，绕过峡部达腹鳍附近。第2条、第3条横带在腹侧愈合。尾鳍基具一窄带。腹鳍黑色。背鳍有一黑斑。为珊瑚礁鱼类。栖息于岩礁、珊瑚礁海区。分布于我国台湾海域，以及日本小笠原群岛海域、印度－西太平洋暖水域。体长约17 cm。

1896 褐带少女鱼 *Coradion altivelis* McCulloch，1916 [15]

背鳍Ⅷ－30～32；臀鳍Ⅲ－18～22；胸鳍14～16。侧线鳞49～54。

本种与少女鱼非常相像。体褐色，具4条暗褐色宽横带。其第1条横带通过眼直达鳃盖下部而不达腹鳍。尾鳍基有一颜色深的窄带。背鳍无明显的黑斑。为珊瑚礁鱼类。栖息于岩礁、珊瑚礁海区。分布于我国南海，以及日本相模湾以南海域、印度－西太平洋暖水域。体长约17 cm。

1897 副蝴蝶鱼 *Parachaetodon ocellatus*（Cuvier，1831）[15]

背鳍Ⅵ～Ⅶ－28～30；臀鳍Ⅲ－18～20；胸鳍14～16。侧线鳞34～44。

本种体卵圆形（侧面观），甚侧扁。吻短，略突出。口小。颌齿细尖，呈毛刷状。犁骨具齿，腭骨无齿。体被中等大弱栉鳞，侧线不完全，未达背鳍鳍条部后端。背鳍有5～7枚弱棘，长度渐增，但最后1枚鳍棘与第1鳍条等长。体浅灰褐色，有5条深褐色横带。第1条最窄，穿过眼睛；第4条最宽，上有一大黑斑。为珊瑚礁鱼类。栖息于珊瑚礁或沙泥底质海区。分布于我国南海，以及日本小笠原群岛海域、印度－西太平洋暖水域。体长约16 cm。

蝴蝶鱼属 *Chaetodon* Linnaeus，1758

本属物种体侧面观呈椭圆形或近圆形，甚侧扁。吻短，突出，不呈管状。口小。颌齿尖细，刚毛状。犁骨具齿或犁骨、腭骨均无齿。体被中等大栉鳞。侧线不完全，未达尾柄。背鳍有11～17枚鳍棘，以中部鳍棘最长，最后1枚鳍棘与第1鳍条约等长。是本科种数最多的一属，我国有39种。

1898 **三纹蝴蝶鱼** *Chaetodon trifascialis* Quoy et Gaimard，1825[15]
= 羽纹蝴蝶鱼 *C. strigangulus* = 川纹蝴蝶鱼

背鳍XIV－14～17；臀鳍IV～V－15～17；胸鳍14。侧线鳞20～26。

本种体呈椭圆形（侧面观），侧扁。口小，前端颌齿成束状。前鳃盖骨缘具锯齿。侧线不完全。体蓝灰色，体侧具14～20条蓝黑色羽状斜带。头部眼带带宽与眼径同宽。幼鱼在背鳍后部至臀鳍有一黑色横带。为珊瑚礁鱼类。栖息于珊瑚礁海区。分布于我国南海、台湾海域，以及日本骏河湾以南海域、印度－太平洋水域。体长约16 cm。

1899 **四棘蝴蝶鱼** *Chaetodon plebeius* Cuvier，1831[38]
= 蓝斑蝴蝶鱼

背鳍XIII～XV－16～19；臀鳍IV～V－14～17；胸鳍15。侧线鳞33～41。

本种体呈椭圆形（侧面观），侧扁。颌齿细，8行。前鳃盖骨隅呈直角状，具锯齿缘。体黄色，具16～19条深黄色纵纹。体侧上部有一长卵圆形蓝斑。眼带较眼径窄。尾柄处有一黑斑。为珊瑚礁鱼类。栖息于珊瑚礁海区。分布于我国南海、台湾海域，以及日本骏河湾以南海域、印度－西太平洋暖水域。体长约15 cm。

IV
辐鳍鱼纲

1900 **细点蝴蝶鱼** *Chaetodon semeion* Bleeker，1855[15]
= 点缀蝴蝶鱼

背鳍ⅩⅢ～ⅩⅣ－23～26；臀鳍Ⅲ－19～22；胸鳍14～15。侧线鳞28～35。

本种体侧面观椭圆形，侧扁。吻略长，圆锥状。口小。颌齿为丝状细齿，7～9行。前鳃盖斜角形，后缘光滑。背鳍第2鳍条呈丝状延长。尾鳍后缘凹入，上、下叶尖端延长。体黄褐色。体侧鳞片各具一小黑点，列成10余纵行。头部有眼带，背鳍、臀鳍有一弧形黑带。为珊瑚礁鱼类。栖息于珊瑚礁海区。分布于我国南海、台湾海域，以及日本冲绳以南海域、印度－西太平洋暖水域。体长约20 cm。

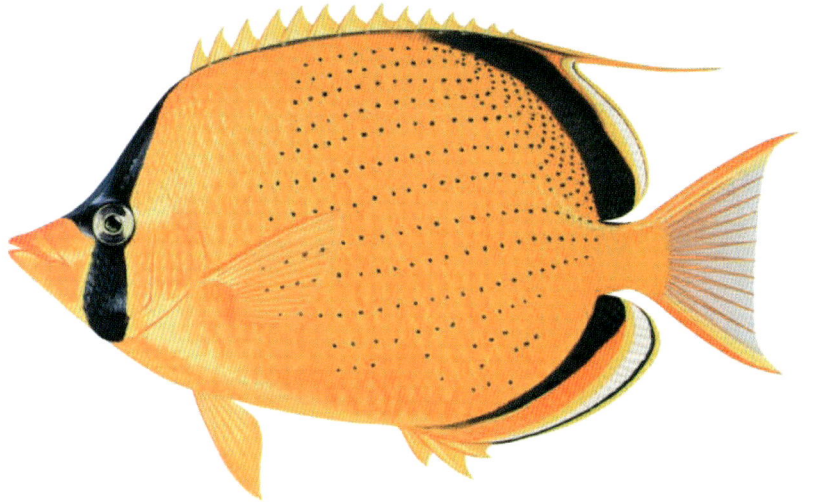

1901 **鞭蝴蝶鱼** *Chaetodon ephippium* Cuvier，1831[15]
= 鞍斑蝴蝶鱼

背鳍Ⅻ～ⅩⅣ－21～24；臀鳍Ⅲ－20～22；胸鳍15～16。侧线鳞31～37。

本种体呈椭圆形（侧面观）。吻较尖长。眼背凹陷。颌齿细丝状。前鳃盖骨缘具细锯齿。背鳍鳍条呈丝状延长。体淡黄色，眼带淡褐色。腹侧具暗纵线，体后上方有一大黑斑。为珊瑚礁鱼类。栖息于岩礁、珊瑚礁海区。分布于我国南海、台湾海域，以及日本千叶以南海域、澳大利亚海域、印度－太平洋暖水域。体长约30 cm。

1902 **丝蝴蝶鱼** *Chaetodon auriga* Forskål，1775 [15]

背鳍XII～XIII－22～25；臀鳍III－18～21；胸鳍14～15。侧线鳞29～40。

本种与鞭蝴蝶鱼相似。吻较长，圆锥状。背鳍鳍条呈丝状延长。眼带较宽。体侧银灰色，后部黄色。背鳍后方有一大的眼状斑。体侧上部有7～8条斜纹与腹侧9～10条斜纹呈直角交叉。为珊瑚礁鱼类。栖息于岩礁、珊瑚礁海区。分布于我国南海、台湾海域，以及日本茨城以南海域、印度－太平洋暖水域。体长约23 cm。

1903 **双丝蝴蝶鱼** *Chaetodon bennetti* Cuvier，1831 [38]
＝本氏蝴蝶鱼

背鳍XIII～XIV－16～20；臀鳍III－15～17；胸鳍15。侧线鳞29～37。

本种体呈椭圆形（侧面观）。吻尖突。口小，颌齿丝状。体被大栉鳞，背鳍、臀鳍具鳞鞘。体淡黄色，有2条始于鳃盖、斜向腹后缘的灰绿色斜纹。眼带达间鳃盖下缘。侧线下缘有一大黑斑。为珊瑚礁鱼类。栖息于珊瑚礁海区。分布于我国南海、台湾海域，以及日本千叶以南海域、印度－太平洋暖水域。体长约18 cm。

1904 单斑蝴蝶鱼 *Chaetodon unimaculatus* Bloch，1787 [38]
= 一点蝴蝶鱼

背鳍ⅩⅢ－21～23；臀鳍Ⅲ－16～20；胸鳍14～15。侧线鳞38～42。

本种眼上缘略凹陷，颌齿外行较粗大。体背侧黄色，腹侧灰白色。眼带较宽。侧线穿过大型黑斑中间，黑斑前方有10条左右黄褐色窄横带。背鳍、臀鳍后缘与尾部有一暗横带。为暖水性珊瑚礁鱼类。栖息于珊瑚礁海区。分布于我国南海、台湾海域，以及日本和歌山以南海域、印度－太平洋暖水域。体长约17 cm。

1905 镜斑蝴蝶鱼 *Chaetodon speculum* Cuvier，1831 [15]

背鳍ⅩⅣ－17～18；臀鳍Ⅲ－15～16；胸鳍14。侧线鳞33～39。

本种体呈椭圆形（侧面观），有一跨侧线的圆形大黑斑。颌齿丝状，上颌齿8～12行，下颌齿8～10行。体金黄色，眼带带宽较眼径稍窄。背鳍、臀鳍后缘无黑带。尾鳍末端有白边。为珊瑚礁鱼类。栖息于珊瑚礁区。分布于我国南海、台湾海域，以及日本相模湾以南海域、澳大利亚海域、印度－太平洋暖水域。体长约18 cm。

1906 **三角蝴蝶鱼** *Chaetodon triangulum* Cuvier，1831 [14]

本种与镜斑蝴蝶鱼十分相似，体呈椭圆形（侧面观），亦有一跨侧线的大黑斑，只是黑斑呈长椭圆形。体背侧淡黄色，腹侧具暗线纹。尾鳍后缘无白边。为暖水性珊瑚礁鱼类。栖息于浅海珊瑚礁区。分布于我国南海。

1907 **四点蝴蝶鱼** *Chaetodon quadrimaculatus*（Gray，1831）[38]

背鳍XⅢ～XV－20～23；臀鳍Ⅲ－16～18；胸鳍15～16。侧线鳞38～43。

本种体呈椭圆形（侧面观），甚侧扁。吻稍尖突。颌齿丝状，两颌齿各7～9行。前鳃盖骨斜角形，具锯齿。鳞中等大，于体侧上部斜列，下部平列。体背侧黑褐色，腹侧淡黄色。沿背缘有两个大白斑。眼带暗褐色。各鳍黄色。为珊瑚礁鱼类。栖息于珊瑚礁海区。分布于我国台湾海域，以及日本奄美大岛海域、小笠原群岛海域，太平洋暖水域。体长约15 cm。

IV
辐鳍鱼纲

1908 **曲纹蝴蝶鱼** *Chaetodon baronessa* Cuvier，1829 [38]
＝区纹蝴蝶鱼

背鳍Ⅺ～Ⅻ－22～26；臀鳍Ⅲ－20～22；胸鳍14。侧线鳞16～23。

本种体近圆形（侧面观）。吻短尖，两颌前端具4行齿群。背鳍、臀鳍后缘圆弧形。体灰蓝色，后部转黑色。具11条羽状斜带。吻端及眼间隔后各具一黑带，与眼带在枕区会合。眼带向后弯，延伸至腹鳍。眼带后的黑带较窄。各黑带间隙银白色。尾鳍后缘色浅。为珊瑚礁鱼类。栖息于珊瑚礁海区。分布于我国台湾海域，以及日本骏河湾以南海域、澳大利亚海域、印度－西太平洋暖水域。体长约15 cm。

1909 **朴蝴蝶鱼** *Chaetodon modestus* Temminck et Schlegel，1844 [15]
＝尖嘴蝴蝶鱼 ＝朴罗蝶鱼 *Roa modestus*

背鳍Ⅺ－21～25；臀鳍Ⅲ－18～21；胸鳍13～15。侧线鳞36～45。

本种体近圆形（侧面观）。吻尖突，口小。颌齿丝状，上、下颌齿各9行。前鳃盖骨具锯齿。背鳍鳍棘强大，11枚；以第4鳍棘最长。臀鳍鳍棘强，3枚。体黄褐色，头部有暗褐色眼带。体侧有2条宽幅暗横带。背鳍鳍条部有一镶白边的蓝黑色圆斑。腹鳍黑色。为珊瑚礁鱼类。栖息于岩礁海区。分布于我国黄海、东海、南海、台湾海域，以及日本下北半岛以南海域、朝鲜半岛海域、印度－西太平洋温暖水域。体长约17 cm [8]。

1910 **网纹蝴蝶鱼** *Chaetodon reticulatus* Cuvier，1831[68]
= 紫蝴蝶鱼

背鳍XII～XIII－23～29；臀鳍III－18～22；胸鳍15～17。侧线鳞40～46。

本种体近圆形（侧面观），甚侧扁。吻稍尖，口小。颌齿丝状，上颌齿10行，下颌齿12行。体紫褐色。体侧每一鳞片具一浅色点，构成网状纹。镶白边的眼带经胸部后伸至腹鳍。胸鳍处有一宽幅灰白色横带。尾柄和腹鳍黑色。为珊瑚礁鱼类。栖息于珊瑚礁海区。分布于我国南海、台湾海域，以及日本小笠原群岛以南海域、澳大利亚海域、太平洋暖水域。体长约16 cm。

1911 **新月蝴蝶鱼** *Chaetodon lunula*（Lacépède，1802）[15]
= 月斑蝴蝶鱼

背鳍XI～XIII－22～25；臀鳍III－17～19；胸鳍15～16。侧线鳞31～41。

本种体略呈椭圆形（侧面观），侧扁。吻尖突，口小。颌齿丝状，上、下颌齿各5～7行。体黄褐色，头部具眼状斑和月形白斑。体前部有"人"字形黑带，另有10余列橘红色斜纹。尾柄至背鳍间黑色斑纹随生长多有变化。为珊瑚礁鱼类。栖息于岩礁、珊瑚礁海区。分布于我国南海、台湾海域，以及日本千叶以南海域、印度－西太平洋暖水域。体长约25 cm。

IV 辐鳍鱼纲

1912 斑带蝴蝶鱼 *Chaetodon punctatofasciatus* Cuvier，1831 [38]
= 点斑横带蝴蝶鱼

背鳍 XIII ～ XIV － 22 ～ 25；臀鳍 III － 17 ～ 18；胸鳍13 ～ 14。侧线鳞34 ～ 42。

本种体近圆形（侧面观），吻尖稍突。颌齿丝状，上、下颌齿各6 ～ 7行。前鳃盖骨呈直角形，具锯齿缘。体侧鳞列上部斜行，下部平列。体柠檬黄色。体侧上部有7条蓝绿色横带，下部每枚鳞均具蓝绿色小点。项背有一深蓝色斑点。眼带下部色浅。尾鳍基有一黑带。为珊瑚礁鱼类。栖息于珊瑚礁海区。分布于我国南海、台湾海域，以及日本冲绳以南海域、印度－西太平洋暖水域。体长约12 cm。

1913 银色蝴蝶鱼 *Chaetodon argentatus* Smith et Radcliffe，1911 [38]
= 银身蝴蝶鱼

背鳍 XIII ～ XIV － 21 ～ 24；臀鳍 III － 16 ～ 17；胸鳍14 ～ 15。侧线鳞34 ～ 38。

本种体近圆形（侧面观）。吻显著尖。口小。颌齿丝状，上颌齿4 ～ 5行，下颌齿5 ～ 6行。前鳃盖骨缘稍呈锯齿状。体银灰色，沿鳞列有网状暗纹。体侧有3条暗鞍带，第1条位于项背，第3条伸达臀鳍后缘。眼带仅达眼上缘。尾鳍有弯月状黑带。为珊瑚礁鱼类。栖息于珊瑚礁海区。分布于我国南海、台湾海域，以及日本田边湾以南海域、西太平洋暖水域。体长约12 cm。

1914 **斜纹蝴蝶鱼** *Chaetodon vagabundus* Linnaeus，1758[15]
= 漂浮蝴蝶鱼

背鳍XII～XIV－22～25；臀鳍III－19～20；胸鳍14～16。侧线鳞30～37。

本种体呈椭圆形（侧面观），侧扁。体被较大栉鳞。体银黄色。眼带直达间鳃盖缘。体侧有暗斜纹，前部线纹上斜，与后部下斜线纹交织。背鳍黑色纵带与尾柄、臀鳍相连。尾鳍有2条黑色横带。为珊瑚礁鱼类。栖息于岩礁、珊瑚礁海区。分布于我国南海、台湾海域，以及日本千叶以南海域、印度-太平洋暖水域。体长约20 cm。

1915 **三带蝴蝶鱼** *Chaetodon trifasciatus* Park，1797[15]
= 弓月蝴蝶鱼 *C. lunulatus*

背鳍XIII～XIV－20～22；臀鳍III－18～21；胸鳍13～15。侧线鳞30～39。

本种体呈椭圆形（侧面观），吻短钝。口小。两颌齿细，呈带状排列。前鳃盖骨具细锯齿。体乳黄色。头侧有3条黑色横带。体侧有12～14条纵纹。背鳍、臀鳍基部皆有镶白边的黑带。尾鳍有一黑色横带。为珊瑚礁鱼类。栖息于珊瑚礁海区。分布于我国南海、台湾海域，以及日本相模湾以南海域、印度-太平洋暖水域。体长约15 cm。

1916 **细纹蝴蝶鱼** *Chaetodon lineolatus* Cuvier，1831[38]

= 纹身蝴蝶鱼

背鳍XII－24～28；臀鳍III－20～22；胸鳍15～17。侧线鳞21～30。

本种体近圆形（侧面观），甚侧扁。吻钝尖，项背突起。背鳍、臀鳍鳍棘发达，两鳍后缘圆弧形。体淡灰褐色，后部黄色。体侧有许多深色细横纹。背鳍鳍条部下方有一新月形黑带穿过尾柄，伸达臀鳍。为珊瑚礁鱼类。栖息于岩礁、珊瑚礁海区。分布于我国南海、台湾海域，以及日本相模湾以南海域、澳大利亚海域、印度-西太平洋。体长约36 cm。

1917 **弯月蝴蝶鱼** *Chaetodon selene* Bleeker，1853[38] **（左幼鱼，右成鱼）**

背鳍XII－20～22；臀鳍III－18～19；胸鳍13～14。侧线鳞27～34。

本种体近圆形（侧面观）。吻尖突，鼻区凹陷。口小。颌齿丝状，上、下颌齿各10～11行。前鳃盖骨具锯齿缘。体黄色，体侧前上方具数列向上斜的小点。背鳍鳍条部下方经尾柄至臀鳍有一下缘白色的半月形黑带。眼带上方连项背，下方呈淡银灰色。尾鳍末端灰色。为珊瑚礁鱼类。栖息于珊瑚礁海区。分布于我国南海、台湾海域，以及日本相模湾以南海域、西太平洋暖水域。体长约15 cm。

【1918】**八带蝴蝶鱼** *Chaetodon octofasciatus* Bloch，1787[15]

背鳍Ⅻ－20～22；臀鳍Ⅲ－18～19；胸鳍13～14。侧线鳞27～34。

本种体近圆形（侧面观），吻稍尖。口小。颌齿丝状成束，上颌齿3行，下颌齿5行。前鳃盖骨直角形，具小锯齿缘。体黄褐色，体侧有6～7条等间隔的黑色窄横带。幼鱼第4、第5条横带间有一大黑斑。为珊瑚礁鱼类。栖息于近岸内湾、岩礁海区。分布于我国南海、台湾海域，以及日本奄美大岛以南海域、印度－西太平洋暖水域。体长约12 cm。

【1919】**鞍斑蝴蝶鱼** *Chaetodon ulietensis* Cuvier，1831[38]
＝双鞍蝴蝶鱼 ＝乌利蝴蝶鱼

背鳍Ⅻ～Ⅻ－23～25；臀鳍Ⅲ－19～21；胸鳍14～16。侧线鳞23～31。

本种体近圆形（侧面观），甚侧扁。吻尖突，鼻区凹陷。口小，上、下颌齿各7～9行。体侧灰褐色，后部橙黄色。眼带贯穿眼下，达峡部。体侧有2条宽幅黑色鞍带。沿鳞列具17条黑色横线。尾柄有一黑斑。背鳍、臀鳍、尾鳍橙黄色。为珊瑚礁鱼类。栖息于珊瑚礁海区。分布于我国台湾海域，以及日本相模湾以南海域、印度－太平洋暖水域。体长约20 cm。

IV
辐鳍鱼纲

1920 纹带蝴蝶鱼 *Chaetodon falcula* Bloch，1795[14]

本种体高，近圆形（侧面观），侧扁。吻尖长，鼻区凹陷深。体侧有2条黑色大鞍斑。背鳍、臀鳍、尾鳍黄褐色。尾柄有一黑斑，眼带贯穿眼，几乎伸达峡部。体侧沿鳞列具10余条蓝色横线。为暖水性珊瑚礁鱼类。栖息于浅海珊瑚礁区。分布于我国南海、台湾澎湖以南海域。

1921 黑背蝴蝶鱼 *Chaetodon melanotus* Bloch et Schneider，1801[15]

背鳍XII～XIII－17～20；臀鳍III－17～18；胸鳍12～15。侧线鳞29～36。

本种体近圆形（侧面观）。吻尖突。口小。颌齿丝状，上、下颌齿各6～7行。体周缘黄色，胸、腹侧灰白色，背侧黑色。眼带稍窄，达头部腹面。尾鳍有一黑横带。尾柄上、下各有一小黑斑。体侧各鳞具小黑点，形成许多规则的斜纹。为珊瑚礁鱼类。栖息于珊瑚礁海区。分布于我国南海、台湾海域，以及日本千叶以南海域、印度－太平洋暖水域。体长约18 cm[8]。

1922 **格纹蝴蝶鱼** *Chaetodon rafflesi* Bennett，1830 [15]
= 雷氏蝴蝶鱼

背鳍XII～XIII－21～23；臀鳍Ⅲ－18～20；胸鳍15。侧线鳞25～35。

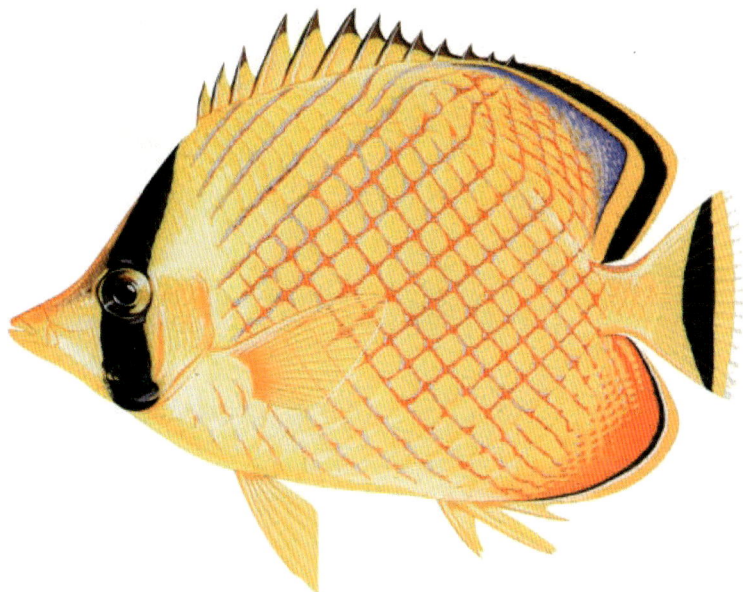

本种体近圆形（侧面观）。吻尖突。口小。颌齿丝状，上、下颌齿各7～8行。前鳃盖骨具锯齿缘。鳞列斜纹状。体柠檬黄色，各鳞边缘具暗线纹，线纹互相连接呈网纹。眼带垂达间鳃盖下缘。沿背鳍有黑色带。尾鳍具一黑色横带。为珊瑚礁鱼类。栖息于珊瑚礁海区。分布于我国南海、台湾海域，以及日本相模湾以南海域、澳大利亚海域、印度-太平洋暖水域。体长约14 cm。

1923 **叉纹蝴蝶鱼** *Chaetodon auripes* Jordan et Snyder，1901 [15]
= 耳带蝴蝶鱼

背鳍XII－22～27；臀鳍Ⅲ－17～22；胸鳍14～15。侧线鳞35～43。

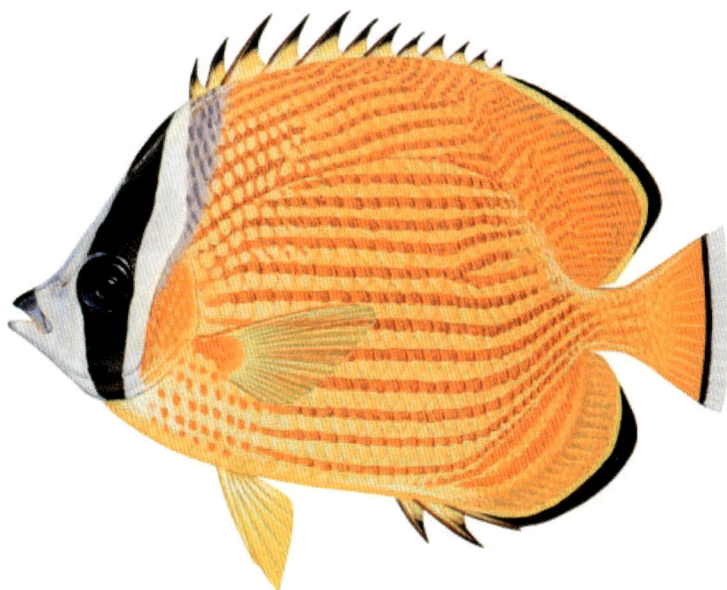

本种体近圆形（侧面观）。吻较短，鼻区凹。颌齿丝状。体黄褐色。头部眼带前、后为白色。沿体侧有许多褐色条纹，其后部常分叉。背鳍、臀鳍边缘黑色。尾鳍有黑色细横带，后缘灰白色。为珊瑚礁鱼类。栖息于岩礁、珊瑚礁海区。分布于我国南海、台湾海域，以及日本千叶以南海域、印度-西太平洋暖水域。体长约20 cm。

1924 美蝴蝶鱼 *Chaetodon wiebeli* Kaup，1863 [15]
= 丽蝴蝶鱼 = 魏氏蝴蝶鱼 = 美蝴蝶鱼 *C. bellmaris*

背鳍XII ~ XIII － 22 ~ 26；臀鳍III － 18 ~ 20；胸鳍14 ~ 15。侧线鳞35 ~ 40。

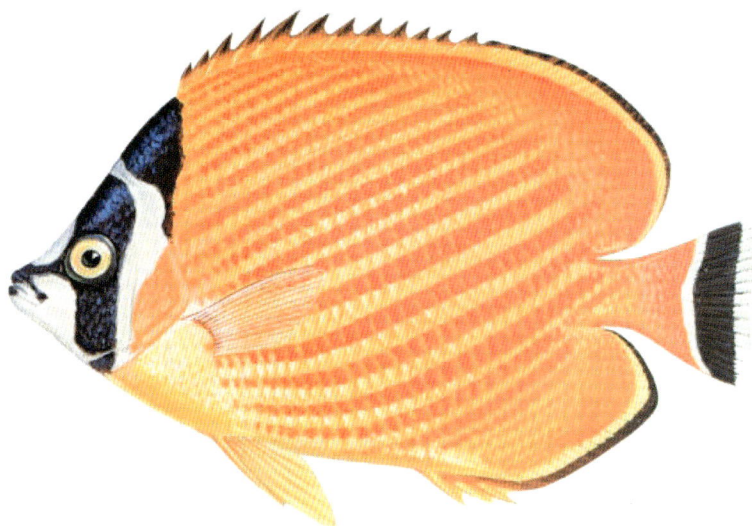

本种体近圆形（侧面观）。吻尖突。背鳍鳍棘粗短。背鳍、臀鳍后缘圆弧形。体黄色。眼带狭，抵峡部；眼带后方有一白色横带。沿鳞列有16 ~ 18条上斜的橙褐色纵线。尾鳍有镶白边的黑色横带。为珊瑚礁鱼类。栖息于岩礁、珊瑚礁海区。分布于我国南海、台湾海域，以及日本伊豆海域、高知以南海域，西太平洋暖水域。体长约18 cm [8]。

1925 项斑蝴蝶鱼 *Chaetodon adiergastos* Seale，1910 [38]
= 乌顶蝴蝶鱼

本种体高，近圆形（侧面观），极侧扁。吻尖突。口小，上、下颌齿各9 ~ 11行。前鳃盖骨，具锯齿缘。鳞大，斜上排列。体侧有13 ~ 14条沿鳞列走向的暗斜纹。背鳍、臀鳍后缘圆弧形。体青灰色。眼带宽，上方或不与马蹄形项斑连接。背鳍、臀鳍有黑边。尾鳍中部有暗横纹。幼鱼背鳍后部有一黑斑。为珊瑚礁鱼类。分布于我国南海、台湾海域，以及日本冲绳以南海域、西太平洋暖水域。体长约16 cm。

1926 **领蝴蝶鱼** *Chaetodon collare* Bloch，1787 [14]

本种体高，近圆形（侧面观），极侧扁。吻尖突，口小。体侧有十几条沿鳞列走向的暗斜纹。背鳍、臀鳍后缘圆弧形。体暗褐色。紧靠眼带后有白色横带。尾柄后部有红色宽横带。为暖水性珊瑚礁鱼类。栖息于珊瑚礁浅海区。分布于我国南海、台湾海域。

注：本种在《南海诸岛鱼类志》（1978）误称为叉纹蝴蝶鱼 [8]，所记述的特征也是叉纹蝴蝶鱼的特征。

1927 **华丽蝴蝶鱼** *Chaetodon ornatissimus* Cuvier，1831 [15]
　　　　　＝橙带蝴蝶鱼

背鳍XII－24～28；臀鳍III－20～22；胸鳍16～17。侧线鳞36～51。

本种体近圆形（侧面观）。吻较圆钝。口小。颌齿丝状，上、下颌齿各9～12行。前鳃盖缘具小锯齿。体黄灰色，具6条斜向的橙褐色带，但不向上端集中。头部有多条黑色细横带与眼带平行。尾鳍有2条黑色横带。胸鳍、腹鳍黄色。为珊瑚礁鱼类。分布于我国南海、台湾海域，以及日本田边湾以南海域、印度－太平洋暖水域。体长约20 cm。

1928 麦氏蝴蝶鱼 *Chaetodon meyeri* Bloch et Schneider，1801 [38]

背鳍XII～XIII－23～25；臀鳍III－18～20；胸鳍15～16。侧线鳞32～49。

本种体近圆形（侧面观）。吻圆钝，上、下颌齿各9～12行。体周边包括各鳍黄色，内侧青灰色，布有数条黑色斜带并向背鳍鳍棘后部集中。头部眼带黄褐色。尾鳍有一黑色横带。为珊瑚礁鱼类。分布于我国台湾海域，以及日本奄美大岛以南海域、澳大利亚海域、印度-太平洋暖水域。体长约18 cm。

1929 珠蝴蝶鱼 *Chaetodon kleirnii* Bloch，1790 [38]
＝克氏蝴蝶鱼

背鳍XIII～XIV－20～23；臀鳍III－17～20；胸鳍13～15。侧线鳞29～39。

本种体近圆形（侧面观）。吻尖突。背鳍、臀鳍鳍棘粗强，两鳍后缘圆弧形。体前部淡褐色，有暗横带；后半部黄色。眼带从项背经眼达腹鳍起首处。体侧具网状纹。腹鳍黑色。尾鳍有灰白缘，无暗斑。为珊瑚礁鱼类。栖息于岩礁、珊瑚礁海区。分布于我国南海、台湾海域，以及日本千叶以南海域、澳大利亚海域、印度-太平洋暖水域。体长约18 cm。

1930 **黄蝴蝶鱼** *Chaetodon xanthurus* Bleeker，1857[15]
= 红尾蝴蝶鱼 *C. chrysurus* = 橘尾蝴蝶鱼 = 马达加斯加蝴蝶鱼

背鳍XⅢ～XⅣ-20～23；臀鳍Ⅲ-16～17；胸鳍14。侧线鳞29～37。

本种体近圆形（侧面观）。吻端颇尖。体被大栉鳞。背鳍、臀鳍鳍棘强，两鳍后缘圆弧形。体淡褐色，腹鳍青灰色，项背有一鞍斑。眼带暗褐色。体侧鳞片边缘具暗线纹，线纹互相连成网状。背鳍、臀鳍后部和尾鳍后部有橘红色半月形斑。腹鳍无斑纹。为珊瑚礁鱼类。分布于我国南海、台湾海域，以及日本相模湾以南海域、西太平洋暖水域。体长约12 cm。

注：据益田一（1982）与中国科学院海洋研究所（1992）的观点，黄蝴蝶鱼与橘尾蝴蝶鱼是同种[15, 38]。黄宗国（2012）则将二者分列为两个独立种，区别在于黄蝴蝶鱼的背鳍、臀鳍缘似为黑色[13, 14]。

1931 **密点蝴蝶鱼** *Chaetodon citrinellus* Cuvier，1831[15]
= 胡麻蝴蝶鱼

背鳍XⅢ～XV-20～22；臀鳍Ⅲ-15～17；胸鳍13～15。侧线鳞35～41。

本种体呈卵圆形（侧面观）。吻尖突。背鳍、臀鳍鳍棘强，后缘圆弧形。尾鳍后缘圆弧形。体黄色，体侧有许多由蓝色圆点组成的纵条纹。眼带具黄边，达间鳃盖下缘。臀鳍下缘黑色。为珊瑚礁鱼类。栖息于岩礁、珊瑚礁海区。分布于我国南海、台湾海域，以及日本千叶以南海域、印度-西太平洋暖水域。体长约16 cm。

1932 **贡氏蝴蝶鱼** *Chaetodon guentheri* Ahl，1923 [38]

背鳍 XⅢ － 20～23；臀鳍Ⅲ － 18～20；胸鳍14。侧线鳞36～38。

本种体高，近圆形（侧面观），侧扁。吻尖突。背鳍、臀鳍鳍棘较粗强，两鳍弓形。体淡黄褐色，体侧遍布黑色点列横纹。背鳍、臀鳍及尾柄形成一橙黄色带，臀鳍无黑色区。为珊瑚礁鱼类。栖息于岩礁、珊瑚礁海区。分布于我国台湾，以及日本相模湾以南海域、西太平洋暖水域。体长约18 cm。

1933 **暗带蝴蝶鱼** *Chaetodon nippon* Döderlein，1884 [38]
＝ 日本蝴蝶鱼

背鳍XⅡ～ XⅢ － 18～21；臀鳍Ⅲ － 15～17；胸鳍14。侧线鳞35～39。

本种体呈近圆形（侧面观）。吻稍尖突。口小。颌齿丝状，上、下颌齿各7行。前鳃盖骨后缘圆弧形，稍呈锯齿状。体黄绿色。背鳍至臀鳍有一宽的暗褐色区带。尾鳍黄色，后缘白色。为珊瑚礁鱼类。栖息于近海岩礁区。分布于我国台湾海域，以及日本千叶以南海域、朝鲜半岛海域、西太平洋温暖水域。体长约13 cm。

1934 **黑蝴蝶鱼** *Chaetodon daedalma* Jordan et Fowler，1902 [38]
= 达德蝴蝶鱼

背鳍Ⅻ～Ⅻ－21～23；臀鳍Ⅲ－16～17；胸鳍14～17。侧线鳞37～41。

本种体近圆形（侧面观）。吻尖突。背鳍、臀鳍鳍棘粗短，两鳍后缘扇形。尾鳍后缘圆弧形。体暗褐色，体侧以各鳞片白色为中心形成网状。背鳍、臀鳍、尾鳍黑褐色，镶以黄缘。为珊瑚礁鱼类。栖息于岩礁、珊瑚礁海区。分布于我国台湾海域，以及日本相模湾海域、伊豆半岛海域，西太平洋暖水域。体长约14 cm。

▲ 本属我国尚有波斯湾蝴蝶鱼 *C. burgessi*、粟点蝴蝶鱼 *C. miliaris*，均分布于我国台湾海域、南海[13]。

（241）刺盖鱼科 Pomacanthidae （210b）

本科物种体呈椭圆形或近菱形（侧面观），甚侧扁。口小，端位。颌齿细，有3个齿尖。前鳃盖骨后缘有锯齿，隅角具一粗强棘。主鳃盖骨有一扁棘。体被中、小栉鳞，各鳞露出部有线状纵嵴。侧线完全或不完全。背鳍连续。腹鳍胸位，无腋鳞。尾鳍后缘圆弧形或新月形。全球有8属82种，我国有7属32种。

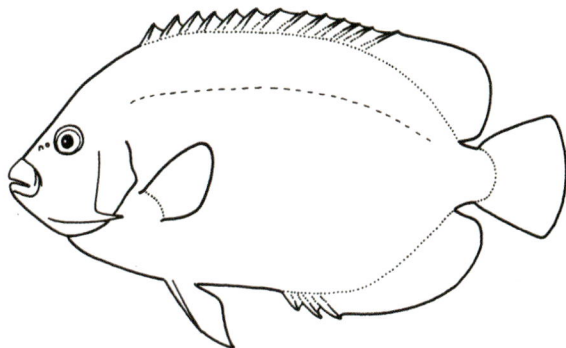

刺盖鱼科物种形态简图

1935 **双棘甲尻鱼** *Pygoplites diacanthus*（Boddaert，1772）[38]（左幼鱼，右成鱼）

背鳍XIV－17～18；臀鳍Ⅲ－17～18。

本种体呈椭圆形（侧面观），侧扁。吻端尖。口小，前位。颌齿细长，有3个齿尖，呈毛刷状排列。眶前骨后缘不游离，无棘。前鳃盖骨、下鳃盖骨具锯齿缘，间鳃盖骨小。侧线不完全。尾鳍后缘圆弧形。体橘黄色，体侧有许多镶黑边的蓝白色横带。腹鳍、尾鳍黄色。幼鱼背鳍后部有眼状斑。为珊瑚礁鱼类。栖息于珊瑚礁、岩礁海区。分布于我国南海、台湾海域，以及日本奄美大岛以南海域、印度-太平洋暖水域。体长约25 cm。

月蝶鱼属 *Genicanthus* Swainson，1839

本属物种体呈椭圆形（侧面观），侧扁。眼间隔宽度大于眼径。口小，前位。颌齿短小，具3个齿尖。眶前骨后缘游离，有强锯齿。鳃盖鳞6～8列。侧线中断。尾鳍新月形，上、下叶呈丝状延长。我国有4种。

1936 **月蝶鱼** *Genicanthus lamarck*（Lacépède，1802）[38]（前雄鱼，后雌鱼）
　　　＝颊刺鱼＝拉马克刺盖鱼

背鳍XV－15～16；臀鳍Ⅲ－16～17。

　　本种一般特征同属。眶前骨具2枚锯齿，后侧游离缘有深缺刻。前鳃盖骨具锯齿缘，隅角有一长棘。背鳍、臀鳍后角尖，腹鳍鳍条延长。体背侧褐色，腹侧乳白色。眼后至尾柄具3～5条黑色纵带。雄鱼腹鳍黑色，尾鳍无黑带。雌鱼腹鳍灰色，尾鳍具黑带。为珊瑚礁鱼类。栖息于珊瑚礁、岩礁海区。分布于我国台湾海域，以及日本田边湾以南海域、印度–西太平洋暖水域。体长约22 cm。

[1937] **渡边月蝶鱼** *Genicanthus watanabei*（Yasuda et Tominaga，1970）[38]（上雄鱼，下雌鱼）

背鳍 XV – 15；臀鳍 Ⅲ – 17。

　　本种雄鱼体侧蓝色，腹侧灰蓝色；有数条黑色纵带始于鳃盖后，沿体侧下部伸达尾柄。雌鱼体侧灰色，腹侧无纵带。为珊瑚礁鱼类。分布于我国台湾海域，以及日本冲绳以南海域、太平洋暖水域。体长约18 cm（♂）。

[1938] **半纹月蝶鱼** *Genicanthus semifasciatus*（Kamohara，1934）[38]（上雄鱼，下雌鱼）
= 半纹背颊刺鱼

背鳍 XV – 15～16；臀鳍 Ⅲ – 16～18。

本种一般特征同属。背鳍无黑色纵带。雄鱼背侧褐色，具许多黑色横纹；腹侧银灰色；头部至体侧中部有橙黄色纵斑。雌鱼体侧无橙黄色纵斑，头部有黑色三角区，尾鳍柄具一黑色横带和黑缘。有雌鱼经性逆转变为雄鱼的中间类型。为珊瑚礁鱼类。分布于我国台湾海域，以及日本伊豆半岛以南海域、西太平洋暖水域。体长约20 cm（♂）。

1939 黑斑月蝶鱼 Genicanthus melanospilos（Bleeker，1857）[141]（上雄鱼，下雌鱼）
= 黑纹颊刺鱼

背鳍Ⅹ Ⅴ－16；臀鳍Ⅲ－18。

本种与半纹月蝶鱼相似。体灰褐色，背鳍无黑色纵带。雄鱼体侧具10多条黑色横纹，尾鳍上、下叶黄褐色。雌鱼则无横纹，尾鳍上、下叶黑色。为珊瑚礁鱼类。栖息于珊瑚礁、岩礁海区。分布于我国南海、台湾海域，以及日本奄美大岛以南海域、西太平洋暖水域。体长约18 cm（♂）。

刺盖鱼属 Pomacanthus Lacépède，1803

本属物种体呈椭圆形（侧面观），甚侧扁。眼间隔宽大于眼径。口小，颌齿细长，具3个齿尖，呈毛刷状排列。眶前骨后缘不游离。前鳃盖骨具锯齿，隅角棘尖长。间鳃盖骨大，无棘。体被中小栉鳞；头部鳞小，呈绒毛状。我国有6种。

1940 六带刺盖鱼 *Pomacanthus sexestriatus*（Cuvier，1831）[38]（左幼鱼，右成鱼）

= 六带剑盖鱼 *Euxiphipops sexestriatus*

背鳍ⅩⅢ－18～20；臀鳍Ⅲ－18。

本种体呈椭圆形（侧面观），侧扁。吻短钝。口下位，斜裂。眼间隔隆起。眶前骨后缘不游离。前鳃盖骨具锯齿缘，有强棘。体被较大栉鳞，头部鳞小。腹鳍延长，尾鳍后缘圆弧形。体黄色，体侧有6～7条蓝褐色横带。眼后具一白色横带。幼鱼头、体有白色横纹。为珊瑚礁鱼类。分布于我国台湾海域，以及日本冲绳以南海域、印度－太平洋暖水域。体长约45 cm。

1941 黄颅刺盖鱼 *Pomacanthus xanthometopon*（Bleeker，1853）[38]（左幼鱼，右成鱼）

= 黄鳍刺鲽鱼 *Holacanthus xanthometopon*

背鳍ⅩⅣ－16～17；臀鳍Ⅲ－16～18。侧线鳞46～52。

本种体呈椭圆形（侧面观），侧扁。体侧鳞片蓝色且具黄缘，背侧色浅。各鳍黄色，背鳍后部有一黑斑。眼有黄罩，眼下部有黄点。幼鱼体褐色，体侧具8～10条蓝白色窄横纹。为珊瑚礁鱼类。分布于我国台湾海域，以及日本八重山群岛海域、印度–太平洋水域。体长约40 cm。

1942 **马鞍刺盖鱼** *Pomacanthus navarchus*（Cuvier，1831）[14]

本种与黄颅刺盖鱼相似。体呈椭圆形（侧面观），侧扁。头小，吻短钝。腹鳍呈丝状延长。背鳍、臀鳍后缘圆弧形。尾鳍后缘圆弧形或平截形。体侧具大型红褐色马鞍状斑。背鳍、尾鳍和眼周围亦红褐色。各鳞有蓝色点。为暖水性珊瑚礁鱼类。栖息于浅海珊瑚礁区。分布于我国南海。

1943 **半环刺盖鱼** *Pomacanthus semicirculatus*（Cuvier，1831）[15][38] **（左幼鱼，右成鱼）**
= 叠波刺盖鱼

背鳍XⅢ－20～23；臀鳍Ⅲ－18～21。

本种体近椭圆形（侧面观），侧扁。吻短钝，两颌具丝状齿带。前鳃盖骨具锯齿缘，隅角棘尖长。体被小栉鳞，侧线完全。背鳍、臀鳍中部鳍条呈丝状延长。尾鳍后缘圆弧形。体黄绿色，后半部灰褐色。体侧遍布青褐色斑点。幼鱼有蓝白相间的弧形横带。为珊瑚礁鱼类。栖息于珊瑚礁、岩礁海区。分布于我国南海、台湾海域，以及日本千叶以南海域、印度–西太平洋暖水域。体长约40 cm。

1944 **环纹刺盖鱼** *Pomacanthus annularis*（Bloch，1787）[15]
= 肩环刺盖鱼

背鳍ⅩⅢ－20～21；臀鳍Ⅲ－20。

本种体高，近圆形（侧面观），侧扁。吻短钝，颌齿丝状。前鳃盖具锯齿缘，隅角有强棘，体被小栉鳞。背鳍中部鳍条延长。体黄褐色，随生长而变异。体侧有许多蓝色斜环带，肩部有一蓝色环。为珊瑚礁鱼类。分布于我国南海、台湾海域，以及日本冲绳以南海域、菲律宾海域、西太平洋暖水域。体长约30 cm。

1945 **主刺盖鱼** *Pomacanthus imperator*（Bloch，1787）[52]
= 条纹刺盖鱼

背鳍ⅩⅢ－19～21；臀鳍Ⅲ－18～21。

本种体蓝色，体侧有黄色和蓝色斜带。头部灰褐色，间有黑色大斑。背鳍、尾鳍黄色，臀鳍黑色。幼鱼体侧尾柄前方有白色环纹。为珊瑚礁鱼类。栖息于珊瑚礁、岩礁海区。分布于我国南海、台湾海域，以及日本相模湾以南海域、菲律宾海域、印度-西太平洋暖水域。体长约35 cm。

刺尻鱼属 *Centropyge* Kaup，1860

　　本属物种体侧面观呈卵圆形或长椭圆形，侧扁。口小，颌齿细长，具3个齿尖，呈毛刷状排列。眶前骨后缘游离，有锯齿。前鳃盖骨具锯齿缘，隅角有棘。间鳃盖骨小，下缘具小棘。鳃盖鳞少于5列，侧线不完全。尾鳍后缘圆弧形。我国有12种。

1946 多带刺尻鱼 *Centropyge multifasciata*（Smith et Radcliffe，1911）[38]
= *Paracentropyge multifasciata*

背鳍XIII－17~18；臀鳍III－17~18。

本种体高，呈卵圆形（侧面观），甚侧扁。吻尖突，尾鳍后缘圆弧形，似蝴蝶鱼。背鳍鳍棘通常13枚，腹鳍末端丝状延伸达臀鳍。体淡黄褐色，体侧有9条瞳孔宽的黑色横带。为珊瑚礁鱼类。分布于我国台湾海域，以及日本八重山群岛以南海域、澳大利亚海域、印度－太平洋暖水域。体长约10 cm。

1947 双棘刺尻鱼 *Centropyge bispinosus*（Günther，1860）[14]

背鳍XIV－15；臀鳍III－16；胸鳍16。

本种体呈长椭圆形（侧面观），侧扁。吻短钝，口裂小。颌齿细，呈齿带状。前鳃盖骨具锯齿，有2枚强棘。背鳍、臀鳍、尾鳍后缘圆弧形。体紫褐色，但依个体、性别有变异。通常体侧具斑点状暗横带，或具17~20条黑褐色横纹。为珊瑚礁鱼类。分布于我国南海、台湾海域，以及日本奄美大岛以南海域、印度－太平洋暖水域。体长约10 cm。

1317

1948 施氏刺尻鱼 *Centropyge shepardi* Randall et Yasuda，1975 [38]

背鳍 XIV－16～18；臀鳍 III－17～18；胸鳍17。

　　本种体黄褐色，体侧横带不达腹部。背鳍、臀鳍暗褐色。尾鳍色淡。为珊瑚礁鱼类。分布于我国台湾海域，以及日本小笠原群岛海域、西太平洋暖水域。体长约12 cm。

1949 海氏刺尻鱼 *Centropyge heraldi* Woods et Schultz，1953 [14]
　　＝黄刺尻鱼

背鳍 XV－15；臀鳍 III－17。

　　本种体呈长椭圆形（侧面观），侧扁。吻短钝，口小。颌齿细长，呈带形排列。眶前骨有一尖棘。背鳍、臀鳍鳍条后缘尖。尾鳍后缘圆弧形。体金黄色，眼周边有黑色波纹和白点。臀鳍有黑色纵纹。尾鳍后缘淡黄色或有黑边。为珊瑚礁鱼类。栖息于珊瑚礁、岩礁海区。分布于我国南海、台湾海域，以及日本田边湾以南海域、澳大利亚海域、太平洋暖水域。体长约12 cm [34]。

1950 **白斑刺尻鱼** *Centropyge tibicen*（Cuvier，1831）[14]

背鳍XIV − 16 ~ 17；臀鳍Ⅲ − 16 ~ 17。

　　本种体形与海氏刺尻鱼相似。体黑褐色，腹鳍、臀鳍下缘黄色。体侧中部有一大白斑，其形状、大小因个体而异。为珊瑚礁鱼类。栖息于珊瑚礁、岩礁海区。分布于我国南海、台湾海域，以及日本骏河湾以南海域、西太平洋暖水域。体长约19 cm。

1951 **黄尾刺尻鱼** *Centropyge flavicauda* Fraser−Brunner，1933[14]
　　　= 费氏刺尻鱼

　　本种体呈长椭圆形（侧面观），侧扁。吻端圆钝，尾鳍后缘圆弧形。前鳃盖骨具锯齿缘，下方有一长棘。体背侧茶褐色，腹侧淡蓝色，尾鳍淡黄色。为珊瑚礁鱼类。栖息于珊瑚礁、岩礁海区。分布于我国台湾海域，以及日本田边湾以南海域、澳大利亚海域、印度−西太平洋暖水域。体长约7 cm。

1952 黑刺尻鱼 *Centropyge nox* （Bleeker，1853）[14]

背鳍 XIV ~ XV - 16 ~ 17；臀鳍 III - 16 ~ 17。

本种与黄尾刺尻鱼相似。体呈长椭圆形（侧面观），吻钝圆。前鳃盖骨具锯齿；下缘有3枚棘，以第3棘最长。尾鳍后缘圆弧形。体暗褐色，头、胸部色稍淡。腹鳍有黑缘。为珊瑚礁鱼类。栖息于珊瑚礁、岩礁海区。分布于我国台湾海域，以及琉球群岛海域、澳大利亚海域、西太平洋暖水域。体长约9 cm[34]。

1953 二色刺尻鱼 *Centropyge bicolor* （Bloch，1787）[38]

背鳍 XV - 14 ~ 15；臀鳍 III - 17 ~ 18。

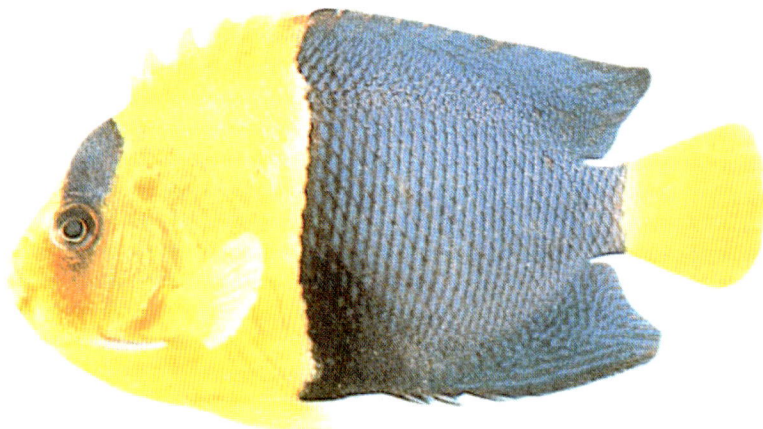

本种体呈长椭圆形（侧面观），侧扁。吻短，稍尖。口裂小，齿细长。眶前骨游离，后方有棘。前鳃盖骨具锯齿缘，隔角具长棘。体前部包括背鳍、腹鳍及尾鳍黄色。体后部包括背鳍、臀鳍均呈蓝黑色。眼带仅布头背眼上缘。为珊瑚礁鱼类。栖息于珊瑚礁、岩礁海区。分布于我国南海、台湾海域，以及日本田边湾以南海域、印度-太平洋暖水域。体长约15 cm。

[1954] **棕刺尻鱼** *Centropyge vrolickii*；（Bleeker，1853）[38]
= 福氏刺尻鱼

背鳍 XIV − 15～16；臀鳍 Ⅲ − 16。

本种体呈长椭圆形（侧面观）。吻短钝。口小。颌齿细长，呈带状排列。前鳃盖骨具锯齿缘；下缘有数枚棘，以最上棘最长。背鳍、臀鳍后缘圆弧形。腹鳍尖长，可达臀鳍起始处。尾鳍后缘圆弧形。体前部淡褐色，后部黑色。为珊瑚礁鱼类。栖息于珊瑚礁、岩礁海区。分布于我国南海、台湾海域，以及日本田边湾以南海域、西太平洋暖水域。体长约10 cm。

[1955] **锈红刺尻鱼** *Centropyge ferrugatus* Randall et Burgess，1972[14]

背鳍 XIV − 17；臀鳍 Ⅲ − 17～18。

本种体呈长椭圆形（侧面观），侧扁。吻陡斜，圆突。口小；颌齿细长，内弯。前鳃盖骨具锯齿缘，隅角有一长棘。间鳃盖骨、主鳃盖骨均具棘。体被大型栉鳞。体背侧黑褐色，体侧上部具黑斑。腹侧红褐色，背鳍、臀鳍边缘黑色，尾鳍暗灰色。胸鳍、腹鳍红黄色。为珊瑚礁鱼类。栖息于珊瑚礁、岩礁海区。分布于我国南海、台湾海域，以及日本田边湾以南海域、菲律宾海域、西太平洋暖水域。体长约10 cm。

1956 **断线刺尻鱼** *Centropyge interruptus*（Tanaka，1918）[38]
= 间刺蝶鱼 *Holacanthus interruptus*

背鳍 XIV － 16；臀鳍 Ⅲ － 17。

本种体呈长椭圆形（侧面观），侧扁。吻短钝，口小，颌齿细，呈带状排列。眶前骨下缘游离，具锯齿和小棘。前鳃盖骨长棘前具2枚小棘。体被强栉鳞。侧线抵达背鳍后部，尾柄另外具侧线。体前半部橙红色，后半部蓝紫色。头部具少许不规则的蓝点或蓝线。尾鳍黄色，有白边。为珊瑚礁鱼类。栖息于珊瑚礁、岩礁海区。分布于我国台湾海域，以及日本相模湾以南海域、太平洋暖水域。体长约16 cm。

▲ 本属我国尚有条尾刺尻鱼 *C. fisheri*，分布我国南海、台湾海域[13]。

1957 **三点阿波鱼** *Apolemichthys trimaculatus* Cuvier，1831 [38][68]（**左幼鱼，右成鱼**）
= 三斑刺蝶鱼 *Holacanthus trimaculatus*

背鳍 XIV － 17～18；臀鳍 Ⅲ － 17～18。

　　本种体呈卵圆形（侧面观），侧扁。吻短；口小，前位；唇厚。颌齿细长，有3个齿尖。犁骨有齿。眶前骨缘不游离，无棘。间鳃盖骨大。上匙骨卵圆形，未被鳞片遮盖。侧线不完全。体橙黄色，头顶和胸鳍基上方各有一黑斑。前鳃盖骨棘和臀鳍下缘黑色。幼鱼背鳍基尚有一黑斑。为珊瑚礁鱼类。栖息于珊瑚礁、岩礁海区。分布于我国南海、台湾海域，以及日本相模湾以南海域、澳大利亚海域、印度−西太平洋暖水域。体长约30 cm[34]。

[1958] 仙女刺鲽鱼 *Holacanthus venustus* Yasuda et Tominaga，1969[38]
= 仙女刺尻鱼 *Centropyge venusta*

背鳍 XIV − 16；臀鳍 III − 15。

　　本种体呈卵圆形（侧面观），侧扁。口小。颌齿细长，有3个齿尖，呈毛刷状排列。犁骨具齿。眶前骨后缘不游离，无棘，前缘有锯齿。间鳃盖骨大，下缘锯齿状。鳃盖鳞9列。侧线不完全。尾鳍后缘圆弧形。体黄色。头背有三角形褐斑，体侧上部褐色。背鳍、臀鳍后部和尾鳍有蓝色斑点。为珊瑚礁鱼类。栖息于珊瑚礁、岩礁海区。分布于我国南海、台湾海域，以及日本伊豆群岛以南海域、西太平洋暖水域。体长约11 cm。

荷包鱼属 *Chaetodontoplus* Bleeker，1876

　　本属物种体呈卵圆形（侧面观），侧扁。口小，前位。颌齿细长，有3个齿尖，呈毛刷状排列。眶前骨后缘不游离，前缘光滑无锯齿。后鼻孔大。体被栉鳞。侧线不完全。背鳍鳍棘至少11枚。我国有6～7种。

1959 蓝带荷包鱼 *Chaetodontoplus septentrionalis*（Temminck et Schlegel，1844）[38][68]
（左幼鱼，右成鱼）
= 九线荷包鱼 = 蓝带刺蝶鱼 *Holacanthus septentrionalis*

背鳍XⅢ - 18～19；臀鳍Ⅲ - 17～19。

本种一般特征同属。体呈卵圆形（侧面观），甚侧扁。口小，颌齿尖。犁骨、腭骨均无齿。前鳃盖骨具锯齿缘，隅角具长棘。尾鳍后缘圆弧形。体褐色，体侧具7～9条蓝黑色波状纵带。背鳍、臀鳍各有2条蓝色纵纹。尾鳍黄色。幼鱼体黑色，头后有一黄色横带。为珊瑚礁鱼类。栖息于岩礁海区。分布于我国南海、台湾海域，以及日本相模湾以南海域、西太平洋暖水域。体长约22 cm。

1960 头纹荷包鱼 *Chaetodontoplus cephalareticulatus* Shen et Lim，1975[37]

背鳍XⅢ - 17；臀鳍Ⅲ - 16；胸鳍17。侧线鳞90。

本种体卵圆形（侧面观），侧扁。吻短钝。口小。齿细小，呈梳状。前鳃盖骨具锯齿缘。侧线达背鳍鳍条部后端。体侧蓝褐色，具平行黄纹。头部有黄色网状纹。尾鳍黄色。为珊瑚礁鱼类。栖息于珊瑚礁、岩礁海区。分布于我国台湾海域，以及日本南部海域、西太平洋暖水域。体长约15 cm。

[1961] **黄头荷包鱼** *Chaetodontoplus chrysocephalus*（Bleeker，1854）[14]

背鳍ⅩⅢ－17～18；臀鳍Ⅲ－17～18；胸鳍17。

本种体呈卵圆形（侧面观）。口小，吻短钝。眶前骨无棘。鳞小，粗糙。成体灰蓝色，体侧具黄色平行细纵纹，头部黄色带略呈网纹状。尾鳍亦黄色。为珊瑚礁鱼类。栖息于岩礁海区。分布于我国台湾海域，以及日本相模湾以南海域、印度尼西亚海域、西太平洋暖水域。体长约22 cm。

注：黄宗国（2012）认为头纹荷包鱼和黄头荷包鱼是同种[13]。沈世杰（2011）认为二者是独立的两种[37]。笔者比较二者虽相似，也存在差别。本书中仍分别介绍，供读者参考。

[1962] **黑身荷包鱼** *Chaetodontoplus melanosoma*（Bleeker，1854）[14]

背鳍ⅩⅢ－17～18；臀鳍Ⅲ－18；胸鳍17。

本种体呈卵圆形（侧面观），侧扁。吻短钝。口小，颌齿细丝状。前鳃盖骨具锯齿缘，隅角有长尖棘。体黑色。头部稍淡，具杂斑。背鳍、臀鳍后缘黄色，胸鳍基有黑斑，腹鳍黑色，尾鳍黄褐色。体色、斑带依个体及性别有差异。为珊瑚礁鱼类。栖息于近海水深稍深的岩礁区。分布于我国台湾海域，以及日本相模湾以南海域、菲律宾海域、印度－西太平洋暖水域。体长约20 cm。

1963 **罩面荷包鱼** *Chaetodontoplus personifer*（McCulloch，1914）[14]

＝澳洲荷包鱼

背鳍XⅢ－20；臀鳍Ⅲ－19；胸鳍18。

Ⅳ
辐鳍鱼纲

本种体呈卵圆形（侧面观），侧扁。口小。颌齿细长，呈绒毛状。眶前骨无棘，前鳃盖骨具锯齿缘。体被小栉鳞。雄鱼体黑色；头灰色，具不规则大黄斑；背鳍、腹鳍前具淡黄色横带。雌鱼体后半部黄褐色；头灰黄色，后具白色横带。尾鳍黄色，内有弯月形黑带。为珊瑚礁鱼类。栖息于岩礁、珊瑚礁海区。分布于我国台湾海域，以及澳大利亚海域、印度－西太平洋暖水域。体长约22 cm[34]。

1964 **眼带荷包鱼** *Chaetodontoplus duboulayi*（Günther，1867）[14]

＝杜宝荷包鱼

背鳍XⅠ－22；臀鳍Ⅲ－20；胸鳍20。

本种体呈卵圆形（侧面观），侧扁。吻短钝，口小。前鳃盖骨具锯齿缘，前鳃盖棘长与眼径同长。体被小栉鳞，侧线不完全。背鳍、臀鳍后部圆弧形。体深褐色；头胸部色较淡，有一黄色宽横带，另一黄带位于尾部处。体侧有许多波状纵纹。为珊瑚礁鱼类。栖息于岩礁、珊瑚礁海区。分布于我国南海、台湾海域，以及印度尼西亚海域、澳大利亚海域、印度－西太平洋暖水域。体长约10 cm。[34]

注：沈世杰（1994，2011）述及單面荷包鱼和眼带荷包鱼可能不产于台湾海域[9, 37]。但黄宗国（2012）做了收录，并记录两鱼产于台湾海域[13]。

1965 **黄尾荷包鱼** *Chaetodontoplus mesoleucus*（Bloch，1787）[38]
= 虫纹荷包鱼

背鳍XII − 17～18；臀鳍III − 17～18。

本种体呈卵圆形（侧面观），侧扁。体暗灰色，腹侧色淡。眼带发达，背鳍、臀鳍暗褐色。体侧密布虫纹状暗斑纹。头部有与眼径等宽的黑色横带。腹鳍色浅，尾鳍黄色。为珊瑚礁鱼类。栖息水深小于20 m。分布于我国台湾海域，以及日本奄美大岛以南海域、菲律宾海域、印度−西太平洋暖水域。体长约18 cm。

（242）帆鳍鱼科 Histiopteridae（6b）
＝五棘鲷科 Pentacerotidae

本科物种体高，侧扁，背部甚隆起。头背颅骨裸露，具辐射状骨质突起。口小，位低。唇厚，有绒毛状小髭。颌齿细，多行。犁骨、腭骨有时具齿。鳃盖骨无棘。背鳍高，具4～14枚强棘。腹鳍大，胸位。尾鳍后缘浅凹。体被小或中等大栉鳞。侧线完全。全球有5属11种，我国有3属3种。

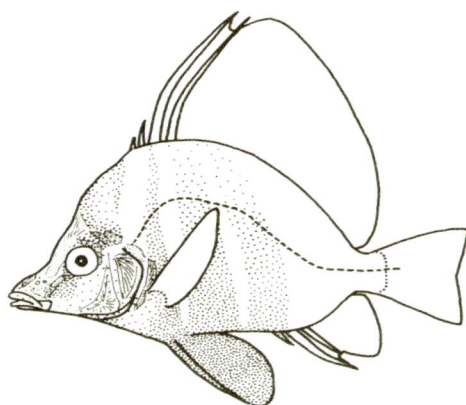

帆鳍鱼科物种形态简图

1966 **帆鳍鱼** *Histiopterus typus* Temminck et Schlegel，1842 [52]

背鳍Ⅳ－27～28；臀鳍Ⅲ－10；胸鳍18。侧线鳞60～66。

本种体呈卵圆形（侧面观），甚侧扁。吻尖锥形，头部背缘陡斜，眼前、眼后均有凹陷。口小，下颌密生小须。两颌具绒毛状齿带，外行呈犬齿状。犁骨、腭骨无齿。背鳍高大如帆。体黑褐色，具4条灰黄色窄横带，奇鳍灰褐色。为暖水性中下层鱼类。栖息于岩礁粗沙底质海区，水深40～400 m。分布于我国东海、南海、台湾海域，以及日本铫子以南海域、澳大利亚海域、印度－太平洋暖水域。体长约35 cm。

1967 **尖吻棘鲷** *Evistias acutirostris*（Temminck et Schlegel，1844） [38]（左幼鱼，右成鱼）
　　= 天狗旗鲷

背鳍Ⅳ－26～29；臀鳍Ⅲ－13；胸鳍17～18。侧线鳞62～65。

本种与帆鳍鱼相似。背鳍高大如帆。背鳍第4鳍棘虽长，但其长度也仅为背鳍鳍条长的1/2。体黑褐色，具5条较宽的浅黄色横带，奇鳍黄色。幼鱼体略呈三角形（侧面观），密布黑斑。为暖水性中下层鱼类。栖息水深40～250 m。分布于我国台湾海域，以及日本南部海域、澳大利亚海域、太平洋暖水域。体长约50 cm。

1968 日本五棘鲷 *Pentaceros japonicus* Döderlein，1883 [48]

背鳍XI～XIV－17～18；臀鳍IV～V－8～10；胸鳍16～18。侧线鳞46～56。

本种体呈椭圆形（侧面观），侧扁。头大，吻尖而长。口小，前位。两颌、犁骨具绒毛状齿，腭骨无齿。体被粗糙中等大栉鳞，颊部被细鳞。背鳍鳍棘部长约占背鳍基底长的1/2。体黄灰褐色，无明显斑纹。腹鳍膜黑色，幼鱼有不规则云状斑。为暖水性中下层鱼类。栖息水深100～400 m。幼鱼栖息于表层。分布于我国东海、台湾海域，以及日本南部海域、澳大利亚海域、西太平洋暖水域。体长约25 cm。

（243）鲕科 Teraponidae（189b）

本科物种体呈长椭圆形（侧面观），稍侧扁。体被小栉鳞。后颞骨与匙骨上部裸露，边缘具锯齿。口前位，颌齿绒毛状，无犬齿。颊部、匙骨部被鳞。前鳃盖骨有锯齿。主鳃盖骨具2枚棘，下棘较长。背鳍连续，XI～XIII－7～14，有深或浅缺刻。臀鳍III－7～12，两鳍基具鳞鞘。腹鳍亚胸位，I－5。尾鳍后缘凹入。全球有37种，我国有4属8种。

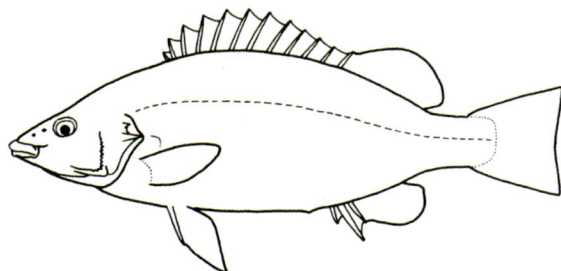

鲕科物种形态简图

鯻属 *Terapon* Cuvier，1817

本属物种一般特征同科。体呈长椭圆形（侧面观），侧线鳞的侧线管不伸至鳞片后缘。颌齿呈绒毛状，外行齿稍扩大。尾鳍浅叉形。体通常有暗带，尾鳍有3～5条黑带。我国有2种。

1969 **细鳞鯻** *Terapon jarbua*（Forskål，1775）
= 花身鯻

背鳍XI～XII－9～11；臀鳍III－7～10；胸鳍13～14。侧线鳞75～100；侧线上鳞13～17。

本种一般特征同属。体呈长椭圆形（侧面观）。吻短钝。口小。绒毛状齿带外行齿扩大，略似犬齿状。背鳍缺刻深。体背侧淡青褐色，腹侧银白色。鳍棘部多有大黑斑。体侧具弧形黑色纵带，幼鱼纵带显著。尾鳍有3～5条黑色带。为暖水性底层鱼类。栖息于沿海浅水至咸淡水水区。分布于我国东海、南海、台湾海域，以及日本南部海域、印度–太平洋暖水域。体长约30 cm。

1970 **鯻** *Terapon theraps*（Cuvier，1829）[15]
= 条纹鯻

背鳍XI～XII－9～11；臀鳍III－7～9；胸鳍14～15。侧线鳞46～56；侧线上鳞6～8。

本种与细鳞鯻相似。鳞片较大，侧线上鳞6～8行。外侧一行颌齿较大，为圆锥状。后颞骨外露，边缘有小锯齿。匙骨具3～7枚锯齿。体背侧褐色，腹侧银白色。体侧有黑褐色纵带。为暖水性底层鱼类。栖息于近岸内湾沙泥底质海区。分布于我国东海、南海、台湾海域，以及日本南部海域、印度–西太平洋暖水域。体长约25 cm。

1971　**列牙鯻** *Pelates quadrilineatus*（Bloch，1790）[37]

　　= 四带牙鯻 = 四线列牙鯻 *Terapon quadrilineatus*

背鳍XII～XIII－9～11；臀鳍III－9～10；胸鳍13～16。侧线鳞66～75；侧线上鳞9～11。

　　本种体长椭圆形（侧面观），侧扁。头中等大，吻短钝。后颞骨后部被以皮肤、鳞片。眼中等大，侧上位。口小，前位。颌齿圆锥形，上颌齿3行，下颌齿2行，外行齿不扩大。背鳍缺刻深。体背侧褐色，腹侧淡褐色。体侧有4～6条暗褐色纵带。背鳍鳍棘部和肩部各有一黑斑。为暖水性底层鱼类。栖息于沿岸沙泥底质海区或岩礁海区。分布于我国南海、台湾海域，以及日本南部海域、西太平洋暖水域。体长约24 cm。

▲ 本属我国尚有六线列牙鯻 *P. sexlineatus*、清澜牙鯻 *P. qinglanensis*，分布于我国台湾海域、南海[13, 37]。

1972　**突吻鯻** *Rhyncopelates oxyrhynchus*（Temminck et Schlegel，1842）[38]

　　= 尖吻鯻

背鳍XII－9～11；臀鳍III－7～9；胸鳍13～14。侧线鳞58～80；侧线上鳞10～11。

　　本种体呈长椭圆形（侧面观），侧扁。头长，吻尖，吻长大于眼径。后颞骨后部扩张，外露，后缘呈锯齿状。颌齿细小，齿尖不分叉，带状排列，外行齿扩大。背鳍缺刻浅，尾鳍后缘浅凹入。体浅褐色，体侧有4条黑色纵带，背鳍有红褐色缘。为暖水性底层鱼类。栖息于沿海浅水及河口区。分布于我国南海、台湾海域，以及日本南部海域、菲律宾海域、西太平洋暖水域。体长约33 cm。

中锯鯻属 *Mesopristes* Bleeker，1873

本属物种体呈长椭圆形（侧面观），侧扁。眼后至背鳍前稍隆起。头中等大，吻尖长。眼大，上侧位。口中等大，颌齿细小，外行齿扩大。前鳃盖骨隅角锯齿较大。尾鳍后缘凹入。我国有2种。

1973 **格纹中锯鯻** *Mesopristes cancellatus*（Cuvier，1829）[37]
= 格纹鯻 *Terapon cancellatus*

背鳍XI~XII－10~11；臀鳍III－8~9；胸鳍13~16。侧线鳞48~58；侧线上鳞6~8。

本种一般特征同属。体呈长椭圆形（侧面观）。吻尖长。上颌较下颌长而突出。唇厚，上唇有肉质突。前、后鼻孔接近。背鳍鳍条部外缘直线状，甚至稍凹入。体灰褐色，体侧有斑纹；上半部横带色淡，与3条黑色纵带交叉；下半部仅有1条纵带。为暖水性底层鱼类。栖息于近海河口，可进入河川。分布于我国南海、台湾海域，以及日本八重山群岛海域、太平洋暖水域。体长约30 cm。

1974 **银中锯鯻** *Mesopristes argenteus*（Cuvier，1829）[38]
= 纪岛鯻

背鳍XII－10~11；臀鳍III－8~9；胸鳍12~14。侧线鳞52~58；侧线上鳞6~8。

本种与格纹中锯鯻相似。上颌突出。背鳍前稍隆起。前、后鼻孔分离，背鳍鳍条部外缘圆弧形。成鱼无斑纹，幼鱼有纵带。体淡黄褐色，背鳍、胸鳍、尾鳍黄色。腹鳍、臀鳍黑色。为暖水性底层鱼类。栖息于近海咸淡水域。分布于我国台湾海域，以及日本八重山群岛海域、西太平洋暖水域。体长约27 cm。

（244）汤鲤科 Kuhliidae （91b）

本科物种体呈长椭圆形（侧面观），侧扁。头较小。眼大，侧上位。口较大，无上颌辅骨。颌齿细小，呈带状排列。犁骨具齿，腭骨有或无齿。前鳃盖骨有锯齿。鳃盖骨有2枚棘。体被栉鳞，侧线完全。背鳍连续，有缺刻，鳞鞘发达。臀鳍有3枚棘，亦具鳞鞘。本科仅有1属10种，我国有4种。

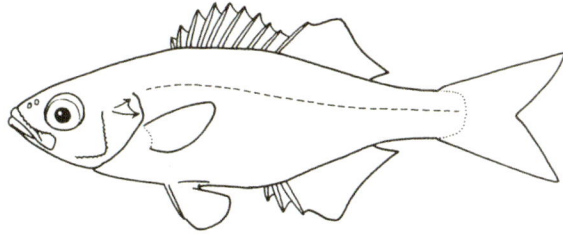

汤鲤科物种形态简图

汤鲤属 *Kuhlia* Gill，1861

本属物种特征同科。

1975 **緇形汤鲤** *Kuhlia mugil*（Forster，1801）[38]
= 花尾汤鲤 *K. kaeniura*

背鳍Ⅹ－10～12；臀鳍Ⅲ－10～11；侧线鳞48～56。鳃耙8～10＋21～26。

本种体呈长椭圆形（侧面观），甚侧扁。吻较尖长。两颌与犁骨、腭骨均具小齿。体被栉鳞。背鳍具强棘，中部有缺刻。腹鳍胸位，尾鳍叉形。体背侧青褐色，腹侧银白色。尾鳍中部有1条黑色纵带，上、下叶各有2条黑色斜带。为暖水性底层鱼类。栖息于岩礁海区。分布于我国南海、台湾海域，以及日本南部海域、印度－西太平洋暖水域。体长约30 cm。

IV
辐鳍鱼纲

1976 **大口汤鲤** *Kuhlia rupestris*（Lacépède，1802）[14]

背鳍Ⅹ－10～12；臀鳍Ⅲ－9～10；侧线鳞41～44。鳃耙5～6＋15～18。

　　本种与鲻形汤鲤相似。尾鳍后缘分叉较浅。体背侧浅褐色，腹侧银白色，头侧和体侧遍布小黑点。成鱼尾鳍黑色，两叶尖端橙黄色。幼鱼两叶中部有黑斑。为暖水性底层鱼类。栖息于近海咸淡水区，可进入江河。分布于我国南海、台湾海域，以及琉球群岛海域、印度-西太平洋暖水域。体长约40 cm。

1977 **邦宁汤鲤** *Kuhlia boninensis*（Fowler，1907）[38]

背鳍Ⅹ－11；臀鳍Ⅲ－11；侧线鳞48～51。鳃耙9＋22～24。

　　本种体呈长椭圆形（侧面观），侧扁。体较高，头背缘近直线状。体背侧青灰色，腹侧银白色。体无任何斑纹。成鱼尾鳍黑色。幼鱼则尾鳍基和两叶末端黑色。为暖水性底层鱼类。栖息于近海咸淡水区，可进入江河。分布于我国南海，以及日本小笠原群岛海域、中西太平洋暖水域。体长约15 cm。

1978 **黑边汤鲤** *Kuhlia marginata*（Cuvier，1829）[37]

背鳍Ⅹ－10～12；臀鳍Ⅲ－11～12；胸鳍13～15。侧线鳞44～53。鳃耙7～9＋1＋14～19。

　　本种与邦宁汤鲤相似。体较低，头背缘稍隆起。体背侧部灰褐色，散布小暗斑，腹侧银白色。尾鳍后缘黑色，背鳍有黑斑。为暖水性底层鱼类。栖息于近海咸淡水区。分布于我国南海、台湾海域，以及日本南部海域、菲律宾海域、澳大利亚海域、中西太平洋暖水域。体长约25 cm。

（245）石鲷科 Oplegnathidae（4b）

　　本科物种体高，呈椭圆形（侧面观），侧扁。吻钝尖。口小，前位，不能伸缩。上颌骨不为眶前骨遮盖。犁骨、腭骨无齿。前鳃盖骨具锯齿缘，主鳃盖骨有1枚扁棘。体被小栉鳞，侧线完全。背鳍连续。胸鳍短。腹鳍胸位。尾鳍后缘截形或浅凹入。全球仅有1属7种，我国有2种。为海水增养殖鱼类。

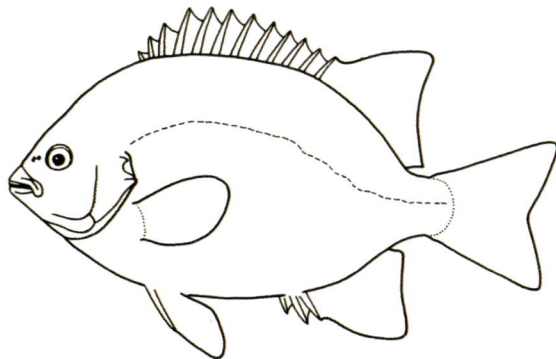

石鲷科物种形态简图

石鲷属 *Oplegnathus* Richardson，1840

　　本属物种特征同科。

1979 条石鲷 *Oplegnathus fasciatus*（Temminck et Schlegel，1844）

背鳍Ⅺ～Ⅻ－17～18；臀鳍Ⅲ－12～13。

本种一般特征同科。体呈椭圆形（侧面观），甚侧扁。两颌齿愈合成鹦鹉喙状。体背侧有7条深褐色横带；但雄鱼横带不明显，口周围变黑色。腹鳍黑色，奇鳍有黑缘。为暖温性中下层鱼类。栖息于岩礁海区。分布于我国黄海、东海、台湾海域，以及日本海域、朝鲜半岛海域、西北太平洋温暖水域。体长约80 cm。

1980 斑石鲷 *Oplegnathus punctatus*（Temminck et Schlegel，1844）[68]
= 圆石鲷

背鳍Ⅻ－15～16；臀鳍Ⅲ－13。

本种与条石鲷相似。体灰褐色，密布黑褐色圆斑。雄鱼黑斑消失，口周边变白色。为暖水性中下层鱼类。栖息于岩礁海区。幼鱼随流藻漂浮于水面。分布于我国黄海、东海、南海、台湾海域，以及日本本州中部以南海域、太平洋暖水域。体长约86 cm。

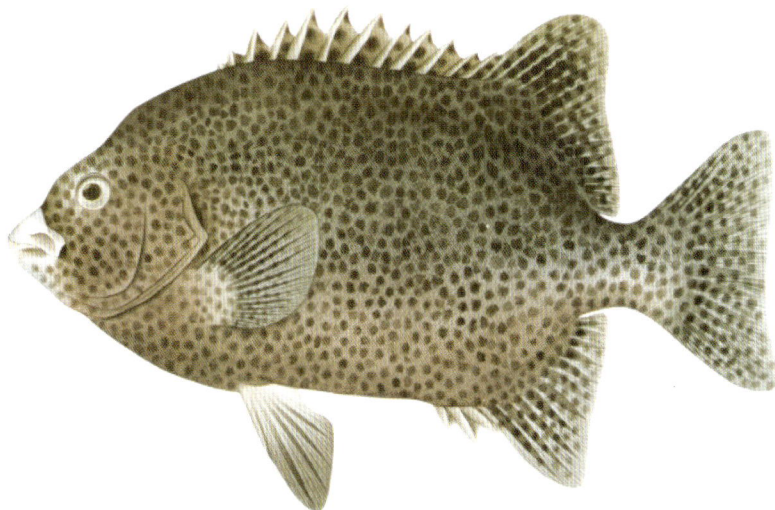

（246）白鲳科 Ephippidae（204a）

本科物种体极高，侧面观近圆形或略呈菱形，甚侧扁。头短，吻钝。眼大。口小，前位。上颌骨为眶前骨遮盖。颌齿细，呈毛刷状；或齿大，门齿状，具三齿峰。腭骨无齿，鳃膜与峡部相连。

体被中型圆鳞或小型栉鳞，背鳍、臀鳍大部分被鳞。侧线完全。背鳍连续，中间有或无缺刻。尾鳍后缘双凹形。全球有8属16种，我国有2属5种。

注：Nelson（2006）、沈世杰（2011）、黄宗国（2012）已将白鲳科Ephippidae和金钱鱼科Scatophagidae移入刺尾鱼亚目Acanthuroidei中[3, 37, 13]。笔者仍据刘瑞玉（2008）将本科留置于鲈亚目中[10]。

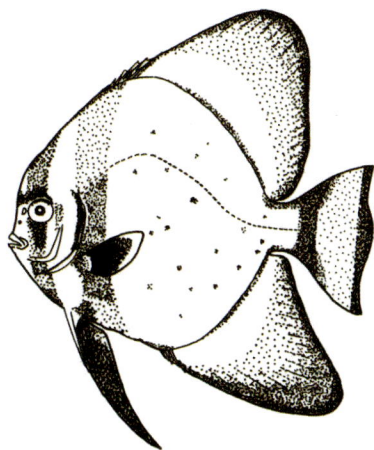

白鲳科物种形态简图

1981　白鲳 *Ephippus orbis*（Bloch，1787）[15]
　　＝圆白鲳

背鳍Ⅸ－19～20；臀鳍Ⅲ－15～16。侧线鳞42～45。

本种体高，近圆形（侧面观），侧扁。吻短，口小。颌齿尖细，呈毛刷状，宽齿带。犁骨、腭骨无齿。背鳍连续，缺刻深，前方有一平卧棘，第3～5鳍棘呈丝状延长。胸鳍短，腹鳍第1鳍条延长，尾鳍双凹形。体银灰色，体侧有6条暗褐色横带。鳞片圆，有黑纹。各鳍浅黄褐色。为暖水性中下层鱼类。栖息于近海岩礁或珊瑚礁区，水深10～30 m。分布于我国东海、南海、台湾海域，以及日本九州海域、冲绳海域，印度－太平洋热带水域。体长约25 cm。

燕鱼属 *Platax* Cuvier，1817

本属物种体高，略呈菱形（侧面观），甚侧扁。头短，背缘高斜。口小。颌齿侧扁，多行，具三尖峰。犁骨具齿，腭骨无齿。前鳃盖骨后缘光滑。体被小栉鳞。背鳍连续，无缺刻。背鳍前方无倒向棘。幼鱼背鳍、臀鳍前部鳍条甚延长，呈镰刀状。腹鳍甚长，超越臀鳍起点。尾鳍后缘双凹形。体侧有1～3条横带。我国有4种。

1982 **燕鱼** *Platax teira*（Forskål，1775）[38]（左幼鱼，右成鱼）
＝泰勒海燕 ＝尖翅燕鱼

背鳍Ⅴ－30～32；臀鳍Ⅲ－23～24；胸鳍18。侧线鳞56～66。

本种一般特征同属。背鳍连续，无缺刻。下颌有5对颏孔。吻前平直，不凹入。颌齿门齿状，3个尖峰几乎等大。成鱼头部明显隆起，幼鱼腹鳍显著长大。尾鳍后缘双凹形。体褐色，腹侧淡褐色，体侧有3条横带。腹鳍基部后方有黑斑；奇鳍具黑边。为暖水性中上层鱼类。集群栖息于沿海中层水域，幼鱼随流木等漂游。分布于我国南海、台湾海域，以及日本钏路以南海域、印度－西太平洋暖水域。体长约33 cm。

1983 圆燕鱼 *Platax orbicularis*（Forskål，1775）[52]
　　= 圆眼燕鱼

背鳍Ⅴ－34～38；臀鳍Ⅲ－26～28；胸鳍17～18。侧线鳞46～50。

　　本种与燕鱼相似。下颌有5对颏孔，幼鱼各鳍无红边。吻前缘稍凹。颌齿的中间齿峰大。犁骨无齿。体灰褐色，体侧有2～3条暗横带，横带中混杂小黑点。幼鱼体侧有灰色斑点。为暖水性中上层鱼类。栖息于沿岸浅海或珊瑚礁海区，水深10～25 m。幼鱼呈枯叶拟态漂移。分布于我国南海、台湾海域，以及琉球群岛海域、印度-西太平洋暖水域。体长约35 cm。

1984 弯鳍燕鱼 *Platax pinnatus*（Linnaeus，1758）[38]（左幼鱼，右成鱼）
　　= 圆翅燕鱼

背鳍Ⅴ－36～37；臀鳍Ⅲ－25～27；胸鳍18～19。侧线鳞44～53。

本种眼小，靠近头前背缘。吻短。口小，端位。下颌颏孔4对。颌齿有3个齿尖，中间齿尖长度最长。犁骨有齿。体灰绿褐色，头部有穿过眼部的横带。从背鳍起点到腹鳍起点有一宽横带。腹鳍黑色，胸鳍黄色。幼鱼各鳍边缘红色。为暖水性中上层鱼类。栖息于珊瑚礁海域。分布于我国台湾海域，以及日本奄美大岛以南海域、印度－西太平洋暖水域。体长约22 cm。

▲ 本属我国尚有印尼燕鱼 *P. batavianus*，分布于我国东海、南海、台湾海域[13]。

（247）金钱鱼科 Scatophagidae（209a）

本科物种体呈椭圆形（侧面观），侧扁。头较小。口小，前位，不能伸缩。上颌骨为眶前骨遮盖。颌齿弱，具3个齿带。犁骨、腭骨无齿。前鳃盖骨具细齿缘，鳃膜愈合成皮褶。体被小栉鳞。背鳍连续，有缺刻，前方有一平卧棘。臀鳍具4枚强棘。尾鳍后缘双凹形。全球有2属4种，我国仅有1属1种。

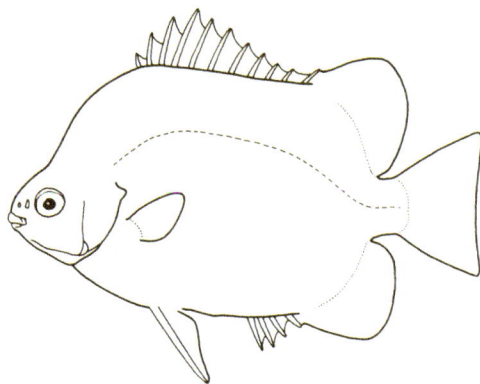

金钱鱼科物种外形简图

1985 金钱鱼 *Scatophagus argus*（Linnaeus，1766）

背鳍 X ~ XI － 16 ~ 18；臀鳍IV － 14 ~ 15；胸鳍17。侧线鳞85 ~ 120。

本种一般特征同科。鳃膜与峡部愈合。体被小栉鳞。臀鳍鳍棘4枚。背鳍有一向前倒棘。尾鳍后缘双凹形。体背侧褐色，腹侧银白色。体侧散布大小不一的黑褐色圆斑。幼鱼有头部被骨板的阶段。为暖水性中下层鱼类。栖息于近岸岩礁海区或海藻丛水域，常进入内湾咸淡水区或河流。分布于我国东海、南海、台湾海域，以及日本和歌山以南海域、印度－太平洋暖水域。体长约35 cm。

（248）䲢科 Cirrhitidae （216a）

本科物种体呈长椭圆形（侧面观），稍侧扁。体被栉鳞或圆鳞。口前位。颌齿细小，有犬齿。犁骨具齿，腭骨有齿。前鳃盖骨缘有锯齿。主鳃盖骨有2枚扁棘。背鳍Ⅹ－11～17；棘间膜有缺刻；鳍棘部基底长稍大于鳍条部基底长。胸鳍下部鳍条肥厚，无分支。全球有8属33种，我国有6属11种。

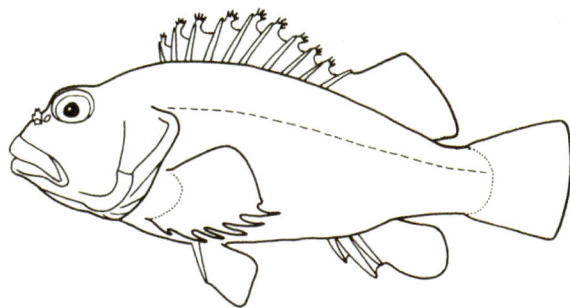

䲢科物种形态简图

1986 䲢 *Cirrhitus pinnulatus*（Forster，1801）[15]
＝翼䲢

背鳍Ⅹ－11；臀鳍Ⅲ－6；胸鳍1＋6＋5。侧线鳞39～44。

本种体呈长椭圆形（侧面观），侧扁。眼上缘隆起。吻稍短钝。口小，斜裂，末端达眼前缘下方。两颌与犁骨、腭骨均具齿。前鳃盖骨具尖锯齿。棘膜具簇须状突起。胸鳍下部鳍条肥大，无分支。体被中等大栉鳞。体淡褐色，腹侧白色。体侧密布褐色斑点。栖息于珊瑚礁外缘海域，穴居。分布于我国南海、台湾海域，以及日本屋久岛以南海域、印度－太平洋暖水域。体长约25 cm。

1987 双斑钝𫚥 *Amblycirrhitus bimacula* (Jenkins，1903)[14]

= 双斑丝鳍鹰𫚥

背鳍Ⅹ－11；臀鳍Ⅲ－6；胸鳍1＋8＋5。侧线鳞48。

本种体呈长椭圆形（侧面观），侧扁。吻尖长。眼大，靠近头背缘。背鳍鳍棘膜与鼻瓣均具簇须状突起。胸鳍上部鳍条8枚，下部有5枚无分支但延长的鳍条。体被圆鳞。体淡褐色，具10条不规则的褐色横带。鳃盖和背鳍鳍条部各具一黑色眼状斑。栖息于珊瑚礁海区。分布于我国南海、台湾海域，以及美国夏威夷海域、印度－太平洋暖水域。体长约10 cm。

▲ 本属我国尚有单斑钝𫚥 *A. unimacula*，背鳍鳍条基底处有一具白边的大黑斑[37]。分布于我国东海、台湾海域。

副𫚥属 *Paracirrhites* Bleeker，1874

本属物种体呈长椭圆形（侧面观），甚侧扁。吻短钝，前鳃盖骨边缘或有锯齿。颌齿细小，有犬齿。犁骨具齿，腭骨无齿。体被细小圆鳞，侧线鳞45～51枚。胸鳍上部鳍条不超过6枚，下部为无分支的肥大鳍条。背鳍每一棘膜皆有簇须状延长。我国有2种。

1988 夏威夷副𫚥 *Paracirrhites arcatus* (Cuvier，1829)[38]

= 副𫚥

背鳍Ⅹ－11；臀鳍Ⅲ－6；胸鳍1＋5～6＋6～7。侧线鳞45～50。

本种一般特征同属。体淡黄褐色，背部色较深。眼后具一U形眼镜状斑。间鳃盖上有3条黄色带。栖息于珊瑚礁海区。分布于我国南海、台湾海域，以及日本田边湾以南海域、澳大利亚海域、印度－太平洋暖水域。体长约13 cm。

1989 雀斑副鹟 *Paracirrhites forsteri* （Schneider，1801）[38]

= 福氏副鹟

背鳍 X－11；臀鳍 Ⅲ－6；胸鳍1＋6＋6。侧线鳞45～49。

本种与夏威夷副鹟相似。体黄褐色，沿背侧至侧线有一宽纵带，纵带后部色深。头与躯干前部散布许多暗红色斑点。栖息于珊瑚礁海区。分布于我国南海、台湾海域，以及日本田边湾以南海域、印度-太平洋暖水域。体长约20 cm。

1990 尖吻鹟 *Oxycirrhites typus* （Bleeker，1857）[38]

背鳍 X－13；臀鳍 Ⅲ－7；胸鳍1＋6～7＋5～6。侧线鳞51～53。

本种体呈长梭形，侧扁。头背缘平直。吻突出，呈长管状。背鳍鳍棘膜有簇须状突起，鳍棘部基底长于鳍条部。胸鳍下部鳍条长而肥大。体红褐色，体侧有纵横交错的方格状暗斑纹。栖息于岩礁海区及扇形柳珊瑚群落中。分布于我国台湾海域，以及日本相模湾以南海域、印度-太平洋暖水域。体长约10 cm。

1991 **长鳍鲤鱼翁** *Cyprinocirrhites polyactis*（Bleeker，1874）[38]
= 多棘鲤鱼翁

背鳍X－16～17；臀鳍Ⅲ－6；胸鳍1＋7＋6。侧线鳞47～49。

本种体呈长椭圆形（侧面观），侧扁。吻短钝，眼上缘有浅凹。口小，斜裂。颌齿细，外行有犬齿。前鳃盖骨锯齿尖锐。背鳍鳍棘膜有簇须状突起，第1鳍条呈丝状延长。胸鳍不分支鳍条长。尾鳍深叉形，上、下叶略呈丝状延长。体淡黄褐色，各鳍浅黄色，背鳍鳍棘上缘色暗。为珊瑚礁鱼类。栖息于岩礁海区。分布于我国南海、台湾海域，以及日本和歌山以南海域、澳大利亚海域、印度-西太平洋暖水域。体长约15 cm。

金鱼翁属 *Cirrhitichthys* Bleeker，1857

本属物种体呈长椭圆形（侧面观），侧扁。头较小。口小。颌齿绒毛状，下颌有犬齿。犁骨、腭骨有齿。前鳃盖骨有尖的大锯齿，主鳃盖骨具棘。背鳍第1鳍条或呈丝状延长。胸鳍下部有6～7枚不分支鳍条，略延长。我国有4种。

1992 **金鱼翁** *Cirrhitichthys aureus*（Temminck et Schlegel，1843）[15]

背鳍X－12；臀鳍Ⅲ－6；胸鳍1＋6～7＋6～7。侧线鳞40～44。

本种一般特征同属。体呈长椭圆形（侧面观），侧扁。头背缘显著隆起。眼上方深凹陷。体被圆鳞。背鳍第1鳍条呈丝状延长。胸鳍下部有6枚鳍条不分支。尾鳍后缘浅凹入。体红黄色。体侧有5条不甚明显的暗横斑，其间尚有小斑点。为珊瑚礁鱼类。栖息于沿海

水深稍深的岩礁崖边区域。分布于我国东海、南海、台湾海域，以及日本相模湾以南海域、印度-西太平洋温暖水域。体长约14 cm。

1993 **斑金䱵** *Cirrhitichthys aprinus*（Cuvier，1829）[38]

背鳍 X－12；臀鳍 Ⅲ－6；胸鳍 1＋7＋7。侧线鳞41～45。

本种体稍低，呈长椭圆形（侧面观）。胸鳍下部有7枚不分支软条。体淡褐色，头、体有许多暗红色斑块。鳃盖有一黑色眼状斑。为暖水性中下层鱼类。栖息于低潮线到水深40 m的岩礁海区。分布于我国南海、台湾海域，以及日本相模湾以南海域、印度-西太平洋暖水域。体长约12 cm。

1994 **真丝金䱵** *Cirrhitichthys falco* Randall，1963 [38]
＝鹰金䱵

背鳍 X－12；臀鳍 Ⅲ－6；胸鳍 1＋6～7＋7。侧线鳞42～43。

本种体呈长椭圆形（侧面观）。体淡褐色，布有5条黄褐色横斑，前两个横斑尚有许多小黑点。背鳍有大红斑，尾鳍有红色小斑点。栖息于珊瑚礁或岩礁的崖边水域。分布于我国南海、台湾海域，以及日本和歌山海域、琉球群岛海域、澳大利亚海域、印度-太平洋暖水域。体长约6 cm。

1995 尖头金鳎 *Cirrhitichthys oxycephalus*（Bleeker，1855）[14]

背鳍Ⅹ－12；臀鳍Ⅲ－6；胸鳍1＋7＋7。侧线鳞39～41。

本种体呈长椭圆形（侧面观），侧扁。头背缘直线状，吻短而钝尖。口小。两颌具绒毛状细齿，下颌有犬齿。犁骨、腭骨具齿。前鳃盖骨后缘有强锯齿。背鳍以第5鳍棘最长，第1鳍条稍长。胸鳍不分支，鳍条达肛门。体淡褐色，腹侧银白色。头、体具4纵列褐色斑块。为珊瑚礁鱼类。栖息于浅水岩礁、珊瑚礁海区。分布于我国南海、台湾海域，以及印度－太平洋暖水域。体长约9 cm。

注：斑金鳎 *C. aprinus* 和本种曾被视为同种[9]。但两者斑纹分布有一定差别。

（249）唇指鳎科 Cheilodactylidae（216b）
＝鹰鳎科 Aplodactylidae

本科物种体呈长椭圆形（侧面观），侧扁。体被中等大圆鳞。口小，位低，唇厚。颌齿细小，绒毛状。犁骨、腭骨无齿。上颌骨外露。前鳃盖骨、主鳃盖骨后缘无棘。背鳍ⅩⅦ～ⅩⅩ－19～39。胸鳍下部有4～7枚肥厚且不分支的鳍条。全球有5属22种，我国有1属3种。

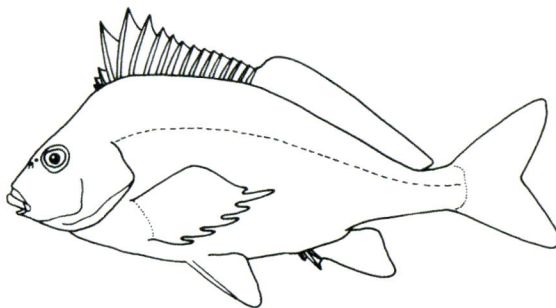

唇指鳎科物种形态简图

唇指鎓属 *Cheilodactylus* Lacépède，1803
= 鹰鎓属

本属物种一般特征同科。通常颌齿细小，圆锥状，前端多行。眼前上方有乳状突起。鳃盖骨后缘有一半圆形缺刻。背鳍有17～20枚鳍棘。胸鳍下部具6～8枚肥厚且不分支的鳍条。

[1996] **四角唇指鎓** *Cheilodactylus quadricomis* Günther，1860 [68]
= 素尾鹰鎓 *Goniistius quadricornis* = 背带鹰鎓

背鳍 XVII－28；臀鳍 III－9；胸鳍14。侧线鳞57。

本种一般特征同属。体呈长椭圆形（侧面观），侧扁。头后隆起，眼上凹陷。口小，向下，唇厚。颌齿尖，齿带宽，外行齿较大。胸鳍下部鳍条延长而肥大。背鳍、臀鳍具鳞鞘。体淡灰褐色，具8条黑褐色斜带。胸鳍白色，有红缘。尾鳍下叶黑色。为暖水性中下层鱼类。栖息于岩礁浅海区。分布于我国南海、台湾海域，以及日本本州中部以南海域、西太平洋暖水域。体长约35 cm。

[1997] **斑唇指鎓** *Cheilodactylus zebra*（Döderlein，1883）[38]
= 斑马鹰鎓

背鳍 XVII－33；臀鳍 III－8；胸鳍14。侧线鳞65。

本种体灰褐色，头、体具暗褐色斜带9条。通过眼的斜带可达胸鳍。口唇部红色。尾鳍下叶暗褐色，与体侧最后一条斜带相连。为暖水性中下层鱼类。栖息于近岸岩礁浅海区。分布于我国台湾海域，以及日本相模湾以南海域、西北太平洋暖水域。体长约27 cm。

1998 花尾指鰡 *Cheilodactylus zonatus*（Cuvier，1830）[7]
= 鹰斑鰡 *Goniistius zonatus*

背鳍XVII－32；臀鳍III－8；胸鳍14。侧线鳞62。

本种体略呈长椭圆形（侧面观），侧扁。体银灰色，具红褐色斜带9条。尾鳍黄褐色，具红缘，散布乳白色小圆点。为暖水性中下层鱼类。栖息于岩礁浅海区。分布于我国南海、台湾海域，以及日本相模湾以南海域、西太平洋暖水域。体长约36 cm。

（250）赤刀鱼科 Cepolidae（3a）

本科物种通常体延长，呈带状，背鳍、臀鳍与尾鳍相连。欧氏鰧类（Owstoniinae）例外，其体延长，但不呈带状，背鳍、尾鳍、臀鳍也不相连。不过二者的下咽骨均不愈合。全球有4属19种，我国有4属7种。

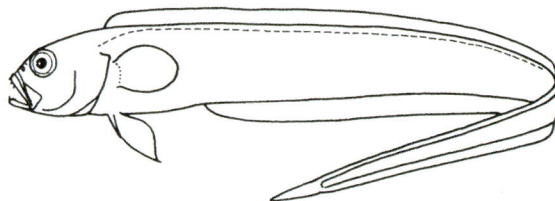

赤刀鱼科物种形态简图

欧氏鰧属 *Owstonia* Tanaka，1908

本属物种体甚长，体长为体高的3～4倍，侧扁。吻短，眼大。眼间隔稍隆起。口大，近直立形。颌齿1行，圆锥状犬齿，上颌骨达瞳孔下方。前鳃盖骨后缘有棘状锯齿，鳃盖骨无棘。背鳍具3枚弱棘，臀鳍具1枚弱棘。体被圆鳞，侧线不完全。我国有2种。

[1999] **土佐欧氏鰧** *Owstonia tosaensis* Kamohara，1934[38]

背鳍Ⅲ－23；臀鳍Ⅰ－16；胸鳍20。侧线鳞约60。

　　本种一般特征同属。体延长，侧扁。口大，斜裂。两颌犬齿1行，而下颌前部2行。犁骨、腭骨均无齿。体被圆鳞，颊部有鳞。尾鳍中间鳍条延长且尖。侧线沿背鳍基纵走，但左、右侧线不相连。体背侧淡红色，腹侧银白色，奇鳍黄色。为暖水性底层鱼类。栖息水深达200 m。分布于我国南海、台湾海域，以及日本熊野滩海域、土佐湾海域，西北太平洋暖水域。体长约33 cm。

[2000] **图图欧氏鰧** *Owstonia totomiensis* Tanaka，1908[38]
＝裸颊欧氏鰧＝底欧氏鰧

背鳍Ⅲ－20～21；臀鳍Ⅰ－13～14；胸鳍20～21。侧线鳞约55。

　　本种与土佐欧氏鰧相似。体前部高，向后急剧变细。体被圆鳞，颊部无鳞。左、右侧线在背鳍起始处前方连接。体侧橙红色，腹侧色稍淡。为暖水性底层鱼类。栖息水深达200 m。分布于我国台湾海域，以及日本骏河湾海域、土佐湾海域，印度–西太平洋暖水域。体长约34 cm。

2001 **赤刀鱼** *Cepola schlegeli* （Bleeker，1854）[38]

= 史氏赤刀鱼

背鳍68～70；臀鳍60～64；胸鳍19。

本种体细长如鳗，侧扁。吻钝。口大，斜裂。两颌犬齿1行，犁骨、腭骨无齿。前鳃盖骨后缘呈圆弧形且光滑。背鳍、臀鳍长，与尾鳍相连。肛门位于胸鳍后下方。体鲜红色，前颌骨与上颌骨间膜具细长黑斑。为暖水性底层鱼类。栖息水深达100 m。分布于我国南海、台湾海域，以及日本本州中部以南海域、印度-西太平洋暖水域。体长约50 cm。

棘赤刀鱼属 *Acanthocepola* Bleeker，1874

本属物种体延长，略呈带状，体长为体高的7.4倍以上。口大，斜裂。颌齿细弱，齿尖微向后弯。前鳃盖骨隅角有1枚棘，下缘有4～8枚小棘。侧线完全。颌骨间膜无黑斑。背鳍、臀鳍甚长，分别与尾鳍相连。我国有3种。

2002 **背点棘赤刀鱼** *Acanthocepola limbata* （Valenciennes，1835）[38]

背鳍102～104；臀鳍105～107；胸鳍18。

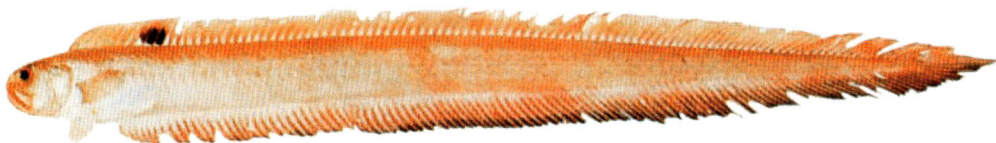

本种一般特征同属。体甚低，呈带状，体长为体高的13倍左右。口大，斜裂。两颌均具犬齿。前鳃盖骨后缘具6～7枚锐棘。体被小圆鳞。体鲜红色，背鳍前部有一黑斑。为暖水性底层鱼类。栖息于沙泥底质海区，水深80～100 m。分布于我国南海、台湾海域，以及日本本州中部以南海域、西太平洋暖水域。体长约50 cm。

45
鲈
形
目

2003 印度棘赤刀鱼 *Acanthocepola indica*（Day，1888）

背鳍约85；臀鳍约100；胸鳍17。

本种与背点棘赤刀鱼相似。体稍细长，甚侧扁，体长约为体高的7倍。口大，斜裂。两颌各具1行犬齿，犁骨、腭骨无齿。前鳃盖骨后缘具5枚锐棘。体浅红色，体侧有许多橙黄色细长横带，背鳍前部有不明显的黑斑。为暖水性底层鱼类。栖息水深超过100 m。分布于我国南海、台湾海域，以及日本相模湾以南海域、印度–西太平洋暖水域。体长约35 cm。

2004 克氏棘赤刀鱼 *Acanthocepola krusensterni*（Temminck et Schlege，1845）[15]

背鳍78～82；臀鳍76～82；胸鳍19。

本种与印度棘赤刀鱼相似。口大，两颌各具1行锐齿。前鳃盖骨后缘有5枚棘。体较细长，体长约为体高的8倍。体红色，背鳍前部无黑斑，体侧有许多橙黄色小圆斑。为暖水性底层鱼类。栖息于沙泥底质海区。分布于我国东海、南海、台湾海域，以及日本南部海域、澳大利亚海域、西太平洋暖水域。体长约40 cm。

▲ 本科我国尚有带状拟赤刀鱼 *Pseudocepola taeniosoma*，分布于我国台湾海域[13]。

（251）海鲫科 Embiotocidae（2a）

本科物种体呈卵圆形（侧面观），侧扁。头小，吻尖。每侧鼻孔2个。口较小，前位，前颌骨能伸缩。颌齿圆锥状，犁骨、腭骨均无齿。左、右下咽骨愈合，呈三角形。前鳃盖骨缘光滑，主鳃盖骨无棘。体被小圆鳞，侧线完全。背鳍连续，鳞鞘发达。腹鳍胸位。尾鳍叉形。全球有13属23种，我国有2种。

　　注：基于海鲫科物种左、右下咽骨愈合这一重要特征，已被许多鱼类学者将其与丽鱼科、雀鲷科与隆头鱼科一起归于隆头鱼亚目[3, 37, 13]。但海鲫仍存在许多鲈亚目物种共性，故本书中仍将其作为1个总科与鳚总科等物种保留于鲈亚目中[2, 12]。

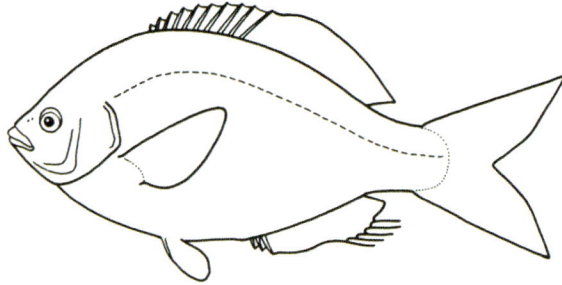

海鲫科物种形态简图

2005 **海鲫** *Ditrema temmincki* Bleeker，1853[15]

背鳍Ⅸ~Ⅺ－19~22；臀鳍Ⅲ－25~28。

　　本种一般特征同科。体呈卵圆形（侧面观），侧扁。尾鳍叉形，但尾鳍两叶末端不尖长。体银灰色，腹侧银白色。从眼至上颌后端常有2条褐色斜线。腹鳍基底呈黑色或有一黑点。存在体色变异的个体。为暖温性中下层鱼类。栖息于马尾藻藻场、岩礁海区。分布于我国渤海、黄海，以及日本北海道以南海域、朝鲜半岛海域、西北太平洋温暖水域。体长约24 cm。

2006 **褐海鲫** *Neoditrema ransonneti* Steindachner，1883 [68]

背鳍Ⅵ~Ⅶ－20~22；臀鳍Ⅲ－26~27。

本种与海鲫很相似。左、右下咽骨愈合，着生小齿。体较修长。尾鳍叉形，上、下两叶呈丝状延长。体淡灰褐色，腹侧银白色，各鳍色淡。笔者曾于乳山湾小拉网获得1尾体长约15 cm的个体，疑似褐海鲫。因标本丢失，未确定种，没编入检索表，写于本书仅供参考。

45（4） 鲫亚目 Echeneoidei（1a）

本亚目物种前颌骨发达，具齿。体被小圆鳞。第1背鳍特化为长椭圆形吸盘，第2背鳍和臀鳍均无棘。腹鳍胸位。无鳔。全球有1科4属8种，我国有4属6种。

注：本亚目曾被列为独立的目（贝尔格，1955）[66]。但该亚目物种除了第1背鳍特化为吸盘外，其他特征多与鲈亚目相似，故Nelson（2006）、刘瑞玉（2008）、黄宗国（2012）已将其移入鲈亚目，成为1科[3, 12, 13]。

（252）鲫科 Echeneidae

本科物种体延长。头平扁。口宽大，上位，下颌突出。两颌与犁骨、腭骨均具绒毛状齿。体被小圆鳞。第1背鳍特化成吸盘，吸盘由成对鳍条软骨横板组成。第2背鳍位于尾部，与臀鳍对位、同形。腹鳍胸位。尾鳍后缘呈截形、凹形或尖形。

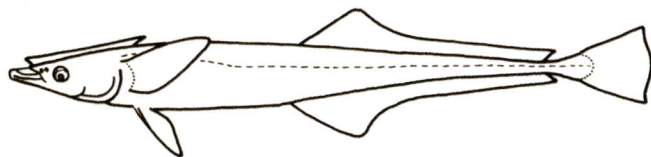

鲫科物种形态简图

䲟科的属、种检索表

1a 体细长，有纵带；胸鳍锐尖；臀鳍鳍条29枚以上；吸盘横板18～28对
·· 䲟 *Echeneis naucrates* [2007]

1b 体粗短，无纵带；胸鳍钝圆；臀鳍鳍条28枚以下 ····················（2）

2a 腹鳍（成鱼）明显比胸鳍小；吸盘横板12～14对 ··········· 白短䲟 *Remorina albescens* [2008]

2b 腹鳍大；吸盘横板15～20对 ···（3）

3a 尾鳍后缘凹入或叉形；鳃耙含痕迹25枚以上 ·················· 短䲟 *Remora remora* [2009]

3b 尾鳍后缘截形；鳃耙含痕迹21枚以下 ······································（4）

4a 吸盘小，仅达胸鳍末端前方；胸鳍上部软；尾柄粗 ·········· 短臂短䲟 *R. brachyptera* [2010]

4b 吸盘大，伸达胸鳍末端后方；胸鳍上部硬；尾柄细 ········ 大盘䲟 *Rhombochius osteochir* [2011]

[2007] 䲟 *Echeneis naucrates* Linnaeus，1758 [15]

背鳍32～42；臀鳍31～41；胸鳍22～23。脊椎骨30。

本种体细长。吸盘较长，横板18～28对。背鳍、臀鳍基长。尾柄圆柱状。成鱼尾鳍后缘双凹形，幼鱼尾鳍尖。体暗灰色，有1条宽纵带直达尾鳍。背鳍、臀鳍有灰白边。为暖水性大洋鱼类。吸着于大型鱼类或船只游移。分布于我国黄海、东海、南海、台湾海域，以及日本海域，太平洋、印度洋、大西洋暖水域。体长约90 cm。

[2008] 白短䲟 *Remorina albescens*（Temminck et Schlegel，1845）[14]

背鳍16～23；臀鳍20～26；胸鳍25～32。脊椎骨27。

本种体较粗短，前方平扁，尾柄侧扁。吸盘宽短，其后端未超越胸鳍末端，吸盘横板12～14对。成鱼的腹鳍明显小于胸鳍。尾鳍截形，中间微凹。体灰白色，吸盘带黄褐色，胸鳍淡黄色。为暖水性大洋鱼类。吸着于大型鱼类、鲸类游移。分布于我国东海、南海、台湾海域，以及太平洋、印度洋、大西洋暖水域。体长约30 cm。

短䲟属 *Remora* Forster，1771

本属物种体粗短，前端稍平扁。尾柄侧扁，尾部短。吸盘也较短，其后缘未超过胸鳍末端。吸盘横板14～20对。尾鳍后缘凹入或截形。

[2009] **短䲟** *Remora remora*（Linnaeus，1758）[38]

背鳍21～27；臀鳍20～25；胸鳍25～32。脊椎骨27。

本种一般特征同属。体延长，较粗短。鳃耙25～28枚。吸盘横板17～19对，后有3～4行齿列。第2背鳍起点与臀鳍起点相对。腹鳍大。尾鳍后缘凹入或叉形。体灰褐色，各鳍色较深。为暖水性大洋鱼类。吸附于大型鲨、蝠鲼的体上或鳃腔内游移。分布于我国沿海，以及日本沿海，太平洋、印度洋、大西洋暖水域。体长约40 cm。

[2010] **短臂短䲟** *Remora brachyptera*（Lowe，1839）[38]
　　=黑短䲟鱼

背鳍27～34；臀鳍22～28；胸鳍23～28。脊椎骨27。

本种体较粗短。鳃耙少，仅12～14枚。吸盘横板14～17对，后有2行齿。第2背鳍起点比臀鳍起始处稍靠前。腹鳍大。尾柄粗，尾鳍后缘近于截形[37]。体黑棕色。背鳍、臀鳍具白边，尾鳍下叶尖端白色。为暖水性大洋鱼类。吸附于鲨、箭鱼体上游移。分布于我国南海、台湾海域，以及日本海域，太平洋、印度洋、大西洋暖水域。体长约30 cm。

▲ 本属我国尚有澳洲短䲟 *R. australis*，分布于我国台湾海域[13]。

2011 **大盘䲟** *Rhombochius osteochir*（Cuvier，1829）[38]
= 菱䲟 *Remora osteochir*

背鳍20～27；臀鳍20～25；胸鳍20～24。脊椎骨27。

本种体较延长，前部稍平扁，向后渐呈圆柱状。尾柄细而侧扁。头背吸盘大，后缘远超过胸鳍末端。吸盘横板16～20对。背鳍、臀鳍基底较长，对位，同形。胸鳍后缘圆弧形，腹鳍后缘尖。尾柄细，尾鳍后缘截形。体带青铜色。为暖水性远洋鱼类，吸附于箭鱼、旗鱼、金枪鱼等大型鱼类体上游移。分布于我国南海、台湾海域，以及日本海域，太平洋、印度洋、大西洋暖水域。体长约30 cm。

45（5） 隆头鱼亚目 Labroidei（13a）

本亚目物种体呈椭圆形或长卵圆形（侧面观），侧扁。前颌骨固着或不固着于上颌骨。两颌齿分离或愈合成齿板，左、右下咽骨愈合。鼻孔每侧1～2个。体被圆鳞或栉鳞。侧线连续或中断。背鳍连续。臀鳍鳍条一般在17枚以下。它是由原鲈亚目中几个下咽骨愈合的总科物种独立而成。

隆头鱼亚目的科检索表

1a 头部每侧通常有1个鼻孔
……………………………………雀鲷总科Pomacentroidae 雀鲷科 Pomacentridae

1b 头部每侧通常有2个鼻孔 ………………………………………隆头鱼总科 Labroidae（2）

2a 口能伸出；前颌骨不固着于上颌骨；齿一般分离……隆头鱼科 Labridae

2b 口不能伸出；前颌骨固着于上颌骨；齿愈合为齿板
……………………………………………………………………鹦嘴鱼科 Scaridae

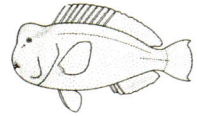

（253）雀鲷科 Pomacentridae

本科物种体高，侧面观呈卵圆形或长椭圆形，侧扁。口小，前位，上颌骨被眶前骨遮盖。吻短，圆钝。头部每侧有1个鼻孔。颌齿尖，圆锥状或门齿状，1行或多行。犁骨、腭骨无齿。左、右下咽骨愈合。体被小或中等大栉鳞。侧线中断或不完全。背鳍连续。臀鳍Ⅱ－10～17。尾鳍后缘叉形或圆弧形。全球有28属348种，我国有17属104种。

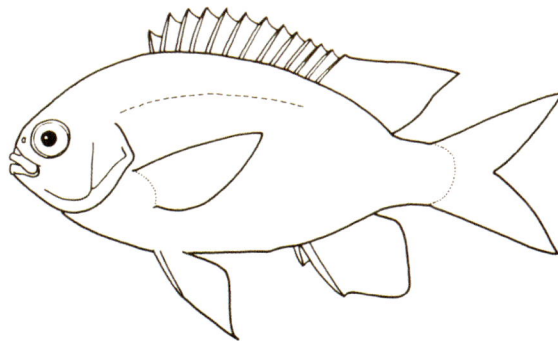

雀鲷科物种形态简图

雀鲷科的属、种检索表

1a 主鳃盖骨、间鳃盖骨与下鳃盖骨后缘皆有锯齿棘；鳞小，纵列鳞43～66枚
……………………………………双锯鱼亚科 Amphiprioninae 双锯鱼属 Amphiprion（98）

1b 主鳃盖骨、间鳃盖骨与下鳃盖骨后缘光滑或具小锯齿；鳞较大，纵列鳞12～45枚……（2）

2a 尾鳍基上、下缘有棘状鳍条；齿圆锥形，1或多行…………光鳃鱼亚科 Chrominae（68）

2b 尾鳍基上、下缘无棘状鳍条；齿圆锥形或门齿状，1或2行……雀鲷亚科 Pomacentrinae（3）

3a 鳞较小，纵列鳞40～50枚；鳃盖骨具锯齿缘；胸鳍基有小黑斑
……………………………………………………………乔氏蜥雀鲷 Teixeirichthys jordani [2012]

3b 鳞较大，纵列鳞通常26～35枚……………………………………………………（4）

4a 前鳃盖骨后缘光滑………………………………………………………………（38）

4b 前鳃盖骨后缘锯齿状…………………………………………………………（5）

5a 两颌齿各2行…………………………………………………………………（15）

5b 两颌齿各1行…………………………………………………………………（6）

6a 背鳍鳍棘14枚…………………李氏波光雀鲷 Pomachromis richardsoni [2013]

6b 背鳍鳍棘12～13枚………………………………………………………………（7）

7a 下鳃盖骨缘锯齿状…………………………乔氏锯雀鲷 Pristotis jordani [2014]

7b 下鳃盖骨缘光滑………………………………………眶锯雀鲷属 Stegastes（8）

8a 体褐色或暗褐色 ···（10）

8b 体黄色或具黄、蓝两色 ···（9）

9a 全体黄色··金色眶锯雀鲷 *S. aureus* 2015

9b 体前半部蓝绿色，后半部黄棕色 ····································岛屿眶锯雀鲷 *S. insularis* 2016

10-8a 背鳍鳍棘12枚 ···（12）

10b 背鳍鳍棘13枚 ···（11）

11a 侧线上鳞2.5行 ··胸斑眶锯雀鲷 *S. fasciolatus* 2017

11b 侧线上鳞3.5行 ···尖斑眶锯雀鲷 *S. apicalis* 2018

12-10a 眶下幅宽等于或大于眼径；侧线上鳞1.5行 ··············长吻眶锯雀鲷 *S. lividus* 2019

12b 眶下幅宽小于眼径；侧线上鳞2~4.5行 ···（13）

13a 背鳍基后端无黑色斑 ···背斑眶锯雀鲷 *S. altus* 2020

13b 背鳍基后端有黑色斑 ···（14）

14a 成鱼体侧有白色横带；背鳍黑斑有白缘 ··············白带眶锯雀鲷 *S. albifasciatus* 2021

14b 成鱼体侧无白色横带；背鳍黑斑无白缘 ··················黑眶锯雀鲷 *S. nigricans* 2022

15-5a 两唇肥大，向上或向下翻出 ·······························锯唇鱼 *Cheiloprion labiatus* 2023

15b 两唇不肥大 ··（16）

16a 头部鳞片仅达眼缘 ··（18）

16b 吻部裸露无鳞 ···盘雀鲷属 *Dischistodus*（17）

17a 体背侧有白色横带；腹部无暗斑；胸鳍腋部有黑斑········横带盘雀鲷 *D. prosopotaenia* 2024

17b 体背侧无白色横带；腹部有暗斑；胸鳍腋部无黑斑·········黑斑盘雀鲷 *D. melanotus* 2025

18-16a 尾鳍上、下叶不伸长 ··雀鲷属 *Pomacentrus*（22）

18b 尾鳍上、下叶伸长 ··新雀鲷属 *Neopomacentrus*（19）

19a 尾鳍上、下叶外缘黑色 ···（21）

19b 尾鳍上、下叶外缘不呈黑色；背鳍后部和尾鳍黄色 ·······································（20）

20a 体蓝色 ···黄尾新雀鲷 *N. azysron* 2026

20b 体紫褐色 ···紫色新雀鲷 *N. violascens* 2027

21-19a 鳃盖后上方黑斑比胸鳍基底黑斑小或二者等大；尾鳍中部黄色

···条尾新雀鲷 *N. taeniurus* 2028

21b 鳃盖后上方黑斑比胸鳍基底黑斑大；尾鳍中部白色 ·········蓝黑新雀鲷 *N. cyanomos* 2029

22-18a 眶下骨区无鳞列 ··（24）

22b 眶下骨区有鳞列 ···（23）

23a 胸鳍基有一大黑斑 ··菲律宾雀鲷 *P. philippinus* 2030

23b 胸鳍基上方有一小黑点 ···颊鳞雀鲷 *P. lepidogenys* 2031

24-22a 体色暗，尾部色浅，界限分明 ···（37）

24b 体和尾部颜色不能明显区分 ··（25）

25a 臀鳍或尾鳍无斑点 ··（28）

25b 臀鳍或尾鳍有斑点 ··（26）

26a 臀鳍后部具一大黑斑 ···斑点雀鲷 *P. stigma* 2032

IV
辐鳍鱼纲

45a 眶下骨区无鳞；尾柄上部有一黑斑 ……………………………………… 灰豆娘鱼 *A. sordidus* 〔2053〕

45b 眶下骨区有鳞列；尾柄上部无黑斑 …………………………………………………………（46）

46a 鳃盖上方有一黑点 …………………………………………………… 黄尾豆娘鱼 *A. notatus* 〔2054〕

46b 鳃盖上方无黑点 …………………………………………………………………………………（47）

47a 尾鳍上、下叶有黑色带；眶前骨区被鳞 ………………………… 六带豆娘鱼 *A. sexfasciatus* 〔2055〕

47b 尾鳍上、下叶无黑色带；眶前骨区无鳞 …………………………………………………………（48）

48a 头部鳞片至眼间隔；背鳍鳍条部后缘圆弧形 …………………… 七带豆娘鱼 *A. septemfasciatus* 〔2056〕

48b 头部鳞片至鼻孔上方；背鳍鳍条部后缘尖 ……………………………………………………（49）

49a 尾柄处有一大黑斑 ………………………………………………… 劳伦氏豆娘鱼 *A. lorenzi* 〔2058〕

49b 尾柄处无黑斑 ………………………………………………………………………………………（50）

50a 臀鳍鳍条14～15枚；尾鳍上、下叶末端稍呈圆弧形 ……… 孟加拉豆娘鱼 *A. bengalensis* 〔2057〕

50b 臀鳍鳍条11～13枚；尾鳍上、下叶末端尖 ………………… 五带豆娘鱼 *A. vaigiensis* 〔2059〕

51−44a 第1鳃弓鳃耙36＋44～48枚 ……………………… 密鳃鱼 *Hemiglyphidodon plagiometopon* 〔2060〕

51b 第1鳃弓鳃耙6～9＋11～18枚 …………………………………………………………………（52）

52a 体甚高，体长为体高的2倍以下 …………………………………………………………………（62）

52b 体较高，体长为体高的2倍以上 ………………………………… 金翅雀鲷属 *Chrysiptera*（53）

53a 胸鳍鳍条14～15枚；尾柄部黄色；胸鳍上部有黑斑 ……… 黄尾金翅雀鲷 *C. parasema* 〔2061〕

53b 胸鳍鳍条15～19枚；尾柄与体同色；背鳍鳍条后部有或无黑斑 ……………………………（54）

54a 头、体共有3条黑色横带 …………………………………………… 三带金翅雀鲷 *C. tricincta* 〔2062〕

54b 头、体无黑色横带 …………………………………………………………………………………（55）

55a 眶下骨区无鳞 ………………………………………………………………………………………（57）

55b 眶下骨区有鳞 ………………………………………………………………………………………（56）

56a 鳃上部无黑斑，胸鳍基上端有黑斑；体蓝色，从吻到体背中部黄色
　…………………………………………………………………………… 史氏金翅雀鲷 *C. starcki* 〔2063〕

56b 鳃上部有黑斑，胸鳍基上端无黑斑；体橙黄色，头部蓝色 ……… 橙黄金翅雀鲷 *C. rex* 〔2064〕

57−55a 前鳃盖鳞3列 …………………………………………………………………………………（60）

57b 前鳃盖鳞2列 ………………………………………………………………………………………（58）

58a 体侧中部有一浅色横斑 …………………………………………… 黄斑金翅雀鲷 *C. zonatus* 〔2065〕

58b 体侧中部无横斑 ……………………………………………………………………………………（59）

59a 背鳍鳍条后部有黑斑；体淡褐色 ………………………………… 无带金翅雀鲷 *C. unimaculata* 〔2066〕

59b 背鳍鳍条后部无黑斑；体蓝色 …………………………………… 圆尾金翅雀鲷 *C. cyanea* 〔2067〕

60−57a 第1鳃弓下鳃耙17～18枚；体侧中部有一白色横带 …… 双斑金翅雀鲷 *C. biocellata* 〔2068〕

60b 第1鳃弓下鳃耙12～15枚；头侧、体侧有3条白色横带或无 …………………………………（61）

61a 体茶褐色；头侧和体侧有3条白色横带；肛门边缘黑色 ……… 白带金翅雀鲷 *C. leucopoma* 〔2069〕

61b 体灰色；头侧、体侧无横带；肛门黑色 ………………………… 青金翅雀鲷 *C. glauca* 〔2070〕

62−52a 两颌齿各2行 …………………………………… 新箭齿雀鲷属 *Neoglyphidodon*（67）

62b 两颌齿各1行 ………………………………………………………………………………………（63）

63a 背鳍最长鳍棘等于吻端至前鳃盖骨上缘距离；吻钝圆

·· 短头钝雀鲷 *Amblypomacentrus breviceps* 2075

63b 背鳍最长鳍棘大于吻端至前鳃盖骨上缘距离；吻较长

·· 凹牙豆娘鱼属 *Amblyglyphidodon*（64）

64a 眶前骨区和眶下骨区几乎不被鳞；体长为体高的1.5倍以下······金凹牙豆娘鱼 *A. aureus* 2071

64b 眶前骨区和眶下骨区完全不被鳞；体长为体高的1.5～1.8倍·················（65）

65a 体侧有明显的暗横带 ·································· 库拉索凹牙豆娘鱼 *A. curacao* 2072

65b 体侧无暗横带 ···（66）

66a 胸鳍基上端小黑点；背鳍、臀鳍白色 ···················· 平颌凹牙豆娘鱼 *A. ternatensis* 2073

66b 胸鳍基上端大黑斑；背鳍、臀鳍大部分深色 ············· 白腹凹牙豆娘鱼 *A. leucogaster* 2074

67–62a 背鳍、臀鳍、尾鳍末端圆弧形；胸鳍基无黑斑；前鳃盖及眼下缘无黑带

·· 黑新箭齿雀鲷 *N. melas* 2076

67b 背鳍、臀鳍、尾鳍末端尖；胸鳍基有黑斑；前鳃盖及眼下缘有黑带

·· 黑褐新箭齿雀鲷 *N. nigroris* 2077

68–2a 眶前骨、眶下骨边缘锯齿状 ···························· 宅泥鱼属 *Dascyllus*（95）

68b 眶前骨、眶下骨边缘光滑 ······························ 光鳃鱼属 *Chromis*（69）

69a 体后半部有一黑色宽横带 ························· 黑带光鳃鱼 *C. retrofasciata* 2078

69b 体后半部无黑色横带 ··（70）

70a 头背各鳞附有小鳞 ·································· 细鳞光鳃鱼 *C. lepidolepis* 2079

70b 头背各鳞无附属小鳞 ··（71）

71a 尾鳍基上、下各有3枚棘状尾前鳍条 ····································（89）

71b 尾鳍基上、下各有2枚棘状尾前鳍条 ····································（72）

72a 胸鳍基底有大黑斑 ··（82）

72b 胸鳍基底无黑斑或黑斑甚小 ··（73）

73a 前鳃盖骨边缘光滑 ··（76）

73b 前鳃盖骨边缘有皱纹或锯齿状 ··（74）

74a 前鳃盖骨后缘有皱纹；体灰黄白色 ················· 灰光鳃鱼 *C. cinerascens* 2080

74b 前鳃盖骨后缘锯齿状 ··（75）

75a 背鳍鳍棘12枚；背鳍基、臀鳍基后缘各有一大白斑·············伊乐光鳃鱼 *C. elerae* 2081

75b 背鳍鳍棘13～14枚；尾鳍上、下叶缘黑色·················烟色光鳃鱼 *C. fumea* 2082

76–73a 体侧有5条以上纵带；体高为体长的34%～43%·········凡氏光鳃鱼 *C. vanderbilti* 2083

76b 体侧无纵带或具2条以下纵带；体高为体长的45%～65%·················（77）

77a 背鳍鳍棘14枚 ···（80）

77b 背鳍鳍棘12～13枚 ···（78）

78a 腹鳍、臀鳍黑色；背鳍基后端有黑斑·····················腋斑光鳃鱼 *C. atripes* 2084

78b 腹鳍、臀鳍色浅或臀鳍黑色；背鳍基后端无黑斑·························（79）

79a 臀鳍色浅；尾柄以后白色·························卵形光鳃鱼 *C. ovatiformis* 2085

79b 臀鳍黑色；尾鳍黄色·····························侏儒光鳃鱼 *C. acares* 2086

80–77a 体侧无纵带；背鳍鳍条10枚；尾部下方乳白色…………黄光鳃鱼 *C. xanthochira* [2088]

80b 体侧有1~2条纵带；背鳍鳍条13~14枚…………………………………………（81）

81a 体侧具1条黄褐色纵带；后鼻孔大，裂隙状；腹鳍长…………东海光鳃鱼 *C. mirationis* [2089]

81b 体侧具2条暗纵带；后鼻孔小，圆形；腹鳍短…………冈村光鳃鱼 *C. okamurai* [2090]

82–72a 体后半部有颜色深浅分界或有白色间隔…………………………………………（85）

82b 体色前后一致…………………………………………………………………（83）

83a 背鳍鳍条部后部圆弧形………………………………黄斑光鳃鱼 *C. flavomaculatus* [2087]

83b 背鳍鳍条部后部尖…………………………………………………………………（84）

84a 体高为体长的43.8%~50.7%………………………尾斑光鳃鱼 *C. notatus notatus* [2091]

84b 体高为体长的47.6%~55.2%………………三宅光鳃鱼 *C. notatus miyakeensis* [2092]

85–82a 体褐色，尾柄部有白色宽带间隔…………………………三角光鳃鱼 *C. delta* [2093]

85b 体后部颜色深浅界限分明…………………………………………………………（86）

86a 背鳍鳍条14~15枚………………………………………………………………（88）

86b 背鳍鳍条12~13枚………………………………………………………………（87）

87a 体深色和浅色的界限位于背鳍基底后端以后；体前部黄褐色……艾伦光鳃鱼 *C. alleni* [2094]

87b 体深色和浅色的界限位于背鳍基底后端以前；体前部黑色

……………………………………………………………………双斑光鳃鱼 *C. margaritifer* [2095]

88–86a 深色和浅色界限位于背鳍基底后端以前；侧线鳞17~19枚

……………………………………………………………………长棘光鳃鱼 *C. chrysura* [2096]

88b 深色和浅色界限位于背鳍基底后端以后；侧线鳞13~15枚………亮光鳃鱼 *C. leucura* [2097]

89–71a 背鳍鳍棘14枚；臀鳍鳍条12~13枚……………………白斑光鳃鱼 *C. albomaculatus* [2098]

89b 背鳍鳍棘12~13枚；臀鳍鳍条9~12枚…………………………………………（90）

90a 背鳍鳍棘通常13枚………………………………………………………………（93）

90b 背鳍鳍棘通常12枚………………………………………………………………（91）

91a 尾鳍上、下缘黑色；臀鳍鳍条11~12枚…………………条尾光鳃鱼 *C. ternatensis* [2099]

91b 尾鳍上、下缘色浅；臀鳍鳍条9~11枚…………………………………………（92）

92a 体侧鳞列无黑点；胸鳍鳍条17~18枚…………………蓝绿光鳃鱼 *C. viridis* [2100]

92b 体侧鳞列有黑点；胸鳍鳍条18~20枚…………………绿光鳃鱼 *C. atripectoralis* [2101]

93–90a 前鳃盖和主鳃盖后缘不呈黑色；体高为体长的49%~58%……长臂光鳃鱼 *C. analis* [2102]

93b 前鳃盖和主鳃盖后缘黑色；体高为体长的40%~53%………………………………（94）

94a 尾鳍两叶后端黑色；背鳍最长鳍条为体长的18.5%~23.4%……魏氏光鳃鱼 *C. weberi* [2103]

94b 尾鳍两叶后端不呈黑色；背鳍最长鳍条为体长的24.1%~24.7%

……………………………………………………………………黄尾光鳃鱼 *C. xanthurus* [2104]

95–68a 体无黑色横带；幼鱼体侧、头顶各有一白斑…………三斑宅泥鱼 *D. trimaculatus* [2106]

95b 体黄白色或银白色，有黑色横带………………………………………………（96）

96a 头无通眼黑色横带；背鳍鳍条14~16枚；体黄白色…………网纹宅泥鱼 *D. reticulatlls* [2107]

96b 头有通眼黑色横带；背鳍鳍条11~13枚；体银白色…………………………（97）

97a 尾鳍无黑色横带；体侧横带在背鳍相连…………………………宅泥鱼 *D. aruanus* [2108]

97b 尾鳍有黑色横带；体侧横带在背鳍不相连 ························ 黑尾宅泥鱼 *D. melanurus* 2109

98–1a 体背缘有白色纵带 ···································· 白背双锯鱼 *A. sanodaracinos* 2110

98b 头部或体侧有白色横带 ·· （99）

99a 体侧有白色横带或白斑 ·· （101）

99b 成鱼体侧通常无白色横带，也无白斑 ·· （100）

100a 头部白色横带幅窄 ····································· 颈环双锯鱼 *A. perideraion* 2111

100b 头部白色横带幅宽 ····································· 白条双锯鱼 *A. frenatus* 2112

101–99a 各鳍边缘附近有黑缘；体侧中部白带向前方突出 ·········· 眼斑双锯鱼 *A. ocellaris* 2113

101b 各鳍边缘附近无黑缘；体侧中部白带不向前方突出 ································· （102）

102a 体侧中部白色横带幅宽 ····································· 克氏双锯鱼 *A. clarkii* 2114

102b 体侧中部至背鳍鳍条部有白色大斑块 ··················· 鞍斑双锯鱼 *A. polymnus* 2115

雀鲷亚科 Pomacentrinae

2012 **乔氏蜥雀鲷** *Teixeirichthys jordani* （Rutter，1897）[20]
= 乔氏细鳞雀鲷 = 乔氏台雅鱼 *Daya jordani* = 乔氏锯雀鲷 *Pristotis jordani*

背鳍Ⅷ－11～14；臀鳍Ⅱ－13～15；胸鳍17～19。侧线鳞27～31＋13～18，纵列鳞40～50。
鳃耙10＋14。

本种体呈长卵圆形（侧面观），侧扁。吻短钝，眼较小。口小，斜裂。颌齿1行，末端尖。
主鳃盖骨、下鳃盖骨具细锯齿，主鳃盖骨上方尚有2枚钝棘。眼间隔后方及鳃盖被鳞。尾鳍叉形，
上、下叶有丝状鳍条。体褐色，腹侧淡褐色。背鳍、臀鳍、腹鳍缘暗褐色。胸鳍基有一黑斑。为珊
瑚礁鱼类。栖息于藻场或沙底质海区，水深10～20 m。分布于我国南海、台湾海域，以及日本高知
以南海域、印度－西太平洋暖水域。体长约12 cm。

注：苏永全（2011）认为乔氏台雅鱼与乔氏蜥雀鲷同种，其种描述与《南海鱼类志》
（1962）一致[20,7]。黄宗国（2012）认为乔氏锯雀鲷与乔氏蜥雀鲷是同种[13]。据中坊徹次
（1993）的研究，乔氏蜥雀鲷纵列鳞多，鳃耙少，齿端侧扁，与乔氏锯雀鲷为2个独立种[36]。

2013 李氏波光雀鲷 *Pomachromis richardsoni*（Snyder，1909）[38]
= 黑边波光鳃鱼

背鳍XIV－13～14；臀鳍Ⅱ－11～14；胸鳍17～19。侧线鳞16～17＋7～9，纵列鳞25～28。鳃耙7～9＋14～18。

体呈长椭圆形（侧面观），侧扁。吻短钝，眼大。眶下骨区与吻无鳞。口小，斜裂。颌齿1行，具门状齿和圆锥状齿。前鳃盖骨具细锯齿。背鳍、臀鳍后端尖。尾鳍叉形，上、下叶呈丝状延伸。体背侧黄褐色，腹侧银白色。胸鳍基有黑斑。尾鳍淡黄色，上、下叶缘黑色。为珊瑚礁鱼类。栖息于珊瑚礁、岩礁海区，水深10～20 m。分布于我国南海、台湾海域，以及琉球群岛海域、印度–西太平洋暖水域。体长约6 cm。

2014 乔氏锯雀鲷 *Pristotis jerdani*（Günther，1862）[38]
= 钝吻锯雀鲷 *P. obtusirostris* = 海湾锯齿雀鲷

背鳍XⅢ－12～13；臀鳍Ⅱ－12～14；胸鳍17～18。侧线鳞19～20＋11～12，纵列鳞29～31。鳃耙26～28。

本种体呈长椭圆形（侧面观），侧扁。吻稍钝。口小，斜裂，下颌突出。颌齿1行，圆锥状。前鳃盖骨、下鳃盖骨具弱锯齿。体被中等大栉鳞，侧线不完全。体侧灰褐色，腹侧灰色，胸鳍基有黑斑。为珊瑚礁鱼类。栖息于珊瑚礁、藻场及沙底质海区，水深10～80 m。分布于我国南海、台湾海域，以及琉球群岛海域、印度–西太平洋暖水域。体长约11 cm。

眶锯雀鲷属 *Stegastes* Jenyns，1840
= 高身雀鲷属

　　本属物种体略呈卵圆形（侧面观），侧扁。口裂小，颌齿1行。眶前骨和眶下骨下缘有锯齿。前鳃盖骨缘具锯齿，其他鳃盖骨边缘光滑。眶前骨区一般无鳞，吻部鳞片达鼻孔附近。体被中等大栉鳞，侧线不完全。背鳍鳍棘12～13枚，臀鳍鳍棘2枚，尾鳍叉形。我国有9种。

[2015] 金色眶锯雀鲷 *Stegastes aureus*（Fowler，1927）[14]
= 黄高身雀鲷

背鳍XII - 15～16；臀鳍II - 12；胸鳍19～20。侧线鳞19～20。鳃耙29～34。

　　本种一般特征同属。体背侧黄褐色，腹侧黄色。吻部暗褐色，眶下骨缘白色。尾柄前部常有一鞍状斑。各鳍黄色。为珊瑚礁鱼类。栖息于浅海珊瑚礁、岩礁区。分布于我国台湾海域。

[2016] 岛屿眶锯雀鲷 *Stegastes insularis*（Allen et Emery，1985）[37]
= 岛屿高身雀鲷

背鳍XII - 16；臀鳍II - 12；胸鳍20。侧线鳞20。

　　本种与金色眶锯雀鲷相似。体前半部蓝绿色或绿褐色，后半部黄棕色。尾鳍黄褐色，臀鳍和腹鳍褐色。胸鳍基有小黑点。背鳍前4鳍棘有蓝绿色斜斑。为珊瑚礁鱼类。栖息于珊瑚礁海区。分布于我国台湾海域。体长约6.5 cm。

45
鲈形目

2017 **胸斑眶锯雀鲷** *Stegastes fasciolatus*（Ogilby，1889）[37]
= 蓝纹高身雀鲷

背鳍XIII − 15 ~ 17；臀鳍II − 12 ~ 14；胸鳍19 ~ 21。侧线鳞20 ~ 21 + 8 ~ 9，纵列鳞28 ~ 30。鳃耙7 ~ 10 + 10 ~ 14。

本种体呈卵圆形（侧面观）。吻短钝。眼大，眶下幅宽。口小，颌齿1行。前鳃盖骨缘、眶下骨缘具锯齿。背鳍、臀鳍后缘圆弧形，尾鳍叉形。侧线上鳞2.5行。体侧暗褐色，腹侧褐色。胸鳍基底有黑斑，幼鱼黑斑显著。为珊瑚礁鱼类。栖息于珊瑚礁海区，水深小于5 m。分布于我国台湾海域，以及琉球群岛海域、澳大利亚海域、印度−太平洋暖水域。体长约12.5 cm。

2018 **尖斑眶锯雀鲷** *Stegastes apicalis*（De Vis，1885）[38]

背鳍XIII（XII）− 14 ~ 16；臀鳍II − 13 ~ 14；胸鳍19 ~ 20。侧线鳞19 ~ 21 + 8 ~ 9，纵列鳞27 ~ 30。鳃耙10 ~ 13 + 10 ~ 12。

本种体呈卵圆形（侧面观）。吻钝，眼较小。前鳃盖骨及眶下骨缘具强锯齿。背鳍上缘几乎近于平直，背鳍、臀鳍后缘圆弧形。侧线上鳞3.5行。体背侧褐色，腹侧淡褐色。背鳍鳍棘部有黑斑，腹鳍、臀鳍呈蓝黑色。为珊瑚礁鱼类。栖息于珊瑚礁海区，水深1 ~ 5 m。分布于我国台湾海域，以及日本冲绳海域、澳大利亚海域、西太平洋暖水域。体长约11.5 cm。

2019 **长吻眶锯雀鲷** *Stegastes lividus* （Bloch et Schneider，1801）[38]
= 钝头高身雀鲷 = 长吻雀鲷 *Pomacentrus lividus*

背鳍XII － 14～16；臀鳍II － 12～14；胸鳍18～19。侧线鳞16～18＋7～9，纵列鳞25～26。鳃耙9～10＋13～19。

本种体呈卵圆形（侧面观），侧扁。头钝高。眼中等大，眶下幅宽等于或大于眼径。眶前骨宽，稍隆起。口小。颌齿1行，前端齿侧扁。侧线上鳞1.5行。尾鳍叉形，上、下叶后端圆弧形。体背侧暗褐色，腹侧及各鳍淡褐色。背鳍后部有眼状斑。为珊瑚礁鱼类。栖息于鹿角珊瑚丛生海域，水深1～5 m。分布于我国南海、台湾海域，以及琉球群岛海域、印度–西太平洋暖水域。体长约13 cm。

2020 **背斑眶锯雀鲷** *Stegastes altus*（Okada et Ikeda，1937）[38]
= 羽高身雀鲷

背鳍XII（XIII）－ 15～17；臀鳍II － 12～13；胸鳍18～21。侧线鳞20～21＋8～9，纵列鳞28～30。鳃耙8～11＋10～13。

本种体呈卵圆形（侧面观），侧扁。吻短钝，眼背缘隆起。眼大，眶下幅宽小于眼径。口小。颌齿1行，前端齿侧扁。前鳃盖骨缘、眶下骨缘均具锯齿。侧线上鳞2.5～4.5行。背鳍、臀鳍后缘圆弧形。体淡褐色。每一鳞片后缘有多条横纹。背鳍鳍棘部有黑缘，鳍条部无黑斑。为珊瑚礁鱼类。栖息水深5～20 m。分布于我国台湾海域，以及日本千叶以南海域、西北太平洋暖水域。体长约12 cm。

2021 **白带眶锯雀鲷** *Stegastes albifasciatus* （Schlegel et Muller，1839）[38]
= 白带雀鲷 *Pomacentrus albifasciatus*

背鳍Ⅻ − 15～16；臀鳍Ⅱ − 12～14；胸鳍18～20。侧线鳞18～19，纵列鳞26～28。鳃耙7 + 15。

本种与背斑眶锯雀鲷相似。体暗褐色，体侧具宽的黄白色横带。背鳍鳍条部有白缘黑斑。胸鳍基亦有黑斑。各鳍色浅。为珊瑚礁鱼类。栖息水深小于2 m。分布于我国南海、台湾海域，以及琉球群岛海域、印度−太平洋暖水域。体长约9 cm。

2022 **黑眶锯雀鲷** *Stegastes nigricans* （Lacépède，1802）[38]
= 黑高身雀鲷 *Pomacentrus nigricans*

背鳍Ⅻ − 14～17；臀鳍Ⅱ − 12～13；胸鳍19～20。侧线鳞18～21 + 8～10，纵列鳞26～29。鳃耙7～10 + 12～15。

本种体呈卵圆形（侧面观），侧扁。头背鳞片伸达鼻孔旁，眶下骨区有鳞。尾鳍叉形，上、下叶后端圆弧形。体背侧茶褐色，腹侧淡褐色。背鳍基底后部有黑斑，但黑斑无白边。为珊瑚礁鱼类。栖息于珊瑚礁海区，水深1～12 m。分布于我国南海、台湾海域，以及琉球群岛海域、印度−太平洋暖水域。

▲ 本属我国尚有斑棘眶锯雀鲷 *S. obreptus*，分布于我国台湾海域[13]。

2023 锯唇鱼 *Cheiloprion labiatus*（Day，1877）[38]
= 厚唇雀鲷

背鳍 XIII － 13～14；臀鳍 II － 13～14；胸鳍17。侧线鳞16～18＋5～9，纵列鳞26～28。鳃耙 4～8＋12～13。

本种体呈卵圆形（侧面观），侧扁。鼻孔1对。头背鳞片达鼻孔前。眶前骨和眶下骨下缘无锯齿，前鳃盖骨后缘有弱锯齿。口小，唇肥厚，上有细沟，翻转于吻上。上颌齿2行，齿细长。侧线不完全。背鳍、臀鳍鳍基均有鳞鞘。尾鳍后缘凹入。体黑褐色，胸、腹部淡褐色。胸鳍淡褐色，其他鳍黑褐色。为珊瑚礁鱼类。多栖息于近海枝状珊瑚丛中。分布于我国南海、台湾海域，以及琉球群岛海域、印度–西太平洋暖水域。体长约6 cm。

盘雀鲷属 *Dischistodus* Gill，1863

本属物种体呈卵圆形（侧面观），侧扁。吻裸露无鳞，颌齿2行。前鳃盖骨、眶下骨有强锯齿。体被中等大栉鳞。侧线中断。背鳍有13枚鳍棘，臀鳍有2枚鳍棘，尾鳍后缘凹入。我国有2种。

注：盘雀鲷属又称裸吻鲷属。其吻部裸露无鳞。但中坊徹次（1993）记述其头部鳞区可达吻部[36]。

2024 横带盘雀鲷 *Dischistodus prosopotaenia*（Bleeker，1852）[38]（**左幼鱼，右成鱼**）
= 黑背盘雀鲷 = 网点盘雀鲷

背鳍XⅢ - 14 ~ 15；臀鳍Ⅱ - 13 ~ 14；胸鳍16 ~ 18。侧线鳞16 ~ 17 + 6，纵列鳞27 ~ 28。鳃耙9 ~ 10 + 19 ~ 23。

本种一般特征同属。体呈椭圆形（侧面观），侧扁。吻裸露无鳞。颌齿2行，圆锥状或门齿状。尾鳍后缘凹入，上、下叶末端圆弧形。体灰褐色，腹鳍淡褐色，无暗斑。体侧背部有白色横带，胸鳍腋部有黑斑。眼后的头部亦有白色线纹。幼鱼背鳍有眼状黑斑。为珊瑚礁鱼类。栖息于珊瑚礁海区，水深1 ~ 12 m。分布于我国台湾海域，以及琉球群岛海域、印度–西太平洋暖水域。体长约15 cm。

2025 黑斑盘雀鲷 *Dischistodus melanotus*（Bleeker，1858）[14]

背鳍XⅢ - 13 ~ 15；臀鳍Ⅱ - 13 ~ 14；胸鳍17。侧线鳞17 ~ 18 + 6 ~ 7，纵列鳞26。鳃耙8 + 15。

本种与横带盘雀鲷相似。体近卵圆形（侧面观），侧扁。吻裸露无鳞。头背和体背前部暗褐色，体后部白色。腹部有暗斑，胸鳍腋部无黑斑。为珊瑚礁鱼类。栖息水深1 ~ 10 m。分布于我国南海、台湾海域。体长约13 cm。

新雀鲷属 *Neopomacentrus* Allen，1975

本属物种体呈长椭圆形（侧面观），侧扁。眶前骨与眶下骨无锯齿。前鳃盖骨有细锯齿缘。颌齿2行或为不整齐的1行，呈门齿状。体被中等大弱栉鳞，侧线不完全。背鳍有12～13枚鳍棘，臀鳍有2枚鳍棘。背鳍、臀鳍及尾鳍后部呈丝状延长。我国有5种。

2026 黄尾新雀鲷 *Neopomacentrus azysron*（Bleeker，1877）[14]
= 棕尾新雀鲷

背鳍XIII－11～12；臀鳍II－11～12；胸鳍18。侧线鳞17～19。鳃耙20～23。

本种一般特征同属。体呈长椭圆形（侧面观），甚侧扁。吻短钝，口小。颌齿2行，圆锥状。体蓝色。背鳍后部及尾鳍黄色，尾鳍外缘不呈黑色。侧线起点处具黑斑。为珊瑚礁鱼类。栖息水深1～2 m。分布于我国台湾海域，以及澳大利亚海域、印度–西太平洋暖水域。体长约6 cm。

2027 紫色新雀鲷 *Neopomacentrus violascens*（Bleeker，1848）[37]

背鳍XIII－11～12；臀鳍II－10～12；胸鳍17～19。侧线鳞16～17，纵列鳞27。鳃耙20～22。

本种体呈长椭圆形（侧面观）。吻短，稍尖。口小。颌齿2行，圆锥状。体背侧紫褐色，腹侧淡紫色。背鳍、臀鳍后部及尾鳍淡黄色或深黄色，无黑边。胸鳍基有1个黑斑。为珊瑚礁鱼类。栖息于珊瑚礁或岩礁海区，水深5～25 m。分布于我国南海、台湾海域，以及日本三崎以南海域、中西太平洋暖水域。体长约5 cm。

IV
辐鳍鱼纲

2028 条尾新雀鲷 *Neopomacentrus taeniurus*（Bleeker，1856）[37]
= 条纹新雀鲷

背鳍XII～XIII－10～12；臀鳍II－10～12；胸鳍16～18。侧线鳞16～17＋10～11，纵列鳞28。鳃耙21～23。

本种体呈长椭圆形（侧面观），侧扁，吻短钝。背鳍、臀鳍鳍棘发达，两鳍后缘尖长。尾鳍深叉形，上、下叶呈丝状延长。体黑褐色，鳃盖后上方黑斑比胸鳍基黑斑小或二者几乎等大。尾鳍上、下叶外缘黑色，中部浅黄色。为珊瑚礁鱼类。栖息于近海藻场及咸淡水区。分布于我国南海、台湾海域，以及日本冲绳以南海域、菲律宾海域、澳大利亚海域、印度–西太平洋暖水域。体长约8.5 cm。

2029 蓝黑新雀鲷 *Neopomacentrus cyanomos*（Bleeker，1856）[37]
= 新雀鲷

背鳍XIII－11～12；臀鳍II－10～12；胸鳍17～18。侧线鳞17～18＋10，纵列鳞28～29。鳃耙22～24。

本种与条尾新雀鲷相似。体呈长椭圆形（侧面观），甚侧扁。体背侧紫褐色，腹侧淡褐色。背鳍后缘、尾鳍中部白色。侧线起始处黑斑远大于胸鳍基黑点。为珊瑚礁鱼类。栖息水深5～18 m。分布于我国台湾海域，以及日本石垣岛以南海域、印度–西太平洋暖水域。体长约7 cm。

▲ 本属我国尚有似攀鲈新雀鲷 *N. anabatoides*，分布于我国南海[13]。

雀鲷属 *Pomacentrus* Lacépède，1803

本属物种体呈卵圆形或长椭圆形（侧面观），侧扁。口小，唇略厚。颌齿侧扁，略呈门齿状，1～2行。眶前骨、眶下骨下缘有或无锯齿。前鳃盖骨具锯齿缘，主鳃盖骨有1～2小棘。头部鳞片不达眼前缘，体被中等大栉鳞。侧线不完全。背鳍有12～14枚鳍棘，臀鳍有2枚鳍棘。背鳍基和臀鳍基有鳞鞘。尾鳍后缘凹入或叉形。我国有18种。

[2030] **菲律宾雀鲷** *Pomacentrus philippinus* （Evermann et Seale，1907）[38]

背鳍ⅩⅢ－13～16；臀鳍Ⅱ－15～16；胸鳍17～18。侧线鳞16～19＋8～10，纵列鳞25～26。鳃耙6～8＋15～16。

本种一般特征同属。体呈长椭圆形（侧面观），甚侧扁。前鳃盖骨缘具锯齿缘，间鳃盖骨、下鳃盖骨缘平滑。背鳍、臀鳍后缘尖，尾鳍后缘浅凹入。眶前骨区和眶下骨区被鳞1列。体蓝灰褐色。胸鳍基有一大黑斑。为珊瑚礁鱼类。多栖息于珊瑚礁边缘海区，水深1～12 m。分布于我国南海、台湾海域，以及琉球群岛海域、印度－西太平洋暖水域。体长约8 cm。

[2031] **颊鳞雀鲷** *Pomacentrus lepidogenys*（Fowler et Bean，1928）[37]

背鳍ⅩⅡ～ⅩⅢ－13～14；臀鳍Ⅱ－13～14；胸鳍17～18。侧线鳞16～17＋7～8，纵列鳞25～26。鳃耙6＋15。

本种与菲律宾雀鲷相似。体呈长椭圆形（侧面观），侧扁。眶前骨区、眶下骨区被鳞1列。背鳍、臀鳍鳍棘较鳍条短，鳍条部后部圆弧形。体褐色或青绿色，背鳍、尾鳍淡黄色，胸鳍基有一小黑点。为珊瑚礁鱼类。栖息水深1～12 m。分布于我国台湾海域，以及琉球群岛海域、印度－西太平洋暖水域。体长约7 cm。

2032 斑点雀鲷 *Pomacentrus stigma*（Fowler et Bean，1928）[14]
= 臂斑雀鲷

背鳍XⅢ～XⅣ－12～13；臀鳍Ⅱ－14～15；胸鳍17。侧线鳞15～17。

本种体呈卵圆形（侧面观），侧扁。吻短钝。口小，端位。眶下骨具锯齿缘，眶下骨区无鳞。背鳍、臀鳍鳍棘较鳍条短，鳍条部后缘圆弧形。尾鳍后缘浅凹入。体背侧褐色，腹侧银白色。臀鳍后部有一大黑斑。为珊瑚礁鱼类。栖息于珊瑚礁外侧海区。分布于我国台湾海域，以及菲律宾海域、中西太平洋暖水域。体长约6 cm。

2033 三斑雀鲷 *Pomacentrus tripunctatus*（Cuvier，1830）[14]

背鳍XⅢ－14～15；臀鳍Ⅱ－14～15；胸鳍18。侧线鳞18。鳃耙20～22。

本种与斑点雀鲷相似。眶下骨具锯齿缘，背鳍、臀鳍鳍棘短，鳍条部后缘稍尖。尾鳍浅叉形，两叶末端圆弧形。体褐色，侧线起始处有小黑点，尾柄背部有鞍斑，幼鱼背鳍有眼状斑。为珊瑚礁鱼类。多栖息于水深较浅、水质较浑浊的港湾或珊瑚礁海区。分布于我国南海、台湾海域，以及印度-西太平洋暖水域。体长约6 cm。

2034 蓝点雀鲷 *Pomacentrus grammorhynchus*（Fowler，1918）[37]

背鳍XⅢ－14～15；臀鳍Ⅱ－14～15；胸鳍17～18。侧线鳞16～17。鳃耙26～30。

本种体呈长椭圆形（侧面观），侧扁。背、腹缘浅弧状。吻钝尖。口小，端位。体黄褐色，背鳍末端的尾柄处有一蓝色斑。胸鳍、腹鳍色浅，尾鳍黄棕色。为珊瑚礁鱼类。栖息水深1～12 m。分布于我国台湾海域，以及西太平洋暖水域。

2035 胸斑雀鲷 *Pomacentrus alexanderae*（Evermann et Seale，1907）[38]

背鳍XⅢ－13～14；臀鳍Ⅱ－14～15；胸鳍16～17。侧线鳞15～16＋8；纵列鳞25～27。鳃耙5＋16。

本种体呈长椭圆形（侧面观），侧扁。吻短钝。眶前骨与眶下骨间有明显的缺刻。尾鳍后缘凹入。体侧青灰色，腹侧色淡，胸鳍基有一大黑斑。背鳍有黑缘。尾鳍色浅。为珊瑚礁鱼类。集群栖息于珊瑚礁海区，水深5～10 m。分布于我国台湾海域，以及琉球群岛海域，东印度洋、西太平洋暖水域。体长约7 cm。

IV
辐鳍鱼纲

2036 黑缘雀鲷 *Pomacentrus nigromarginatus*（Allen，1973）[14]

背鳍XIII－14～15；臀鳍II－14～15；胸鳍16～17。侧线鳞15～17＋7～8；纵列鳞27～28。鳃耙5～6＋14～15。

本种与胸斑雀鲷相似。体呈长椭圆形（侧面观），侧扁。眶前骨与眶下骨间无缺刻。体黄褐色。胸鳍基有一大黑斑。尾部淡黄色。尾鳍和背鳍有黑缘。为珊瑚礁鱼类。栖息水深大于15 m。分布于我国台湾海域，以及琉球群岛海域、印度尼西亚海域、澳大利亚海域、东印度－西太平洋暖水域。体长约6.5 cm。

2037 臂雀鲷 *Pomacentrus brachialis*（Cuvier，1830）[37]
= 腋斑雀鲷 = 黑鳍雀鲷 *P. melanopterus*

背鳍XIII－13～15；臀鳍II－14～15；胸鳍16～17。侧线鳞16～17。鳃耙19～21。

本种体呈长椭圆形（侧面观），侧扁。吻短钝。口小，上、下颌齿各2行。前鳃盖骨、眶下骨具锯齿，眶下骨区无鳞。体暗褐色，胸鳍基具一大黑点，尾鳍深褐色。为珊瑚礁鱼类。栖息于珊瑚礁海区，水深6～40 m。分布于我国南海、台湾海域，以及琉球群岛海域、印度尼西亚海域、西太平洋暖水域。

[2038] **霓虹雀鲷** *Pomacentrus coelestis*（Jordan et Starks，1901）[14]

背鳍XIII - 13～15；臀鳍II - 14～15；胸鳍17～18。侧线鳞17＋7；纵列鳞27～28。鳃耙6＋14。

本种体呈长椭圆形（侧面观），侧扁。吻短钝。口小，斜裂。前鳃盖骨缘具锯齿，间鳃盖骨缘、下鳃盖骨缘平滑。眶前骨与眶下骨间无缺刻。眶下骨下缘光滑。颊鳞2列。体蓝紫色，胸、腹部黄色。尾鳍弯月状，黄色。为珊瑚礁鱼类。分布于我国台湾海域，以及日本千叶以南海域、印度–太平洋暖水域。体长约7 cm。

[2039] **孔雀雀鲷** *Pomacentrus pavo*（Bloch，1787）[14]
　　＝青玉雀鲷

背鳍XIII - 13～14；臀鳍II - 12～14；胸鳍17。侧线鳞16～17。鳃耙23～24。

本种体呈卵圆形（侧面观），侧扁。吻短钝。口小，眼大。眶前骨有1～2枚向后棘。眶下骨区被鳞，下缘具锯齿。眶前骨与眶下骨间有明显的缺刻。背鳍、臀鳍后缘尖。尾鳍弯月形，上、下叶延长。体蓝色，腹侧色稍淡，鳞具蓝色斑点。侧线起点有一黑斑。头侧有许多短的暗纵线。为珊瑚礁鱼类。栖息水深1～16 m。分布于我国南海、台湾海域，以及琉球群岛海域、印度–太平洋暖水域。体长约7 cm。

2040 长崎雀鲷 *Pomacentrus nagasakiensis*（Tanaka，1917）[14]

背鳍XIII - 14～16；臀鳍II - 16～17；胸鳍17～18。侧线鳞17～19＋7～8；纵列鳞24～26。鳃耙5～6＋13～15。

IV
辐鳍鱼纲

本种体呈长椭圆形（侧面观），侧扁。口小。两颌前方齿各2行，后方齿各1行。齿端截形，钝而薄。前鳃盖骨、眶下骨均具锯齿，眶前骨与眶下骨间具深缺刻。尾鳍后缘浅凹入。体蓝褐色或黑褐色。胸鳍透明。胸鳍基有三角形黑斑。腹鳍黑色。背鳍、臀鳍、尾鳍有多条白色线纹。为珊瑚礁鱼类。栖息于岩礁或珊瑚礁海区，水深5～30 m。分布于我国台湾海域，以及日本长崎以南海域、澳大利亚海域、印度-西太平洋暖水域。体长约9 cm。

2041 弓纹雀鲷 *Pomacentrus taeniometopon*（Bleeker，1852）[38]

背鳍XIII - 13～14；臀鳍II - 13～14；胸鳍17～18。侧线鳞18～19＋8～9；纵列鳞26～28。鳃耙8＋3。

本种体呈长椭圆形（侧面观），侧扁，吻钝圆。眶前骨与眶下骨间有明显的缺刻。眶下骨下缘具密集锯齿。体黄褐色，腹侧色浅。眼上方有一蓝色纵线。幼鱼尾鳍和尾柄黄色。背鳍鳍条部边有眼状斑。为珊瑚礁鱼类。分布于我国台湾海域，以及琉球群岛海域、印度-西太平洋暖水域。体长约9 cm。

2042 **王子雀鲷** *Pomacentrus vaiuli*（Jordan et Seale，1906）[38]
= 维氏雀鲷

背鳍XIII－15～16；臀鳍II－15～16；胸鳍17～19。侧线鳞15～18＋6～10；纵列鳞24～27。鳃耙6～9＋12～16。

本种体呈长椭圆形（侧面观），侧扁，吻短钝。眼大，口小。颌齿2行，前部呈门齿状。眶下骨前端具缺刻，下缘锯齿状。尾鳍后缘浅凹入。体褐色，腹部淡褐色。每枚鳞片具2～3个黑点。鳃盖上方有黑点。背鳍后部有黑斑。腹鳍前缘色暗。为珊瑚礁鱼类。栖息水深3～45 m。分布于我国台湾海域，以及日本三宅岛以南海域、印度－太平洋暖水水域。体长约7 cm。

2043 **摩鹿加雀鲷** *Pomacentrus moluccensis* Bleeker，1853[37]
= 黄雀鲷

背鳍XIII－13～16；臀鳍II－4～15；胸鳍16～17。侧线鳞15～18＋5～10；纵列鳞27～28。鳃耙6～9＋13～17。

本种体呈椭圆形（侧面观），甚侧扁。吻圆钝。眼大。口小，端位。下鳃盖骨、间鳃盖骨下缘平滑。眶下骨前端具缺刻，但下缘锯齿弱。背鳍、臀鳍鳍棘较鳍条短。尾鳍后缘浅凹入。体金黄色，腹侧淡黄色。胸鳍基黑斑小于鳃盖上方黑斑或二者等大。为珊瑚礁鱼类。栖息水深1～14 m。分布于我国南海、台湾海域，以及琉球群岛海域、东印度－西太平洋暖水水域。体长约5.5 cm。

2044 **安纹雀鲷** *Pomacentrus amboinensis* Bleeker，1868 [14]
　　＝安邦雀鲷

　　背鳍ⅩⅢ－14～16；臀鳍Ⅱ－14～16；胸鳍17。侧线鳞17～18＋7～9；纵列鳞27～28。鳃耙7～9＋14～15。

　　本种体呈椭圆形（侧面观），侧扁。吻短，眼大。口小，端位。下鳃盖骨缘、间鳃盖骨缘平滑。前鳃盖骨后缘具锯齿。眶下骨下缘锯齿强。背鳍、臀鳍后缘稍尖。尾鳍浅叉形。体黄色到黄褐色，背部较黑。各鳍淡黄色。胸鳍基黑斑大于鳃盖上方黑斑。为珊瑚礁鱼类。栖息于珊瑚礁区，水深2～40 m。分布于我国台湾海域，以及琉球群岛海域、印度尼西亚海域、西太平洋暖水域。体长约8 cm。

2045 **金尾雀鲷** *Pomacentrus chrysurus*（Cuvier，1830）[14]
　　＝白尾雀鲷 *P. flavicauda* ＝玫瑰雀鲷 *P. rhodonotus*

　　背鳍ⅩⅢ－14～17；臀鳍Ⅱ－14～17；胸鳍17～18。侧线鳞16～20＋6～11；纵列鳞24～26。鳃耙4～8＋11～14。

本种体呈长椭圆形（侧面观），侧扁。眶下骨区无鳞列，后缘光滑。下鳃盖骨缘、间鳃盖骨缘平滑。尾鳍后缘浅凹入。体黑褐色，尾鳍白色，两者界限分明。胸鳍色淡。幼鱼在背鳍后部尚有黑色眼状斑。为珊瑚礁鱼类。栖息水深小于3 m。分布于我国台湾海域，以及琉球群岛海域、印度–西太平洋暖水域。体长约7 cm。

2046 **斑卡雀鲷** *Pomacentrus bankanensis* Bleeker，1853[14]
= 斑鳍雀鲷 *P. dorsalis*

背鳍 XⅢ – 14～16；臀鳍 Ⅱ – 14～17；胸鳍17～18。侧线鳞16～20 + 6～11；纵列鳞24～26。鳃耙4～8 + 11～14。

本种体呈长椭圆形（侧面观），侧扁。下鳃盖骨缘、间鳃盖骨缘平滑。背鳍、臀鳍后缘圆弧形。眶下骨后缘锯齿状。体褐色，尾鳍、胸鳍基部白色。侧线起点有黑斑。背鳍末端有眼状斑。为珊瑚礁鱼类。栖息水深小于12 m。分布于我国南海、台湾海域，以及琉球群岛海域、西太平洋暖水域。体长约7 cm。

▲ 本属我国尚有白斑雀鲷 *P. albimaculus*，分布于我国台湾海域[13]。

椒雀鲷属 *Plectroglyphidodon* Bleeker，1876
= 棘雀鲷属 = 固曲齿雀鲷属

本属物种体高，呈卵圆形（侧面观），侧扁。体被中等大栉鳞。侧线中断。以颌齿1行，齿有切缘而无缺刻为主要特征。背鳍鳍棘12枚；臀鳍鳍棘2枚；两鳍基具鳞鞘。尾鳍基上、下部无游离棘。尾鳍后缘凹入或叉形。我国有6种。

2047 **羽状椒雀鲷** *Plectroglyphidodon imparipennis* （Vaillant et Sauvage，1875）[14]
= 明眸固曲齿雀鲷

背鳍XII － 14～16；臀鳍II － 11～13；胸鳍19～21。侧线鳞19～21 + 7～8；纵列鳞26～28。鳃耙3～4 + 8～9。

本种一般特征同属。体呈卵圆形（侧面观），侧扁。体高为体长的42%～48%。口小，眼大。前鳃盖骨缘、主鳃盖骨缘和间鳃盖骨缘光滑。下鳃耙8～9枚。体被大栉鳞。背鳍鳍棘12枚，尾鳍叉形。体背侧褐色，腹侧银白色，各鳍淡褐色。为珊瑚礁鱼类。栖息于珊瑚礁海区。分布于我国台湾海域，以及琉球群岛海域、日本小笠原群岛海域、印度-太平洋暖水域。体长约4.5 cm。

2048 **白带椒雀鲷** *Plectroglyphidodon leucozomus*（Bleeker，1859）[14]

背鳍XII － 14～16；臀鳍II － 11～13；胸鳍20～21。侧线鳞15～20 + 6～7；纵列鳞27～29。鳃耙3～9 + 11～14。

本种与羽状椒雀鲷相似。体呈卵圆形（侧面观），较侧扁。前鳃盖骨后缘光滑。背鳍、臀鳍后缘稍尖。尾鳍叉形。体茶褐色，背鳍鳍条部和尾鳍后方淡褐色。体侧中部有一白色横带而体侧后部和尾柄则无黑色横带。幼鱼有一眼状斑。为珊瑚礁鱼类。栖息水深小于2 m。分布于我国台湾海域，以及日本千叶以南海域、印度-太平洋暖水域。体长约8.5 cm。

注：本图为幼鱼，体偏低。

2049 眼斑椒雀鲷 *Plectroglyphidodon lacrymatus*（Quoy et Gaimard，1825）[38]（左幼
鱼，右成鱼）
= 珠点固曲齿鲷

背鳍XII－16～18；臀鳍II－13～15；胸鳍18～20。侧线鳞18～19＋8～9；纵列鳞25～27。鳃
耙5～9＋11～14。

本种体呈卵圆形（侧面观），较侧扁。吻尖。眼大，口小。鳞大。尾鳍叉形。体暗褐色，背鳍
和体侧散布蓝色小点。胸鳍淡褐色，尾鳍黄色，其他鳍暗褐色。幼鱼背鳍鳍棘部有一黑斑。为珊瑚
礁鱼类。栖息于珊瑚礁海区，水深2～12 m。分布于我国南海、台湾海域，以及琉球群岛海域、印
度-太平洋暖水域。体长约8 cm。

2050 凤凰椒雀鲷 *Plectroglyphidodon phoenixensis*（Schultz，1943）[14]

背鳍XII－16～18；臀鳍II－13～14；胸鳍20～21。侧线鳞21～22＋8～9；纵列鳞27～29。鳃
耙3＋10～14。

本种体呈卵圆形（侧
面观），侧扁。各鳃盖骨
后缘光滑。背鳍、臀鳍后
缘圆弧形。尾鳍叉形。体
黑褐色，具3～4条白色窄
横带，尾柄处有一黑色横
带。幼鱼背鳍鳍条部有一
眼状斑。为珊瑚礁鱼类。
栖息于波浪大的珊瑚礁海
区。分布于我国台湾海
域，以及日本奄美大岛以
南海域、印度-西太平洋
暖水域。体长约7 cm。

2051 尾斑椒雀鲷 *Plectroglyphidodon johnstonianus*（Fowler et Ball，1924）[37]
= 约翰岛固曲齿鲷

背鳍XII－18～19；臀鳍II－16～18；胸鳍19。侧线鳞21～22＋9；纵列鳞28～29。鳃耙2＋10～11。

本种体呈卵圆形（侧面观），甚侧扁。尾鳍后缘浅凹入。体浅灰褐色。尾柄前有约8枚鳞宽的黑色横斑。体无白色横带。背鳍鳍棘部无黑斑。背鳍、臀鳍后部和尾鳍黄色。为珊瑚礁鱼类。栖息水深2～12 m。分布于我国台湾海域，以及日本小笠原群岛海域、琉球群岛海域、印度−太平洋暖水域。体长约7 cm。

2052 黑带椒雀鲷 *Plectroglyphidodon dickii*（Liénad，1839）[38]
= 迪克固曲齿鲷 = 弧带豆娘鱼 *Abudefduf dickii*

背鳍XII－16～18；臀鳍II－14～16；胸鳍17～19。侧线鳞20～22＋6～9；纵列鳞26～29。鳃耙4～5＋13～14。

本种体呈卵圆形（侧面观），甚侧扁。体被大栉鳞。背鳍、臀鳍鳍条略长于鳍棘；鳍条部后缘截形。尾鳍后缘凹形。体浅褐色或黄褐色。背鳍鳍棘部有黑斑。体侧自背鳍至臀鳍有4～5枚鳞宽的黑色横带，该横带后部为白色。为珊瑚礁鱼类。栖息水深1～12 m。分布于我国南海、台湾海域，以及日本田边湾以南海域、澳大利亚海域、印度−太平洋暖水域。体长约8.5 cm。

豆娘鱼属 *Abudefduf* Forskål，1775

本属物种体呈卵圆形或长椭圆形（侧面观），侧扁。口小；齿单行，齿端有缺刻。前鳃盖骨后缘光滑。眶前骨区和眶下骨区裸露或被鳞。体被大栉鳞，侧线中断，纵列鳞25～30枚。背鳍鳍棘13～14枚，臀鳍鳍棘2枚，两鳍基部具鳞鞘。尾鳍叉形或后缘圆弧形、截形。我国有7种。

2053 **灰豆娘鱼** *Abudefduf sordidus*（Forskål，1775）[15]
= 梭地豆娘鱼

背鳍XIII － 14～16；臀鳍II － 14～16；胸鳍17～20。侧线鳞21～23 ＋ 7～8；纵列鳞26～29。鳃耙8＋14。

本种一般特征同属。体呈长椭圆形（侧面观），侧扁。眶下骨区无鳞，前鳃盖骨后缘光滑。头背鳞片达眼间隔前端。上、下颌齿各1行，齿端有缺刻。体灰褐色，体侧有6条黑色横带。尾柄上部有一黑斑。为珊瑚礁鱼类。栖息水深3 m左右。分布于我国南海、台湾海域，以及日本千叶以南海域、澳大利亚海域、印度−太平洋暖水域。体长约17 cm。

2054 黄尾豆娘鱼 *Abudefduf notatus*（Day，1870）[14]
= 斑鳍豆娘鱼

背鳍XIII − 13～14；臀鳍II − 13～14；胸鳍18～20。侧线鳞19～21 + 10～11；纵列鳞29～30。鳃耙8 + 18。

本种体高，呈卵圆形（侧面观），侧扁。颌齿1行，呈门齿状。眶下骨区有鳞。尾鳍深叉形。体紫褐色。体侧有5条黑色横带。胸鳍基部和鳃盖上方各有一黑斑。尾鳍淡黄色。为珊瑚礁鱼类。栖息于浪大的岩礁海区，水深1～12 m。分布于我国台湾海域，以及日本千叶以南海域、印度−西太平洋暖水域。体长约14 cm。

2055 六带豆娘鱼 *Abudefduf sexfasciatus*（Lacépède，1801）[14]
= 六线豆娘鱼 = 蓝豆娘鱼 *A. coelestinus*

背鳍XIII − 11～14；臀鳍II − 11～14；胸鳍17～20。侧线鳞19～21 + 7～8。鳃耙8 + 16～19。

本种体呈长椭圆形（侧面观），侧扁。颌齿1行，齿端具缺刻。眶前骨区、眶下骨区均被鳞。尾鳍叉形。体灰黄色，体侧具5条黑色横带。体侧每一鳞片均有白色圆点。尾鳍上、下叶有黑色纵带。为珊瑚礁鱼类。栖息于珊瑚礁海区，水深1～15 m。分布于我国台湾海域，以及日本静冈以南海域、印度−西太平洋暖水域。体长约14 cm。

2056 **七带豆娘鱼** *Abudefduf septemfasciatus*（Cuvier，1830）[15]

背鳍XⅢ－12～14；臀鳍Ⅱ－11～13；胸鳍17～19。侧线鳞20～22＋8～10；纵列鳞27～28。鳃耙5～8＋14～15。

本种体呈卵圆形（侧面观），侧扁。颌齿呈门齿状。头背鳞片达眼间隔中部。眶前骨区无鳞，眶下骨区有鳞。背鳍、臀鳍后缘圆弧形。尾鳍叉形。体灰褐色，体侧有6～7条暗横带，各鳍暗褐色。为珊瑚礁鱼类。栖息于岩礁海区，水深3 m左右。分布于我国南海、台湾海域，以及日本静冈以南海域、澳大利亚海域、印度-太平洋暖水域。体长约16 cm。

2057 **孟加拉豆娘鱼** *Abudefduf bengalensis*（Bloch，1787）[14]
＝安芬豆娘鱼 *A. affinis* ＝劳伦氏豆娘鱼 *A. lorenzi*

背鳍XⅢ－13～15；臀鳍Ⅱ－14～15；胸鳍16～20。侧线鳞20～21＋8～9；纵列鳞26～28。鳃耙7＋14～15。

本种体呈卵圆形（侧面观），侧扁。其头背鳞片达鼻孔上方。眶前骨区无鳞，眶下骨区有1列鳞。背鳍、臀鳍后缘尖。尾鳍叉形。体黄褐色，体侧具6～7条黑色窄横带。胸鳍基有一黑斑。为珊瑚礁鱼类。栖息于内湾及珊瑚礁海区，水深1～6 m。分布于我国南海、台湾海域，以及日本和歌山以南海域、印度-西太平洋暖水域。体长约14 cm。

注：黄宗国（2012）认为孟加拉豆娘鱼与劳伦氏豆娘鱼是同种[13]。两者的确颇相似，但前者体侧黑带窄，尾柄处无大黑斑，可与后者相区别。

2058 劳伦氏豆娘鱼 *Abudefduf lorenzi*（Hensley et Allen，1977）[14]

背鳍ⅩⅢ－12；臀鳍Ⅱ－11；胸鳍18。侧线鳞21。鳃耙22～24。

本种体呈卵圆形（侧面观），侧扁。体褐色，体侧有5条黑色横带，尾柄具一大黑斑。为珊瑚礁鱼类。栖息于浅海珊瑚礁区。分布于我国台湾海域，以及菲律宾海域、中西太平洋暖水域。体长约8 cm。

2059 五带豆娘鱼 *Abudefduf vaigiensis*（Quoy et Gaimard，1825）[15]
　　＝条状豆娘鱼

背鳍ⅩⅢ－11～14；臀鳍Ⅱ－11～13；胸鳍16～20。侧线鳞20～23＋9～10；纵列鳞27～29。鳃耙7～10＋17～18。

本种体呈卵圆形（侧面观），侧扁。颌齿1行，门齿状，齿端具缺刻。头背鳞片达鼻孔上方。背鳍和尾鳍上、下叶末端尖。体背缘黄色，体侧青绿色，腹侧银白色。体侧具5条黑色横带。为珊瑚礁鱼类。栖息于珊瑚礁、岩礁海区，水深1～12 m。分布于我国南海、台湾海域，以及日本千叶以南海域、印度－西太平洋暖水域。体长可达23 cm。

2060 密鳃鱼 *Hemiglyphidodon plagiometopon*（Bleeker，1852）[38]

背鳍XⅢ － 13～15；臀鳍Ⅱ － 13～15；胸鳍16～17。侧线鳞14～17 + 7～8；纵列鳞26～28。鳃耙36 + 44～48。

本种体呈卵圆形（侧面观），稍侧扁。吻钝尖。口小，唇较厚。颌齿2行，略呈门齿状。眶前骨、眶下骨无锯齿。各鳃盖骨边缘光滑。鳃耙密而长。体被大栉鳞。侧线中断。背鳍、臀鳍鳍基具鳞鞘。尾鳍后缘浅凹入。体黄褐色。为珊瑚礁鱼类。栖息于鹿角珊瑚多的海区。分布于我国南海、台湾海域，以及琉球群岛海域、泰国海域、菲律宾海域、西太平洋暖水域。体长约15 cm。

金翅雀鲷属 *Chrysiptera* Swainson，1939
= 菊雀鲷属 = 刻齿雀鲷属

本属物种体侧面观呈卵圆形或长椭圆形，侧扁。眶前骨、眶下骨及诸鳃盖骨均无锯齿。眶下骨区无鳞。颌齿2行，侧扁，顶端略圆。体被中等大栉鳞，侧线中断。尾鳍后缘圆弧形、平截或凹入。我国有10种。

IV
辐鳍鱼纲

2061 **黄尾金翅雀鲷** *Chrysiptera parasema*（Fowler，1918）[38]
= 半蓝刻齿雀鲷 *C. hemicyanea*

背鳍XⅢ－10～12；臀鳍Ⅱ－11～13；胸鳍14～15。侧线鳞14～16＋7～8；纵列鳞25～26。鳃耙9＋13。

本种一般特征同属。体呈卵圆形（侧面观），甚侧扁。颌齿2行，前行门齿状。背鳍、臀鳍鳍棘发达，后缘圆弧形。尾鳍后缘凹入。体淡蓝色，尾柄及尾鳍黄色。胸鳍上方有一黑斑。为珊瑚礁鱼类。栖息水深1～16 m。分布于我国台湾海域，以及琉球群岛海域、菲律宾海域、西太平洋暖水域。体长约5 cm。

2062 **三带金翅雀鲷** *Chrysiptera tricincta*（Allen et Randall，1974）[38]

背鳍XⅢ－11～13；臀鳍Ⅱ－12～14；胸鳍18～19。侧线鳞15～17＋9；纵列鳞27～28。鳃耙6＋14。

本种体呈长椭圆形（侧面观），侧扁。背鳍、臀鳍后缘尖。尾鳍后缘浅凹入。体浅黄色。体侧具3条暗褐色横带。胸鳍、尾鳍浅黄色。为珊瑚礁鱼类。栖息水深10～38 m。分布于我国台湾海域，以及日本静冈以南海域、印度尼西亚海域、西太平洋暖水域。体长约4.5 cm。

2063 史氏金翅雀鲷 *Chrysiptera starcki*（Allen，1973）[37]
= 史氏刻齿雀鲷

背鳍XⅢ－14～15；臀鳍Ⅱ－15～17；胸鳍15～17。侧线鳞15～16＋8；纵列鳞28。鳃耙6＋14。

本种体呈长椭圆形（侧面观），侧扁。眶下骨区有鳞列。头、体背和尾鳍黄色，体侧、腹鳍和臀鳍深蓝色。胸鳍透明，鳍基上端有黑斑。为珊瑚礁鱼类。栖息水深25～52 m。分布于我国南海、台湾海域，以及日本静冈以南海域、澳大利亚海域、西太平洋暖水域。体长约7 cm。

2064 橙黄金翅雀鲷 *Chrysiptera rex*（Snyder，1909）[14]
= 橙黄拟门齿雀鲷 *Glyphidodontops rex* = 雷克斯刻齿雀鲷

背鳍XⅢ－12～15；臀鳍Ⅱ－12～15；胸鳍16～18。侧线鳞15～18＋6～10；纵列鳞24～28。鳃耙6～7＋11～13。

本种体呈长椭圆形（侧面观），较侧扁。上、下颌齿各3行，前行门齿状。背鳍、臀鳍鳍棘较低，鳍条部后缘尖。体橘黄色，头与体背前部蓝色。鳃盖上部有一黑斑。每枚鳞均具珍珠状小点。为珊瑚礁鱼类。栖息于风浪大的珊瑚礁海区，水深1～6 m。分布于我国台湾海域，以及琉球群岛海域、澳大利亚海域、印度－西太平洋暖水域。体长约5 cm。

IV
辐鳍鱼纲

2065 黄斑金翅雀鲷 *Chrysiptera zonatus* (Cuvier，1830) [15]
= 黄斑豆娘鱼 *Abudefduf zonatus*

背鳍XIII－13～14；臀鳍II－13～14；胸鳍17～18。侧线鳞17～18＋8。鳃耙8～9＋14～15。

本种体呈长椭圆形（侧面观），侧扁。颌齿2行，门齿状。眶下骨区无鳞，前鳃盖鳞2列。体灰蓝色，体侧有一淡色横斑。背鳍尚有纵带。背鳍、尾鳍、胸鳍淡黄褐色。为珊瑚礁鱼类。栖息于风浪大的珊瑚礁海域。分布于我国南海，以及琉球群岛海域、印度尼西亚海域、中西太平洋暖水域。体长约7.5 cm[8]。

2066 无带金翅雀鲷 *Chrysiptera unimaculata* (Cuvier，1830) [38]
= 单斑刻齿雀鲷

背鳍XIII－13～14；臀鳍II－11～14；胸鳍17～19。侧线鳞16～20＋7～10；纵列鳞24～26。鳃耙9～10＋17～18。

本种体呈椭圆形（侧面观），侧扁。眶下骨区无鳞，前鳃盖鳞2列。体淡褐色，无横带。背鳍后部有一黑斑。幼鱼体黄色，沿背侧有一蓝带，背鳍中部有一眼状斑。为珊瑚礁鱼类。栖息于沿岸礁石海区，水深小于2 m。分布于我国台湾海域，以及琉球群岛海域、澳大利亚大堡礁海域、印度-西太平洋暖水域。体长约6 cm[34]。

2067 圆尾金翅雀鲷 *Chrysiptera cyanea*（Quoy et Gaimard，1825）[14]
= 蓝刻齿雀鲷 = 吻带豆娘鱼

背鳍XIII − 12 ~ 13；臀鳍II − 12 ~ 14；胸鳍18 ~ 19。侧线鳞16 ~ 19 + 7 ~ 8；纵列鳞23 ~ 26。鳃耙6 ~ 8 + 11 ~ 13。

本种体呈长椭圆形（侧面观），甚侧扁。颌齿2行，门齿状，齿端圆。眶前骨区、眶下骨区无鳞。前鳃盖鳞2列。主鳃盖骨有2枚小棘。尾鳍后缘浅凹入。体青蓝色，各鳍浅蓝色，奇鳍有黑缘。头部有蓝色斜带。体侧鳞片各具1 ~ 2个小黑点。为珊瑚礁鱼类。栖息于珊瑚礁海区，水深小于10 m。分布于我国南海、台湾海域，以及日本和歌山以南海域、印度–西太平洋暖水域。体长约6 cm。

2068 双斑金翅雀鲷 *Chrysiptera biocellata*（Quoy et Gaimard，1824）[14]
= 勃氏金翅雀鲷 = 二点刻齿雀鲷 = 黄斑豆娘鱼 *Abudefduf zonatus*

背鳍XIII − 12 ~ 14；臀鳍II − 13 ~ 14；胸鳍17 ~ 18。侧线鳞16 ~ 20 + 7 ~ 10；纵列鳞24 ~ 25。鳃耙9 ~ 10 + 17 ~ 18。

本种体呈长椭圆形（侧面观），侧扁。颌齿1行。眶骨区无鳞，前鳃盖鳞3列。背鳍、臀鳍后缘尖。尾鳍后缘浅凹入。体褐色，体侧具一白色横斑。背鳍后部有黑斑，尾鳍浅黄色。为珊瑚礁鱼类。栖息水深小于5 m。分布于我国南海、台湾海域，以及琉球群岛海域、印度–西太平洋暖水域。体长约8 cm。

注：黄宗国（2012）认为本种与黄斑豆娘鱼为同种[13]，但后者以前鳃盖鳞仅2列，下鳃耙14～15枚，体蓝色[8, 15]而与前者相区别。

2069 **白带金翅雀鲷** *Chrysiptera leucopoma*（Valenciennes，1830）[38]（**左幼鱼，右成鱼**）
　　= 勃氏金翅雀鲷 *C. brownriggii* = 双白带刻齿雀鲷 = 黄带豆娘鱼 *A. xanthozona*

背鳍XⅢ－12～15；臀鳍Ⅱ－11～14；胸鳍17～19。侧线鳞16～19＋7～9；纵列鳞25～28。鳃耙6～9＋12～14。

本种体呈长椭圆形（侧面观），侧扁。上、下颌齿各1行。眶前骨区、眶下骨区无鳞，前鳃盖鳞3列。背鳍、臀鳍后缘尖，尾鳍后缘浅凹入。体茶褐色，头侧和体侧有3条白色横带，肛门边缘黑色。幼鱼体黄色，背部有黑带延伸与背鳍大黑斑连接。为珊瑚礁鱼类。栖息于浪大的珊瑚礁和岩礁海区，水深小于2 m。分布于我国南海、台湾海域，以及日本千叶以南海域、澳大利亚海域、印度－太平洋暖水域。体长约6 cm。

2070 **青金翅雀鲷** *Chrysiptera glauca*（Cuvier，1830）[38]
　　= 灰刻齿雀鲷

背鳍XⅢ－12～14；臀鳍Ⅱ－12～13；胸鳍16～18。侧线鳞16～19＋7～9；纵列鳞24～26。鳃耙8～9＋13～15。

本种体呈长椭圆形（侧面观），侧扁。上、下颌齿各1~2行，齿端有浅缺刻。前鳃盖鳞3~4列。体灰色，无斑纹。肛门黑色。背鳍缘有一浅色纵纹。为珊瑚礁鱼类。栖息于珊瑚礁海区，水深小于2 m。分布于我国南海、台湾海域，以及日本和歌山以南海域、澳大利亚海域、印度–太平洋暖水域。体长约8 cm。

凹牙豆娘鱼属 *Amblyglyphidodon* Bleeker，1877
= 宽刻齿雀鲷属 = 钝雀鲷属

本属物种体高，侧面观近圆形或椭圆形，侧扁。颌齿1行，齿端扁平或有缺刻。眶前骨、眶下骨和鳃盖骨边缘光滑。体被中等大栉鳞。侧线不完全。背鳍最长鳍棘长大于吻端至前鳃盖骨上缘距离。背鳍鳍棘13枚，臀鳍鳍棘2枚。尾鳍叉形。我国有5种。

2071 **金凹牙豆娘鱼** *Amblyglyphidodon aureus*（Cuvier，1830）[38]
= 黄背宽刻齿雀鲷 = 黄身雀鲷 *Abudefduf aureus*

背鳍XⅢ – 12~16；臀鳍Ⅱ – 14~15；胸鳍16~18。侧线鳞15~17 + 8~9；纵列鳞26~27。鳃耙5~7 + 18。

本种一般特征同属。体甚高，近圆形（侧面观），侧扁。体长小于体高的1.5倍。颌齿1行。前鳃盖骨后缘平滑。眶下骨区几乎不被鳞。背鳍、臀鳍后缘尖。尾鳍浅叉形。体黄色，腹面与尾柄和尾鳍上下叶缘淡黄色。为珊瑚礁鱼类。栖息于珊瑚礁边缘或岩礁海区，水深12~35 m。分布于我国南海、台湾海域，以及日本冲绳海域、西太平洋暖水域。体长约10 cm。

2072 **库拉索凹牙豆娘鱼** *Amblyglyphidodon curacao*（Bloch，1787）[38]
= 橘钝宽刻齿雀鲷

背鳍XIII－11～14；臀鳍II－13～15；胸鳍16～17。侧线鳞15～18＋7～9；纵列鳞25～27。鳃耙5～8＋18～22。

本种体高，近圆形（侧面观），侧扁。颌齿1行，齿端平扁，具缺刻。眶前骨区、眶下骨区均不被鳞。背鳍、臀鳍后缘尖，尾鳍后缘浅凹入。体黄绿色至黄褐色，体侧有数条暗宽横带。胸鳍、腹鳍色浅，其他鳍有暗边缘。为珊瑚礁鱼类。栖息于珊瑚礁海区，水深1～15 m。分布于我国台湾海域，以及琉球群岛海域、澳大利亚大堡礁海域、西太平洋暖水域。体长约9 cm。

2073 **平颌凹牙豆娘鱼** *Amblyglyphidodon ternatensis*（Bleeker，1853）[38]
= 绿身宽刻曲齿雀鲷

背鳍XIII－10～12；臀鳍II－11～13；胸鳍15～17。侧线鳞14～17＋8～9；纵列鳞25～27。鳃耙6～7＋15～19。

本种体近圆形（侧面观），甚侧扁。眶前骨区、眶下骨区不被鳞。体侧褐绿色，腹侧色浅。胸鳍基上部有小黑点。背鳍、臀鳍白色。尾鳍叉形，色浅。为珊瑚礁鱼类。栖息水深1～12 m。分布于我国台湾海域，以及日本八重山群岛海域、西太平洋暖水域。体长约10 cm。

2074 白腹凹牙豆娘鱼 *Amblyglyphidodon leucogaster*（Bleeker，1847）[38]

背鳍ⅩⅢ－12～13；臀鳍Ⅱ－12～14；胸鳍16～18。侧线鳞14～17＋8～9；纵列鳞25～27。鳃耙6～7＋15～19。

本种体高，近圆形（侧面观），侧扁。体通常银灰色，腹部淡黄色。背鳍、臀鳍具黑缘。尾鳍上、下缘黑色。胸鳍基上部有一大黑斑。为珊瑚礁鱼类。栖息于珊瑚礁海区，水深2～45 m。分布于我国台湾海域，以及琉球群岛海域、印度－西太平洋暖水域。体长约11 cm。

2075 短头钝雀鲷 *Amblypomacentrus breviceps*（Schlegel et Müller，1839）[37]
= 短头宽刻齿雀鲷

本种体呈椭圆形（侧面观），稍侧扁。体长为体高的1.5～1.8倍。头短钝。颌齿1行。体被大型鳞。眶前骨区与眶下骨区无鳞。背鳍最长鳍棘长等于吻端到前鳃盖上缘距离。头、体背侧银白色，布有3条暗宽横带；腹侧有黄、绿相间的鳞列纵线。各鳍带绿色。为珊瑚礁鱼类。栖息于浅海岩礁、珊瑚礁区。分布于我国台湾海域，以及菲律宾海域、印度－西太平洋暖水域。

新箭齿雀鲷属 *Neoglyphidodon* Allen，1991
= 副雀鲷属

本属物种体较高，呈卵圆形（侧面观），侧扁，体长小于体高的2倍。颌齿2行。眶前骨、眶下骨和诸鳃盖骨均无锯齿。体被中等大栉鳞，侧线不完全。眶前骨区、眶下骨区被鳞。背鳍有13枚鳍棘，臀鳍有2枚鳍棘。尾鳍后缘凹入。我国有3种。

2076 **黑新箭齿雀鲷** *Neoglyphidodon melas*（Cuvier，1830）[38]（左幼鱼，右成鱼）
= 黑副豆娘鱼 = 黑拟豆娘鱼 *Paraglyphidodon melas*

背鳍XIII－14～16；臀鳍II－13～15；胸鳍18～19。侧线鳞16～17＋7～8；纵列鳞25～27。鳃耙8～9＋16～19。

本种一般特征同属。体卵圆形（侧面观），甚侧扁。颌齿2行。背鳍、臀鳍后缘圆弧形，尾鳍后缘浅凹入。成鱼体色由蓝黑色到蓝色不等。幼鱼体银白色，头、体背部金黄色。腹鳍、臀鳍有黑缘。为珊瑚礁鱼类。栖息水深1～12 m。分布于我国台湾海域，以及日本奄美大岛以南海域、马来西亚海域、澳大利亚海域、印度–西太平洋暖水域。体长约15 cm。

2077 **黑褐新箭齿雀鲷** *Neoglyphidodon nigroris*（Cuvier，1830）[38]（左幼鱼，右成鱼）
= 黑褐新刻齿雀鲷

背鳍XIII－13～16；臀鳍II－13～15；胸鳍16～17。侧线鳞16～17＋7～8；纵列鳞25～27。鳃耙8～9＋16～19。

本种体呈卵圆形（侧面观），甚侧扁。背鳍、臀鳍后缘尖，鳍条呈丝状延长。尾鳍后缘凹入，上、下叶尖端呈丝状。体黄褐色，眼下和前鳃盖各有一横带。腹鳍黑色。胸鳍基上方有黑点。幼鱼体黄色，体侧有2条黑色纵带。为珊瑚礁鱼类。栖息于珊瑚礁边缘海区。分布于我国台湾海域、琉球群岛海域，以及菲律宾海域、澳大利亚海域、印度–西太平洋暖水域。体长约9 cm。

45
鲈形目

▲ 本属我国尚有纹胸新箭齿雀鲷 *N. thoracotaeniatus*。分布于我国台湾海域、南海[13]。

光鳃鱼亚科 Chrominae

光鳃鱼属 *Chromis* Cuvier，1814

体侧面观呈卵圆形或长椭圆形，侧扁。眶前骨、眶下骨及各鳃盖骨边缘通常无锯齿。有的种类前鳃盖骨具锯齿。体被大栉鳞，侧线不完全。背鳍鳍棘12～14枚，臀鳍鳍棘2枚；两鳍基底均具鳞鞘。尾鳍基部上、下缘各有2～3枚棘状尾前鳍条。尾鳍上、下叶有时呈丝状延长。我国有30种。

2078 **黑带光鳃鱼** *Chromis retrofasciata*（Weber，1913）[14]

背鳍XII－11～13；臀鳍II－12～13；胸鳍15～16。侧线鳞12～13。鳃耙24～26。

本种一般特征同属。体呈卵圆形（侧面观），侧扁。颌齿圆锥状，前部呈齿带状。尾鳍叉形。体褐色。体侧的背鳍、臀鳍后部有一黑色宽横带。尾鳍白色，有的具黑缘。为珊瑚礁鱼类。栖息于浅海潮流通畅的树状珊瑚丛中。分布于我国台湾海域，以及琉球群岛海域、印度尼西亚海域、西太平洋暖水域。体长约4 cm。

[2079] 细鳞光鳃鱼 *Chromis lepidolepis*（Bleeker，1877）[83]

背鳍Ⅻ－11～14；臀鳍Ⅱ－11～13；胸鳍17～19。侧线鳞15～18。鳃耙8～10＋20～22。

本种体呈长椭圆形（侧面观），侧扁。颌齿2行。体被较大鳞，从眼上部到后头部各鳞基部皆附有小鳞3枚。前鳃盖骨后缘具锯齿。尾鳍叉形，上、下叶末端尖。体浅褐色，腹侧淡褐色。背鳍缘较黑，尾鳍上、下叶缘黑色。为珊瑚礁鱼类。栖息水深2～20 m，与其他光鳃鱼混游。分布于我国南海、台湾海域，以及日本三宅岛海域、印度–太平洋暖水域。体长约6.5 cm。

[2080] 灰光鳃鱼 *Chromis cinerascens*（Cuvier，1830）[14]

背鳍ⅩⅢ－10～11；臀鳍Ⅱ－10～11；胸鳍17。侧线鳞18＋8。鳃耙27～30。

本种体呈长椭圆形（侧面观），甚侧扁。两颌具数行圆锥齿，外侧齿较大。体灰白色。胸鳍基有黑点，成鱼黑点不明显。其他鳍黄色。为珊瑚礁鱼类。栖息于岩礁海区。分布于我国台湾海域，以及菲律宾海域、印度–西太平洋暖水域。体长约12 cm。

2081 **伊乐光鳃鱼** *Chromis elerae*（Fowler et Bean，1928）[37]
= 台湾光鳃鱼 = 黑肛光鳃鱼

背鳍XII－11～12；臀鳍II－10～11；胸鳍17～18。侧线鳞15～17。鳃耙7～9＋19～22。

本种体呈长椭圆形（侧面观），侧扁。吻短，圆钝。口小。眼大，眼径约为吻长的2倍。尾鳍基上、下缘各有2枚尾前棘。前鳃盖骨边缘锯齿状。体褐色。背鳍基、臀鳍基后缘各有一大白斑。腹鳍、尾鳍色浅。为珊瑚礁鱼类。栖息水深12～70 m。分布于我国南海、台湾海域，以及日本冲绳海域、印度－西太平洋暖水域。体长约5 cm。

2082 **烟色光鳃鱼** *Chromis fumea*（Tanaka，1817）[14]
= 燕尾光鳃雀鲷

背鳍XIII～XIV－10～12；臀鳍II－9～10；胸鳍17～19。侧线鳞17～19。鳃耙6～9＋19～24。

本种体呈长椭圆形（侧面观），侧扁。颌齿圆锥状。前鳃盖骨后缘有锯齿。背鳍、臀鳍后缘尖。尾鳍叉形。体浅褐色，腹侧色较浅，胸鳍基上部有小黑斑。背鳍、臀鳍后缘色深。尾鳍上、下叶缘黑色。为珊瑚礁鱼类。栖息水深10～20 m，集群活动。分布于我国南海、台湾海域，以及日本冲绳海域、澳大利亚海域、印度－西太平洋暖水域。体长约10 cm。

2083 凡氏光鳃鱼 *Chromis vanderbilti*（Fowler，1941）[37]

背鳍XII－10～12；臀鳍II－10～12；胸鳍16～18。侧线鳞11～18。鳃耙6～8＋18～20。

　　本种体呈长椭圆形（侧面观），侧扁。吻短，圆钝。颌齿圆锥状。各鳃盖骨后缘平滑。尾鳍叉形，上、下叶呈丝状延长。体呈浅褐色。主鳃盖、胸鳍基和背鳍鳍棘缘黄色。体侧有5～6条不明显的纵带。背鳍后部，臀鳍和尾鳍下缘暗褐色。为珊瑚礁鱼类。栖息水深2～10 m。集群活动。分布于我国台湾海域，以及日本三宅海域、冲绳海域，西太平洋暖水域。体长约4.5 cm。

2084 腋斑光鳃鱼 *Chromis atripes*（Fowler et Bean，1928）[14]
　　＝黑鳍光鳃鱼

背鳍XII－12～14；臀鳍II－12～14；胸鳍15～17。侧线鳞14～16。鳃耙6～9＋18～22。

　　本种体呈卵圆形（侧面观），甚侧扁。颌齿圆锥状，下颌前端犬齿向前突出。尾鳍叉形，上、下叶呈丝状延长。体黄褐色，背鳍基后缘和胸鳍腋部有黑斑。腹鳍、臀鳍黑色。尾鳍黄褐色。为珊瑚礁鱼类。栖息水深10～20 m。分布于我国台湾海域，以及日本三宅岛海域、印度－西太平洋暖水域。体长约5.5 cm。

2085 卵形光鳃鱼 *Chromis ovatiformis*（Fowler，1946）[14]

背鳍XII～XIII－12～13；臀鳍II－12～14；胸鳍16～18。侧线鳞13～15。鳃耙6～9＋20～23。

本种体甚高，呈卵圆形（侧面观），侧扁。尾鳍叉形。体淡褐色，背鳍无黑斑。腹鳍、臀鳍色淡，尾柄及尾鳍均为白色。为珊瑚礁鱼类。栖息于近海岩礁区底层水域，水深20～40 m。分布于我国南海、台湾海域，以及日本冲绳海域、菲律宾海域、西太平洋暖水域。体长约7 cm。

2086 侏儒光鳃鱼 *Chromis acares*（Randall et Swerdoff，1973）[14]

背鳍XII－11；臀鳍II－10；胸鳍16～18。侧线鳞15～17。鳃耙5～6。

本种体呈长椭圆形（侧面观），侧扁。吻钝，眼大。背、腹缘浅弧状。体被大栉鳞。尾鳍基上、下各具2个隐于皮下的尾前棘。尾鳍叉形。体黄灰褐色。腹鳍色淡，臀鳍黑色，尾鳍上、下缘黄色。为珊瑚礁鱼类。栖息于珊瑚礁、岩礁海区。分布于我国台湾海域，以及马里亚纳群岛海域、太平洋暖水域。

2087 黄斑光鳃鱼 *Chromis flavomaculatus*（Kamohara，1960）[38]

背鳍XⅢ ~ XⅣ − 11 ~ 13；臀鳍Ⅱ − 10 ~ 11；胸鳍18 ~ 20。侧线鳞17 ~ 19。鳃耙8 ~ 10 + 21 ~ 25。

Ⅳ
辐鳍鱼纲

本种体呈卵圆形（侧面观），侧扁。头部鳞达鼻孔前端。颌齿圆锥状。背鳍以第7鳍棘最长。腹鳍第1鳍条呈丝状延长。尾鳍叉形。背侧紫褐色，腹侧淡褐色。体侧每一鳞片均有黄斑。背鳍、臀鳍色暗，胸鳍基有黑斑。为珊瑚礁鱼类。栖息水深10 ~ 40 m。分布于我国台湾海域，以及日本小笠原群岛海域、伊豆以南海域，澳大利亚海域，西太平洋暖水域。体长约5 cm。

2088 黄光鳃鱼 *Chromis xanthochira*（Bleeker，1851）[37]
= 黄腋光鳃鱼

背鳍XⅣ − 10；臀鳍Ⅱ − 11 ~ 12；胸鳍19。侧线鳞16 ~ 17。鳃耙30 ~ 32。

本种体呈长椭圆形（侧面观），侧扁。眼大。吻短，圆钝。背鳍、臀鳍鳍条长，后缘稍尖。尾鳍叉形。体略呈褐色，腹侧淡黄褐色，尾柄下部近乳白色，尾鳍上、下叶缘黑色。为珊瑚礁鱼类。栖息水深10 ~ 48 m。分布于我国南海、台湾海域，以及印度尼西亚海域、澳大利亚海域、印度−西太平洋暖水域。体长约10 cm。

2089 东海光鳃鱼 *Chromis mirationis*（Tanaka，1917）[38]（左幼鱼，右成鱼）
= 叉尾光鳃鱼 *C. fraenatus* = 奇光鳃鱼

背鳍XIV－13～14；臀鳍Ⅱ－11～13；胸鳍19～20。侧线鳞16～18。鳃耙8～9＋19～21。

本种体呈卵圆形（侧面观），甚侧扁。吻短，眼大。后鼻孔大，裂隙状。颌齿圆锥状，前部齿带窄，外行齿较大。腹鳍长，达臀鳍。尾鳍后缘凹入。体背灰褐色，腹侧灰白色。体侧中部有一黄褐色纵带，幼鱼不明显。胸鳍基有黑斑。为珊瑚礁鱼类。栖息于近海岩礁区底层水域，水深40～90 m。分布于我国台湾海域，以及日本和歌山海域、伊豆半岛海域，西太平洋暖水域。体长约11 cm。

2090 冈村光鳃鱼 *Chromis okamurai*（Yamakawa et Randall，1989）[37]

背鳍XIV－13；臀鳍Ⅱ－12；胸鳍18～19。侧线鳞17。鳃耙8＋19。

本种体呈卵圆形（侧面观），侧扁。后鼻孔小。腹鳍短，不伸达臀鳍。体侧灰白色，具2条黑色纵带。背鳍、尾鳍黄色，尾鳍基有一黑色横带。为珊瑚礁鱼类。栖息水深135～175 m。分布于我国台湾海域，以及日本伊豆半岛海域、琉球群岛海域，西北太平洋暖水域。体长约10 cm。

2091 尾斑光鳃鱼 *Chromis notatus notatus*（Temminck et Schlegel，1843）[14]
　　= 斑鳍光鳃雀鲷

背鳍XⅢ～XⅣ－12～14；臀鳍Ⅱ－10～12；胸鳍18～20。侧线鳞16～19。鳃耙8～10＋20～24。

本种体呈长椭圆形（侧面观），侧扁，体高为体长的43.8%～50.7%。头部除两颌外皆被鳞。尾鳍叉形。体背侧黑紫色，腹侧淡褐色。尾鳍上、下叶有黑边，胸鳍基上部有黑斑。为珊瑚礁鱼类。栖息于近海内湾、珊瑚礁和岩礁区，水深2～15 m。集群活动。分布于我国台湾海域，以及日本千叶以南海域、西北太平洋暖水域。体长可达17 cm。

2092 三宅光鳃鱼 *Chromis notatus miyakeensis*（Moyer et Ida，1976）[68]

背鳍XⅡ～XⅢ－12～14；臀鳍Ⅱ－10～12；胸鳍18～20。侧线鳞17～19。鳃耙8～10＋22～23。

本种是尾斑光鳃鱼的一个亚种。体较高，体高为体长的47.6%～55.2%。体背侧黄褐色，腹侧灰白色，背鳍、臀鳍、尾鳍色较浅（此图着色深）。为珊瑚礁鱼类。栖息于岩礁海区和珊瑚礁海区。分布于我国南海，以及日本三宅岛海域、西北太平洋暖水域。体长约13 cm。

2093 三角光鳃鱼 *Chromis delta*（Randall，1988）[37]

背鳍XII－12～14；臀鳍II－12～14；胸鳍15～17。侧线鳞12～14。鳃耙24～28。

本种体呈长椭圆形（侧面观），侧扁。背鳍、臀鳍后缘尖。尾鳍叉形。体暗褐色，腹部蓝灰色。尾柄有一白色宽带。胸鳍基底有一大黑斑。为珊瑚礁鱼类。栖息于珊瑚礁海区。分布于我国台湾海域，以及菲律宾海域、印度–西太平洋暖水域。

2094 艾仑光鳃鱼 *Chromis alleni*（Randall, Ida et Moyer，1981）[14]

背鳍XII～XIII－12～13；臀鳍II－12～13；胸鳍17～18。侧线鳞15～17。鳃耙6～9＋18～22。

本种体呈长椭圆形（侧面观），侧扁。吻短，钝尖，眼大。颌齿细小，圆锥状，外侧齿较大。尾鳍叉形，上、下叶末端呈丝状延长。体大部分黄褐色，背鳍基、臀鳍基后端及尾柄、尾鳍灰白色，胸鳍基具半圆形黑斑。为珊瑚礁鱼类。栖息于岩礁或珊瑚礁外缘海区，水深10～60 m。分布于我国南海、台湾海域，以及日本三宅岛海域、小笠原群岛海域、冲绳海域，西北太平洋暖水域。体长约8 cm。

2095 **双斑光鳃鱼** *Chromis margaritifer*（Fowler，1946）[14]
= 两色光鳃雀鲷 = *C. bicolor*

背鳍XII－12～13；臀鳍II－11～12；胸鳍16～18。侧线鳞17～18。鳃耙7～10＋19～21。

本种体呈卵圆形（侧面观），侧扁。颌齿圆锥形，带状排列。背鳍、臀鳍后缘较尖。尾鳍叉形，上、下叶末端延长。体大部分黑色，胸鳍基底黑色，背鳍、臀鳍基底后部及尾柄、尾鳍全为白色。为珊瑚礁鱼类。栖息水深1.5～15 m。分布于我国台湾海域，以及日本千叶以南海域、澳大利亚海域、印度-西太平洋暖水域。体长约6 cm。

2096 **长棘光鳃鱼** *Chromis chrysura*（Bliss，1883）[38]
= 短身光鳃鱼 = 奄美光鳃鱼 *C. isharae*

背鳍XIII－14～15；臀鳍II－10～14；胸鳍18～19。侧线鳞17～19。鳃耙8～10＋21～23。

本种体呈卵圆形（侧面观），甚侧扁。吻短钝。背鳍鳍条多，后缘尖。尾鳍叉形。体大部分茶褐色，背鳍、臀鳍鳍条部及尾柄、尾鳍白色。为珊瑚礁鱼类。栖息于岩礁区底层海域，水深20～30 m。集群活动。分布于我国台湾海域，以及日本南部海域、斐济海域、毛里求斯海域。体长约14 cm。

2097 亮光鳃鱼 *Chromis leucura*（Gilbert，1905）[38]

背鳍XII－14；臀鳍II－13～15；胸鳍16～17。侧线鳞13～15。鳃耙6～7＋18～20。

本种体高，呈卵圆形（侧面观），侧扁。眼大，吻短。体大部分暗褐色，背鳍后端及尾鳍基部、尾鳍白色。胸鳍基具一大黑斑。为珊瑚礁鱼类。栖息水深50～60 m，有时也可深达100 m。分布于我国台湾海域，以及日本冲绳海域、印度–西太平洋暖水域。体长约5.5 cm。

2098 白斑光鳃鱼 *Chromis albomaculatus*（Kamohara，1960）[38]

背鳍XIV－12～13；臀鳍II－12～13；胸鳍18～19。侧线鳞16～17。鳃耙6～7＋18～20。

本种体呈卵圆形（侧面观），侧扁。吻短，稍尖。眼大，眼间隔宽度较眼径稍宽。尾鳍叉形，尾鳍基上有3枚尾前棘。体暗褐色。体侧鳞片中心白色，边缘褐色。尾鳍后缘白色。胸鳍基上部有黑点。为珊瑚礁鱼类。栖息于珊瑚礁外缘海区，水深12～40 m。分布于我国台湾海域，以及日本三宅岛海域、冲绳海域，西北太平洋暖水域。体长约15 cm。

2099 条尾光鳃鱼 *Chromis ternatensis*（Bleeker，1856）[38]

= 三叶光鳃雀鲷

背鳍XII～XIII－10～12；臀鳍II－11～12；胸鳍17～19。侧线鳞14～17。鳃耙7～9＋12～23。

本种体呈卵圆形（侧面观），侧扁。吻短钝，眼大。颌齿圆锥状，下颌有前向犬齿。背鳍、臀鳍后缘尖。尾鳍叉形。体背侧黄褐色，腹侧淡黄色。尾鳍上、下叶具黑缘。为珊瑚礁鱼类。栖息于潮流通畅的珊瑚礁外缘海区。分布于我国南海、台湾海域，以及琉球群岛海域、印度–太平洋暖水域。体长约7 cm。

2100 蓝绿光鳃鱼 *Chromis viridis*（Cuvier，1830）[14]

背鳍XII－9～10；臀鳍II－10～11；胸鳍17～18。侧线鳞15～16。鳃耙8～10＋20～24。

本种体呈长椭圆形（侧面观），侧扁。吻短钝。眼大，口小。颌齿圆锥状，前端呈窄齿带。背鳍、臀鳍后缘尖。尾鳍深叉形。体灰绿色，各鳍色浅或暗蓝色。为珊瑚礁鱼类。栖息于树状珊瑚海区。分布于我国台湾海域，以及日本冲绳海域、印度–太平洋暖水域。体长约7 cm。

2101 绿光鳃鱼 *Chromis atripectoralis*（Welander et Schultz，1951）[38]
= 月腋光鳃鱼 = 黑腋光鳃鱼

背鳍XII－9～10；臀鳍II－9～10；胸鳍18～20。侧线鳞15～16。鳃耙8～10＋21～23。

本种体呈卵圆形（侧面观），甚侧扁。下颌前端具前向犬齿。尾鳍叉形。体背侧青绿色，腹侧淡绿色。体侧沿鳞列有色深点列，胸鳍腋部有黑斑。为珊瑚礁鱼类。栖息于珊瑚礁和岩礁海区，水深2～15 m。分布于我国台湾海域，以及日本奄美大岛以南海域、澳大利亚海域、印度–太平洋暖水域。体长约8.5 cm。

2102 长臀光鳃鱼 *Chromis analis*（Cuvier，1830）[14]
= 黄光鳃鱼

背鳍XIII－11～13；臀鳍II－11～13；胸鳍18～20。侧线鳞16～19。鳃耙6～7＋16～19。

本种体呈卵圆形（侧面观），侧扁。体甚高，体高为体长的49%～58%。尾鳍叉形。体黄褐色，背缘、腹缘深褐色，各鳍黄色。为珊瑚礁鱼类。栖息于近海岩礁区底层水域，水深20～30 m。分布于我国南海、台湾海域，以及日本伊豆半岛海域、四国海域，澳大利亚海域，印度–西太平洋暖水域。体长约14 cm。

2103 **魏氏光鳃鱼** *Chromis weberi*（Fowler et Bean，1928）[14]

背鳍XⅢ－11；臀鳍Ⅱ－11～12；胸鳍18～20。侧线鳞17～19。鳃耙8～9＋19～22。

　　本种体呈长椭圆形（侧面观），侧扁。体稍低，体高为体长的40%～51%。尾鳍叉形。体褐色，体背深褐色。前鳃盖后缘和主鳃盖上部有黑带。尾鳍上、下叶后端有黑斑。为珊瑚礁鱼类。栖息于近海珊瑚礁外缘中层水域，水深3～20 m，常与黄斑光鳃鱼混游。分布于我国台湾海域，以及日本三宅岛海域、印度－西太平洋暖水域。体长约9.5 cm。

2104 **黄尾光鳃鱼** *Chromis xanthurus*（Bleeker，1854）[38]（**左幼鱼，右成鱼**）

背鳍XⅢ－10～11；臀鳍Ⅱ－9～10；胸鳍18～20。侧线鳞16～19。鳃耙6～8＋19～22。

　　本种体呈长椭圆形（侧面观），侧扁。吻短钝，眼大。背鳍、臀鳍后缘尖。尾鳍深叉形，上、下叶呈丝状延长。体黑褐色。前鳃盖和主鳃盖有黑带。背鳍缘、臀鳍缘色浅，尾柄及尾鳍白色。幼鱼体蓝黑色，各鳍末端黄色。为珊瑚礁鱼类。栖息水深10～40 m。分布于我国南海、台湾海域，以及日本千叶以南海域、澳大利亚海域、东印度－西太平洋暖水域。体长约12 cm。

2105 **大沼氏光鳃鱼** *Chromis onumai*（Senou et Kudo，2007）[37]

背鳍 XIV − 12～13；臀鳍 II − 12～13；胸鳍19～20。侧线鳞16～17，纵列鳞26～28。鳃耙5～7 + 19～20。

本种体呈卵圆形（侧面观），稍侧扁。吻短，锐尖。口小。眼大，眼径大于吻长。背鳍基底长，鳍条长于鳍棘。胸鳍最上部2枚及下部1～2枚鳍条不分支。腹鳍长，可达臀鳍起始处。体呈橙色，胸鳍基和尾柄基部有黑点。尾鳍基中部有白色圆点，尾鳍上、下叶深褐色。为暖水性珊瑚礁鱼类。栖息于岩礁浅海区。分布于我国台湾海域[37]。

注：本种因笔者未掌握必要的信息，而未列写于检索表中。

▲ 本属我国尚有银白光鳃鱼 *C. alpha*、蓝光鳃鱼 *C. caeruleus*，分布于我国南海、台湾海域[13]。

宅泥鱼属 *Dascyllus* Cuvier，1829

本属物种体高，呈卵圆形（侧面观），侧扁。颌齿圆锥状，呈窄带状排列。眶前骨、眶下骨和前鳃盖骨均具细锯齿。体被大栉鳞。侧线中断。背鳍有11～13枚鳍棘，臀鳍有2枚鳍棘。背鳍和臀鳍基底具鳞鞘。尾鳍基上、下缘各有2～3枚尾前棘。我国有5种。

2106 **三斑宅泥鱼** *Dascyllus trimaculatus* （Rüppell，1828）[15]
= 三斑圆雀鲷

背鳍XI～XII－14～16；臀鳍II－13～15；胸鳍18～21。侧线鳞17～20＋8～9。鳃耙23～25。

本种一般特征同属。体呈卵圆形（侧面观），吻短钝。颌齿3～4行。眶前骨、眶下骨边缘锯齿状。鳃盖骨后缘具锯齿和2枚棘。尾鳍后缘浅凹入。体背侧暗褐色，腹侧淡褐色。幼鱼头顶和背鳍鳍棘下方各有一白点，随成长渐消失。为珊瑚礁鱼类。栖息于近海珊瑚礁丛中，常和双带锯鱼等与大型海葵类共生。分布于我国南海、台湾海域，以及日本南部海域、澳大利亚海域、印度－太平洋暖水域。体长约11 cm。

2107 **网纹宅泥鱼** *Dascyllus reticulatus* （Richardson，1846）[38]
= 网纹圆雀鲷

背鳍XII－14～16；臀鳍II－12～14；胸鳍19～21。侧线鳞18～19；纵列鳞27～29。鳃耙25～28。

本种体呈卵圆形（侧面观），甚侧扁。吻短钝，眼大。背鳍鳍棘部较鳍条部稍低。尾鳍后缘浅凹入。体黄白色。体侧具黑色横带2条，其中尾柄处横带随生长而消失。胸鳍基有黑斑。背鳍、腹鳍、臀鳍有黑缘。为珊瑚礁鱼类。栖息于珊瑚礁内及珊瑚礁缘的树状珊瑚周围海区。分布于我国台湾海域，以及日本南部海域、印度－西太平洋暖水域。体长约6.5 cm。

2108 **宅泥鱼** *Dascyllus aruanus*（Linnaeus，1758）[15]
＝三带圆雀鲷

背鳍XII－11～13；臀鳍II－11～13；胸鳍17～19。侧线鳞15～19；纵列鳞14～16。鳃耙23～24。

本种体高，呈卵圆形（侧面观），侧扁。头部除鼻孔外均被鳞。体银白色，具3条黑色横带。3条横带分别达下颌、腹鳍和臀鳍，并在背鳍处相连接。为珊瑚礁鱼类。栖息水深10 m左右。集群活动。分布于我国南海、台湾海域，以及琉球群岛海域、澳大利亚海域、印度–西太平洋暖水域。体长约6.5 cm。

2109 **黑尾宅泥鱼** *Dascyllus melanurus*（Bleeker，1854）[14]

背鳍XII－12～13；臀鳍II－12～13；胸鳍18～19。侧线鳞15～17＋8；纵列鳞25～26。鳃耙25～27。

本种体呈卵圆形（侧面观），侧扁。吻短钝，眼大。头部除鼻孔外皆被鳞。背鳍、臀鳍后缘尖，尾鳍后缘浅凹入。体银白色，具4条黑色横带，第4条位于尾鳍后部。为珊瑚礁鱼类。栖息水深10 m左右。分布于我国台湾海域，以及琉球群岛海域、西太平洋暖水域。体长约6.5 cm。

▲ 本属我国尚有灰边宅泥鱼 *D. marginatus*，分布于我国南海[35, 8]。

双锯鱼亚科 Amphiprioninae

双锯鱼属 *Amphiprion* Bloch et Schneider，1801

本属物种体侧面观呈卵圆形或长椭圆形，侧扁。鼻孔左、右各1个。颌齿圆锥状，1行。前鳃盖骨后缘有细锯齿。下鳃盖骨、间鳃盖骨和主鳃盖骨边缘有小长棘。体被小栉鳞。侧线不完全。背鳍有9~12枚鳍棘，臀鳍有2枚鳍棘；背鳍基和臀鳍基具鳞鞘。尾鳍后缘圆弧形或凹入。我国有6种。

[2110] **白背双锯鱼** *Amphiprion sandracinos*（Allen，1972）[38]

背鳍Ⅷ~Ⅹ－16~18；臀鳍Ⅱ－12；胸鳍16~18。侧线鳞32~37；纵列鳞43~45。鳃耙17~19。

本种一般特征同属。体呈长椭圆形（侧面观），侧扁。各鳃盖骨后缘均具强锯齿棘。尾鳍后缘圆弧形。鱼体和各鳍均呈橙黄色，头部无白色横带。体背具一白色纵带。为珊瑚礁鱼类。栖息于潮流通畅的岩礁海区，与海葵共栖。分布于我国台湾海域，以及日本冲绳以南海域、澳大利亚海域、西太平洋暖水域。体长约11 cm。

[2111] **颈环双锯鱼** *Amphiprion perideraion*（Bleeker，1855）[38]
    = 背带双锯鱼

背鳍Ⅸ~Ⅹ－16~17；臀鳍Ⅱ－12~13；胸鳍16~18。侧线鳞32~43；纵列鳞48。鳃耙17~21。

本种体呈长卵圆形（侧面观），甚侧扁。眶下骨具锯齿。背鳍较低，尾鳍后缘近圆弧形。头、

体背侧深红色，腹侧红色。头颈部有一白色横带。体背中部、背鳍基底有一不明显浅色纵带。各鳍浅粉红色。为珊瑚礁鱼类。栖息于潮流通畅的珊瑚礁海区，与海葵共栖。体长约7.5 cm。

2112 **白条双锯鱼** *Amphiprion frenatus*（Brevoort，1856）[38]（左幼鱼，中雄鱼，右雌鱼）

背鳍Ⅸ～Ⅹ－16～18；臀鳍Ⅱ－13～15；胸鳍18～20。侧线鳞31～44；纵列鳞52～60。鳃耙17～21。

本种体呈卵圆形（侧面观），甚侧扁。眶下骨和各鳃盖骨均有锯齿棘。尾鳍后缘圆弧形。幼鱼和雄鱼体红色，雌鱼体为红色基底上的暗褐色。背鳍前方有1条镶黑边的乳白色宽斜带，经眼后达间鳃盖后部。成、幼鱼及雌、雄鱼斑纹有差异。为珊瑚礁鱼类。栖息于浅海珊瑚礁区，与巨海葵共栖。分布于我国南海、台湾海域，以及日本奄美大岛以南海域、印度尼西亚海域、西太平洋暖水域。体长约11 cm。

2113 **眼斑双锯鱼** *Amphiprion ocellaris*（Cuvier，1830）[14]

背鳍Ⅹ～Ⅺ－13～17；臀鳍Ⅱ－11～13；胸鳍15～18。侧线鳞34～48；纵列鳞56～66。

本种体呈长椭圆形（侧面观），侧扁。前鳃盖骨多半边缘无棘。体色由黄色到红色不等。体侧具3条白色横带，其中头部横带和尾部横带呈弧形，中部横带略呈三角形。各鳍外缘有黑带。为珊

瑚礁鱼类。栖息于浅海珊瑚礁区，喜与巨海葵共栖。分布于我国台湾海域，以及琉球群岛海域、马来西亚海域、澳大利亚海域、印度-西太平洋暖水域。体长约8 cm。

2114 克氏双锯鱼 *Amphiprion clarkii*（Bennett，1830）[15]

= 双带双锯鱼 *A. bicinctus* = 黄尾双锯鱼 *A. xanthurus*

背鳍 X ~ XI − 14 ~ 17；臀鳍 II − 12 ~ 15；胸鳍18 ~ 21。侧线鳞34 ~ 46；纵列鳞51 ~ 60。鳃耙18 ~ 21。

本种体呈长椭圆形（侧面观），侧扁。前鳃盖骨后缘有锯齿，其他鳃盖骨后缘有放射状小棘。幼鱼尾鳍后缘凹入，成鱼尾鳍叉形，上、下叶延长。体背及体上部暗黑色，下部橙红色。体侧有2条白色横带。有些个体尾柄处尚有一白色横带。为珊瑚礁鱼类。栖息于浅海珊瑚礁区，与葡萄拟葫海葵等共栖。分布于我国南海、台湾海域，以及日本千叶以南海域、印度-西太平洋暖水域。体长约10 cm。

注：黄宗国（2012）将本种与双带双锯鱼分列为两种[13]。笔者校对资料[8, 15, 38]，认为二者应为同种。

2115 鞍斑双锯鱼 *Amphiprion polymnus*（Linnaeus，1758）[14]
=黑双锯鱼 =多斑双锯鱼

背鳍Ⅹ～Ⅺ－12～16；臀鳍Ⅱ－12～16；胸鳍18～19。侧线鳞35；纵列鳞46～55。鳃耙16～19。

本种体呈长椭圆形（侧面观），侧扁。前鳃盖骨、间鳃盖骨和眶下骨均有锯齿缘。背鳍鳍棘部较低，尾鳍后缘圆弧形。成鱼头部红色，有一白色宽横带。体侧中部有一白色鞍斑，腹鳍、尾鳍皆有黑斑。为珊瑚礁鱼类。常和三斑宅泥鱼与海葵等共栖。分布于我国南海、台湾海域，以及日本冲绳以南海域、菲律宾海域、西太平洋暖水域。体长约10 cm。

▲ 本属黄宗国（2012）尚记录有三带双锯鱼 *A. percula*（=海葵双锯鱼），并附有图照[13, 14]。经笔者查校，其可能与眼斑双锯鱼为同种。

（254）隆头鱼科 Labridae

本科物种体延长或呈长椭圆形（侧面观）。口中等大、前位，能伸出。前颌骨不固着于上颌骨。上颌骨被眶前骨遮盖。颌齿分离或仅基部愈合，前部数齿犬齿状。犁骨、腭骨均无齿。下咽骨愈合，咽齿圆锥状或粒状。体被圆鳞。侧线连续或中断。背鳍1个，鳍棘8～21枚；臀鳍鳍棘3枚。全球有68属453种，我国有34属148种。

IV
辐鳍鱼纲

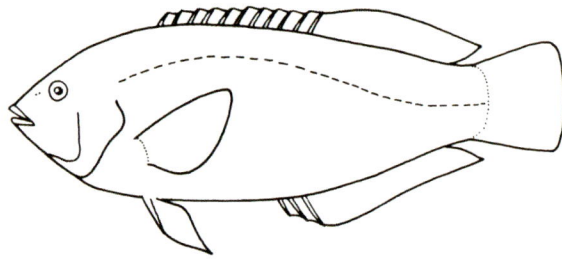

隆头鱼科物种形态简图

隆头鱼科的属、种检索表

1a 侧线不连续，后部中断 ···（103）

1b 侧线连续，后部不中断 ···（2）

2a 背鳍鳍棘通常8～9枚 ···（27）

2b 背鳍鳍棘通常11～14枚 ···（3）

3a 两颌前部有1～2对大门状齿 ························橘点拟凿牙鱼 *Pseudodax moluccanus* 2116

3b 两颌前部无大门状齿 ·····································猪齿鱼属 *Choerodon*（4）

4a 胸鳍下部鳍条伸长 ·····································紫纹猪齿鱼 *C. gymnogenys* 2117

4b 胸鳍下部鳍条不伸长 ···（5）

5a 体侧有6～7条红色横带 ·····························七带猪齿鱼 *C. fasciatus* 2118

5b 体侧无明显的横带 ···（6）

6a 背鳍鳍条通常9～11枚；上唇显露 ···（11）

6b 背鳍鳍条通常6～8枚；上唇不显露 ···（7）

7a 眼后至背鳍前长为眶下幅高的3倍以上；体后侧有白色鞍斑 ·······乔氏猪齿鱼 *C. jordani* 2119

7b 眼后至背鳍前长为眶下幅高的1～2倍；体后侧无白色鞍斑（鞍斑猪齿鱼例外）········（8）

8a 体侧前半部有一黑色斜带 ·····························蓝猪齿鱼 *C. azurio* 2120

8b 体侧无黑色斜带 ···（9）

9a 体侧后半背部有宽的黑色区，沿侧线到尾鳍基有黑色纵带 ·····鞍斑猪齿鱼 *C. anchorago* 2121

9b 体侧后半背部暗色或全部暗色，尾柄中部无黑色纵带 ···（10）

10a 体侧上半部暗色区和色浅区为斜向分割，背鳍中部无黑斑 ·····剑唇猪齿鱼 *C. robustus* 2122

10b 体侧上半部色深，背鳍中部有一黑斑（大型个体黑斑不明显）

··黑斑猪齿鱼 *C. schoenleinii* 2123

11-6a 头额部高耸突出 ··突额隆头鱼 *Semicossyphus reticulates* 2124

11b 头额部不高耸突出 ···普提鱼属 *Bodianus*（12）

12a 背鳍基部具2列以上鳞片 ···（20）

12b 背鳍基部无鳞或有1～2列鳞片 ···（13）

13a 侧线鳞38～43枚；鳃盖后部有黑斑 ·····························无纹普提鱼 *B. tanyokidus* 2125

13b 侧线鳞28～33枚 ···（14）

14a 体长小于体高的3倍；体侧具断续的红色纵带 ················· 点带普提鱼 *B. leucosticticus* 〔2126〕

14b 体长大于体高的3倍；体侧具3条红色纵带 ··· （15）

15a 腹鳍大部分黑色 ··· 益田普提鱼 *B. masudai* 〔2127〕

15b 腹鳍无黑色区 ·· （16）

16a 体侧有2～3条黑色纵带 ··· 伊津普提鱼 *B. izuensis* 〔2128〕

16b 体侧有1～5条红色纵带 ··· （17）

17a 鳃盖后部有暗斑；尾鳍基有红斑 ················· 双斑普提鱼 *B. bimaculatus* 〔2129〕

17b 鳃盖后部无暗斑 ·· （18）

18a 腹鳍末端达肛门；背鳍鳍棘上部有黑缘和黑斑 ·········· 丝鳍普提鱼 *B. thoracotaeniatus* 〔2130〕

18b 腹鳍末端未达肛门；背鳍鳍棘上部无黑缘和黑斑 ································ （19）

19a 尾鳍基有红斑；背鳍鳍棘12枚，臀鳍鳍条11～12枚；侧线鳞30～33枚

　·· 圆身普提鱼 *B. cylindriatus* 〔2131〕

19b 尾鳍基无红斑；背鳍鳍棘11枚，臀鳍鳍条10枚；侧线鳞28～29枚

　··· 太平洋普提鱼 *B. pacificus* 〔2132〕

20-12a 尾鳍无暗纵带 ·· （22）

20b 尾鳍有暗纵带 ··· （21）

21a 尾鳍下叶有暗纵带 ·· 斜斑普提鱼 *B. hirsutus* 〔2134〕

21b 尾鳍上、下叶皆有暗纵带 ··· 似花普提鱼 *B. anthioides* 〔2135〕

22-20a 臀鳍无黑斑 ·· （24）

22b 臀鳍有黑斑 ··· （23）

23a 胸鳍基有黑斑；腹鳍无黑斑 ·· 腋斑普提鱼 *B. axillaris* 〔2133〕

23b 胸鳍基无黑斑；腹鳍有大黑斑 ··· 鳍斑普提鱼 *B. diana* 〔2136〕

24-22a 胸鳍基有黑斑；体黑色区和金黄色区呈斜切状分割 ······ 中胸普提鱼 *B. mesothorax* 〔2137〕

24b 胸鳍基无黑斑 ··· （25）

25a 吻尖；尾鳍后缘稍圆弧形；背鳍鳍棘中部有黑斑 ············· 尖头普提鱼 *B. oxycephalus* 〔2138〕

25b 吻不尖；尾鳍后缘弯入；背鳍鳍棘前半部黑色或前部有黑斑 ························· （26）

26a 背鳍前半部黑色；体侧后上部黑色区不达尾柄；胸鳍末端黑色

　··· 大黄斑普提鱼 *B. perditio* 〔2139〕

26b 背鳍前部有黑斑；体侧后上部黑色区伸达尾柄上部；胸鳍无黑色区

　··· 双带普提鱼 *B. bilunulatus* 〔2140〕

27-2a 上颌前无显著向前伸的门齿状齿 ··· （34）

27b 上颌前有显著向前伸的门齿状齿 ····························· 阿南鱼属 *Anampses* （28）

28a 侧线鳞48～50枚，头部有蓝色虫纹（♂） ················· 蠕纹阿南鱼 *A. geographicus* 〔2141〕

28b 侧线鳞26～28枚 ··· （29）

29a 尾鳍后缘凹入；体暗褐色（♂），兼有白点（♀） ············· 黄尾阿南鱼 *A. meleagrides* 〔2142〕

29b 尾鳍后缘圆弧形或截形 ··· （30）

30a 尾鳍后半部有黑色宽横带 ··· 尾斑阿南鱼 *A. melanurus* 〔2143〕

30b 尾鳍无黑色横带 ·· （31）

IV
辐鳍鱼纲

31a 体上半部黑色，下半部白色······················新几内亚阿南鱼 *A. neoguinaicus* [2144]

31b 体色深或前下部色稍浅·····································（32）

32a 背鳍、臀鳍鳍条后部有眼状斑························星阿南鱼 *A. twistii* [2145]

32b 背鳍、臀鳍鳍条后部无眼状斑······························（33）

33a 体侧各鳞具蓝黑色点；背鳍、臀鳍、尾鳍均具蓝色点（♀）
··莹斑阿南鱼 *A. caeruleopunctatus* [2146]

33b 体侧各鳞具蓝色垂直线纹或短带；背鳍、臀鳍有纵带；尾鳍中部黄绿色
··线阿南鱼 *A. diadematus* [2147]

34-27a 体细长，圆锥状，体长大于体高的6倍；侧线从前部向后缓降
··管唇鱼 *Cheilio inermis* [2148]

34b 体长，侧扁，体长小于体高的6倍；侧线在体侧后部急降·············（35）

35a 吻长而突出·······································杂色尖嘴鱼 *Gomphosus varius* [2149]

35b 吻不显著突出··（36）

36a 两唇不肥厚；如肥厚时，其上唇与眼下缘处于同一水平线···········（38）

36b 两唇肥厚；下唇尚有皮褶，上唇位于眼下缘更下方·········粗唇鱼属 *Hemigymnus*（37）

37a 体前半部灰白色，后半部呈暗褐色···············黑鳍粗唇鱼 *H. melapterus* [2150]

37b 体侧有数条暗褐色宽横带······················横带粗唇鱼 *H. fasciatus* [2151]

38-36a 下颌中部无凹槽·······································（41）

38b 下颌中部有深凹槽································裂唇鱼属 *Labroides*（39）

39a 尾柄部黑色纵带宽约为尾柄高的2/3；侧线鳞52～53枚·············裂唇鱼 *L. dimidiatus* [2152]

39b 尾柄部黑色纵带宽约等于尾柄高，或无纵带；侧线鳞26～28枚·············（40）

40a 尾鳍周边有黑缘；体前、后部两色···············二色裂唇鱼 *L. bicolor* [2153]

40b 尾鳍几乎为黑色，并与体侧纵带连续；胸鳍基有黑斑·········胸斑裂唇鱼 *L. pectoralis* [2154]

41-38a 口横裂，不呈短筒状·······································（44）

41b 口闭时呈短筒状··（42）

42a 头背鳞片达吻部；第1背鳍鳍棘外露；侧线鳞25～27枚
··单线突唇鱼 *Labrichthys unilineatus* [2155]

42b 头背鳞片不达吻部；第1背鳍鳍棘几乎不外露；侧线鳞35～49枚···褶唇鱼属 *Labropsis*（43）

43a 体茶褐色；侧线鳞35～41枚·····················曼氏褶唇鱼 *L. manabei* [2156]

43b 体侧有许多白点纵列（♂）或具淡蓝色纵线（♀）；侧线鳞46～49枚
··多纹褶唇鱼 *L. xanthonota* [2157]

44-41a 侧线鳞50～124枚·······································（92）

44b 侧线鳞20～30枚··（45）

45a 前鳃盖骨后缘光滑；背鳍前部数鳍棘不延长··················（48）

45b 前鳃盖骨后缘齿状；背鳍前部数鳍棘较长·············高体盔鱼属 *Pteragogus*（46）

46a 鳃盖有镶黄缘的黑斑；雄鱼背鳍前4枚鳍棘呈丝状延长·········隐高体盔鱼 *P. cryptus* [2158]

46b 鳃盖黑斑不明显；雄鱼背鳍前1～2枚鳍棘呈丝状延长··················（47）

47a 雄鱼背上方红褐色；背鳍前1～2枚鳍棘呈丝状延长·············九棘高体盔鱼 *P. enneacanthus* [2159]

47b 雄鱼背上方紫褐色；背鳍前2枚鳍棘呈丝状延长 ……………… 红海高体盔鱼 *P. flagellifer* [2160]

48–45a 颊部无鳞 ………………………………………………………………………………（51）

48b 颊部有数列鳞 …………………………………………………………………………（49）

49a 体长大于体高的3倍；侧线上鳞2行；侧线鳞管无分支；背鳍、臀鳍无鳞鞘

…………………………………… 细长苏彝士隆头鱼 *Suezichthys gracillis* [2163]

49b 体长小于体高的3倍；侧线上鳞3行以上；侧线鳞管分支

…………………………………… 拟隆头鱼属 *Pseudolabrus*（50）

50a 眼下纵线达胸鳍基；体无明显的白色斑点 ……………… 远东拟隆头鱼 *P. eoethinus* [2161]

50b 眼下纵线不达胸鳍基；体有明显的白色斑点 ……………… 西氏拟隆头鱼 *P. sieboldi* [2162]

51–48a 胸部鳞小于体侧鳞；两颌前端齿有1对以上犬齿状 ……………………………（55）

51b 胸部鳞大于或等于体侧鳞；两颌前端齿全部门齿状 ……… 紫胸鱼属 *Stethojulis*（52）

52a 胸鳍鳍条14～15枚 …………………………………………………………………（54）

52b 胸鳍鳍条12～13枚 …………………………………………………………………（53）

53a 体长为体高的3.5～4倍；雌鱼体侧下方有数行黑色点线；雄鱼无明显斑纹

…………………………………… 断带紫胸鱼 *S. interrupta* [2167]

53b 体长为体高的2.8～3.2倍；雌鱼体侧上方有灰色小点，下方有数列黑色点，尾鳍基中部有

一暗斑；雄鱼体侧有3条灰色纵纹 ……………… 三线紫胸鱼 *S. trilineata* [2164]

54–52a 胸鳍鳍条14枚；体长为体高的3～3.3倍；体侧有4条蓝色纵纹

…………………………………… 黑星紫胸鱼 *S. bandanensis* [2166]

54b 胸鳍鳍条15枚；体长为体高的3.3～3.8倍 ……………… 虹纹紫胸鱼 *S. strigiventer* [2165]

55–51a 上颌前端犬齿不向前方突出；背鳍起始于主鳃盖后半部上方 …………………（58）

55b 上颌前端犬齿有1对向前突出；背鳍起始于主鳃盖前半部上方

…………………………………… 大咽齿鱼属 *Macropharyngodon*（56）

56a 背鳍鳍条通常12枚，臀鳍鳍条通常12枚；上颌前部有数枚侧扁状齿

…………………………………… 莫氏大咽齿鱼 *M. moyeri* [2168]

56b 背鳍鳍条通常11枚，臀鳍鳍条通常11～12枚；上颌齿全部犬齿状 …………………（57）

57a 体具细白点（♀）或各鳞片后缘有蓝色横线（♂）……… 胸斑大咽齿鱼 *M. negrosensis* [2169]

57b 体密布不规则黑褐色斑或各鳞具瞳孔大小淡蓝绿色点 ……珠斑大咽齿鱼 *M. meleagris* [2170]

58–55a 两颌前端各有1对犬齿，其他颌齿皆门齿状；雄鱼尾鳍后缘黑色；雌鱼尾鳍无斑纹

…………………………………… 细尾似虹锦鱼 *Pseudojuloides cerasinus* [2171]

58b 两颌齿全部犬齿状 …………………………………………………………………（59）

59a 背鳍鳍棘9枚 …………………………………………………………………………（69）

59b 背鳍鳍棘8枚 …………………………………………… 锦鱼属 *Thalassoma*（60）

60a 体侧无斜带 …………………………………………………………………………（62）

60b 体侧具数条黑色或桃红色斜带 ……………………………………………………（61）

61a 黑色斜带宽，在体侧中部相连 ……………………………… 大斑锦鱼 *T. janseni* [2172]

61b 黑色或红色斜带窄，在体下方不相连 ……………………… 鞍斑锦鱼 *T. hardwicki* [2173]

62-60a 尾鳍中部有宽的暗褐色横带，但不达两叶末端·············环带锦鱼 *T. cupido* [2174]

62b 尾鳍中部无宽的暗褐色横带，或暗褐色横带可达两叶末端·······················（63）

63a 雌鱼体侧有黑色纵带；雄鱼体侧分蓝、黄、红三色区段；吻短钝

··································钝头锦鱼 *T. amblycephalum* [2175]

63b 体侧无黑色纵带···（64）

64a 体侧无纵带；体绿色、黄色···（68）

64b 体侧有2～3条不同色的纵带···（65）

65a 体侧中部及下部各有一红褐色纵带···（67）

65b 体侧中部有一红色纵带···（66）

66a 体背侧有蓝绿色和粉红色交互排列纵带（♂）·······纵纹锦鱼 *T. quinquevittatus* [2176]

66b 体中部和腹侧各有1条红色纵带·················暗斑锦鱼 *T. umbrostigma* [2178]

67-65a 头部有褐色斑纹·························紫锦鱼 *T. purpureum* [2177]

67b 头部无明显的斑纹；体背侧有4条蓝色横带与中部纵带相接······三叶锦鱼 *T. trilobatum* [2179]

68-64a 胸鳍黄色，有青灰色椭圆形斑纹··········胸斑锦鱼 *T. lutescens* [2180]

68b 胸鳍青灰色，有红色、红紫色椭圆形斑纹········新月锦鱼 *T. lunare* [2181]

69-59a 两颌前端各有2对犬齿，第2对向外弯；口角无犬齿

··································颈斑蓝胸鱼 *Leptojulis lambdastigma* [2182]

69b 两颌前端通常各有1对犬齿，不向外弯；口角有1枚或2～3枚犬齿

··································海猪鱼属 *Halichoeres*（70）

70a 鳃盖上部无鳞···（73）

70b 鳃盖上部有鳞···（71）

71a 眼后方有鳞，体侧各鳞有一长方形斑块·········格纹海猪鱼 *H. hortulanus* [2183]

71b 眼后方无鳞···（72）

72a 雌鱼尾柄上半部有纵带或有点列；雄鱼有许多暗斑·········侧带海猪鱼 *H. scapularis* [2184]

72b 雄鱼尾柄上半部有一黑斑；雌鱼斑小·············三斑海猪鱼 *H. trimaculatus* [2185]

73-70a 背鳍、臀鳍鳍条均12枚或以上···（78）

73b 背鳍、臀鳍鳍条均11或12枚···（74）

74a 颊部具轮状斑纹（♀）；背鳍和胸鳍基有黑斑；胸鳍、腹鳍间各鳞有白纹

··································臀点海猪鱼 *H. miniatus* [2186]

74b 颊部斑纹呈斜纹或直线状···（75）

75a 眼下具镶黑边的白色斜纹（♀）；背鳍具一黑斑·······云纹海猪鱼 *H. nebulosus* [2187]

75b 眼下具白色或红色纹；背鳍鳍条基部有黑点·····································（76）

76a 眼下具红色纵纹；背鳍鳍条部和鳃盖后各有一黑斑；胸鳍基有白斑

··································斑点海猪鱼 *H. margaritaceus* [2188]

76b 眼下具白色纵带，或有红色或白色带···（77）

77a 雄鱼眼下有红带；雌鱼为白带，背鳍有镶白边的黑斑·······黄斑海猪鱼 *H. melanurus* [2189]

77b 眼下有白带；体侧淡蓝色，散布黄斑，黄斑内有小黑点······帝汶海猪鱼 *H. timorensis* [2190]

78-73a 背鳍鳍条部有2个黑斑···············双睛斑海猪鱼 *H. biocellatus* [2191]

78b 背鳍鳍条部最多有一黑斑···（79）

45
鲈
形
目

79a 背鳍、臀鳍无鳞鞘 ··（82）

79b 背鳍、臀鳍鳞鞘低 ··（80）

80a 全体黄色；体无明显的斑纹；背鳍鳍棘部有黑斑 ··············金色海猪鱼 *H. chrysus* 2192

80b 体不呈黄色 ··（81）

81a 胸鳍有一大黑斑；体侧每枚鳞均有一黑点；尾鳍基上部有黑斑
　　··胸斑海猪鱼 *H. melanochir* 2193

81b 胸鳍无大黑斑；幼鱼背鳍鳍条部有黑斑 ··············绿鳍海猪鱼 *H. marginatus* 2194

82-79a 背鳍鳍棘前部的较后部的长；体侧有数条云状暗斑 ······云斑海猪鱼 *H. nigrescens* 2195

82b 背鳍鳍棘前部的较后部的短 ··（83）

83a 体侧无色带或不完全 ··（90）

83b 体侧具色带 ··（84）

84a 体侧有6条褐色纵带 ··东方海猪鱼 *H. orientalis* 2196

84b 体侧中部具1条黄褐色或黑色带或不具 ·································（85）

85a 体侧中部不具黄褐色或黑色带 ··（88）

85b 体侧中部具黄褐色或黑色带 ··（86）

86a 体侧中部具黑色纵带（♀）或淡紫色纵带（♂）··········花鳍海猪鱼 *H. poecilopterus* 2197

86b 体侧中部具黄褐色带 ··（87）

87a 体侧中部自眼后有一黄褐色带 ················纵带海猪鱼 *H. hartzfeldi* 2198

87b 体侧中部自吻端有一黄色带 ··················派氏海猪鱼 *H. pelicieri* 2199

88-85a 胸鳍基有黑斑；头部有数条紫色纵带 ··············紫色海猪鱼 *H. purpurascens* 2200

88b 胸鳍上部无黑斑；头部有不规则斑纹 ··································（89）

89a 体侧各鳞片具白点；体蓝褐色；尾鳍中部后端黑色 ··············珠光海猪鱼 *H. argus* 2201

89b 胸鳍至肛门有白纹；头侧下部有白色、黑色斑；体红褐色；尾柄上方常具黑斑
　　··柄斑海猪鱼 *H. leparensis* 2202

90-83a 头与体前半部深褐色，后部渐呈黄色；背鳍鳍棘部有黑斑；鳞片多有橙黄色纹
　　··黑额海猪鱼 *H. prosopeion* 2203

90b 体侧红色或绿色，具花斑 ··（91）

91a 体侧红色，具淡绿色条纹（♂）··················细棘海猪鱼 *H. tenuispinis* 2204

91b 体褐绿色，具黄红色条纹 ··················饰妆海猪鱼 *H. ornatissimus* 2205

92-44a 侧线鳞大于95枚 ··················细鳞盔鱼属 *Hologymnosus*（101）

92b 侧线鳞小于90枚 ··（93）

93a 头额部膨出高耸，尾鳍后缘深凹入；或头额部不膨出，尾鳍后缘圆弧形
　　··盔鱼属 *Coris*（97）

93b 头额部不膨出；尾鳍后缘凹入或截形；下颌前端齿明显比侧齿大
　　··拟盔鱼属 *Pseudocoris*（94）

94a 体侧有横带 ··（96）

94b 体侧上半部色深；无明显的斑纹或有眼状斑 ·························（95）

95a 体侧无明显的斑纹；尾鳍上、下叶灰褐色或红褐色 ··············棕红拟盔鱼 *P. yamashiroi* 2206

95b 体侧有大的眼状斑；背鳍第1鳍棘黑色 ··············侧斑拟盔鱼 *P. ocellata* 2207

113a 吻短，吻长约为头长的1/4；口小，唇窄 ·············卡氏副唇鱼 *Paracheilinus carpenteri* ▢2227

113b 吻较长，吻长约为头长的1/3；口中等大，唇宽···（114）

114a 臀鳍鳍棘以第3鳍棘最长；胸鳍鳍条通常11～12枚··（117）

114b 臀鳍鳍棘以第2鳍棘最长；胸鳍鳍条通常13～16枚····· 拟唇鱼属 *Pseudocheilinus*（115）

115a 颊部有蓝白色纵带··姬拟唇鱼 *P. evanidus* ▢2228

115b 颊部无纵带···（116）

116a 体侧有6条纵线；体红褐色··································六带拟唇鱼 *P. hexataenia* ▢2229

116b 体侧通常有8条纵线；体黄褐色······················八带拟唇鱼 *P. octotaenia* ▢2230

117-114a 头背鳞片超过眼前缘；吻尖·············尖嘴唇鱼 *Wetmorella philippina* ▢2231

117b 头背鳞片止于眼间隔处·····································唇鱼属 *Cheilinus*（118）

118a 头额部高耸膨出；体侧每枚鳞均有1条竖纹··········波纹唇鱼 *C. undulatus* ▢2232

118b 头额部不高耸膨出··（119）

119a 吻长为眼下缘至前鳃盖下缘长的1.3倍以下···（122）

119b 吻长为眼下缘至前鳃盖下缘长的1.5倍以上···（120）

120a 眼周围无明显的放射状线或斑点；体橙色·············东方唇鱼 *C. orientalis* ▢2233

120b 眼周围有放射状线或斑点···（121）

121a 眼周围有放射状线；眼前、头背缘略凹·············西里伯斯唇鱼 *C. celebicus* ▢2234

121b 眼周围无放射状线；头背缘直线状·····················尖头唇鱼 *C. oxycephalus* ▢2235

122-119a 通常背鳍鳍棘10枚，鳍条8～9枚；体暗绿褐色··········绿尾唇鱼 *C. chlorurus* ▢2236

122b 通常背鳍鳍棘9枚，鳍条10枚··（123）

123a 头部有许多斑点和带纹；体侧具4条黑色横带（幼鱼）；尾鳍三叶状（♂）

···三叶唇鱼 *C. trilobatus* ▢2237

123b 头部有许多斜带、短带或带纹不明显···（124）

124a 头部有许多斜带、短带··（126）

124b 头部无明显的斜带、短带···（125）

125a 体侧有数条黑色横带；尾鳍两叶延伸·················横带唇鱼 *C. fasciatus* ▢2238

125b 体侧无明显的横带；尾鳍上、中叶延伸；眼后、尾鳍基有黑斑

···双斑唇鱼 *C. bimaculatus* ▢2239

126-124a 眼后纵带达鳃盖后部；背鳍鳍棘间无缺刻（♂）·············红唇鱼 *C. rhodochrous* ▢2240

126b 眼后纵带不达鳃盖后部；背鳍鳍棘间有缺刻·············双线唇鱼 *C. diagrammus* ▢2241

127-112a 背鳍起点到眼的距离与背鳍起点到眶下幅的距离相等或更长·············（137）

127b 背鳍起点到眼的距离比背鳍起点到眶下幅的距离短·········连鳍唇鱼属 *Xyrichtys*（128）

128a 颊部鳞列多···（132）

128b 颊部鳞列少··（129）

129a 颊部从口角到前鳃盖后部有一口沟·············洛神连鳍唇鱼 *X. dea* ▢2242

129b 颊部无口沟··（130）

130a 背鳍第2与第3鳍棘不相连，完全分离·············孔雀连鳍唇鱼 *X. pavo* ▢2243

130b 背鳍第2与第3鳍棘低，鳍膜相连；体侧有一大白斑···（131）

131a 体侧有一大白斑；背鳍鳍条前部下方有一黑斑··········安纳地连鳍唇鱼 *X. aneitensis* ▢2244

131b 体腹侧和背部黑色区宽、长；背鳍、臀鳍黑色；胸鳍、尾鳍有黑斑

‥‥‥‥‥‥‥‥‥‥‥‥‥‥‥‥‥‥‥‥‥‥‥‥‥‥‥‥‥‥ 黑背连鳍唇鱼 *X. geisha* 〔2245〕

132–128a 体侧有3条黑色宽横带‥‥‥‥‥‥‥‥‥‥‥‥ 三带连鳍唇鱼 *X. trivittatus* 〔2246〕

132b 体侧无横带‥‥‥‥‥‥‥‥‥‥‥‥‥‥‥‥‥‥‥‥‥‥‥‥‥‥‥‥‥‥‥‥‥‥（133）

133a 体侧有一大红斑‥‥‥‥‥‥‥‥‥‥‥‥‥‥‥‥‥‥‥ 彩虹连鳍唇鱼 *X. twistii* 〔2247〕

133b 体侧无大红斑‥‥‥‥‥‥‥‥‥‥‥‥‥‥‥‥‥‥‥‥‥‥‥‥‥‥‥‥‥‥‥‥‥（134）

134a 体前部有一大暗斑；雄鱼眼后到侧线前部有数个红点

‥‥‥‥‥‥‥‥‥‥‥‥‥‥‥‥‥‥‥‥‥‥‥‥ 五指连鳍唇鱼 *X. pentadactylus* 〔2248〕

134b 体侧没有大暗斑‥‥‥‥‥‥‥‥‥‥‥‥‥‥‥‥‥‥‥‥‥‥‥‥‥‥‥‥‥‥‥‥（135）

135a 背鳍鳍棘部下有小黑斑‥‥‥‥‥‥‥‥‥‥‥‥‥‥‥‥ 淡绿连鳍唇鱼 *X. evides* 〔2249〕

135b 背鳍鳍棘部下无小黑斑‥‥‥‥‥‥‥‥‥‥‥‥‥‥‥‥‥‥‥‥‥‥‥‥‥‥‥‥（136）

136a 胸鳍末端黑色；腹鳍后端伸越肛门‥‥‥‥‥‥‥‥‥‥‥ 蔷薇连鳍唇鱼 *X. verrens* 〔2250〕

136b 胸鳍后部无斑纹；仅雄鱼腹鳍后端可达肛门‥‥‥‥‥‥‥ 黑斑连鳍唇鱼 *X. melanopus* 〔2251〕

137–127a 体长为体高的3.5倍以上‥‥‥‥‥‥‥‥ 大鳞美鳍鱼 *Novaculichthys macrolepidotus* 〔2252〕

137b 体长为体高的3倍以下‥‥‥‥‥‥‥‥‥‥‥‥‥‥‥‥‥‥‥‥‥‥‥‥‥‥‥‥‥（138）

138a 体侧有许多绿色斜点；尾鳍有宽橘黄色横带；腹鳍不达肛门

‥‥‥‥‥‥‥‥‥‥‥‥‥‥‥‥‥‥‥‥‥‥‥‥‥‥‥‥‥‥ 花尾美鳍鱼 *N. taeiurus* 〔2253〕

138b 体侧和尾鳍无明显的斑纹；腹鳍通常达肛门‥‥‥‥‥‥‥ 伍氏刀体鱼 *Novaculops woodi* 〔2254〕

〔2116〕 **橘点拟凿牙鱼** *Pseudodax moluccanus*（Valenciennes，1839）[38]
　　 =拟岩鲭 = 鳞颊隆头鱼

背鳍Ⅺ – 12～13；臀鳍Ⅱ～Ⅲ – 11～14；胸鳍14。侧线鳞31～33。

　　体呈长椭圆形（侧面观），侧扁。头圆锥状。口中等大，两颌前部各具1对大的门齿状齿。眼间隔处有缺刻。体被大鳞，颊部、鳃盖被鳞。前鳃盖骨缘光滑。侧线连续。腹鳍具丝状鳍条。体褐色。各鳞片中部色深。腹鳍、尾鳍黑褐色。为珊瑚礁鱼类。栖息于岩礁海区。分布于我国台湾海域，以及日本高知以南海域、印度–西太平洋暖水域。体长约25 cm。

猪齿鱼属 *Choerodon* Bleeker，1847

本属物种体呈长椭圆形（侧面观），侧扁。口大，能伸出。两颌齿有点愈合，前端各具犬齿2对，口闭合时外露，两侧为圆锥状齿。体被大圆鳞，颊部具鳞5～7列。侧线完全。背鳍鳍棘12～13枚；臀鳍鳍棘3枚，尾鳍后缘截形。我国有9种。

2117　**紫纹猪齿鱼** *Choerodon gymnogenys*（Günther，1867）[38]（上雄鱼，下雌鱼）
　　　=日本裸颊猪齿鱼 = *Peaolopesia gymnogenys*

背鳍XII－8；臀鳍Ⅲ－10；胸鳍13。侧线鳞27～29。鳃耙4～6＋9～10。

45
鲈
形
目

本种体长椭圆形（侧面观），侧扁。口小，两颌无门齿状齿。胸鳍因下部鳍条延长而呈内凹形。雌鱼橙黄色，背鳍基具1列蓝点，体侧有2～3列浅色斑点连成带状。雄鱼体侧上半部有2列紫色纵纹。为珊瑚礁鱼类。栖息于岩礁、沙砾底质海区。分布于我国台湾海域，以及日本和歌山以南海域、印度－西太平洋暖水域。体长约20 cm（♂）。

2118 **七带猪齿鱼** *Choerodon fasciatus*（Günther，1867）[38]（左幼鱼，右成鱼）
= 条纹象齿鱼 *Lienardella fasciatus*

背鳍XII－7～8；臀鳍III－10；胸鳍14～15。侧线鳞28～29。

本种体呈长椭圆形（侧面观），侧扁。两颌前端有愈合齿，两侧为犬齿。前鳃盖骨具细锯齿。背鳍、臀鳍后缘圆弧形。体淡黄色中带绿色，头部有3条红色横带，体侧有6～7条红色横带。幼鱼背鳍、臀鳍有大的眼状斑。为珊瑚礁鱼类。栖息于岩礁海区。分布于我国南海、台湾海域，以及日本冲绳海域、澳大利亚海域、西太平洋暖水域。体长约30 cm。

2119 **乔氏猪齿鱼** *Choerodon jordani*（Snyder，1908）[14]

背鳍XIII－6～7；臀鳍III－9～10；胸鳍15。侧线鳞29。鳃耙4～7＋10～11。

本种体呈长椭圆形（侧面观），侧扁。口小。眼后至背鳍长大于眶下幅宽的3倍。前鳃盖骨具小锯齿。尾鳍后缘截形。体背侧褐色，体侧从胸鳍腋部上方向尾鳍基有一三角形黑色区，后部有一白色鞍状斑。为珊瑚礁鱼类。栖息于沙砾底质海区。分布于我国台湾海域，以及日本高知以南海域、澳大利亚海域、西太平洋暖水域。体长约12 cm。

2120 **蓝猪齿鱼** *Choerodon azurio*（Jordan et Snyder，1901）[38]（左幼鱼，右成鱼）

背鳍XII－7；臀鳍III－10；胸鳍16。侧线鳞24～28。鳃耙8～10＋7～8。

　　本种体，略呈长椭圆形（侧面观），侧扁。雄鱼头额部隆突，眼后至背鳍长为眶下幅宽的1～2倍。口小，水平位。尾鳍后缘圆弧形。体背侧红褐色，腹侧淡黄色。体侧有一黑色宽斜带。尾鳍黑色。幼鱼体具黄色和白色花斑，背鳍有黑斑。为珊瑚礁鱼类。栖息于岩礁海区。分布于我国南海、台湾海域，以及日本南部海域、朝鲜半岛海域、西太平洋暖水域。体长可达60 cm。夏季肉美味，但肉与卵巢可能有毒。

2121 **鞍斑猪齿鱼** *Choerodon anchorago*（Bloch，1791）[38]
＝楔斑猪齿鱼

背鳍XII～XIII－7；臀鳍III－7～9；胸鳍15～16。侧线鳞26～30。

　　本种体呈椭圆形（侧面观），侧扁。口大。下颌略长于上颌，前端具4枚大犬齿。上颌两侧具扩大犬齿。背鳍、臀鳍具鳞鞘。尾鳍后缘圆弧形。头、体背侧和胸鳍基暗褐色，腹部白色。胸鳍后方有一宽的黄色纵斑。尾柄上方有白色鞍状斑。为珊瑚礁鱼类。栖息于沙砾底质海区。分布于我国南海、台湾海域，以及琉球群岛海域、印度-西太平洋暖水域。体长约30 cm。

2122 **剑唇猪齿鱼** *Choerodon robustus*（Günther，1862）[38]（**上雄鱼，下雌鱼**）
= 粗猪齿鱼 = 澎湖猪齿鱼 *C. pescadorensis*

背鳍XII − 8；臀鳍III − 10；胸鳍16。侧线鳞29。鳃耙7 ~ 8 + 9 ~ 12。

本种体呈长椭圆形（侧面观），侧扁。吻长，吻端钝。口小，水平位。两颌侧部齿愈合，后部齿犬齿状。背鳍、臀鳍具大鳞鞘。雄鱼斜背侧灰褐色，雌鱼黄褐色。体侧皆有黄色或浅黄色斜带。为珊瑚礁鱼类。栖息于岩礁海区，水深达100 m。分布于我国南海、台湾海域，以及日本冲绳以南海域、印度−太平洋暖水域。体长约30 cm。

2123 **黑斑猪齿鱼** *Choerodon schoenleinii*（Valenciennes，1839）[38]（**左幼鱼，右成鱼**）
= 邵氏猪齿鱼 = 四带猪齿鱼 *C. quadrifasciatus*

背鳍XII～XIII－7～8；臀鳍III－9～10；胸鳍15～18。侧线鳞26～29。鳃耙6～7＋9～10。

本种体呈长椭圆形（侧面观），侧扁。头背、吻端圆钝。眼小，高位。体侧上部青绿色。腹侧色浅，背鳍基部有黑斑。幼鱼体灰绿色，背鳍黑斑明显。为珊瑚礁鱼类。栖息于沙砾底质海区。分布于我国南海、台湾海域，以及日本冲绳以南海域、印度–西太平洋暖水域。体长可达1 m。

▲ 本属我国尚有大斑猪齿鱼 *C. melanostigma* 和赞邦猪齿鱼 *C. zamboangae*，分别分布于我国南海和台湾海域[13]。

2124 **突额隆头鱼** *Semicossyphus reticulates*（Valenciennes，1839）[38]（**左幼鱼，右成鱼**）

背鳍XII－9～10；臀鳍III－12；胸鳍17。侧线鳞42～50。

本种体呈长椭圆形（侧面观），侧扁。头额部高耸膨突。口中等大，上唇外露。两颌前端各有4枚大犬齿。背鳍鳍棘较低，背鳍、臀鳍基无鳞鞘。体紫红褐色，各鳍红褐色。幼鱼头额部不膨突；体黄褐色，有纵带；腹鳍、背鳍、臀鳍、尾鳍有黑斑。为珊瑚礁鱼类。栖息于海藻繁盛的岩礁海区。分布于我国南海，以及日本下北半岛海域、佐渡以南海域，朝鲜半岛海域，西太平洋暖水域、暖温水域。体长可达1 m。

普提鱼属 *Bodianus* Bloch，1790

本属物种体延长，侧扁。口大，前位，可伸缩。上唇外露。上、下颌齿各行，圆锥状或齿头圆，前端各具1对大尖齿。口角有一弯曲犬齿。前鳃盖骨具细锯齿。体被中等大圆鳞，颊部具小鳞。侧线完全，侧线鳞28~48枚。背鳍XI~XIII，8~11；臀鳍III－9~13；尾鳍后缘截形。我国有17种。

2125 **无纹普提鱼** *Bodianus tanyokidus* Gomon et Madden，1981 [38]

背鳍XII－10；臀鳍III－12；胸鳍17。侧线鳞38~43。

本种体延长，略侧扁。头圆锥状。背鳍、臀鳍较低，后缘尖。尾鳍后缘圆弧形。体黄色，无明显的斑纹。鳃盖后有大黑斑。为珊瑚礁鱼类。栖息于岩礁海区，水深达100 m。分布于我国台湾海域，以及日本冲绳海域、印度–西太平洋暖水域。体长约25 cm。

2126 **点带普提鱼** *Bodianus leucosticticus* （Bennett，1831） [38]
　　＝黄斑普提鱼 *B. luteopunctatus*

背鳍XII－10；臀鳍III－12；胸鳍16。侧线鳞29。

　　本种体延长，侧扁。吻尖，口小。两颌前端各有4枚犬齿，每侧有一大犬齿。颊部与鳃盖均具鳞。体背侧深红色，腹侧银白色。体侧有许多断续的红色纵纹，其间尚有点状纵线。背鳍有红缘，尾鳍红色。为珊瑚礁鱼类。栖息于岩礁海区。分布于我国台湾海域，以及日本田边湾、冲绳海域，印度–西太平洋暖水域。体长约27 cm。

[2127] **益田普提鱼** *Bodianus masudai* Araga et Yoshino，1975 [38]
　　　　＝默氏普提鱼＝黑带普提鱼

背鳍XII－10；臀鳍III－12；胸鳍16～17。侧线鳞32～33。

　　本种体延长，侧扁。头圆锥状，吻端尖。口小，斜位。颌两侧为1行小型圆锥状齿，上颌后部有犬齿。背鳍、臀鳍后缘尖，尾鳍后缘圆弧形。体背侧黄褐色，腹侧银白色。体侧有3条深红色宽纵带。鳃盖、腹鳍和奇鳍有黑斑。为珊瑚礁鱼类。栖息于岩礁海区。分布于我国台湾海域，以及日本伊豆半岛海域、奄美大岛海域，西北太平洋暖水域。体长约12 cm。

[2128] **伊津普提鱼** *Bodianus izuensis* Araga et Yoshino，1975 [38]

背鳍XII－9～10；臀鳍III－12；胸鳍16～17。侧线鳞30。

　　本种体延长，侧扁。吻尖，吻端钝。前鳃盖骨具细锯齿。体背侧茶褐色，腹侧淡褐色。体侧有2~3条黑褐色宽纵带，背鳍亦有一黑纵带。为珊瑚礁鱼类。栖息于岩礁海区。分布于我国台湾海域，以及日本伊豆海域、沼津海域，澳大利亚海域，西太平洋暖水域。体长约10 cm。

[2129] **双斑普提鱼** *Bodianus bimaculatus* Allen，1973[38]

背鳍XII－9；臀鳍III－12；胸鳍16。侧线鳞30。

　　本种体延长，侧扁。吻钝尖。背鳍前鳞至眼后缘上方，前鳃盖后部无鳞。背鳍、臀鳍后缘尖，尾鳍后缘圆弧形。体红黄色，体侧有5条红色纵带。各鳍黄色。鳃盖后部具黑色圆斑，尾鳍基有红斑。为珊瑚礁鱼类。栖息于岩礁海区。分布于我国台湾海域，以及日本相模湾海域、西太平洋暖水域。体长约10 cm。

[2130] **丝鳍普提鱼** *Bodianus thoracotaeniatus* Yamamodo，1982[38]

背鳍XII－11；臀鳍III－11；胸鳍17。侧线鳞29。

　　本种体延长，侧扁。吻尖长。口裂大。上颌略长于上颌。前鳃盖、主鳃盖均被鳞。背鳍前鳞达眼前缘，背鳍基鳞鞘低。腹鳍第1鳍条粗，呈丝状延长，伸达肛门。尾鳍后缘截形。体淡黄色，体侧有1条橙色宽纵带。背鳍有黑缘和黑斑。为暖水性中下层鱼类。栖息水深大于200 m。分布于我国台湾海域，以及日本石垣岛东海域、九州海域，帕劳海域，西太平洋暖水域。体长约20 cm。

2131 圆身普提鱼 *Bodianus cylindriatus*（Tanaka，1930）[38]

背鳍XII－10；臀鳍III－11～12；胸鳍16。侧线鳞30～33。

本种体延长，侧扁。背鳍鳍棘部低平，短于鳍条部。腹鳍不达肛门。体背侧橙色，腹侧银白色。体侧无斑点或纵带。背鳍、臀鳍前部有红斑，尾鳍基中部有红色圆斑。为暖水性中下层鱼类。栖息于岩礁海区，水深大于100 m。分布于我国台湾海域，以及日本高知海域、东京湾，西北太平洋暖水域。体长约20 cm。

2132 太平洋普提鱼 *Bodianus pacificus*（Kamohara，1952）[44]

背鳍XI－10；臀鳍III－10；胸鳍16。侧线鳞28～29。

本种体延长，侧扁。吻钝尖。背鳍鳍棘部较高平，鳍条部后缘圆弧形。尾鳍后缘圆弧形。体背侧黄红色，有数个浅色斑，腹侧色浅。背鳍红色，腹鳍、臀鳍灰色，尾鳍有红缘。为暖水性中下层鱼类。栖息于岩礁近海区。分布于我国台湾海域，以及日本高知海域、西北太平洋暖水域。体长约23 cm。

2133 腋斑普提鱼 *Bodianus axillaris*（Bennett，1832）[38]（左幼鱼，右成鱼）

背鳍XII－10；臀鳍III－12；胸鳍15～16。侧线鳞30～31。

本种体呈长椭圆形（侧面观），侧扁。头背缘近直线状。吻尖长。幼鱼尾鳍后缘圆弧形。成鱼尾鳍后缘凹形；体前半部暗褐色，后半部黄红色；背鳍鳍棘部和鳍条部各具一黑斑，胸鳍和臀鳍各有一大黑斑，尾鳍膜透明。幼鱼体黑色，布有黄白斑。为暖水性中下层鱼类。栖息于岩礁海区。分布于我国南海、台湾海域，以及日本南部海域、印度-太平洋暖水域。体长约20 cm。

2134 斜斑普提鱼 *Bodianus hirsutus*（Lacépède，1802）[44]
= 黑带普提鱼 = 斜带狐鲷 *B. loxozonus*

背鳍XII－10～11；臀鳍III－11～12；胸鳍17。侧线鳞28～36。

本种体呈长椭圆形（侧面观），侧扁。吻长，钝尖。口小，两颌前端各具4枚犬齿。上颌每侧有1枚大犬齿。背鳍基鳞2列以上。尾鳍后缘截形，成鱼尾鳍上、下缘延长。体背红褐色，腹侧银白色。背鳍鳍条部有黑带向斜后方延伸经尾柄达尾鳍下缘。背鳍前部、腹鳍和臀鳍下缘黑色。为暖水性中下层鱼类。栖息于岩礁海区。分布于我国南海、台湾海域，以及日本小笠原群岛海域、印度-西太平洋暖水域。体长约35 cm。

2135 **似花普提鱼** *Bodianus anthioides*（Bennett，1832）[38]（**左幼鱼，右成鱼**）
= 燕尾狐鲷

背鳍Ⅻ－10；臀鳍Ⅲ－12；胸鳍16。侧线鳞31。

　　本种体呈长椭圆形（侧面观），侧扁。吻短，吻端稍尖。尾鳍燕尾状。体前半部暗红色；后半部粉红色，散布褐点；前、后部有黑带分隔。尾鳍上、下叶缘黑色，鳍条红色。为暖水性中下层鱼类。栖息于岩礁海区。分布于我国台湾海域，以及日本相模湾以南海域、印度－西太平洋暖水域。体长约21 cm。

2136 **鳍斑普提鱼** *Bodianus diana*（Lacépède，1801）[38]（**左幼鱼，右成鱼**）
= 对斑狐鲷

背鳍Ⅻ－9～11；臀鳍Ⅲ－10～12；胸鳍16。侧线鳞31～32。

　　本种体呈长椭圆形（侧面观），侧扁。吻尖长。背鳍、臀鳍后缘圆弧形。体红褐色，腹侧淡褐色。体背后部及尾柄有黑点。成鱼背鳍下方有3个白点。腹鳍、臀鳍各具一大黑斑。幼鱼背鳍、胸鳍尚有大黑斑，体侧有白色断续纵带。为暖水性中下层鱼类。栖息于岩礁海区。分布于我国南海、台湾海域，以及日本相模湾以南海域、印度－西太平洋暖水域。体长约25 cm。

2137 中胸普提鱼 *Bodianus mesothorax*（Bloch et Schneider，1801）[38]（**左幼鱼，右成鱼**）

背鳍XII－9～10；臀鳍III－11～12；胸鳍16。侧线鳞30～32。

本种体长椭圆形（侧面观），侧扁。吻尖长，口小。两颌侧齿排列紧密，1行，上颌后部有犬齿。尾鳍后缘稍呈圆弧形。体色从腹鳍斜向背鳍鳍条部前全为黑色，后部则为金黄色。胸鳍基有黑斑。腹鳍、臀鳍、尾鳍黄色。幼鱼黑色，有白斑。为暖水性中下层鱼类。栖息于岩礁海区。分布于我国台湾海域，以及日本南部海域、菲律宾海域、印度－西太平洋暖水域。体长约17 cm。

2138 尖头普提鱼 *Bodianus oxycephalus*（Bleeker，1862）[68]

背鳍XII－10～11；臀鳍III－11～12；胸鳍17～18。侧线鳞33～35。

本种体长椭圆形（侧面观），侧扁。吻长，吻端尖。眼大，位高。口小。两颌侧各具齿2行，外行齿圆锥状，上颌后部有大犬齿。背鳍、臀鳍基底具鳞鞘。体背侧红色，腹侧红黄色。体侧具多条红色纵纹及数列深红色或黑色斑。背鳍鳍棘中部有黑斑。为暖水性中下层鱼类。栖息于岩礁海区。分布于我国台湾海域，以及日本相模湾以南海域、菲律宾海域、西太平洋暖水域。体长约35 cm。

2139 **大黄斑普提鱼** *Bodianus perditio*（Quoy et Gaimard，1834）[38]（左幼鱼，右成鱼）
= 红狐鲷

背鳍XII～XIII－10；臀鳍III－12；胸鳍17。侧线鳞33～34。

本种体呈长椭圆形（侧面观），侧扁。吻端钝，口大。两颌侧各具一向前犬齿，上颌后部有大型犬齿。腹鳍稍延长。尾鳍后缘稍凹入，上、下叶缘鳍条延长。体黄红色，腹侧淡红色。体中部上方有一黄斑，其后具一黑斑。头、胸部有金黄色斑点。背鳍第1～7鳍棘黑色。幼鱼黄色，体背侧黄斑和黑斑显著。为暖水性中下层鱼类。栖息于岩礁海区。分布于我国南海、台湾海域，以及日本相模湾以南海域、印度–西太平洋暖水域。体长约80 cm。

2140 **双带普提鱼** *Bodianus bilunulatus*（Lacépède，1801）[15]

背鳍XII－9～10；臀鳍III－12；胸鳍16。侧线鳞28～32。

本种体呈长椭圆形（侧面观），侧扁。吻稍尖长，口小。颌齿1行，口角有一向前犬齿。背鳍基、臀鳍基具鳞鞘，两鳍后缘圆弧形。体上半部粉红色，下半部色浅。体侧有红色纵纹。背鳍后方有一大黑斑，延至尾柄上部，幼鱼可达臀鳍。背鳍前部具黑点。为暖水性中下层鱼类。栖息于岩礁海区。分布于我国南海、台湾海域，以及日本小笠原群岛海域、和歌山以南海域，澳大利亚海域，印度–西太平洋暖水域。体长约55 cm。

▲ 本属我国尚有红赭普提鱼 *B. rubrisos*，分布于我国台湾海域[13]。

阿南鱼属 *Anampses* Quoy et Gaimard，1824

　　本属物种体呈长椭圆形（侧面观），侧扁。口小，能伸出。唇厚，内侧具纵褶。颌齿1行，细小；前方有2枚门状齿，齿尖向前。前鳃盖骨缘光滑。体被中等大圆鳞，颊部无鳞。背鳍、腹鳍前鳞甚小，有的呈粒状或部分埋入皮下。侧线完全。背鳍Ⅸ，12～13；臀鳍Ⅲ，12～13。尾鳍后缘截形或凹入。我国有7种。

2141 **蠕纹阿南鱼** *Anampses geographicus* Valenciennes，1840[38]（上雄鱼，下雌鱼）

　　背鳍Ⅸ－12；臀鳍Ⅲ－12；胸鳍12～14。侧线鳞48～50。

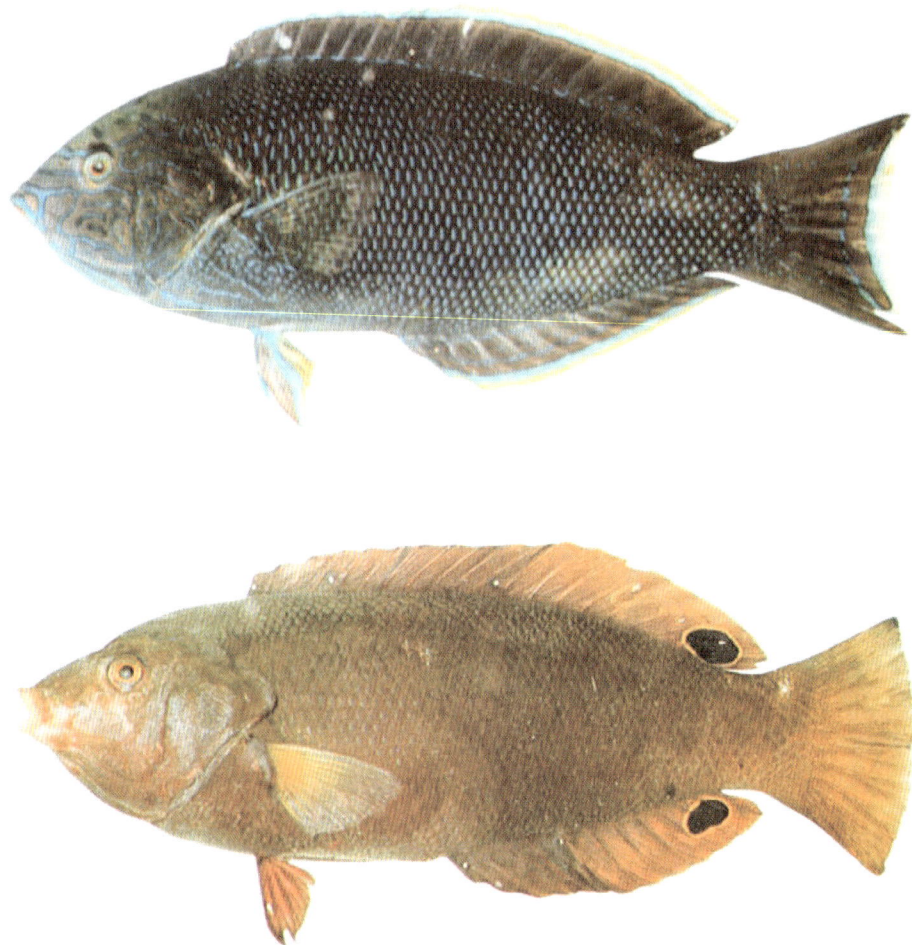

　　本种一般特征同属。体呈长椭圆形（侧面观），侧扁。吻尖。眼小，头背眼前缘稍凹。背鳍、臀鳍后缘稍尖。雄鱼体深褐色，体侧鳞具蓝点，头部有蓝色虫纹。雌鱼、幼鱼褐色，背鳍、臀鳍后部有眼状斑。为暖水性中下层鱼类。栖息于岩礁海区。分布于我国南海、台湾海域，以及琉球群岛海域、澳大利亚海域、印度–西太平洋暖水域。体长约20 cm。

[2142] **黄尾阿南鱼** *Anampses meleagrides* Valenciennes，1840[38]（上雄鱼，下雌鱼）
= 北斗阿南鱼

背鳍IX－12；臀鳍Ⅲ－12；胸鳍12～14。侧线鳞26～28。

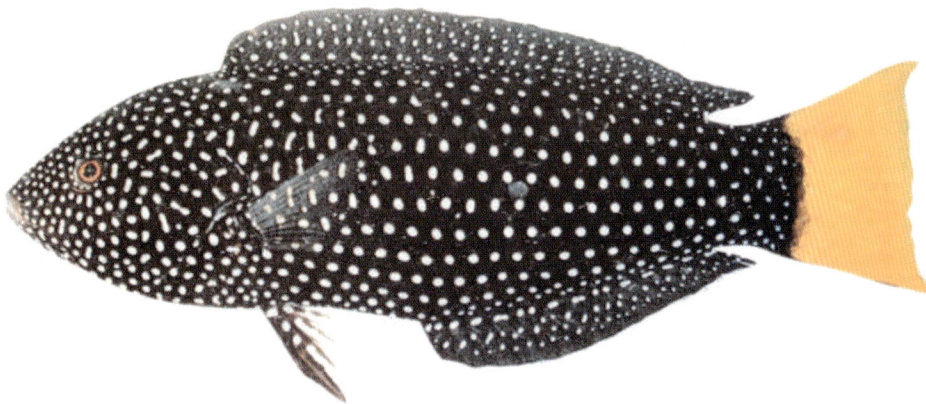

　　本种体呈长椭圆形（侧面观），侧扁。吻稍尖长，尾鳍后缘稍凹入。雌鱼黑褐色，吻端红色，体侧每枚鳞均具一小白点，尾鳍黄色。雄鱼体及鳍均暗褐色，体侧每枚鳞均具蓝色细线，尾鳍后端有一蓝色弧形线。为暖水性中下层鱼类。栖息于岩礁海区。分布于我国南海、台湾海域，以及日本和歌山以南海域、印度－太平洋暖水域。体长约20 cm。

2143 尾斑阿南鱼 *Anampses melanurus* Bleeker，1857[14]

= 乌尾阿南鱼

背鳍IX－12；臀鳍Ⅲ－12；胸鳍12～14。侧线鳞26。

　　本种体呈长椭圆形（侧面观），侧扁。尾鳍后缘圆弧形。体黑褐色，头、体密布小白点。尾鳍后缘具黑色宽横带，尾鳍基则具黄色横带。为暖水性中下层鱼类。栖息于岩礁海区。分布于我国南海、台湾海域，以及日本千叶附近海域、冲绳海域，印度尼西亚海域，太平洋暖水域。体长约15 cm。

2144 新几内亚阿南鱼 *Anampses neoguinaicus* Bleeker，1878[14]

背鳍IX－12；臀鳍Ⅲ－12；胸鳍12～14。侧线鳞26～27。

　　本种体长椭圆形（侧面观），侧扁。眼较大，口小。尾鳍后缘圆弧形。体自吻上缘至背鳍基底末端的上半部呈黑色，下半部呈白色。背鳍、臀鳍黑色。主鳃盖后方和背鳍、臀鳍后部各有1个眼状斑。为暖水性中下层鱼类。栖息于岩礁海区。分布于我国台湾海域，以及日本三宅岛以南海域、澳大利亚海域、西太平洋暖水域。体长约17 cm。

2145 **星阿南鱼** *Anampses twistii* Bleeker，1856[14]

= 双斑阿南鱼 = 大斑连鳍唇鱼 *Xyrichtys twistii*

背鳍Ⅸ－12；臀鳍Ⅲ－12；胸鳍12～14。侧线鳞26。

　　本种体呈长椭圆形（侧面观），侧扁。吻长，吻端钝尖。尾鳍后缘圆弧形。体后上半部黑褐色，头、体腹侧至肛门处呈金黄色。每一枚鳞均具一蓝点。鳃盖后上方有一红斑。鳃盖上有一黑斑。背鳍、臀鳍褐色，有蓝点，鳍条部各有1个眼状斑。尾鳍红褐色，亦有蓝点。为暖水性中下层鱼类。栖息于岩礁海区。分布于我国南海、台湾海域，以及印度洋、太平洋暖水域。体长约15 cm。

2146 **莹斑阿南鱼** *Anampses caeruleopunctatus* Rüppell，1828[38]（前雄鱼，后上为幼鱼，后下为雌鱼）

= 青斑阿南鱼

背鳍Ⅸ－12；臀鳍Ⅲ－12；胸鳍12～14。侧线鳞27。

　　本种体呈长椭圆形（侧面观），侧扁。眼小，吻尖。口小，唇厚。上唇内有纵褶。上颌较下颌稍长。背鳍、臀鳍后缘尖。成鱼尾鳍后缘近截形，幼鱼尾鳍后缘圆弧形。雌鱼橄榄色，鳞具镶黑边的蓝点，背鳍、臀鳍具2～3列蓝点。雄鱼蓝绿色，鳞具垂直纹，上、下唇蓝色，各鳍蓝色，背鳍中部有一红色纵带，臀鳍有2条细红褐带，尾鳍上、下缘有宽的褐色带。为暖水性中下层鱼类。栖息于岩礁海区。分布于我国南海、台湾海域，以及日本相模湾以南海域、印度–西太平洋暖水域。体长约25 cm。

2147 线阿南鱼 *Anampses diadematus* Rüppell，1835[8]

背鳍Ⅸ－12；臀鳍Ⅲ－12；胸鳍12。侧线鳞27。

本种体呈长椭圆形（侧面观），侧扁。口小，唇厚。其基本特征与莹斑阿南鱼相同。沈世杰（1994）、黄宗国（2012）将二者列为同种[9, 13]，但《南海诸岛鱼类志》（1979）中分立为两种[8]。本书暂按两种分述供参考。本种体蓝绿色，体侧各鳞具蓝色垂直线纹或短带。背鳍具纵带和斑点。臀鳍中部具蓝色纵带。尾鳍中部呈黄绿色。为暖水性中下层鱼类。栖息于珊瑚礁海区。分布于我国南海、台湾海域，以及日本南部海域、印度–西太平洋暖水域。体长约22 cm。

注：线阿南鱼可能是莹斑阿南鱼的雄性个体。

[2148] **管唇鱼** *Cheilio inermis*（Forskål，1775）[14]

背鳍IX－13；臀鳍III－12；胸鳍12。侧线鳞46～48。

本种体延长。头尖，吻长。口大，能伸缩。唇较薄，内侧有缨状纵褶。两颌齿各有1行，前端犬齿1对。前鳃盖骨平滑。体被中小型鳞。雄鱼体黑褐色；胸鳍后具黑斑；背鳍、臀鳍色浅，具网纹。雌鱼色浅，体侧有1列黑点。为暖水性中下层鱼类。栖息于藻场海区。分布于我国南海、台湾海域，以及日本千叶、富山以南海域，印度–西太平洋暖水域。体长约25 cm。

[2149] **杂色尖嘴鱼** *Gomphosus varius* Lacépède，1802[15]

＝三色嘴鱼 *G. tricolor*

背鳍VIII－13～14；臀鳍III－10～13；胸鳍15。侧线鳞26～30。

本种体延长，侧扁。吻延长呈管状。唇厚，内有纵褶。两颌前端各有1对弯曲的犬齿。体被中等大圆鳞，头部无鳞。侧线完全，在尾柄前部弯折。雄鱼体蓝绿色；尾鳍边缘淡绿色，呈半月形。雌鱼头部橘红色；体前半部黄褐色；后半部黑褐色；尾鳍后缘黄色，截形。为珊瑚礁鱼类。栖息于岩礁海区。分布于我国南海、台湾海域，以及琉球群岛海域、印度–西太平洋暖水域。体长约20 cm。

粗唇鱼属 *Hemigymnus* Güther，1861

本属物种体呈椭圆形（侧面观），侧扁。头中等大，唇甚厚，上唇内侧有纵褶，下唇有一中沟并分两叶。两颌各有1行齿，圆锥状；前端各有1对犬齿。口角有犬齿。前鳃盖骨缘光滑。体被大圆鳞。侧线完全，在背鳍后部急剧下弯。腹鳍第1鳍棘延长，尾鳍后缘圆弧形或截形。我国有2种。

2150 **黑鳍粗唇鱼** *Hemigymnus melapterus*（Bloch，1791）[38]
= 黑鳍厚唇鱼 = 黑鳍半裸鱼 = 黑鳍鹦嘴鱼

背鳍IX－10～11；臀鳍Ⅲ－11；胸鳍14。侧线鳞27～28。

本种一般特征同属。体呈椭圆形（侧面观），侧扁，唇肥厚。除眼下有1列小鳞外，头部无鳞。体侧自背鳍至臀鳍前有一褐色宽横带。体前半部灰白色，后半部黑褐色，尾柄及尾鳍黄色。为暖水性中下层鱼类。栖息于岩礁海区。分布于我国南海、台湾海域，以及日本奄美大岛以南海域、印度–太平洋暖水域。体长约80 cm。

2151 **横带粗唇鱼** *Hemigymnus fasciatus*（Bloch，1792）[38]（**左幼鱼，右成鱼**）
=横带厚唇鱼 = 条纹半裸鱼 = 条纹鹦嘴鱼

背鳍IX－11；臀鳍Ⅲ－11；胸鳍14。侧线鳞26～30。

本种体呈椭圆形（侧面观），侧扁。口稍大，唇厚。头部至胸鳍基底前淡褐色。体侧有4条暗褐色宽横带。尾鳍暗褐色。头背和鳃盖周边有淡褐色曲纹。幼鱼黄色基底几乎皆被黑色横带遮盖。为暖水性中下层鱼类。栖息于岩礁海区。分布于我国南海、台湾海域，以及日本田边湾以南海域、印度－太平洋暖水域。体长约80 cm。

裂唇鱼属 *Labroides* Bleeker，1851

本属物种体延长，侧扁。头尖，口甚小，唇厚。下唇有中沟，并分两叶状。颌齿细，上颌前端具1对犬齿。口角有一向前尖齿。前鳃盖骨平滑。侧线完全。背鳍、臀鳍具鳞鞘。胸鳍后缘圆弧形，腹鳍后缘尖，尾鳍后缘略呈截形。我国有3种。

2152 **裂唇鱼** *Labroides dimidiatus*（Cuvier et Valenciennes，1839）[15]

背鳍IX－11～12；臀鳍Ⅲ－10；胸鳍13。侧线鳞52～53。

本种一般特征同属。体延长，侧扁。头圆锥状。侧线鳞较多，为52～53枚。体蓝白色，自口经眼至尾鳍有1条蓝黑色宽纵带。体色多变。属珊瑚礁鱼类。为与隆头鱼共栖的"清洁工"鱼类。分布于我国南海、台湾海域，以及日本千叶以南海域、印度－太平洋暖水域。体长约10 cm。

2153 二色裂唇鱼 *Labroides bicolor* Fowler et Bean，1928[38]（左幼鱼，右成鱼）

背鳍IX－10～11；臀鳍Ⅲ－9～10；胸鳍13。侧线鳞26～28。

　　本种体延长，侧扁。头尖而长。腹鳍较小，第1鳍条呈丝状延长。侧线鳞少，为26～28枚。背鳍基、臀鳍基具鳞鞘。体前半部暗褐色，后半部黄色。尾鳍有黑缘。幼鱼体侧黑色纵带显著。为珊瑚礁"清洁工"鱼类，与隆头鱼等共栖。分布于我国台湾海域，以及日本三宅岛海域、田边湾以南海域，印度－太平洋暖水域。体长约12 cm。

2154 胸斑裂唇鱼 *Labroides pectoralis* Randall et Springer，1975[38]

背鳍IX－10～12；臀鳍Ⅲ－9～10；胸鳍13。侧线鳞28。

　　本种体延长，侧扁。头锥状。体黄色，体侧黑色纵带从吻部抵尾端，尾鳍几乎全呈黑色。胸鳍基有一黑斑。为珊瑚礁鱼类，为与隆头鱼等共栖的"清洁工"鱼类。分布于我国台湾海域，以及日本小笠原群岛海域、东印度－太平洋暖水域。体长约10 cm。

2155 **单线突唇鱼** *Labrichthys unilineatus*（Guichenot，1847）[38]（左幼鱼，右成鱼）
= 突唇鱼 *L. cyanotaenia* = 单带圆唇鱼 = 单棘黑龙鱼

背鳍IX－11～12；臀鳍Ⅲ－10～11；胸鳍14～15。侧线鳞25～27。

本种体延长，侧扁。吻钝尖。口小，唇肥厚，形成皮褶，口闭时呈短管状。头背鳞片达吻部。上颌有2对犬齿，下颌有1对犬齿。前鳃盖骨缘光滑。腹鳍第1鳍条呈丝状延长。尾鳍后缘圆弧形。幼鱼黑褐色，体侧有一白色纵带。成鱼暗绿色，体色、斑纹因性别而异，随生长也多有变化。为珊瑚礁鱼类。栖息于珊瑚礁海区。分布于我国南海、台湾海域，以及日本奄美大岛以南海域、印度－西太平洋暖水域。体长约15 cm。

褶唇鱼属 *Labropsis* Schmidt，1930

本属物种体长。口小，端位。吻部截平，唇厚且有褶。上颌两侧后方各有一犬齿。头部鳞片分布不达吻部，腹面无鳞。第1背鳍鳍棘短小，几乎不外露。我国有2种。

2156 **曼氏褶唇鱼** *Labropsis manabei* Schmidt，1930[38]（左幼鱼，右成鱼）
= 胸斑褶唇鱼

背鳍IX－11～12；臀鳍Ⅲ－10～11；胸鳍14。侧线鳞35～41。

　　本种一般特征同属。体长，侧扁。口小，短筒状，唇厚成褶。齿小，上颌前端犬齿2对，下颌犬齿1对。鳃盖骨后下方有皮质瓣。体茶褐色，胸鳍基底有一大黑斑。奇鳍黑色，尾鳍有黄边。幼鱼黑色，有2条白色纵带。为珊瑚礁鱼类。栖息于岩礁海区。分布于我国南海、台湾海域，以及日本小笠原群岛海域、西太平洋暖水域。体长约10 cm。

2157　多纹褶唇鱼 *Labropsis xanthonota* Randall，1981 [38]（上雄鱼，下雌鱼）
　　　　= 黄背拟隆鲷

背鳍Ⅸ－11；臀鳍Ⅲ－10；胸鳍14～15。侧线鳞46～49。

　　本种体长，侧扁。口小，短筒状。上颌前端有2对犬齿，上颌后方和下颌各有1对犬齿。眼下有小型鳞片。幼鱼尾鳍后缘圆弧形。雌鱼体蓝黑色，头侧和体侧均具淡蓝色纵线，尾鳍后缘截形。雄鱼体侧褐色，密布白色点列；鳃盖后方有黄斑；尾鳍弯月形，有白斑。体色随生长有变化。为珊瑚礁鱼类。栖息于岩礁海区。分布于我国台湾海域，以及日本三宅岛海域、澳大利亚海域、印度－太平洋暖水域。体长约10 cm。

高体盔鱼属 *Pteragogus* Peters，1855

　　本属物种体呈长椭圆形（侧面观），侧扁。口稍大，前位。颌齿圆锥状，1行。前端有犬齿2对。前鳃盖骨缘有锯齿。体被大圆鳞，颊部鳞2行。侧线完全，在背鳍后部剧降。尾鳍后缘圆弧形。我国有3种。

[2158] **隐高体盔鱼** *Pteragogus cryptus* Randall，1981 [14]
= 隐秘长鳍鹦鲷

　　本种一般特征同属。体呈长椭圆形（侧面观），侧扁。吻尖，口小。颌前端具齿2行，后部有1行犬齿。前鳃盖骨后缘锯齿状。雄鱼背鳍前4枚鳍棘呈丝状延长。腹鳍短，不达臀鳍起点。体黄褐色，鳃盖有镶黄缘的黑斑，沿侧线有白色和暗褐色点。为暖水性中下层鱼类。栖息于岩礁海区。分布于我国台湾海域，以及菲律宾海域、澳大利亚海域、印度-西太平洋暖水域。

[2159] **九棘高体盔鱼** *Pteragogus enneacanthus*（Bleeker，1853）[37]
= 九棘长鳍鹦鲷

　　本种体呈长椭圆形（侧面观），侧扁。吻钝尖。两颌前端各具犬齿2对，外侧2对齿大而弯曲。前鳃盖骨后缘尖锯齿状。雄鱼背鳍第1~2鳍棘呈丝状延长，体侧线上方红褐色，下方黄褐色，布有多条红色纵带。奇鳍具红带，鳃盖有黑斑。为暖水性中下层鱼类。栖息于岩礁海区。分布于我国台湾海域，以及印度尼西亚海域、西太平洋暖水域。

2160 **红海高体盔鱼** *Pteragogus flagellifer*（Valeneciennes，1839）[14]
= 长鳍高体盔鱼 *P. aurigarius* = 长鳍鹦鲷 = 长棘锯盖鱼 *Duymaeria flagellifer*

背鳍Ⅸ－11～12；臀鳍Ⅲ－9～10；胸鳍13。侧线鳞22～25。

　　本种体长椭圆形（侧面观），侧扁。头中等大，吻尖长。前鳃盖骨后缘锯齿状。体被大圆鳞，颊部有鳞。侧线鳞少，为22～25枚。雄鱼背鳍第1、第2鳍棘膜具丝状延伸，尾鳍后缘圆弧形。雄鱼背侧紫褐色，体侧各鳞片有黄缘。雌鱼橘红色。为暖水性中下层鱼类。栖息于藻场岩礁海区。分布于我国南海、台湾海域，以及日本千叶以南海域、澳大利亚海域、印度－西太平洋暖水域。体长约20 cm。

拟隆头鱼属 *Pseudolabrus* Bleeker，1861

　　本属物种体延长或呈长椭圆形（侧面观），侧扁。吻钝尖。口小，前位。颌齿圆锥状，1行，前端具1～2对犬齿。前鳃盖骨缘光滑。体被中等大圆鳞，颊部具数列小鳞。侧线完全，侧线鳞23～28枚。我国有2种。

2161 **远东拟隆头鱼** *Pseudolabrus eoethinus*（Richardson，1846）[38]（**前雄鱼，后雌鱼**）
= 粗拟隆头鱼 = 日本拟隆头鱼 *P. japonicus*

背鳍Ⅸ－10～11；臀鳍Ⅲ－10；胸鳍12。侧线鳞23～26。

本种一般特征同属。体呈长椭圆形（侧面观），侧扁。吻端尖。颌齿前端2行，后方密生1行，上颌后部有犬齿。颊鳞4列。雄鱼体青绿色，眼下纵纹向后弯向胸鳍基部。雌鱼体红色，体侧无明显的白色斑点。为暖水性中下层鱼类。栖息于岩礁海区的海藻丛中，冬季潜沙冬眠。分布于我国南海、台湾海域，以及日本南部海域、朝鲜半岛海域、西北太平洋暖水域。体长约25 cm。

2162 西氏拟隆头鱼 *Pseudolabrus sieboldi* Mabuchi et Nakabo，1997[37]（上雄鱼，下雌鱼）

本种体呈长椭圆形（侧面观），侧扁。吻短尖。颊鳞4列。尾鳍后缘截形。雄鱼体黄褐色，体背侧具黑褐色纵纹5条，眼下线纹不达胸鳍基部，体侧有明显的白色斑点。雌鱼体橘红色，腹侧淡黄色，尾鳍有黑缘。为暖水性中下层鱼类。栖息于岩礁海区。分布于我国台湾海域，以及西北太平洋暖水域。

2163 **细长苏彝士隆头鱼** *Suezichthys gracilis*（Steindachner et Döderlein，1887）[38]
= 薄苏彝士鱼

背鳍Ⅸ－11；臀鳍Ⅲ－10；胸鳍13～14。侧线鳞23。

本种体延长，侧扁。吻尖突。口小。下唇中裂，形成小柔垂。颌齿圆锥状，1行。上颌前端犬齿1对，下颌犬齿2对。前鳃盖骨后缘光滑，颊鳞3列。尾鳍后缘圆弧形。体背侧红褐色，腹侧粉红色。尾鳍有黄色矢状斑。幼鱼体侧有一暗褐色纵带。为暖水性中下层鱼类。栖息于岩礁、沙砾底质海区。分布于我国东海、南海、台湾海域，以及日本南部海域、澳大利亚海域、西北太平洋暖水域。体长约12 cm。

紫胸鱼属 *Stethojulis* Günther，1861

本属物种体延长或稍呈长椭圆形（侧面观），侧扁。头略呈锥状，口小，前位。颌齿门齿状，1行，前端无犬齿。口角具1枚犬齿。前鳃盖骨缘光滑。体被大圆鳞，颊部无鳞。胸部鳞大于或等于体侧鳞，侧线完全。尾鳍后缘圆弧形。我国有5种。

2164 **三线紫胸鱼** *Stethojulis trilineata*（Bloch et Schneider，1801）[38] （**前雄鱼，后雌鱼**）

背鳍Ⅸ－11；臀鳍Ⅲ－10；胸鳍12～13。侧线鳞20～21。

本种一般特征同属。体呈长椭圆形（侧面观），侧扁。口小，唇厚，门齿状齿1行。胸部鳞大。雄鱼体红色，略带绿色；体侧有3条青白色纵带。雌鱼黄褐色；背侧具灰点纵列；腹侧淡灰色，具2～3纵列黑点。为珊瑚礁鱼类。栖息于珊瑚礁、岩礁海区。分布于我国南海、台湾海域，以及澳大利亚海域、印度–西太平洋暖水域。体长约13 cm。

[2165] **虹纹紫胸鱼** *Stethojulis strigiventer*（Bennett，1832）[38]（上雄鱼，下雌鱼）
= 双线紫胸鱼 *S. renardi* = 腹纹紫胸鱼

背鳍Ⅸ－11；臀鳍Ⅲ－11；胸鳍15（14）。侧线鳞26。

本种体呈长椭圆形（侧面观），侧扁。吻尖，口小，两颌前端各具1行向前的门齿。尾鳍后缘圆弧形。体背侧黄绿色，腹侧黄白色，具数条纵带。背鳍、尾鳍黄色，尾鳍基侧线上方有黑点。腹鳍、臀鳍白色。为珊瑚礁鱼类。栖息于岩礁海区。分布于我国南海、台湾海域，以及日本相模湾以南海域、印度–太平洋暖水域。体长约12 cm。

2166 **黑星紫胸鱼** *Stethojulis bandanensis*（Bleeker，1851）[15]
= 线纹紫胸鱼 *S. linearis* = 黑尻紫胸鱼

背鳍Ⅸ－11～12；臀鳍Ⅲ－11；胸鳍14。侧线鳞25～28。

　　本种体呈长椭圆形（侧面观），侧扁。吻尖，口小。颌齿单行，前端无犬齿。头部除后背外，均无鳞。雄鱼体背侧黑褐色，腹侧灰褐色；胸鳍基红色；头、体有4条蓝色纵线，其中2条可连尾鳍基。雌鱼灰白色，颌部有黄斑，胸鳍基红色，各鳍黄色。为珊瑚礁鱼类。栖息于珊瑚礁海区。分布于我国南海、台湾海域，以及日本千叶以南海域、澳大利亚海域、印度-太平洋暖水域。体长约13 cm。

2167 **断带紫胸鱼** *Stethojulis interrupta*（Bleeker，1851）[38]（上雄鱼，下雌鱼）
= 美体紫胸鱼 *S. kalosoma* = 断纹紫胸鱼 *S. terina*

背鳍Ⅸ－11～12；臀鳍Ⅲ－11～12；胸鳍13。侧线鳞25～27。

本种体延长，侧扁。口小，颌齿尖，1行。上颌后部有向前的强犬齿1对。雌鱼体背淡红褐色，腹侧褐色；胸鳍基有一黑褐色无灰边纵带，达尾鳍基末端；体侧下方有4纵列黑色小点。雄鱼体背侧蓝褐色，腹侧淡青色或黄色，中部有一红色纵带，尾柄无黑色带。为珊瑚礁鱼类。栖息于珊瑚礁海区。分布于我国南海、台湾海域，以及日本千叶以南海域、菲律宾海域、印度–西太平洋暖水域。体长约12 cm。

▲ 本属我国尚有圈紫胸鱼 *S. balteata*（ = 虹彩紫胸鱼 *S. axillaris* ），我国台湾学者视其与断带紫胸鱼为同种[9]，分布于我国南海、台湾海域[9, 13]。

大咽齿鱼属 *Macropharyngodon* Bleeker，1861

本属物种体呈长椭圆形（侧面观），侧扁。吻尖。口小。颌齿圆锥状，1行。两颌前端各有2对犬齿，其中上颌前端有1对犬齿向前突出。口角处也有一犬齿。下咽骨齿3枚，中间臼齿大而凹入。前鳃盖骨后缘光滑。体被中等大圆鳞，颊部无鳞。侧线完全。尾鳍后缘圆弧形。我国有3种。

2168 莫氏大咽齿鱼 *Macropharyngodon moyeri* Shepard et Meyer，1978[38]（上雄鱼，下雌鱼）

背鳍IX – 12；臀鳍Ⅲ – 12。侧线鳞27。

本种一般特征同属。体呈长椭圆形（侧面观），侧扁。吻短尖。上颌前部有几枚向斜下方突出的侧扁状齿。下咽骨中部具1枚大臼齿。背鳍、臀鳍后缘稍尖。体橙红色，鳃盖后方和背鳍鳍棘前部各有黑斑。雄鱼的背鳍鳍棘部黑斑大，头、体绿色斑纹较显著。为珊瑚礁鱼类。栖息于藻场、沙砾底质海区。分布于我国台湾海域，以及日本三宅岛海域、西北太平洋暖水域。体长约12 cm。

2169 **胸斑大咽齿鱼** *Macropharyngodon negrosensis* Herre，1932[38]（上雄鱼，下雌鱼）
= 黑大咽齿鱼

背鳍IX－11；臀鳍III－11；胸鳍12。侧线鳞27。

本种体呈长椭圆形（侧面观），侧扁。吻短尖。口小，两颌前端各具犬齿2对。口角有犬齿。下咽骨后部中间有1枚大臼齿。头部无鳞。尾鳍后缘稍圆弧形。体茶褐色。雄鱼各鳞后缘有蓝边，尾鳍上、下叶有暗纵带。雌鱼体侧有白点。为珊瑚礁鱼类。栖息于珊瑚礁及沙砾底质海区。分布于我国台湾海域，以及日本千叶海域、冲绳以南海域，东印度洋、西太平洋暖水域。体长约12 cm。

2170 **珠斑大咽齿鱼** *Macropharyngodon meleagris*（Valenciennes，1839）[15]

背鳍Ⅸ－11；臀鳍Ⅲ－10～11；胸鳍12。侧线鳞25～27。

　　本种体呈长椭圆形（侧面观），侧扁。吻尖。口小。颌齿单行，两颌前端各具2对犬齿。上颌前端犬齿向前下方突出，后面犬齿向后方弯曲。口角有一大犬齿。下咽骨中部具1枚大型臼齿。头部裸露，背鳍、臀鳍后缘尖，尾鳍后缘截形。雄鱼体色从橙红色至紫褐色不等，并具许多绿色纵带和斑点。尾鳍有暗横带和纵线。为珊瑚礁鱼类。分布于我国南海、台湾海域，以及日本三宅岛海域、田边湾以南海域，印度－太平洋暖水域。体长约12 cm。

2171 **细尾似虹锦鱼** *Pseudojuloides cerasinus*（Snyder，1904）[38]（前雄鱼，后雌鱼）
　　　　＝短体似虹锦鱼 ＝拟海猪鱼

背鳍Ⅸ－11；臀鳍Ⅲ－12；胸鳍13。侧线鳞27。

本种体延长，侧扁，吻尖长。口小，端位。两颌前端各有1对犬齿，不向前突出；两侧为门齿状齿。头背具较小圆鳞。背鳍、臀鳍后缘尖。雄鱼体蓝色，体侧有一黄色纵带，尾鳍后缘黑色。雌鱼红黄色，尾鳍无斑纹。为珊瑚礁鱼类。栖息于珊瑚礁、岩礁海区。分布于我国台湾海域，以及日本和歌山以南海域、印度-太平洋暖水域。体长约10 cm。

锦鱼属 *Thalassoma* Swainson，1839

本属物种体延长或呈长椭圆形（侧面观），侧扁。口小，前位。唇颇厚，内侧具纵褶。颌齿圆锥状，1行。两颌前端各有犬齿1对。口角无犬齿。体被中等大鳞，头部仅鳃盖有少数鳞片。侧线完全。背鳍Ⅷ-12~14；臀鳍Ⅱ~Ⅲ-10~13。尾鳍后缘截形或新月形。我国有10种。

[2172] **大斑锦鱼** *Thalassoma janseni* （Bleeker，1856）[38]
　　　＝詹氏锦鱼

背鳍Ⅷ-13；臀鳍Ⅲ-11；胸鳍15。侧线鳞25~28。

本种一般特征同属。体呈长椭圆形（侧面观），侧扁。吻短钝，口小。颌齿1行，前端为犬齿。前鳃盖骨后缘光滑。背鳍、臀鳍具鳞鞘，后缘尖。尾鳍后缘半月形，上、下叶延长。头上部黑色，下部淡绿色。体侧有数条黑色宽斜带并在鱼体中部相连接。为珊瑚礁鱼类。栖息于岩礁海区。分布于我国南海、台湾海域，以及日本和歌山以南海域、印度-西太平洋暖水域。体长约17 cm。

2173 **鞍斑锦鱼** *Thalassoma hardwicki* （Bennett，1830）[15]
=哈氏锦鱼

背鳍Ⅷ－12～14；臀鳍Ⅲ－11；胸鳍15～18。侧线鳞25～28。

　　本种体呈长椭圆形（侧面观），侧扁。体灰绿色，头部、眼周围有5条深红色放射状宽带。背部具5～7条紫黑色鞍状斑。背鳍有一黑色纵纹。尾柄上部和中部各有1条红色纵带，尾鳍上、下叶有红边。为珊瑚礁鱼类。栖息于珊瑚礁、岩礁海区。分布于我国南海、台湾海域，以及日本小笠原群岛海域、和歌山以南海域，印度－西太平洋暖水域。体长约16 cm。

2174 **环带锦鱼** *Thalassoma cupido*（Temminck et Schlegel，1845）[44]
=斑带锦鱼 = 绿锦鱼

背鳍Ⅷ－13；臀鳍Ⅲ－11；胸鳍14～16。侧线鳞25～28。

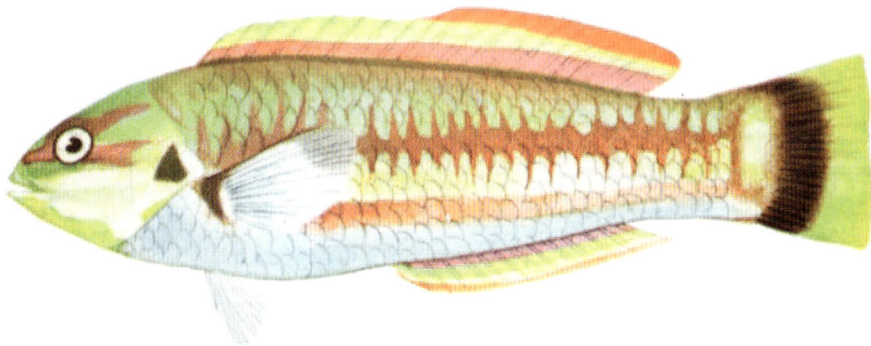

　　本种体呈长椭圆形（侧面观），侧扁。吻短尖。尾鳍后缘截形。头、体绿色，眼周围有深红色放射线。腹侧浅蓝色。体侧有深红色纵带。鳃盖后与胸鳍基各有一黑斑。尾鳍基具暗褐色宽横带。为珊瑚礁鱼类。栖息于岩礁海区。分布于我国南海、台湾海域，以及日本本州中部以南海域、朝鲜半岛海域、西太平洋暖水域。体长约20 cm。

2175 钝头锦鱼 *Thalassoma amblycephalum* (Bleeker，1856)[38]（上幼鱼，中雄鱼，下雌鱼）

背鳍Ⅷ－13；臀鳍Ⅲ－10～11；胸鳍14～15。侧线鳞25～28。

本种体延长，侧扁。吻短钝，口小。颌齿1行，前端具犬齿。雌鱼头部、体部有黑色宽纵带，腹侧和尾鳍黄色。雄鱼头部、体部具蓝、黄、红三段颜色，尾鳍上、下叶蓝色。幼鱼头部、体部有黑、白2条纵带。为珊瑚礁鱼类。栖息于珊瑚礁、岩礁海区。分布于我国南海、台湾海域，以及日本相模湾以南海域、印度－太平洋暖水域。体长15 cm。

2176 **纵纹锦鱼** *Thalassoma quinquevittatus*（Lay et Bennett，1839）[15]
＝五带锦鱼

背鳍Ⅷ－12～14；臀鳍Ⅲ－10～13；胸鳍15～17。侧线鳞25～28。

　　本种体延长，侧扁。吻钝尖。头部仅鳃盖上部有少数鳞片。头部红色，眼周围有6条深绿色放射状纹。体侧绿色，有2条红色纵带（雄鱼体背侧具蓝绿色与粉红色交叉纵纹）。背鳍鳍棘前部有一黑斑，胸鳍尖端黑色。为珊瑚礁鱼类。栖息于珊瑚礁、岩礁海区。分布于我国南海、台湾海域，以及日本冲绳以南海域、印度－太平洋暖水域。体长约13 cm。

2177 **紫锦鱼** *Thalassoma purpureum*（Forskål，1775）[38]（上雄鱼，下雌鱼）

背鳍Ⅷ－13；臀鳍Ⅲ－11；胸鳍15～17。侧线鳞25～28。

本种体延长，侧扁。吻稍钝。雄鱼体青绿色，腹侧灰青色，体侧有2条深红色纵带，头部及背面有许多褐色斑纹，背鳍鳍棘前部有一黑斑。雌鱼体浅褐色，吻部有枝状斑，体侧有3条深红纵带。为珊瑚礁鱼类。栖息于珊瑚礁、岩礁海区。分布于我国南海、台湾海域，以及日本小笠原群岛海域、和歌山以南海域，印度–太平洋暖水域。体长约33 cm。

2178 暗斑锦鱼 *Thalassoma umbrostigma* （Rüppell，1835）[15]（上雄鱼，下雌鱼）

背鳍Ⅷ – 13；臀鳍Ⅲ – 11；胸鳍14～16。侧线鳞26～27。

本种体延长，侧扁。吻钝尖。雄鱼体黄绿色，头具褐色斑纹；体背侧每枚鳞均具有一红色斑点；体侧中部和腹侧各有1条红色纵带；背鳍、臀鳍各有2条红色纵带，边缘蓝色；背鳍鳍棘前部有黑斑；尾鳍上、下叶有蓝边。雌鱼体色较暗。为珊瑚礁鱼类。栖息于珊瑚礁、岩礁海区。分布于我国南海，以及日本南部海域、印度–太平洋暖水域。体长约17 cm。

注：暗斑锦鱼与紫锦鱼相像，黄宗国（2012）认为是同种[13]。但据《南海诸岛鱼类志》（1979）介绍，二者头部斑纹、胸鳍黑斑等仍有区别[8]。本书亦分两种列写，供参考。

2179 **三叶锦鱼** *Thalassoma trilobatum*（Lacépède，1801）[14]
= 栅纹锦鱼 *T. fuscum* = 绿波锦鱼

背鳍Ⅷ－12～14；臀鳍Ⅲ－11～13；胸鳍15～17。侧线鳞25～28。

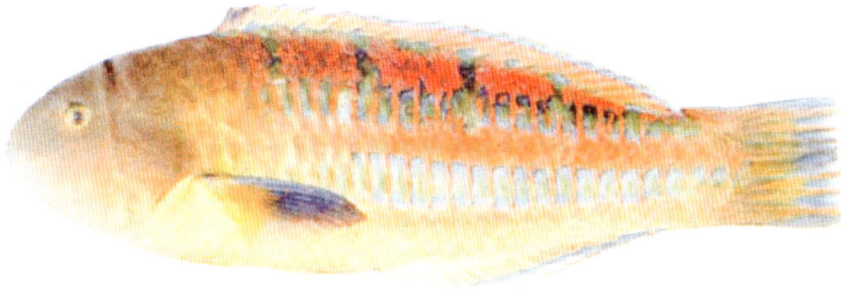

本种体呈长椭圆形（侧面观），侧扁。吻钝，口小。两颌各有1行尖齿，前端犬齿1对，后部无犬齿。尾鳍后缘截形或双凹形。头、体黄褐色，头部无明显的斑纹。体侧中部及腹侧各有一红褐色纵带。体背侧有4条蓝绿色横纹，与中部纵带及背鳍基蓝色纵带相连。为珊瑚礁鱼类。栖息于珊瑚礁、岩礁海区。分布于我国台湾海域，以及琉球群岛海域、印度−太平洋暖水域。体长约25 cm。

2180 **胸斑锦鱼** *Thalassoma lutescens*（Lay et Bennett，1839）[38]（上幼鱼，下雄鱼，后雌鱼）
= 黄衣锦鱼

背鳍Ⅷ－13；臀鳍Ⅲ－11；胸鳍15～17。侧线鳞25～28。

　　本种体延长，侧扁。吻钝尖。尾鳍后缘截形或上、下叶延长。雄鱼体棕绿色；雌鱼黄色，眼周围有放射状红纹。背鳍、臀鳍基底及尾鳍上、下叶具红色纵带。胸鳍黄色，有椭圆形青斑。幼鱼体侧有一黑色纵带。为珊瑚礁鱼类。栖息于珊瑚礁、岩礁海区。分布于我国南海、台湾海域，以及日本小笠原群岛海域、和歌山以南海域，印度–太平洋暖水域。体长约20 cm。

2181　新月锦鱼 *Thalassoma lunare* （Linnaeus，1758）[15]

背鳍Ⅷ－13；臀鳍Ⅲ－11；胸鳍15。侧线鳞25～28。

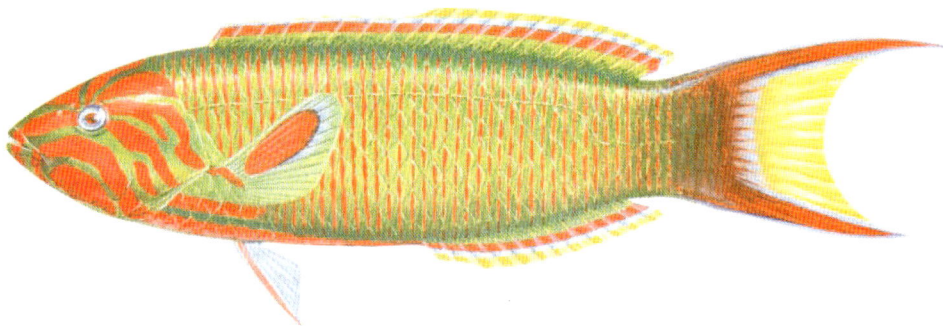

　　本种体延长，侧扁。吻短钝。两颌前端各有1～2对犬齿，两侧为1行圆锥状齿。体暗绿褐色。幼鱼尾鳍淡红色，后缘圆弧形或截形，背鳍和尾柄各有一黑色小斑。成鱼尾鳍上、下叶延长，中间黄色，呈新月形。眼周围有放射状红线。体侧各鳞有一紫色线纹。为珊瑚礁鱼类。栖息于岩礁、珊瑚礁海区。分布于我国南海、台湾海域，以及日本和歌山以南海域、印度–太平洋暖水域。体长约20 cm。

2182 **颈斑蓝胸鱼** *Leptojulis lambdastigma* Randall et Ferraris，1981 [37]
= 颈斑尖猪鱼

背鳍Ⅸ－12～13；臀鳍Ⅲ－12；胸鳍13。侧线鳞27。

本种体延长，稍侧扁。头裸露。两颌前端各具2对大型犬齿；后部具1行圆锥状齿。胸部鳞较其他处小，尾鳍稍呈菱形。体黄褐色，腹侧乳白色，体侧有一褐色纵带。尾鳍基具一黑斑。胸鳍上方有黑斑。为珊瑚礁鱼类。栖息于岩礁海区。分布于我国台湾海域，以及菲律宾海域、西太平洋暖水域。

▲ 本属我国尚有尾斑蓝胸鱼 *L. urostigma*，与颈斑蓝胸鱼相似。以体褐色，主鳃盖有黑斑和尾鳍基有一大黑色横斑与颈斑蓝胸鱼相区别。分布于我国台湾海域 [37]。

海猪鱼属 *Halichoeres* Rüppell，1835

本属物种体延长或呈长椭圆形（侧面观）。吻较尖长。口小或中等大，前位，略可伸出。颌齿1行，圆锥状。上、下颌前端各具1～2对犬齿。口角有1～3枚犬齿。前鳃盖骨光滑或有锯齿。体被中等大圆鳞。胸部鳞小于体侧鳞。颊部无鳞。侧线完全。背鳍鳍棘9枚，臀鳍鳍棘3枚。尾鳍后缘圆弧形。我国有25种。

2183 **格纹海猪鱼** *Halichoeres hortulanus*（Lacépède，1801） [15]
= 方斑海猪鱼 *H. centiquadru*s = 云斑海猪鱼 = 圈海猪鱼

背鳍Ⅸ－10～11；臀鳍Ⅲ－11；胸鳍13～15。侧线鳞26～28。

本种一般特征同属。体呈长椭圆形（侧面观），侧扁。吻尖而长。鳃盖上方和眼后各有一小片鳞区。前鳃盖骨后缘具细锯齿。雄鱼青褐色，雌鱼淡褐色。头下方和尾鳍黄色。体侧每枚鳞均具一长方形黑色斑块。背鳍基下方有2块黄色方斑。幼鱼头黑色，体白色，体侧中部有一黑色宽横带，尾柄黑色。为珊瑚礁鱼类。栖息于珊瑚礁及沙砾底质海区。分布于我国南海、台湾海域，以及日本田边湾以南海域、印度–西太平洋暖水域。体长约21 cm。

2184 **侧带海猪鱼** *Halichoeres scapularis*（Bennett，1832）[14]
= 细鳍海猪鱼 = 颈带海猪鱼

背鳍IX－11；臀鳍Ⅲ－11；胸鳍14～15。侧线鳞26～27。

本种体呈长椭圆形（侧面观），侧扁。吻钝，口小。两颌前端具犬齿，后部有向前弯的犬齿。前鳃盖骨无锯齿缘。鳃盖有鳞，眼后无鳞。雄鱼体青绿色，雌鱼色浅，体侧中部具淡红色至黑褐色纵斑，头、尾部有淡红色带，尾柄上半部有暗纵带。雄鱼多有暗斑。为珊瑚礁鱼类。栖息于珊瑚礁及沙砾底质海区。分布于我国南海、台湾海域，以及日本田边湾以南海域、印度–西太平洋暖水域。体长约10 cm。

2185 **三斑海猪鱼** *Halichoeres trimaculatus*（Quoy et Gaimard，1834）[15]

背鳍IX－11；臀鳍Ⅲ－10；胸鳍14～15。侧线鳞27～28。

本种体呈长椭圆形（侧面观），侧扁。吻端尖。鳃盖上部有鳞。尾鳍后缘截形。体背侧褐绿色，腹侧淡黄绿色。头部有红色纵纹。体侧每枚鳞均有暗边，呈覆瓦状花纹。尾柄上部有一黑色圆斑。为珊瑚礁鱼类。栖息于礁盘浅海区。分布于我国南海、台湾海域，以及日本田边湾以南海域，印度–太平洋暖水域。体长约15 cm。

2186 **臀点海猪鱼** *Halichoeres miniatus*（Valenciennes，1839）[14]
= 小海猪鱼

背鳍Ⅸ–11；臀鳍Ⅲ–11；胸鳍12～14。侧线鳞27。

本种体呈长椭圆形（侧面观），侧扁。吻尖而长。口小，上颌前端犬齿2对，外侧2枚齿向后弯曲。鳃盖上部无鳞。背鳍前部棘较短，背鳍基、臀鳍基无鳞鞘。雌鱼黄褐色至橄榄色不等，各鳞上、下有黑缘，颊部有轮状斑纹。雄鱼绿色，体上半部有不规则红纵带，腹侧有5～6条暗红色横带，背鳍中部有黑斑。为珊瑚礁鱼类。栖息于珊瑚礁、岩礁海区。分布于我国南海、台湾海域，以及日本冲绳以南海域、西北太平洋暖水域。体长约8 cm。

2187 **云纹海猪鱼** *Halichoeres nebulosus*（Valenciennes，1839）[38]（前雄鱼，后雌鱼）

背鳍Ⅸ–11；臀鳍Ⅲ–11；胸鳍13～15。侧线鳞27。

本种体呈长椭圆形（侧面观），侧扁。吻尖而长。前鳃盖骨后缘具锯齿。腹鳍长伸达肛门。背鳍、臀鳍后缘尖。尾鳍后缘圆弧形。体红色或绿色中带褐色，具云纹状斑。颊部有淡红色斜向斑纹。背鳍中部有黑斑。为珊瑚礁鱼类。栖息于珊瑚礁、岩礁海区。分布我国南海、台湾海域，以及日本三宅岛海域、相模湾以南海域，印度-西太平洋暖水域。体长约9 cm。

2188 **斑点海猪鱼** *Halichoeres margaritaceus*（Valenciennes，1839）[15]
　　=虹彩海猪鱼

背鳍IX-11；臀鳍III-11；胸鳍13～14。侧线鳞27。

本种体呈长椭圆形（侧面观），侧扁。吻端尖。口小，两颌前端有犬齿。口角亦有一向前犬齿。雄鱼体绿色，具红褐色点并连成云状斑块。头部有红色纵纹。鳃盖后方和背鳍中部各有一黑斑。雌鱼体上部橄榄绿色，鳞具黑缘。腹部色浅，具大小不等的白斑。为珊瑚礁鱼类。栖息于珊瑚礁、岩礁海区。分布于我国南海、台湾海域，以及日本相模湾以南海域、澳大利亚海域、印度-太平洋暖水域。

2189 **黄斑海猪鱼** *Halichoeres melanurus*（Bleeker，1851）[38]（**上雄鱼，下雌鱼**）
= 黑尾海猪鱼

背鳍IX - 12；臀鳍III - 11~12；胸鳍14。侧线鳞28。

本种体呈长椭圆形（侧面观），侧扁。吻尖，口小。前鳃盖骨后缘具锯齿，背鳍、臀鳍后缘尖。尾鳍后缘呈圆弧形。雄鱼眼下具红色斜带，雌鱼为白带。背鳍、臀鳍有数条黄色纵带，体侧有近10条黄色纵带。胸鳍上部有黑斑。雄鱼暗绿色。雌鱼色稍淡，背鳍、尾柄上部各有一黑色圆斑。为珊瑚礁鱼类。栖息于珊瑚礁、岩礁海区。分布于我国南海、台湾海域，以及日本冲绳以南海域、澳大利亚海域、西太平洋暖水域。体长约12 cm。

2190 **帝汶海猪鱼** *Halichoeres timorensis*（Bleeker，1852）[14]
= 画海猪鱼 *H. kawarin*

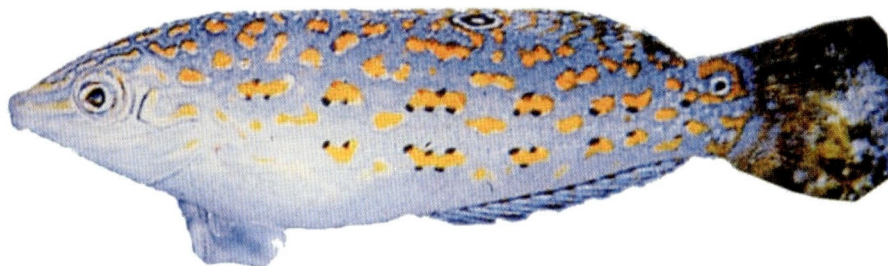

　　本种体呈长椭圆形（侧面观），侧扁。吻尖而长，口小。颌齿1行，圆锥状。上颌有2对犬齿，下颌有1对犬齿。前鳃盖骨后缘平滑。腹鳍伸达肛门。体淡蓝色。头具数条色带，眼下有白带。体侧散布虫纹黄斑，斑内有小黑点。背鳍中部有一黑斑。尾鳍有数列暗褐色小点。为珊瑚礁鱼类。栖息于珊瑚礁海区。分布于我国台湾海域，以及印度尼西亚海域、西太平洋暖水域。

[2191] **双睛斑海猪鱼** *Halichoeres biocellatus* Schultz，1960 [38]

背鳍Ⅸ－12；臀鳍Ⅲ－12；胸鳍12（13）。侧线鳞27。

　　本种体呈长椭圆形（侧面观），侧扁。吻端尖。口小，稍斜。上颌有2对犬齿，下颌有1对犬齿。前鳃盖骨后缘平滑。腹鳍延长，达肛门前。尾鳍后缘圆弧形。体暗红色，头侧、腹侧至臀鳍前色浅。头、体具多条红色纵纹。眼后有一绿斑。背鳍中、后部各有一黑斑。为珊瑚礁鱼类。栖息于珊瑚礁、岩礁海区。分布于我国台湾海域，以及日本南部海域、菲律宾海域、太平洋暖水域。体长约9 cm。

[2192] **金色海猪鱼** *Halichoeres chrysus* Randall，1981 [38]
　　＝黄尾海猪鱼

背鳍Ⅸ－12；臀鳍Ⅲ－11～12；胸鳍12～14。侧线鳞28。

本种体呈长椭圆形，侧扁。吻端尖。下唇有一向下皱褶。两颌前端各有1对犬齿，后部犬齿向前弯曲。前鳃盖骨下缘游离。头部除一三角区外，其他部分无鳞。尾鳍后缘稍圆弧形。雄鱼金黄色，颊部具平列虫纹，眼后有一暗斑。背鳍鳍棘前部具黑斑。幼鱼背鳍鳍棘后部有一眼状斑。尾鳍淡黄色。为珊瑚礁鱼类。栖息于珊瑚礁、沙砾底质海区。分布于我国台湾海域，以及日本南部海域，澳大利亚海域，东印度洋、西太平洋暖水域。体长约8 cm。

[2193] **胸斑海猪鱼** *Halichoeres melanochir* Fowler et Bean，1928[14]
= 黑腕海猪鱼

背鳍IX－12；臀鳍III－12；胸鳍14。侧线鳞27～28。

本种体呈长椭圆形（侧面观），侧扁。吻端尖。前鳃盖骨缘锯齿状。背鳍、臀鳍后缘尖。尾鳍后缘稍圆弧形。体背侧黑褐色，腹侧淡褐色。体侧每枚鳞均有一黑点。胸鳍基与尾鳍基上方各有一黑斑。腹鳍橙色，尾鳍白色或黄色。为珊瑚礁鱼类。栖息于珊瑚礁、岩礁海区。分布于我国南海、台湾海域，以及日本南部海域、菲律宾海域、澳大利亚海域、西太平洋暖水域。体长约15 cm。

[2194] **绿鳍海猪鱼** *Halichoeres marginatus* Rüppell，1835[15]
= 缘边海猪鱼 = 丝鳍海猪鱼

背鳍IX－13～14；臀鳍III－12～13；胸鳍14～15。侧线鳞27～28。

本种体呈椭圆形（侧面观），侧扁。吻尖，头部无鳞。雄鱼体侧前部有深蓝色纵条，后部每枚鳞均具黄绿色边，组成网状斑纹。背鳍、臀鳍蓝黑色，有波浪纹，具蓝绿色边。尾鳍有黄绿色和蓝黑色弧状横带。雌鱼体灰黑色，背鳍、臀鳍具黄绿色条纹，尾鳍灰黄色。幼鱼体侧有多条白色纵纹，背鳍有眼状斑。为珊瑚礁鱼类。栖息于珊瑚礁、岩礁海区。分布于我国南海、台湾海域，以及日本田边湾以南海域、印度–太平洋暖水域。体长约15 cm。

2195 **云斑海猪鱼** *Halichoeres nigrescens*（Bloch et Schneider，1801）[15]
= 黑带海猪鱼 = 杜氏海猪鱼 *H. dussumieri* = 黑海猪鱼

背鳍IX – 12；臀鳍III – 12；胸鳍15。侧线鳞27。

本种体长椭圆形（侧面观），侧扁。吻短尖。口小。两颌前端各有1～3对犬齿，两侧为1行圆锥状齿。口角有1～2枚犬齿。头部无鳞。体绿色，体侧有4～6条不规则的云状暗斑。背鳍鳍棘部有眼状斑。背鳍缘和腹鳍红色。尾鳍绿色，上、下角黄色。为珊瑚礁鱼类。栖息于珊瑚礁及其附近的岩礁海区。分布于我国东海、南海、台湾海域，以及琉球群岛海域、印度–西太平洋暖水域。体长约15 cm。

2196 **东方海猪鱼** *Halichoeres orientalis* Randall，1999[14]

　　本种体呈长椭圆形（侧面观），侧扁。吻尖，口小。前鳃盖骨具锯齿缘。背鳍、臀鳍后缘尖，尾鳍后缘圆弧形。体被圆鳞。体侧具6条褐色纵带。尾鳍有淡褐色弧形点列。为珊瑚礁鱼类。栖息于珊瑚礁、岩礁海区。分布于我国台湾海域，以及日本南部海域、西北太平洋暖水域。

2197 **花鳍海猪鱼** *Halichoeres poecilopterus*（Temminck et Schlegel，1845）[68]（上雄鱼，下雌鱼）
　　= 花鳍副海猪鱼 *Parajulis poecilopterus*

背鳍IX－14；臀鳍Ⅲ－14；胸鳍13。侧线鳞26。

　　本种体延长，侧扁。吻端尖，口小。上颌前端犬齿4枚，外侧2枚向后弯曲。前鳃盖骨后缘平滑。背鳍基、臀鳍基均无鳞鞘。尾鳍后缘圆弧形。雄鱼青绿色，体侧中部有淡紫色纵带，胸鳍上方有黑斑。雌鱼体色偏黄，体侧中部具黑色纵带，纵带上、下方各有黑褐色点构成的纵纹。为珊瑚礁鱼类。分布于我国东海、南海、台湾海域，以及日本函馆以南海域、朝鲜半岛海域、西太平洋暖温水域。体长约30 cm。

2198 纵带海猪鱼 *Halichoeres hartzfeldi*（Bleeker，1852）[38]（上雄鱼，下雌鱼）
= 赫氏海猪鱼

背鳍IX－11；臀鳍Ⅲ－11；胸鳍13。侧线鳞27。

本种体延长，侧扁。吻端钝，口小。两颌前端具犬齿。前鳃盖骨后缘平滑。背鳍、臀鳍后缘尖。雄鱼体背蓝绿色，胸鳍后缘有一暗斑，尾柄上缘有黑点；雌鱼体背橙红色，体无斑点，雌、雄鱼体侧中部皆具一黄褐色纵带。为珊瑚礁鱼类。栖息于珊瑚礁及其附近的岩礁、沙砾底质海区。分布于我国南海、台湾海域，以及日本田边湾以南海域、印度－西太平洋暖水域。体长约20 cm。

2199 派氏海猪鱼 *Halichoeres pelicieri* Randall et Smith，1982[14]
= 黄带海猪鱼

背鳍IX－11；臀鳍Ⅲ－11；胸鳍13。侧线鳞27。

　　本种体细长，侧面观呈长椭圆形，侧扁。吻尖，口小。上颌较突出，两颌各具1对前伸微弯的犬齿。颈部被细鳞。尾鳍后缘略呈圆弧形。体灰蓝色，体中部自吻端至尾鳍基各具1条黄色纵带。腹侧有黄色小点构成的纵线。尾鳍基中部有一黑斑。为珊瑚礁鱼类。栖息于珊瑚礁海区。分布于我国台湾海域，以及印度−西太平洋暖水域。

[2200] **紫色海猪鱼** *Halichoeres purpurascens*（Bleeker，1852）
　　 = 体珠海猪鱼

背鳍IX−13；臀鳍Ⅲ−12；胸鳍12～13。侧线鳞27。

　　本种体延长，侧扁。吻钝尖，尾鳍后缘圆弧形。体绿色，头、胸部有数条紫褐色纵纹。体侧每枚鳞均有一褐色斑。胸鳍基有黑斑。尾鳍有蓝色弧带和黄绿色边缘。为珊瑚礁鱼类。栖息水深小于10 m。分布于我国南海，以及日本西表岛海域、印度尼西亚海域、印度−西太平洋暖水域。体长约15 cm。

　　注：该图由王春生研究员提供。

[2201] **珠光海猪鱼** *Halichoeres argus*（Schneider，1801）[38]
　　 = 大眼海猪鱼

背鳍IX−11～12；臀鳍Ⅲ−11～12；胸鳍13～14。侧线鳞28。

本种体长椭圆形（侧面观），侧扁。吻端尖，口小。前鳃盖骨具锯齿缘。背鳍、臀鳍后缘尖。尾鳍后缘圆弧形。体蓝褐色，头部有不规则斑纹。奇鳍具白点；体侧各鳞均有白斑点，并构成8～15行斑点纵列。雌鱼和幼鱼的背鳍前、中部和尾鳍基上部各有一眼状斑。为珊瑚礁鱼类。栖息于珊瑚礁、岩礁海区。分布我国南海、台湾海域，以及日本冲绳以南海域、澳大利亚海域、印度-西太平洋暖水域。体长约12 cm。

2202 柄斑海猪鱼 *Halichoeres leparensis* （Bleeker，1852）[37]
= 黑巴海猪鱼

本种体长椭圆形（侧面观），侧扁。吻尖，口小。背鳍前部鳍棘较后部的短。背鳍、臀鳍均无鳞鞘，后缘尖。体背侧红褐色，腹侧紫褐色。头、胸部腹面白色。体侧有数纵行白色点列。背鳍、臀鳍灰白色具红色网纹。背鳍中部有一眼状斑。尾柄上部常具黑斑。为珊瑚礁鱼类。栖息于珊瑚礁、岩礁海区。分布于我国台湾海域，以及西太平洋暖水域。

注：刘瑞玉（2008）认为本种和珠光海珠鱼为同种，但沈世杰（1994，2011）明确地分列为两种。笔者检索两者虽相似，但也存在背鳍斑及头部纹理等差别。本书分别列写供参考。

2203 黑额海猪鱼 *Halichoeres prosopeion* （Bleeker，1853）[38]

背鳍Ⅸ-12～13；臀鳍Ⅲ-12；胸鳍13～14。侧线鳞27～28。

　　本种体呈长椭圆形（侧面观），侧扁。吻尖，口小。两颌前端具犬齿，后部犬齿前向。前鳃盖骨具锯齿。背鳍、臀鳍后缘尖。腹鳍呈丝状延长。尾鳍后缘截形。体前半部深褐色，额部暗褐色。背鳍前部有黑斑。幼鱼淡黄色，体侧具4条黑色纵带。为珊瑚礁鱼类。栖息于珊瑚礁、岩礁海区。分布于我国台湾海域，以及日本冲绳以南海域、西太平洋暖水域。体长约15 cm。

2204 **细棘海猪鱼** *Halichoeres tenuispinis* Günther，1862 [38]（上雄鱼，下雌鱼）

背鳍Ⅸ－12；臀鳍Ⅲ－12；胸鳍13。侧线鳞25～26。

　　本种体延长，侧扁。吻尖，口小。鳃盖上部无鳞。背鳍鳍棘纤细，与鳍条约等长。尾鳍后缘圆弧形。雄鱼头、体红褐色，有2条绿色纵带贯穿；背鳍前部有长达5～6枚棘宽的暗斑；胸鳍基有一黑点；尾部有大片暗斑。雌鱼头、体背侧部暗褐色，无明显的纵带或黑斑。为珊瑚礁鱼类。栖息于近岸内湾、藻场海区。分布于我国东海、南海、台湾海域，以及日本下北半岛海域、佐渡岛以南海域，西北太平洋暖、温水域。体长约30 cm。

2205 **饰妆海猪鱼** *Halichoeres ornatissimus*（Garrett，1863）[38]（上雄鱼，下雌鱼）

背鳍Ⅸ－12；臀鳍Ⅲ－11～12；胸鳍13。侧线鳞27。

本种体呈长椭圆形（侧面观），侧扁。吻尖，口小。体褐绿色，颊部有一直线状红色纵带。尾鳍绿色，尾鳍基有2个暗斑。雌鱼背鳍有2个黑斑。为珊瑚礁鱼类。栖息于珊瑚礁、岩礁海区。分布于我国台湾海域，以及日本高知以南海域，东印度洋、太平洋暖水域。体长约7 cm。

▲ 本属我国尚有双色海猪鱼 *H. bicolor*（＝赫氏海猪鱼 *H. hyrili*）、大鳞海猪鱼 *H. zeylonicus*。二者均分布于我国南海、台湾海域[13]。

拟盔鱼属 *Pseudocoris* Bleeker，1861

本属物种体延长，侧扁。吻尖，口小。颌齿圆锥状，1行。上、下颌前端各有1对犬齿；上颌的1对犬齿向外弯，下颌的1对犬齿较直或稍向外弯。口角有一犬齿或无。下咽齿圆锥状。前鳃盖骨无锯齿。体被小圆鳞，颊部无鳞。侧线完全。背鳍鳍棘9枚，臀鳍鳍棘3枚。尾鳍后缘截形或凹入。我国有4种。

2206 **棕红拟盔鱼** *Pseudocoris yamashiroi* （Schmidt，1931）[38]（上雄鱼，下雌鱼）
= 山下拟盔鱼

背鳍IX－12；臀鳍III－12；胸鳍13。侧线鳞70～72。

本种一般特征同属。体延长，甚侧扁。吻短尖，口小。两颌前端各具1对犬齿，向后渐变为小圆锥齿。雄鱼背鳍第1鳍棘呈丝状延长；头、体灰黑色，腹部白色，界限分明；尾鳍上、下叶灰褐色。雌鱼体红褐色，腹淡褐色，头下部白色；胸鳍基具暗斑，尾鳍上、下叶红褐色。为珊瑚礁鱼类。栖息于珊瑚礁、岩礁海区。分布于我国南海、台湾海域，以及日本高知以南海域、印度－西太平洋暖水域。体长约14 cm。

2207 **侧斑拟盔鱼** *Pseudocoris ocellata* Chen et Shao，1995[37]（前雄鱼，后雌鱼）
= 眼斑拟盔鱼

　　本种体延长，侧扁。吻短，钝尖。头裸露。上、下唇及下颌均具褶痕。尾鳍后缘截形。雄鱼体褐色，腹侧黄色，体侧中部有一镶蓝边的哑铃形黑斑，头部有数条蓝纹。雌鱼黄褐色，腹侧呈淡褐色。头部有橘红色斑，体侧中部黑斑长条形。为珊瑚礁鱼类。栖息于岩礁、珊瑚礁浅海。分布于我国台湾海域，以及西北太平洋暖水域。

2208 **橘纹拟盔鱼** *Pseudocoris aurantiofasciatus* Fourmanoir，1971[37]　（上雄鱼，下雌鱼）
= 橘红拟盔鱼 = 异鳍拟盔鱼 *P. heteroptera*

背鳍Ⅸ－12；臀鳍Ⅲ－12～13；胸鳍13。侧线鳞69～78。

　　本种体呈长椭圆形（侧面观），甚侧扁。吻短，吻端尖。头背隆起，背鳍第1鳍棘呈丝状延伸，背鳍、臀鳍后缘呈圆弧形。尾鳍上、下叶呈丝状延长。体蓝褐色，体前半部具红褐色，后半部具黄色横带。为珊瑚礁鱼类。栖息于珊瑚礁、岩礁海区。分布于我国台湾海域，以及日本高知以南海域、澳大利亚海域、印度-西太平洋暖水域。体长约18 cm。

　　注：黄宗国（2012）认为橘纹拟盔鱼和异鳍拟盔鱼是两种[13]，但据沈世杰（2011）和益田一（1983），二者应是同种[37, 38]。

[2209] **布氏拟盔鱼** *Pseudocoris bleekeri* （Hubercht，1876）[38]
　　= 菲律宾拟盔鱼 *P. plilippina*

背鳍Ⅸ－12；臀鳍Ⅲ－12；胸鳍13。侧线鳞69~78。

　　本种体延长，侧扁。吻稍长，吻端尖。尾鳍后缘近截形。雄鱼背鳍第1鳍棘延长；体黄绿色，背部色较深；眼虹彩橙黄色，上、下唇蓝色；体侧有许多深色横纹，中部有一黄色大横斑。雌鱼、幼鱼体褐色，每枚鳞具一小点；吻侧有一棕色带，鳃盖后和尾部各有一棕色斑点。为珊瑚礁鱼类。栖息于珊瑚礁、岩礁海区。分布于我国台湾海域，以及日本相模湾以南海域、印度尼西亚海域、西太平洋暖水域。体长约14 cm。

盔鱼属 *Coris* Lacépède，1802

　　本属物种体呈长椭圆形（侧面观），侧扁。吻钝圆，口较大，前位。颌齿圆锥状，1行。前端有犬齿，内侧有少数颗粒状齿。口角齿有或无。下咽齿呈粒状，后行中部一枚较大。前鳃盖骨边缘无锯齿。头部无鳞，体被小圆鳞。侧线完全。背鳍鳍棘8~9枚，前部鳍棘有时延长。尾鳍后缘截形或圆弧形。全球有20种，我国有7种。

2210 鳃斑盔鱼 *Coris aygula* Lacépède，1801[38]（左幼鱼，右成鱼）
= 红喉盔鱼 = 红喉鹦鲷 = 角盔鱼 *C. angulata*

背鳍Ⅷ~Ⅸ-12~13；臀鳍Ⅲ-12；胸鳍14。侧线鳞61~66。

本种一般特征同属。幼鱼呈长椭圆形（侧面观）。成鱼略呈长方形（侧面观），侧扁，额部有一隆起肉突；两颌突出，各具犬齿2枚；背鳍第1~2鳍棘延长，腹鳍第1鳍条呈丝状延长，尾鳍后缘有深缺刻。幼鱼体乳白色，头和体前侧有黑点；背鳍有2个大黑斑，每一黑斑下方连有一红斑，尾鳍白色。成鱼体青绿色，无明显斑纹。为珊瑚礁鱼类。栖息于珊瑚礁及其附近的岩礁、沙砾底质海区。分布于我国南海、台湾海域，以及日本相模湾以南海域、印度-太平洋暖水域。体长可达1 m。

2211 露珠盔鱼 *Coris gaimard*（Quoy et Gaimard，1824）[38]（左幼鱼，右成鱼）
= 盖马氏盔鱼

背鳍Ⅸ-12~13；臀鳍Ⅲ-12~13；胸鳍13。侧线鳞70~80。

本种体呈长椭圆形（侧面观），侧扁。吻端尖，口小。两颌前端及后部皆有犬齿。前鳃盖骨后缘圆滑。背鳍第1鳍棘和腹鳍第1鳍条延长。尾鳍后缘圆弧形。成鱼体黑褐色，背鳍、臀鳍红色，头部有绿色斜带，体侧密布蓝色小点，尾鳍后半部黄色。幼鱼体红色，头、体背缘有3~4个白色鞍斑。为珊瑚礁鱼类。栖息于沙砾底质海区。分布于我国南海、台湾海域，以及日本相模湾以南海域、澳大利亚海域、印度-太平洋暖水域。体长约35 cm。

2212 **背斑盔鱼** *Coris dorsomacula* Fowler，1908 [14]

背鳍Ⅸ－11～12；臀鳍Ⅲ－11～12；胸鳍13。侧线鳞50～55。

本种体长椭圆形（侧面观），侧扁。吻端尖。口小，前鳃盖骨缘圆滑。背鳍第1鳍棘与腹鳍第1鳍条稍延长。尾鳍后缘圆弧形。体背侧暗褐色，腹侧色浅。体侧具6条黑色宽横带，另有3条红粉色细纵带。背鳍蓝褐色，前端有黑斑。尾鳍黄色有红色半环纹。为珊瑚礁鱼类。栖息于珊瑚礁、沙砾底质海区。分布于我国台湾海域，以及日本相模湾以南海域、澳大利亚海域、西太平洋暖水域。体长约20 cm。

2213 **巴都盔鱼** *Coris batuensis* （Bleeker，1856）[37]（上雄鱼，下雌鱼）
= 施氏盔鱼 *C. schroederii*

本种体呈长椭圆形（侧面观），侧扁。吻稍钝，下颌齿向后渐变小。背鳍第1鳍棘不延长。尾鳍后缘圆弧形。雌鱼体上部暗褐色，尾鳍上叶有红色斑纹，尾鳍下叶灰褐色，基部有灰色横带，胸鳍基有小黑点。雄鱼背鳍鳍棘部有三角形黑斑，鳍条部有白斑。背侧有不明显的横带。为珊瑚礁鱼类。栖息于珊瑚礁附近海区。分布于我国台湾海域，以及日本南部海域、澳大利亚海域、印度-西太平洋暖水域。

2214 黑带盔鱼 *Coris musume* （Jordan et Snyder，1904）[14]
　　　　= 斑盔鱼 *C. picta*

背鳍IX－12；臀鳍III－12；胸鳍14。侧线鳞76～92。

本种体长椭圆形（侧面观），侧扁。吻端尖，口小。两颌前、后部均有犬齿。前鳃盖骨缘圆滑。尾鳍后缘圆弧形。体略带黄色，背侧暗褐色。从吻至尾鳍上叶有一黑色纵带，黑带下缘有许多梳状突起。背鳍黑色，有黄、白边。为珊瑚礁鱼类。栖息于珊瑚礁、沙砾底质海区。分布于我国南海、台湾海域，以及日本千叶以南海域、澳大利亚海域、西太平洋暖水域。体长约22 cm。

▲ 本属我国尚有尾斑盔鱼 *C. caudimacula* 和橘鳍盔鱼 *C. pictoides*，分别分布于我国台湾海域、南海[13]。

细鳞盔鱼属 *Hologymnosus* Lacépède，1802

本属物种体延长或呈长椭圆形（侧面观），侧扁。吻钝圆。口较小。唇较厚，具唇褶。颌齿1行，前端有4枚犬齿，后部无犬齿。下咽齿圆锥状，后行中间一枚不强大。前鳃盖骨缘光滑。体被甚小圆鳞，头部无鳞。侧线鳞90枚以上。背鳍鳍棘9枚。尾鳍新月形或后缘截形。全球有4种，我国有3种。

2215 **玫瑰细鳞盔鱼** *Hologymnosus rhodonotus* Randall et Yamakawa，1988[38]
＝红背全裸鹦鲷

背鳍IX－12；臀鳍Ⅲ－13；胸鳍13。侧线鳞96～99。

　　本种一般特征同属。体延长，侧扁。吻端尖，口小，两颌具圆锥状齿。前鳃盖骨缘平滑。背鳍、臀鳍后缘尖。腹鳍长，伸达肛门。体侧上半部红色，下半部有短的暗横带。鳃盖后部有黑斑。背鳍暗蓝色，有白边。尾鳍有黄色新月形斑。为珊瑚礁鱼类。栖息于浅海。分布于我国台湾海域，以及日本冲绳海域、菲律宾海域、西太平洋暖水域。体长约28 cm。

2216 **狭带细鳞盔鱼** *Hologymnosus doliatus*（Lacépède，1801）[38]（上幼鱼，下雄鱼，后雌鱼）
＝清尾全裸鹦鲷

背鳍IX－12；臀鳍Ⅲ－12；胸鳍13。侧线鳞97～112。

　　本种体延长，侧扁。吻长且尖，上、下颌突出。颌齿圆锥状，前端有4枚向前犬齿。尾鳍后缘截形。雌鱼体淡褐色，腹面白色，体侧有约20条棕黑色横带，鳃盖后具黑斑。雄鱼体蓝绿色，胸鳍处有一白色宽横带。幼鱼体乳白色，有3条红色纵带贯穿鱼体。为珊瑚礁鱼类。栖息于岩礁、沙砾底质海区。分布于我国台湾海域，以及日本三宅岛海域、相模湾以南海域，印度－太平洋暖水域。体长约33 cm。

2217 环纹细鳞盔鱼 *Hologymnosus annulatus*（Lacépède，1801）[38]（上幼鱼，中雄鱼，下雌鱼）

= 细鳞盔鱼 *Labrus semidiscus*

背鳍Ⅸ－12；臀鳍Ⅲ－12；胸鳍13。侧线鳞100～124。

本种体延长，侧扁。吻尖而长，口小。两颌齿圆锥状，前部均有2对犬齿，后部无犬齿。内侧齿甚小，呈粒状。尾鳍上、下叶稍延长。雌鱼红褐色，腹面淡灰色，体侧具褐色狭横带。雄鱼体淡灰绿色，胸腹色浅，体侧有深蓝绿色狭横带，鳃盖后端有黑斑，尾鳍有新月形白带。幼鱼上部黄褐色，下部及尾鳍暗褐色。为珊瑚礁鱼类。栖息于珊瑚礁浅海。分布于我国南海、台湾海域，以及日本和歌山以南海域、印度–太平洋暖水域。体长约33 cm。

2218 **尖尾新丝隆头鱼** *Neocirrhilabrus oxyurus* Cheng et Wang，1979 [14]

背鳍XI – 9；臀鳍Ⅲ – 8～9；胸鳍15。侧线鳞16～17 + 7～8。

本种体延长，侧扁。头小，略尖。口小，唇薄。颌齿细而尖，1行。上颌前端有3对犬齿，下颌有1对犬齿。前鳃盖骨缘具细锯齿，前鳃盖被2列鳞。背鳍、臀鳍基均具鳞鞘。背鳍前鳞4～5枚，尾鳍基有3枚大鳞。侧线中断。尾鳍后缘尖矛状。体背侧褐色，腹侧蓝色。背鳍灰色，有黑边，鳍条部有一红黄色斑。为珊瑚礁鱼类。栖息于珊瑚礁外侧海区。分布于我国南海，以及西北太平洋暖水域。体长约12 cm。

丝隆头鱼属 *Cirrhilabrus* Temminck et Schlegel，1846

本属物种体延长或呈长椭圆形（侧面观），侧扁。口小，唇厚。颌齿圆锥状，1行；上颌前部有6枚犬齿。前鳃盖骨边缘具锯齿。体被中等大圆鳞。颊部被鳞。侧线中断。尾鳍基有3枚大鳞。背鳍鳍棘11～12枚，腹鳍第1～2鳍条延长，尾鳍后缘圆弧形、双凹形。全球有25种，我国有6种。

IV
辐鳍鱼纲

2219 蓝侧丝隆头鱼 *Cirrhilabrus cyanopleura*（Bleeker，1851）[15]
= 蓝身丝鳍鲷 = 绿丝隆头鱼 *C. solorensis*

背鳍XI～XII－8～9；臀鳍III－8～10；胸鳍14～16。侧线鳞15～18＋6～11，背鳍前鳞6。

本种一般特征同属。体延长，甚侧扁。头较小，吻短钝，口小，唇薄。颊鳞2列。背鳍前鳞6枚。背鳍基、臀鳍基鳞鞘均发达，后缘尖。尾鳍基有3枚大鳞。侧线中断。体前半部绿褐色，后半部红褐色，腹面白色。胸鳍基底有暗带。为珊瑚礁鱼类。栖息于岩礁海区。分布于我国南海、台湾海域，以及日本奄美大岛以南海域、菲律宾海域、澳大利亚海域、东印度–西太平洋暖水域。体长约11 cm。

2220 尾斑丝隆头鱼 *Cirrhilabrus exquistius* Smith，1957[14]
= 艳丽丝隆头鱼

背鳍XI－9；臀鳍III－9；胸鳍14～15。侧线鳞16～18＋6～7，背鳍前鳞5。

　　本种体延长，侧扁。吻端钝，口小，唇薄。颊鳞2列。背鳍基、臀鳍基鳞鞘均发达。侧线中断。尾鳍后缘中部稍突出，尾鳍上、下叶延长。体色艳丽，背侧和尾部褐色，雄鱼腹部和头的下半部白色，雌鱼腹部和头的下半部红褐色。尾部有一大黑斑。尾鳍有白色斑点。为珊瑚礁鱼类。栖息于岩礁海区。分布于我国台湾海域，以及日本奄美大岛以南海域、印度–西太平洋暖水域。体长约11 cm。

[2221] **新月丝隆头鱼** *Cirrhilabrus lunatus* Randall et Masuda，1991 [14]

背鳍XI – 9；臀鳍Ⅲ – 9；胸鳍14～15。侧线鳞17～18＋6，背鳍前鳞5。

　　本种体延长，侧扁。吻钝尖。雄鱼尾鳍叉形，雌鱼尾鳍后缘圆弧形。背鳍、臀鳍后缘圆弧形，腹鳍鳍条不延长。雌鱼体红褐色，背鳍第1～2鳍棘有黑斑。雄鱼色稍深，臀鳍具一黑色纵带；尾鳍黑色，后缘有白色新月形斑。为珊瑚礁鱼类。栖息于岩礁海区。分布于我国台湾海域，以及日本冲绳海域、小笠原群岛海域，西北太平洋暖水域。体长约9 cm。

[2222] **淡带丝隆头鱼** *Cirrhilabrus temminckii* Bleeker，1853 [14]
＝丁氏似鳍鲷

背鳍XI～XII – 8～10；臀鳍Ⅲ – 9～10；胸鳍14～15。侧线鳞16～18＋9～10，背鳍前鳞5。

本种体延长，侧扁。吻端尖。颊鳞2列。腹鳍第1鳍条延长如丝。尾鳍后缘圆弧形。侧线中断。体背侧红褐色，腹侧色浅。头部有红色斑。各鳞中间有灰绿色斑点。背鳍、臀鳍暗褐色有红边。尾鳍暗绿色或色浅。为珊瑚礁鱼类。栖息于岩礁海区。分布于我国台湾海域，以及日本相模湾以南海域、澳大利亚海域、西太平洋暖水域。体长约9 cm。

[2223] **红缘丝隆头鱼** *Cirrhilabrus rubrimarginatus* Randall，1992 [14]

背鳍Ⅺ－9；臀鳍Ⅲ－9；胸鳍14。侧线鳞15～18＋5～8，背鳍前鳞5。

本种体呈长椭圆形（侧面观），侧扁。吻端尖，口小。前鳃盖骨上缘有小锯齿。尾鳍后缘圆弧形。雄鱼腹鳍长，伸越臀鳍。体粉红色，头、胸、腹略带蓝色，具黄线和黄点。头顶有大黄斑。体侧具黄色点、线。背鳍、尾鳍有红色宽带，背鳍鳍棘前部具黑带。为珊瑚礁鱼类。栖息于岩礁海区。分布于我国台湾海域，以及琉球群岛海域、印度尼西亚海域、西太平洋暖水域。

[2224] **黑缘丝隆头鱼** *Cirrhilabrus melanomarginatus* Randall et Shen，1978 [14]

背鳍Ⅺ－9；臀鳍Ⅲ－9；胸鳍15。侧线鳞17～18＋7～8。

本种体呈长椭圆形（侧面观），侧扁。吻短，吻端钝。口小。上颌前部犬齿3对，下颌犬齿1对。眼间隔无鳞。体黑褐色，腹侧淡褐色。背鳍后部红褐色，具黑缘。臀鳍红色。腹鳍、尾鳍黑褐色，胸鳍色浅。腋下微黄。为珊瑚礁鱼类。栖息于岩礁海区。分布于我国南海、台湾海域，以及菲律宾海域、西太平洋暖水域。

2225　**环状钝头鱼** *Cymolutes torquatus*（Valenciennes，1840）[38]
　　＝钝头鱼 *C. lecluse*

背鳍IX－12；臀鳍III－12；胸鳍12。侧线鳞55～68＋16～19。

本种体延长，甚侧扁。头前额高耸，吻短钝。口小，两颌各具1对尖大犬齿，后部有1行细齿。雌鱼体背淡绿色，腹侧银白色；体侧有10多条褐色横带，在背侧与褐色纵带连接。雄鱼体侧横带橘红色，胸鳍上方有黑色斜带，颊部时有3条蓝色斜带。为珊瑚礁鱼类。栖息于沙砾底质海区。分布于我国南海、台湾海域，以及日本馆山湾以南海域、印度－太平洋暖水域。体长约10 cm。

2226　**伸口鱼** *Epibulus insidiator*（Pallas，1770）[15]

背鳍X～XI－9～11；臀鳍III－8～9；胸鳍12。侧线鳞14～15＋8～9。

本种体呈长椭圆形（侧面观），甚侧扁。口可伸长，呈管状。下颌后延可达鳃盖后下方。体被大圆鳞，颊鳞2列。背鳍基、臀鳍基鳞鞘均发达，鳍条部后缘尖长。胸鳍丝状，伸达臀鳍。尾鳍上、下叶呈丝状延长。体色多变，幼鱼黄色，成鱼暗黄褐色。眼后有一黑色纵带，背鳍、臀鳍、尾鳍有红边。为珊瑚礁鱼类。栖息于珊瑚礁、岩礁海区。分布于我国南海、台湾海域，以及日本奄美大岛以南海域、印度–西太平洋暖水域。体长约35 cm。

[2227] **卡氏副唇鱼** *Paracheilinus carpenteri* Randll et Lubbock，1981[14]

背鳍IX－11；臀鳍Ⅲ－9；胸鳍14～15。侧线鳞15＋5。

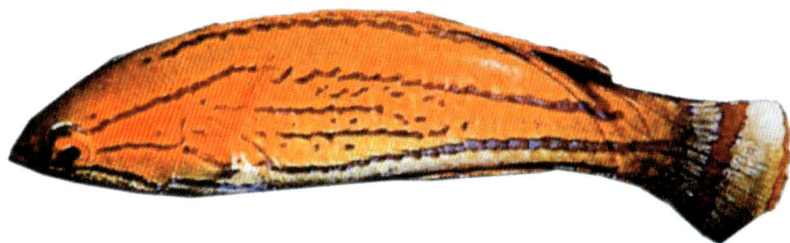

本种体呈长椭圆形（侧面观），略侧扁。吻短而钝。口小，上颌骨达眼前缘下方。上颌具3对犬齿，下颌具1对犬齿。下唇具一薄膜外展。头被鳞片达眼间隔后缘。尾鳍后缘圆弧形。体红褐色，体侧有数条褐色纵纹。尾鳍有3条深红色横带。为珊瑚礁鱼类。栖息于珊瑚礁、岩礁海区。分布于我国台湾海域，以及日本南部海域、菲律宾海域、西太平洋暖水域。

拟唇鱼属 *Pseudocheilinus* Schultz，1960

本属物种体呈长椭圆形（侧面观），侧扁。口小，前位。颌齿圆锥状，1行。上颌前端有3对犬齿，最后1对犬齿大，弯向外后方。下颌仅具1对犬齿。前鳃盖骨后缘光滑。体被大圆鳞，颊鳞2列。侧线中断。背鳍鳍棘9枚。臀鳍鳍棘3枚，以第2枚鳍棘最长。尾鳍后缘圆弧形。全球有6种，我国有3种。

[2228] **姬拟唇鱼** *Pseudocheilinus evanidus* Jordan et Evermann，1903[14]

背鳍IX－11～13；臀鳍Ⅲ－9～11；胸鳍14～15。侧线鳞14～16＋4～7。

本种一般特征同属。体呈长椭圆形（侧面观），甚侧扁。头背缘直线状，吻短尖。口小，上颌前端具3对犬齿。体红色，具许多细纵纹。颊部有一蓝白色纵带。前鳃盖绿紫色，主鳃盖有紫色纹。背鳍、臀鳍鳍条部和腹鳍、尾鳍黑色。为珊瑚礁鱼类。栖息于珊瑚礁、岩礁海区。分布于我国台湾海域，以及日本三宅岛以南海域、印度–太平洋暖水域。体长约7 cm。

[2229] **六带拟唇鱼** *Pseudocheilinus hexataenia*（Bleeker，1857）[14]

背鳍Ⅸ－11～12；臀鳍Ⅲ－9；胸鳍15～16。侧线鳞16～18＋5～8。

本种体呈长椭圆形（侧面观），甚侧扁。吻较尖短，口小。上颌前端有3对小犬齿，下颌有1对犬齿。前鳃盖骨后下缘具膜瓣，上缘具锯齿。体红褐色，体侧上半部有3条蓝色纵纹，蓝纹上、下缘呈橙红色。下半部蓝色纵纹3条，近腹缘一条不明显。幼鱼尾鳍黄绿色，尾鳍基上缘有一黑点。为珊瑚礁鱼类。栖息于珊瑚礁、岩礁海区。分布于我国台湾海域，以及日本奄美大岛以南海域、印度–太平洋暖水域。体长约9 cm。

[2230] **八带拟唇鱼** *Pseudocheilinus octotaenia* Jenkins，1900[14]
　　＝条纹拟唇鱼

背鳍Ⅸ－11～12；臀鳍Ⅲ－9～10；胸鳍13～15。侧线鳞17～18＋5～8。

本种体呈长椭圆形（侧面观），甚侧扁。头尖而长，呈尖三角形。口小。上颌前端具3对犬齿，其中第3对犬齿大并向外弯。前鳃盖骨下缘具瓣膜，上缘平滑。尾鳍后缘圆弧形。体黄褐色，具7～9条紫色或紫褐色纵带。头部有许多橙黄色斑点。尾鳍色浅，具黄色点。背鳍、臀鳍紫色或有黄色点纹。为珊瑚礁鱼类。栖息于珊瑚礁、岩礁海区。分布于我国台湾海域，以及日本八重山群岛海域、印度-太平洋暖水域。体长约12 cm。

[2231] **尖嘴唇鱼** *Wetmorella philippina* Fowler et Bean，1928[38]

= 黑鳍湿鹦鲷 *W. nigropinnata*

背鳍IX－10；臀鳍III－8；胸鳍12。侧线鳞13～14＋4～5。

本种体呈长椭圆形（侧面观），侧扁。头尖。吻长，吻端尖。口小。颌齿圆锥状，1行。头被大型鳞，鳞达眼前方。颊部和主鳃盖具1列大鳞。尾鳍后缘圆弧形。体黄褐色，头部和尾柄各具一镶有褐色缘的黄色横带。背鳍、腹鳍和臀鳍各具一大黑斑。尾鳍有2～5个黑点，各鳍黄色。为珊瑚礁鱼类。栖息于珊瑚礁、岩礁海区。分布于我国台湾海域，以及日本八重山群岛海域、澳大利亚海域、印度-太平洋暖水域。体长约6 cm。

唇鱼属 *Cheilinus* Lacépède，1802

本属物种体侧面观呈长椭圆形或卵圆形，侧扁。口中等大，前位，能伸出。颌齿1行，两颌前端各有1对犬齿。口角无犬齿。前鳃盖光滑。体被大圆鳞，头部鳞片仅达眼间隔，颊部具2列大鳞。侧线中断。背鳍鳍棘9～10枚，臀鳍鳍棘3枚。尾鳍后缘圆弧形或双凹形。全球有15种，我国有10种。

2232 **波纹唇鱼** *Cheilinus undulatus* Rüppell，1835 [8]
= 曲纹唇鱼

背鳍Ⅸ－10；臀鳍Ⅲ－8；胸鳍12。侧线鳞16＋10。

本种一般特征同属。体高，侧扁。头背缘隆起呈瘤状。吻长，吻端钝。口小，端位，斜裂。颌齿1行。前鳃盖骨缘游离，后缘圆弧形。背鳍基、臀鳍基底均具鳞鞘，后缘尖。臀鳍第3鳍棘最长。尾鳍后缘圆弧形。体暗绿色，眼后有2条黑纹。幼鱼体灰褐色，每枚鳞均有黑斑。为珊瑚礁鱼类。栖息于珊瑚礁、岩礁海区。分布于我国南海、台湾海域，以及日本冲绳海域、印度－太平洋暖水域。体长可达1.5 m。

2233 **东方唇鱼** *Cheilinus orientalis* Günther，1862 [37]
= 东方尖唇鱼 *Oxycheilinus orientalis*

背鳍Ⅸ－10；臀鳍Ⅲ－8；胸鳍12。侧线鳞11＋12。

本种体呈长椭圆形（侧面观），稍侧扁。头大，背缘平直。体长约为头长的2.8倍。吻尖而长。背鳍前鳞达眼间隔中部，颊部鳞达眼眶前。侧线中断。腹鳍短，不达肛门。尾鳍后缘稍圆弧形。体橙色，腹侧色稍淡。背鳍鳍棘前部及下方各有一黑斑。为珊瑚礁鱼类。栖息于珊瑚礁、岩礁海区。分布于我国台湾海域，以及琉球群岛海域、印度尼西亚海域、西太平洋暖水域。

2234 **西里伯斯唇鱼** *Cheilinus celebicus*（Bleeker，1853）[38]
= 西里伯斯尖唇鱼 *Oxycheilinus celebicus* = 长吻唇鱼

背鳍Ⅸ－10；臀鳍Ⅲ－8；胸鳍12。侧线鳞14～15＋8。

　　本种体呈长椭圆形（侧面观），侧扁。头大，背缘略凹。吻长。尾鳍后缘圆弧形。体红褐色，腹侧色稍淡。眼周围有红色放射状纹，体中部有暗褐色纵斑。背鳍鳍棘前部和腹鳍基有黑斑。为珊瑚礁鱼类。栖息于珊瑚礁盘海区。分布于我国南海、台湾海域，以及日本田边湾海域、奄美大岛以南海域，西太平洋暖水域。体长约20 cm。

2235 **尖头唇鱼** *Cheilinus oxycephalus* Bleeker，1853[14]

背鳍Ⅸ－10；臀鳍Ⅲ－8。

　　本种体呈长椭圆形（侧面观），侧扁。头背缘直线状，吻长。口较小，下颌突出。头部鳞达眼间隔。背鳍、臀鳍、尾鳍后缘圆弧形。成鱼腹鳍延长，伸达肛门。体红褐色至橄榄色不等，有许多白色、红色小点。头部有橙红色点或短纹。幼鱼眼周围有黑纹。为珊瑚礁鱼类。栖息于珊瑚礁、岩礁海区。分布于我国南海、台湾海域，以及澳大利亚海域、印度–太平洋暖水域。体长约15 cm。

2236 绿尾唇鱼 *Cheilinus chlorurus* （Bloch，1791）[38]（左幼鱼，右成鱼）

背鳍Ⅸ-Ⅹ-8~9；臀鳍Ⅲ-8；胸鳍12。侧线鳞14~16+7~9。

　　本种体高，呈长椭圆形（侧面观），侧扁。吻钝。口小，斜位。颌齿1行。前鳃盖骨游离，后缘光滑。背鳍基、臀鳍基均具鳞鞘，后缘圆弧形。腹鳍大，呈丝状延长。尾鳍基底有3枚大鳞，上、下叶突出。体暗绿褐色。背鳍具红缘。幼鱼体暗褐色，有白点；尾鳍后缘圆弧形，灰白色，有斑点。为珊瑚礁鱼类。栖息于珊瑚礁海区。分布于我国南海、台湾海域，以及琉球群岛海域、印度-太平洋暖水域。体长约35cm。

2237 三叶唇鱼 *Cheilinus trilobatus* Lacépède，1802[15]（上幼鱼，下雄鱼，后雌鱼）

背鳍Ⅸ-10；臀鳍Ⅲ-8；胸鳍12。侧线鳞15~17+7~9。

本种体高，呈长椭圆形（侧面观），侧扁。吻长，吻端钝。口小，斜裂。前鳃盖骨缘光滑。体被大圆鳞，颊鳞2列。尾鳍后缘圆弧形。雄鱼尾鳍呈三叶状；除胸鳍外，各鳍均延长；体红褐色，头部有许多红色点、带；尾鳍黑色，具红缘。雌鱼体侧鳞有红竖纹。幼鱼体白色或浅绿色，体侧有4条黑色宽横带，各鳍不延长。为珊瑚礁鱼类。栖息于珊瑚礁、岩礁海区。分布于我国南海、台湾海域，以及日本奄美大岛海域、印度－太平洋暖水域。体长约35 cm。

2238 横带唇鱼 *Cheilinus fasciatus*（Bloch，1791）[38]

背鳍IX－10；臀鳍Ⅲ－8；胸鳍12。侧线鳞14～15＋8～11。

本种体呈长椭圆形（侧面观），侧扁。吻长，吻端钝。头背缘弧状。口小，水平位。颌齿1行。前鳃盖骨游离；后缘圆弧形，光滑。背鳍、臀鳍后缘尖。臀鳍第3鳍棘最长。尾鳍上、下叶延长。头部黄色或红褐色。体侧色浅，有6条黑色宽横带。尾鳍有2条黑色横带。为珊瑚礁鱼类。栖息于珊瑚礁、岩礁海区。分布于我国南海、台湾海域，以及日本奄美大岛以南海域、印度－太平洋暖水域。体长约35 cm。

[2239] **双斑唇鱼** *Cheilinus bimaculatus* （Valenciennes，1840）[44]
= 双斑尖唇鱼 *Oxycheilinus bimaculatus* =眼斑尖唇鱼

背鳍Ⅸ－10；臀鳍Ⅲ－8；胸鳍12。侧线鳞14～15＋9。

　　本种体呈长椭圆形（侧面观），侧扁。吻长，吻端钝。口小，下颌突出。两颌各具1行圆锥状齿，前端有1对犬齿。幼鱼尾鳍后缘圆弧形，成鱼尾鳍上缘及中部鳍条延长。胸鳍、腹鳍短。体黄橙色到绿色不等。幼鱼具一黑色宽纵纹。成鱼的纵纹断裂成斑块，眼周围具辐射状纹，眼后和尾鳍基具黑斑。背鳍前端有黑点。为珊瑚礁鱼类。栖息于沿岸藻场海区。分布于我国南海、台湾海域，以及日本相模湾以南海域、印度－太平洋暖水域。体长约15 cm。

[2240] **红唇鱼** *Cheilinus rhodochrous* Günther，1867[15]（前雄鱼，后雌鱼）
= 单带尖唇鱼 *Oxycheilinus unifasciatus*

背鳍Ⅸ－10；臀鳍Ⅲ－8；胸鳍12。侧线鳞15～16＋8～9。

本种体呈长椭圆形（侧面观），侧扁。头大，吻端钝尖。口小，下颌长。体被大鳞，颊鳞2列。前鳃盖骨缘游离；后缘圆弧形，光滑。背鳍、臀鳍基均具鳞鞘。尾鳍基有3枚大鳞片，尾鳍后缘截形。体背侧暗绿色，腹侧红色。头部有多条红色、暗褐色斜线。背鳍、臀鳍、尾鳍缘红色。为珊瑚礁鱼类。栖息于珊瑚礁、岩礁海区。分布于我国南海、台湾海域，以及日本高知海域、奄美大岛以南海域，印度－太平洋暖水域。体长约38 cm。

2241 **双线唇鱼** *Cheilinus diagrammus* （Lacépède，1801）[38]
= 多线唇鱼 = 双线尖唇鱼 *Oxycheilinus diagrammus*

背鳍Ⅸ－10；臀鳍Ⅲ－8；胸鳍12。侧线鳞14～16＋7～9。

本种体呈长椭圆形（侧面观），侧扁。吻长，圆钝。眼背缘凹入。口小，斜位。颌齿1行。背鳍基、臀鳍基均具鳞鞘。臀鳍第3鳍棘长。尾鳍后缘截形，上、下缘稍延长。体背侧暗绿色，腹侧橘红色。头部有许多条红褐色斜带，不达鳃盖后缘。尾鳍上、下缘有褐色纵带。为珊瑚礁鱼类。栖息于沿海藻场。分布于我国南海、台湾海域，以及琉球群岛海域、印度－太平洋暖水域。体长约26 cm。

连鳍唇鱼属 *Xyrichtys* Cuvier，1814

本属物种体呈长椭圆形（侧面观），极侧扁。头背缘呈嵴状，高陡隆起。吻钝。口中等大，前位，略可伸出。颌齿1行，圆锥状，前端具2对弯形犬齿。口角无犬齿。体被中等大圆鳞，侧线中断，不连续。背鳍第2与第3鳍棘相距稍远，有低鳍膜相连。尾鳍后缘圆弧形。我国有10种。

2242 **洛神连鳍唇鱼** *Xyrichtys dea* Temminck et Schlegel，1845 [38]（左上幼鱼，左下变异幼鱼，右成鱼）

= 红虹彩鲷 = 洛神颈鳍鱼 *Iniistius dea*

背鳍IX－11～13；臀鳍Ⅲ－11～12；胸鳍11～12。侧线鳞18～20＋4～5。

本种一般特征同属。体呈长椭圆形（侧面观），侧扁。吻短钝。口小，下位。从口角到前鳃盖后部有一口沟。颌齿1行，前端犬齿2对。前鳃盖骨后缘光滑。眼下缘具小鳞1～2列。背鳍第2和第3鳍棘分离，由低鳍膜连接，无鳞鞘。体背侧紫红色，腹侧淡黄色。体侧有4条深红色宽横带。胸鳍上方有青斑。为珊瑚礁鱼类。栖息于珊瑚礁、沙底质海区。分布于我国南海、台湾海域，以及日本南部海域、澳大利亚海域、印度-西太平洋暖水域。体长约22 cm。

2243 **孔雀连鳍唇鱼** *Xyrichtys pavo*（Valenciennes，1840）[15]

= 巴父虹彩鲷 = 孔雀颈鳍鱼 *Iniistius pavo*

背鳍IX－12～13；臀鳍Ⅲ－12～13；胸鳍12。侧线鳞20～22＋5～6。

本种体呈长椭圆形（侧面观），侧扁。头背缘与眼前方几乎呈垂直状。背鳍第1鳍棘特长，与第2鳍棘一起独立于背鳍前部。腹鳍鳍条呈丝状延长。尾鳍后缘圆弧形。体绿色或浅褐色，背鳍鳍棘部下方有一黑斑，体侧常见3条暗宽横带。尾鳍基有一横带。为珊瑚礁鱼类。栖息于珊瑚礁、沙底质海区。分布于我国南海、台湾海域，以及日本高知以南海域、印度–太平洋暖水域。体长约28 cm。

2244 **安纳地连鳍唇鱼** *Xyrichtys aneitensis* Günther，1862 [38]
= 离鳍虹彩鲷 = 短颈鳍鱼 *Iniistius aneitensis* = 暗带离鳍鱼

背鳍IX－12；臀鳍III－12；胸鳍11～12。侧线鳞20～22＋4～5。

本种体呈长椭圆形（侧面观），侧扁。口角无横沟。眼下缘约具3列小鳞。背鳍第2与第3鳍棘低，缺刻深，但有鳍膜相连。体淡褐色，体侧中部有一大白斑。背鳍鳍条部下方有一黑斑。为珊瑚礁鱼类。栖息于珊瑚礁、沙底质海区。分布于我国南海、台湾海域，以及琉球群岛海域、印度–太平洋暖水域。体长约20 cm。

2245 **黑背连鳍唇鱼** *Xyrichtys geisha* Araga et Yoshino，1986 [38]
= 黑背颈鳍鱼 *Iniistius geisha*

背鳍IX－12；臀鳍III－12；胸鳍12。侧线鳞21＋6。

本种体长椭圆形（侧面观），侧扁。头背缘与眼前缘近垂直状。背鳍第2与第3鳍棘低，中间有鳍膜相连。腹鳍不延长。头、体淡褐色。体侧背部和腹部有大片黑色区。胸鳍基和尾鳍下半部黑色。为珊瑚礁鱼类。栖息于珊瑚礁、沙底质海区。分布于我国台湾海域，以及日本冲绳海域、关岛海域、西太平洋暖水域。体长约35 cm。

[2246] **三带连鳍唇鱼** *Xyrichtys trivittatus* Randall et Cornish，2000[37]
= 三带颈鳍鱼 *Iniistius trivittatus* = 三带虹彩鲷

本种体呈长椭圆形（侧面观），甚侧扁。头背与眼前缘垂直状。吻短钝。口小，下位，水平状。唇薄，下唇具膜瓣。两颌前端各有1对细长、弯曲的犬齿，口闭合时外露；两侧各有1行圆锥齿和2行不规则小齿。颊鳞多列。体淡黄褐色。背侧有3条黑色宽横带。背鳍、臀鳍有粉红色缘。腹鳍淡黄色，尾鳍上缘粉红色。为珊瑚礁鱼类。栖息于珊瑚礁海区。分布于我国台湾海域，以及西太平洋暖水域。

[2247] **彩虹连鳍唇鱼** *Xyrichtys twistii*（Bleeker，1856）[14]
= 双斑虹彩鲷 = 双斑刀体鱼 = 彩虹颈鳍鱼 *Iniistius twistii*

背鳍Ⅸ-12；臀鳍Ⅲ-12；胸鳍12。侧线鳞20+5。

　　本种体呈长椭圆形（侧面观），侧扁。头背与眼前缘垂直状，吻短钝。口小，下位。下颌略长。颊部鳞多列。背鳍前2鳍棘柔软，与第3鳍棘以低鳍膜相连。腹鳍具丝状鳍条。尾鳍后缘圆弧形。体呈淡青色。体侧中部有一大红斑。为珊瑚礁鱼类。栖息于珊瑚礁及沙底质海区。分布于我国台湾海域，以及日本和歌山海域、冲绳海域，印度尼西亚海域，西太平洋暖水域。体长约25 cm。

2248 **五指连鳍唇鱼** *Xyrichtys pentadactylus*（Linnaeus，1758）[37]（**左雄鱼，右雌鱼**）
= 五斑离鳍鱼 = 五指虹彩鲷

背鳍IX－12；臀鳍III－12；胸鳍12。侧线鳞20～21＋4～5。

　　本种体呈长椭圆形（侧面观），侧扁。头前方陡斜。吻短钝，颊鳞8列。背鳍第2与第3鳍棘间具深缺刻，以低鳍膜相连。尾鳍后缘圆弧形。雌鱼淡青绿色，胸鳍上方有灰褐色大斑，腹侧鳞具橙红色点。雄鱼在眼后方有数个红点。为珊瑚礁鱼类。栖息于珊瑚礁及砂底质海区。分布于我国台湾海域，以及日本小笠原群岛海域、印度－太平洋暖水域。体长约18 cm。

2249 **淡绿连鳍唇鱼** *Xyrichtys evides*（Jordan et Richardson，1909）[38]
= 鳃斑离鳍鱼 = 丽虹彩鲷 = 鲍氏颈鳍鱼 *Iniistius baldwini*

背鳍IX－12；臀鳍III－12；胸鳍12。侧线鳞21＋5。

　　本种体呈长椭圆形（侧面观），侧扁。头前陡降，吻短钝。口小，下位，水平状。颊鳞数列。背鳍第2与第3鳍棘分离，鳍膜具缺刻。腹鳍呈丝状延长。尾鳍后缘圆弧形。体褐色，胸、腹部色浅。体侧中部背缘数枚鳞片具黑斑，胸鳍上部有黄斑。为珊瑚礁鱼类。栖息于珊瑚礁、沙底质海区。分布于我国南海、台湾海域，以及日本冲绳海域、越南海域、太平洋暖水域。体长约20 cm。

[2250] **蔷薇连鳍唇鱼** *Xyrichtys verrens*（Jordan et Everman，1902）[38]
= 紫斑连鳍唇鱼 = 红斑离鳍鱼 *Hemipteronotus caerulopunctatus*

背鳍IX－12；臀鳍Ⅲ－12；胸鳍12。侧线鳞20～22＋5～6。

　　本种体呈长椭圆形（侧面观），侧扁。头背前方陡斜，吻短钝。口小，下位，水平状。背鳍第2与第3鳍棘分离，缺刻深。腹鳍呈丝状延长，伸达臀鳍。尾鳍后缘圆弧形。体淡紫色或淡褐色。雄鱼头后上方具紫红色点斑。胸鳍末端黑色。栖息于珊瑚礁、沙底质海区。分布于我国南海、台湾海域，以及日本相模湾以南海域、泰国海域、西北太平洋暖水域。体长约15 cm。

[2251] **黑斑连鳍唇鱼** *Xyrichtys melanopus*（Bleeker，1857）[38]
= 黑斑颈鳍鱼 *Iniistius melanopus*

背鳍IX－12；臀鳍Ⅲ－12；胸鳍11～12。侧线鳞20＋5～6。

本种体呈长椭圆形（侧面观），侧扁。头前方陡斜。背鳍前2鳍棘柔软，与第3鳍棘分离，由低鳍膜相连。腹鳍稍延长，尾鳍后缘圆弧形。体淡褐色，体侧有一镶黄边的银灰色大圆斑。雄鱼臀鳍后缘有黑斑，雌鱼背鳍下方有几个黑点形成的黑斑。为珊瑚礁鱼类。栖息于珊瑚礁、沙底质海区。分布于我国南海、台湾海域，以及日本高知以南海域、印度尼西亚海域、西太平洋暖水域。体长约20 cm。

美鳍鱼属 *Novaculichthys* Bleeker，1861

本属物种体延长，侧扁。口小，颌齿多行，小而密。前端犬齿1对，弯形。体被中等大圆鳞，头部多裸露。侧线中断，背鳍、臀鳍基无鳞鞘。背鳍IX－13；臀鳍III－12。尾鳍后缘圆弧形。我国有2种。

2252 大鳞美鳍鱼 *Novaculichthys macrolepidotus*（Bloch，1791）[14]
= 大鳞新隆鱼 = 大鳞连鳍鱼

背鳍IX－13；臀鳍III－12；胸鳍12。侧线鳞20＋6。

本种一般特征同属。体较延长，甚侧扁。吻短钝，口小。颌齿3～4行，外行齿圆锥状；颌前端具前向犬齿。前鳃盖骨缘光滑。背鳍前2枚鳍棘柔软。腹鳍延长。尾鳍后缘圆弧形。体呈暗绿色或背侧褐色，腹侧淡白色。体侧暗斑断续或呈纵带，依个体而异。为珊瑚礁鱼类。栖息于珊瑚礁、沙砾底质海区。分布于我国台湾海域，以及日本奄美大岛以南海域、印度－西太平洋暖水域。体长约15 cm。

45
鲈形目

2253 花尾美鳍鱼 *Novaculichthys taeiurus*（Lacépède，1801）[15]
= 尾斑连鳍鱼 = 带尾新隆鱼

背鳍IX－13～14；臀鳍Ⅲ－13；胸鳍12。侧线鳞20＋6。

　　本种体延长，甚侧扁。唇宽厚，内侧有褶，下唇分左、右两叶。背鳍第1、第2鳍棘柔软。体褐色，背鳍膜具黄色与黑色相连的两圆斑。眼后有4条褐色镶绿边的放射状纹。体侧每枚鳞均具一浅绿色斜条。背鳍、臀鳍有绿色网状纹。尾鳍有橘黄色横带。幼鱼背鳍第1、第2鳍棘呈丝状，体暗褐色。为珊瑚礁鱼类。栖息于珊瑚礁、沙砾底质海区。分布于我国南海，以及日本奄美大岛以南海域、印度－太平洋暖水域。体长约25 cm。

2254 伍氏刀体鱼 *Novaculops woodi*（Jenkins，1901）[38]
= 伍氏软棘唇鱼 = 伍氏连鳍唇鱼 *Xyrichtys woodi* = 伍氏虹彩鲷

背鳍IX－12；臀鳍Ⅲ－12；胸鳍13。侧线鳞20＋6～7。

本种体延长，侧扁。头背缘倾斜状。吻短，吻端尖。口小，唇厚且宽。两颌前端各有1对犬齿。背鳍第1鳍棘具弹性，第2～9鳍棘尖锐。尾鳍后缘圆弧形。体色多变，从褐色至红色，腹侧色较淡。背鳍鳍棘常具黑点，胸鳍基黑色。为珊瑚礁鱼类。栖息于珊瑚礁、沙底质海区。分布于我国南海、台湾海域，以及日本相模湾以南海域、西太平洋暖水域。体长约17 cm。

▲ 本科我国尚有剑唇鱼 *Xiphocheilus typus*（＝四斑剑唇鱼 *X. quadrimaculatus*），分布于我国南海、台湾海域[13]。

（255）鹦嘴鱼科 Scaridae

本科物种体呈长椭圆形（侧面观），略侧扁。吻钝圆。口小，前位。唇厚，上唇分内、外唇。上颌骨固着于前颌骨，颌齿多愈合成齿板。口角的齿板表面具尖锐犬齿。少数种类颌齿仅基部愈合。犁骨、腭骨无齿。上咽骨1对，具1～3行扁齿，呈铺石状排列。下咽骨愈合为一，大多具四角形或匙状扁齿。体被大型鳞，颊鳞14列。侧线鳞通常中断。背鳍连续，Ⅸ－10；臀鳍Ⅲ－9。全球有10属88种，我国有7属36种。

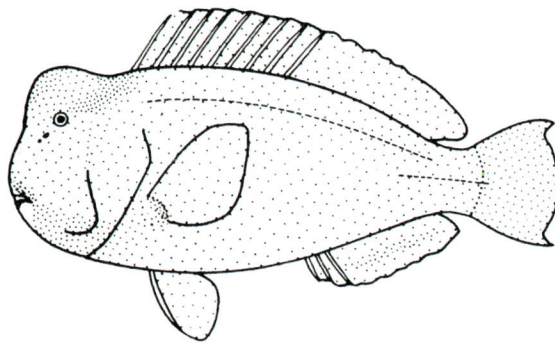

鹦嘴鱼科物种形态简图

鹦嘴鱼科的属、种检索表

1a 颊鳞2列以上；胸鳍鳍条通常13～17枚 ···（5）

1b 颊鳞1列；胸鳍鳍条通常12～13枚 ···（2）

2a 上颌齿愈合成齿板 ·······································纤鹦嘴鱼 *Leptoscarus vaigiensis* 2255

2b 两颌齿不完全愈合，前端齿呈覆瓦式排列 ···················绚鹦嘴鱼属 *Calotomus*（3）

3a 尾鳍后缘双凹形（♂），尾鳍后缘圆弧形（♀）；上颌前端齿门齿状

···星绚鹦嘴鱼 *C. carolinus* 2256

3b 尾鳍后缘圆弧形或截形 ···（4）

4a 颊部有不规则的红斑；尾鳍有黑缘 ···················日本绚鹦嘴鱼 *C. japonicus* 2257

4b 颊部无明显的斑纹，或有放射状纹；上颌前端齿圆锥状·····凹尾绚鹦嘴鱼 *C. spinidens* 2258

5-1a 两颌齿板外面光滑；前、后鼻孔约等大 ···（7）

5b 两颌齿板外面呈小粒状；后鼻孔大于前鼻孔 ···（6）

6a 颊鳞2列，较大；胸鳍鳍条15～16枚··············驼背大鹦嘴鱼 *Bolbometopon muricatum* 2259

45
鲈
形
目

6b 颊鳞3列，较小；胸鳍鳍条14～15枚 ·················· 青鲸鹦嘴鱼 *Cetoscarus bicolor* 2260

7-5a 眼位高，近头背缘；尾鳍双凹形·················· 长头马鹦嘴鱼 *Hipposcarus longiceps* 2261

7b 眼位中等；尾鳍后缘凹入或稍呈圆弧形 ···································· （ 8 ）

8a 颊鳞3列 ···（ 16 ）

8b 颊鳞2列 ···（ 9 ）

9a 眼上缘垂直高耸 ·································· 疣绿鹦嘴鱼 *Chlorurus oedema* 2262

9b 眼上缘不垂直隆起 ··（ 10 ）

10a 吻外廓急陡，体暗蓝色，尾鳍后缘凹入（♂）；或吻外廓不甚陡，体黄褐色，尾鳍后缘平
　　截（♀）································· 高额绿鹦嘴鱼 *C. frontalis* 2263

10b 吻外廓不急陡 ···（ 11 ）

11a 上颌齿板不被唇遮盖 ···（ 14 ）

11b 上颌齿板大部分被唇遮盖 ···（ 12 ）

12a 体侧有横带，2条（♂）或5条（♀）·················· 许氏鹦嘴鱼 *Scarus schlegeli* 2264

12b 体侧无横带 ···（ 13 ）

13a 尾鳍具1～2条暗横带；背鳍鳍棘部前端有黑斑·················· 带尾鹦嘴鱼 *S. taeniurus* 2265

13b 尾鳍无暗横带；背鳍鳍棘部前端无黑斑 ·················· 棕吻鹦嘴鱼 *S. psittacus* 2266

14-11a 背鳍具2条橙黄色纵带（♂）或纵带不明显（♀）；胸部有橙黄色大斑
　　　　·································· 鲍氏鹦嘴鱼 *S. bowersi* 2267

14b 背鳍具1条橙黄色纵带···（ 15 ）

15a 下腹侧有1～3条青绿色纵带（♂）；尾鳍基有暗斑（♀）·········· 污色鹦嘴鱼 *S. sordidus* 2268

15b 下腹侧无纵带（♂）；尾鳍红色（♀）·················· 红尾鹦嘴鱼 *S. pyrrhurus* 2269

16-8a 上颌齿板大部分被唇遮盖 ···（ 18 ）

16b 上颌齿板不被唇遮盖 ···（ 17 ）

17a 背鳍前鳞通常6枚；眼上缘距大于或等于眼至口水平距·········· 突额鹦嘴鱼 *S. ovifrons* 2270

17b 背鳍前鳞通常3～4枚；眼上缘距小于眼至口水平距·················· 驼背鹦嘴鱼 *S. gibbus* 2271

18-16a 吻外廓圆；体蓝绿色，鳃盖有大黄斑·················· 刺鹦嘴鱼 *S. spinus* 2272

18b 吻外廓不圆 ···（ 19 ）

19a 吻前部呈垂直状；体绿色（♂）或暗红色（♀）·················· 钝头鹦嘴鱼 *S. rubroviolaceus* 2273

19b 吻前部稍尖或眼前缘稍突起 ···（ 20 ）

20a 眼上方无横带 ···（ 22 ）

20b 眼上方有横带 ···（ 21 ）

21a 眼上方有一横带；雄鱼眼上方不突出 ·················· 蓝臀鹦嘴鱼 *S. chameleon* 2274

21b 眼上方有两横带；雄鱼眼上方突出·················· 杂色鹦嘴鱼 *S. festivus* 2275

22-20a 腹侧无纵带 ···（ 25 ）

22b 腹侧具1～3条纵带 ···（ 23 ）

23a 头部有蓝色带，沿眼下部水平线延伸；尾鳍两叶有绿色纵带······ 绿唇鹦嘴鱼 *S. forsteni* 2276

23b 头部绿色区始于上唇 ···（ 24 ）

24a 尾鳍无明显斑纹；背鳍鳍棘部有一卵圆形黑斑 ·················· 黑斑鹦嘴鱼 *S. globiceps* 2277

24b 尾鳍有暗宽带；背鳍鳍棘部无黑斑·················· 瓜氏鹦嘴鱼 *S. quoyi* 2278

2255 **纤鹦嘴鱼** *Leptoscarus vaigiensis* （Quoy et Gaimard，1824）[14]

背鳍Ⅸ－10~11；臀鳍Ⅲ－9~10；胸鳍13。侧线鳞24~25。

本种体呈长椭圆形（侧面观），侧扁。吻短，圆钝。口稍大，水平位。上唇的内部与外唇分离。上颌齿愈合成齿板。下颌齿重叠排列，外行门齿状。雄鱼上颌具犬齿。体被大圆鳞，颊鳞1列。侧线完全，背鳍前鳞3~4枚。背鳍、臀鳍、尾鳍后缘圆弧形。体褐绿色，各鳍黄色。为珊瑚礁鱼类。栖息于珊瑚礁海区。分布于我国南海、台湾海域，以及琉球群岛海域、澳大利亚海域、印度–太平洋暖水域。体长约28 cm。

绚鹦嘴鱼属 *Calotomus* Gilbert，1890

本属物种体呈长椭圆形（侧面观），侧扁。吻长，吻端钝。口小，唇厚。上唇的内唇仅后部存在，前部与外唇愈合。颌齿不愈合成齿板，前端齿呈覆瓦状排列。体被大圆鳞，颊鳞1列，侧线完全。背鳍Ⅸ－10；臀鳍Ⅲ－9。尾鳍后缘圆弧形或双凹形。全球有6种，我国有3种。

2256 **星绚鹦嘴鱼** *Calotomus carolinus* （Valenciennes，1840）[14]
= 卡罗鹦鲤

背鳍Ⅸ－10；臀鳍Ⅲ－9；胸鳍13。背鳍前鳞3~4；颊鳞1列，4~5。

本种一般特征同属。体呈长椭圆形（侧面观），侧扁。吻长，钝圆。眼甚小。口小，唇厚。齿板外行门齿排列密集，上颌有犬齿。臀鳍第1鳍棘短小。幼鱼尾鳍后缘圆弧形；成鱼雄鱼尾鳍后缘双凹形，雌鱼尾鳍后缘圆弧形。体褐色，具桃红色点。眼周围有橙黄色放射状线，颊部后方有黄色斑纹。背鳍、臀鳍、尾鳍有绿色点带。为珊瑚礁鱼类。栖息于藻场、沙砾底质海区。分布于我国台湾海域，以及琉球群岛海域、印度－太平洋暖水域。体长约28 cm。

2257 **日本绚鹦嘴鱼** *Calotomus japonicus*（Valenciennes，1840）[68]
= 日本圆尾绚鹦嘴鱼 = 日本纤鹦嘴鱼 *Leptoscarus japonicus*

背鳍Ⅸ－10；臀鳍Ⅲ－9；胸鳍13。背鳍前鳞4；颊鳞1列，5。

本种体呈长椭圆形（侧面观），侧扁。吻圆钝，口小。尾鳍后缘圆弧形。雌鱼头侧和体侧及各鳍红褐色，颊部有不规则的红斑。雄鱼背侧略呈暗褐色，腹侧青绿色。尾鳍红色，有灰紫色斑点及黑边。为珊瑚礁鱼类。栖息于珊瑚礁藻场、沙砾底质海区。分布于我国南海，以及日本南部海域、西太平洋暖水域。体长约60 cm [8]。

2258 **凹尾绚鹦嘴鱼** *Calotomus spinidens*（Quoy et Gaimard，1824）[15]
= 台湾鹦鲤

背鳍Ⅸ－10；臀鳍Ⅲ－9；胸鳍10～13。背鳍前鳞4；颊鳞1列，4～5。

本种体呈长椭圆形（侧面观），侧扁。吻钝圆。眼甚小，口小。上颌有1行分离排列的圆锥状齿。背鳍、臀鳍后缘尖，幼鱼尾鳍后缘截形，成鱼尾鳍后缘为双凹形。体背侧红褐色，腹侧色浅，成鱼雄鱼转褐绿色，雌鱼转为灰褐色。眼周围有放射状纹及暗褐色横带。尾鳍有不规则的橘红色横带。为珊瑚礁鱼类。栖息于珊瑚礁海区。分布于我国南海、台湾海域，以及日本八重山群岛海域、印度–西太平洋暖水域。体长约28 cm [8]。

2259 **驼背大鹦嘴鱼** *Bolbometopon muricatum*（Valenciennes，1840）[52]
= 宽额鹦嘴鱼 = 隆头鹦哥鱼

背鳍Ⅸ－10；臀鳍Ⅲ－9；胸鳍15～16（13～14）。侧线鳞18＋7；背鳍前鳞3～4；颊鳞2（3）列。

　　本种体呈长椭圆形（侧面观），侧扁。头大，额部呈瘤状隆起。后鼻孔大。颌齿愈合成齿板，表面粗糙，呈粒状。体被大圆鳞。颊鳞2列（也有3列记述）。侧线中断。幼鱼尾鳍后缘圆弧形，成鱼尾鳍上、下缘延长。体青蓝色，齿板白色。为珊瑚礁鱼类。栖息于珊瑚礁海区。分布于我国南海、台湾海域，以及日本奄美大岛海域、澳大利亚海域、印度－太平洋暖水域。体长约1.2 m。

2260 **青鲸鹦嘴鱼** *Cetoscarus bicolor*（Rüppell，1829）[38]（上幼鱼，中雄鱼，下雌鱼）
　　＝二色大鹦嘴鱼 *Bolbometopon bicolor*

背鳍Ⅸ－10；臀鳍Ⅲ－9；胸鳍14～15（12）。侧线鳞18＋5～8；背鳍前鳞5～7；颊鳍3列。

　　本种体呈长椭圆形（侧面观），侧扁。吻钝，口小。颌齿愈合成齿板，表面粗糙，呈粒状。齿板白色。颊鳞3列。侧线中断。成鱼尾鳍弯月形。幼鱼体白色，头部有大红斑，背鳍具眼状斑。雄鱼体青绿色，雌鱼体棕褐色。各鳞均有黄边或黑边。为珊瑚礁鱼类。栖息于珊瑚礁海区。分布于我国南海、台湾海域，以及琉球群岛海域、澳大利亚海域、印度－西太平洋暖水域。体长约60 cm[8]。

IV
辐鳍鱼纲

[2261] 长头马鹦嘴鱼 *Hipposcarus longiceps*（Valenciennes，1840）[38]（上幼鱼，中雄鱼，下雌鱼）

= 长吻鹦嘴鱼 *Scarus longiceps*

背鳍IX－10；臀鳍Ⅲ－9；胸鳍14～16。背鳍前鳞4；颊鳞3列。

本种体呈长椭圆形（侧面观），侧扁。吻长，吻端钝圆。前、后鼻孔约等大，眼高位。口小。两颌齿板为唇遮盖，齿板表面较光滑，无犬齿。成鱼尾鳍后缘双凹形。体青褐色，齿板白色。雄鱼色浅，雌鱼色深，幼鱼体侧有红色纵带。为珊瑚礁鱼类。成鱼栖息于珊瑚礁海区，幼鱼栖息于内湾藻场浅海区。分布于我国南海、台湾海域，以及琉球群岛海域、澳大利亚海域、太平洋暖水域。体长约48 cm[8]。

2262 **疣绿鹦嘴鱼** *Chlorurus oedema* （Snyder，1909）[14]
= 疣青鹦鱼 = *Scarus oedema*

背鳍IX－10；臀鳍Ⅲ－9；胸鳍15。背鳍前鳞3～4；颊鳞2列。

本种体呈长椭圆形（侧面观），侧扁。眼上方呈疣状突起。吻长，吻端圆钝。口小，唇厚。颌齿愈合，外唇表面平滑，或具青绿色犬齿。体紫褐色。为珊瑚礁鱼类。栖息于珊瑚礁海区。分布于我国南海、台湾海域，以及日本冲绳海域，东印度洋、西太平洋暖水域。体长约40 cm。

2263 **高额绿鹦嘴鱼** *Chlorurus frontalis* （Valenciennes，1840）[38] **（上雄鱼，下雌鱼）**
= 凹尾鹦嘴鱼 *Scarus frontalis*

背鳍IX－10；臀鳍Ⅲ－9；胸鳍14～16。背鳍前鳞4；颊鳞2列。

本种体呈长椭圆形（侧面观），侧扁。吻短钝。口小，下位。唇厚，齿板外露。颊鳞2列。雄鱼体暗蓝色，眼前轮廓急陡，眼周围有黄纹，尾鳍后缘凹入。雌鱼体黄褐色，眼前轮廓不甚陡，尾鳍后缘平截。为珊瑚礁鱼类。栖息于珊瑚礁海区。分布于我国台湾海域，以及琉球群岛海域、澳大利亚海域、西太平洋暖水域。体长约40 cm。

鹦嘴鱼属 *Scarus* Forskål，1775

本属物种体呈长椭圆形（侧面观），侧扁。头大。上唇的内唇前部与外唇愈合。颌齿完全愈合成齿板，后部有犬齿。每侧上咽骨有1行扁平齿，上咽骨基部外侧有1行退化齿，下咽骨齿盘长大于宽。体被大圆鳞，颊鳞2～4列。侧线中断，侧线鳞16～20 + 4～9。背鳍IX－10；臀鳍Ⅲ－9。尾鳍后缘截形或凹形。全球有60种，我国有27种。

2264 许氏鹦嘴鱼 *Scarus schlegeli*（Bleeker，1861）[15]（上雄鱼，下雌鱼）
　　= 五带鹦嘴鱼 *S. venosus*

胸鳍14。背鳍前鳞4；颊鳞2列。

　　本种一般特征同属。体呈长椭圆形（侧面观），侧扁。吻长，吻端钝圆。唇宽厚，包被齿板的大部分。雄鱼体蓝色，头部有蓝色纵带，体侧后半部有2条横带，尾鳍后缘浅凹形，齿板青绿色。雌鱼体绿褐色，头部眼周围暗褐色，体侧有5条褐色横带，尾鳍后缘截形。为珊瑚礁鱼类。栖息于珊瑚礁海区。分布于我国南海、台湾海域，以及琉球群岛海域、澳大利亚海域、东印度−太平洋暖水域。体长约45 cm。

　　注：本属物种的背鳍和臀鳍鳍条数目相同。故分种记述不再重复，下同。

[2265] **带尾鹦嘴鱼** *Scarus taeniurus* Valenciennes，1840 [15]
　　　　 = 带纹鹦嘴鱼

胸鳍11～12。侧线鳞18＋5；背鳍前鳞4；颊鳞2列。

　　本种体呈长椭圆形（侧面观），侧扁。吻较长，圆钝。口小，唇厚。齿板大部分被唇遮盖。尾鳍后缘截形。体蓝褐色，背鳍鳍棘部前部有黑点。尾鳍有1～2条暗横带。为珊瑚礁鱼类。栖息于珊瑚礁礁盘海区。分布于我国南海、台湾海域，以及日本南部海域、澳大利亚海域、印度−太平洋暖水域。体长约26 cm。

　　注：本种图的尾鳍未显示暗横带。

IV
辐鳍鱼纲

2266 棕吻鹦嘴鱼 *Scarus psittacus* Forskål，1775 [14]

= 鹦哥鱼

胸鳍13～15。背鳍前鳞3～5；颊鳞2列。

本种体呈长椭圆形（侧面观），侧扁。吻长，吻端钝圆。口小，唇厚。齿板被唇遮盖。齿板外表平滑，无犬齿。尾鳍新月形。体背侧黄绿色，腹侧及体后半部蓝绿色，头下半部有蓝色斜带和蓝斑。尾鳍具不规则的斑纹。颌齿齿板白色。为珊瑚礁鱼类。栖息于珊瑚礁海区。分布于我国南海、台湾海域，以及日本高知以南海域、印度-太平洋暖水域。体长约27 cm。

注：黄宗国（2012）记载，带纹鹦嘴鱼 *S. taeniurus* 以及五带鹦嘴鱼 *S.venosus* 和本种同种异名 [13]。但据《南海诸岛鱼类志》（1979）等资料记述带纹鹦嘴鱼为独立种 [8]，而五带鹦嘴鱼和许氏鹦嘴鱼 *S. schlegeli* 为同种异名 [15, 37]。如是这样，则黄宗国（2012）图集中第210页的棕吻鹦嘴鱼是本种，而第208页的棕鹦嘴鱼应是雄性五带鹦嘴鱼 [14]。

2267 鲍氏鹦嘴鱼 *Scarus bowersi* （Snyder，1909） [14]

= 鲍氏绿鹦嘴鱼 *Chlorurus bowersi*

胸鳍15。背鳍前鳞4～5；颊鳞2列。

本种体呈长椭圆形（侧面观），侧扁。吻圆钝，口小。两颌齿愈合，齿板表面平滑，齿板全露出。上颌具犬齿。尾鳍后缘截形。吻背面具镶有绿色缘的紫色横带。体侧具橙黄色大方斑。每枚鳞均有红色斑。齿板白色。为珊瑚礁鱼类。栖息于珊瑚礁海区。分布于我国南海、台湾海域，以及琉球群岛海域、菲律宾海域、西太平洋暖水域。体长约27 cm。

2268 污色鹦嘴鱼 *Scarus sordidus*（Forskål，1775）[15]
＝灰鹦嘴鱼＝青鹦嘴鱼 *Chlorurus sordidus* ＝白斑鹦嘴鱼＝红牙鹦嘴鱼

胸鳍14～16。背鳍前鳞4～6；颊鳞2列。

　　本种体呈长椭圆形（侧面观），侧扁。吻钝，眼甚小。唇窄。齿板大部外露，表面光滑。上颌齿板后缘具1～2枚犬齿或无犬齿。颊鳞2列，背鳍前鳞4～6枚。尾鳍后缘截形。体色多变，呈淡黄色、暗橄榄绿色和红褐色。鳞缘橙黄色。腹部色较淡，雄鱼具1～3条青绿色纵纹，雌鱼尾鳍基有暗斑。为珊瑚礁鱼类。栖息于珊瑚礁海区。分布于我国南海、台湾海域，以及日本串本以南海域，印度-西太平洋暖水域。体长约30 cm。

2269 **红尾鹦嘴鱼** *Scarus pyrrhurus* （Jordan et Seale，1906）[14]
　　　=日本绿鹦嘴鱼 *Chlorurus japonensis*

胸鳍13。背鳍前鳞4；颊鳞2列。

本种体呈长椭圆形（侧面观），侧扁。吻钝圆，头背平弧状。眼甚小。口小，唇厚。齿板具1～2枚犬齿。齿板多不被唇遮盖。尾鳍后缘凹入。体背缘暗绿色，腹侧前半部黄白色。背鳍、臀鳍淡蓝色，具黄色纵带。体色多变。雌鱼体暗褐色，尾鳍后缘红色。为珊瑚礁鱼类。栖息于珊瑚礁海区。分布于我国台湾海域，以及琉球群岛海域、澳大利亚海域、太平洋暖水域。体长约25 cm。

2270 **突额鹦嘴鱼** *Scarus ovifrons* Temminck et Schlegel，1846[15]
　　　= 卵头鹦哥鱼

胸鳍15。背鳍前鳞6；颊鳞3列。

本种体呈椭圆形（侧面观），侧扁。头大，眼甚小。成鱼吻上方有一大的瘤状隆突。口唇厚，齿板外露。背鳍前鳞6枚，颊鳞3列。尾鳍后缘圆弧形或截形。体暗青色或红褐色，胸部、喉部黄褐色。奇鳍暗褐色或红褐色，各鳍有青绿色边。幼鱼体暗褐色，有3条白色纵带，齿板青绿色。为珊瑚礁鱼类。栖息于珊瑚礁海区或其附近的岩礁海区。分布于我国南海、台湾海域，以及琉球群岛海域、印度-太平洋暖水域。体长约65 cm。

2271 **驼背鹦嘴鱼** *Scarus gibbus*（Rüppell，1829）[38]（**上雄鱼，下雌鱼**）
= 小鼻绿鹦嘴鱼=小吻青鹦哥鱼 *Chlorurus microrhinos*

胸鳍15～17。背鳍前鳞3～4；颊鳞3列。

本种体呈长椭圆形（侧面观），侧扁。雄鱼头部前方隆起。吻钝，吻端呈垂直状。口上方凹入，口小。颌齿外露。成鱼上颌具犬齿。雄鱼体绿色，口端至胸鳍基有绿色纵带，齿板青绿色。雌鱼头部前方不甚隆起，体褐色。为珊瑚礁鱼类。栖息于珊瑚礁海区。分布于我国南海、台湾海域，以及琉球群岛海域、澳大利亚海域、印度–西太平洋暖水域。体长约70 cm[8]。

2272 **刺鹦嘴鱼** *Scarus spinus*（Kner，1868）[38]
= 黄盖鹦嘴鱼

胸鳍14～15。背鳍前鳞4；颊鳞3列。

本种体呈长椭圆形（侧面观）。头、吻钝圆，口小。上颌齿板大部被唇遮盖，齿板具1～2枚犬齿。尾鳍新月形。体蓝绿色，后半部略带红褐色。鳃盖黄色。吻部蓝绿色区向后延伸达眼后。背鳍有黄色纵带。尾鳍上、下叶缘有黄绿色纵带。为珊瑚礁鱼类。栖息于珊瑚礁海区。分布于我国台湾海域，以及琉球群岛海域，澳大利亚海域，东印度洋、太平洋暖水域。体长约25 cm。

2273 **钝头鹦嘴鱼** *Scarus rubroviolaceus* Bleeker，1847 [15]

= 钝头鹦嘴鱼 *Scarops rubroviolaceus* = 钝头美鹦嘴鱼 *Callyodon rubroviolaceus* = 红紫鹦哥鱼
= 非洲鹦嘴鱼

胸鳍14～16。背鳍前鳞5～7；颊鳞3列。

　　本种体呈长椭圆形（侧面观），侧扁。头大，背缘较平直。吻钝，口小。颌齿板被唇遮盖，上颌齿板具犬齿。尾鳍新月形。雄鱼体绿色，齿板青绿色。雌鱼体暗红褐色。为珊瑚礁鱼类。栖息于珊瑚礁海区。分布于我国南海、台湾海域，以及琉球群岛海域、印度－太平洋暖水域。体长约50 cm [8]。

2274 **蓝臀鹦嘴鱼** *Scarus chameleon* Choat et Randall，1986 [37]
= 佳美鹦哥鱼

胸鳍14。背鳍前鳞4；颊鳞3（2）列。

本种体呈长椭圆形（侧面观），侧扁。雄鱼头顶稍突出。吻稍钝，口小。齿板被唇遮盖，后部具1～2枚弱犬齿。成鱼尾鳍新月形。体蓝绿色，头部自吻端至鳃盖末端有一蓝色纵带。眼上方有一条蓝色横带。体侧各鳞均有黄纹。尾鳍上、下叶有蓝色纵带。为珊瑚礁鱼类。栖息于珊瑚礁海区。分布于我国南海、台湾海域，以及琉球群岛海域、澳大利亚海域、印度–太平洋暖水域。体长约25 cm。

注：颊鳞列数因资料来源不同，有差异。下同。

2275 **杂色鹦嘴鱼** *Scarus festivus* Valenciennes，1840 [15]
= 横纹鹦哥鱼 = 新月鹦嘴鱼 *S. lunula*

胸鳍13～14。背鳍前鳞4～5；颊鳞3列。

本种体呈长椭圆形（侧面观）。吻钝圆。吻前方陡降，眼间隔隆起。口小。齿板被唇遮盖，后部具犬齿。尾鳍后缘凹入。体绿褐色，眼下缘有蓝色纵带。眼上方有2条蓝色横带。体侧每枚鳞后缘均呈暗玫瑰色。背鳍、臀鳍有绿色缘。尾鳍中部呈淡蓝色新月状。为珊瑚礁鱼类。栖息于珊瑚礁海区。分布于我国南海、台湾海域，以及琉球群岛海域、印度-太平洋暖水域。体长约40 cm[8]。

注：本种图片选自《中国海洋鱼类原色图集》（1992）[15]。但此图所示个体不甚典型，其眼上方缺2条蓝色横纹，头背部未见隆起。读者尚可参考《中国海洋生物图集》（2012）[14]。

2276 **绿唇鹦嘴鱼** *Scarus forsteni*（Bleeker，1861）[15]
= 福氏鹦哥鱼

胸鳍14～15。背鳍前鳞4；颊鳞3（2）列。

本种体呈长椭圆形（侧面观），侧扁。吻长，吻端圆钝。口小。唇宽，包被齿板的大部分。齿板无犬齿。下颌口角处各具一犬齿。尾鳍后缘凹入。头部粉红色，两唇绿色。体侧黄褐色至蓝绿色。成鱼鳞片蓝绿色，鳞片外缘橙红色。眼下部有一蓝色水平纵带，腹侧有1～3条纵带。背鳍、臀鳍有1条红色纵带。尾鳍两叶有青绿色纵带。为珊瑚礁鱼类。栖息于珊瑚礁海区。分布于我国南海、台湾海域，以及日本高知以南海域、东印度-太平洋暖水域。体长约45 cm[8]。

45
鲈形目

2277 黑斑鹦嘴鱼 *Scarus globiceps* Valenciennes，1840 [15]
　＝紫纹鹦哥鱼＝侧带鹦嘴鱼 *S. lepidus*

胸鳍14。背鳍前鳞4～6；颊鳞3列。

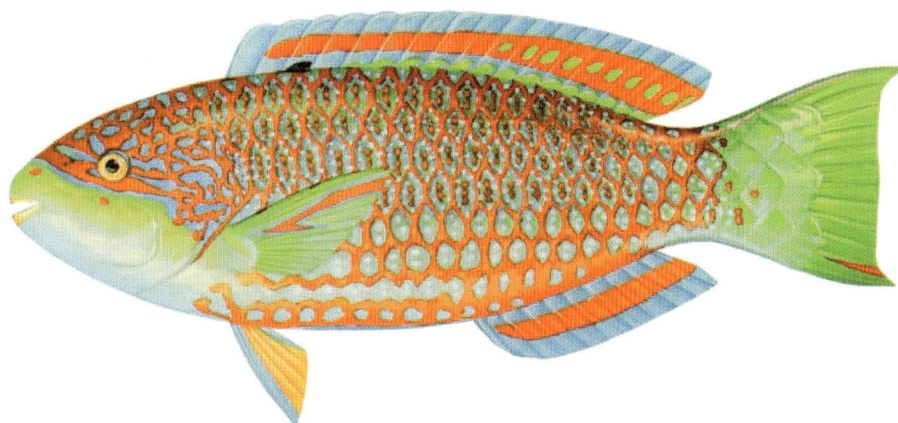

　　本种体呈长椭圆形（侧面观），侧扁。吻圆钝。口下唇厚，齿板为唇遮盖。尾鳍后缘略双凹形。体褐绿色或红褐色。体上半部密布青色斑点，腹侧有1～3条浅色纵带。头部绿色区始于口唇上方。背鳍鳍棘部有一卵圆形黑斑，齿板白色。为珊瑚礁鱼类。栖息于浅海岩礁、珊瑚礁区。分布于我国南海、台湾海域，以及琉球群岛海域、澳大利亚海域、印度-太平洋暖水域。体长约30 cm [8]。

　　注：黄宗国（2012）认为，黑斑鹦嘴鱼与侧带鹦嘴鱼为同种 [14]。

2278 瓜氏鹦嘴鱼 *Scarus quoyi* Valenciennes，1840 [38]

胸鳍14。背鳍前鳞4～6；颊鳞3列。

本种体呈长椭圆形（侧面观），侧扁。头短，吻圆钝。口小，齿板几乎被唇遮盖，具1～2枚犬齿。尾鳍后缘截形。体蓝绿色，腹侧暗红褐色，有1～2条纵带。头部有始于上唇的一大绿斑。尾鳍有暗宽带，尾端黄色。为珊瑚礁鱼类。栖息于珊瑚礁海区。分布于我国台湾海域，以及琉球群岛海域、印度–西太平洋暖水域。体长约30 cm。

2279 **网条鹦嘴鱼** *Scarus frenatus* Lacépède，1802 [15] [38] （上雄鱼，下雌鱼）
= 黄鹦嘴鱼

胸鳍14～15。背鳍前鳞6～7；颊鳞3列。

本种体呈长椭圆形（侧面观），侧扁。吻长，吻端钝圆。口小。唇宽，遮盖齿板的大部分。上颌具犬齿。雌鱼尾鳍后缘截形，雄鱼尾鳍上、下叶稍延长。幼鱼体黑色，有白斑点。雄鱼体略呈绿色，头、体具网纹或虫纹，尾柄淡绿色。雌鱼红褐色，体侧有5～6条暗纵带。为珊瑚礁鱼类。栖息于珊瑚礁海区。分布于我国南海、台湾海域，以及日本高知以南海域、印度洋和西太平洋暖水域。体长约36 cm [8]。

2280 三色鹦嘴鱼 *Scarus tricolore* [38]（上雄鱼，下雌鱼）
= 侧带鹦嘴鱼 *S. lepidus*

胸鳍14～15。背鳍前鳞5～7；颊鳞3列。

本种体呈长椭圆形（侧面观），侧扁。吻圆钝。口小，唇厚。齿板被唇遮盖一半以上。上颌口角有1～2枚犬齿。尾鳍后缘凹入，上、下叶延长。雄鱼体浅黄褐色，头背蓝色，沿腹侧有一蓝色细纵带，尾鳍蓝色。雌鱼头背、体背侧暗褐色，体侧有一深蓝色宽纵带，尾鳍橙红色。齿板白色。为珊瑚礁鱼类。栖息于珊瑚礁海区。分布于我国南海、台湾海域，以及琉球群岛海域、印度–太平洋暖水域。体长约45 cm。

注：《南海诸岛鱼类志》（1979）记载，黑斑鹦嘴鱼与侧带鹦嘴鱼是两个独立种，后者与三色鹦嘴鱼是同种[8]。为避免混淆，本书采用三色鹦嘴鱼称谓。

2281 黄鞍鹦嘴鱼 *Scarus oviceps* Valenciennes，1840[38]（上雄鱼，下雌鱼）
= 姬鹦哥鱼

胸鳍14～15。背鳍前鳞6～7；颊鳞3列。

本种体呈长椭圆形（侧面观），侧扁。吻较长，吻端钝圆。口小，唇厚。齿板被唇遮盖。尾鳍后缘略呈双凹形。雄鱼体前半部深青色，后半部青绿色；齿板亦呈绿色。雌鱼淡褐色，前半部背侧黑色，后半部有黄色鞍带2条。为珊瑚礁鱼类。栖息于珊瑚礁海区。分布于我国南海、台湾海域，以及琉球群岛海域、澳大利亚海域、印度－太平洋暖水域。体长约30 cm。

2282 弧带鹦嘴鱼 *Scarus dimidiatus* Bleeker，1859[38]（上雄鱼，下雌鱼）
= 新月鹦哥鱼

胸鳍13～15。背鳍前鳞5～7；颊鳞3列。

本种体长椭圆形（侧面观），侧扁。吻钝，口小，唇厚。齿板被唇遮盖，且无犬齿。尾鳍后缘圆弧形或截形。雄鱼头后上方至背鳍中部具一三角形浅蓝绿色区，其后方为暗蓝色区；背鳍鳍条部有黑色纵带。雌鱼黄褐色，腹部渐呈白色；体侧上部有4～5条暗褐色横带，下部有白色纵纹。为珊瑚礁鱼类。栖息于珊瑚礁海区。分布于我国南海、台湾海域，以及琉球群岛海域、印度尼西亚海域、西太平洋暖水域。体长约30 cm[8]。

IV
辐鳍鱼纲

2283 **红鹦嘴鱼** *Scarus atropectoralis* Schultz，1958 [38]

= 黄肋鹦嘴鱼 *S. xanthopleura* = 黄肋鹦哥鱼

胸鳍15。背鳍前鳞6；颊鳞3列。

本种体呈椭圆形（侧面观），侧扁。吻较长。口小，齿板多半被唇遮盖。口角无犬齿。尾鳍后缘凹入，而上、下叶甚延长。全身红色，无明显的斑纹。齿板白色。为珊瑚礁鱼类。栖息于珊瑚礁海区。分布于我国南海、台湾海域，以及琉球群岛海域、印度尼西亚海域、西太平洋暖水域。体长约55 cm。

2284 **截尾鹦嘴鱼** *Scarus rivulatus* Valenciennes，1840 [14]

= 杂纹鹦哥鱼 = 带纹鹦嘴鱼 *S. fasciatus*

胸鳍14～15。背鳍前鳞6～7；颊鳞3列。

本种体呈椭圆形（侧面观），侧扁。吻钝圆，口小。唇厚，齿板全被其遮盖。雄鱼上颌齿板有犬齿。尾鳍后缘截形，上、下叶稍延长。体青绿色，头下部有黄斑，口角至眼下方有网状斑纹。齿板白色。为珊瑚礁鱼类。栖息于珊瑚礁海区。分布于我国台湾海域，以及琉球群岛海域、澳大利亚海域、西太平洋暖水域。体长约34 cm。

[2285] **爪哇鹦嘴鱼** *Scarus javanicus* Bleeker，1854[14]
= 高鳍鹦嘴鱼 *S. hypseloptrus*

胸鳍14。背鳍前鳞4～6；颊鳞3列。

本种体呈椭圆形（侧面观），侧扁。吻稍尖。口小，齿板被唇遮盖。雄鱼体暗蓝色；头部眼附近有一青绿色宽幅纵带。尾鳍后缘凹入，上、下叶延长，蓝绿色。雌鱼背鳍前鳞通常4枚，体带黄褐色，尾鳍淡黄色。为珊瑚礁鱼类。栖息于珊瑚礁海区。分布于我国南海、台湾海域，以及琉球群岛海域、菲律宾海域、印度-西太平洋暖水域。体长约25 cm。

[2286] **青点鹦嘴鱼** *Scarus ghobban* Forskål，1775[38]（上雄鱼，下雌鱼）
= 蓝点鹦哥鱼 = 杜氏鹦嘴鱼 *S. dussumieri*

胸鳍15～16。背鳍前鳞5～7；颊鳞3列。

　　本种体呈椭圆形（侧面观），侧扁。头大，吻圆钝。口小。唇宽，包被齿板的大部分。齿板白色。上颌口角具1～2枚犬齿。尾鳍后缘略呈截形。雄鱼尾鳍上、下叶延长，体蓝绿色，各鳞具镶有橙黄色边的青斑。雌鱼橙黄色，体侧有5条蓝绿色斑横连缀成的带，眼下方有一绿色纵带。为珊瑚礁鱼类。栖息于珊瑚礁、岩礁海区。分布于我国南海、台湾海域，以及日本伊豆半岛以南海域、澳大利亚海域、印度–太平洋暖水域。体长约65 cm[8]。

2287 新加坡鹦嘴鱼 *Scarus prasiognathos* Valenciennes，1840[38]（上雄鱼，下雌鱼）
= 绿头鹦哥鱼 = 绿牙鹦嘴鱼 *S. chlorodon* = 蓝颊鹦嘴鱼 *S. janthochir*

胸鳍15。背鳍前鳞6；颊鳞3列。

　　本种体呈椭圆形（侧面观），侧扁。吻圆钝，口小，唇厚。齿板青绿色，被唇覆盖一半以上。雄鱼上颌齿板有犬齿。尾鳍后缘截形，上、下叶延长。雄鱼体绿褐色，头部、尾鳍有绿色区。雌鱼体暗褐色，体侧鳞片有白点。为珊瑚礁鱼类。栖息于珊瑚礁海区。分布于我国台湾海域，以及琉球群岛海域、印度−西太平洋暖水域。体长约55 cm。

[2288] **黑鹦嘴鱼** *Scarus niger* Forskål，1775 [38]
　　　　 ＝颈斑鹦哥鱼

胸鳍13～15。背鳍前鳞6～8；颊鳞3列。

　　本种体呈椭圆形（侧面观），侧扁。头背缘弧状，吻圆钝。口小，唇厚。齿板青绿色，被唇遮盖。上颌具犬齿1~2枚。尾鳍后缘略呈双凹形。雄鱼体墨绿色，鳃孔上部有绿斑，尾鳍上、下叶有红色纵带。雌鱼全体红褐色，体侧有不明显白色纵带，尾鳍后缘近截形。为珊瑚礁鱼类。栖息于珊瑚礁海区。分布于我国南海、台湾海域，以及琉球群岛海域、印度−太平洋暖水域。体长约50 cm [8]。

▲ 本属我国尚有锈色鹦嘴鱼 *S. ferrugineus*（= 条腹鹦嘴鱼 *S. aeruginosus*）和横带鹦嘴鱼 *S. scaber* 两种。二者皆与弧带鹦嘴鱼 *S. dimidiatuss* 相似，以体有无弧形带纹以及有无头背暗纹和体背横带相区分。分布于我国南海 [8]。